STUDIEN ZUM KLIMAWANDEL
IN ÖSTERREICH

HERAUSGEGEBEN VON FRANZ PRETTENTHALER

BAND 4

Projektfinanzierung:

A3   Wissenschaft und Forschung
A16   Landes- und Gemeindeentwicklung
A20   Katastrophenschutz und Landesverteidigung
FA10B   Landwirtschaftliches Versuchszentrum
FA10C   Forstwesen (Forstdirektion)
FA17A   Energiewirtschaft und allgemeine technische Angelegenheiten
FA17C   Technische Umweltkontrolle
FA19A   Wasserwirtschaftliche Planung und Siedlungswasserwirtschaft
        Landeshygieniker für Steiermark

Vertrieb: Verlag der Österreichischen Akademie der Wissenschaften Wien
Satz/Layout: NYXAS OG und Zentralanstalt für Meteorologie und Geodynamik
Druck und Bindung: 1. Aichfelder Druck GmbH
Gedruckt auf umweltfreundlichem Papier ohne Chlor-Bleiche.

Webseite (technischer Anhang): www.klimaatlas-steiermark.at

Harald Pilger[1], Alexander Podesser[1], Franz Prettenthaler[3,6] (Hg.)

Klimaatlas Steiermark

Periode 1971 – 2000

Eine anwenderorientierte Klimatographie

Mit Beiträgen von:

Otmar Harlfinger[4]
Alexander Podesser[1]
Hannes Rieder[1]
Herwig Wakonigg[2]
Fritz Wölfelmaier[1]

Gesamtkoordination:

Franz Pichler-Semmelrock[5]

[1] Zentralanstalt für Meteorologie und Geodynamik
[2] Karl Franzens Universität Graz – Institut für Geographie und Raumforschung
[3] Zentrum für Wirtschafts- und Innovationsforschung, JOANNEUM RESEARCH Forschungsgesellschaft mbH
[4] Klimareferat der Österreichischen Bodenschätzung
[5] Amt der Steiermärkischen Landesregierung, FA 17A
[6] Wegener Zentrum für Klima und Globalen Wandel der Karl-Franzens-Universität Graz

Inhaltsverzeichnis

Vorwort

Die Klimatologie und Klimaforschung ist eine interdisziplinäre und lebendige Wissenschaft. Unter dem Schlagwort Klimawandel steht derzeit „unser Klima" auch im Zentrum des öffentlichen Interesses.

Bereits im Jahr 2001 wurden vom Amt der Steiermärkischen Landesregierung Initiativen zur Überarbeitung der bisherigen Klimatografie der Steiermark gestartet, die sich noch auf Daten vor 1970 begründete.

Basis der neuen Klimakarten sind die meteorologischen Daten der Zeitperiode 1971 bis 2000 aus einem flächendeckenden Netz von über 660 Wetterstationen. In einer Vielzahl von farbigen Karten sind relevante Klimaelemente in grafisch höchst anspruchsvoller Form dargestellt und umfassend kommentiert. Neben den Elementen wie Temperatur, Niederschlag, Bewölkung, Strahlung, Wind, etc. bietet der Klimaatlas durch die Kombination von Parametern eine Fülle von neuen und bisher kaum dargestellten Auswertungen.

Dem Engagement und der Kooperationsbereitschaft von insgesamt acht Landesdienststellen ist es zu verdanken, dass die Zentralanstalt für Meteorologie und Geodynamik in Graz im Jahr 2004 mit den umfassenden Arbeiten zur Neubearbeitung der Klimatografie starten konnte.

Ziel des Projektes war es, den Behörden, Universitäten, Schulen, der Wirtschaft, dem Bauwesen und allen anderen interessierten Institutionen die aktuellen Klimadaten der Steiermark zur Verfügung zu stellen.

Mit dem vorliegenden Werk steht gemeinsam mit der Online-Version am Portal LUIS (www.umwelt.steiermark.at) nunmehr ein umfassendes Nachschlagwerk über die aktuellen Klimadaten in der Steiermark zur Verfügung. Das Land Steiermark leistet damit im Sinne des Steiermärkischen Umweltinformationsgesetzes (StUIG, LGBl 65/2005) einen nachhaltigen Beitrag zur Information der Öffentlichkeit über die Umweltsituation in unserem Bundesland.

Die beteiligten Abteilungen des Landes Steiermark

Vorwort der Herausgeber

Als der Projektantrag für einen Klimaatlas der Steiermark 2004 verfasst wurde, lag die Hochwasserkatastrophe in Ostösterreich gerade einmal zwei Jahre zurück und der heiße und trockene „Jahrhundertsommer" 2003 war noch in bester Erinnerung. Vor diesem Hintergrund wuchs in der Bevölkerung die Sensibilität für klimatische Zusammenhänge und damit letztlich auch die Bereitschaft der öffentlichen Hand für die Finanzierung eines derartigen Werkes. Schließlich wurde die damalige Regionalstelle Steiermark der Zentralanstalt für Meteorologie und Geodynamik mit der Durchführung dieses Werkes betraut, wobei die Arbeiten insgesamt vier Jahre in Anspruch nehmen sollten.

Zwar gab es mit der Klimatographie der Steiermark von H. Wakonigg ein hervorragendes Werk über die Witterung und das Klima in der Steiermark, allerdings war es ein Anliegen, die darin verwendete Klima-Periode 1951 – 1970 zu aktualisieren. Außerdem boten sich über geostatistische Ansätze neue Möglichkeiten der GIS-unterstützten Kartendarstellung. Zudem wurden ab den späten 80er Jahren automatische Messnetze eingeführt, es galt daher, eine Vielzahl an Daten unterschiedlicher Stationsbetreiber auszuwerten.

Trotz Wahrung des wissenschaftlichen Hintergrundes sollte das Werk einerseits einen breiteren Kreis interessierter Leser ansprechen. Andererseits sollte mit den neuen Möglichkeiten der Datenauswertung und Darstellung den Fragestellungen unterschiedlicher Nutzer Rechnung getragen werden. Aus diesem Grund stand bei der Auswahl der Themen von Anfang an der anwenderspezifische Nutzen mit interdisziplinärem Ansatz im Vordergrund. Neben in der Klimatologie üblichen Mittelwertdarstellungen ergaben sich über die Kombination automatisch gemessener Klimaelemente interessante Karten, wie sie bisher in dieser Form nicht gezeigt werden konnten. Dementsprechend weist das Gesamtwerk einen äußerst großen Umfang von 166 digitalen Karten mit entsprechenden textlichen Ausführungen auf (siehe www.klimaatlas-steiermark.at).

Ein Zeichen des Erfolges und der interdisziplären Nutzbarkeit der Online-Version ist es außerdem, dass die vorliegende Printversion auch einen Ökonomen als Mitherausgeber hat. Das Wetter- und Klimarisiko, das für viele Betriebe gut 30% des Umsatzes ausmachen kann, wird vielfach – auch von den Betrieben selbst – unterschätzt. Eine möglichst breite Auseinandersetzung mit dem Klima als seit jeher bedeutendste natürliche Rahmenbedingung des Wirtschaftens ist ein Eckpunkt der erfolgreichen Anpassung und Bewältigung des Klimawandels für die steirische Wirtschaft. Das Anregen einer solchen breiteren Beschäftigung mit dem Klima war auch einer unserer Beweggründe vor der schwierigen Finanzierbarkeit eines solchen Printwerkes nicht zu kapitulieren, und das vorliegende Werk auch physisch Gestalt werden zu lassen. Auch wenn für die gegenständliche Printversion eine Auswahl von 45 Karten zu treffen war, so wird sie doch die vertiefende Nutzung der Online-Version wesentlich befördern und in Form des Textbandes auch zum Schmökern einladen. In zehn Hauptkapiteln werden alle wichtigen Klimaelemente behandelt, wobei dem steirischen Lokalklima mit seinen geländeklimatischen Merkmalen besonderes Augenmerk beigemessen wurde.

Es sei dem Land Steiermark für die Projektfinanzierung gedankt und in diesem Zusammenhang besonders Herrn Dr. Pichler-Semmelrock von der Steiermärkischen Landesregierung, der die Projektkoordination souverän leitete.

Der Zentralanstalt für Meteorologie und Geodynamik, den Kollegen von der Klimaabteilung in Wien und vor allem dem steten Bemühen des ehemaligen Leiters der Regionalstelle Steiermark, Herrn Dr. Harald Pilger ist es zu verdanken, dass die Klimatographie in dieser Form zustande kam.

Ganz besonderer Dank gilt Herrn Prof. Wakonigg, der nicht nur mehrere Kapitel verfasst hat, sondern das Projekt auch wissenschaftlich unterstützte. Seine kritischen Anregungen trugen wesentlich zum Gelingen des Werkes bei.

Bei allen Kollegen und Mitarbeitern bedanken wir uns für ihren unermüdlichen Einsatz und die spannende gemeinsame Zeit.

Alexander Podesser und Franz Prettenthaler

Falls nicht anders angegeben, basieren sämtliche Daten-Auswertungen auf der Klima-Periode 1971 – 2000.

SYNTHETISCHE KARTEN

H. Wakonigg, A. Podesser

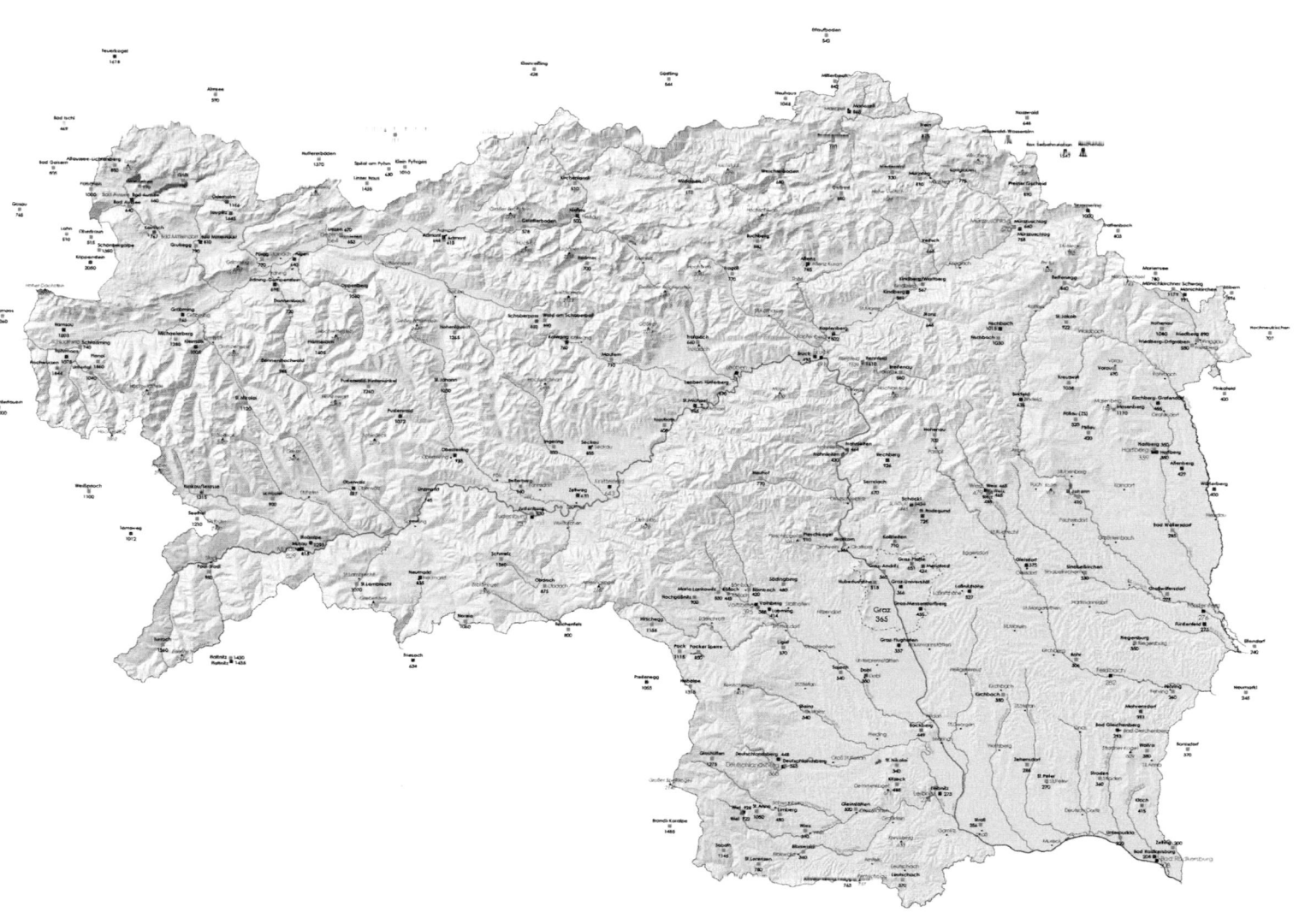

KARTOGRAPHISCHE BEARBEITUNG

A. Podesser, H. Rieder

1 SYNTHETISCHE KARTEN

Dieses Kartensymbol bedeutet, dass gedrucktes Kartenmaterial in der Klimaatlas-Mappe verfügbar ist.

Titelbild: Von den ursprünglich 665 Stationen, welche in der Steiermark und im Randbereich der angrenzenden Länder während der Periode 1971 – 2000 zur Verfügung standen, wurden je nach Fragestellung Daten von 233 Stationen unterschiedlicher Betreiber verwendet. Die Grundlage bildete dabei das Klima-Stationsnetz der ZAMG.

Aus der kombinierten Betrachtung verschiedener Klimaelemente (Sonnenschein, Temperatur, Bewölkung, Niederschlag, Schnee, Wind) und der Einbeziehung charakteristischer Witterungszüge (Auswirkungen von Wetterlagen, Abschirmungseffekte, regionale Einflüsse) können Gebiete relativ homogenen Klimacharakters ausdifferenziert werden. Hierfür gibt es mehrere Modelle, von denen das in der „klassischen" Klima-Monographie der Steiermark von WAKONIGG (1978) als gängigstes

gelten kann. Dem wissenschaftlichen Anspruch dieses Werkes entsprechend werden darin 22 Klimalandschaften unterschieden, was für den Klimaatlas Steiermark deutlich zu detailliert wäre. Aus diesem Grund wurde eine neue Gliederung in neun „Klimaregionen" entworfen, wofür wiederum Prof. H. WAKONIGG (Institut für Geographie und Raumforschung, Universität Graz) gewonnen werden konnte, dem an dieser Stelle herzlich gedankt sei.

Hochlagen im Nordstaugebiet

Diese Region empfängt alle Fremdwetterentwicklungen aus westlichen bis nördlichen Richtungen „aus erster Hand", d.h. ohne dass die Wirkungen der entsprechenden, vielfach sehr feuchten Luftmassen (in der Regel atlantischer Herkunft) von großen vorgelagerten Gebirgsketten abgeschwächt worden wären. Damit entwickelt sich ein sehr niederschlags- und schneereiches „raues" Gebirgsklima mit kühlen, regenreichen Sommern und langer Schneebedeckung. Wichtige Wirkungen dieser klimatischen Gegebenheiten sind etwa die vergleichsweise tiefe Lage der Höhengrenzen (z.B. Waldgrenze im Raum Mariazell nahe 1 600 m) und der große Wasserreichtum der Gebirge.

Abbildung 1.1.1: Die Almlandschaft zwischen dem Dachstein- und Kemetgebirge liegt im direkten Einflussbereich von niederschlagsbringenden Nordwest-Wetterlagen. Im Bild der Grafenbergsee mit dem verkarsteten Hochplateau „Am Stein" im Hintergrund.
Foto: A. PODESSER

Tallagen im Nordstaugebiet

Der Witterungscharakter dieser Region ist dem der Hochlagen im Nordstaugebiet ähnlich, doch ist das Klima aufgrund der geringeren Seehöhe und des deswegen höheren Temperaturniveaus nicht so rau. Dennoch können auch dieser Region die Eigenschaften niederschlags- und schneereich zugesprochen werden, wobei die Sommer regenreich und wenig warm sind. Besonders im Winter bilden sich örtliche „Kaltluftseen" (Temperaturumkehr) aus.

Abbildung 1.1.2: Blick vom Grimming über das Mitterndorfer Becken ins Ausseerland nach einem spätherbstlichen Nordstau-Wetterereignis. Während der vergangene Schneefall für eine geschlossene Schneedecke in Bad Mitterndorf noch nicht reichte, nahmen die Schneehöhen weiter nach Norden rasch zu.
Foto: A. PODESSER

Talbecken des Oberen Ennstales

Im Lee der Nördlichen Kalkalpen gelegen zeichnet sich diese Region durch ein winterkaltes, wenig sommerwarmes Talbecken-Klima aus. Die Niederschlagshäufigkeit ist gegenüber dem Nordstaugebiet nur wenig verringert, die Niederschlagsmengen hingegen bleiben deutlich unter den Werten im Nordstau. Wie in allen Talbecken-Klimaten ist die Nebelhäufigkeit groß und nimmt innerhalb der Region noch von Westen nach Osten zu.

Abbildung 1.1.3: Das Ennstal mit Aigen und dem Kulm vom Grimming aus gesehen. Die durch Dunst gekennzeichnete planetare Grenzschicht der herbstlichen Inversionswetterlage reichte bis knapp über 2 000 m.
Foto: A. PILZ

Nordseite der Niederen Tauern

Der größte, in sich zusammenhängende Gebirgsraum der Steiermark besitzt schon deutlich zentralalpine Klimazüge mit einer gegenüber den Nordstaugebieten größeren Klimaungunst und höheren Höhengrenzen. Die abgeschwächte Wirkung des Fremdwetters aus Westen bis Norden äußert sich in diesem „sekundären Staugebiet" in geringeren Niederschlags- und Schneemengen verglichen mit den Nordstaugebieten, kaum jedoch in geringeren Niederschlagshäufigkeiten. Der Hauptkamm der Niederen Tauern wirkt häufig als Wetterscheide, wodurch sich ein deutlicher Klimaunterschied zu deren Südflanke ergibt.

Abbildung 1.1.4: Auf dem Gipfel der Steirischen Kalkspitze mit den zentralen Schladminger Tauern im Hintergrund. Durch die vorgelagerten Nordalpen geht die Niederschlagswirkung bei Nordstau nach Süden hin immer weiter zurück.
Foto: A. PILZ

Talbecken des Oberen Murtales

In dieser Region wirkt sich die Abschirmung gegenüber dem Fremdwetter aus Westen bis Norden markant aus, während Fremdwettereinflüsse aus Süden und Südosten bereits deutlich wirksam sind. Der Klimacharakter kann deshalb als relativ niederschlags- und schneearm beschrieben werden, in den westlichen Teilen der Region ist der Winter nebelarm und sonnenscheinreich. Als typisches Merkmal eines Talbecken-Klimas können die sehr tiefen Wintertemperaturen gelten („Kaltluftseen"), das nur mäßige Temperaturniveau des Sommers ist eine Folge der recht großen Seehöhe.

Abbildung 1.1.5: Talbeckenartige Erweiterung des Oberen Murtales bei Unzmarkt. Durch die gut abgeschlossene, inneralpine Lage weist das Klima hier eine kontinentale Tönung auf.
Foto: A. PODESSER

Talbecken des Mur- und Mürztales

Hierbei handelt es sich um eine Region mit einem Übergangsklima, das eine Zwischenstellung zwischen den Klimaten des Oberen Enns- und des Oberen Murtales einnimmt. Dabei nimmt der Niederschlags- und Schneereichtum von Südwesten nach Nordosten (entlang der Mürz also taleinwärts) sowie mit Annäherung an das Nordstaugebiet zu.

Abbildung 1.1.6: Das Talbecken im Bereich Mürzzuschlag. Rechts vorne der Übergang zum Semmering, im Hintergrund das Obere Mürztal mit Hochschwab, Veitsch und Schneealpe. Den schwach durchlüfteten Talraum des Mürztales kennzeichnen im Herbst und Winter häufig ausgedehnte Hochnebelfelder.
Foto: A. Podesser

Hochlagen der Inneralpen

In den Seetaler und Gurktaler Alpen, in den Murbergen sowie an der Südabdachung der Niederen Tauern herrscht ein ausgeprägt zentralalpines Höhenklima mit relativ wenig Niederschlag, auffallender Schneearmut, reichlich Sonnenschein im Winter und – bezogen auf die jeweiligen Seehöhen – vergleichsweise hohem Temperaturniveau („inneralpine Überwärmung" als Folge starker Einstrahlung auf hoch gelegene Flächen bei geringer Bewölkung). Aus diesem Grund liegen die Höhengrenzen hoch, die Waldgrenze z.B. weithin nahe 2 000 m.

Abbildung 1.1.7: Die Tauernsüdseite der Schladminger Tauern mit dem Preber im Hintergrund. Im Bild der höchstgelegene Bergbauernhof der Steiermark, das in 1 455 m Seehöhe gelegene Anwesen „Berger" in der steirischen Krakau.
Foto: A. Podesser

Steirisches Randgebirge

Die Lage dieses Gebirgszuges am Alpenrand lässt die Wirkung von Fremdwetter aus Süden und Südosten bedeutend werden, besonders ausgeprägt an der Koralpe. Aus diesem Grund gilt auch der Wesenszug der relativen Niederschlags- und Schneearmut für die Koralpe weniger als für das übrige Randgebirge. Obwohl der Gebirgsfuß besonders im Winter ein sehr mildes Klima besitzt, liegen die Höhengrenzen relativ niedrig (Waldgrenze in 1 700 – 1 800 m). Charakteristisch ist auch eine hohe Gewitter- und Hagelneigung.

Abbildung 1.1.8: Blick vom Demmerkogel über die Weinhänge des Sausals nach Westen zur Koralpe im westlichen Steirischen Randgebirge. In den Tälern hält sich die kalte Luft mit Nebel, die höher gelegenen Riedel liegen hingegen außerhalb der Bodeninversion und weisen Gunstklima auf.
Foto: A. Pilz

Vorland

Generell können dieser Region die Merkmale mäßig kontinental (große Temperaturunterschiede zwischen Sommer und Winter), sommerwarm und wintermild zugesprochen werden. Jedoch bestehen starke geländeklimatische Unterschiede zwischen winterkälteren Talböden (in denen etwa der thermisch anspruchsvolle Weinbau fehlt) und milden Riedel- und Hügellagen. Der Winter ist hochnebelreich und sonnenscheinarm, der Sommer hingegen sonnenscheinreich und warm mit deutlicher Neigung zu Schwüle, Gewitter und Hagel. Nebelreichtum und Schwüle sind Wirkungen der Windarmut, die ihrerseits wieder aus der starken Abschirmung von Fremdwetter aus Westen bis Norden resultiert. Die Niederschläge nehmen von Südwesten nach Nordosten ab und sind zu einem Großteil an Wetterlagen mit Feuchtigkeitszufuhr aus Süden bis Südosten gebunden.

Abbildung 1.1.9: Blick vom Grazer Schlossberg nach Südosten auf die Altstadt mit dem Dom. In geschützten Bereichen reifen hier sogar Feigen heran.
Foto: M. GREILBERGER

H. WAKONIGG | A. PODESSER

1.2 Verwendete Stationen

Für dieses Projekt wurden anfangs alle meteorologischen Stationen unterschiedlichster Betreiber in und um die Steiermark recherchiert, welche im Zeitraum 1971 – 2000 in Betrieb waren. Von diesen insgesamt 665 Stationen erfolgte eine weitere Auswahl hinsichtlich der Datenverfügbarkeit (durchgehender Messzeitraum) und Datengüte. Nach entsprechender Sichtung wurden Daten von 233 Station in das Projekt Klimaatlas Steiermark einbezogen, wobei nicht alle einen durchgehenden 30-jährigen Zeitraum aufwiesen. Kürzere Reihen interessanter Standorte wurden beispielsweise als Referenzstationen für Sonderlagen, etwas im Hinblick auf die Temperaturausprägung als extreme Gunst- oder Ungunststandorte ausgewählt. Auch für die Darstellung der Windverhältnisse konnte aus fachlicher Sicht auf kürzere Reihen zurückgegriffen werden.

In Tabelle 1.2.1 sind in einer Gesamtliste alle Stationen alphabetisch mit einer fortlaufenden Nummer versehen. Die 62 ZAMG-Stationen setzen sich dabei einerseits aus herkömmlichen Klimastationen mit händischer Beobachtung und großteils langen Reihen, welche weit vor den Untersuchungszeitraum zurückreichen, zusammen. Andererseits bestehen sie aus den teilautomatischen Stationen (TAWES), mit welchen ab den 80er Jahren das Stationsnetz modernisiert und um zusätzliche Messinstrumente ergänzt wurde. Das TAWES-Netz erfasst alle gängigen meteorologischen Parameter automatisch.

Der Hydrographische Dienst weist ein relativ dichtes Messnetz auf, für das Projekt wurden von 144 Stationen Niederschlags- und Schneewerte verwendet.

Von der FA17C – Technische Umweltkontrolle des Landes Steiermark sowie von der Fa. Pilz – Umweltmesstechnik gelangten insgesamt 27 Stationen zur Auswertung, die als ergänzende Winddaten oder Temperaturdaten für repräsentative Standorte verwendet wurden.

Des Weiteren sind die geographischen Koordinaten, Seehöhe sowie die Groblage im Gelände (Tal-, Hang-, Pass-, Gipfellage) und die gemessenen Klimaelemente angegeben. Eine meso- und mikroskalige Standortbeschreibung bezieht sich im Falle von einzelnen Stationsverlegungen auf den Standort mit der längsten Messreihe. Viele derartige Angaben erfolgten über Auswertungen von Luftbildern, bei unklaren Verhältnissen (insbesondere bei Stationen außerhalb der Steiermark) erfolgten teilweise keine Angaben. Für eine weitere, kartentechnische Typisierung erfolgte eine Unterteilung in drei Modellregionen, außerdem werden neun steirische Klimaregionen unterschieden (siehe Kapitel 1.1).

Auch für die einzelnen Hauptkapitel wurden die verwendeten Stationen tabellarisch mit der laufenden Nummer aus der Gesamtliste dargestellt, sodass eine rasche Zuordnung möglich ist.

Die Abbildung 1.2.1 zeigt, dass sich die meisten Stationen in Seehöhen zwischen 300 m und 900 m befanden, ab 1 100 m nimmt die Stationsdichte jedoch rasch ab. Zwar hat sich das Stationsnetz im Gebirge vor allem durch die Lawinenwarndienste immer weiter verdichtet, doch waren deren Messperioden leider noch zu kurz.

Tabelle 1.2.1a: Liste aller verwendeten Stationen und Legende.

Nr.	Name	Sh [m]	geographische Länge	geographische Breite	Betreiber	Modellregion	Klimaregion	Lage	Strahlungsklima	Temperatur	Feuchte, Bewölkung, Nebel	Niederschläge	Gewitter und Hagel	Schneefall und Schneedecke	Windverhältnisse	Kombinierte Größen	Bioklima Steiermark	Beschreibung
1	Admont	648	14° 27' 25"	47° 34' 19"	ZAMG	NS	3	▬		✓	✓		✓	✓		✓	✓	Am Talbeckenrand im Siedlungsgebiet in einem Garten.
2	Admont_NLV	615	14° 27' 24"	47° 34' 04"	HYD STMK	NS	3	→				✓		✓				Am Talbeckenrand in Unterhanglage in land- und forstwirtschaftlich genutzter Umgebung.
3	Aflenz	785	15° 15' 31"	47° 33' 48"	ZAMG	NS	6	↓	✓	✓	✓	✓	✓	✓	✓	✓	✓	An einem leicht geneigten Mittelhang im locker bebauten Siedlungsgebiet.
4	Aigen/Ennstal	640	14° 08' 17"	47° 32' 59"	ZAMG	NS	3	▬	✓	✓	✓	✓	✓	✓	✓	✓	✓	In Talbodenlage neben Flugfeld .
5	Almsee	590	13° 57' 20"	47° 46' 03"	HYD OÖ	NS	2	k.A.				✓						k.A.
6	Altaussee-Lichtersberg	850	13° 45' 35"	47° 40' 36"	HYD STMK	NS	2	→				✓		✓				Über dem Talboden in Hangfußlage.
7	Altenberg/Hartberg	429	16° 02' 52"	47° 15' 24"	ZAMG	VL	9	↗	✓	✓	✓	✓	✓			✓	✓	An einem leicht geneigten Hang im locker bebauten Siedlungsgebiet in einem Garten.
8	Arnfels-Remschnigg	763	15° 22' 02"	46° 39' 06"	FA17C	VL	9	▲	✓						✓			Auf einem Bergrücken in land- und forstwirtschaftlich genutzter Umgebung.
9	Bad Aussee	640	13° 47' 39"	47° 36' 02"	HYD STMK	NS	2	↓				✓		✓				Am Talbeckenrand in land- und forstwirtschaftlich genutzter Umgebung.
10	Bad Aussee	660	13° 47' 59"	47° 37' 40"	ZAMG	NS	2	▬	✓	✓	✓	✓	✓	✓	✓	✓	✓	Auf einem begrünten Dach im Stadtgebiet.
11	Bad Gleichenberg	293	15° 54' 19"	46° 53' 35"	ZAMG	VL	9	▬	✓	✓	✓	✓	✓			✓	✓	In Talbodenlage im locker bebauten Siedlungsgebiet auf einer Wiese.
12	Bad Goisern	505	13° 37' 46"	47° 39' 07"	HYD OÖ	NS	2	k.A.				✓						k.A.
13	Bad Ischl	469	13° 38' 54"	47° 43' 00"	ZAMG	NS	2	▬	✓	✓	✓	✓		✓		✓	✓	In Talbodenlage im Siedlungsgebiet.
14	Bad Mitterndorf	810	13° 56' 06"	47° 33' 11"	ZAMG	NS	2	▬	✓	✓	✓	✓	✓	✓	✓	✓	✓	In Talbeckenlage im locker bebauten Siedlungsgebiet auf einem Hallendach.
15	Bad Radkersburg	208	15° 59' 03"	46° 42' 33"	ZAMG	VL	9	▬	✓	✓	✓	✓	✓	✓	✓	✓	✓	In Talbeckenlage im locker bebauten Siedlungsgebiet in einem Garten.
16	Bad Waltersdorf	285	16° 01' 45"	47° 10' 01"	HYD STMK	VL	9	▬				✓		✓				Am Talboden im Siedlungsgebiet.
17	Bärnbach	420	15° 08' 03"	47° 04' 14"	HYD STMK	VL	8	▬				✓		✓				In Talrandlage in Nähe von Industrie- und Bergbauflächen.
18	Birkfeld	635	15° 42' 38"	47° 21' 16"	ZAMG	VL	8	→	✓	✓						✓		In Talrandlage im locker bebauten Siedlungsgebiet.
19	Bockberg	449	15° 30' 47"	46° 52' 20"	FA17C	VL	9	▲	✓									Auf einem Bergrücken in landwirtschaftlich genutzter Umgebung.
20	Bonisdorf	370	16° 03' 00"	46° 51' 00"	HYD BGL	VL	9	▬				✓						In einem Seitental in Talbodenlage.
21	Brandl-Koralpe/Feistritzbach	1485	14° 58' 26"	46° 43' 29"	HYD STMK	VL	8	▲				✓		✓				Auf einer Kuppe in land- und forstwirtschaftlich genutzter Umgebung.
22	Breitenau bei Mixnitz	560	15° 26' 24"	47° 23' 28"	HYD STMK	VL	8	↓				✓		✓				In einem Seitental in Unterhanglage am Waldrand.
23	Bruck/Mur	493	15° 16' 37"	47° 25' 43"	ZAMG	NS	6	▬	✓	✓	✓	✓	✓	✓		✓	✓	In Talbodenlage im Siedlungsgebiet.
24	Brunngraben	710	15° 17' 18"	47° 44' 35"	HYD STMK	NS	2	↑				✓		✓				In einem Seitental in Talrandlage am Waldrand.
25	Buchberg	880	15° 08' 07"	47° 35' 41"	HYD STMK	NS	6	k.A.				✓						k.A.
26	Deutschlandsberg	365	15° 13' 06"	46° 49' 00"	FA17C	VL	9	▬								✓		In Talschlusslage im Stadtgebiet.
27	Deutschlandsberg	448	15° 12' 15"	46° 50' 33"	ZAMG	VL	9	↓	✓	✓	✓	✓	✓	✓	✓	✓	✓	Am Talschluss an einem leicht geneigten Hang.
28	Dobl	350	15° 23' 51"	46° 57' 01"	PILZ	VL	9	▬▲								✓		In einem Tal frei anströmbar auf einem Sendemasten.
29	Donnersbach	720	14° 08' 54"	47° 28' 52"	HYD STMK	NS	3	▬				✓		✓				Am Talboden in landwirtschaftlich genutzter Umgebung.
30	Donnersbachwald	985	14° 07' 18"	47° 23' 36"	HYD STMK	NS	3	→				✓		✓				In Hangfußlage in landwirtschaftlich genutzter Umgebung.
31	Eibiswald	360	15° 16' 31"	46° 42' 30"	HYD STMK	VL	9	▬				✓		✓				Am Talboden im Siedlungsgebiet.
32	Eltendorf	240	16° 11' 60"	47° 00' 00"	HYD STMK	VL	9	k.A.				✓						k.A.
33	Erlaufboden	542	15° 16' 11"	47° 53' 42"	HYD NÖ	NS	2	↗						✓				In Hangfußlage in Umgebung forstwirtschaftlich genutzter Flächen.
34	Fehring	260	16° 01' 04"	46° 56' 60"	HYD STMK	VL	9	▬				✓		✓				In Talrandlage im Nahbereich von Uferbegleitvegetation.
35	Feuerkogel	1618	13° 44' 60"	47° 49' 00"	ZAMG	NS	1	▲	✓	✓	✓			✓		✓	✓	In frei anströmbarer Gipfellage.
36	Filzmoos	1060	13° 31' 00"	47° 26' 60"	HYD SBG	NS	1	k.A.				✓						k.A.
37	Fischbach	1015	15° 39' 55"	47° 27' 26"	ZAMG	VL	8	↘	✓	✓	✓	✓	✓	✓	✓	✓	✓	In Oberhanglage in landwirtschaftlich genutzter Umgebung.
38	Fischbach_NLV	1030	15° 39' 42"	47° 27' 37"	HYD STMK	VL	8	↓				✓		✓				Am Siedlungsrand an einem Hang.
39	Flattnitz	1438	14° 02' 07"	46° 57' 41"	ZAMG	OM	7	▬	✓	✓	✓					✓		In Passlage in einem Garten in land- und forstwirtschaftlich genutzter Umgebung.
40	Flattnitz/Paalbach	1430	14° 02' 60"	46° 57' 00"	HYD STMK	OM	7	k.A.				✓		✓				In Talschlusslage an einem Mittelhang in landwirtschaftlich genutzter Umgebung.
41	Frein an der Mürz	875	15° 29' 57"	47° 45' 38"	HYD STMK	NS	6	↓				✓		✓				In Unterhanglage in landwirtschaftlich genutzter Umgebung.
42	Friedberg	590	16° 04' 34"	47° 27' 38"	HYD STMK	VL	9	k.A.						✓				k.A.

Tabelle 1.2.1b: Liste aller verwendeten Stationen und Legende.

Nr.	Name	Sh [m]	geographische Länge	geographische Breite	Betreiber	Modellregion	Klimaregion	Lage	Strahlungsklima	Temperatur	Feuchte, Bewölkung, Nebel	Niederschläge	Gewitter und Hagel	Schneefall und Schneedecke	Windverhältnisse	Kombinierte Größen	Bioklima Steiermark	Beschreibung
43	Friedberg-Ortgraben	550	16° 03' 57"	47° 26' 13"	HYD STMK	VL	9	↘				✓						Im Ortsgebiet in einem Garten.
44	Friesach	634	14° 25' 12"	46° 57' 19"	ZAMG	OM	–	➘		✓	✓	✓		✓		✓		Im locker bebauten Siedlungsgebiet (Einfamilienhäuser) in einem Garten.
45	Frohnleiten	464	15° 19' 22"	47° 16' 09"	PILZ	VL	8	➘▲							✓			Im Talsohlenbereich in frei anströmbarer Lage auf dem Dach einer Industrieanlage.
46	Frohnleiten_NLV	420	15° 19' 22"	47° 16' 09"	HYD STMK	VL	8	➘				✓		✓				In Hangfußlage im Siedlungsgebiet.
47	Fürstenfeld	271	16° 05' 54"	47° 02' 52"	ZAMG	VL	9	➘		✓	✓	✓	✓	✓		✓	✓	In Talbodenrandlage im locker bebauten Siedlungsgebiet.
48	Glashütten	1275	15° 04' 36"	46° 49' 29"	HYD STMK	VL	8	↓				✓		✓				An einem flachen Hang im locker bebauten Ortsgebiet.
49	Gleinstätten_NLV	320	15° 22' 57"	46° 45' 20"	HYD STMK	VL	9	➘				✓		✓				In Terrassenlage im Siedlungsgebiet.
50	Gleisdorf	375	15° 43' 38"	47° 07' 48"	ZAMG	VL	9	➘		✓	✓	✓	✓	✓		✓	✓	In Talbodenrandlage im locker bebauten Siedlungsgebiet.
51	Gollrad (Wegscheid)	850	15° 18' 28"	47° 39' 03"	HYD STMK	NS	2	➘				✓		✓				In einem Graben in Hangfußlage in land- und forstwirtschaftlich genutzter Umgebung.
52	Gosau	765	13° 33' 35"	47° 35' 21"	HYD OÖ	NS	2	k.A.				✓						k.A.
53	Gößl	710	13° 54' 31"	47° 38' 29"	HYD STMK	NS	2	↓				✓		✓				In Unterhanglage in land- und forstwirtschaftlich genutzter Umgebung.
54	Göstling	544	14° 56' 53"	47° 49' 36"	HYD NÖ	NS	2	➘				✓		✓				In Talrandlage am Waldrand.
55	Gratkorn_NLV	386	15° 20' 49"	47° 08' 20"	HYD STMK	VL	9	➘				✓		✓				In Talrandlage am Fuße eines bewaldeten Rückens.
56	Graz-Andritz	360	15° 25' 46"	47° 06' 05"	HYD STMK	VL	9	➘				✓		✓				Im Siedlungsgebiet auf einer großen Grünfläche.
57	Graz-Flughafen	337	15° 27' 52"	46° 60' 41"	ZAMG	VL	9	➘	✓	✓	✓	✓	✓	✓		✓	✓	In Talbeckenlage neben Flugfeld.
58	Graz-Messendorfberg	435	15° 29' 27"	47° 03' 53"	ZAMG	VL	9	↘	✓	✓	✓	✓		✓		✓	✓	In Oberhanglage in einem Garten im locker bebauten Siedlungsgebiet.
59	Graz-Platte	651	15° 28' 14"	47° 07' 47"	FA17C	VL	9	▲		✓								In Gipfellage auf einer Aussichtswarte in forstwirtschaftlich genutzter Umgebung.
60	Graz-Universität	366	15° 27' 58"	47° 05' 45"	ZAMG	VL	9	➘	✓	✓	✓	✓	✓	✓	✓	✓	✓	Im bebauten Stadtgebiet.
61	Gröbming	763	13° 54' 11"	47° 27' 46"	ZAMG	NS	3	➘	✓	✓	✓	✓		✓		✓	✓	Auf einer Terrasse über einem Haupttal im locker bebauten Siedlungsgebiet.
62	Großwilfersdorf	275	16° 00' 12"	47° 04' 29"	HYD STMK	VL	9	➘				✓		✓				Am Talboden in locker bebautem Siedlungsgebiet in einem Garten.
63	Grubegg	790	13° 56' 31"	47° 33' 51"	HYD STMK	NS	2	➘				✓		✓				Am Talboden im Ortsgebiet in einem Garten.
64	Grundelsee	970	13° 47' 54"	47° 37' 54"	FA17C	NS	2	k.A.	✓									Oberhalb einer Einsattelung, schwach geneigter Hang, forstw. genutze Umgebung.
65	Gstatterboden_NLV	578	14° 38' 43"	47° 35' 29"	HYD STMK	NS	2	➘				✓		✓				In Talbodenlage im Bereich von Uferbegleitvegetation.
66	Hartberg	330	15° 59' 42"	47° 17' 50"	ZAMG	VL	9	➘	✓					✓				In Talbeckenlage im Stadtgebiet.
67	Hartberg_NLV	350	15° 58' 24"	47° 17' 02"	HYD STMK	VL	9	➘				✓		✓				In Hangfußlage im Siedlungsgebiet.
68	Hebalpe	1310	15° 01' 38"	46° 56' 44"	HYD STMK	VL	8	↗				✓		✓				In Oberhanglage auf einer von Wald begrenzten Freifläche.
69	Hieflau	500	14° 44' 28"	47° 37' 32"	ZAMG	NS	2	➘	✓	✓	✓	✓	✓			✓	✓	In Talbodenlage eines Haupttales.
70	Hirschegg	1158	14° 55' 28"	47° 01' 01"	HYD STMK	VL	8	↓				✓		✓				In Oberhanglage in landwirtschaftlich genutzter Umgebung.
71	Hochgößnitz	900	15° 01' 54"	47° 03' 28"	FA17C	VL	8	↘	✓									Auf einem Hang in landwirtschaftlich genutzter Umgebung.
72	Hochneukirchen	707	16° 13' 33"	47° 27' 21"	HYD STMK	VL	8	k.A.						✓				Im Hügelgebiet in Oberhanglage in landwirtschaftlich genutzter Umgebung.
73	Hochwurzen	1844	13° 38' 23"	47° 22' 39"	FA17C	NS	4	▲	✓						✓			In frei angeströmter Gipfellage (Seilbahn Bergstation).
74	Hohenau am Wechsel	1080	15° 59' 07"	47° 28' 39"	HYD STMK	VL	8	k.A.				✓						k.A.
75	Hohenau an der Raab	702	15° 31' 47"	47° 18' 03"	HYD STMK	VL	8	k.A.				✓						k.A.
76	Hohentauern	1265	14° 29' 14"	47° 26' 02"	HYD STMK	NS	4	↓				✓		✓				Passnähe, leicht geneigter Hang in land- und forstw. genutzter Umgebung.
77	Hubertushöhe	518	15° 24' 45"	47° 05' 05"	FA17C	VL	9	↘	✓									In Oberhanglage auf einer Wiese in forstwirtschaftlich genutzter Umgebung.
78	Huttererböden	1370	14° 11' 58"	47° 41' 47"	HYD OÖ	NS	1	k.A.				✓						k.A.
79	Ingering II	850	14° 42' 17"	47° 16' 16"	HYD STMK	OM	5	↓				✓		✓				An einem leicht geneigten Hang in landwirtschaftlich genutzter Umgebung.
80	Irdning-Gumpenstein	698	14° 06' 54"	47° 30' 43"	ZAMG	NS	3	↑	✓	✓	✓	✓	✓	✓	✓	✓	✓	In Terrassenlage über einem Seitental in landwirtschaftlich genutzter Umgebung.
81	Judenburg	730	14° 40' 43"	47° 10' 22"	HYD STMK	OM	5	➘				✓		✓				In Terrassenlage im Siedlungsgebiet.
82	Kainisch	767	13° 50' 03"	47° 34' 54"	PILZ	NS	2	➘	✓									In extremer Talbeckenlage in land- und forstwirtschaftlich genutzter Umgebung.
83	Kalkleiten	710	15° 26' 06"	47° 09' 42"	FA17C	VL	9	k.A.	✓									Auf einem schwach geneigten Plateau im locker bebauten Siedlungsgebiet.
84	Kalwang	760	14° 44' 37"	47° 25' 26"	ZAMG	OM	6	➘	✓	✓	✓	✓	✓	✓		✓		In Talbodenlage im Bereich eines Gebäudes.

Tabelle 1.2.1c: Liste aller verwendeten Stationen und Legende.

Nr.	Name	Sh [m]	geographische Länge	geographische Breite	Betreiber	Modellregion	Klimaregion	Lage	Strahlungsklima	Temperatur	Feuchte, Bewölkung, Nebel	Niederschläge	Gewitter und Hagel	Schneefall und Schneedecke	Windverhältnisse	Kombinierte Größen	Bioklima Steiermark	Beschreibung
85	Kapfenberg	502	15° 18' 54"	47° 27' 45"	ZAMG	NS	6	–							✓			In Talbeckenlage im Stadtgebiet in einem Garten.
86	Karlgraben	775	15° 34' 49"	47° 41' 46"	HYD STMK	NS	6	–				✓		✓				Am Talboden eines Seitentales in land- und forstwirtschaftlich genutzter Umgebung.
87	Kindberg	561	15° 27' 06"	47° 30' 29"	ZAMG	NS	6	–	✓	✓						✓		In Talbodenlage im locker bebauten Siedlungsgebiet.
88	Kindberg/Wartberg	567	15° 29' 56"	47° 31' 13"	FA17C	NS	6	↑							✓			Ca. 100 m über Talsohle in Mittelhanglage, Nahbereich einer Schnellstraße.
89	Kirchbach in der Steiermark	350	15° 40' 00"	46° 56' 32"	HYD STMK	VL	9	↑				✓		✓				An einem leicht geneigten Hang am Siedlungsrand.
90	Kirchberg-Grafendorf	455	15° 59' 47"	47° 21' 06"	ZAMG	VL	9	▲		✓	✓	✓				✓		Ca. 70 m über Talsohle in Terrassenlage, landwirtschaftlich genutzte Umgebung.
91	Kirchenlandl	510	14° 44' 03"	47° 39' 21"	HYD STMK	NS	2	–				✓		✓				In Terrassenlage in landwirtschaftlich genutzter Umgebung.
92	Kitzeck im Sausal	485	15° 27' 56"	46° 48' 35"	HYD STMK	VL	9	➘				✓		✓	✓			In Oberhanglage in landwirtschaftlich genutzter Umgebung (Weinbau).
93	Klein Pyhrgas	1010	14° 22' 06"	47° 40' 20"	HYD OÖ	NS	1	k.A.						✓				k.A.
94	Kleinreifling	428	14° 38' 22"	47° 49' 10"	HYD OÖ	NS	2	k.A.						✓				k.A.
95	Kleinsölk	1005	13° 56' 60"	47° 24' 00"	ZAMG	NS	4	–	✓	✓	✓	✓	✓			✓	✓	In Talbodenlage im Streusiedlungsbereich.
96	Klöch/Seindl	415	15° 57' 27"	46° 46' 03"	FA17C	VL	9	▲	✓					✓				Auf einem frei anströmbaren Riedel in landw. genutzter Umgebung (Weinbau).
97	Köflach	445	15° 05' 15"	47° 04' 50"	FA17C	VL	8	–	✓									Im Stadtgebiet in bebauter Umgebung (Mehrfamilienhäuser).
98	Krakau/Terrasse	1315	13° 57' 28"	47° 11' 20"	PILZ	OM	7	–						✓				An Terrassenkante, Hochtal; locker bebautes Siedlungsgebiet wird auch landw. genutzt.
99	Kraubath an der Mur	605	14° 56' 27"	47° 18' 24"	HYD STMK	OM	5	➘				✓		✓				An einem leicht geneigten Hang im locker bebauten Siedlungsgebiet.
100	Kreuzwirt	1038	15° 48' 36"	47° 23' 48"	HYD STMK	VL	8	▬				✓		✓				In Passlage in landwirtschaftlich genutzter Umgebung.
101	Krippenstein	2050	13° 42' 00"	47° 31' 00"	ZAMG	NS	1	▲	✓	✓	✓	✓		✓		✓		In Gipfellage.
102	Lahn_Hallstatt	510	13° 39' 49"	47° 33' 25"	HYD OÖ	NS	2	k.A.						✓				k.A.
103	Lassnitzhöhe	527	15° 36' 34"	47° 04' 28"	ZAMG	VL	9	➘	✓	✓	✓	✓	✓	✓	✓	✓	✓	In Oberhanglage im Siedlungsgebiet.
104	Leibnitz	273	15° 32' 17"	46° 47' 51"	ZAMG	VL	9	–	✓	✓	✓	✓	✓	✓	✓	✓		In Talbeckenlage im Stadtgebiet.
105	Leoben-Hinterberg	570	15° 04' 54"	47° 22' 45"	HYD STMK	OM	6	k.A.						✓				k.A.
106	Leutschach	370	15° 28' 52"	46° 39' 11"	HYD STMK	VL	9	➘				✓		✓				In Mittelhanglage in landwirtschaftlich genutzter Umgebung.
107	Liezen	653	14° 15' 44"	47° 34' 03"	FA17C	NS	3	–						✓				Talrandlage eines Hauptales, Ausg. eines Seitentales, locker bebautes Wohngeb.
108	Liezen	670	14° 14' 10"	47° 34' 15"	HYD STMK	NS	3	–				✓		✓				In Talbodenlage im Siedlungsgebiet.
109	Ligist	370	15° 13' 31"	46° 59' 18"	HYD STMK	VL	9	↓				✓		✓				In Unterhanglage am Waldrand.
110	Limberg	450	15° 13' 33"	46° 45' 45"	HYD STMK	VL	9	k.A.						✓				k.A.
111	Linzer Haus	1435	14° 17' 18"	47° 39' 48"	HYD OÖ	NS	1	k.A.						✓				k.A.
112	Lobming	414	15° 11' 42"	47° 03' 35"	ZAMG	VL	8	→		✓	✓	✓	✓	✓		✓	✓	In leicht geneigter Unterhanglage im locker bebauten Siedlungsgebiet.
113	Mahrensdorf	393	15° 57' 09"	46° 54' 14"	PILZ	VL	9	▲						✓				Auf einem Riedelrücken in landwirtschaftlich sowie bergbaulich genutzter Umgebung.
114	Maria Lankowitz	530	15° 04' 57"	47° 04' 57"	HYD STMK	VL	8	↓				✓		✓				In Unterhanglage im Siedlungsgebiet.
115	Mariatrost/Fölling	424	15° 30' 39"	47° 07' 33"	PILZ	VL	9	–	✓									In einem kleinen Seitental am Talboden in landwirtschaftlich genutzter Umgebung.
116	Mariazell	865	15° 19' 18"	47° 46' 09"	ZAMG	NS	2	↙	✓	✓	✓	✓	✓	✓		✓	✓	An einem Hang im locker bebauten Siedlungsgebiet.
117	Mariensee	780	15° 58' 16"	47° 32' 27"	HYD NÖ	VL	8	↑				✓		✓				In Unterhanglage am Waldrand.
118	Masenberg	1170	15° 53' 21"	47° 21' 30"	FA17C	VL	8	▲	✓					✓				In Kammlage in land- und forstwirtschaftlich genutzter Umgebung.
119	Mautern	710	14° 49' 24"	47° 24' 01"	HYD STMK	OM	6	–				✓		✓				In Talrandlage am locker bebauten Ortsrand.
120	Michaelerberg	1280	13° 53' 21"	47° 25' 37"	HYD STMK	NS	3	←						✓				An einem Westhang in landwirtschaftlich genutzter Umgebung.
121	Mitterbach	842	15° 17' 22"	47° 49' 45"	HYD NÖ	NS	2	k.A.						✓				k.A.
122	Mönichkirchen	991	16° 02' 59"	47° 31' 39"	ZAMG	VL	8	↓	✓	✓	✓	✓		✓		✓		An schwach geneigtem Hang, Streusiedlungsb., landw. gen. Umgebung.
123	Mönichkirchner Schwaig	1179	16° 00' 30"	47° 31' 07"	HYD STMK	VL	8	↓				✓		✓				In Mittelhanglage in landwirtschaftlich genutzter Umgebung.
124	Murau	813	14° 11' 36"	47° 07' 41"	ZAMG	OM	5	–	✓					✓			✓	Knapp über einem Talboden auf einer Terrasse im locker beb. Siedlungsgebiet.
125	Mürzsteg_NLV	810	15° 28' 21"	47° 40' 25"	HYD STMK	NS	6	↓				✓		✓				In Unterhanglage in landwirtschaftlich genutzter Umgebung.
126	Mürzzuschlag	758	15° 41' 09"	47° 36' 11"	ZAMG	NS	6	↗		✓	✓	✓	✓	✓		✓	✓	In Mittelhanglage im Siedlungsgebiet.

Tabelle 1.2.1d: Liste aller verwendeten Stationen und Legende.

Nr.	Name	Sh [m]	geographische Länge	geographische Breite	Betreiber	Modellregion	Klimaregion	Lage	Strahlungsklima	Temperatur	Feuchte, Bewölkung, Nebel	Niederschläge	Gewitter und Hagel	Schneefall und Schneedecke	Windverhältnisse	Kombinierte Größen	Bioklima Steiermark	Beschreibung
127	Mürzzuschlag_NLV	660	15° 40' 23"	47° 36' 20"	HYD STMK	NS	6	—						✓				In Talbodenlage im Siedlungsgebiet.
128	Nasswald	648	15° 42' 50"	47° 46' 51"	HYD NÖ	NS	2	↘				✓		✓				In einem Seitental in Unterhanglage in landwirtschaftlich genutzter Umgebung.
129	Nasswald-Wasseralm	774	15° 39' 28"	47° 44' 11"	HYD NÖ	NS	2	k.A.						✓				k.A.
130	Neuhaus a. Zellerrain	1048	15° 11' 14"	47° 47' 10"	HYD NÖ	NS	1	↑				✓		✓				In einem Seitentalschluss an einem leicht gen. Hang in landw. genutzter Umgebung.
131	Neuhof	770	15° 09' 13"	47° 14' 57"	HYD STMK	VL	8	↘				✓		✓				In einem Seitental in Unterhanglage in landwirtschaftlich genutzter Umgebung.
132	Neumarkt	835	14° 26' 47"	47° 05' 32"	ZAMG	OM	5	▲		✓	✓	✓		✓	✓	✓		Auf einer Kuppe in landwirtschaftlich genutzter Umgebung.
133	Neumarkt/Raab	245	16° 10' 00"	46° 56' 60"	HYD BGL	VL	9	k.A.						✓				k.A.
134	Niederalpl_NLV	930	15° 25' 51"	47° 41' 57"	HYD STMK	NS	2	↓				✓		✓				An einem Talschluss in Unterhanglage in landwirtschaftlich genutzter Umgebung.
135	Noreia	1060	14° 32' 43"	47° 01' 52"	HYD STMK	OM	7	k.A.				✓		✓				In Mittelhanglage am Siedlungsrand.
136	Obdach	875	14° 42' 38"	47° 04' 08"	HYD STMK	OM	5	—				✓		✓				Am Talboden des Siedlungsgebietes.
137	Obertraun	515	13° 42' 56"	47° 33' 14"	HYD OÖ	NS	2	k.A.						✓				k.A.
138	Oberwölz	827	14° 17' 57"	47° 12' 07"	ZAMG	OM	5	—		✓	✓	✓	✓	✓		✓	✓	In Talrandlage im locker bebauten Siedlungsgebiet in einem Garten.
139	Oberzeiring	933	14° 30' 46"	47° 15' 17"	ZAMG	OM	5	—		✓	✓	✓	✓	✓		✓	✓	In Terrassenlage im Nahbereich einer Sportfläche.
140	Ödernalm	1166	13° 50' 22"	47° 37' 16"	PILZ	NS	1	—	✓									Auf ebener, almwirtschaftlich genutzter Fläche
141	Oppenberg	1060	14° 16' 11"	47° 29' 23"	HYD STMK	NS	3	k.A.				✓		✓				In einem Seitental in Hanglage in landwirtschaftlich genutzter Umgebung.
142	Paal-Stadl	950	13° 59' 48"	47° 04' 25"	HYD STMK	OM	5	→				✓		✓				In einem Seitental in Unterhanglage in forstwirtschaftlich genutzter Umgebung.
143	Pack	1115	14° 59' 09"	46° 59' 45"	HYD STMK	VL	8	↗						✓				An einem leicht geneigten Hang in landwirtschaftlich genutzter Umgebung.
144	Packer Sperre	850	15° 02' 33"	46° 59' 44"	HYD STMK	VL	8	k.A.				✓		✓				In Unterhanglage an einem Stausee.
145	Pinkafeld	400	16° 07' 00"	47° 22' 00"	HYD BGL	VL	9	k.A.						✓				k.A.
146	Planai	1860	13° 43' 27"	47° 22' 23"	HYD STMK	NS	4	↘				✓		✓				In Oberhanglage in landwirtschaftlich und touristisch genutzter Umgebung.
147	Planneralm	1605	14° 12' 04"	47° 24' 22"	HYD STMK	NS	4	k.A.				✓		✓				k.A.
148	Pleschkogel	910	15° 14' 20"	47° 09' 57"	HYD STMK	VL	8	↑				✓		✓				In Hanglage in forstwirtschaftlich genutzter Umgebung.
149	Pöllau	420	15° 50' 09"	47° 18' 26"	HYD STMK	VL	8	—				✓		✓				Im Talbecken des Siedlungsgebietes.
150	Pöllau (Zentralstation)	525	15° 49' 31"	47° 20' 36"	HYD STMK	VL	8	k.A.				✓		✓				k.A.
151	Pötschen	1000	13° 42' 40"	47° 37' 24"	HYD STMK	NS	1	k.A.						✓				k.A.
152	Preiner Gscheid	890	15° 42' 03"	47° 40' 41"	HYD STMK	NS	1	↓				✓		✓				In einem Seitental in Unterhanglage in landwirtschaftlich genutzter Umgebung.
153	Preitenegg	1055	14° 55' 00"	46° 56' 60"	ZAMG	VL	5	▲		✓	✓	✓		✓		✓		Auf einem flachen Rücken.
154	Pürgg	790	14° 04' 08"	47° 32' 52"	HYD STMK	NS	2	↓				✓		✓				Über einem Seitental in Oberhanglage in landwirtschaftlich genutzter Umgebung.
155	Pusterwald	1072	14° 23' 34"	47° 19' 33"	ZAMG	OM	7	—		✓	✓	✓	✓	✓		✓	✓	In Talbodenlage in land- und forstwirtschaftlich genutzter Umgebung.
156	Pusterwald-Hinterwinkel	1260	14° 18' 25"	47° 21' 05"	HYD STMK	OM	7	↑				✓		✓				In Unterhanglage auf einem Schwemmkegel in landwirtschaftlich genutzter Umgebung.
157	Radmer_NLV	700	14° 46' 55"	47° 32' 25"	HYD STMK	NS	2	—				✓		✓				In einem Seitental in Hangfußlage in forstwirtschaftlich genutzter Umgebung.
158	Radstadt	845	13° 27' 00"	47° 23' 60"	ZAMG	NS	3	↓		✓	✓	✓		✓		✓		In Talrandlage an einem schwach geneigten Hang in landw. genutzter Umgebung.
159	Ramsau am Dachstein	1203	13° 39' 00"	47° 25' 00"	ZAMG	NS	1	↓	✓						✓		✓	In Mittelhanglage im Streusiedlungsbereich in landwirtschaftlich genutzter Umgebung.
160	Rax/Seilbahnstation	1547	15° 47' 43"	47° 43' 03"	ZAMG	NS	1	→							✓		✓	In Oberhanglage im Bereich einer Verflachung im Almgelände.
161	Rechberg	926	15° 25' 59"	47° 16' 46"	ZAMG	VL	8	▲	✓	✓	✓	✓	✓	✓		✓	✓	Auf einem flachen Rücken in landwirtschaftlich genutzter Umgebung.
162	Reichenau an der Rax	486	15° 49' 58"	47° 43' 09"	ZAMG	NS	–	—						✓				Am Talboden eines Seitentales im locker bebauten Siedlungsgebiet.
163	Reichenfels/Lavant	800	14° 45' 48"	47° 00' 24"	HYD KTN	OM	5	k.A.				✓		✓				k.A.
164	Reiterberg	940	14° 38' 13"	47° 13' 44"	FA17C	OM	5	▲							✓			In Beckenrandlage auf einem Sporn in landwirtschaftlich genutzter Umgebung.
165	Rennfeld	1610	15° 22' 40"	47° 24' 21"	FA17C	VL	8	▲	✓									In frei anströmbarer Gipfellage.
166	Rettenegg_NLV	860	15° 47' 52"	47° 32' 32"	HYD STMK	VL	8	↘				✓		✓				Im Siedlungsgebiet in Unterhanglage.
167	Riegersburg	350	15° 56' 17"	47° 00' 12"	HYD STMK	VL	9	→				✓		✓				Im Hügelland in Mittelhanglage.
168	Rohr an der Raab	306	15° 49' 59"	46° 59' 40"	HYD STMK	VL	9	—				✓		✓				In Talrandlage im Siedlungsgebiet.

Tabelle 1.2.1e: Liste aller verwendeten Stationen und Legende.

Nr.	Name	Sh [m]	geographische Länge	geographische Breite	Betreiber	Modellregion	Klimaregion	Lage	Strahlungsklima	Temperatur	Feuchte, Bewölkung, Nebel	Niederschläge	Gewitter und Hagel	Schneefall und Schneedecke	Windverhältnisse	Kombinierte Größen	Bioklima Steiermark	Beschreibung
169	Rohrmoos	1078	13° 39' 29"	47° 23' 41"	ZAMG	NS	4	↗	✓	✓	✓	✓	✓	✓		✓	✓	Auf einer Terrasse über einem Haupttal im locker bebauten Siedlungsgebiet.
170	Sajach	340	15° 20' 41"	46° 57' 14"	HYD STMK	VL	9	▬				✓		✓				In Talrandlage im Siedlungsgebiet.
171	Schladming_NLV	740	13° 41' 07"	47° 24' 33"	HYD STMK	NS	3	▬				✓		✓				In Talbodenlage im Siedlungsgebiet.
172	Schmelz	1560	14° 36' 02"	47° 06' 20"	HYD STMK	OM	7	↓						✓				In Mittelhanglage auf einer von Wald begrenzten Freifläche.
173	Schöckl	1436	15° 28' 06"	47° 12' 57"	ZAMG	VL	8	▲	✓	✓	✓	✓	✓	✓	✓	✓	✓	In Gipfellage in land- und forstwirtschaftlich genutzter Umgebung.
174	Schöder	900	14° 07' 37"	47° 11' 58"	HYD STMK	OM	5	↘				✓		✓				In Unterhanglage im Siedlungsgebiet.
175	Schönbergalpe	1350	13° 43' 01"	47° 32' 07"	HYD OÖ	NS	1	k.A.						✓				k.A.
176	Seckau	855	14° 47' 57"	47° 16' 16"	ZAMG	OM	5	↓	✓	✓	✓	✓	✓			✓	✓	An einem leicht geneigten Hang im locker bebauten Siedlungsgebiet.
177	Seethal	1210	13° 57' 00"	47° 09' 00"	HYD STMK	OM	7	k.A.				✓						k.A.
178	Semmering	1000	15° 50' 40"	47° 38' 52"	ZAMG	NS	1	☁	✓	✓						✓		In Passlage in vorwiegend wintertouristisch genutzter Umgebung.
179	Semriach	670	15° 24' 31"	47° 13' 23"	HYD STMK	VL	8	▬				✓		✓				In Terrassenlage im Siedlungsgebiet.
180	Sinabelkirchen	330	15° 50' 56"	47° 06' 15"	HYD STMK	VL	9	k.A.				✓		✓				Auf einem leicht geneigten Hang im Siedlungsgebiet.
181	Soboth_NLV	1145	15° 05' 24"	46° 41' 27"	HYD STMK	VL	8	↓				✓		✓				In Mittelhanglage auf einer Freifläche in forstwirtschaftlich genutzter Umgebung.
182	Södingberg	480	15° 12' 23"	47° 05' 47"	HYD STMK	VL	8	k.A.				✓		✓				An einem Hang in Nähe einer Häusergruppe.
183	Sonnblick	3105	12° 57' 29"	47° 03' 18"	ZAMG	–	–	▲	✓	✓	✓	✓		✓	✓	✓		In frei anströmbarer Gipfellage.
184	Spital am Pyhrn	630	14° 20' 05"	47° 40' 07"	HYD OÖ	NS	2	k.A.				✓						k.A.
185	St. Anna ob Schwanberg	1050	15° 10' 38"	46° 45' 58"	HYD STMK	VL	8	▲				✓		✓				Auf einer Kuppe in land- und forstwirtschaftlich genutzter Umgebung.
186	St. Jakob im Walde	922	15° 47' 10"	47° 28' 07"	HYD STMK	VL	8	→				✓		✓				Auf einem leicht geneigten Mittelhang in land- und forstwirtschaftlicher Umgebung.
187	St. Johann am Tauern	1050	14° 28' 17"	47° 21' 23"	HYD STMK	OM	7	←				✓		✓				In einem Seitental in Unterhanglage.
188	St. Johann bei Herberstein	410	15° 49' 59"	47° 13' 50"	HYD STMK	VL	9	↘				✓		✓				In Oberhanglage am Waldrand.
189	St. Lambrecht	1070	14° 18' 44"	47° 04' 47"	HYD STMK	OM	7	▬				✓		✓				In Talrandlage im Siedlungsgebiet.
190	St. Lorenzen	780	15° 10' 03"	46° 40' 19"	HYD STMK	VL	8	↘				✓		✓				In Hanglage auf einer Waldlichtung.
191	St. Michael b. Leoben	565	15° 00' 20"	47° 20' 09"	ZAMG	OM	6	▬	✓	✓	✓				✓	✓	✓	In Talbodenlage in einem Kasernengelände.
192	St. Nikolai im Sausal	340	15° 27' 53"	46° 49' 15"	HYD STMK	VL	9	↘				✓		✓				In Mittelhanglage im locker bebauten Siedlungsgebiet.
193	St. Nikolai im Sölktal	1120	14° 03' 46"	47° 19' 13"	HYD STMK	NS	4	↘				✓		✓				In einem Seitental in Unterhanglage in Siedlungsnähe.
194	St. Peter am Ottersbach	270	15° 46' 33"	46° 48' 03"	HYD STMK	VL	9	▬				✓		✓				In Talbodenlage im Siedlungsgebiet.
195	St. Radegund	725	15° 29' 27"	47° 11' 56"	ZAMG	VL	8	↓	✓	✓	✓	✓	✓	✓	✓	✓	✓	In Mittelhanglage im locker bebauten Siedlungsgebiet.
196	Stainz_NLV	340	15° 16' 32"	46° 54' 46"	HYD STMK	VL	9	k.A.				✓		✓				In leicht geneigter Hanglage im Siedlungsgebiet.
197	Stanz	648	15° 30' 54"	47° 28' 08"	HYD STMK	NS	6	k.A.				✓		✓				In Mittelhanglage am Siedlungsrand.
198	Stolzalpe	1293	14° 12' 42"	47° 07' 15"	ZAMG	OM	7	↓	✓	✓	✓	✓	✓	✓		✓	✓	In Oberhanglage auf Wiesenfläche.
199	Straden	360	15° 52' 10"	46° 48' 22"	HYD STMK	VL	9	k.A.				✓		✓				In Oberhanglage in landwirtschaftlich genutzter Umgebung (Weinbau).
200	Straß	256	15° 37' 28"	46° 44' 08"	HYD STMK	VL	9	▬				✓		✓				In Talbeckenlage im Siedlungsgebiet.
201	Tamsweg	1012	13° 49' 36"	47° 07' 29"	ZAMG	OM	5	↓	✓	✓	✓	✓		✓		✓		In Talbeckenlage im locker bebauten Siedlungsgebiet.
202	Tauplitzalm	1645	13° 60' 53"	47° 36' 48"	PILZ	NS	1	▬						✓	✓			Auf ebener, almwirtschaftlich genutzter Fläche.
203	Tragöß_NLV	770	15° 05' 44"	47° 32' 48"	HYD STMK	NS	6	▬				✓		✓				In Talrandlage im locker bebauten Siedlungsgebiet.
204	Trattenbach-Kummerbauerstadl	803	15° 54' 31"	47° 36' 09"	HYD NÖ	VL	8	k.A.				✓						k.A.
205	Trieben (Schoberpass)	852	14° 40' 39"	47° 27' 13"	PILZ	NS	3	☁								✓		In Passlage in landwirtschaftlich genutzter Umgebung.
206	Trofaiach	660	15° 00' 29"	47° 26' 44"	HYD STMK	OM	6	▬				✓		✓				In Talbodenlage im Siedlungsgebiet.
207	Turrach	1260	13° 53' 14"	46° 58' 56"	HYD STMK	OM	7	▬						✓				In Hangfußlage am Waldrand.
208	Unterlaussa	540	14° 34' 37"	47° 43' 11"	HYD OÖ	NS	2	k.A.				✓						k.A.
209	Unterpurkla	220	15° 55' 52"	46° 43' 11"	HYD STMK	VL	9	▬				✓		✓				In Talbodenlage im Bereich von Aulandschaft.
210	Untertal-Tetter	1040	13° 43' 41"	47° 21' 22"	HYD STMK	NS	4	k.A.						✓				In Unterhanglage in land- und forstwirtschaftlicher Umgebung.

Tabelle 1.2.1f: Liste aller verwendeten Stationen und Legende.

Nr.	Name	Sh [m]	geographische Länge	geographische Breite	Betreiber	Modellregion	Klimaregion	Lage	Strahlungsklima	Temperatur	Feuchte, Bewölkung, Nebel	Niederschläge	Gewitter und Hagel	Schneefall und Schneedecke	Windverhältnisse	Kombinierte Größen	Bioklima Steiermark	Beschreibung
211	Untertauern	1000	13° 31' 00"	47° 18' 00"	HYD SBG	NS	4	k.A.				✓						k.A.
212	Unzmarkt	745	14° 27' 31"	47° 12' 45"	HYD STMK	OM	5	▬				✓		✓				In Talrandlage im Siedlungsgebiet.
213	Veitsch	665	15° 30' 51"	47° 35' 36"	HYD STMK	NS	6	▬				✓		✓				Am Talboden im Siedlungsgebiet.
214	Villacher Alpe	2140	13° 40' 24"	46° 36' 13"	ZAMG	–	–	▲	✓	✓	✓	✓		✓	✓	✓		In frei anströmbarer Gipfellage.
215	Voitsberg-Krems	388	15° 09' 15"	47° 03' 43"	FA17C	VL	8	▬							✓			In Talbodenlage, locker beb. Siedlungsgeb., landw. genutzte Umgebung.
216	Vorau	690	15° 53' 17"	47° 24' 06"	HYD STMK	VL	8	▲				✓		✓				Auf einer Kuppe in landwirtschaftlich genutzter Umgebung.
217	Wald am Schoberpaß	890	14° 41' 43"	47° 27' 19"	HYD STMK	NS	3	↘				✓		✓				In Passnähe in Unterhanglage in forstwirtschaftlich genutzter Umgebung.
218	Waltra	380	15° 58' 00"	46° 51' 51"	HYD STMK	VL	9	→				✓		✓				In Mittelhanglage in landwirtschaftlich genutzter Umgebung.
219	Weichselboden_NLV	680	15° 11' 45"	47° 40' 22"	HYD STMK	NS	2	▬				✓		✓				In Talbodenlage im locker bebauten Siedlungsgebiet.
220	Weißpriach	1100	13° 43' 00"	47° 11' 60"	HYD SBG	OM	7	k.A.				✓						k.A.
221	Weiz	485	15° 38' 46"	47° 13' 03"	FA17C	VL	9	▬							✓			Im Stadtgebiet in locker bebauter Umgebung (Einfamilienhäuser).
222	Weiz	465	15° 38' 08"	47° 13' 07"	HYD STMK	VL	9	k.A.						✓				k.A.
223	Weiz	465	15° 38' 08"	47° 13' 07"	ZAMG	VL	9	▬	✓	✓	✓	✓				✓	✓	In Talbodenlage im Siedlungsgebiet.
224	Wiel	928	15° 08' 46"	46° 45' 46"	HYD STMK	VL	8	k.A.						✓				k.A.
225	Wiel	922	15° 00' 46"	46° 45' 46"	ZAMG	VL	8			✓	✓	✓	✓			✓	✓	In Mittelhanglage in landwirtschaftlich genutzter Umgebung.
226	Wies_NLV	390	15° 16' 43"	46° 43' 21"	HYD STMK	VL	9	k.A.				✓						k.A.
227	Wildalpen_NLV	610	14° 59' 54"	47° 39' 18"	HYD STMK	NS	2	▬				✓		✓				In Talbodenlage im locker bebauten Siedlungsgebiet.
228	Windischgarsten-Dambach	614	14° 21' 44"	47° 43' 06"	HYD OO	NS	2	k.A.				✓						k.A.
229	Wörterberg	400	16° 06' 54"	47° 14' 38"	ZAMG	VL	9	▲	✓	✓	✓	✓		✓		✓		In Riedellage im locker bebauten Siedlungsgebiet.
230	Zehensdorf	288	15° 43' 07"	46° 49' 28"	HYD STMK	VL	9	k.A.				✓						k.A.
231	Zelting	200	16° 01' 18"	46° 42' 22"	HYD STMK	VL	9	▬				✓		✓				In Talbodenlage im locker bebauten Siedlungsgebiet.
232	Zeltweg	670	14° 46' 35"	47° 12' 05"	ZAMG	OM	5	▬	✓	✓	✓	✓	✓	✓	✓	✓	✓	In Talbeckenlage neben Flugfeld.
233	Zöbern	596	16° 08' 46"	47° 31' 50"	HYD NÖ	VL	9	k.A.				✓						k.A.

Klimaregionen	Modellregion	Lage
1 ... Hochlagen im Nordstaugebiet	VL ... Südöstliches Alpenvorland	▬ ... Tal
2 ... Tallagen im Nordstaugebiet	OM ... Oberes Murtal	→ ... Hang (Richtung), hier als Beispiel ein Osthang
3 ... Talbecken des oberen Ennstales	NS ... Nordstau	▲ ... Pass
4 ... Niedere Tauern		▲ ... Gipfel
5 ... Talbecken des oberen Murtales		
6 ... Talbecken des Mur- und Mürztales		
7 ... Hochlagen der Inneralpen		
8 ... Steirisches Randgebirge		
9 ... Vorland		
– ... außerhalb steirischer Klimazonen		

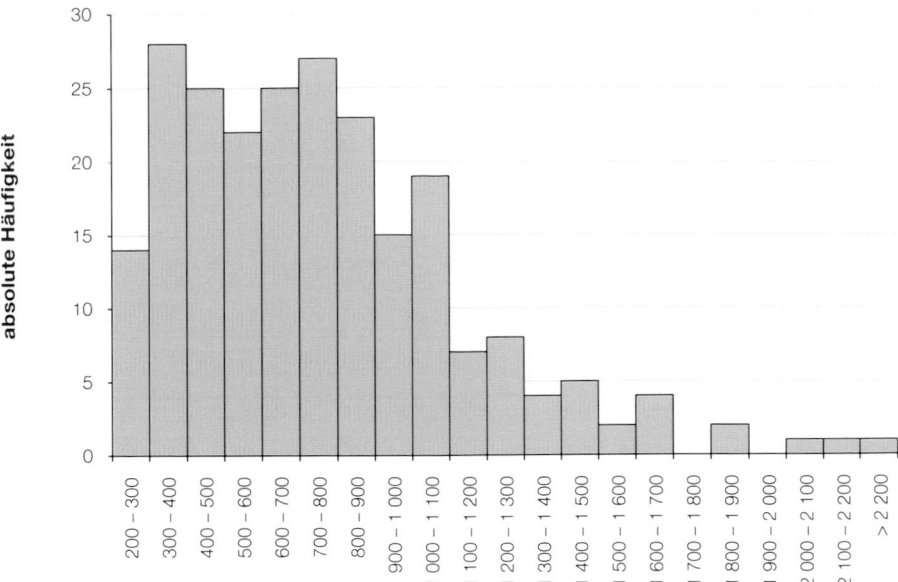

Abbildung 1.2.1: Zahl der verwendeten Stationen für Seehöhenbereiche.

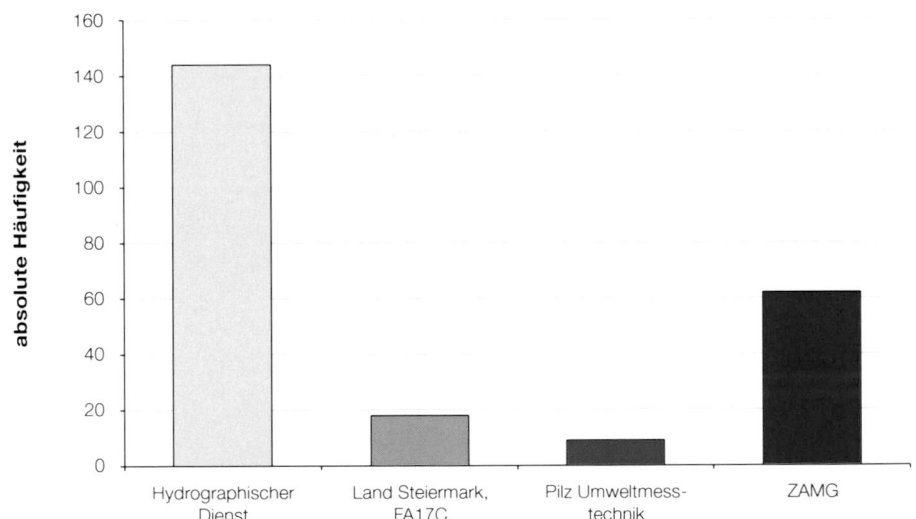

Abbildung 1.2.2: Zahl der verwendeten Stationen für jeden Betreiber.

STRAHLUNG

A. PODESSER, H. RIEDER

KARTOGRAPHISCHE BEARBEITUNG

V. HAWRANEK, A. PODESSER, H. RIEDER

2 STRAHLUNG

✱ Dieses Kartensymbol bedeutet, dass gedrucktes Kartenmaterial in der Klimaatlas-Mappe verfügbar ist.

Titelbild: Sonnenscheinautograph, Modell Campbell & Stokes: Aufzeichnung der Sonnenscheindauer mittels Brandspurmethode.
Foto: A. PODESSER

2.1 Die Globalstrahlung

Für die zunehmende Nutzung solarer Energie ist nicht nur die Kenntnis der Sonnenscheindauer alleine, sondern auch die an einem bestimmten Punkt der Erdoberfläche zur Verfügung stehende solare Bestrahlungsstärke von Interesse.

Der Bedarf an Sonnenenergie in Technik, Industrie, aber auch in privaten Haushalten sowie die Schätzung der Energiebilanz an der Bodenoberfläche für die Wasser-, Agrar- und Forstwirtschaft erfordern daher eine flächenhafte Darstellung des Einstrahlungsangebotes im mikroklimatischen Scale.

Solarkonstante

Fast ausschließliche Energiequelle für das Wettergeschehen auf der Erde ist die Sonne. Bei einer mittleren Oberflächentemperatur der Sonne von 5 700°C ergibt sich dabei eine unvorstellbare Strahlungsleistung von $6{,}15 \cdot 10^4$ kW/m²! Die am äußeren Rand der Erdatmosphäre auftreffende Strahlungsenergie der Sonne auf einer senkrecht zur Einstrahlungsrichtung stehenden Fläche beträgt im Mittel 1,368 kW/m² und wird als Solarkonstante bezeichnet. Diese Bestrahlungsstärke wird vom Querschnitt der Erdkugel aufgefangen. Da der Querschnitt einer Kugel ein Viertel ihrer Oberfläche beträgt, empfängt die Erdoberfläche im Durchschnitt 0,342 kW/m². Diese Wärmemenge reicht beispielsweise aus, um in einem Tag eine 9 cm dicke Eisschicht zu schmelzen oder um eine 7 cm dicke Wasserschicht um 100 K zu erwärmen! Je nach Jahreszeit und geographischer Breite ändert sich dieser Betrag, dazu kommen Unterschiede in der Solarkonstante zwischen dem Perihel (sonnennächster Punkt im Nordwinter) und Aphel (sonnenfernster Punkt im Nordsommer).

Breitenkreisabhängige Summen der Einstrahlung

Auf dem Weg durch die Atmosphäre kommt es zu einer Abschwächung der Einstrahlung, die von der Länge des zurückgelegten Weges, also vom Einfallswinkel der Strahlen und somit auch von der Seehöhe abhängt.

Somit ist die solare Bestrahlungsstärke an einem Punkt der Erdoberfläche grundsätzlich von der geographischen Lage und letztlich vom Jahresgang der Sonnenhöhe abhängig, wobei die Strahlungsintensität mit dem Sinus des Einfallswinkels der Sonnenstrahlen abnimmt.

In Tabelle 2.1.1 zeigt sich, dass zum Zeitpunkt des jeweiligen Sommersolstitiums nicht etwa die Wendekreise die meiste Sonnenenergie empfangen, da die polwärts zunehmende Tageslänge die Strahlungsabschwächung durch den schrägen Einfall überwiegt. Aus diesem Grund erhält der Rand der Atmosphäre über den Polarregionen zur Mittsommerzeit wegen des dauernden Verbleibs der Sonne über dem Horizont überhaupt den größten Strahlungsbetrag, der auf der Erde vorkommt. Im Jahresmittel bekommt jedoch der Äquator die meiste Einstrahlung.

Einfluss von Relief und Seehöhe

Für eine kleinräumige Differenzierung im Strahlungshaushalt sind jedoch besonders die Klimafaktoren Relief und Oberflächenbedeckung verantwortlich. Vor diesen räumlichen Unterschieden sind insbesondere Gebiete mit komplexer Topographie betroffen, wie sie für den Alpenraum typisch sind.

Die Geländehöhe wirkt vor allem bei niedrigen Sonnenhöhen als Hindernis gegenüber der direkten Einstrahlung, die Abschattung durch die Horizontüberhöhung

Tabelle 2.1.1: Tagessummen der mittleren Einstrahlung im solaren Klima (Obergrenze der Atmosphäre) an ausgewählten Tagen im Jahr [kWh/(m²d)]. (Quelle: Kuttler, 2009)

	21. März	6. Mai	22. Juni	8. August	23. September	8. November	22. Dezember	4. Februar
Nord 90°	0	9,2	12,9	9,1	0	0	0	0
70°	3,7	8,9	12,1	8,5	3,6	0,3	0	0,3
50°	6,9	10,3	11,8	10,2	6,8	3,4	2,1	3,5
30°	9,2	11,1	11,7	10,9	9,1	6,7	5,5	6,8
10°	10,5	10,7	10,5	10,5	10,4	9,4	8,7	9,5
0°	10,7	9,9	9,4	9,9	10,5	10,4	10,1	10,5
10°	10,5	9,1	8,2	8,9	10,4	11,1	11,1	11,1
30°	9,2	6,5	5,2	6,5	9,1	11,5	12,4	11,6
50°	6,9	3,3	1,9	3,2	6,8	10,8	12,6	10,9
70°	3,7	0,3	0	0,3	3,6	9,3	12,9	9,5
Süd 90°	0	0	0	0	0	9,5	13,7	9,6

führt zu Strahlungsverlusten. Außerdem wird das Gesichtsfeld eines Punktes durch das umgebende Relief reduziert, was vor allem einschränkende Auswirkungen auf die diffuse Himmelsstrahlung hat. Andererseits nimmt die Weglänge der Strahlung durch die Extinktion (Schwächung der Einstrahlung durch Absorption und Streuung) mit zunehmender Seehöhe ab.

Weitere modifizierende Klimafaktoren

Die Orientierung und Neigung von Hängen führt zu unterschiedlichen Einstrahlungsverhältnissen. Exposition (Hangausrichtung) und Inklination (Hangneigung) wirken sich über die Strahlungsgeometrie direkt auf die Einstrahlungsbeträge aus.

Letztlich beeinflusst die Oberflächenbedeckung über die Albedo den Nettostrahlungsgewinn einer Fläche.

2.1.1 Einfluss von Atmosphäre und Geländehöhe auf die Direktstrahlung

Die solare Direktstrahlung erfährt auf ihrem Weg durch die Atmosphäre eine durch Absorption und Streuung verursachte Abschwächung. Maßgeblich dafür verantwortlich ist die Absorption durch Sauerstoff, Kohlendioxid, Ozon und Wasserdampf, die Rayleighstreuung an Luftmolekülen sowie die Extinktion an festen oder flüssigen Partikeln (Aerosolen). Nach BIRD, 1984 gilt für die Direktstrahlung auf die horizontale Fläche an einem wolkenfreien Tag:

$$S{\downarrow} = I_0 \cdot Ex \cdot \sin\beta \cdot 0{,}9751 \cdot (\tau_{Gas} \cdot \tau_{Ozon} \cdot \tau_{Luft} \cdot \tau_{WV} \cdot \tau_{Ae})$$

$S{\downarrow}$... Bestrahlungsstärke der solaren Direktstrahlung $[W/m^2]$

I_0 ... Solarkonstante $[W/m^2]$

Ex ... Exzentrizitätsfaktor

β ... Sonnenhöhe $[°]$

τ ... Transmissionsvermögen der Atmosphäre (τ_{WV} ... Wasserdampf, τ_{Ae} ... Aerosol)

Die Schwächung der Strahlung entlang eines Strahlungspfades durch Absorption und Streuung beschreibt der Extinktionskoeffizient (β_{ext}) mit der Dimension $[km^{-1}]$.

Die Verminderung der Direktstrahlung über den gesamten Strahlungspfad wird durch die dimensionslose Größe der optischen Dicke (τ_{ext}) dargestellt, welche man durch Multiplikation des Extinktionskoeffizienten mit der Weglänge durch die Atmosphäre (Δz) erhält.

$$\tau_{ext} = \beta_{ext} \cdot \Delta z$$

Die optische Dicke verhält sich umgekehrt proportional zur Transmission und beschreibt somit die Abhängigkeit der Transmission von der Weglänge durch die Atmosphäre.

$$\tau = e^{-\tau_{ext}}$$

Aus den o.a. Faktoren ergeben sich folgende Konsequenzen, welche auch aus der Tabelle 2.1.1.1 abgeleitet werden können:

- Je niedriger der Sonnenstand, desto größer ist die Weglänge durch die Atmosphäre. Gegenüber einer senkrechten Sonneneinstrahlung ergibt sich in Meereshöhe bei $\beta=30°$ eine Verdoppelung der Weglänge, bei $\beta=10°$ verlängert sich der Weg bereits um das 5,6-fache. Somit nimmt die optische Dicke der Atmosphäre mit zunehmender Sonnenhöhe ab, die Transmission entsprechend zu.

- Ebenso verkürzt sich mit zunehmender Seehöhe der Strahlungspfad durch die Atmosphäre, die optische Dicke nimmt ab, die Transmission entsprechend zu. In 3 000 m werden bei $\beta=90°$ nur 7/10, bei $\beta=30°$ nur das 1,4-fache und bei $\beta=10°$ erst das 4-fache der Luftmasse durchstrahlt.

Tabelle 2.1.1.1: Von den Sonnenstrahlen durchstrahlte Luftmasse in Abhängigkeit von der Sonnenhöhe β und der Seehöhe (Gesamtatmosphäre in Meereshöhe bei $\beta=90° \rightarrow 1$).

Seehöhe [m]	Sonnenhöhe (Neigungswinkel)							
	70°	60°	50°	40°	30°	20°	10°	5°
3000	0,74	0,81	0,91	1,09	1,40	2,03	3,92	7,28
2000	0,83	0,90	1,01	1,21	1,56	2,26	4,37	8,11
1000	0,94	1,02	1,16	1,38	1,78	2,58	4,98	9,26
0	1,06	1,15	1,31	1,56	2,00	2,92	5,76	11,47

2.1.1.1 Geländeabschattung der Direktstrahlung

In Gebieten mit großer Horizontüberhöhung kommt es zu Abschattungen an sonnenabgewandten Hängen. Dieser Effekt tritt besonders bei niedrigem Sonnenstand in den Morgen- und Abendstunden auf. Trotz des Schlagschattens wird es in dem betroffenen Gebiet nicht vollständig dunkel, da die diffuse Himmelsstrahlung alle beschatteten Geländebereiche gleichmäßig ausleuchtet.

2.1.1.2 Einfluss von Hangneigung und Exposition auf die Direktstrahlung

Wie bereits erwähnt, hängt der Betrag der solaren Direktstrahlung auf eine horizontale Fläche nur von der Sonnenhöhe ab. Im geneigten Gelände bestimmt hingegen der Geländewinkel (θ') den Betrag der verfügbaren Direktstrahlung, welcher sich aus vier Einzelwinkel zusammensetzt (Sonnenhöhe, Sonnenazimut, Inklination und Exposition).

$$cos\,\theta' = cos\,\beta' \cdot sin\,\beta + sin\,\beta' \cdot cos\,\beta \cdot cos(\Omega - \Omega')$$

β' ... Inklination (Hangneigung) [°]
β ... Sonnenhöhe [°]
Ω' ... Exposition (Hangausrichtung) [°]
Ω ... Sonnenazimut [°]
θ' ... Geländewinkel [°]

Die topographische Bestrahlungsstärke der solaren Direktstrahlung im Gelände ergibt sich demnach aus:

$$S'\!\downarrow = \frac{S\!\downarrow}{sin\,\beta} \cdot cos\,\theta'$$

$S'\!\downarrow$... Topographische Bestrahlungsstärke der solaren Direktstrahlung [W/m²]
$S\!\downarrow$... Bestrahlungsstärke der solaren Direktstrahlung [W/m²]

Tagessummen der Strahlung

Betrachtet man die potentiellen Tagessummen der topographischen Direktstrahlung auf 35° geneigten Hängen unterschiedlicher Exposition, so erhalten die südausgerichteten Hänge fast zu allen Monaten größere Strahlungssummen als eine horizontale Fläche. Nur zum Zeitpunkt des Sonnenhöchststandes im Juni ist dieser Hang gegenüber der horizontalen Fläche leicht benachteiligt. Die west- und ostexponierten Hänge weisen hingegen vor allem im Sommer niedrigere Einstrahlungsbeträge auf, die benachteiligten Nordhänge erhalten überhaupt nur zwischen März und Oktober direkte Einstrahlung. Diese strahlungsklimatische Gunst macht man sich in der Steiermark insbesondere beim Weinbau zunutze, wo SE- über S- bis SW-exponierte Hänge zu den bevorzugten Anbauzonen gehören (siehe Abbildung 2.1.1.2.1).

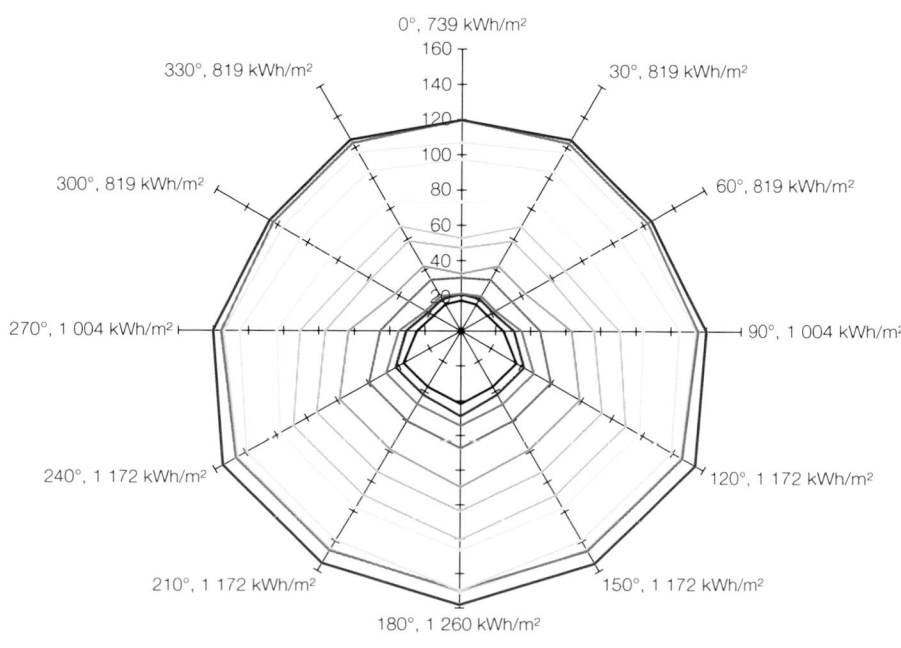

Abbildung 2.1.1.2.1: Einfluss der Exposition auf die Globalstrahlung im südweststeirischen Weinland. Auf Basis der monatlichen Globalstrahlungssummen auf die ebene Fläche sind im Diagramm – ohne Berücksichtigung der eigenen Abschattung – die modifizierten Globalstrahlungssummen eines 35° geneigten Hanges dargestellt.

Abbildung 2.1.1.2.2: Herbstliche Weinhänge bei Rohrbach in der Weststeiermark. In der Nachmittagssonne
erhalten die westausgerichteten
Riedel noch direkte Sonneneinstrahlung, während an den Südhängen
der diffuse Strahlungsanteil langsam
zunimmt. Der Osthang liegt bereits
im Schatten, hier wird auch kein
Wein angebaut.
Foto: A. PODESSER

2.1.1.3 Einfluss des Geländes auf die diffuse Himmelsstrahlung

Ein Teil der extraterrestrischen Solarstrahlung gelangt nicht als direkte Einstrahlung, sondern als diffuse Streustrahlung (Himmelsstrahlung) zur Erdoberfläche. Eine Beschreibung für den diffusen Strahlungsanteil ($D\!\downarrow$) findet sich bei WILLIAMS ET AL., 1972:

$$D\!\downarrow = 0{,}5 \cdot \left\{ [1 - (1 - \tau_{WV}) - (1 - \tau_{Ozon})] \cdot (I_0 \cdot Ex \cdot \sin\beta) - S\!\downarrow \right\}$$

$D\!\downarrow$... Bestrahlungsstärke der solaren
       Diffusstrahlung [W/m²]
τ ... Transmissionsvermögen
β ... Sonnenhöhe [°]
I_0 ... Solarkonstante [W/m²]
Ex... Exzentrizitätsfaktor

Dabei weist der Faktor 0,5 darauf hin, dass die Hälfte der diffusen Strahlung zur Erdoberfläche (Vorwärtsstreuung) und die andere Hälfte zurück in den Weltraum (Rückwärtsstreuung) gestreut wird.

Grundsätzlich ergibt sich auch hier eine Abhängigkeit von der Weglänge durch die Atmosphäre mit einem Anstieg des diffusen Anteiles bei zunehmend niedriger Sonnenhöhe. Ebenso nimmt wegen der Verkürzung der Weglänge mit zunehmender Seehöhe der diffuse Strahlungsanteil ab. Bei geringer Trübung werden hauptsächlich die kurzwelligen Strahlungsanteile gestreut, weshalb klarer Himmel blau erscheint, während bei stärkerer Trübung auch größere Wellenlängen gestreut werden, wodurch der Himmel etwa bei Sonnenuntergang sogar rötlich erscheint.

Bei wolkenlosem Himmel bleibt die Himmelsstrahlung weit hinter der des bedeckten Himmels zurück, wobei die Unterschiede im Winter, speziell in den Niederungen, am geringsten sind. Die größten Unterschiede ergeben sich im Sommer, wo die Himmelsstrahlung beispielsweise in 3 000 m siebenmal so groß ist wie bei wolkenlosem Himmel!

2.1.2 Jahres- und Tagesgang der Global-strahlung als Summe der Direkt- und Diffusstrahlung

Die Globalstrahlung ($G\downarrow$) wird bei bedecktem Himmel ausschließlich durch die Himmelsstrahlung gebildet, bei wolkenlosem Himmel ist sie hingegen nur etwas stärker als die solare Direktstrahlung. Bei starker Bewölkung und gleichzeitigem Sonnenschein ist die Globalstrahlung hingegen deutlich stärker als die solare Direktstrahlung. Für die Beschreibung von Tages- und Jahresgang der Globalstrahlung über tatsächlich gemessene Summen ist daher der Einfluss der Witterung, insbesondere die Bewölkung, zu berücksichtigen.

$$G\downarrow = S\downarrow + D\downarrow$$

$S\downarrow$... Bestrahlungsstärke der solaren Direkt-
strahlung [W/m²]
$D\downarrow$... Bestrahlungsstärke der solaren
Diffusstrahlung [W/m²]

In den Abbildungen 2.1.2.2 bis 2.1.2.4 sind Jahresgänge der berechneten Globalstrahlung, getrennt nach direkten und diffusen Strahlungsanteilen, für ausgewählte Stationen dargestellt:

Dabei zeigt die Innenstadtstation Graz-Universität zwischen November und Juni immer höhere diffuse Strahlungsbeträge, welche im Winter vorwiegend hochnebelbedingt, im Sommer aber durch Konvektionsbewölkung zustande kommen. Erst zwischen Juli und September geht die Bewölkung soweit zurück, dass die direkten Strahlungsanteile leicht überwiegen und im Oktober dann gleiche Beträge aufweisen.

Hingegen ist an der außerhalb von Nebelfeldern des Ennstales liegenden Station Irdning-Gumpenstein die direkte Sonneneinstrahlung in den meisten Monaten höher als der Diffusanteil, nur in den Monaten April und Juni ist der Anteil der Diffusstrahlung, verursacht durch höhere Bewölkungsgrade (Nordstau, Konvektion) geringfügig höher.

Außer im Spätherbst und in den Wintermonaten mit geringerer Bewölkung weist der Sonnblick stellvertretend für das Hochgebirge immer höhere Diffusstrahlungsanteile auf, welche im Frühjahr und Sommer im Wesentlichen auf konvektive Witterungseinflüsse zurückzuführen sind. Wie stark die Diffusstrahlung im Hochgebirge zunimmt, zeigt der Mai mit Einstrahlungsbeträgen über 108 kWh/m². Diese Höhenzunahme bei bedecktem Himmel ist beispielsweise ausschlaggebend für das Wachstum alpiner Pflanzen oder das Abschmelzen von Schnee.

Abbildung 2.1.2.1: Der Grimming mit dem Mitterndorfer Becken von Kainisch aus gesehen. Ende Jänner bekommen an der steilen Nordseite des Berges nur die westausgerichteten Flanken sowie Kuppen- und Kammlagen direkte Einstrahlung von der untergehenden Sonne, während die Nordhänge nur Diffusstrahlung empfangen.
Foto: A. Pilz

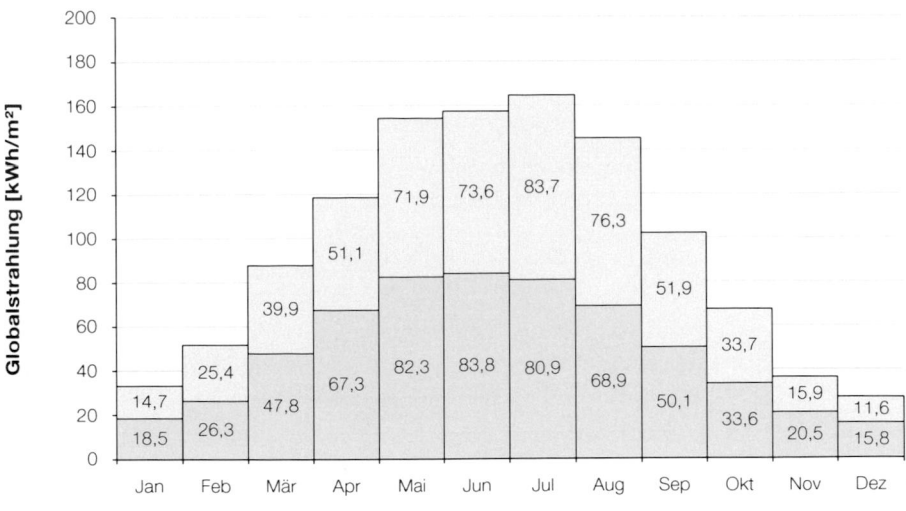

Abbildung 2.1.2.2: Jahresgänge für die berechnete Globalstrahlung (direkte und diffuse) auf eine horizontale Ebene, Station Graz-Universität, 366 m.

□ direkter Anteil   □ diffuser Anteil

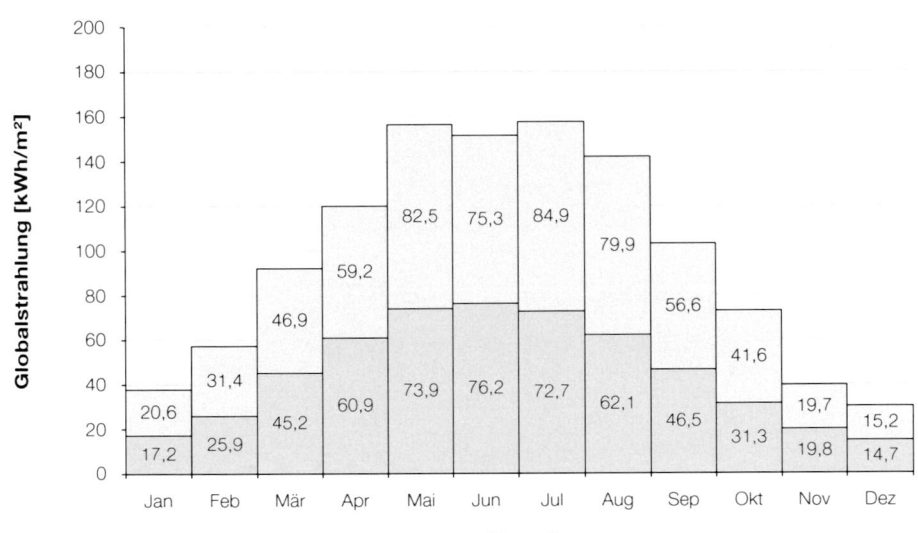

Abbildung 2.1.2.3: Jahresgänge für die berechnete Globalstrahlung (direkte und diffuse) auf eine horizontale Ebene, Station Irdning-Gumpenstein, 698 m.

□ direkter Anteil   □ diffuser Anteil

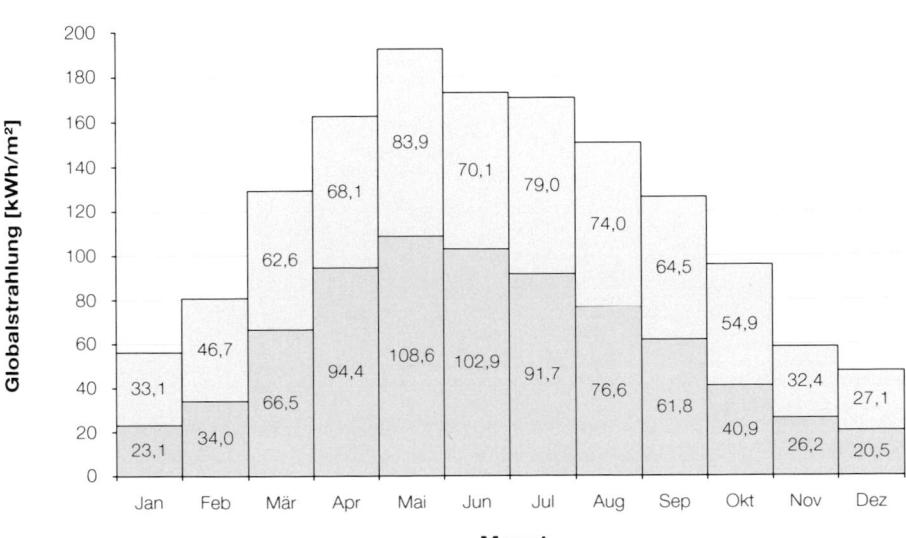

Abbildung 2.1.2.4: Jahresgänge für die berechnete Globalstrahlung (direkte und diffuse) auf eine horizontale Ebene, Station Sonnblick, 3 105 m.

□ direkter Anteil   □ diffuser Anteil

A. PODESSER | H. RIEDER

2.1.3 Messung der Globalstrahlung und Datenlage

Die Direktmessung der Globalstrahlung erfolgt an den Stationen der ZAMG über die Wärmewirkung der Strahlung. Die dabei eingesetzten Sternpyranometer (Fa. Schenk) arbeiten nach dem thermoelektrischen Prinzip. Dabei wird eine Breitbandstrahlung auf einer ebenen Fläche im Spektralbereich zwischen 0,2 und 3 µm registriert. In einer Reihenschaltung von Thermoelementen, welche aus schwarzen und weißen Kontaktstellen besteht, kommt es entsprechend dem Absorptionsvermögen zu unterschiedlichen Erwärmungsbeträgen zwischen den „heißen" und „kalten" Elementen. Die Übertemperatur der Schwarzkörper gegenüber den weißen Elementen induziert eine Thermospannung, die proportional zur Einstrahlung erfolgt. Die Glashaube ist für thermische Strahlung undurchlässig und garantiert so die Anforderung an den „Schwarzkörper". Zumindest zweimal pro Jahr ist eine Eichung der Geräte notwendig, der Wechsel des Trockenmittels verlangt eine entsprechende Wartung.

Die Auswertung dieses kostspieligen und technisch sehr aufwendigen Messverfahrens erfolgt auf Stundensummen-Basis pro Tag (Integral der Bestrahlungsstärke).

Der Schattenring

Zur Unterscheidung von diffusem und direktem Anteil der Globalstrahlung ist ein zweites Pyranometer notwendig, bei dem mit Hilfe eines Schattenringes die direkte Strahlung abgedeckt wird. Der Schattenring muss allerdings regelmäßig dem Sonnenstand angepasst werden, was einen erhöhten Betreuungsaufwand erfordert. Neuere Geräte weisen aus diesem Grund eine motorgesteuerte Nachführung auf.

Die Direktstrahlung ergibt sich dabei rechnerisch aus der Differenz von Global- und Diffusstrahlung. Einheit dieser Klimakenngröße ist entweder kWh/m² oder J/cm² (1 kWh/m² = 360 J/cm²). Im Unterschied zur Einstrahlungsenergie wird die Einstrahlungsleistung pro Flächeneinheit (Bestrahlungsstärke) in W/m² angegeben.

Während der Periode 1971 – 2000 wurde die Globalstrahlung nur an wenigen steirischen Messstationen durchlaufend registriert. Eine Verdichtung der Stationen erfolgte erst über die Aufstellung von TAWES-Stationen der ZAMG, welche mit einem Stern-Pyranometer bestückt wurden (siehe Liste der verwendeten Station in Kapitel 2.3.2).

2.1.4 Regionaler Solarstrahlungskataster – Methodik der Kartenerstellung

Aus den erwähnten Gründen der geringen Stationsdichte mit unzureichender Messdauer wurde zur Berechnung des Globalstrahlungskatasters die Globalstrahlung über die relative Sonnenscheindauer bestimmt (BRUCK ET AL., 1985).

Da die Sonnenscheindauer leichter zu messen ist als die Globalstrahlung und auch schon vor der Umstellung auf das teilautomatische Stationsnetz über Sonnenscheinautographen registriert wurde (siehe Kapitel 2.3.1), ergab sich ein wesentlich dichteres Messnetz von 20 Stationen mit repräsentativer Verteilung.

Die in der Literatur bekannte und einfachste Beziehung zwischen Sonnenscheindauer und Globalstrahlung ist die ANGSTRÖM-Formel (ANGSTRÖM, 1924):

$$G = G_0 \cdot \left[a + b \cdot \left(\frac{n}{N} \right) \right]$$

G ... Globalstrahlungssumme auf die horizontale Fläche

G_0 ... extraterrestrische Strahlungssumme auf die horizontale Fläche

a, b ... empirische Konstanten

n ... tatsächlich gemessene Sonnenscheindauer

N ... maximal mögliche Sonnenscheindauer

Berechnung der Strahlung

Über die Bestimmung der Konstanten a und b für jede der verwendeten Stationen nach dem Ansatz von ALLEN ET AL., 1998 lässt sich die durchschnittliche Globalstrahlungssumme auf die ebene Fläche ohne Abschattung pro Monat berechnen. Die 20 Messdaten lieferten somit lineare Höhenregressionen, wobei ein Einschicht-Modell für eine Gesamtregion verwendet wurde. Wegen der hohen Korrelationskoeffizienten erschien die Annahme einer Linearität zwischen G und n naheliegend. Über die Regressionen stand somit für jeden Monat ein entsprechendes Grid zur Verfügung.

10-Minuten-Daten

Um den Einfluss der Topographie auf die Direktstrahlung zu berücksichtigen, die sich im Wesentlichen als Schlagschatten an den sonnenabgewandten Hängen äußert, wurden die Sonnenhöhe und der Sonnenstand (Azimut) für 47,0° N und 20,0° E in jeweils 10-Minuten-Intervallen für den 5., 15. und 25. jeden Monats über die „HILLSHADE"-Funktion in ARC GIS berechnet. Daraus ergab sich ein „Beschattungsgitter" mit Werten zwischen 0 (nie Sonne) und 1 (immer Sonne).

Überwiegend diffuse Strahlung im Gebirge

Da in den mehr oder weniger abgeschatteten Geländebereichen der diffuse Strahlungsanteil überwiegt, musste eine Trennung der direkten und diffusen Strahlungsanteile durchgeführt werden. Dies geschah mittels des Ansatzes von Bruck et al., 1985, welcher über die mittlere Bewölkung den Diffusanteil bestimmt. Der Einfluss der diffusen Reflexionsstrahlung, welcher vor allem im Winter groß ist, wurde mangels flächendeckender Albedo-Werte nicht berücksichtigt. Wiederum wurde über eine lineare Höhenregression ein Grid mit der flächenhaften Ausprägung der diffusen Himmelsstrahlung gerechnet. Nach Abzug der Himmelsstrahlung von der Globalstrahlung bleibt der direkte Strahlungsanteil über, welcher mit dem Abschattungs-Grid multipliziert wird.

Als Endprodukt entstehen für einzelne Monate mittlere Globalstrahlungssummen auf die horizontale Fläche unter der Berücksichtigung der Abschattung.

Im letzten Schritt erfolgte die Umsetzung der Globalstrahlung von der horizontalen auf die reale Fläche. Wie bereits erwähnt, bestimmt im geneigten Gelände der Geländewinkel (θ') den Betrag der verfügbaren Direktstrahlung. Bei Bruck et al., 1985 finden sich für die Hangneigung, Hangexposition, Seehöhe und Monat (Sonnenhöhe) empirisch ermittelte Korrekturwerte, über die Korrektur-Grids gerechnet werden können. Die Multiplikation dieser Korrektur-Grids mit der abschattungskorrigierten Globalstrahlung auf die horizontale Fläche ergab als Endprodukt für einzelne Monate mittlere Globalstrahlungssummen auf die reale Fläche.

Tabelle 2.1.4.1: Berechnete Globalstrahlung auf die horizontale Fläche [kWh/m²] für unterschiedliche Stationen.

Nr.	Name	Sh [m]	Jan	Feb	Mär	Apr	Mai	Jun	Jul	Aug	Sep	Okt	Nov	Dez	Frühling	Sommer	Herbst	Winter	Jahr
3	Aflenz	785	39,7	58,6	89,8	115,9	146,3	148,2	155,8	136,7	98,9	65,6	38,2	29,7	351,9	440,7	202,7	128,0	1123,4
10	Bad Aussee	660	40,1	52,2	88,4	115,7	149,9	143,9	151,8	136,6	96,5	69,4	40,3	30,8	354,0	432,3	206,2	123,1	1115,7
11	Bad Gleichenberg	293	33,7	53,1	90,1	121,7	161,6	160,1	169,4	147,4	103,3	69,1	37,1	27,6	373,3	477,0	209,4	114,4	1174,1
57	Graz-Flughafen	337	32,6	51,6	87,7	118,4	154,9	154,7	159,9	143,0	99,9	65,1	35,2	26,0	361,0	457,7	200,3	110,2	1129,1
58	Graz-Messendorfberg	435	31,9	48,7	86,7	116,5	156,5	157,3	166,5	146,7	99,1	65,2	34,9	27,1	359,7	470,6	199,3	107,6	1137,2
60	Graz-Universität	366	33,1	51,7	87,7	118,4	154,2	157,4	164,6	145,2	102,0	67,3	36,4	27,4	360,4	467,2	205,6	112,3	1145,5
61	Gröbming	763	39,5	57,8	94,5	122,5	154,0	146,6	150,6	138,9	99,7	72,4	39,7	30,6	371,0	436,2	211,9	127,8	1146,8
80	Irdning-Gumpenstein	698	37,8	57,3	92,1	120,1	156,4	151,5	157,6	142,0	103,1	72,9	39,5	29,9	368,6	451,1	215,5	125,0	1160,3
101	Krippenstein	2050	46,4	67,2	112,5	144,0	181,7	147,0	151,3	139,3	107,8	80,1	45,1	37,7	438,2	437,6	233,0	151,3	1260,1
116	Mariazell	865	36,6	53,9	85,2	116,8	155,5	153,6	162,8	144,7	100,2	71,4	39,4	30,0	357,5	461,1	211,0	120,4	1150,0
161	Rechberg	926	41,4	61,6	92,7	125,0	163,0	162,0	170,2	146,9	107,2	72,4	43,3	34,7	380,8	479,2	223,0	137,7	1220,7
169	Rohrmoos	1078	37,2	54,7	93,0	120,0	156,0	149,2	157,9	141,3	99,2	71,5	39,5	31,1	369,0	448,3	210,2	123,0	1150,5
173	Schöckl	1436	46,7	65,3	94,5	121,1	156,1	149,9	159,6	140,1	106,2	76,9	47,6	38,3	371,7	449,6	230,7	150,4	1202,3
183	Sonnblick	3105	56,2	80,7	129,1	162,5	192,5	173,0	170,7	150,6	126,3	95,8	58,6	47,6	484,1	494,3	280,7	184,5	1443,6
195	St. Radegund	725	41,7	61,2	90,3	121,4	157,9	153,2	158,9	138,4	103,4	72,6	43,1	33,9	369,5	450,5	219,2	136,8	1176,0
198	Stolzalpe	1293	48,1	69,1	100,0	128,6	163,5	159,2	170,3	152,5	117,1	82,0	48,5	40,7	392,1	482,0	247,6	157,8	1279,5
214	Villacher Alpe	2140	57,5	78,5	115,8	146,2	181,9	164,7	175,9	161,8	128,0	91,9	56,2	48,6	443,8	502,3	276,1	184,6	1406,8
232	Zeltweg	670	38,7	57,7	93,8	119,5	152,0	154,0	160,2	141,4	101,4	69,0	40,3	30,0	365,3	455,6	210,7	126,3	1157,9

2.2 Regionale Verteilung der Globalstrahlung

Die berechneten Summen der Globalstrahlung sind von der Witterung (Bewölkung) abhängig, da die relative Sonnenscheindauer einbezogen wird. Während für die Darstellung der regionalen Verteilung der Globalstrahlung auf die ebene Fläche Abschattungseffekte – beispielsweise als Schlagschatten – an sonnenabgewandten Hängen ebenfalls in die Berechnungen eingehen, ist die Darstellung der Globalstrahlung auf die reale Fläche noch aufwendiger: Da in Abhängigkeit von der Jahreszeit (Sonnenhöhe) unterschiedlich exponierte und geneigte Geländeabschnitte verschiedener Seehöhe bestimmte Einstrahlungsbeträge erhalten, müssen die entsprechenden Direkt- und Diffusstrahlungsanteile mitberücksichtigt werden.

Während sich die größeren Tal- und Beckenlagen der Steiermark im Jahresschnitt kaum unterscheiden, treten doch größere jahreszeitliche Unterschiede auf.

Im Winter ist in den Niederungen des Alpenvorlandes Nebel und Hochnebel für geringe Globalstrahlungssummen verantwortlich. Abgesehen von den inneralpinen Beckenlandschaften weisen hingegen die Haupttallandschaften der Obersteiermark zwar eine geringere Nebelhäufigkeit auf, jedoch kommt es hier wiederum zu Abschattungsverlusten. Über den Zonen mit häufigem Hochnebel nimmt die Globalstrahlung im Gebirge mit der Höhe rasch zu, allerdings ergibt sich ein expositionsbedingter Kontrast zwischen Sonnen- und Schattlagen. Mit längerem Tagbogen und höherem Sonnenstand werden die expositionsbedingten Strahlungsunterschiede im Frühjahr langsam zurückgedrängt. Im Vorland geht die Nebelhäufigkeit stark zurück, auch die breiten Tal-

bereiche und großen Becken der Obersteiermark erhalten bereits ähnliche Strahlungsbeträge wie die Talböden des Vorlandes. Im Gebirge macht sich die Zunahme der Globalstrahlung mit der Seehöhe vor allem zuerst an der Tauern-Südseite, in den Gurk- und Seetaler Alpen sowie teilweise auch im Randgebirge bemerkbar, was in der Regel zu einem verstärkten Aufschmelzen der obersten Schneeschichten mit der Umwandlung in firnartigen Schnee führt. Die höheren Gipfel der Nordalpen weisen hingegen nicht so hohe Summen auf, was auf die Bewölkung häufig auftretender Nordstau-Lagen zurückgeführt werden kann. Erst ab Mai kommt es zu einer langsamen Umgestaltung der Bewölkungsverhältnisse, die vor allem im Gebirge zum Tragen kommt. Die bereits kräftige Sonneneinstrahlung führt zu verstärkter Konvektionsbildung, die sich nach Abschmelzen des Schnees noch konserviert.

Im Sommer kommt es zu einem weiteren Strahlungsgewinn. Im Frühsommer gehen die Strahlungsanteile im Gebirge konvektionsbedingt zurück, dieser Effekt wirkt sich bis in benachbarte Tallandschaften aus. Die Talbereiche des Vorlandes und das Riedelland erhalten die höchsten Strahlungssummen. Bis zum August geht dann der witterungsbedingte Einfluss zurück, was sich in einer ausgeglicheneren regionalen Verteilung widerspiegelt.

Im Herbst nimmt die Nebelhäufigkeit und die damit verbundene Strahlungsungunst in den Niederungen langsam wieder zu, im Gebirge werden die geländebedingten Strahlungsnachteile durch häufiges Schönwetter teilweise wettgemacht.

2.2.1 Globalstrahlung auf die ebene Fläche im Jahr ●

Im Jahresschnitt kommt es zu einem weitgehenden Ausgleich der witterungsbedingten und seehöhenbedingten Unterschiede, in den Tal- und Beckenlandschaften werden im Mittel ca. 1 150 kWh/m² erreicht. In höheren Lagen macht sich allerdings die Zunahme der Globalstrahlung mit zunehmender Seehöhe teilweise stärker bemerkbar als der Witterungseinfluss durch Wolken. Dies trifft vor allem auf die alpensüdseitigen Gebirgsgruppen zu, wie beim Jahresmittel der relativen Sonnenscheindauer werden in den Hochlagen der Tauernsüdseite sowie im Bereich der Gurk- und Seetaler Alpen mit knapp 1 400 kWh/m² die höchsten Globalstrahlungswerte erzielt. In diesem Zusammenhang sind besonders flache Gebirgsrücken und südexponierte Hanglagen bevorzugt. Hingegen erfahren nordexponierte Steilhangbereiche den größten Strahlungsnachteil, da diese Zonen im Winter teilweise überhaupt keine direkte Sonneneinstrahlung erhalten. Davon besonders betroffen sind die Kalkkettengebirge der Nordalpen, insbesondere die Nordseiten von Gesäuse und Hochschwab, wo die Werte im Jahresschnitt teils unter 600 kWh/m² bleiben.

2.2.2 Globalstrahlung auf die reale Fläche im Jahr ●

Im Jahresmittel unterscheiden sich die großen Tal- und Beckenlandschaften der Steiermark nur wenig: Der winterliche, nebelbedingte Strahlungsnachteil des Vorlandes wird während der warmen Jahreszeit durch geringe Bewölkung wettgemacht, der höhere sommerliche Bedeckungsgrad der Alpennordseite wird hingegen durch die insgesamt geringere Nebelanfälligkeit egalisiert. Am relativ günstigsten schneiden Riedellagen der südlichen Steiermark mit Werten über 1 200 kWh/m² ab. Im Mittel- und Hochgebirge ergibt sich hingegen ein buntes Bild unterschiedlicher Bestrahlungsstärken. So weisen südexponierte Hangzonen zum Teil über 1 400 kWh/m² auf, wobei an nicht zu steilen und wenig gegliederten Hängen besonders hohe Werte von bis zu 1 600 kWh/m² erreicht werden können. Diese Voraussetzungen sind am besten an den hohen „Grasbergen" der Tauern-Südseite oder im Bereich der Gurktaler Alpen (z.B. Turrach) erfüllt, während dieses Kennzeichen an der steileren Südabdachung der Nordalpen nur an sehr günstigen Hängen auftritt.

Wie bereits in der Karte 2.2.1 zum Ausdruck kommt, finden sich an steilen Nordexpositionen die größten Strahlungsnachteile. Jeder Bergsteiger kennt in diesem Zusammenhang bspw. die abweisenden Nordwände des Gesäuses, wo sich dieser Effekt im obersten, steilsten Wanddrittel besonders gut zeigt und sich mit Strahlungssummen von teilweise nur 200 kWh/m² zu Buche schlägt.

An der Alpennordseite weisen auch einige Talabschnitte durch die große Horizontüberhöhung sehr geringe Strahlungssummen auf. Dies betrifft neben einigen West-Ost-verlaufenden Tälern, wie das Ennstal im Gesäuseabschnitt oder das Salzatal, vor allem auch Nord-Süd-ausgerichtete Einschnitte (z.B. Pass Stein, Übergang Ennstal – Mitterndorfer Becken).

A. Podesser | H. Rieder

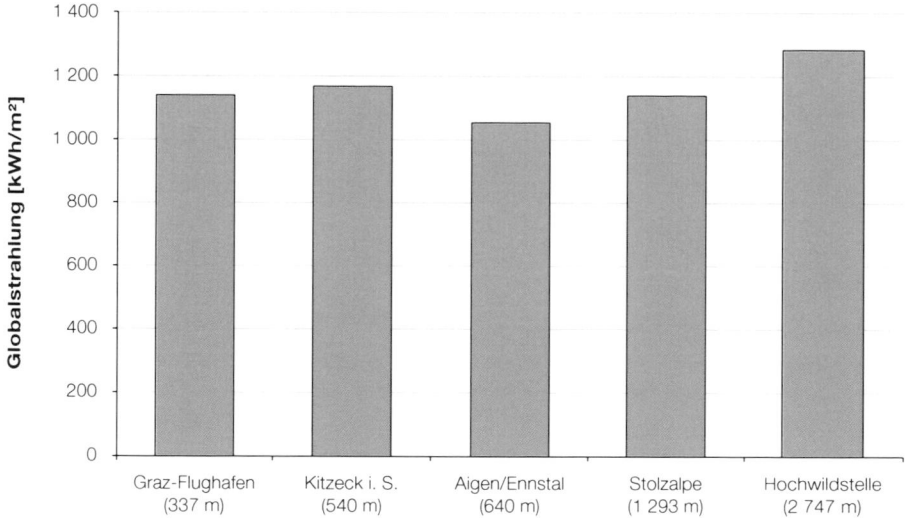

Abbildung 2.2.1.1: Globalstrahlung auf die ebene Fläche (Jahr) in kWh/m² ausgewählter Stationen.

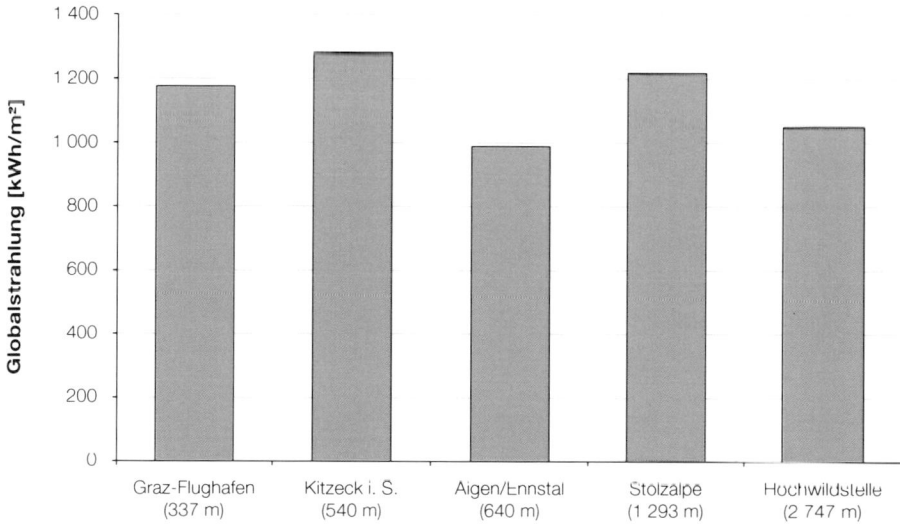

Abbildung 2.2.2.1: Globalstrahlung auf die reale Fläche (Jahr) in kWh/m² ausgewählter Stationen.

Die Talböden des Alpenvorlandes sowie die Täler und Talbecken der Obersteiermark weisen durchwegs Globalstrahlungssummen der Klasse zwischen 35 und 65 kWh/m² auf. Der Grund für das relativ günstige Abschneiden des in diesem Monat noch nebel- und hochnebelreichen Vorlandes liegt wohl in der höheren örtlich möglichen Sonnenscheindauer, da hier große horizontbedingte Abschattungen fehlen. Im Riedelland gibt es ein feines, reliefbedingtes Muster aus benachteiligteren engen Seitentallagen und bevorteilten Riedelrücken. In der Obersteiermark weisen einzelne Abschnitte der Haupttallandschaften, insbesondere in den Einzugsgebieten größere Abschattungsverluste auf, welche sich im Zusammenwirken mit Nebel in geringeren Globalstrahlungssummen äußern (z.B. Admonter Becken).

Im Gebirge zeigt sich mit zunehmender Seehöhe erwartungsgemäß eine Verstärkung der Globalstrahlung, wobei sich ein expositionsbedingter Kontrast zwischen Sonn- und Schattlagen ergibt. Die höchsten Beträge erreichen demnach sehr steile Südhänge oder die Kamm-, Gipfel- und Plateauzonen der Hochlagen. Hingegen erhalten beispielsweise Mitte Jänner steilere als 22 Grad geneigte Nordhänge keine direkte Sonnenstrahlung mehr, die Einstrahlung in den Schlagschattengebieten erfolgt nur noch über den diffusen Strahlungsanteil. Dementsprechend weisen diese Gebiete nur mittlere Globalstrahlungssummen zwischen 5 und 15 kWh/m² auf. In den alpinen Bereichen hat dieser Umstand bedeutende Auswirkungen auf den Schneedeckenaufbau und die damit verbundene Lawinengefahr: Die niedrigen Lufttemperaturen an Schattseiten beschleunigen einerseits die aufbauende Schneemetamorphose (Schwimmschneebildung) und verlangsamen andererseits den Setzungsprozess des Schnees (Konservierung von Schwachschichten).

Während der Juni der Monat mit dem höchsten mittleren Sonnenstand ist, werden im Juli aufgrund der größeren Monatslänge die höchsten Einstrahlungssummen des Jahres erreicht. Insgesamt werden in den Tallandschaften der Steiermark Werte zwischen 155 und 185 kWh/m² erzielt.

Im Vorland reichen die hohen Einstrahlungssummen der flacheren Gebiete bis in hintere Talabschnitte zurück, auch das Riedelland mit dem Maximum auf den Kuppen liegt wegen der gleichmäßigen Ausleuchtung im optimalen Strahlungsbereich (Werte bis 165 kWh/m²). Die Gunstlagen der Obersteiermark befinden sich vor allem im Aichfeld sowie im Bereich von Gipfeln, Graten und flachen, südausgerichteten Hängen der Tauernsüdseite und der Gurk- und Seetaler Alpen. Die Gebirge der Alpennordseite sind hingegen aufgrund von stärkerer Bewölkung etwas benachteiligter, hohe Werte erzielen hier besonders große Hochflächen, wie etwa das Karstplateau „Auf dem Stein" im Dachsteingebiet.

Abbildung 2.2.3.1: Frühling im Hochgebirge: Blick von der Eismauer auf den Hochschwabgipfel im April. Der Anteil der reflektierten Sonnenstrahlung (Albedo) an der Schneeoberfläche beträgt 70 – 80%. Solange noch genügend Schnee liegt, wird eine stärkere Quellwolkenbildung durch die fehlende Konvektion unterbunden. Foto: A. PODESSER

A. PODESSER | H. RIEDER

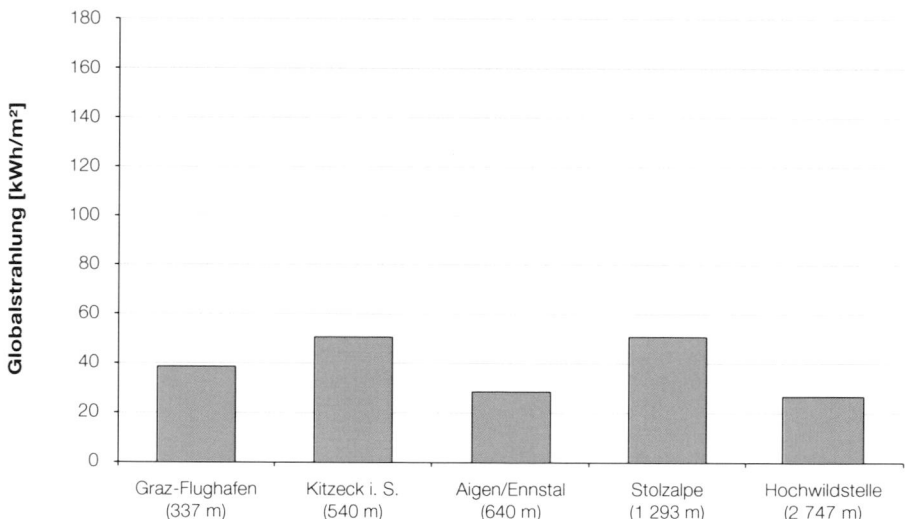

Abbildung 2.2.3.2: Globalstrahlung im Jänner in kWh/m² ausgewählter Stationen.

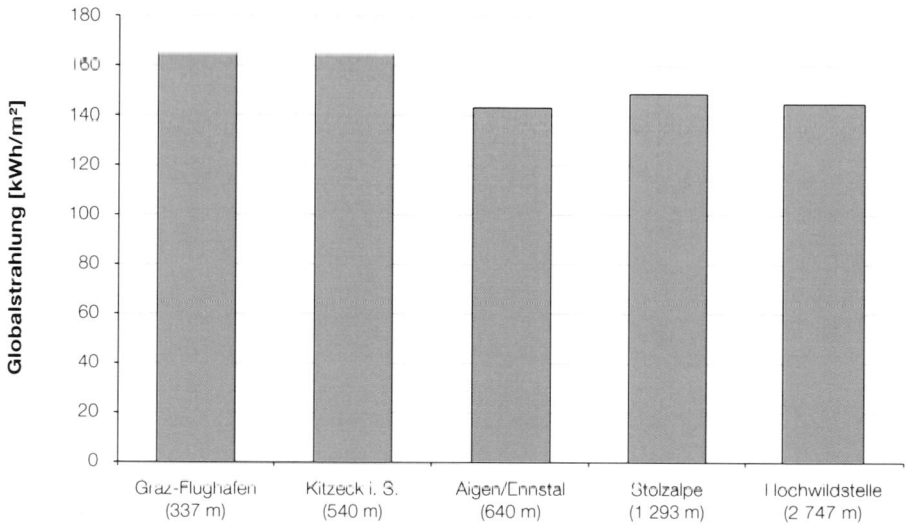

Abbildung 2.2.4.1: Globalstrahlung im Juli in kWh/m² ausgewählter Stationen.

2.3 Die Sonnenscheindauer

Die Sonnenscheindauer, welche durch den zum Erd-boden gerichteten Strahlungsfluss für die Erwärmung der Erdoberfläche verantwortlich ist, hat weitreichende Folgen für den globalen Strahlungshaushalt. In der an-gewandten Klimatologie ist die Kenntnis der Sonnen-scheindauer ein wichtiger Aspekt für alle Aussagen im Hinblick auf die Eignung eines Ortes als Heil-, Kur-, Er-holungs- oder Badeort.

Über die Angabe der Sonnenscheinstunden pro Zeit-einheit lassen sich allerdings keine Rückschlüsse auf die Strahlungsintensität machen, da auch die Sonnen-scheindauer in Abhängigkeit von geographischer Breite und Seehöhe charakteristische Tages- und Jahresgän-ge aufweist, welche je nach Höhe des Sonnenstandes zu unterschiedlichen Strahlungsintensitäten führt.

So ist am Morgen und Abend bzw. allgemein im Winter bei niedrigem Einfallswinkel mit geringerem Strahlungs-genuss zu rechnen, als dies um die Mittagszeit bzw. im Sommer der Fall ist. Abgesehen von den astrono-mischen Bedingungen hängen die Sonnenscheinver-hältnisse eines Ortes stark von den terrestrischen Ver-hältnissen sowie vom Einfluss der Witterung ab.

2.3.1 Messung der Sonnenscheindauer

Brandspurmethode

Seit etwa 1880 wird die Sonnenscheindauer in Mittel-europa mit der so genannten Brandspurmethode ge-messen. Der am meisten verwendete „Sonnenschein-autograph" von Campbell-Stokes besteht aus einer Glaskugel mit einem Durchmesser von ca. 10 cm, wel-che die Funktion einer optischen Linse hat und die ein-fallenden Sonnenstrahlen bricht. Der Brennpunkt an der Rückseite der Kugel erzeugt in Abhängigkeit vom Tag-bogen und der Bewölkung auf einem dunkel gefärbten Registrierpapier Brandspuren. Die Skala der Papier-streifen weist dabei eine zeitliche Auflösung von 1/10-Stunden (6 Minuten) auf und erfordert eine händische Auswertung. Nach empirischen Empfindlichkeitsbestim-mungen liegt die Ansprechschwelle bei ca. 120 W/m². Dieses einfache Messprinzip erfordert aber eine laufen-de Wartung, da das Gerät vor Verschmutzung (Staub) und Niederschlag (Schnee, Tau, Reif) geschützt werden muss. Aus diesem Grund waren in Österreich etwa im Vergleich mit Temperatur- oder Niederschlagsmessstel-len weniger Sonnenscheinautographen in Betrieb.

Umstellung auf Solarzellen

Seit 1981 wurden die österreichischen Klimastationen nach und nach auf (teil-) automatischen Betrieb um-gestellt. Anstelle der Brandspurmethode tritt ein neues Messprinzip, welches die Strahlung über Solarzellen misst. Beim System Haenni Solar 111B werden licht-empfindliche Zellen von einem laufend rotierenden Bügel kurzzeitig abgedeckt, die dabei auftretenden Helligkeits-unterschiede werden ab einer bestimmten Differenz als Sonnenschein interpretiert. Obwohl beide Messprinzi-pe gleiche Empfindlichkeitsschwellen aufweisen, ergibt sich über das händische Auswerteverfahren bzw. den kürzeren Abfragezyklus der teilautomatischen Messung ein Homogenitätssprung, welcher im Jahresschnitt Dif-ferenzen zwischen 1% bis 6% aufweisen kann (DOBESCH und MOHNL, 1992 und 1997). Aus diesem Grund ist in der Stationsliste auch die Art des Messgerätes angegeben.

A. PODESSER | H. RIEDER

Tabelle 2.3.2.1: Liste der verwendeten Stationen und Legende. *) Stationsdaten TAWES-Netz (1991 bis 2000)

Nr.	Name	Sh [m]	geographische Länge	geographische Breite	Betreiber	Klimaregion	Lage	Campbell-Stokes	elektronische Messung
3	Aflenz	785	15° 15' 31"	47° 33' 48"	ZAMG	6	↓	1.1.71 bis 30.4.83	1.5.83 bis 31.12.00
4	Aigen/Ennstal*	640	14° 08' 17"	47° 32' 59"	ZAMG	3	➖		31.7.92 bis 31.12.00
10	Bad Aussee	660	13° 47' 59"	47° 37' 40"	ZAMG	2	➖	1.1.71 bis 30.9.83	30.9.83 bis 31.12.00
11	Bad Gleichenberg	293	15° 54' 19"	46° 53' 35"	ZAMG	9	➖	1.1.71 bis 31.12.00	
13	Bad Ischl	469	13° 38' 54"	47° 43' 00"	ZAMG	2	➖	1.1.71 bis 31.12.00	
14	Bad Mitterndorf*	810	13° 56' 06"	47° 33' 11"	ZAMG	2	➖		20.10.83 bis 31.12.00
15	Bad Radkersburg*	208	15° 59' 43"	46° 41' 08"	ZAMG	9	➖		29.4.92 bis 31.12.00
27	Deutschlandsberg*	352	15° 14' 43"	46° 49' 16"	ZAMG	9	➖		1.7.94 bis 31.12.00
35	Feuerkogel	1618	13° 44' 60"	47° 49' 00"	ZAMG	1	▲	1.1.71 bis 31.12.00	
37	Fischbach*	1037	15° 39' 42"	47° 27' 41"	ZAMG	8	↘		1.12.94 bis 31.12.00
57	Graz-Flughafen	337	15° 27' 52"	46° 60' 41"	ZAMG	9	➖	1.1.71 bis 31.12.00	
58	Graz-Messendorfberg	435	15° 29' 27"	47° 03' 53"	ZAMG	9	↘	1.12.72 bis 31.12.00	
60	Graz-Universität	366	15° 27' 58"	47° 05' 45"	ZAMG	9	➖	1.1.71 bis 31.5.88	1.6.88 bis 31.12.00
61	Gröbming	763	13° 54' 11"	47° 27' 46"	ZAMG	3	➖		1.8.81 bis 1.7.99
66	Hartberg*	330	15° 59' 42"	47° 17' 50"	ZAMG	9	➖		1.1.94 bis 31.12.00
80	Irdning-Gumpenstein	698	14° 06' 54"	47° 30' 43"	ZAMG	3	↑	1.1.71 bis 31.1.93	1.1.90 bis 31.12.00
84	Kalwang*	740	14° 46' 36"	47° 25' 16"	ZAMG	6	➖		9.2.94 bis 31.12.00
101	Krippenstein	2050	13° 42' 00"	47° 31' 00"	ZAMG	1	▲	1.1.71 bis 31.12.00	
103	Lassnitzhöhe*	524	15° 36' 37"	47° 05' 30"	ZAMG	9	↘		23.6.94 bis 31.12.00
104	Leibnitz*	270	15° 33' 58"	46° 47' 46"	ZAMG	9	➖		30.6.94 bis 31.12.00
116	Mariazell	875	15° 19' 18"	47° 46' 09"	ZAMG	2	↙	1.1.71 bis 31.12.00	
124	Murau*	813	14° 11' 36"	47° 07' 41"	ZAMG	5	➖		1.1.89 bis 31.12.00
132	Neumarkt*	866	14° 26' 34"	47° 04' 10"	ZAMG	5	▲		20.5.93 bis 21.12.00
159	Ramsau am Dachstein*	1203	13° 38' 04"	47° 25' 30"	ZAMG	1	↓		20.12.90 bis 31.12.00
161	Rechberg	926	15° 25' 59"	47° 16' 46"	ZAMG	8	▲	1.1.71 bis 31.12.00	
169	Rohrmoos	1078	13° 39' 29"	47° 23' 41"	ZAMG	4	↗	1.1.81 bis 31.12.00	
173	Schöckl	1436	15° 28' 06"	47° 12' 57"	ZAMG	8	▲	1.1.71 bis 31.12.00	1.12.98 bis 31.12.00
177	Sonnblick	3105	13° 31' 10"	47° 03' 18"	ZAMG	–	▲	1.1.71 bis 31.12.00	
191	St. Michael b. Leoben*	565	15° 00' 20"	47° 20' 09"	ZAMG	6	➖		7.1.84 bis 31.12.00
195	St. Radegund	725	15° 29' 27"	47° 11' 56"	ZAMG	8	↓	1.1.71 bis 31.7.85	1.4.86 bis 31.12.00
198	Stolzalpe	1293	14° 12' 42"	47° 07' 15"	ZAMG	7	↓	1.1.71 bis 31.12.00	
214	Villacher Alpe	2140	13° 40' 24"	46° 36' 13"	ZAMG	–	▲	1.1.71 bis 30.11.96	1.8.94 bis 31.12.00
232	Zeltweg	670	14° 46' 35"	47° 12' 05"	ZAMG	5	➖	1.1.71 bis 31.5.92	1.4.92 bis 31.12.00

Klimaregionen	Lage
1 ... Hochlagen im Nordstaugebiet	➖ ... Tal
2 ... Tallagen im Nordstaugebiet	→ ... Hang (Richtung), hier als Beispiel ein Osthang
3 ... Talbecken des Oberen Ennstales	▲ ... Pass
4 ... Niedere Tauern	▲ ... Gipfel
5 ... Talbecken des Oberen Murtales	
6 ... Talbecken des Mur- und Mürztales	
7 ... Hochlagen der Inneralpen	
8 ... Steirisches Randgebirge	
9 ... Vorland	
− ... außerhalb steirischer Klimazonen	

Die geographische Breite eines Ortes bestimmt über die Jahreszeit (Deklination der Sonne) und die unterschiedlich langen Tagbögen der Sonne die astronomisch mögliche Sonnenscheindauer mit den Sonnenauf- und Untergangszeiten am geometrischen Horizont. Dabei wird die Horizontüberhöhung und der Einfluss der Witterung (Bewölkung) ausgeklammert.

Diese maximale Sonnenscheindauer kann aus astronomischen Daten berechnet werden. So beträgt die längste Dauer in Graz (47°04') zum Zeitpunkt der Sommersonnenwende (21. Juni) 15 h 54 min, zum Zeitpunkt der Wintersonnenwende (21. Dezember) 8 h 30 min. Am südlichsten Punkt der Steiermark (am Poßruck, 46°36') ist die astronomisch mögliche Sonnenscheindauer gegenüber Graz zu Sommerbeginn um 3 Minuten kürzer, zu Winterbeginn um 3 Minuten länger. Am nördlichsten Punkt (nördlich von Mariazell, 47°49') verlängert sich die Sonnenscheindauer zu Sommerbeginn um 7 Minuten, zu Winterbeginn verkürzt sie sich um 7 Minuten.

Die Zeiten der Sonnenauf- und -untergänge, die Tageslängen sowie die Sonnenhöhen können für 47 Grad nördliche Breite für jede beliebige Tages- und Jahreszeit aus Abbildung 2.3.3.1 entnommen werden.

Durch den Einfluss der Horizontüberhöhung verkürzt sich die Zeit unter Annahme eines wolkenlosen Himmels zwischen Sonnenauf- und Untergang. Diese Verminderung des astronomischen Tagbogens führt besonders in Gebirgsländern zu großen Unterschieden in der Sonnenscheindauer. Während auf freistehende Gipfel und Orten im Flachland die Beeinflussung am geringsten ist, erfahren tief eingeschnittene Täler durch die Gebirgsumrahmung die stärkste Beeinträchtigung. So weisen in Abhängigkeit von der Talorientierung beispielsweise Nord-Süd-verlaufende Täler eine stärkere Verkürzung der Sonnenscheindauer auf als West-Ost-verlaufende Talabschnitte.

Schatt- und Sonnhänge

Entsprechend dem niedrigen Sonnenstand während der kalten Jahreszeit ist der Verlust der effektiv möglichen Sonnenscheindauer gegenüber der astronomisch möglichen Sonnenscheindauer im Winter am größten. Zwar ist diese Verkürzung der Sonnenscheindauer für den Strahlungshaushalt von nur geringer Bedeutung, da die Abschirmung zur Zeit niedriger Sonnenstände und so-

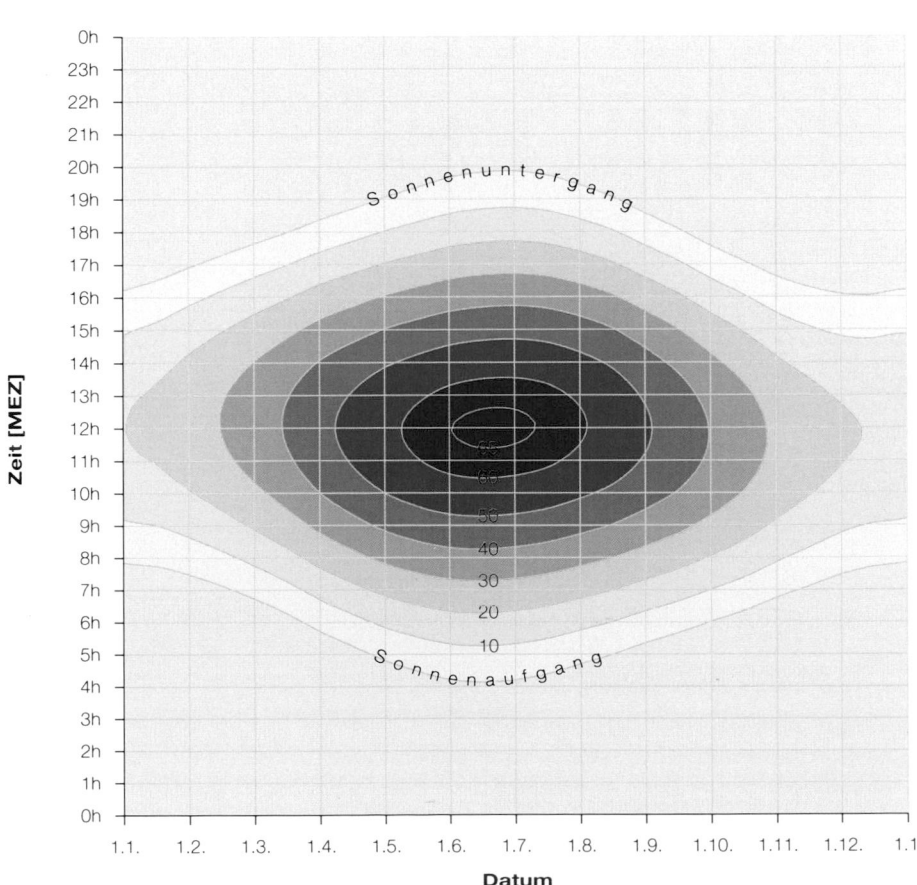

Abbildung 2.3.3.1: Sonnenhöhen [Grad] sowie Sonnenauf- und Untergänge für Graz (47,0° N, 15,04° E).

mit niedriger Strahlungsintensitäten erfolgt, doch prägt dieser Strahlungsnachteil trotzdem die gesamte alpine Kulturlandschaft (BÄTZING, 1991).

In diesem Zusammenhang sei nur auf die unterschiedliche agrarische Nutzung oder Siedlungstätigkeit an Schatt- und Sonnhängen gedacht. Auch die schattseitige Verlängerung der Schneedeckendauer und ihre hydrologische Bedeutung in einem späteren Abschmelzen oder die Schneemetamorphose (aufbauende Umwandlung) bei niedrigen Temperaturen hat letztendlich ihre Ursachen in der geländebedingten Verminderung der Sonnenscheindauer im Winterhalbjahr.

Die Mindesthöhe des Südhorizontes für eine völlige Abschirmung der Sonne am 21./22. Dezember beträgt in 47 Grad Breite 19,5 Grad. Auf diese Weise bleiben zu Weihnachten z.B. die Orte Gstatterboden, Hallstatt und Obertraun ohne Sonne!

2.3.5 Witterungsbedingungen – die tatsächliche Sonnenscheindauer

Durch den Einfluss von Nebel und Bewölkung wird die effektiv mögliche Sonnenscheindauer zur tatsächlich gemessenen Sonnenscheindauer verkürzt. Diese Verkürzung durch den Witterungseinfluss erreicht in der Steiermark im Jahresschnitt 40% bis 50% der effektiv möglichen Sonnenscheindauer (WAKONIGG, 1978).

Über die tatsächliche Sonnenscheindauer lassen sich zwar Aussagen über das Strahlungsklima eines Ortes machen, was für kur- und heilklimatische Fragestellungen von Wichtigkeit ist, ein regionaler Vergleich dieses Klimaelements (etwa kartographisch) ist aber wenig zielführend, da wegen des Einflusses der Horizontüberhöhung keine Rückschlüsse auf die Witterung gezogen werden können.

Vergleich Berg und Tal

Als Beispiel zu dieser Problematik sei hier ein Vergleich zwischen einer Talstation mit entsprechender Gebirgsumrahmung und einer Gipfelstation angeführt. Im Dezember beträgt in Aigen/Ennstal die Summe der gemessenen Sonnenscheinstunden nur 23 Stunden (0,7 Stunden pro Tag, Normalwerte 1971 – 2000), am Schöckl scheint die Sonne hingegen 96 Stunden (3 Stunden pro Tag). Somit wird an der Station in Aigen nur ein Viertel der Sonnenscheindauer des Schöckls erreicht. Trotzdem ist die Bewölkung in Aigen nicht 4-mal so stark bzw. die Witterung nicht 4-mal so schlecht wie am Schöckl.

Vor dem Hintergrund der viel größeren effektiven Sonnenscheindauer an der Gipfelstation von 262 Stunden (8,45 Stunden pro Tag) gegenüber der Talstation mit nur 122 Stunden (3,9 Stunden pro Tag) wird ersicht-

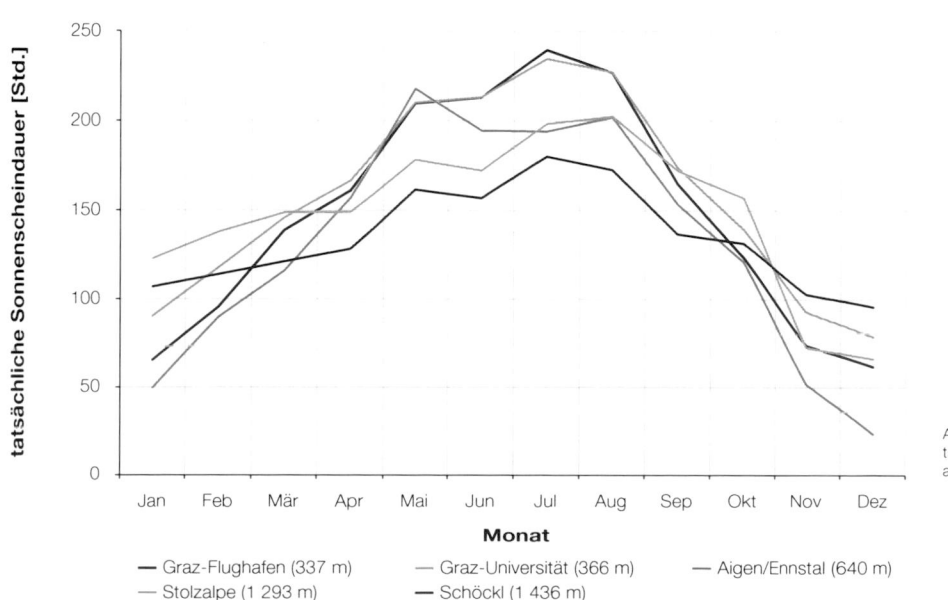

Abbildung 2.3.5.1: Jahresgang der tatsächlichen Sonnenscheindauer ausgewählter Stationen.

— Graz-Flughafen (337 m)   — Graz-Universität (366 m)   — Aigen/Ennstal (640 m)
— Stolzalpe (1 293 m)   — Schöckl (1 436 m)

lich, dass die tatsächliche Sonnenscheindauer keinen direkten Vergleich der Besonnung zwischen Orten mit unterschiedlichem Horizontverlauf zulässt.

In Abbildung 2.3.5.1 ist der Jahresgang der tatsächlichen Sonnenscheindauer für ausgewählte Stationen aufgetragen. Trotz des Witterungseinflusses, welcher sich besonders im Winter ungünstig auf die Sonnenscheindauer auswirkt, zeigt sich ein ähnlicher Verlauf wie bei der effektiv möglichen Sonnenscheindauer, allerdings mit geringeren Amplituden.

2.3.5.1 Die relative Sonnenscheindauer

Darunter versteht man den Anteil der tatsächlichen Sonnenscheindauer an der effektiv möglichen Sonnenscheindauer ausgedrückt in Prozent. Dieser Relativwert ermöglicht über den direkten regionalen Vergleich der Besonnung unter Ausschaltung der durch die Horizontüberhöhung verursachten unterschiedlichen Tagbogenlänge Rückschlüsse auf die unterschiedliche Witterung verschiedener Orte.

Für derartige Vergleiche ist allerdings zu beachten, dass die relative Sonnenscheindauer einen charakteristischen Tagesgang aufweist, durch den die Tagesmittel je nach Sonnenauf- und Untergang verfälscht werden können (WAKONIGG, 1978). Besonders bei Orten mit größerer Tagbogenlänge bzw. größerer effektiv möglicher Sonnenscheindauer macht sich ein geometrischer Effekt bemerkbar, der sich aus der verstärkten Kulissenwirkung der aufgelockerten Bewölkung bei niedrigem Sonnenstand gegenüber hohem Sonnenstand herleitet. Dabei verkürzt sich die relative Sonnenscheindauer im Tagesmittel, während an Orten, deren effektive Sonnenscheindauer nur in die Mittagsstunden fällt, dieser Einfluss nicht zum Tragen kommt.

2.3.5.2 Tagesgang der relativen Sonnenscheindauer

In Abhängigkeit vom Witterungseinfluss verläuft der Tagesgang der relativen Sonnenscheindauer invers zum Tagesgang der Bewölkung oder des Nebels.

Dementsprechend stellt sich in den Niederungen im Winter ein nebel- oder hochnebelbedingtes Minimum am Morgen und ein Maximum am Nachmittag zum Zeitpunkt des Nebel- bzw. Hochnebelminimums ein.

Im Sommer tritt das Minimum hingegen in Zusammenhang mit verstärkter Konvektionsbewölkung am Nachmittag auf, wobei die Abschwächung zum Bergland hin zunimmt. Die Maxima stellen sich hingegen am Vormittag ein.

Im Gebirge ist im Winter kein ausgeprägtes Maximum erkennbar, während sich im Sommer der Einfluss der Konvektionsbewölkung noch stärker bzw. früher auswirkt als in den Niederungen.

Stellvertretend für zwei Vorlandstandorte (2.3.5.2.2, 2.3.5.2.1) zeigen die Innenstadtstation Graz-Universität und die Umlandstation Graz-Flughafen im Winter in den Morgen- und Abendstunden durch Hochnebel sehr geringe Werte, der häufige Bodennebel an der Flughafenstation bedingt hier noch ungünstigere Sonnenverhältnisse. Auch im Sommerhalbjahr ist die relative Sonnenscheindauer in den Morgenstunden am Flughafen durch den bereits erwähnten geometrischen Effekt geringer als in der Stadt. An den Nachmittagen im Spätfrühjahr und Frühsommer geht die relative Sonnenscheindauer aufgrund vermehrter Konvektionsbewölkung wieder leicht zurück. In dieser Zeit stellen sich tagsüber vor allem im Hoch- und Spätsommer noch höhere Werte ein als in der Stadt, was mit der größeren Gebirgsferne zu tun haben könnte.

Die außerhalb winterlicher Bodeninversionen liegende Hangstation St. Radegund in Tabelle 2.3.5.2.4 wird von Bodennebel nicht mehr beeinflusst. Entsprechend rasch steigt in den Morgenstunden die Sonnenscheindauer an. Zwischen März und Juni gehen die Werte am Nachmittag wie in Graz deutlich zurück, wobei dieser konvektionsbedingte Effekt durch die Gebirgsnähe stärker zum Tragen kommt.

Die Berglandstation Schöckl in Tabelle 2.3.5.2.3 weist im Winter deutlich höhere Werte als das Vorland mit wenig akzentuiertem Tagesgang auf. Die Zeit zwischen April und August zeigt hingegen große tageszeitliche Unterschiede mit einem Maximum am Vormittag und einer konvektionsbedingten Abnahme der Sonnenscheindauer ab den Mittagsstunden.

Auffallendes Merkmal aller vier Stationen im Vorland bzw. Grazer Bergland ist das ausgeprägte Maximum im Februar, welches am Schöckl zum Hauptmaximum wird.

Eine Übersicht über die durchschnittlichen Tages- und Jahresgänge der relativen Sonnenscheindauer aller Stationen findet man im technischen Anhang unter www.klimaatlas-steiermark.at.

Tabelle 2.3.5.2.1: Tages- und Jahresgang der relativen Sonnenscheindauer in Prozent, Station Graz-Flughafen, 337 m, Periode 1991 – 2000.

Uhrzeit [MEZ]	Jan	Feb	Mär	Apr	Mai	Jun	Jul	Aug	Sep	Okt	Nov	Dez	Frühling	Sommer	Herbst	Winter	Jahr
1	0,0	0,0	0,0	0,0	0,0	0,0	0,0	0,0	0,0	0,0	0,0	0,0	0,0	0,0	0,0	0,0	0,0
2	0,0	0,0	0,0	0,0	0,0	0,0	0,0	0,0	0,0	0,0	0,0	0,0	0,0	0,0	0,0	0,0	0,0
3	0,0	0,0	0,0	0,0	0,0	0,0	0,0	0,0	0,0	0,0	0,0	0,0	0,0	0,0	0,0	0,0	0,0
4	0,0	0,0	0,0	0,0	0,0	0,0	0,0	0,0	0,0	0,0	0,0	0,0	0,0	0,0	0,0	0,0	0,0
5	0,0	0,0	0,0	0,0	0,8	1,8	0,7	0,0	0,0	0,0	0,0	0,0	0,3	0,9	0,0	0,0	0,3
6	0,0	0,0	0,0	1,7	15,8	27,3	20,1	5,4	0,0	0,0	0,0	0,0	5,8	17,6	0,0	0,0	5,9
7	0,0	0,1	2,5	23,0	45,8	47,8		40,9	5,1	0,1	0,0	0,0	23,8	46,3	1,7	0,0	18,0
8	2,4	6,1	17,8	42,5				29,0	4,2	0,6	0,0		38,8	58,0	11,3	2,8	27,7
9	8,1	24,4	34,7	49,3				45,3	18,0	6,6	2,0		48,7	62,4	23,3	11,5	36,5
10	18,0	44,5	47,5							32,6	13,5	5,7	55,1	65,6	34,1	22,7	44,4
11	28,1									41,5	22,2	11,7	57,9	68,2	41,3	31,9	49,8
12	34,7									45,9	29,3	20,7	59,9	67,3	45,6	38,7	52,9
13	38,4										31,1	25,5	58,9	67,0	48,1	42,3	54,1
14	39,5									49,5	32,9	28,2	55,8	65,4	48,1	42,9	53,0
15	37,6		49,0							46,7	30,4	28,7	52,8	61,9	45,9	41,4	50,5
16	29,9	49,8	45,7	46,4						41,0	25,6	19,3	48,7	59,1	40,7	33,0	45,4
17	8,3	26,4	35,2	42,8		49,7			47,0	25,8	7,2	0,7	43,4	53,6	26,7	11,8	33,9
18	0,0	1,1	8,6	29,8	46,7	46,5	52,1	20,7	2,2	0,0	0,0	0,0	28,4	48,7	7,6	0,4	21,3
19	0,0	0,0	0,0	5,4	26,1	33,5	35,0	15,8	0,7	0,0	0,0	0,0	10,5	28,1	0,2	0,0	9,7
20	0,0	0,0	0,0	0,0	0,7	4,1	2,5	0,0	0,0	0,0	0,0	0,0	0,2	2,2	0,0	0,0	0,6
21	0,0	0,0	0,0	0,0	0,0	0,0	0,0	0,0	0,0	0,0	0,0	0,0	0,0	0,0	0,0	0,0	0,0
22	0,0	0,0	0,0	0,0	0,0	0,0	0,0	0,0	0,0	0,0	0,0	0,0	0,0	0,0	0,0	0,0	0,0
23	0,0	0,0	0,0	0,0	0,0	0,0	0,0	0,0	0,0	0,0	0,0	0,0	0,0	0,0	0,0	0,0	0,0
24	0,0	0,0	0,0	0,0	0,0	0,0	0,0	0,0	0,0	0,0	0,0	0,0	0,0	0,0	0,0	0,0	0,0

Tabelle 2.3.5.2.2: Tages- und Jahresgang der relativen Sonnenscheindauer in Prozent, Station Graz-Universität, 366 m, Periode 1991 – 2000.

Uhrzeit [MEZ]	Jan	Feb	Mar	Apr	Mai	Jun	Jul	Aug	Sep	Okt	Nov	Dez	Frühling	Sommer	Herbst	Winter	Jahr
1	0,0	0,0	0,0	0,0	0,0	0,0	0,0	0,0	0,0	0,0	0,0	0,0	0,0	0,0	0,0	0,0	0,0
2	0,0	0,0	0,0	0,0	0,0	0,0	0,0	0,0	0,0	0,0	0,0	0,0	0,0	0,0	0,0	0,0	0,0
3	0,0	0,0	0,0	0,0	0,0	0,0	0,0	0,0	0,0	0,0	0,0	0,0	0,0	0,0	0,0	0,0	0,0
4	0,0	0,0	0,0	0,0	0,0	0,0	0,0	0,0	0,0	0,0	0,0	0,0	0,0	0,0	0,0	0,0	0,0
5	0,0	0,0	0,0	0,0	3,0	8,0	3,0	0,0	0,0	0,0	0,0	0,0	1,0	3,7	0,0	0,0	1,2
6	0,0	0,0	0,0	8,0	38,0	43,0	40,0	23,0	0,0	0,0	0,0	0,0	15,3	35,3	1,0	0,0	12,9
7	0,0	0,0	12,0	38,0					35,0	7,0	0,0	0,0	34,3	52,3	14,0	0,0	25,2
8	2,0	20,0	35,0	48,0						32,0	13,0	2,0	47,0	58,7	32,3	8,0	36,5
9	28,0		43,0						40,0	28,0	22,0		52,0	61,7	41,7	35,0	47,6
10	37,0		48,0							45,0	32,0	30,0	54,3	63,0	45,7	43,3	51,6
11	42,0									45,0	32,0	32,0	56,0	63,3	45,7	45,7	52,7
12	43,0									40,0	35,0	35,0	54,7	61,7	47,0	47,7	52,8
13	43,0									48,0	35,0	37,0	53,7	58,7	47,0	48,3	51,9
14	43,0		50,0	48,0	53,0	53,0				47,0	37,0	37,0	50,3	56,7	47,0	47,7	50,4
15	43,0		50,0	45,0	52,0				45,0	32,0	33,0	49,0	54,0	44,0	44,7	47,9
16	35,0		47,0	43,0	50,0	47,0			48,0	40,0	23,0	20,0	46,7	52,3	37,0	36,0	43,0
17	8,0	35,0	42,0	42,0	48,0	43,0	50,0	50,0	42,0	18,0	2,0	0,0	44,0	47,7	20,7	14,3	31,7
18	0,0	0,0	15,0	32,0	43,0	43,0	45,0	45,0	23,0	0,0	0,0	0,0	30,0	44,3	7,7	0,0	20,5
19	0,0	0,0	0,0	7,0	28,0	33,0	37,0	18,0	0,0	0,0	0,0	0,0	11,7	29,3	0,0	0,0	10,3
20	0,0	0,0	0,0	0,0	2,0	7,0	5,0	0,0	0,0	0,0	0,0	0,0	0,7	4,0	0,0	0,0	1,2
21	0,0	0,0	0,0	0,0	0,0	0,0	0,0	0,0	0,0	0,0	0,0	0,0	0,0	0,0	0,0	0,0	0,0
22	0,0	0,0	0,0	0,0	0,0	0,0	0,0	0,0	0,0	0,0	0,0	0,0	0,0	0,0	0,0	0,0	0,0
23	0,0	0,0	0,0	0,0	0,0	0,0	0,0	0,0	0,0	0,0	0,0	0,0	0,0	0,0	0,0	0,0	0,0
24	0,0	0,0	0,0	0,0	0,0	0,0	0,0	0,0	0,0	0,0	0,0	0,0	0,0	0,0	0,0	0,0	0,0

Tabelle 2.3.5.2.3: Tages- und Jahresgang der relativen Sonnenscheindauer in Prozent, Station Schöckl 1 436 m, Periode 1991 – 2000.

Uhrzeit [MEZ]	Jan	Feb	Mär	Apr	Mai	Jun	Jul	Aug	Sep	Okt	Nov	Dez	Frühling	Sommer	Herbst	Winter	Jahr
1	0,0	0,0	0,0	0,0	0,0	0,0	0,0	0,0	0,0	0,0	0,0	0,0	0,0	0,0	0,0	0,0	0,0
2	0,0	0,0	0,0	0,0	0,0	0,0	0,0	0,0	0,0	0,0	0,0	0,0	0,0	0,0	0,0	0,0	0,0
3	0,0	0,0	0,0	0,0	0,0	0,0	0,0	0,0	0,0	0,0	0,0	0,0	0,0	0,0	0,0	0,0	0,0
4	0,0	0,0	0,0	0,0	0,0	0,0	0,0	0,0	0,0	0,0	0,0	0,0	0,0	0,0	0,0	0,0	0,0
5	0,0	0,0	0,0	0,0	0,0	0,0	0,0	0,0	0,0	0,0	0,0	0,0	0,0	0,0	0,0	0,0	0,0
6	0,0	0,0	0,0	8,0	30,0	27,0	20,0	20,0	0,0	0,0	0,0	0,0	12,7	22,3	0,0	0,0	8,8
7	0,0	0,0	0,0	32,0			50,0	50,0	15,0	2,0	0,0	0,0	28,3	50,7	5,7	0,0	21,2
8	0,0	13,0	35,0	45,0						37,0	13,0	5,0	45,7	54,0	34,0	6,0	34,9
9	42,0		45,0	48,0					47,0	38,0	35,0	50,0	55,7	47,3	44,7	49,4
10	50,0		48,0	48,0		50,0	50,0			50,0	13,0	13,0	50,3	52,7	49,3	51,7	51,0
11	53,0		48,0	45,0	50,0	47,0	47,0		48,0	47,0	45,0	47,0	47,7	49,0	46,7	54,0	49,3
12			47,0	42,0	50,0	42,0	45,0	48,0	42,0	48,0	45,0	47,0	46,3	45,0	45,0	54,0	47,6
13			45,0	43,0	45,0	43,0	47,0	45,0	40,0	45,0	43,0	47,0	44,3	45,0	42,7	53,7	46,4
14	50,0		47,0	42,0	47,0	47,0	45,0	45,0	38,0	45,0	42,0	47,0	45,3	45,7	41,7	53,0	46,4
15	50,0		47,0	40,0	43,0	45,0	48,0	47,0	38,0	43,0	37,0	42,0	43,3	46,7	39,3	50,0	44,8
16	35,0		42,0	37,0	40,0	45,0	45,0	42,0	32,0	38,0	17,0	15,0	39,7	44,0	29,0	34,3	36,8
17	0,0	27,0	12,0	35,0	45,0	43,0	47,0	45,0	20,0	10,0	0,0	0,0	30,7	45,0	10,0	9,0	23,7
18	0,0	0,0	20,0	23,0	37,0	38,0	37,0	22,0	17,0	0,0	0,0	0,0	26,7	32,3	5,7	0,0	16,2
19	0,0	0,0	0,0	0,0	10,0	18,0	17,0	0,0	0,0	0,0	0,0	0,0	3,3	11,7	0,0	0,0	3,8
20	0,0	0,0	0,0	0,0	0,0	0,0	0,0	0,0	0,0	0,0	0,0	0,0	0,0	0,0	0,0	0,0	0,0
21	0,0	0,0	0,0	0,0	0,0	0,0	0,0	0,0	0,0	0,0	0,0	0,0	0,0	0,0	0,0	0,0	0,0
22	0,0	0,0	0,0	0,0	0,0	0,0	0,0	0,0	0,0	0,0	0,0	0,0	0,0	0,0	0,0	0,0	0,0
23	0,0	0,0	0,0	0,0	0,0	0,0	0,0	0,0	0,0	0,0	0,0	0,0	0,0	0,0	0,0	0,0	0,0
24	0,0	0,0	0,0	0,0	0,0	0,0	0,0	0,0	0,0	0,0	0,0	0,0	0,0	0,0	0,0	0,0	0,0

Tabelle 2.3.5.2.4: Tages- und Jahresgang der relativen Sonnenscheindauer in Prozent, Station St. Radegund, 725 m, Periode 1991 – 2000.

Uhrzeit [MEZ]	Jan	Feb	Mär	Apr	Mai	Jun	Jul	Aug	Sep	Okt	Nov	Dez	Frühling	Sommer	Herbst	Winter	Jahr
1	0,0	0,0	0,0	0,0	0,0	0,0	0,0	0,0	0,0	0,0	0,0	0,0	0,0	0,0	0,0	0,0	0,0
2	0,0	0,0	0,0	0,0	0,0	0,0	0,0	0,0	0,0	0,0	0,0	0,0	0,0	0,0	0,0	0,0	0,0
3	0,0	0,0	0,0	0,0	0,0	0,0	0,0	0,0	0,0	0,0	0,0	0,0	0,0	0,0	0,0	0,0	0,0
4	0,0	0,0	0,0	0,0	0,0	0,0	0,0	0,0	0,0	0,0	0,0	0,0	0,0	0,0	0,0	0,0	0,0
5	0,0	0,0	0,0	0,0	0,0	12,0	5,0	0,0	0,0	0,0	0,0	0,0	1,7	5,7	0,0	0,0	1,8
6	0,0	0,0	0,0	10,0	40,0	43,0	37,0	25,0	3,0	0,0	0,0	0,0	16,7	35,0	1,0	0,0	13,2
7	0,0	0,0	13,0	38,0	50,0	58,0	52,0	44,0	35,0	12,0	0,0	0,0	33,7	52,7	15,7	0,0	25,5
8	5,0	27,0	37,0	48,0	58,0	56,0	60,0	54,0	50,0	37,0	15,0	3,0	47,7	56,7	34,0	11,7	37,5
9	40,0	55,0	45,0	54,0	60,0	60,0	64,0	52,0	55,0	43,0	30,0	30,0	52,3	58,7	42,7	41,7	48,8
10	47,0	62,0	48,0	50,0	60,0	58,0	65,0	57,0	55,0	45,0	33,0	37,0	52,7	60,0	44,3	48,7	51,4
11	53,0	62,0	52,0	50,0	57,0	52,0	61,0	60,0	52,0	47,0	33,0	40,0	53,0	57,7	44,0	51,7	51,6
12	57,0	60,0	50,0	48,0	53,0	48,0	55,0	58,0	50,0	48,0	35,0	40,0	50,3	53,7	44,3	51,3	49,9
13	52,0	60,0	50,0	47,0	52,0	47,0	52,0	55,0	52,0	47,0	35,0	40,0	49,7	51,3	44,7	51,3	49,3
14	52,0	60,0	50,0	45,0	52,0	47,0	52,0	53,0	50,0	45,0	35,0	38,0	49,0	50,7	43,3	50,0	48,3
15	47,0	57,0	48,0	42,0	47,0	43,0	50,0	53,0	47,0	43,0	30,0	35,0	45,7	48,7	40,0	46,3	45,2
16	28,0	50,0	42,0	40,0	47,0	40,0	48,0	50,0	43,0	38,0	13,0	10,0	43,0	46,0	31,3	29,3	37,4
17	0,0	27,0	37,0	38,0	45,0	40,0	48,0	47,0	38,0	18,0	2,0	0,0	40,0	45,0	19,3	9,0	28,3
18	0,0	0,0	10,0	30,0	42,0	38,0	47,0	43,0	15,0	2,0	0,0	0,0	27,3	42,7	5,7	0,0	18,9
19	0,0	0,0	0,0	2,0	15,0	22,0	25,0	12,0	2,0	0,0	0,0	0,0	5,7	19,7	0,7	0,0	6,5
20	0,0	0,0	0,0	0,0	2,0	0,0	3,0	2,0	0,0	0,0	0,0	0,0	0,7	1,7	0,0	0,0	0,6
21	0,0	0,0	0,0	0,0	0,0	0,0	0,0	0,0	0,0	0,0	0,0	0,0	0,0	0,0	0,0	0,0	0,0
22	0,0	0,0	0,0	0,0	0,0	0,0	0,0	0,0	0,0	0,0	0,0	0,0	0,0	0,0	0,0	0,0	0,0
23	0,0	0,0	0,0	0,0	0,0	0,0	0,0	0,0	0,0	0,0	0,0	0,0	0,0	0,0	0,0	0,0	0,0
24	0,0	0,0	0,0	0,0	0,0	0,0	0,0	0,0	0,0	0,0	0,0	0,0	0,0	0,0	0,0	0,0	0,0

2.3.5.3 Jahresgang der relativen Sonnenscheindauer

Wie bereits beim Tagesgang der relativen Sonnenscheindauer aufgezeigt, verläuft auch der Jahresgang invers zur Bewölkungs- und Nebelhäufigkeit. WAKONIGG, 1978 unterscheidet in den Ostalpen je nach Seehöhe drei Haupttypen:

- **Vorlandtypus**

  Dem nebel- und hochnebelbedingten Winterminimum steht ein Maximum im Sommer bei aufgelockerter Bewölkung gegenüber. Im Frühjahr verzögert konvektionsbedingte Bewölkung eine rasche Zunahme der Sonnenscheindauer, während die Abnahme im Herbst durch häufige, nebelfreie Hochdruckwetterlagen gebremst wird. Der Übergang zum Spätherbst erfolgt hingegen im November recht abrupt. Der Februar weist außerdem ein Nebenmaximum auf.

- **Berglandtypus**

  Wegen der geringeren Nebelhäufigkeit zeichnet diesen Typus eine höhere Sonnenscheindauer im Winter aus, im Februar tritt das Hauptmaximum auf.

- **Hochgebirgstypus**

  Im Hochgebirge sind der Frühwinter (Dezemberminimum durch Häufung zyklonaler Wetterlagen) sowie das Frühjahr und der Frühsommer (verstärkte Konvektionsbewölkung) die relativ sonnenscheinärmste Zeit, wobei durch die erhöhte Schlechtwetterwirkung von Nordstaulagen an der Tauernnordseite und entlang der Nordalpen immer mehr das Frühjahr zum Hauptminimum wird. Hingegen zählen der Spätwinter, wenn durch die Reflexionsstrahlung der Schneedecke noch keine Labilisierung erfolgen kann und der Herbst, wenn infolge schwächerer Einstrahlung keine Labilisierung mehr möglich ist, zu den sonnenscheinreichsten Abschnitten.

Tabelle 2.3.5.3.1: Jahresgang der relativen Sonnenscheindauer in Prozent aller Stationen.

Nr.	Name	Sh [m]	Jan	Feb	Mär	Apr	Mai	Jun	Jul	Aug	Sep	Okt	Nov	Dez	Frühling	Sommer	Herbst	Winter	Jahr
3	Aflenz	785	41,0	45,8	39,1	37,8	40,0	38,9	43,2	44,6	42,0	37,3	32,7	31,5	38,9	42,2	37,3	39,4	39,5
10	Bad Aussee	660	53,8	45,9	41,6	40,0	44,1	39,3	44,7	48,7	48,8	51,0	44,6	41,8	41,9	44,2	48,1	47,2	45,4
11	Bad Gleichenberg	293	31,1	41,7	43,3	45,4	52,2	52,9	58,5	58,7	50,9	45,2	32,7	27,0	47,0	56,7	42,9	33,3	45,0
57	Graz-Flughafen	337	28,8	38,9	40,7	43,7	49,5	48,9	53,9	56,1	47,8	39,5	29,3	24,7	44,6	53,0	38,9	30,8	41,8
58	Graz-Messendorfberg	435	31,9	39,6	41,4	42,6	49,3	48,4	53,4	54,8	48,6	42,8	32,4	30,4	44,4	52,2	41,3	34,0	43,0
60	Graz-Universität	366	34,7	43,2	42,6	43,4	47,7	47,4	51,5	55,2	50,8	44,7	35,6	32,3	44,6	51,4	43,7	36,7	44,1
61	Gröbming	763	49,6	53,5	47,4	46,5	45,2	40,0	42,7	52,2	50,6	55,8	42,0	42,6	46,4	45,0	49,5	48,6	47,4
80	Irdning-Gumpenstein	698	39,6	44,7	41,6	40,5	45,1	41,9	45,7	49,4	47,4	47,7	36,1	32,4	42,4	45,7	43,7	38,9	42,7
101	Krippenstein	2050	42,3	42,2	38,8	37,2	45,2	37,5	42,4	47,9	46,2	50,3	41,1	38,5	40,4	42,6	45,9	41,0	42,5
116	Mariazell	865	35,9	40,0	36,2	38,6	44,9	41,8	47,5	50,4	45,0	46,5	35,9	31,5	39,9	46,6	42,4	35,8	41,2
161	Rechberg	926	33,9	40,3	39,4	41,0	46,1	47,1	51,8	51,5	48,8	39,2	35,6	31,0	42,2	50,1	39,5	35,1	41,7
169	Rohrmoos	1078	44,6	49,8	45,9	43,2	47,9	42,7	48,6	52,1	51,3	53,3	41,5	41,0	45,7	47,8	48,7	45,1	46,8
173	Schöckl	1436	44,5	46,9	39,1	38,6	43,0	40,3	45,6	47,6	43,0	45,6	42,8	39,6	40,2	44,5	43,8	43,7	43,1
183	Sonnblick	3105	43,4	44,1	37,8	32,4	33,8	31,8	37,9	41,3	42,6	46,7	40,4	40,6	34,7	37,0	43,2	42,7	39,4
195	St. Radegund	725	39,3	44,9	41,2	41,2	45,4	43,7	48,7	50,5	44,6	40,0	39,0	35,8	42,6	47,6	42,5	40,0	43,2
198	Stolzalpe	1293	48,0	51,7	46,3	43,5	46,4	45,5	51,8	54,9	52,7	51,3	45,8	45,4	45,4	50,7	50,0	48,4	48,6
214	Villacher Alpe	2140	52,8	52,1	44,2	39,4	40,7	40,9	47,4	53,4	50,9	51,4	48,1	49,5	41,4	47,2	50,1	51,4	47,6
232	Zeltweg	670	42,1	48,4	43,0	39,5	42,5	42,9	46,4	48,9	45,8	42,5	36,7	34,6	41,7	46,1	41,7	41,7	42,8

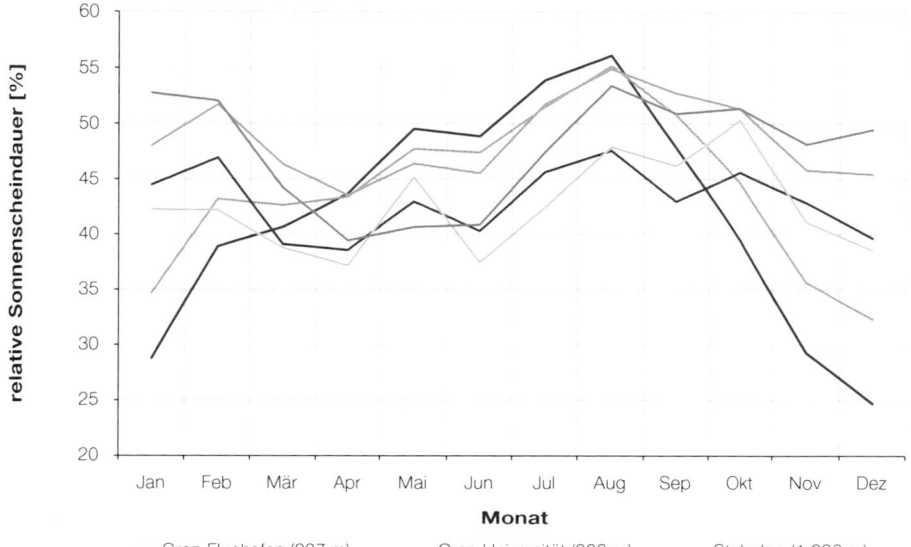

Abbildung 2.3.5.3.1: Jahresgang der relativen Sonnenscheindauer ausgewählter Stationen.

— Graz-Flughafen (337 m)   — Graz-Universität (366 m)   — Stolzalpe (1 293 m)
— Schöckl (1 436 m)   — Krippenstein (2 050 m)   — Villacher Alpe (2 140 m)

Abbildung 2.3.5.3.2: Typische winterliche Temperatur-Inversionswetterlage im Murtal bei Pernegg, im Hintergrund der Hochlantsch. Die Hochnebel-Obergrenze reicht bis ca. 1 100 m Seehöhe. Während auf den Bergen wolkenloses und mildes Wetter herrscht, bleibt es in den Tallagen kalt und feucht.
Foto: A. PODESSER

Abbildung 2.3.5.3.3: Konvektionsbewölkung im Frühsommer am Speikkogel (Koralm) mit der Radarstation. Während im Vorland die Sonne scheint, geraten die Gipfel immer wieder in Nebel.
Foto: A. PODESSER

2.4 Regionale Verteilung der relativen Sonnenscheindauer

Die relative Sonnenscheindauer gibt den prozentuellen Anteil der tatsächlich gemessenen Sonnenscheindauer im Vergleich zu den maximal möglichen Sonnenstunden (effektive Sonnenscheindauer) eines Ortes an. Dadurch werden die durch die geographische Breite und die Horizontüberhöhung unterschiedlichen Tagbogenlängen ausgeschaltet und der Witterungseinfluss tritt in den Vordergrund.

Im Winter äußert sich antizyklonale Witterung nur im Gebirge als Schönwetter, während in den Tal- und Beckenlandschaften häufig Nebel und Hochnebel auftritt und somit die relative Sonnenscheindauer stark herabsetzt. Der Hochwinter steht meist im Zeichen atlantisch beeinflusster Witterungsabschnitte, welche sich alpennordseitig in geschlossener Bewölkung äußern, alpensüdseitig jedoch nordföhnbedingt wolkenauflösend wirken. Dieser Gegensatz bleibt mehr oder weniger bis in den Spätwinter hinein erhalten. Für die relative Sonnenscheindauer in der Steiermark ergeben sich für diesen Zeitraum eher ausgeglichenere Verhältnisse, wobei der vor allem bewölkungsbedingte Strahlungsnachteil der Obersteiermark dem stärker wirkenden nebelbedingten Strahlungsnachteil des Vorlandes gegenübersteht.

Gegenüber der kalten Jahreszeit erfolgt im Frühjahr eine Umkehrung der Sonnenscheinverhältnisse. Bedingt durch das weitgehende Fehlen von Nebel und Hochnebel tagsüber wird die Sonnenscheindauer nur mehr über die Bewölkung gesteuert. Regionale Unterschiede ergeben sich dabei über die Art der Bewölkung. Im Gebirge reduziert die zunehmende Konvektions- und Gewitterbewölkung die Sonnenscheindauer, dieser Effekt wirkt sich in abgeschwächter Form auch noch auf gebirgsnahe Talstandorte aus. Eine weitere Einschränkung ergibt sich über staubedingte Bewölkung, wobei davon die Nordstaugebiete an der Tauernnordseite und besonders die gesamten Nordalpen betroffen sind. Dies führt zu einer Sonnenscheingunst im gesamten Vorland, wo die Werte mit der Gebirgsferne zunehmen, während die Talstandorte der Obersteiermark benachteiligt bleiben.

In den meisten Landesteilen bringt der Sommer mit seiner aufgelockerten Bewölkung die höchsten Werte. In der Obersteiermark geht der Schlechtwettereinfluss aus Nordwesten weiter zurück, zum Spätsommer nimmt auch die Konvektionsbewölkung langsam ab. Die größte Sonnengunst genießen die südöstlichen Vorländer, am ungünstigen schneiden die Gipfel der Nordalpen ab, wo sich das Maximum in den Herbst verschiebt.

Im Herbst zeigt sich eine recht ausgeglichene Verteilung der relativen Sonnenscheindauer. Während eine Häufung antizyklonaler Witterungsbedingungen die Tal- und Beckenlagen des Vorlandes, das Mürztal sowie das Knittelfelder- Judenburger Becken und Teile des Oberen Murtales durch den Einfluss von Nebel- und vor allem Hochnebelfeldern zunehmend benachteiligt, schneiden im Allgemeinen höhere Lagen der Obersteiermark sehr günstig ab. Vor allem in der nordwestlichen Obersteiermark stellt sich ein Maximum ein, der September und der Oktober zählen hier zur schönsten Jahreszeit überhaupt. Aber auch höhere Lagen der Tauernsüdseite schneiden ähnlich günstig ab, wenn sie von Hochnebeldecken nicht mehr erreicht werden.

A. Podesser | H. Rieder

2.4.1 Relative Sonnenscheindauer im Spätherbst – Frühwinter (November, Dezember)

In den Niederungen der Steiermark bis hinauf zur unteren Berglandstufe wird das Minimum der relativen Sonnenscheindauer durchwegs zu dieser Jahreszeit erreicht, wobei meist der Dezember derjenige Monat ist, an dem sich die Sonne am wenigsten oft zeigt. Dies liegt einerseits am ausgesprochenen Schlechtwettercharakter beider Monate. Bei Hochdrucklagen stellt sich andererseits häufig Hochnebel oder Nebel ein.

Die regionale Verteilung zeigt das Vorland im Allgemeinen mit den eingebetteten Talböden im Besonderen als ungünstigste Abschnitte, da sich hier geschlossene Bewölkung mit Talnebel überlagern. Generell bleiben die Werte im Vorland unter 35%, im Bereich der Talböden sogar unter 30%. Günstiger schneidet hier hingegen die Berglandstufe ab, da diese meist schon außerhalb der Stratusdecken liegt (Schöckl: 41,2%).

Ähnlich benachteiligt präsentieren sich auch Tallandschaften der Obersteiermark, allerdings wird hier die 30-Prozent-Marke nicht mehr unterschritten. Während in Teilen der Mur- Mürzfurche neben der „Schlechtwetterbewölkung" vor allem der Einfluss von Hochnebel benachteiligend wirkt, vermindern in Teilen des Ennstales eher flachere Talnebel die Sonnenscheindauer. Wie im Vorland sind auch hier die höheren Lagen begünstigt, als diesbezüglicher „Spitzenreiter" erweist sich einmal mehr die Stolzalpe mit 45,6%.

2.4.2 Relative Sonnenscheindauer im Hochsommer – Spätsommer (Juli, August)

Bei meist aufgelockerter Bewölkung ist der Hoch- und Spätsommer in den meisten Landesteilen der sonnenscheinreichste Zeitabschnitt. Eine Ausnahme bilden dabei die Gebiete nördlich der Niederen Tauern, wo sich das Maximum im Ennstal und Ausseerland in den Frühherbst verschiebt. In der regionalen Verteilung zeigt sich daher eine Zunahme der relativen Sonnenscheindauer von Nord nach Süd. Mit einer relativen Sonnenscheindauer über 58% schneiden die Ost- und Südsteiermark am besten ab. In den Tallagen der Mur- Mürzfurche bleiben die Werte knapp unter 50%, im Ennstal und Ausseerland knapp über 45%.

In Mittel- und Hochgebirgslagen ist der Wolkeneinfluss deutlich geringer als im Frühjahr und Frühsommer; neben seltenerer Staubewölkung nimmt zum Spätsommer hin auch die Konvektionsbewölkung wieder ab.

2.5 Ergänzende und weiterführende Literatur

ALLEN, R.G. ET AL. 1998: Crop evapotranspiration – Guidelines for computing crop water requirements. FAO Irrigation and drainage paper 56. http://www.fao.org/docrep/X0490E/x0490e00.htm.

ANGSTRÖM, A. 1924: Report to the International Commission for Solar Research on actionometric investigations of solar and atmospheric radiation. Quart. J. Roy. Meteorol. Soc., 50, 121 – 125.

BÄTZING, W. 1991: Die Alpen, Geschichte und Zukunft einer europäischen Kulturlandschaft. Verlag C. H. Beck, 431 S.

BIRD, R.E. 1984: A simple, solar spectral model for direct-normal and diffuse horizontal irradiance. Solar Energy 32, 461 – 471.

BRUCK, M., HAMMER, N., NEUWIRTH, F., SCHAFFAR, G. 1985: Meteorologische Daten und Berechnungsverfahren. Österr. Gesellschaft für Sonnenenergie und Weltraumfragen Ges.m.b.H. und Zentralanstalt für Meteorologie und Geodynamik (Hrsg.), 285 S.

DOBESCH, H., MOHNL, H. 1992: Comparison of time series of sunshine duration measured by the Campbell-Stokes recorder and the Haenni Solar system. Instruments and Observing Methods. Report No. 49, WMO/TD- No. 462. WMO Technical Conference on Instruments and Methods of Observation (TECO 1992), Vienna, 260 – 265.

DOBESCH, H., MOHNL, H. 1997: Vergleich der Messwerte des optoelektrischen Sonnenscheingebers Haenni Solar 111B mit den Datensätzen des konventionellen Campbell-Stokes-Gerätes. Ann. d. Meteorol., 4. Deutsche Klimatagung in Frankfurt/Main, Selbstverlag des DWD, S. 195 – 196.

KUTTLER, W. 2009: Klimatologie. Ferdinand Schöningh Verlage Paderborn, München, Wien. 260 S.

WAKONIGG, H. 1978: Witterung und Klima in der Steiermark. Verlag für die Technische Universität Graz. 473 S.

WILLIAMS, L.D., BARRY, R.G., ANDREWS, J.T. 1972: Application of computed global radiation for areas of high reliefs. J. Appl. Meteorol. 11, 526 – 533.

TEMPERATUR

H. WAKONIGG, A. PODESSER

KARTOGRAPHISCHE BEARBEITUNG

V. HAWRANEK, A. PODESSER, H. RIEDER

3 TEMPERATUR

Dieses Kartensymbol bedeutet, dass gedrucktes Kartenmaterial in der Klimaatlas-Mappe verfügbar ist.

Titelbild: Konventionelle Temperaturmessung mit Stationsthermometer, Maximum- und Minimumthermometer.
Foto: A. Podesser

3.1 Allgemeines

3.1.1 Wesen und Bedeutung der Lufttemperatur

Wenn im allgemeinen Sprachgebrauch und vielfach auch in der Klimatologie von der Temperatur die Rede ist, wird meist der Hinweis unterlassen, dass es sich dabei um die Lufttemperatur handelt. Immerhin gibt es in unserer Umwelt genügend andere Komponenten, deren Temperaturen ebenfalls von bedeutendem Einfluss sind, etwa die Wasser- oder Erdbodentemperaturen.

Die Temperatur eines Körpers beschreibt eine Form der Energie, nämlich die fühlbare Wärmeenergie, die bei der Lufttemperatur physikalisch genau als „die freie Weglänge der Moleküle" definiert wird, etwas allgemeiner als die Bewegungsenergie der Luftmoleküle, deren Zunahme sich entsprechend in einer mess- und fühlbaren Temperaturerhöhung äußert.

Latente Wärme

Bei der Luft ist dazu noch die latente Wärmeenergie oder einfacher „latente Wärme" zu unterscheiden, welche in Form des unsichtbaren Wasserdampfes vorhanden ist und durch Kondensation dieses Wasserdampfes in fühlbare Wärme umgewandelt werden kann. Addiert man den maximal möglichen zusätzlichen Wärme- bzw. Temperaturbetrag im Sinne der vollkommenen Kondensation des gesamten Wasserdampfes zur fühlbaren Temperatur, erhält man die Pseudopotentielle oder Äquivalentpotentielle Temperatur, welche nun für einen gegebenen Luftdruck den gesamten Energieinhalt der Luft beschreibt, aber auch ein guter Vergleichswert für unterschiedliche Schwülemaße und damit unterschiedliches Schwüleempfinden ist.

Die fühlbare und direkt messbare Lufttemperatur ist also nur eine Komponente des Energieinhaltes der Luft und dazu noch für das subjektive Wärmeempfinden des Menschen aber auch der sonstigen Lebewesen fallweise sogar eine untergeordnete, zu der je nach Witterung und Eigenschaften der Luft noch einige andere hoch wirksame Komponenten kommen.

Windeinfluss

Dabei ist zuerst der Wind zu nennen, der im Sinne der Abkühlungsgröße bei hohen Temperaturen zu einer angenehmen Erleichterung führen kann, bei tieferen Temperaturen aber zu unangenehmer Abkühlung und schließlich sogar zu gefährlicher bis lebensbedrohlicher Unterkühlung. Diese kombinierte Wirkung von Wind und Lufttemperatur wird als Abkühlungsgröße – oder moderner – als „Wind Chill" bezeichnet, wofür es verschiedene Berechnungsmethoden gibt, denen aber meist gemeinsam ist, dass man den Wind Chill durch eine vergleichbare Temperatur bei Windstille bzw. Schwachwind ausdrückt, d.h. durch jene, die bei Fast Windstille dieselbe Abkühlungswirkung ausübt wie die tatsächlich beobachtete Kombination von Lufttemperatur und Wind. Mit diesem Zahlenwert ist die gemeinsame Abkühlungswirkung auch leichter verständlich und vorstellbar als mit Hilfe von abstrakteren Energiemaßen.

Strahlungseinfluss

Als weitere Komponente des subjektiven Temperaturempfindens und damit der von außen auf den Wärmehaushalt unseres Körpers wirkenden Faktoren ist die Globalstrahlung zu nennen, d.h. die Summe der kurzwelligen Sonnen- und Himmelsstrahlung, die unter bestimmten Umständen ebenfalls für den Wärmehaushalt des Körpers wichtiger werden kann als die bloße Lufttemperatur. Zu denken ist z.B. an das den Wintersport im Gebirge ergänzende „Sonnenbad", bei dem auch im Winter in großer Höhe ein Aufenthalt im Freien mit weitgehend entblößtem Körper „in der Sonne" noch als angenehm empfunden wird, in der unmittelbaren Umgebung im Schatten aber trotz der so gut wie gleichen Lufttemperatur wegen der fehlenden Einstrahlung völlig ausgeschlossen ist.

Ähnliches gilt für den Aufenthalt im Schwimmbad oder am Strand mit nasser Haut, welcher „in der Sonne" als angenehm, im Schatten aber als viel zu kalt empfunden wird. Schließlich erscheint an warmen Sommertagen ein Aufenthalt „in der Sonne" geradezu unerträglich zu sein, während der Aufenthalt im Schatten – bei so gut wie gleicher Lufttemperatur aber weitgehend fehlender Sonnenstrahlung – als angenehm empfunden wird.

Dampfdruckeinfluss

Die nächste Komponente ist die Luftfeuchtigkeit, die als absolute Feuchtigkeit, d.h. als tatsächlich in der Luft enthaltene Wasserdampfmenge – meist in Form des Dampfdruckes beschrieben – ebenfalls über das Schwüleempfinden unsere Wärmewahrnehmung und unseren Energiehaushalt beeinflusst. Die Beschreibung des Schwülemaßes über die Äquivalentpotentielle Temperatur wurde bereits angesprochen, meist geschieht sie aber durch die bloße Angabe des Dampfdruckes der Luft.

Ausstrahlung

Die letzte wichtige Komponente ist schließlich die langwellige Ausstrahlung der uns umgebenden Oberflächen, etwa Mauern, Felsen oder des Erdbodens (z.B. heißer Asphalt), zu nennen, die allerdings nur bei hohen Temperaturen, d.h. an heißen Sommertagen oder in heißeren Klimaten als wirklich störender bioklimatischer Faktor empfunden wird.

Zusammenwirken

Zusammengefasst und überspitzt formuliert wird somit ein Aufenthalt bei Windstille in praller Sonne bei maximalem Wasserdampfgehalt der Luft in einer Umgebung mit erhitzten Oberflächen auch bei einer ganz gewöhnlichen Lufttemperatur von 22°C („Zimmertemperatur") als unerträglich heiß empfunden, während der Aufenthalt im Schatten innerhalb von kalten Oberflächen bei heftigem Wind und sehr geringer Luftfeuchtigkeit bei der selben Lufttemperatur als unerträglich kalt empfunden wird.

Vorrang der Lufttemperatur

Trotz der Funktion der Lufttemperatur als nur einer von mehreren auf unser Wärmeempfinden wirkenden Faktoren kommt ihrer Beschreibung in der Klimatologie eine erstrangige Bedeutung zu. Das hat damit zu tun, dass ihre Messung im Gegensatz zu den komplexen oder sehr variablen vorhin genannten Komponenten vergleichsweise einfach ist, dass bereits sehr lange und einigermaßen homogene Messreihen über die Lufttemperatur existieren, dass sie sich gut zur Beschreibung von unterschiedlichen Klimazonen und Klimaregionen sowie insbesondere klimatischen Höhenstufen eignet, dass sich Klimaänderungen am einfachsten und klarsten über die Lufttemperatur erkennen und beschreiben lassen und, dass sie regional betrachtet viel einheitlicher und allgemein gültiger ist als einige andere Komponenten. Die Erdbodentemperatur oder die auf den Erdboden wirkende Globalstrahlung ist z.B. in unserer Umgebung als buntes kleinräumiges Mosaik mit extremen Unterschieden verteilt, während die Lufttemperatur auf viele Kilometer Distanz und sogar zwischen sonnigen und schattigen Lagen recht ähnlich ist.

Quecksilberthermometer

Zur Messung der Lufttemperatur werden Thermometer verwendet, wobei die alt bewährte Form jene des Quecksilberthermometers ist, welches den Vorteil der großen Genauigkeit und des langen gleichwertigen Betriebes (geringe Alterung der Geräte) hat, aber auch den Nachteil, dass die Temperatur nicht automatisch aufgezeichnet, sondern nur in Form von Einzelablesungen beobachtet werden kann und eigens notiert werden muss, wobei auch noch Ablesefehler vorkommen können.

Widerstandsthermometer

Der zweite üblicherweise eingesetzte Typ ist jener des elektrischen Widerstandsthermometers, welches den Vorteil der Möglichkeit der automatischen Speicherung der Messwerte bei beliebig dichten Messintervallen besitzt, aber auch den Nachteil eines etwas größeren technischen und finanziellen Aufwandes und einer gewissen Alterung, d.h. geringeren Lebensdauer der Geräte.

Temperaturschreiber

Schließlich gibt es noch mechanische Thermographen, d.h. Temperatur-Selbstschreiber, die mit Hilfe eines gekrümmten Bimetallstreifens, dessen Krümmung sich abhängig von der Temperatur verändert, und eines daran gekoppelten Schreibstiftes die Temperatur laufend auf einem auf einer sich drehenden zylindrischen Trommel befindlichen Papierstreifen (Umdrehungszeit normalerweise eine Woche) – wenn auch mit geringerer Genauigkeit – aufzeichnen.

Die letzten drei genannten Geräte werden beim Einsatz von Widerstandsthermometern mit elektronischer Aufzeichnung der Messwerte unnötig, sind aber bei den noch nicht umgerüsteten Stationen weiter in Gebrauch.

Das technisch-physikalische Problem bei der Messung der Lufttemperatur ist nun jenes, dass die Temperatur nicht direkt an der Luft bestimmt und abgelesen werden kann, sondern nur an bzw. mit Hilfe von vermittelnden Medien wie Quecksilber, Alkohol, Toluol, Platindraht und den entsprechenden Hüll- und Schutzkörpern, welche erst einmal an die Lufttemperatur angeglichen werden müssen.

Abbildung 3.1.2.1: ZAMG-Station Graz-Straßgang: Im Hintergrund die TAWES-Station mit der Luft- und Bodentemperaturmessung sowie der Niederschlagswaage. Im Vordergrund eine Wetterhütte gemäß früherer Klimastationen.
Foto: A. Podesser

Extremwertthermometer

Neben diesen zwei Standardtypen werden noch sogenannte Maximumthermometer eingesetzt, welche nach dem Prinzip des Fieberthermometers (abreißender Quecksilberfaden) die jeweilige Höchsttemperatur eines beliebigen Zeitraums (üblicherweise 24 Stunden) registrieren, sowie Minimumthermometer, welche mittels eines in einer Thermometerflüssigkeit befindlichen kleinen Glasstäbchens die jeweilige Tiefsttemperatur anzeigen.

Strahlungsschutz

Dabei ist der Wärmeaustausch zwischen Thermometer und Luft aufgrund der extrem unterschiedlichen spezifischen Wärme dieser beiden Medien ausgesprochen träge bzw. können sich die Thermometer durch die Globalstrahlung wegen der Strahlungsabsorption und der zu langsamen Wärmeabgabe an die Luft tagsüber so stark erwärmen, dass sie viel höhere Werte anzeigen als die Lufttemperatur. Entscheidend ist also ein entsprechender Strahlungsschutz, der traditionell durch die Aufstellung der Thermometer in so genannten Thermometerhütten (auch „Englische Hütte" genannt), erfolgt, welche die Funktion eines Strahlungsschutzkörpers erfüllen.

Diese Hütten sind etwa einen Meter breite sowie einen halben Meter tiefe wie hohe (bzw. in der kleineren Version nur etwa halb so breite) Holzkästen (beide Typen in Abb. 3.1.2.1), die durch allseitige Doppeljalousien und ein unterlüftetes Dach sowie einen unterlüfteten Boden gut durchlüftet sind. Zusätzlich sind sie weiß gestrichen, um nicht selbst gegenüber der Lufttemperatur erwärmt zu werden.

Allerdings kann bei sehr starker Globalstrahlung, weitgehender Windruhe und älterem, etwas nachgedunkeltem Anstrich die Innentemperatur doch über der Außentemperatur liegen, unter Umständen in der Größenordnung bis zu 1 K und darüber, aber das sind nicht mehr zu beherrschende Restprobleme, die bei allen Thermometerhütten auftreten können und die Vergleichbarkeit der Werte kaum einschränken.

Diesem Problem begegnet man bei den neuen teilautomatischen Stationen (TAWES) mittels zusätzlicher Belüftung durch einen motorbetriebenen Ventilator, wodurch aber diese verbesserten Messwerte wiederum nicht ganz mit solchen aus unbelüfteten Hütten bzw. mit älteren Messwerten vergleichbar sind.

Messhöhe

Einer internationalen Norm entsprechend erfolgt die Messung in zwei Metern Höhe über dem Erdboden bzw. Untergrund, wofür die Thermometerhütten auf entsprechenden Gestellen angebracht sind und zur Ablesung auch ein Stufengestell nötig ist (Abb. 3.1.2.1). Solcherart weicht man dem Einfluss der unmittelbar über dem Erdboden gelegenen und von diesem durch allzu starke Erwärmung tagsüber bzw. nächtliche Abkühlung zu stark beeinflussten Lufthaut aus.

Aufstellungsort

Nach Möglichkeit erfolgt die Aufstellung über kurz gehaltener Grasdecke in genügendem Abstand zu Gebäuden, wobei sich in der Umgebung auch Bäume befinden können, die Thermometerhütte bzw. der Aufstellungsplatz aber keinesfalls im Schatten (von Gebäuden oder Bäumen) liegen darf. Es ist im Gegenteil sogar ein sonniger Platz auszuwählen. Die Temperatur wird also nicht im Schatten, sondern eher „in der Sonne", aber so gut wie möglich strahlengeschützt gemessen. Die davon abweichenden Angaben der „Temperatur im Schatten", wie sie immer wieder in den Medien zu hören und zu lesen sind, beziehen sich offenbar auf den Strahlenschutz der Thermometerhütte, sind aber im Sinne der oben angesprochenen Aufstellung grob missverständlich und sollten tunlichst vermieden werden.

Zudem sollte der Aufstellungsplatz die Messung einer einigermaßen umgebungstypischen Temperatur gewährleisten, d.h. er darf nicht in einer geländeklimatisch zu stark abweichenden Stelle gewählt werden. Solcherart lässt sich eine befriedigende Vergleichbarkeit der Messwerte verschiedener Stationen erreichen, wobei es in der Praxis aber doch immer wieder zu störenden Einflüssen der lokalen Umgebung kommt.

Ablesetermine

Bei den nicht automatisch registrierenden Klimastationen erfolgt die Ablesung traditionell dreimal am Tag zu den Terminen 7, 14 und 21 Uhr MEZ mit einer Auflösung von einem Zehntel Grad, wobei diese Termine auch „Mannheimer Stunden" genannt wurden, weil sie schon 1781 in Mannheim aufgrund der Tatsache, dass sich aus ihnen das wahre Tagesmittel der Temperatur befriedigend genau berechnen lässt, festgelegt worden waren. Allerdings ist man in Österreich 1971 von dieser Regelung abgegangen und misst seither um 7, 14 und 19 Uhr Ortszeit (MOZ), was auch eine andere Berechnungsmethode des Tagesmittels nötig gemacht hat (siehe nächstes Kapitel). Dies betrifft somit den gesamten den Karten zugrunde gelegten Beobachtungszeitraum.

3.1.3 Die mathematische Auswertung der Messwerte

Mittelwertsbildung

Die abgelesenen oder automatisch aufgezeichneten Temperaturen müssen entsprechend aufbereitet werden, um die Fülle der Messwerte überhaupt überschaubar zu gestalten und aus ihnen klimatische Aussagen treffen zu können. Als erster Schritt wird dabei die Berechnung des Tagesmittels der Temperatur vorgenommen, die im Sinne der Mannheimer Stunden am genauesten nach der Methode

$$t_m = \frac{(t_7 + t_{14} + t_{21} + t_{21})}{4}$$

erfolgt, etwas einfacher auch nach der folgenden Methode.

$$t_m = \frac{(t_7 + t_{14} + t_{21})}{3}$$

Die erste Methode ist nach der Überlegung, dass die Temperatur um 21 Uhr ohnehin dem Tagesmittel am nächsten kommt und daher mit größerem Gewicht in die Berechnung eingehen sollte, die genauere.
Sie wurde zur Berechnung des Monatsmittels aus den drei Terminmitteln der einzelnen Tage des Monats, die zweite Methode zur Berechnung der einzelnen Tagesmittel angewendet. Somit wäre also das aus den einzelnen Tagesmitteln berechnete Monatsmittel gar nicht ident mit dem aus den Terminmitteln berechneten.
In Österreich werden seit 1971 die einzelnen Tagesmittel nach der folgenden vereinfachten Formel berechnet,

$$t_m = \frac{(t_{max} + t_{min})}{2}$$

wobei die solcherart berechneten Mittelwerte schon recht deutlich, d.h. um mehrere Zehntelgrade von den „wahren" Tagesmitteln abweichen und diese Abweichung auch noch je nach Jahreszeit und Witterung recht unterschiedlich groß ist. Dabei gilt die Regel, dass die Abweichungen umso geringer sind, je kleiner die Tagesschwankung der Temperatur ist, dass die Werte somit bei starker Bewölkung oder Hochnebel die genauesten sind, während sie umgekehrt bei Strahlungswetter mit starker Tagesschwankung auch stärker abweichen.
Diese Abweichung ist in den Jahreszeiten mit kurzem Tagbogen der Sonne und langer Nacht am stärksten und ergibt zu hohe, d.h. zu warme Werte, weil der kurze Wärmegipfel mit dem Maximum am frühen Nachmittag mit dem selben Gewicht in die Berechnung eingeht wie die viel längere Kältesenke in der Nacht mit dem Minimum gegen Sonnenaufgang. Im Sommer sind diese Abweichungen geringer.

Das Monatsmittel der Temperatur wird seit 1971 aus den einzelnen Tagesmitteln der Terminablesungen und den beiden Extremwerten nach der Formel

$$t_m = \frac{(t_7 + t_{19} + t_{max} + t_{min})}{4}$$

berechnet, was nicht ganz so genaue Werte liefert wie die aus den Mannheimer Stunden gewonnenen, und ist streng genommen mit den Monatsmitteln aus der Zeit vor 1971 nicht mehr vergleichbar.

Langjähriger Durchschnitt

Aus den zwölf Monatsmitteln eines Jahres wird dann trotz der ungleich großen Monatslängen das Jahresmittel der Temperatur als einfaches arithmetisches Mittel berechnet, wobei z.B. der Februar mit zu starkem Gewicht in die Rechung eingeht, die Abweichungen vom „wahren" Jahresmittel aber gering sind.
Aus den einzelnen Tages-, Monats- oder Jahresmitteln lassen sich für klimatische Aussagen aus längeren Zeiträumen langjährige Normalwerte als arithmetische Mittelwerte berechnen, wobei es angesichts der laufenden und aktuell besonders starken Klimaänderungen nicht nötig ist, sehr lange Beobachtungszeiträume anzustreben, um die „wahren" Normalwerte zu gewinnen, da diese ohnehin nicht konstant sind. Obwohl angesichts des im Gange befindlichen Klimawandels (und auch schon der früher abgelaufenen Änderungen) der Begriff „Normalwert" hinsichtlich seiner „Normalität" kritisch hinterfragt werden könnte, wird hier an ihm zur Benennung langjähriger Durchschnitte festgehalten, um diese eindeutig von den Mittelwerten der Einzeljahre auseinander halten zu können.

Klimaperioden

Wichtiger als die Erzielung besonders langer Beobachtungszeiträume ist die konsequente Angabe der jeweiligen Beobachtungszeiträume zu den Normalwerten, wobei für grundsätzliche Klimaaussagen 30 Beobachtungsjahre ausreichen. Für eine uneingeschränkte regionale und globale Vergleichbarkeit gibt es auch genormte Beobachtungszeiträume, sogenannte „CLINO"-Zeiträume (abgeleitet aus „Climatic Normals"), wobei die letzte CLINO-Periode jene von 1961 bis 1990 ist. Davon abweichend sind den Klimakarten dieses Atlas die 30 Jahre von 1971 bis 2000 zugrunde gelegt, um den Einfluss der aktuellen Klimaänderung bereits kenntlich zu machen, dessen Ausmaße an den betreffenden Stellen angesprochen werden.

Aus längeren Beobachtungszeiträumen lassen sich auch Normalwerte von Tages- und Jahresschwankungen der Temperatur ableiten, sowie deren Häufigkeitsverteilung, Extremwerte und Veränderlichkeit(en), wovon einige auch in Karten dargestellt werden.

Maßeinheiten

Die Maßeinheiten für die Temperaturen sind in allen Fällen Celsiusgrade. Schwankungen (Differenzen) und Abweichungen werden zur besseren Unterscheidbarkeit dagegen immer in Kelvin (K) angegeben, wobei der Skalenschritt zwischen Celsius und Kelvin identisch ist. Mit „10 K Differenz" wird somit das selbe gemeint wie mit „10°C Differenz", wobei nur der erste Ausdruck definitionsgemäß der richtige ist.

3.1.4 Lufttemperatur und aktuelle Klimaänderung

Wie schon erwähnt, sind die Temperaturen so wie auch die übrigen Klimaelemente neben den kurzfristigen Schwankungen (Witterungsanomalien) auch langfristigen Änderungen unterworfen, welche schon als Klimaänderungen anzusprechen sind, wenn sie wenigstens so lange anhalten, dass sie auch in klimatischen Normalwerten bemerkbar werden (etwa 30 Jahre) und zudem von einem Ausmaß sind, dass sie auch umweltwirksam werden, sich also in deutlichen Änderungen des Umweltsystems bemerkbar machen, d.h. insbesondere in der Pflanzen- und Tierwelt, sowie dem Wasser- und Eishaushalt (z.B. Einwanderung exotischer Insekten, anhaltend starker Gletscherrückzug etc.).

Bezüglich der aktuellen Klimaänderung zeigt sich in grober Vereinfachung und mit hoher Wahrscheinlichkeit eine Überlagerung einer im Klimasystem begründeten natürlichen Schwankung mit einem (durch vermehrte Freisetzung sogenannter Treibhausgase) anthropogen bedingten allgemeinen Erwärmungstrend, was seit dem Ende des 19. Jahrhunderts (etwa 1890) zu einer Erwärmung in Form eines zweistufigen Anstiegs geführt hat.

Zwei Erwärmungsphasen im 20. Jahrhundert

Nach einer ersten kräftigen Erwärmung bis zur Mitte des 20. Jahrhunderts (je nach Region und Jahreszeit bis etwa 1940 oder 1950) folgte eine Phase mit konstanter oder leicht fallender Temperatur bis gegen Ende der Siebzigerjahre, worauf eine neuerliche Erwärmung einsetzte, die bislang (2009) offenbar ungebrochen anhält. Sie kann als Überlagerung (Addition) der langsamen aber stetigen anthropogenen Klimaänderung mit einer im natürlichen Klimasystem begründeten, vielleicht sogar periodischen Schwankung verstanden werden, wodurch sowohl Geschwindigkeit als auch Ausmaß dieser jüngsten Erwärmung besonders auffällig sind und verschiedentlich zu neuen Rekordwerten innerhalb der Bearbeitungsperiode geführt haben.

Erwärmungsbetrag

Das tatsächliche Ausmaß der Erwärmung ist nur schwer zu quantifizieren, weil es regional und jahreszeitlich unterschiedlich ist und auch vom gewählten Ausgangspunkt sowie von den Berechnungsmethoden (Trendberechnungen, „geglättete" bzw. „übergreifende" Mittelwerte, schrittweise Berechnung von Normalwerten aus Einzelperioden etc.) abhängt.

Allerdings lässt sich ableiten, dass die Erwärmung im Hochgebirge größer ist als in den Niederungen, wobei etwa der Anstieg der Jahrestemperatur auf dem Sonnblick seit Beginn der Beobachtungen (1886) je nach Berechnungsmethode 1,5 bis 2 K beträgt. In den Niederungen sind die Beträge geringer aber doch auch im Ausmaß von etwa 1 K in den letzten 100 bis 115 Jahren. Wie schon erwähnt, ist die letzte Phase der Erwärmung besonders auffallend, wobei die Normalwerte der letzten 15 Jahre, etwa 1990 bis 2004 oder 1991 bis 2005 in der Steiermark bis zu 1 K wärmer sind als jene aus der CLINO-Periode von 1961 – 1990, welche noch zwei eher kühlere Jahrzehnte umfasst. Damit ist die jüngste Erwärmung in den den Karten zugrunde gelegten Normalwerten (1971 – 2000) auch nur teilweise zu bemerken, d.h. nur in der Größenordnung von einigen Zehntel Graden. Eine Ausnahme sind aber die Normalwerte der Jännertemperaturen, die im Zeitraum 1971 – 2000 gegenüber 1951 – 1970 schon um durchschnittlich 1 K wärmer sind. Als Beispiel für die Erwärmung in den letzten eineinhalb Jahrzehnten werden die Werte für Graz-Universität (366 m) angegeben (siehe Tabelle 3.1.4.1).

Die Abweichung ist also recht ungleich mit maximaler Erwärmung im August sowie fehlender im September, und ist auch keineswegs für die gesamte Steiermark zu

Nach den genannten Beziehungen muss der Gradient nachts kleiner und tagsüber größer sein, wobei oft genug Inversionen verschiedenster Struktur zu beobachten sind, dazu auch im Winter kleiner als im Frühjahr und Frühsommer. Bei starker Einstrahlung oder Föhn (starke, abwärts gerichtete Winde) werden die Höchstwerte von 1 K/hm („trockenadiabatischer Gradient") erreicht oder sogar kurzfristig und lokal überboten („überadiabatischer Gradient").

Wie weit diese unterschiedliche Abhängigkeit der Temperatur von der Seehöhe bei den einzelnen Temperaturkarten wirksam ist, wird an den entsprechenden Stellen angesprochen.

Gelände

Der zweite Faktor ist das Gelände oder genauer die jeweilige Reliefgestaltung, wobei als wichtigster Effekt die Neigung von Becken und ähnlichen Hohlformen zur Ausbildung von „Kaltluftseen" zu nennen ist, was sich insbesondere bei den Nacht- und Wintertemperaturen

Tabelle 3.1.4.1. Vergleich der Normalwerte der Temperaturen aus der Periode von 1990 bis 2004 und Abweichung von der CLINO-Periode von 1961 bis 1990.

	Jan	Feb	Mär	Apr	Mai	Jun	Jul	Aug	Sep	Okt	Nov	Dez	Jahr
Normalwerte 1990 – 2004	–0,7	1,9	6,0	10,1	15,5	18,7	20,2	20,0	14,8	10,0	4,7	0,1	10,1
Abweichung von 1961 – 1990	+1,1	+1,2	+1,3	+0,5	+0,7	+1,3	+1,1	+1,7	–0,1	+0,5	+0,9	+0,3	+0,9

verallgemeinern. Dazu kommt, dass die hier in der Tabelle verwendeten Daten wegen einer Stationsverlegung im Jahr 1986 auch nicht wirklich homogen sind.

Die räumliche Verteilung der Temperaturen ist von zahlreichen Faktoren abhängig, welche je nach Bedeutung bei den einzelnen Karten noch einmal angesprochen werden. Für ein Gebirgsland von der Größe der Steiermark sind es gereiht nach ihrer Bedeutung die folgenden:

Seehöhe

Aufgrund der allgemein positiven Strahlungsbilanz des Erdbodens und der negativen Strahlungsbilanz der Atmosphäre sowie der adiabatischen Temperaturänderung bei vertikal bewegter Luft (Abkühlung beim Aufsteigen und Erwärmung beim Absinken) nehmen die Durchschnittstemperaturen in der freien Atmosphäre wenigstens in der Troposphäre und davon abhängig auch im Bergland nach oben ab. Da aber sowohl die Strahlungsbilanzen des Erdbodens, als auch die Vertikalbewegungen der Luft räumlich und vor allem zeitlich äußerst variabel sind, ist auch für das Maß der vertikalen Temperaturabnahme [Vertikalgradient, ausgedrückt in Kelvin pro Hektometer (K/hm)] kein allgemein gültiger Wert anzugeben, und der immer wieder genannte Betrag von 0,5 K/hm ist nur ein angenäherter Jahresdurchschnitt für die Temperaturabnahme im Alpenraum.

bzw. bei allen kalten Extremwerten oder Temperaturkennzahlen auswirkt und ebenfalls an den entsprechenden Stellen besonders vermerkt wird. Von einer umgekehrten Neigung der Beckenlagen zu größerer Wärme tagsüber bzw. im Sommer kann dagegen bei vergleichbarer Seehöhe keine Rede sein.

Zentral-peripherer Formenwandel

Der nächste Faktor ist der zentral-periphere Formenwandel, d.h. die Abwandlung bestimmter Temperatureigenheiten in einem größeren Gebirgskörper von außen nach innen (oder umgekehrt), was vereinfacht zu einem kontinentaleren Klima im Inneren und einem maritimeren in den Randbereichen führt.

Auf die Temperatur bezogen bedeutet das, dass die Nacht-, Winter- und Tiefsttemperaturen im Alpeninneren bei gleichen sonstigen Faktoren tiefer liegen, die Tages-, Sommer- und Höchsttemperaturen aber höher. Dieser Effekt wird hauptsächlich durch das unterschiedliche Strahlungsklima im Zusammenhang mit der geringeren Luftfeuchte, Bewölkung und Nebelneigung bei höher liegender „Heizfläche" im Gebirgsinneren, teilweise aber auch durch einen Energiegewinn aus der latenten Wärme bei starken Niederschlägen in den Randzonen bewirkt.

Geographische Breite

Dar Faktor der geographischen Breite kann dagegen bei dem geringen Breitenunterschied der Steiermark von insgesamt nur 1° 10′ als sehr bescheiden bis vernachlässigbar eingeschätzt werden. Er lässt sich schematisch aus dem Temperaturunterschied zwischen Äquator und Nordpol herleiten, welcher bei 90° Breitenunterschied im Jahresmittel mit etwa 49 K, im Jänner mit etwa 67 K und im Juli mit etwa 27 K zu veranschlagen ist, wobei sich im Juli zwischen 20° Nord und dem Nordpol etwa 29 K Unterschied ergeben, wodurch die Abnahme pro Breitengrad etwas größer wird (0,4 K statt 0,3 K). Selbst im Jänner wäre der Breitenunterschied nur für einen Temperaturunterschied von maximal 0,9 K verantwortlich. Der Faktor der geographischen Breite wird aber stark durch die nächsten Faktoren überlagert:

Luftmassen

Witterung bzw. Zirkulation spielen insofern eine Rolle, als durch „Fremdwitterung", d.h. durch die Zufuhr anderer Luftmassen, gleichsam die Witterung und Temperatur des Herkunftsgebietes dem Ankunftsgebiet der Luftmassen – wenn auch mit gewissen Modifikationen – übermittelt wird. In erster und auffallendster Weise ist das bei atlantisch-maritimen Luftmassen der Fall, welche im Winter zu markanter Erwärmung, im Sommer dagegen zu auffallender Abkühlung führen.

Stau und Föhn

Wenn die Wirkung einer solchen allochthonen Witterung durch Stau- und Föhneffekte oder Verzögerungen und Ablenkungen der Zufuhr der fremden Luftmassen regional unterschiedlich ausfällt, dann wird auch der Einfluss der allochthonen Witterung zu einem Faktor der regionalen Temperaturverteilung. Vereinfacht kann man sagen, dass die stärkere Wirkung atlantisch-milder Witterung im Norden den Effekt der höheren geographischen Breite im Winter zumindest aufhebt, im Sommer aber etwas verstärkt, doch sind die Ausmaße und Unterschiede mäßig und nicht wirklich quantitativ zu fassen. Dazu kommt noch eine unterschiedliche jahreszeitliche Verteilung der typischen Luftmassen bzw. allochthonen Witterungen, wodurch der Norden im Herbst gegenüber dem Süden thermisch wahrscheinlich etwas begünstigt, zumindest aber nicht benachteiligt wird. Eher umgekehrt ist es im (Spät-)Frühling.

Weitere Faktoren

Weitere Faktoren sind die Exposition und die Eigenschaften des Untergrundes, letztere insbesondere hinsichtlich der Bodenfeuchte, des Bewuchses, der Bebauung und verschiedenster Bodenfaktoren wie Wärmeleitung, Helligkeit und letztlich des eventuellen Einflusses einer Schneedecke. Diese Faktoren betreffen aber hauptsächlich das Lokalklima und sind im regionalen Scale nicht mehr erkennbar bzw. werden von den anderen Faktoren so stark überlagert, dass ihr Einfluss nicht sinnvoll zu quantifizieren ist.

3.1.5 Datenmaterial

Tabelle 3.1.5.1: Liste der verwendeten Stationen und Legende.

Nr.	Name	Sh [m]	geographische Länge	geographische Breite	Betreiber	Klimaregion	Lage
1	Admont	648	14° 27' 25"	47° 34' 19"	ZAMG	3	▬
3	Aflenz	785	15° 15' 31"	47° 33' 48"	ZAMG	6	↓
4	Aigen/Ennstal	640	14° 08' 17"	47° 32' 59"	ZAMG	3	▬
7	Altenberg/Hartberg	429	16° 02' 52"	47° 15' 24"	ZAMG	9	↗
8	Arnfels-Remschnigg	763	15° 22' 02"	46° 39' 06"	FA17C	9	▲
10	Bad Aussee	660	13° 47' 59"	47° 37' 40"	ZAMG	2	▬
11	Bad Gleichenberg	293	15° 54' 19"	46° 53' 35"	ZAMG	9	▬
13	Bad Ischl	469	13° 38' 54"	47° 43' 00"	ZAMG	2	▬
14	Bad Mitterndorf	810	13° 56' 06"	47° 33' 11"	ZAMG	2	▬
15	Bad Radkersburg	208	15° 59' 03"	46° 42' 33"	ZAMG	9	▬
18	Birkfeld	635	15° 42' 38"	47° 21' 16"	ZAMG	8	→
19	Bockberg	449	15° 30' 47"	46° 52' 20"	FA17C	9	▲
23	Bruck/Mur	493	15° 16' 37"	47° 25' 43"	ZAMG	6	▬
27	Deutschlandsberg	448	15° 12' 15"	46° 50' 33"	ZAMG	9	↓
35	Feuerkogel	1618	13° 44' 60"	47° 49' 00"	ZAMG	1	▲
37	Fischbach	1015	15° 39' 55"	47° 27' 26"	ZAMG	8	↘
39	Flattnitz	1438	14° 02' 07"	46° 57' 41"	ZAMG	7	◆
44	Friesach	634	14° 25' 12"	46° 57' 19"	ZAMG	–	▬
47	Fürstenfeld	271	16° 05' 54"	47° 02' 52"	ZAMG	9	▬
50	Gleisdorf	375	15° 43' 38"	47° 07' 48"	ZAMG	9	▬
57	Graz-Flughafen	337	15° 27' 52"	46° 60' 41"	ZAMG	9	▬
58	Graz-Messendorfberg	435	15° 29' 27"	47° 03' 53"	ZAMG	9	↘
59	Graz-Platte	651	15° 28' 14"	47° 07' 47"	FA17C	9	▲
60	Graz-Universität	366	15° 27' 58"	47° 05' 45"	ZAMG	9	▬
61	Gröbming	763	13° 54' 11"	47° 27' 46"	ZAMG	3	▬
64	Grundlsee	970	13° 47' 54"	47° 37' 54"	FA17C	2	k.A.
69	Hieflau	500	14° 44' 28"	47° 37' 32"	ZAMG	2	▬
71	Hochgößnitz	900	15° 01' 54"	47° 03' 28"	FA17C	8	↘
73	Hochwurzen	1844	13° 38' 23"	47° 22' 39"	FA17C	4	▲
77	Hubertushöhe	518	15° 24' 45"	47° 05' 05"	FA17C	8	▬
80	Irdning-Gumpenstein	640	14° 06' 04"	47° 30' 40"	ZAMG	3	↑
82	Kainisch	767	13° 50' 03"	47° 34' 54"	PILZ	2	▬
83	Kalkleiten	710	15° 26' 06"	47° 09' 42"	FA17C	9	k.A.
84	Kalwang	760	14° 44' 37"	47° 25' 20"	ZAMG	6	▬
87	Kindberg	561	15° 27' 06"	47° 30' 29"	ZAMG	6	▬
90	Kirchberg-Grafendorf	455	15° 59' 47"	47° 21' 06"	ZAMG	9	▲
95	Kleinsölk	1005	13° 56' 60"	47° 24' 00"	ZAMG	4	▬
96	Klöch/Seindl	415	15° 57' 27"	46° 46' 03"	FA17C	9	▲
97	Köflach	445	15° 05' 15"	47° 04' 50"	FA17C	8	▬
101	Krippenstein	2050	13° 42' 00"	47° 31' 00"	ZAMG	1	▲
103	Lassnitzhöhe	527	15° 36' 34"	47° 04' 28"	ZAMG	9	↘
104	Leibnitz	273	15° 32' 17"	46° 47' 51"	ZAMG	9	▬
112	Lobming	414	15° 11' 42"	47° 03' 35"	ZAMG	8	→
115	Mariatrost/Fölling	424	15° 30' 39"	47° 07' 33"	PILZ	9	▬
116	Mariazell	865	15° 19' 18"	47° 46' 09"	ZAMG	2	↙
118	Masenberg	1170	15° 53' 21"	47° 21' 30"	FA17C	8	▲
122	Mönichkirchen	991	16° 02' 59"	47° 31' 39"	ZAMG	8	↓
126	Mürzzuschlag	758	15° 41' 09"	47° 36' 11"	ZAMG	6	↗
132	Neumarkt	835	14° 26' 47"	47° 05' 32"	ZAMG	5	▲
138	Oberwölz	827	14° 17' 57"	47° 12' 07"	ZAMG	5	▬
139	Oberzeiring	933	14° 30' 46"	47° 15' 17"	ZAMG	5	▬
140	Ödernalm	1166	13° 59' 22"	47° 37' 46"	PILZ	1	▬
153	Preitenegg	1055	14° 55' 00"	46° 56' 60"	ZAMG	5	▲
155	Pusterwald	1072	14° 23' 34"	47° 19' 33"	ZAMG	7	▬
158	Radstadt	845	13° 27' 00"	47° 23' 60"	ZAMG	3	↓
161	Rechberg	926	15° 25' 59"	47° 16' 46"	ZAMG	8	▲
165	Rennfeld	1610	15° 22' 40"	47° 24' 21"	FA17C	8	▲
169	Rohrmoos	1078	13° 39' 29"	47° 23' 41"	ZAMG	4	↗
173	Schöckl	1436	15° 28' 06"	47° 12' 57"	ZAMG	8	▲
176	Seckau	855	14° 47' 57"	47° 16' 16"	ZAMG	5	↓
178	Semmering	1000	15° 50' 40"	47° 38' 52"	ZAMG	1	◆
183	Sonnblick	3105	12° 57' 29"	47° 03' 18"	ZAMG	–	▲
191	St. Michael b. Leoben	565	15° 00' 20"	47° 20' 09"	ZAMG	6	▬
195	St. Radegund	725	15° 29' 27"	47° 11' 56"	ZAMG	8	↓
198	Stolzalpe	1293	14° 12' 42"	47° 07' 15"	ZAMG	7	↓
201	Tamsweg	1012	13° 49' 36"	47° 07' 29"	ZAMG	5	▬
214	Villacher Alpe	2140	13° 40' 24"	46° 36' 13"	ZAMG	–	▲
223	Weiz	465	15° 38' 08"	47° 13' 07"	ZAMG	9	▬
225	Wiel	922	15° 08' 46"	46° 45' 46"	ZAMG	8	↓
229	Wörterberg	400	16° 06' 54"	47° 14' 38"	ZAMG	9	▲
232	Zeltweg	670	14° 46' 35"	47° 12' 05"	ZAMG	5	▬

Klimaregionen	Lage
1 ... Hochlagen im Nordstaugebiet	▬ ... Tal
2 ... Tällagen im Nordstaugebiet	→ ... Hang (Richtung), hier als Beispiel ein Osthang
3 ... Talbecken des oberen Ennstales	◆ ... Pass
4 ... Niedere Tauern	▲ ... Gipfel
5 ... Talbecken des oberen Murtales	
6 ... Talbecken des Mur- und Murztales	
7 ... Hochlagen der Inneralpen	
8 ... Steirisches Randgebirge	
9 ... Vorland	
– ... außerhalb steirischer Klimazonen	

3-Schichten-Regressionsmodell

Für alle Temperaturkarten wurde der Datensatz der Tagesmittelwerte (Monatsmittelwerte) des ZAMG-Stationsnetzes verwendet. Die Einbindung von Daten des Hydrographischen Dienstes war nicht möglich, da hier keine Extremwerte vorlagen. Auch die Verwendung der Daten der Fachabteilung 17C war nicht durchführbar, da diese Daten mit einer meist unter 10-jährigen Reihe für eine Ergänzung zu kurz waren.

Für die Beurteilung des Temperaturverhaltens von Sonderlagen, etwa der Minima von Ungunstlagen oder dem Wärmeüberschuss an Gunstlagen wurden Mittelwerte

Grundsätzlich ist die Temperatur ein Klimaelement, welches stark von der Höhe abhängt und bei ungestörten Verhältnissen einen annähernd linearen Verlauf mit der Höhenabnahme aufweist. Allerdings wirken sich Geländeeinflüsse (z.B. Täler, Becken) vor allem im Winterhalbjahr stark modifizierend aus (Inversionen), sodass die lineare Abhängigkeit über einer Region verloren geht. Aus diesem Grund wurde jede Klimaregion in ein 3-Schichtmodell zerlegt, wobei die Höhenbereiche der Unter-, Mittel- und Oberschicht je nach Temperaturklassifikationen unterschiedliche Schichtdicken aufwiesen. Für die Unter- und Oberschichten wurden entsprechende Regressionsgleichungen gerechnet, die Re-

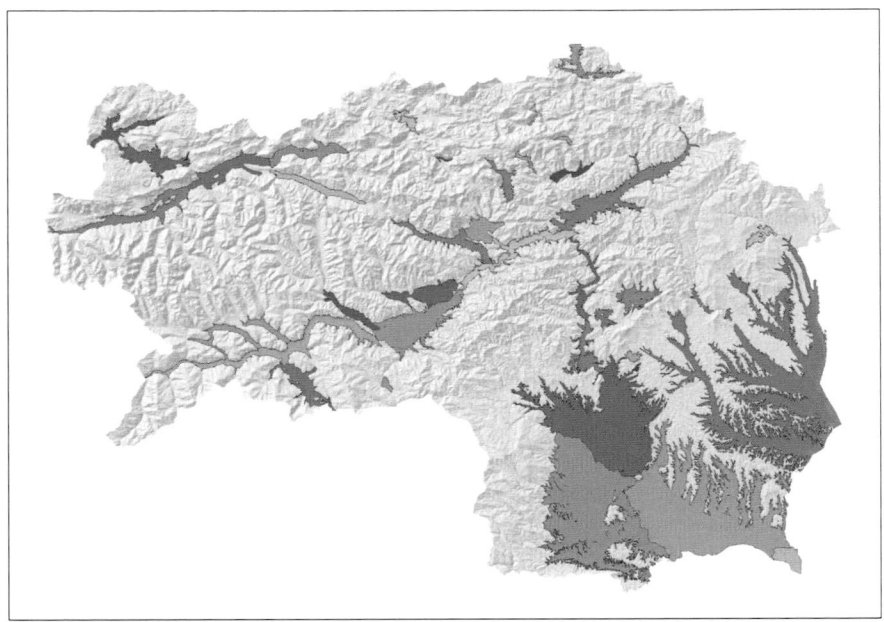

Abbildung 3.1.6.1: Ausgewiesene Becken- und Tal-Sonderlagen als kalte Standorte, die bei der Erstellung der Temperaturkarten teils berücksichtigt und mit einem Korrektur-Faktor versehen wurden.

von entsprechend günstig gelegenen Stationen unterschiedlicher Messnetze und von kürzeren Perioden im Vergleich zum eigenen Messnetz herangezogen.

Aufgrund der unterschiedlichen topographischen Verhältnisse der Steiermark mit ihren stark differenzierten klimatischen Ausprägungen mussten Klimamodellregionen definiert werden. Dies geschah über ein Regressionsmodell mit der Berechnung von Höhengradienten mittlerer Monatstemperaturen aller ZAMG-Stationen. Aus den Residuen, also den Abweichungen zwischen den in der Natur und den durch das Regressionsmodell gemessenen Werten zeichneten sich drei Regionen ab, deren Abgrenzung im wesentlichen den drei Hauptlandschaftseinheiten der Steiermark entsprechen (Nordstaugebiet mit Nordalpen und Nordabdachung der Niederen Tauern sowie Mürztal; Oberes Murtal mit Tauernsüdabdachung; Vorland mit Randgebirge).

Die Grenzen wurden entlang von Hauptgebirgszügen gelegt, um Luv-/Lee-abhängige Höhengradienten für verschiedene Klimaelemente und Gebiete mit einheitlicher Gebirgsumrahmung zu berechnen.

gressionsgleichung für die Mittelschicht wurde mit Hilfe der Endpunkte der Unter- und Oberschicht berechnet. Diese linearen Regressionsgleichungen dienten als Modelle für die Berechnung und Visualisierung der Grids im GIS.

Modellverbesserung über Residuenzuschlag

Neben der Veränderung der Schichtdicken in den drei Regionen wurden in den Unter- und Mittelschichten die jeweiligen Mittelwerte der Residuen den Konstanten der Regressionsgleichung zugeschlagen. Die Oberschichten wurden hingegen nicht verändert, da der Geländeeinfluss hier eine nur mehr untergeordnete Rolle spielt, und die Streuung der Temperaturklassifikation gering ist.

Berücksichtigung von Sonderlagen (Expositionen, Becken, Riedel)

Aufgrund des modifizierenden Geländeeinflusses von Gebieten, welche nicht direkt durch Stationsdaten repräsentiert sind, wurden Korrekturen vorgenommen:

In einem ersten Schritt wurden Expositionsunterschiede berücksichtigt. Nach Berechnung der Hangausrichtung wurden in Abhängigkeit der unterschiedlichen Temperaturparameter an Nord- und Südhängen Ab- und Zuschläge zugerechnet. Die expositionsbedingten Abweichungen wurden wiederum aus den Mittelwerten von Stationen in entsprechenden Gebieten gerechnet.

Da die größten geländebedingten Temperaturmodifikationen in Tal- und Beckenlagen und im Winterhalbjahr zu erwarten sind, wurden diesen Landschaften in einem weiteren Schritt ebenfalls Korrekturwerte zugeordnet. Nachdem die Definition der Hohlformen über ein hydrologisches Abflussmodell nicht die gewünschten Ergebnisse brachte, erfolgte eine händische Abgrenzung mit der Digitalisierung von insgesamt 39 Tälern, Talbecken und Becken (siehe Abb. 3.1.6.1). Je nach Temperaturparameter ergaben sich die Ab- und Zuschläge wiederum aus den Mittelwerten von Stationen in entsprechenden Gebieten. Um die Größenordnungen der möglichen Abweichungen abzusichern, wurde auch auf Daten von Sonderstationen an Extremstandorten mit kürzeren Reihen zurückgegriffen.

Berücksichtigung der Landnutzung

In einem letzten Schritt wurde mit Hilfe des „Landnutzungsmodells für die Steiermark" versucht, die Regionalisierung der einzelnen Temperaturparameter zu optimieren. Bei der Gegenüberstellung von Landnutzungskategorien und Rest-Residuen wurde nur für „bebaute Flächen" und hier für den Großraum Graz eine Verbesserung erzielt.

3.2 Durchschnittliche Jahrestemperatur

Der Jahresnormalwert der Lufttemperatur ist die am stärksten verallgemeinerte Aussage über die Temperatur überhaupt. Darin ist nicht nur der Tagesgang der Temperatur „ausgelöscht", d.h. nivelliert worden, sondern auch der Jahresgang bzw. die Jahresschwankung und schließlich auch die Veränderlichkeit (Variabilität) der Temperatur im Laufe der Zeit, d.h. von Jahr zu Jahr.

Aussagekraft

Solcherart ist der Jahresnormalwert der Temperatur selbst bei einer Klassenbreite („Genauigkeit") von 1 K in der großen Masse der vorkommenden Temperaturen eher eine Ausnahme, d.h. nur selten als Messwert real vorkommend, andererseits erlaubt er eine erste orientierende Information über die allgemeinen thermischen Verhältnisse, wobei durchaus auch Grenzwerte für bestimmte Klimate bzw. Klima-Eignungen oder Klima-Wirkungen auf den Jahresnormalwert gezogen wurden (z.B. Eignung für Weinbau ab 9°C). Darüber hinaus herrschen überall dort Temperaturen in der Nähe des Jahresnormalwertes, wo sich die oben genannten Schwankungen aufgrund starker Verzögerungseffekte weitgehend aufheben, also in tiefen Kellern, im Grundwasser, in Höhlen, Stollen etc., wobei die jeweiligen Abweichungen von der obertägigen Normaltemperatur, d.h. von der „Erwartungstemperatur", ein gutes Signal für die unterschiedliche Bewetterung von Höhlen oder die Wirkung der Erdwärme darstellen.

Seehöhe

Die räumliche Verteilung der Jahrestemperatur in der Steiermark ist von mehreren Faktoren abhängig, wobei die Seehöhe schon wegen des Höhenunterschiedes von fast 2 800 Metern der weitaus wichtigste Faktor ist, und der Temperaturunterschied zwischen dem Dachsteingipfel (ca. −4,8°C) und dem tiefsten Punkt des Landes (südöstlich von Bad Radkersburg, ca. 9,3°C) etwa 14 K beträgt. Das entspricht global betrachtet dem Temperaturunterschied von 27 Breitengraden oder jenem zwischen Bad Radkersburg und der südlichen Insel von Novaya Zemlya in der Arktis, was auch durch die dortigen Temperaturen recht gut bestätigt wird.

Der aus diesen Grenzwerten herzuleitende vertikale Temperaturgradient von 0,5 K/hm für die gesamte Steiermark kann ebenfalls als die am stärksten vereinfachte und nur ganz allgemein gültige Beziehung zwischen Temperatur und Seehöhe angesehen werden. Er ist in dieser Größe auch seit mehr als 100 Jahren geläufig, aber wegen der sonstigen Wirkfaktoren weder in allen Landesteilen, noch in allen Höhenstufen zutreffend.

Gelände

Als zweiter Wirkfaktor ist das Gelände bzw. Relief zu nennen, wobei bei ansonsten gleichen Bedingungen (gleichen Faktoren) alle Hohlformen (Becken, Täler) kälter, die Vollformen (Hügel, Kuppen, Kämme) wärmer sind als der allgemeine Durchschnitt. Das ergibt sich aus der ungleich stärkeren Abkühlung der Hohlformen während der Nacht durch die Bildung von Kaltluft („Kaltluftsee"), die durch die nur geringe Erwärmung tagsüber nicht wettgemacht werden kann.

Diese Bedingungen sind am ehesten in niedrigen Lagen, d.h. jeweils in den untersten zwei bis fünf Hektometern verwirklicht, während Kaltluftansammlungen in mittleren Höhen geländebedingt schon viel weniger wirksam werden und schließlich in größeren, auch besser durchlüfteten Höhen so gut wie irrelevant sind. Aus diesem Grund kann die räumliche Temperaturverteilung auch nicht aus dem einfachen Gradienten von 0,5 K/hm hergeleitet werden, was auf eine bloße Höhenlinienkarte hinauslaufen würde.

Daher wurden zur Ableitung der Jahresnormalwerte der Temperatur drei Höhenstockwerke herangezogen, die vereinfacht als „untere, mittlere und obere Schicht" bezeichnet werden. Die Höhenintervalle dieser Schichten mussten zudem noch in den drei Hauptregionen der Steiermark („Norden", „Murtal", „Vorland") unterschiedlich gewählt werden (siehe Kapitel 3.1.6 „Methodik bei der Kartenerstellung").

H. Wakonigg | A. Podesser

Temperaturgradienten über das Regressionsmodell

Für alle Gebiete nördlich des Hauptkamms, der Niederen Tauern und Fischbacher Alpen, d.h. inklusive des Mürztals, ergibt sich dabei ein gewisser Widerspruch, da sich die tiefsten Messstationen (z.B. Hieflau) eher in milderen Lagen befinden, die darüber folgenden (z.B. Admont) eher in kalten Talbecken, wodurch sich für die untere Schicht (bis 800 m) ein auffallend hoher Gradient von 0,57 K/hm ergibt, während er für die mittlere Schicht (800 bis 1 400 m) nur 0,19 K/hm beträgt, da dort die unteren Stationen (z.B. Bad Mitterndorf) eher in kalten Talbecken, die oberen (z.B. Semmering) eher in milderen Lagen liegen. Viel eindeutiger ist die Situation in der oberen Schicht (über 1 400 m) mit einem Gradienten von 0,61 K/hm, der die bessere Luftdurchmischung der freieren Lagen signalisiert.

Im Oberen Murtal mit allen Seitentälern bis Bruck ist die Situation noch stärker ausgebildet als im Norden, wobei der Gradient in der unteren Schicht 0,74 K/hm (!), in der mittleren 0,22 K/hm und in der oberen Schicht 0,56 K/hm beträgt.

Südöstlich des Kamms des Steirischen Randgebirges (West- und Oststeiermark bzw. Vorland und Randgebirge) ist die Situation eher den Erwartungen entsprechend, da die Stationen besser, d.h. bezüglich des Geländes neutraler verteilt sind. So beträgt der Gradient in der unteren Schicht (bis 500 m) 0,32 K/hm, in der mittleren (500 bis 1 400 m) 0,57 K/hm und in der oberen Schicht (über 1 400 m) 0,54 K/hm.

Geographische Breite

Der dritte Faktor ist die geographische Breite, die zumindest formal eine allgemeine Temperaturabnahme von 0,6 K von den südlichsten bis zu den nördlichsten Landesteilen erwarten ließe, wenn man die durchschnittliche globale Abnahme zwischen Äquator und Nordpol als allgemein gültig zugrunde legt. Diese Abnahme vom wärmeren „Süden" zum kälteren „Norden" des Landes ist in dieser Größenordnung kaum nachweisbar, da der tatsächliche Temperaturvorsprung der südlichen Landesteile erstrangig aus der geringeren Seehöhe resultiert.

Luftmasseneinfluss

Dieser wird zudem durch den vierten Faktor, nämlich die unterschiedlichen Witterungseinflüsse mitbedingt, wobei üblicherweise die nördlichen Landesteile eher von Kaltlufteinbrüchen erfasst und beeinflusst werden als die südlichen. Dieser Effekt ist aber im Winter und Herbst am schwächsten und zum Teil sogar gegenteilig, da der Norden dann eher von mildem, maritimem Westwetter oder föhnigem Südwestwetter beeinflusst wird als der Süden. Im Jahresdurchschnitt dürfte sich diese gegenteilige Wirkung weitgehend ausgleichen, womit der bloß breitenabhängige Unterschied in der oben angegebenen Größenordnung einigermaßen real sein dürfte. Ist doch auch das Donautal in vergleichbarer Seehöhe nicht nennenswert kälter als die südlichen Landesteile der Steiermark.

Exposition und Untergrund

Als weitere Faktoren der Jahrestemperatur sind die Exposition und die Beschaffenheit des Untergrundes zu nennen, die aber bei der bewusst neutralen Lage der Stationen und dem gebotenen Maßstab bzw. dem Auflösungsvermögen der Äquidistanz von 2 K nicht mehr wirksam bzw. erkennbar sind. Nur in Ausnahmefällen (z.B. Stolzalpe, Seckau, oder St. Radegund) dürfte sich die Südexposition in merkbar höheren Temperaturen niederschlagen. Ausgesprochene Nordexpositionen sind dagegen kaum von Stationen besetzt.

Dominanz des Faktors Seehöhe

Die aus den genannten Faktoren resultierende Verteilung der Jahresnormalwerte der Temperatur kommt im gebirgigen Landesteil der Steiermark gut zur Geltung, wobei allerdings der Faktor der Seehöhe auffallend dominiert, und die anderen Faktoren weitgehend unterdrückt werden. Die Geländeeigenheiten werden aber aus den mitgeteilten Zahlenwerten recht deutlich, etwa im Vergleich des kalten Talbeckens von Bad Mitterndorf mit der gut durchlüfteten Lage von Bad Aussee: hier sind von den 1,4 K Temperaturdifferenz nur 0,75 K durch den Höhenunterschied erklärbar. Oder etwa beim Vergleich zwischen Admont und Hieflau, wo von den 1,1 K Unterschied auch nur 0,7 K auf die Höhendifferenz zurückzuführen sind. Seckau müsste höhenbedingt ebenso um 0,9 K kälter sein als Zeltweg, die tatsächliche Differenz beträgt aber nur 0,2 K.

Im Vorland, d.h. in der West- und Oststeiermark unterhalb von 500 m, wird der geländebedingte Temperaturunterschied durch die zu große Äquidistanz (Höhenunterschied zwischen zwei benachbarten Isothermen) von 2 K und den „zu kleinen" Höhenunterschieden von meist nur 100 bis 200 m im Riedelland bzw. aufgrund fehlender Daten im etwas höheren Bergland (Sausal, „Weinland") ganz unterdrückt, obwohl er gerade in dieser Region auffallend und agrarklimatisch ganz wesentlich ist. Beispielsweise müsste St. Radegund höhenbedingt um 1,7 K kälter sein als Gleisdorf, tatsächlich sind es aber nur 0,3 K!

Die wärmsten Landesteile sind schließlich die südexponierten Lagen in geringer Seehöhe aber wenigstens 200 m über den kälteren Talböden, wobei im Klöcher Vulkangebiet um 400 m Seehöhe Werte bis 10°C wahrscheinlich sind. Demgegenüber liegen die Jahresnormalwerte in den kältesten Talbecken, etwa im Mariatroster Tal oder im Otternitzer Becken (Gleinztal-Riedelland) höchstens bei 8°C, wenn nicht sogar etwas darunter. Eine Isotherme von 9°C würde diese Verteilung wenigstens in groben Zügen zum Ausdruck bringen. Diese auffallenden geländeklimatischen Unterschiede, zu denen noch die Expositionsunterschiede kommen, schlagen sich auch in der markanten Kulturlandverteilung des Vorlandes nieder. In Tabelle 3.2.1 finden sich die durchschnittlichen Temperaturwerte ausgewählter Stationen.

Tabelle 3.2.1: Durchschnittliche Temperaturwerte an ausgewählten Stationen in °C.

Nr.	Name	Sh [m]	Jan	Feb	Mär	Apr	Mai	Jun	Jul	Aug	Sep	Okt	Nov	Dez	Frühling	Sommer	Herbst	Winter	Jahr
1	Admont	648	-4,0	-1,8	2,2	6,3	11,7	14,5	16,3	16,0	12,3	7,4	1,3	-3,1	6,7	15,6	7,0	-3,0	6,6
3	Aflenz	785	-3,2	-1,7	1,7	5,4	10,7	13,8	15,6	15,2	11,7	6,8	1,2	-2,3	5,9	14,9	6,6	-2,4	6,2
4	Aigen/Ennstal	640	-3,9	-1,7	2,6	6,5	11,6	14,6	16,4	16,0	12,1	7,0	1,2	-2,8	6,9	15,7	6,8	-2,8	6,6
7	Altenberg/Hartberg	429	-1,0	0,6	4,7	9,1	14,1	17,0	19,0	18,6	14,6	9,4	3,5	0,2	9,3	18,2	9,2	-0,1	9,2
10	Bad Aussee	660	-2,5	-1,0	2,7	6,6	12,2	14,8	16,7	16,5	12,6	8,0	2,0	-1,5	7,2	16,0	7,5	-1,7	7,3
11	Bad Gleichenberg	293	-1,6	0,5	4,9	9,3	14,4	17,5	19,2	18,6	14,6	9,2	3,4	-0,5	9,5	18,4	9,1	-0,5	9,1
14	Bad Mitterndorf	810	-4,2	-2,6	1,2	5,2	10,8	13,7	15,7	15,3	11,4	6,6	0,6	-3,2	5,7	14,9	6,2	-3,3	5,9
15	Bad Radkersburg	208	-1,5	0,7	5,1	9,6	14,6	17,8	19,4	18,7	14,6	9,4	3,7	-0,2	9,8	18,6	9,2	-0,3	9,3
18	Birkfeld	635	-2,8	-1,2	2,3	6,5	11,7	14,9	16,8	16,0	12,1	7,0	1,8	-1,5	6,8	15,9	7,0	-1,8	7,0
23	Bruck/Mur	493	-2,3	0,0	3,8	7,7	12,8	16,0	17,8	17,4	13,6	8,5	2,6	-1,1	8,1	17,1	8,2	-1,1	8,1
27	Deutschlandsberg	448	-1,2	0,7	4,7	9,0	14,0	16,9	18,8	18,2	14,3	9,3	3,4	-0,1	9,2	18,0	9,0	-0,2	9,0
37	Fischbach	1015	-1,9	-1,4	1,4	5,2	10,3	13,2	15,4	15,2	11,6	7,1	2,0	-0,8	5,6	14,6	6,9	-1,4	6,4
47	Fürstenfeld	271	-1,6	0,5	4,7	9,1	14,2	17,2	19,0	18,5	14,4	9,2	3,4	-0,4	9,3	18,2	9,0	-0,5	9,0
50	Gleisdorf	375	-2,2	-0,3	3,8	8,4	13,7	16,8	18,5	18,0	13,7	8,4	2,7	-0,9	8,6	17,8	8,3	-1,1	8,4
57	Graz-Flughafen	337	-2,4	-0,1	4,3	9,0	14,2	17,4	19,1	18,5	14,2	8,8	2,8	-1,1	9,2	18,3	8,6	-1,2	8,7
58	Graz-Messendorfberg	435	-1,0	1,0	5,0	9,3	14,3	17,2	19,1	18,7	14,8	9,5	3,6	0,1	9,5	18,3	9,3	0,0	9,3
60	Graz-Universität	366	-1,0	1,0	5,1	9,6	14,6	17,6	19,4	18,8	14,6	9,4	3,6	0,2	9,8	18,6	9,2	0,1	9,4
61	Gröbming	763	-3,9	-2,2	2,0	6,0	11,2	14,1	16,0	15,6	11,7	6,6	0,8	-3,1	6,4	15,2	6,4	-3,1	6,2
69	Hieflau	500	-2,1	-0,4	3,5	7,4	12,6	15,0	17,0	16,8	13,1	8,3	2,3	-1,2	7,8	16,3	7,9	-1,2	7,7
80	Irdning-Gumpenstein	698	-2,8	-0,9	3,1	6,8	11,9	14,8	16,6	16,3	12,6	7,6	1,8	-2,0	7,3	15,9	7,3	-1,9	7,2
84	Kalwang	760	-3,5	-1,9	1,6	5,5	10,6	13,8	15,8	15,3	11,6	6,6	1,0	-2,4	5,9	15,0	6,4	-2,6	6,2
87	Kindberg	561	-3,1	-1,1	2,6	6,8	12,3	15,2	17,0	16,6	12,7	7,7	1,8	-2,0	7,2	16,3	7,4	-2,1	7,2
90	Kirchberg-Grafendorf	455	-1,6	0,2	4,1	8,5	13,7	16,6	18,6	18,1	14,0	8,5	3,0	-0,2	8,8	17,8	8,5	-0,5	8,6
95	Kleinsölk	1005	-2,4	-1,6	1,4	4,7	10,0	12,7	14,5	14,2	10,8	6,5	1,4	-1,6	5,4	13,8	6,2	-1,9	5,9
101	Krippenstein	2050	-5,4	-6,1	-4,4	-1,9	3,3	6,0	8,4	8,8	5,8	2,8	-2,4	-4,4	-1,0	7,7	2,1	-5,3	0,9
103	Lassnitzhöhe	527	-1,0	0,8	4,6	8,7	13,8	16,7	18,6	18,2	14,4	9,4	3,5	0,2	9,0	17,8	9,1	0,0	9,0
104	Leibnitz	273	-2,0	0,2	4,6	9,2	14,5	17,7	19,4	18,6	14,5	9,1	3,2	-0,8	9,4	18,6	8,9	-0,9	9,0
112	Lobming	414	-2,1	-0,4	3,6	8,1	13,4	16,6	18,3	17,5	13,4	8,2	2,5	-1,0	8,4	17,5	8,0	-1,2	8,2
116	Mariazell	865	-2,3	-1,6	1,4	4,8	10,3	13,0	15,0	14,7	11,0	6,9	1,4	-1,5	5,5	14,2	6,4	-1,8	6,1
126	Mürzzuschlag	758	-3,4	-1,9	1,6	5,6	10,9	14,0	15,8	15,3	11,6	6,7	1,0	-2,6	6,0	15,0	6,4	-2,6	6,2
132	Neumarkt	835	-4,1	-2,2	1,8	5,6	10,7	13,9	15,9	15,4	11,5	6,5	0,7	-2,8	6,0	15,1	6,2	-3,0	6,1
138	Oberwölz	827	-3,6	-1,6	2,2	6,0	11,0	14,2	16,0	15,5	11,6	6,8	1,2	-2,4	6,4	15,2	6,5	-2,5	6,4
139	Oberzeiring	933	-3,5	-2,1	1,4	5,2	10,3	13,5	15,4	14,8	11,1	6,2	0,9	-2,4	5,6	14,6	6,1	-2,7	5,9
155	Pusterwald	1072	-4,6	-3,4	0,0	3,8	8,7	11,8	13,6	13,1	9,5	5,0	-0,1	-3,4	4,2	12,8	4,8	-3,8	4,5
161	Rechberg	926	-2,4	-1,5	1,8	5,6	10,8	13,8	15,8	15,3	11,7	7,0	1,6	-1,4	6,1	15,0	6,8	-1,8	6,5
169	Rohrmoos	1078	-3,7	-2,8	0,4	4,1	9,5	12,4	14,4	14,0	10,2	5,6	0,0	-3,1	4,7	13,6	5,3	-3,2	5,1
173	Schöckl	1436	-3,5	-3,7	-1,3	2,1	7,3	10,3	12,4	12,3	8,9	4,9	0,1	-2,3	2,7	11,7	4,6	-3,2	4,0
176	Seckau	855	-3,3	-1,7	2,0	5,8	11,0	14,1	16,0	15,6	11,8	6,9	1,2	-2,3	6,3	15,2	6,6	-2,4	6,4
183	Sonnblick	3105	-11,6	-12,2	-10,9	-8,3	-3,3	-0,4	2,2	2,3	-0,6	-3,6	-8,2	-10,5	-7,5	1,4	-4,1	-11,4	-5,4
191	St. Michael b. Leoben	565	-4,5	-1,8	2,6	6,6	11,9	15,0	17,1	16,3	12,3	7,1	1,2	-2,9	7,0	16,1	6,9	-3,1	6,7
195	St. Radegund	725	-1,1	0,0	3,5	7,4	12,6	15,5	17,6	17,1	13,2	8,4	3,1	0,2	7,8	16,7	8,2	-0,3	8,1
198	Stolzalpe	1293	-2,9	-2,2	0,6	3,7	8,7	11,8	14,0	13,8	10,4	5,9	0,7	-2,0	4,3	13,2	5,7	-2,4	5,2
214	Villacher Alpe	2140	-6,1	-6,6	-4,8	-2,3	2,6	6,0	8,5	8,7	5,5	2,0	-2,8	-5,0	-1,5	7,7	1,6	-5,9	0,5
223	Weiz	465	-1,3	0,6	4,5	8,9	14,1	17,2	19,0	18,4	14,2	8,9	3,3	0,1	9,2	18,2	8,8	-0,2	9,0
225	Wiel	928	-1,0	-0,5	2,5	6,2	11,2	14,1	16,2	15,9	12,4	7,8	2,7	0,2	6,6	15,4	7,6	-0,4	7,3
232	Zeltweg	670	-4,8	-2,1	2,6	6,6	11,8	15,0	16,9	16,4	12,4	7,1	1,0	-3,4	7,0	16,1	6,8	-3,4	6,6

3.3 Durchschnittliche Jännertemperatur

Seehöhe und Gelände

Der Jänner ist zwar nicht der Monat mit der geringsten Einstrahlung (Dezember), aber aufgrund von Verzögerungseffekten beim Temperaturgang ganz eindeutig der kälteste Monat. Bei kurzem und niedrigem Tagbogen der Sonne, langer Nacht und negativer Strahlungsbilanz am Erdboden ist nun die Neigung zur Bildung von Kaltluftseen und hochreichenden, vielfach tagsüber anhaltenden Inversionen neben dem Dezember am größten, wodurch in diesen Monaten der Faktor des Geländes in den unteren Stockwerken jenen der Seehöhe deutlich übertrifft. Erst im oberen Stockwerk nimmt die Temperatur nach oben eindeutig und mit einem Gradienten von knapp 0,5 K/hm ab.

Für die gesamte Steiermark ergibt sich im Jänner aus der Differenz der Temperaturen des tiefsten und höchsten Punktes des Landes (–1,5°C und –11,2°C) ein Gradient von nur 0,35 K/hm, was schon auf die geringen bzw. negativen Gradienten (Temperaturzunahme nach oben) der unteren Stockwerke hinweist, wobei besonders im untersten Stockwerk die Niederungen regelhaft kälter sind als die Höhenlagen darüber.

Gegenüber diesen beiden Hauptfaktoren treten die restlichen Temperaturfaktoren an Einfluss stark zurück und sind nur wenig wirksam und kaum wirklich erkennbar. Im Sinne der allgemeinen globalen Temperaturabnahme nach Norden müsste auch in der Steiermark der nördlichste Punkt um 0,9 K kälter sein als der südlichste, doch wird dieser Faktor durch die unterschiedlichen Witterungseinflüsse aufgehoben bzw. sogar überboten, wobei durch die stärkere Wirkung der milden atlantischen Luftmassen der Norden bei vergleichbaren sonstigen Faktoren sogar etwas milder sein müsste als der Süden. Das ist aus dem verfügbaren Datenmaterial aber nicht herzuleiten, da die Stationen des Nordens von inneralpiner Kaltluft beeinflusst werden und auch nach Temperaturreduktion keinen Wärmevorsprung zeigen. Solcher wäre aber an Hand von Vorlandstationen in Ober- oder Niederösterreich zu belegen.

Der mittlere Temperaturgradient nur der unteren beiden Stockwerke (Modell-Schichten) bis 1 400 m für die gesamte Steiermark beträgt sogar nur 0,1 K/hm, d.h. innerhalb dieses mächtigen Sockels herrscht wenigstens im Durchschnitt so gut wie vollkommene Isothermie.

Temperaturvergleich durch Reduktion auf einheitliches Niveau

Reduziert man die Temperaturen aller Stationen mit diesem Gradienten auf ein Niveau von 500 m, ergibt sich eine Durchschnittstemperatur für die gesamte Steiermark von –2,5°C. Darauf bezogen ist der Norden im Durchschnitt um 0,6 K, das Murtal um 1,1 K kälter, während das Vorland um 1,0 K wärmer ist. Daraus ist aber keineswegs ein breitenbedingter Unterschied im Sinne einer Temperaturzunahme gegen Süden herauszulesen, sondern wieder nur der Einfluss des Reliefs, wobei die obersteirischen Stationen als überwiegend inneralpine Stationen dazu noch bevorzugt in Talbeckenlagen eben die winterliche Kälte der inneralpinen Talluft anzeigen.

Kalte Becken – bevorzugte Gunstlagen

Recht gut sind darüber hinaus an Hand der reduzierten Temperaturen noch die besonders kalten Beckenlagen bzw. die bevorzugten Gunstlagen über der kalten Talluft bzw. des Grazer Stadtklimas zu erkennen. Die kältesten Stationen und ihre Abweichungen in K sind: Zeltweg –2,2, St. Michael –1,9, Oberzeiring –1,7, Pusterwald –1,6, Admont und Bad Mitterndorf –1,4, Aigen und Neumarkt –1,3. Die wärmsten Stationen sind: Wiel +1,9, St. Radegund +1,6, Lassnitzhöhe +1,5, Graz-Universität, Altenberg/Hartberg und Graz-Messendorfberg +1,4 K Abweichung.

Als besonders kalte Landschaften gelten im Jänner demnach die abgeschlossenen Talbecken mit stark gehemmtem Kaltluftabfluss, wobei das Mitterndorfer-, Trofaiacher-, Aflenzer-, Knittelfelder- und Passailer Becken zu nennen wären, aber auch das Ennstal bei Admont. Nach Reduktion der Temperaturen auf gleiche Seehöhe mit dem oben angegebenen Gradienten wird Bad Mitterndorf um 1,5 K kälter als Bad Aussee, Admont um 1,8 K kälter als Hieflau, Zeltweg um 1,7 K kälter als Seckau und Neumarkt um 1,6 K kälter als die Stolzalpe. Gerade durch das letzte Stationspaar mit einem Höhen-

Als besonders kalt gelten die kleinen Becken von Mariatrost, Niederschöckl, Thal bei Graz, Otternitz in der Weststeiermark, Kornberg in der Oststeiermark und alle solchen mit ähnlichen Geländebedingungen, von denen die wichtigsten auch in der Karte dargestellt sind.

Abbildung 3.3.1: Kaltes Talbecken bei Seebach-Turnau im Spätherbst, die abendlich gebildete Boden-Temperaturinversion verhindert den vertikalen Luftaustausch.
Foto: A. PODESSER

unterschied von 400 m wird die Stärke und Mächtigkeit der winterlichen Temperaturumkehr gut belegt. Die Stolzalpe ist sogar real noch um 2,2 K wärmer als das 623 m tiefer gelegene Zeltweg (reduziert um 2,5 K)!

Karte verschluckt Feinheiten

Diese besondere Eigenheit des Winterklimas wird durch die willkürliche Zusammenfassung der Stationen in den jeweiligen Gebieten und Stockwerken (Modell-Höhen) wegen der schon beim Jahresnormalwert angegebenen Gründe nicht in adäquater Form erfasst. So betragen die mittleren für die Erstellung der Karte verwendeten Gradienten in den einzelnen Schichten von unten nach oben im Norden 0,35, −0,14 und 0,49 K/hm, im Murtal 0,82 (!), −0,53 und 0,49 K/hm und im gesamten Süden −0,28, 0,25 und 0,49 K/hm. Es wird also jeweils nur ein Teil der allgemein wirksamen Temperaturumkehr erfasst. Die identischen Gradienten in der oberen Schicht entstehen durch die Verwendung des Stationspaares Schöckl – Sonnblick für alle drei Raumeinheiten.

Diese schon lange bekannte Eigenheit des Winterklimas der inneralpinen Talbecken ist aber auch im Vorland in auffallender Weise verwirklicht und konnte insbesondere durch geländeklimatische Untersuchungen aufgehellt werden, wobei auch hier geländebedingte Unterschiede bis über 2 K entstehen und diese Inversionen wohl an Mächtigkeit, aber kaum an Stärke hinter den inneralpinen zurückstehen.

Diesen kalten Talbecken und Talböden stehen nun ausgesprochen milde Rücken- u. Kuppenlagen gegenüber, wobei sich die mildesten Jännertemperaturen in Höhen von 200 bis 300 m über den jeweils benachbarten Talböden einstellen. Aufgrund des zu lockeren Stationsnetzes bzw. des Fehlens von Stationen gerade in den am meisten wärmebegünstigten Standorten, kommen auch diese in der Karte nicht zur Geltung. In den höheren Lagen des Sausals, des Steirischen Weinlandes, der oststeirischen Vulkanberge und in allen Gunstlagen in der Fußzone des Randgebirges sind Normalwerte deutlich über −1°C, örtlich sogar nahe Null Grad zu erwarten bzw. werden diese durch das Netz des Hydrographischen Dienstes, Sondernetze und Temperaturmessfahrten bestätigt. Im äußersten Südosten des Landes ist diese Stufe maximaler Wärmegunst in 400 bis 500 m Seehöhe entwickelt.

Besonders kalte Landschaften

So wie im Vorland gibt es auch in der Gebirgssteiermark ausgesprochene „Kaltluftlöcher", die meist schon aus diesem Grund kaum besiedelt und auch nicht durch Dauerstationen erfasst sind. Ihre extreme Winterkälte ist aber durch Sonderstationen und Temperaturmessfahrten gut bekannt. Es sind dies u.a. die zum Teil lang abgeschatteten und schneereichen, gut abgeschlossenen und wenig durchlüfteten Becken oder Talmulden der Kainisch zwischen Bad Mitterndorf und Bad Aussee, das Becken von Grubegg südlich von Bad Mitterndorf, das Halltal bei Mariazell, einige trogförmige Seitentäler des Hochschwabs sowie in der Mur-Paralleltalung bei Schöder, das Ingeringtal nördlich des Hammergrabens zwischen Knittelfeld und Seckau, und ähnliche mehr.

Dabei gilt die Trivialbeziehung, dass die Winterkälte bei gleichen sonstigen Faktoren nach oben zunimmt, weshalb auch die größeren trogförmigen Täler in den Niederen Tauern mit Höhen über 1 200 m zu den ganz kalten Tallandschaften zu zählen sind. Die Jännernormalwerte sind in den genannten Landschaften mit unter −5°C anzusetzen, in den kältesten (z.B. Kainisch) sogar mit unter −6°C.

So wie im Vorland und Randgebirge gibt es auch in der Obersteiermark über den kalten Tallandschaften eine Höhenstufe mit milden Temperaturen: diese kommt aber weit höher über den Talböden zu liegen als im Vorland und weist nur ausnahmsweise Temperaturen wärmer als −2°C auf, z.B. im Bereich des Mittleren Ennstals nördlich von Hieflau, bei allgemein niedrigerer Lage und häufigerer Beeinflussung durch mildes Westwetter.

Klimaänderung

Am Beispiel der Jännernormalwerte der Temperatur kann auch gut die im verwendeten Zeitraum von 1971 bis 2000 bereits wirksame Klimaänderung gezeigt werden. So liegen die Temperaturen generell um ziemlich genau 1 K über den Werten der durch einige Strengwinter gekennzeichneten Periode von 1951 bis 1970 (H. Wakonigg, 1978: 417 ff u. Abb. 33). In Tabelle 3.2.1 finden sich die durchschnittlichen Jännertemperaturen aller verwendeten Stationen.

3.4 Durchschnittliche Julitemperatur

Der Juli ist als Monat knapp nach der Sommersonnenwende mit hohem Sonnenstand, langem Tagbogen der Sonne und kurzen Nächten der wärmste Monat und damit das Gegenstück zum Jänner. Aufgrund dieser Strahlungsbedingungen und der hoch positiven Strahlungsbilanzen am Erdboden sind Inversionen seltener und schwächer als im Winter und vor allem wesentlich seichter. Solcherart sind nun die Niederungen und Talbecken nur mehr nachts für wenige Stunden kälter als die darüber liegenden Hänge, wodurch die Inversionen in den Durchschnittswerten vielfach verschwinden oder auf wenige Zehntel Grade reduziert werden, was bei dem gebotenen Kartenmaßstab und der benutzten Äquidistanz von 1 K nicht mehr zum Ausdruck kommt.

Seehöhe bestimmt vorrangig die Temperatur

Nun wird die Seehöhe zum weitaus dominierenden Klimafaktor, der alle anderen weitgehend unterdrückt und nur schwer erkennen lässt. Daraus ergibt sich der Vorteil einer recht eindeutigen und linearen Beziehung zwischen Temperatur und Seehöhe, was die modellhafte Ableitung der Karte erleichtert und die Isothermen weitgehend als Höhenlinien erscheinen lässt. Aus den beiden Temperaturen des tiefsten und höchsten Punktes des Landes (19,4°C bzw. 2,9°C) lässt sich ein mittlerer Gradient von 0,59 K/hm errechnen, der deutlich steiler ist als im Jahresdurchschnitt und die starke Erwärmung der Niederungen bzw. die Verzögerung der Erwärmung in den Hochlagen gut belegt.

Diese Bedingungen gelten gleichermaßen auch für die Monate April bis Juni, in denen die Temperaturzunahme im Gebirge weitgehend gleich bzw. sogar etwas rascher als jene in den Tallagen verläuft und fast gleich steile Gradienten bewirkt.

Vom August an vermindern sich die Gradienten dann beschleunigt durch die raschere Abkühlung in den Niederungen bis zu einem Minimum im Dezember und Jänner (siehe Kapitel 3.3).

Temperaturgradienten über das Regressionsmodell

Die mittleren Temperaturgradienten für den Juli belaufen sich dabei für die einzelnen Stufen von unten nach oben im Norden auf 0,52, 0,58 und 0,60 K/hm, im Murtal auf 0,62, 0,42 und 0,62 K/hm und im gesamten Süden auf 0,23, 0,66 und 0,61 K/hm. Mit dem geringen Gradienten in der unteren Schicht des gesamten Südens wird der Einfluss der örtlich doch kälteren Talböden gegenüber den etwas höheren Lagen recht gut belegt, lässt sich aber durch Einzelbeispiele noch deutlicher herausstellen. So hat z.B. das 400 m hoch gelegene Wörterberg mit 19,0°C dieselbe Temperatur wie das 129 m tiefer gelegene benachbarte Fürstenfeld. Noch eindeutiger wird dieser Effekt beim Vergleich von Lobming in Talbeckenlage (414 m / 18,3°C) mit Wörterberg (400 m / 19,0°C) oder Graz-Messendorfberg (415 m / 19,1°C), beide etwa 100 m über den benachbarten Talsohlen gelegen. Generell können somit wenigstens die unteren 200 Höhenmeter bei ansonsten gleichen Faktoren als weitgehend isotherm angesehen werden.

Kaltluftzufuhr

Im Juli wird auch der formale Einfluss der geographischen Breite recht bescheiden, wobei nur mehr mit einer Süd-Nord-Temperaturabnahme von höchstens 0,5 K zu rechnen wäre. Dazu kommt noch die Wirkung der unterschiedlichen Witterung, welche nun gleichsinnig verläuft, das heißt, dass im Sommer die Kaltluftzufuhr aus dem westlichen bis nördlichen Quadranten recht häufig ist und wegen der zeitlichen Verzögerung und reliefbedingten Ablenkung oder Abschwächung (Föhneffekte) den Süden gegenüber dem Norden begünstigt.

Der mittlere Temperaturgradient nur der unteren beiden Stockwerke (Schichten) bis 1 400 m für die gesamte Steiermark beträgt 0,55 K/hm, d.h. er ist geringfügig kleiner als der Gradient aus den zwei Einzelpunkten über den gesamten Höhenunterschied. Reduziert man die

Temperaturen aller Stationen mit diesem Gradienten auf ein Niveau von 500 m, ergibt sich eine Durchschnittstemperatur für die gesamte Steiermark von 17,9°C. Darauf bezogen ist der Norden im Durchschnitt um 0,6 K, das Murtal um 0,1 K kälter, während das Vorland um 0,4 K wärmer ist, was diesen breitenbedingten Unterschied recht gut belegt.

Zentral-peripherer Formenwandel

Ein weiterer Faktor für die sommerliche Temperaturverteilung ist der Massenerhebungseffekt bzw. – etwas sperriger, aber zutreffender – der zentral-periphere Formenwandel. Auf ein Gebirgsland angewandt bedeutet das, dass die Temperatur unter den Bedingungen der positiven Strahlungsbilanz am Erdboden in vergleichbarer Höhe von außen nach innen zunehmen, bzw. in breiten, massigen Gebirgen höher sein muss als auf Einzelgipfeln, weil die Atmosphäre knapp über höher gelegenen Heizflächen stärker erwärmt wird als die freie Atmosphäre außerhalb des Gebirges bzw. über frei stehenden Gipfeln.

Dazu kommt noch ein gewisser Gewinn von fühlbarer Wärme durch die bei der Kondensation und Niederschlagsbildung an den Gebirgs- bzw. Massenerhebungsrändern frei werdende latente Wärme, die bei manchen Föhnwetterlagen auch real fühlbar und zum Teil sogar quantitativ fassbar wird.

Dieser Effekt ist naturgemäß an Hand der Tages- oder Sommertemperaturen am ehesten festzustellen und bezüglich des gesamten Alpenraums auch gut ausgeprägt und dokumentiert. Für den vergleichsweise bescheiden Ausschnitt der Steiermark ist dieser Effekt sicher untergeordnet und entsprechend schwächer entwickelt, aber durchaus vorhanden. Die diesbezüglich wärmsten Bereiche sind dabei im Umkreis des Oberen Murtales zu erwarten.

Bei einer Reduktion der Julinormalwerte mit dem oben genannten Gradienten von 0,55 K/hm erscheint der Schöckl um 0,8 K, Mönichkirchen um 0,5 K kälter als die Stolzalpe, die Wiel ist um 0,2 K wärmer.

Angesichts der sonstigen Faktoren – wie Geländebeschaffenheit und allgemeine Temperaturzunahme nach Süden – sind diese Unterschiede zu gering, um auf diesem einfachen Weg den Effekt der inneralpinen Überwärmung zu beweisen, widersprechen diesem aber auch nicht. Etwas deutlicher wird dieser Einfluss bei den mittleren täglichen Maxima der Temperaturen (siehe Kapitel 3.15).

Im Juli wird die 10°-Grenze durchschnittlich in einer Höhe von 1 800 bis 1 870 m im Sinne des Anstiegs von Nord nach Süd erreicht, was im Zusammenhang mit der Wald- bzw. Baumgrenze einen guten Orientierungswert darstellt.

Klimawandel

Gegenüber dem Zeitraum von 1951 bis 1970 ist der Erwärmungsbetrag gering und beläuft sich durchschnittlich nur auf 0,3 bis 0,4 K, da sich die Klimaänderung wegen der noch überwiegend kühlen Sommer in den Siebzigerjahren in den dreißigjährigen Normalwerten von 1971 bis 2000 noch nicht voll bemerkbar macht. In Tabelle 3.2.1 finden sich die durchschnittlichen Julitemperaturen aller ausgewählten Stationen.

3.5 Durchschnittliche aperiodische Tagesschwankung

Die aperiodische Tagesschwankung ist die Differenz zwischen dem mittleren täglichen Minimum und dem mittleren täglichen Maximum der Temperatur, d.h. den tatsächlich irgendwann im Laufe des Tages erreichten Höchst- und Tiefstwerten unabhängig vom Zeitpunkt ihres Eintretens. Sie wird daher auch „absolute Tagesschwankung" genannt. Die Normalwerte für das mittlere tägliche Minimum im Jänner und das mittlere tägliche Maximum im Juli werden in eigenen Kapiteln beschrieben (siehe Kapitel 3.14, 3.15).

Demgegenüber ist die periodische Tagesschwankung die Differenz der Temperaturen der im Mittel kältesten und wärmsten Tageszeit, das ist jeweils knapp vor Sonnenaufgang, also im Laufe des Jahres etwa vier Stunden verschoben, bzw. am frühen Nachmittag recht konstant und unabhängig von Seehöhe, Gelände und Jahreszeit zwischen 14:30 und 15:00 Uhr.

Aus den genannten Gründen der unterschiedlichen Ermittlung ist die aperiodische Tagesschwankung regelhaft um etwa 2 bis 2,5 K größer als die periodische.

Einfluss von Seehöhe, Gelände, Witterung und Jahreszeit

Die Faktoren für die Tagesschwankung sind sinngemäß dieselben wie für die mittleren täglichen Maxima und Minima, d.h. Seehöhe (Abnahme nach oben), Gelände (Höchstwerte in Beckenlagen mit nächtlicher Kaltluftbildung), Witterung (Dämpfung durch Bewölkung und Nebel) und aus diesem Grund auch die Jahreszeit. Das heißt, dass die Tagesschwankung im Winter bei geringen Unterschieden in der Strahlungsbilanz zwischen Tag und Nacht und gleichzeitig reichlicher Bewölkung und stärkerer Nebelhäufigkeit fast durchwegs am kleinsten ist (insbesondere im Dezember!), während sie im Sommerhalbjahr wesentlich größer ist, aber im Zeitraum April bis Oktober nur wenig Unterschiede aufweist, d.h. keinen Monat mit einem eindeutigen Maximum erkennen lässt (Abb. 3.14.2). Das ist dadurch bedingt, dass in den Monaten mit der höchsten Einstrahlung und größten positiven Strahlungsbilanz (Mai bis Juli) der Tageserwärmung in den Niederungen bzw. in Erdbodennähe durch konvektionsbedingte Wärmeabgabe in höhere Luftschichten gewisse Grenzen gesetzt sind, und der

tägliche Wärmescheitel zu einem breiten Berg auseinander gezogen erscheint, während er z.B. im März oder Oktober einen deutlichen und schmäleren Gipfel bildet. Selbst im Hochwinter kann die Tagesschwankung bei Strahlungswetter und klarem Himmel gleich große Werte wie im Sommer erreichen, da durch die vergleichsweise schwächere Einstrahlung tagsüber auch nur eine seichte bodennahe Kaltluftschicht erwärmt werden muss.

Dazu kommt, dass die atmosphärische Gegenstrahlung mit steigender Luftfeuchtigkeit zunimmt und der hohe Wasserdampfgehalt im Sommer der gleichzeitig hohen Ausstrahlung durch verstärkte atmosphärische Gegenstrahlung entgegen wirkt und solcherart die nächtliche effektive Ausstrahlung behindert. Dadurch werden auch die sommerlichen Tiefstwerte gedämpft und sommerliche Nachtfröste wenigstens in den niedrigeren Lagen ausgeschlossen.

Auf den Hochgipfeln der Alpen (Sonnblick) gibt es keine nennenswerten jahreszeitlichen Unterschiede bei der aperiodischen Tagesschwankung mehr, da diese dort stärker durch den Witterungs- bzw. Luftmassenwechsel bestimmt wird als durch die Strahlungsgegensätze zwischen Tag und Nacht. Die thermische „Sprunghaftigkeit" des Witterungswechsels unterliegt aber im Gegensatz zu den tagesperiodischen Strahlungsunterschieden so gut wie keinen jahreszeitlichen Unterschieden.

Im Winter wenig Zeit für Erwärmung, viel Zeit für Abkühlung

Beispiele für den Tagesgang der Temperatur bei ungestörtem Strahlungswetter werden in der Abbildung 3.5.1 und 3.5.2 gezeigt. Im Jänner ist die Zeit der Erwärmung zwischen Sonnenaufgang und etwa 14:30 Uhr mit sechs bis sieben Stunden ungleich kürzer als die 17 bis 18 Stunden dauernde Zeit der Abkühlung zwischen Frühnachmittag und Sonnenaufgang. Entsprechend ist die Geschwindigkeit der Erwärmung (Temperaturzunahme pro Zeiteinheit) ungleich größer als die der Abkühlung. Dazu kommt, dass sich die Abkühlung gegen das Minimum zum Sonnenaufgang mehr und mehr verlangsamt. Das ist darauf zurückzuführen, dass die Ausstrahlung des Erdbodens mit sinkender Temperatur ebenfalls abnimmt, während die Gegenstrahlung

H. Wakonigg | A. Podesser

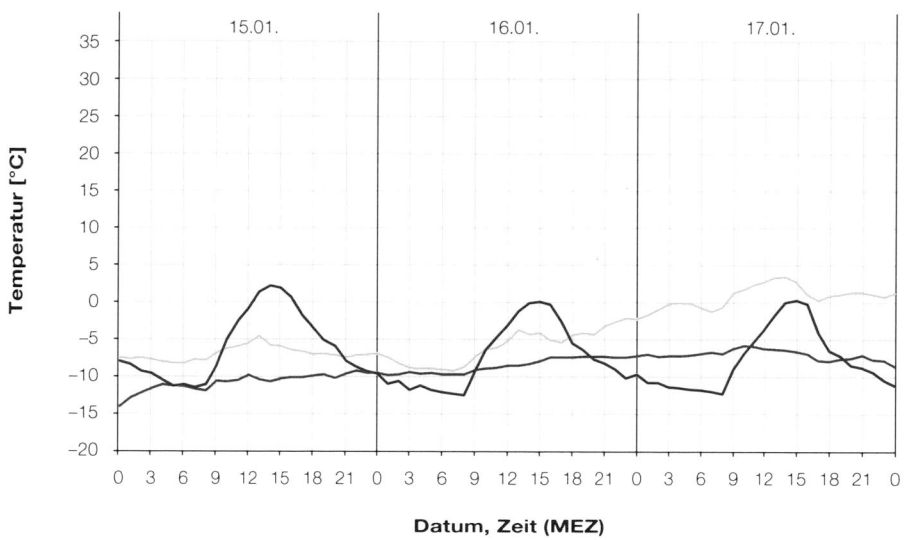

Abbildung 3.5.1: Tagesgang der Temperatur bei ungestörtem Strahlungswetter zwischen 15. und 17. Jänner 2005.

☐ Schöckl (1 443 m)　■ Sonnblick (3 105 m)　■ Zeltweg (670 m)

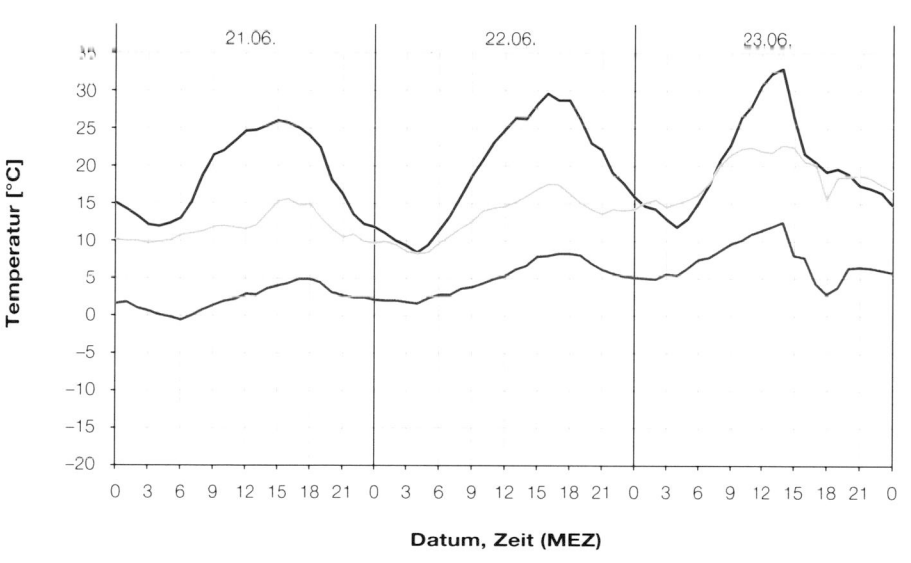

Abbildung 3.5.2: Tagesgang der Temperatur bei ungestörtem Strahlungswetter zwischen 21. und 23. Juni 2003.

☐ Schöckl (1 443 m)　■ Sonnblick (3 105 m)　■ Zeltweg (670 m)

der fast isothermen Atmosphäre weitgehend konstant bleibt und damit die schwächer werdende Ausstrahlung zunehmend wirksamer kompensiert. Dazu kommt noch Temperaturgewinn durch frei werdende latente Wärme bei der Bildung von Tau oder Reif sowie Dunst oder sogar Nebel. Diese Verhältnisse sind besonders gut an der Tal-Beckenstation Zeltweg ausgebildet.

Im Juni, zur Zeit der größten Tageslange verschwindet die Asymmetrie zwischen der Dauer der Erwärmung bzw. Abkühlung weitgehend: Die Zeit der Erwärmung verlängert sich auf 10 bis 11 Stunden, jene der Abkühlung verkürzt sich auf 12 bis 13 Stunden, was wieder am besten am Beispiel von Zeltweg zu erkennen ist.

Im Hochgebirge bestimmt Luftmassenwechsel die aperiodische Tagesschwankung

Auf den Bergen ergeben sich gegenüber den Niederungen stark abweichende Verhältnisse. Die Temperaturen der Gipfelstationen werden viel stärker von den Temperaturen der freien Atmosphäre beeinflusst als von jenen des Erdbodens, wodurch die aus den Strahlungsbilanzen resultierende periodische Schwankung ganz gering wird. Gleichzeitig beeinflussen dynamische Vorgänge den Tagesgang der Temperatur viel stärker. Das sind vor allem Einflüsse des Wechsels verschiedener Luftmassen, die sich in einem ungeregelten Temperaturgang äußern: Dieser überlagert den regelmäßigen periodischen Tagesgang vielfach bis zur Unkenntlichkeit, was aber bei ausgesuchtem, ungestörtem Strahlungswetter nicht der Fall sein sollte. Dazu kommen die Einflüsse der vertikalen Luftbewegung. Dabei bedeutet Absinken der Luft deren relative Austrocknung und Erwärmung, Aufsteigen der Luft umgekehrt Abkühlung und Ansteigen der relativen Luftfeuchtigkeit.

Schließlich wirkt auch eine sich verändernde Wetterlage auf den Tagesgang der Lufttemperatur ein, etwa zunehmender Hochdruck im Sinne einer allgemeinen Erwärmung bei generell absteigender Luft und allmählicher Zufuhr wärmerer Luftmassen. Diese Einflüsse sind am Beispiel der Tagesgänge der Temperaturen auf dem Schöckl und Sonnblick gut zu erkennen. Auf dem niedrigeren Schöckl ist der periodische Tagesgang im Jänner (Abb. 3.5.1) gerade noch angedeutet, wird aber von dem nicht an Tageszeiten gebundenen Temperaturgeschehen stark überlagert, während auf dem freien Hochgipfel des Sonnblicks der periodische Tagesgang überhaupt nicht mehr zu erkennen ist, sondern nur mehr der allmähliche Anstieg im Zuge der zunehmend absinkenden Luft bei starkem Hochdruckeinfluss.

Im Juni (Abb. 3.5.2) ist bei ungleich höherer Globalstrahlung bzw. stärkerem Gegensatz zwischen der negativen nächtlichen Strahlungsbilanz und der positiven tagsüber auch auf den Bergen der periodische Tagesgang noch gut zu erkennen, ist aber auch wieder von einem allgemeinen Trend der Temperaturzunahme bei sich verstärkendem Hochdruckwetter überlagert. Die Tagesschwankung selbst bleibt aber weit hinter jener der Niederungen oder gar Talbecken zurück.

Unregelmäßige Witterung dämpft Tagesgang

Im Durchschnitt aller Tage (Abb. 3.5.3 und 3.5.4) ergibt sich ein Verlauf des Tagesganges, der gegenüber jenem von ausgesuchten Tagen mit Strahlungswetter durch die sonstigen Tage mit allen möglichen durch den Witterungsablauf bedingten Störungen und Nivellierungen (z.B. bei bedecktem Himmel) stark gedämpft erscheint, aber letztlich doch die Form des Tagesganges bei Strahlungswetter nachzeichnet. Wegen des völlig ungeregelten und nicht an irgendwelche Tageszeiten gebundenen Verlaufes des Witterungswechsels (insbesondere des Luftmassenwechsels) wird dessen Einfluss in einer gemittelten Kurve nicht mehr als unregelmäßige Störung, sondern nur mehr in Form der allgemeinen Dämpfung erkennbar.

Tagesschwankungen in den Niederungen hoch, im Gebirge gering

Dabei wird die periodische Tagesschwankung im Jänner (Abb. 3.5.3) auf dem Schöckl auf etwa 2,1 K und auf dem Sonnblick auf nur etwa 1,6 K reduziert. Dagegen sind es in Zeltweg immerhin noch 6,5 K. Auffallend ist

ferner die fast vollkommene nächtliche Isothermie bei den beiden Bergstationen, die durch das nächtliche Abfließen der lokal gebildeten Kaltluft und deren Ersatz durch die absinkende oder heranströmende isotherme Luft der freien Atmosphäre bewirkt wird. Die Temperatur der freien Atmosphäre unterliegt nämlich nur unbedeutenden Tagesschwankungen. Auf freien Berggipfeln ist daher die Abkühlung bald nach Sonnenuntergang so gut wie beendet, während sie in den Niederungen bis zum Sonnenaufgang weitergeht.

Im Juni (Abb. 3.5.4) sind die Schwankungen auch im Durchschnitt aller Tage wegen des oben erwähnten stärkeren Strahlungsgegensatzes zwischen Tag und Nacht wesentlich höher und belaufen sich auf 2,4 K auf dem Sonnblick, 4,3 K auf dem Schöckl, aber 10,1 K in Zeltweg. Dazu ist auch die nächtliche Isothermie auf den Berggipfeln nicht mehr so vollkommen entwickelt wie im Winter.

Die aperiodische (auch „absolute" oder „tatsächliche") Tagesschwankung ist durch die oben angegebene, andere Berechnung durchwegs um etwa 2 bis 2,5 K höher als die periodische. Die Darstellung ihres Jahresdurchschnitts nivelliert die gezeigten jahreszeitlichen Unterschiede, die Faktoren der Seehöhe und des Geländes kommen aber gut zur Geltung. Was die Witterungseinflüsse anlangt, sind insbesondere die Winterbedingungen wegen der größeren Neigung zu Hochnebel- und Stratuswolkendecken im Vorland für die dort geringere Tagesschwankung gegenüber dem Oberen Murtal verantwortlich. Selbst im Oberen Ennstal sind die Tagesschwankungen trotz der größeren Seehöhe und der stärkeren sommerlichen Bewölkung gleich groß wie im Vorland. Neben der geringeren Winterbewölkung ist das auch auf die Talbeckenlage der Stationen zurückzuführen.

Der Höchstwert der aperiodischen Tagesschwankung wird in Neumarkt erreicht, was auf die geringere Nebelhäufigkeit gegenüber Zeltweg zurückgeht, welches an sich das typischere Beckenklima repräsentiert. In den Monaten zwischen April und Oktober liegen die Werte der aperiodischen Tagesschwankung in den Niederungen um etwa 1 bis 1,5 K über den Jahresdurchschnitten, im Dezember aber um 3 bis 4 K darunter. Diese Unterschiede verringern sich mit zunehmender Seehöhe und verschwinden oberhalb 2 500 m völlig, wo die aperiodische Tagesschwankung nur mehr 5 bis 6 K beträgt und jahreszeitliche Unterschiede nicht mehr wesentlich sind. Auf dem Sonnblick (3 105 m) sind es schließlich nur mehr 4,5 K, wobei im Hochgebirge etwa die Hälfte dieses Betrages auf den Witterungswechsel (Temperaturänderungen durch den Wechsel von unterschiedlich temperierten Luftmassen) und nur die andere Hälfte auf die periodische Schwankung, d.h. die strahlungsbedingten Tag-Nachtunterschiede, zurückzuführen ist.

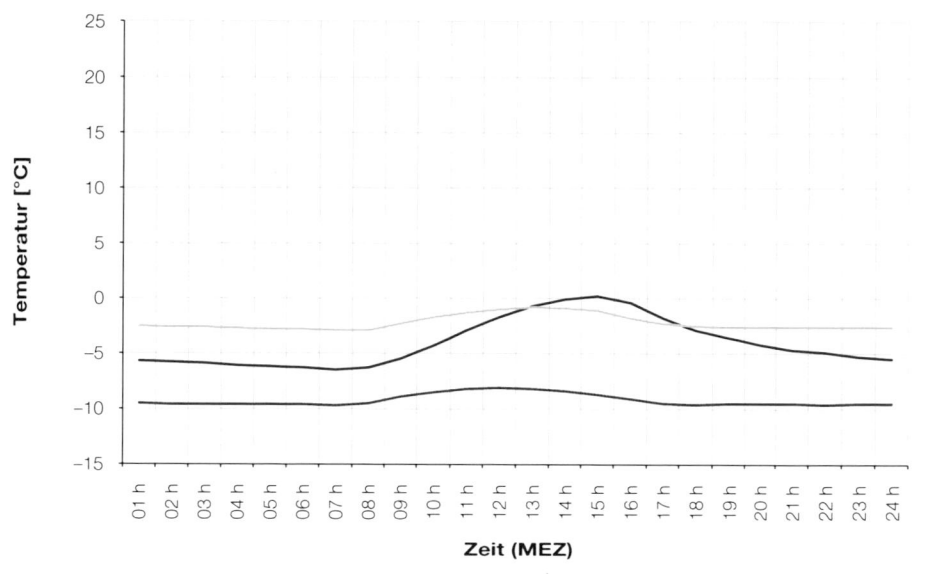

Abbildung 3.5.3: Durchschnittlicher Tagesgang ausgewählter Stationen im Jänner, Periode 1991 bis 2000.

☐ Schöckl (1 443 m)　■ Sonnblick (3 105 m)　■ Zeltweg (670 m)

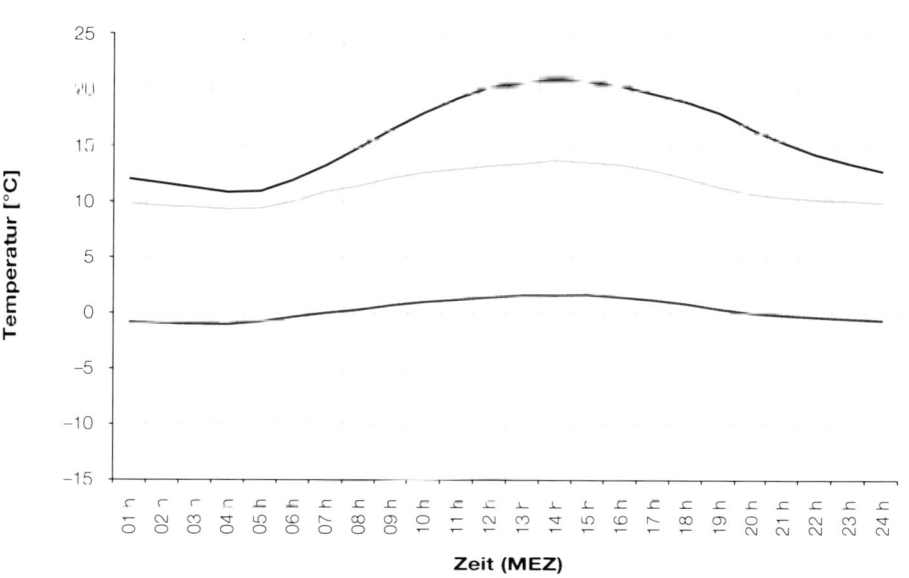

Abbildung 3.5.4: Durchschnittlicher Tagesgang ausgewählter Stationen im Juni, Periode 1991 bis 2000.

☐ Schöckl (1 443 m)　■ Sonnblick (3 105 m)　■ Zeltweg (670 m)

Solcherart ist im Hochgebirge die aperiodische Tagesschwankung sogar in Monaten mit lebhaftem Wetterwechsel und reichlich zyklonaler Witterung mit Bewölkung und Niederschlägen etwas größer als in ruhigen, strahlungsreichen Schönwettermonaten mit weithin gleichförmiger Witterung und seltenem Luftmassenwechsel. In den tieferen Lagen ist es dagegen umgekehrt: Da ist auch die aperiodische Tagesschwankung in Monaten mit stabilem Strahlungswetter weitaus größer als in Monaten mit starkem Wetterwechsel und hohem Anteil an wolkenreichen zyklonalen Wetterlagen.

3.6 Durchschnittliche Dauer der Vegetationsperiode (≥ 5°C)

Definition

Die Zeit des Jahres mit Tagesnormalwerten der Lufttemperatur von wenigstens 5°C wird allgemein als Vegetationsperiode bezeichnet, obwohl dafür mit gleicher „Berechtigung" auch andere Grenzwerte denkbar wären und auch eingesetzt worden sind. Die meisten Pflanzen der kühlgemäßigten Zonen stellen ihre Aktivität erst knapp unterhalb der Frostgrenze völlig ein, bei Temperaturen darüber nimmt die Aktivität, d.h. der Stoffwechsel und die Wuchsleistung mit zunehmenden Temperaturen exponentiell bis zu einem Maximum zu. Dabei ist der Bereich der günstigsten Temperaturen relativ breit und liegt je nach Pflanzenart zwischen 10 und 35°C.

Agrarklimatische Bedeutung

Die 5°C-Schwelle liegt dabei mitten in dem Bereich der stärksten Zunahme der biologischen Aktivität, beschreibt aber auch recht zutreffend die merkbare Zunahme der Wuchsleistung von Gräsern und Getreide und hat damit auch eine agrarklimatische Bedeutung.

Die Ermittlung des Normalwertes der Dauer der Vegetationsperiode erfolgt durch die Bestimmung der Zahl der Tage mit wenigstens 5°C in den Einzeljahren und Bildung des arithmetischen Mittels aus allen 30 Jahren.

Dieser Wert kann von der Zahl der Tage zwischen dem durchschnittlichen Beginn (und Ende) der Vegetationsperiode aber beträchtlich abweichen (siehe Kapitel 3.7, 3.8).

Hauptfaktor Seehöhe

Die Verteilung der Dauer der Vegetationsperiode ist weitgehend ein Abbild der Temperaturverteilung im Frühjahr und Herbst bzw. mit zunehmender Höhe einer immer mehr gegen den Sommer verschobenen, wodurch diese auch stark an die Verteilung der Normalwerte der Julitemperatur erinnert. Von den Klimafaktoren ist daher die Seehöhe wieder sehr dominant, während Gelände, geographische Breite (Lage) und übrige Faktoren stark untergeordnet sind. Erwartungsgemäß stellt sich wieder ein unterer „Sockel" mit etwa 200 m Mächtigkeit ein, in dem isotherme Verhältnisse herrschen und die Dauer der Vegetationsperiode so gut wie konstant bleibt. Das ist u.a. gut am Vergleich von Zeltweg und Seckau zu sehen, die bei einem Höhenunterschied von 185 m die gleiche Dauer aufweisen oder auch beim Vergleich von Graz-Flughafen mit Laßnitzhöhe, wobei letztere in 190 m höherer Lage nur eine um einen Tag kürzere Andauer aufweist. Dadurch werden bei einer Äquidistanz von

Abbildung 3.6.1: Temperatur-Gunststandort mit Weinbau im steirisch-slowenischen Grenzgebiet (Heiligengeistklamm - Poßruck).
Foto: A. Podesser

H. Wakonigg | A. Podesser

15 Tagen auch die geländeklimatischen Besonderheiten und Abweichungen „verschluckt": Das gesamte Vorland erscheint als einheitlicher Klimaraum.

Kleinräumige Unterschiede

Im Durchschnitt der gesamten Steiermark beträgt die Abnahme der Dauer der Vegetationsperiode bis 2 100 m Höhe (Gradient) 6,75 Tage pro 100 m. Reduziert man die Dauer mit diesem Gradienten auf ein Niveau von 500 m, ergibt sich eine durchschnittliche Dauer von 229 Tagen, wobei die durchschnittliche Dauer im Norden um drei Tage kürzer, im Murtal um einen Tag länger und im Vorland um drei Tage länger ist. Die regionalen Unterschiede sind also eher bescheiden, die kleinräumigen Unterschiede aber wieder beachtlich, wobei die Stationen mit auffallend längerer Dauer (Wiel +13, Stolzalpe, St. Radegund, Lassnitzhöhe +11, Weiz +10, Graz-Messendorfberg +9) in den schon bekannten Gunstgebieten liegen, wie umgekehrt die Stationen mit auffallend verkürzter Dauer sich in den geläufigen Ungunstgebieten befinden (St. Michael –10, Aigen –9, Pusterwald und Mürzzuschlag –8, Kalwang –7, Admont, Zeltweg, Birkfeld –6).

Zumindest 240 Tage für anspruchsvollere Nutzpflanzen

Gesamtösterreichisch betrachtet zählen Bereiche mit über 240 Tagen – wie etwa im Riedelland oder im Stadtklima von Graz – zu den besonders begünstigten Gebieten und werden nur in einigen Bereichen um den Neusiedler See oder im Wiener Raum nennenswert übertroffen. Mit 240 Tagen kann auch der Bereich des erfolgreichen Anbaus von anspruchsvolleren Nutzpflanzen (z.B. Wein, Qualitätsobst) gut umschrieben werden.

Am Dachstein noch 20 Vegetationstage

Der Normalwert der Temperatur des wärmsten Monats sinkt oberhalb von etwa 2 600 m unter 5°C, doch gibt es darüber noch genügend Einzeltage mit wärmeren Temperaturen. Und sogar auf dem höchsten Punkt des Landes, dem Dachsteingipfel, sind noch etwa 20 Tage mit wenigstens 5°C im Jahr zu erwarten. Die Höhengrenze von 2 600 m ist ja auch nicht die absolute Vegetationsgrenze im Hochgebirge. Die Zahl der tatsächlichen Tage mit wenigstens 5°C nähert sich darüber asymptotisch dem Wert Null in fast 4 000 m Höhe.

Tabelle 3.6.1: Eckdaten für die Vegetationsperiode an ausgewählten Stationen.

Nr.	Name	Sh [m]	5 Grad Vegetationsperiode					10 Grad Vegetationsperiode				
			Beginn	Dauer	Ende	Beginn (frühester)	Ende (spätestes)	Beginn	Dauer	Ende	Beginn (frühester)	Ende (spätestes)
1	Admont	648	31.Mär	213	30.Okt	6.Mär	19.Nov	4.Mai	155	6.Okt	16.Apr	22.Okt
3	Aflenz	785	6.Apr	206	29.Okt	5.Mär	25.Nov	7.Mai	149	3.Okt	17.Apr	20.Okt
4	Aigen/Ennstal	640	31.Mär	211	28.Okt	4.Mär	18.Nov	4.Mai	153	4.Okt	18.Apr	26.Okt
7	Altenberg/Hartberg	429	11.Mär	241	7.Nov	9.Feb	28.Nov	22.Apr	177	16.Okt	25.Mär	5.Nov
10	Bad Aussee	660	25.Mär	223	3.Nov	12.Feb	19.Nov	2.Mai	159	8.Okt	15.Apr	1.Nov
11	Bad Gleichenberg	293	11.Mär	239	5.Nov	9.Feb	27.Nov	21.Apr	177	15.Okt	25.Mär	6.Nov
14	Bad Mitterndorf	810	6.Apr	205	28.Okt	5.Mär	16.Nov	9.Mai	144	30.Sep	19.Apr	20.Okt
15	Bad Radkersburg	208	8.Mär	243	6.Nov	9.Feb	14.Dez	18.Apr	179	14.Okt	23.Mär	6.Nov
18	Birkfeld	635	20.Mär	214	29.Okt	20.Feb	19.Nov	3.Mai	154	4.Okt	16.Apr	19.Okt
23	Bruck/Mur	493	12.Mär	236	3.Nov	12.Feb	26.Nov	27.Apr	168	12.Okt	8.Apr	3.Nov
27	Deutschlandsberg	448	10.Mär	240	5.Nov	10.Feb	27.Nov	22.Apr	175	14.Okt	25.Mär	4.Nov
37	Fischbach	1015	14.Apr	197	28.Okt	5.Mär	19.Nov	11.Mai	142	30.Sep	16.Apr	19.Okt
47	Fürstenfeld	271	12.Mär	240	7.Nov	18.Feb	14.Dez	21.Apr	177	15.Okt	25.Mär	6.Nov
50	Gleisdorf	375	13.Mär	235	3.Nov	18.Feb	27.Nov	26.Apr	170	13.Okt	6.Apr	3.Nov
57	Graz-Flughafen	337	10.Mär	239	4.Nov	11.Feb	27.Nov	22.Apr	174	13.Okt	25.Mär	4.Nov
58	Graz-Messendorfberg	435	10.Mär	242	7.Nov	9.Feb	29.Nov	20.Apr	177	14.Okt	24.Mär	4.Nov
60	Graz-Universität	366	8.Mär	245	8.Nov	10.Feb	14.Dez	18.Apr	178	13.Okt	25.Mär	5.Nov
61	Gröbming	763	3.Apr	208	28.Okt	4.Mär	17.Nov	6.Mai	151	4.Okt	19.Apr	20.Okt
69	Hieflau	500	21.Mär	225	1.Nov	12.Feb	21.Nov	28.Apr	165	10.Okt	13.Apr	30.Okt
80	Irdning-Gumpenstein	698	23.Mär	225	3.Nov	11.Feb	18.Nov	30.Apr	162	9.Okt	16.Apr	31.Okt
84	Kalwang	760	7.Apr	204	28.Okt	27.Feb	19.Nov	7.Mai	148	2.Okt	18.Apr	20.Okt
87	Kindberg	561	26.Mär	220	1.Nov	6.Mär	25.Nov	2.Mai	159	8.Okt	15.Apr	24.Okt
90	Kirchberg-Grafendorf	455	14.Mär	235	4.Nov	9.Feb	27.Nov	25.Apr	170	12.Okt	26.Mär	3.Nov
95	Kleinsölk	1005	14.Apr	196	27.Okt	3.Mär	18.Nov	17.Mai	134	28.Sep	20.Apr	20.Okt
101	Krippenstein	2050	4.Jun	110	22.Sep	21.Apr	29.Okt	20.Jul	19	8.Aug	28.Mai	25.Sep
103	Lassnitzhöhe	527	13.Mär	238	6.Nov	19.Jän	28.Nov	23.Apr	175	15.Okt	26.Mär	10.Nov
104	Leibnitz	273	10.Mär	241	6.Nov	9.Feb	27.Nov	19.Apr	180	16.Okt	25.Mär	6.Nov
112	Lobming	414	15.Mär	234	4.Nov	18.Feb	27.Nov	27.Apr	166	10.Okt	6.Apr	2.Nov
116	Mariazell	865	14.Apr	199	30.Okt	4.Mär	25.Nov	12.Mai	141	30.Sep	19.Apr	24.Okt
126	Mürzzuschlag	758	6.Apr	204	27.Okt	6.Mär	19.Nov	9.Mai	147	3.Okt	17.Apr	20.Okt
132	Neumarkt	835	7.Apr	204	28.Okt	7.Mär	18.Nov	9.Mai	145	1.Okt	18.Apr	20.Okt
138	Oberwölz	827	31.Mär	214	31.Okt	27.Feb	19.Nov	3.Mai	155	5.Okt	17.Apr	23.Okt
139	Oberzeiring	933	10.Apr	199	26.Okt	27.Feb	18.Nov	13.Mai	138	28.Sep	18.Apr	20.Okt
155	Pusterwald	1072	23.Apr	182	22.Okt	6.Apr	15.Nov	25.Mai	119	21.Sep	20.Apr	19.Okt
161	Rechberg	926	7.Apr	204	28.Okt	19.Feb	18.Nov	8.Mai	149	4.Okt	16.Apr	19.Okt
169	Rohrmoos	1078	18.Apr	186	21.Okt	5.Mär	13.Nov	18.Mai	128	23.Sep	21.Apr	19.Okt
173	Schöckl	1436	2.Mai	165	14.Okt	15.Apr	13.Nov	11.Jun	89	8.Sep	7.Mai	7.Okt
176	Seckau	855	31.Mär	212	29.Okt	27.Feb	19.Nov	5.Mai	151	3.Okt	17.Apr	20.Okt
183	Sonnblick	3105	–	–	–	–	–	–	–	–	–	–
191	St. Michael b. Leoben	565	29.Mär	215	30.Okt	12.Feb	26.Nov	2.Mai	158	7.Okt	15.Apr	31.Okt
195	St. Radegund	725	23.Mär	225	3.Nov	9.Feb	28.Nov	2.Mai	162	11.Okt	13.Apr	12.Nov
198	Stolzalpe	1293	21.Apr	186	24.Okt	22.Mär	12.Nov	23.Mai	122	22.Sep	20.Apr	19.Okt
214	Villacher Alpe	2140	5.Jun	107	20.Sep	21.Apr	20.Okt	22.Jul	17	8.Aug	1.Jun	22.Sep
223	Weiz	465	11.Mär	241	7.Nov	9.Feb	29.Nov	24.Apr	174	15.Okt	5.Apr	3.Nov
225	Wiel	928	1.Apr	213	31.Okt	10.Feb	14.Dez	8.Mai	150	5.Okt	16.Apr	30.Okt
232	Zeltweg	670	31.Mär	212	29.Okt	26.Feb	25.Nov	2.Mai	156	5.Okt	16.Apr	31.Okt

3.7 Durchschnittlicher Beginn der Vegetationsperiode (≥ 5°C)

Funktionaler Zusammenhang zwischen Beginn und Dauer

Zwischen dem Beginn-Datum und der Dauer der Vegetationsperiode besteht erwartungsgemäß ein sehr enger Zusammenhang, der auch durch einen Korrelationskoeffizienten von +0,9955 bzw. ein Bestimmtheitsmaß von 0,991 zum Ausdruck kommt. Dieser so gut wie funktionale Zusammenhang könnte auch die Darstellung der Datumszahlen des Beginns der Vegetationsperiode erübrigen, da sie sich aus der Vegetationsdauer nach der Beziehung

$$B = -0,6803\,D + 234,37$$

herleiten lässt. B ist dabei die Datumszahl in Tagen seit Jahresbeginn, d.h. die Zahl 32 entspricht dem 1. Februar etc. Für eine Dauer von 245 Tagen (Graz-Universität) ergibt sich das Datum des Beginns zu

$$B = -0,6803 \cdot 245 + 234,37 = 67,70\ (8.\text{März})$$

Für 186 Tage Dauer (Rohrmoos) erhält man den 18. April etc. Die Ermittlung der für die Ableitung dieser Beziehung nötigen Datumszahlen des Über- bzw. Unterschreitens der 5°C-Schwelle erfolgt dabei durch Mittelbildung aus dem jeweiligen Beginn in den 30 Einzeljahren nach einem besonderen Verfahren. Dabei gibt es in jedem Jahr nach dem ersten Tag oder den ersten Tagen mit wenigstens 5°C üblicherweise wieder eine Unterbrechung der Vegetationszeit durch kältere Tage, bevor schließlich die mittlere Tagestemperatur "endgültig" über 5°C bleibt, d.h. keine Unterbrechung der Vegetationsperiode bis zum Herbst mehr erfolgt.

Definition für den Vegetationsbeginn

Diese "endgültige" Vegetationszeit wird "Kernperiode" genannt, die kürzeren Zeiten davor und danach mit wenigstens 5°C werden "Teilperioden" genannt. Als Beginn der Vegetationszeit in einem Einzeljahr gilt nun der erste Tag jener geschlossenen Teilperiode, die länger ist als die Summe aller noch bis zur Kernperiode folgenden Tage mit weniger als 5°C.

Diese Methode wird am Beispiel des besonders milden Winters und Spätwinters des Jahres 1998 in der Abb. 3.7.1 veranschaulicht. Damals gab es an der Station Graz-Universität bereits im Jänner sechs Tage mit wenigstens 5°C (rot dargestellt), zuletzt am 17. und längstens drei Tage hintereinander (06.01. – 08.01.). Es folgte eine ununterbrochene Reihe von 23 Tagen mit weniger als 5°C (blau dargestellt) vom 18.01. bis 09.02.,

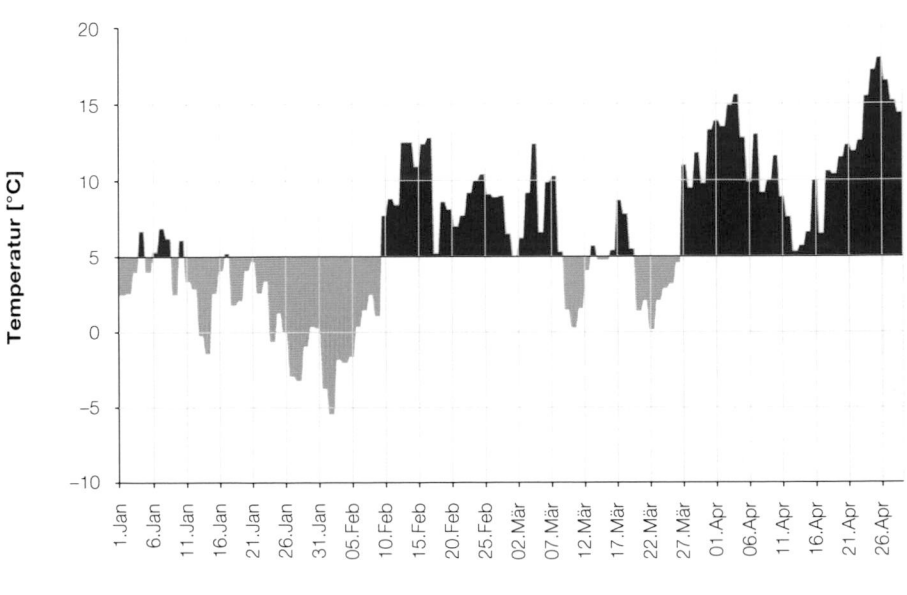

Abbildung 3.7.1: Methode zur Bestimmung der 5°C-Vegetationsperiode am Beispiel der Station Graz-Universität im Jahre 1998.

H. WAKONIGG | A. PODESSER

darauf aber eine geschlossene Serie von 28 Tagen mit wenigstens 5°C vom 10.02. bis zum 09.03., auf die nur mehr 13 Tage mit weniger als 5°C, verteilt auf drei Perioden (10. – 13.03., 15. – 16.03., 21. – 27.03.) folgten. Als Beginn der Vegetationsperiode gilt demnach im Jahr 1998 bereits der 10. Februar!

Früher Beginn in Graz

Wegen dieses und einigen anderen Jahren mit auffallend frühem Beginn ergibt sich z.B. für Graz-Universität als durchschnittlicher Beginn der Vegetationsperiode bereits der 8. März, obwohl die Durchschnittstempera-tur aus allen 30 Jahren zu diesem Datum noch deutlich unter 5°C liegt. Nach dem „Interpolationsverfahren", d.h. aus der Ermittlung des Datums des Beginns mit Hilfe der benachbarten Monate mit Normaltemperaturen unter bzw. über 5°C, wobei diese Normaltemperaturen auf das mittlere Datum der betreffenden Monate bezogen wird, würde man für Graz den 15. März als Beginn der Vegetationsperiode im Sinne einer Normaltemperatur des Monats März von 5,1°C erhalten.

In Tabelle 3.6.1 ist der durchschnittliche Beginn der Vegetationsperiode ≥ 5°C aller ausgewählten Stationen wiedergegeben.

3.8 Durchschnittliches Ende der Vegetationsperiode (≥ 5°C)

Zwischen dem Ende-Datum und der Dauer der Vegetationsperiode besteht gleichermaßen ein sehr hoher Zusammenhang.

Die Ermittlung der für die Ableitung dieser Beziehung nötigen Datumszahlen des Über- bzw. Unterschreitens der 5°C-Schwelle erfolgt dabei durch Mittelbildung aus dem jeweiligen Ende in den 30 Einzeljahren nach einem schon beim Beginn beschriebenen Verfahren, welches hier sinngemäß spiegelbildlich angewendet wird (siehe Kapitel 3.7). Dabei gibt es in jedem Jahr vor dem letzten Tag oder den letzten Tagen mit wenigstens 5°C üblicherweise bereits eine Unterbrechung der Vegetationszeit durch kältere Tage, bevor schließlich die mittlere Tagestemperatur „endgültig" unter 5°C bleibt. In Tabelle 3.6.1 ist das durchschnittliche Ende der Vegetationsperiode (≥ 5°C) aller ausgewählten Stationen wiedergegeben.

H. Wakonigg | A. Podesser

3.9 Durchschnittliche Dauer der Vegetationsperiode (≥ 10°C)

Pflanzzeit für anspruchsvolle Nutzpflanzen

Mit dem Grenzwert von 10°C wird eine weitaus anspruchsvollere Temperatur angesprochen, ab der die meisten Pflanzen ihre volle Aktivität entfalten bzw. ab der üblicherweise Frostfreiheit herrscht und die z.B. auch die Saatzeit von Mais oder die Pflanzzeit von Tomaten gut beschreibt.

Um 2 Monate kürzer als die 5°C-Schwelle

Die Dauer der Überschreitung der 10°C-Schwelle ist entsprechend kürzer als die der 5°C-Schwelle, doch ist diese Differenz nicht konstant sondern hängt von der Geschwindigkeit der Erwärmung im Frühjahr bzw. Abkühlung im Herbst ab, wobei der Unterschied bei rascher Erwärmung bzw. Abkühlung, d.h. großer Jahresschwankung geringer sein muss als bei geringerer Jahresschwankung bzw. langsamerer Temperaturveränderung. Die Unterschiede sind allerdings in den tieferen Lagen mit Dauersiedlung und Landwirtschaft gering und auch nicht einheitlich und betragen etwa 60 bis 65 Tage, d.h. grob gesprochen einen Frühjahrsmonat und einen Herbstmonat. Auf dem Schöckl mit seinem deutlich flacheren Temperaturgang beträgt die Differenz bei 166 Tagen mit ≥ 5°C und 90 Tagen mit ≥ 10°C aber schon 76 Tage.

Faktor Seehöhe wieder dominant

Die Verteilung der Dauer der Vegetationsperiode ≥ 10°C ist nun bei noch näherer Lage der begrenzenden Datumszahlen zum Sommer auch noch stärker ein Spiegelbild der Sommertemperaturen als die Dauer der Tage ≥ 5°C und zeigt außer der dominanten Abhängigkeit von der Seehöhe kaum noch den Einfluss der anderen Klimafaktoren. Bei Reduktion auf gleiche Seehöhe macht sich noch am stärksten der Einfluss des Geländes mit negativen Abweichungen bis zu 10 Tagen (Birkfeld in Tallage) bezogen auf das generell wärmere Vorland bzw. positiven bis zu 13 Tagen (Stolzalpe in Hanglage mit Südexposition) bemerkbar. Innerhalb von homogenen Geländeeinheiten sind diese Abweichungen aber wesentlich geringer, wie der Vergleich von Zeltweg mit Seckau oder von Graz-Flughafen mit der Laßnitzhöhe zeigt, wobei jetzt die höher gelegenen Stationen eindeutig weniger warme Tage aufweisen. Die große Differenz zwischen Irdning und Aigen (reduziert sogar 13 Tage) ist allerdings aus den üblichen Klimafaktoren nicht herzuleiten.

Im Süden 5 Tage länger als im Norden

Im Durchschnitt der gesamten Steiermark beträgt die Abnahme der Dauer der Vegetationsperiode bis 1 100 m Höhe (Gradient) 5,82 Tage pro 100 m. Reduziert man die Dauer mit diesem Gradienten auf ein Niveau von 500 m, ergibt sich eine durchschnittliche Dauer von 167 Tagen, wobei die durchschnittliche Dauer im Norden um 3 Tage kürzer, im Murtal gleich und im Vorland um 2 Tage länger ist. Die regionalen Unterschiede sind also wieder bescheiden, die kleinräumigen Unterschiede aber beachtlich, wobei die Stationen mit auffallend längerer Dauer (Lassnitzhöhe +10, Wiel +9, St. Radegund +8 Tage etc.) in den schon bekannten Gunstgebieten liegen, wie umgekehrt die Stationen mit auffallend verkürzter Dauer in den geläufigen Ungunstgebieten liegen (Gleisdorf –10, Lobming –6, St. Michael, Aigen, Mürzzuschlag –5 Tage etc.). In Tabelle 3.6.1 ist die durchschnittliche Dauer der Vegetationsperiode ≥ 10°C aller Stationen wiedergegeben.

3.10 Durchschnittlicher Beginn der Vegetationsperiode (≥ 10°C)

Der Beginn der Vegetationsperiode mit Temperaturen von wenigstens 10°C wird nach dem gleichen Verfahren wie der Beginn der Vegetationsperiode mit wenigstens 5°C berechnet (siehe Kapitel 3.7).

Erwartungsgemäß ergibt sich zwischen der Dauer und dem Beginn der Vegetationsperiode ≥10°C (so wie bei der Vegetationsperiode ≥5°C) wieder ein hoher Zusammenhang, der sich mit einem Korrelationskoeffizienten von 0,999 bzw. dem Bestimmtheitsmaß von 0,998 als so gut wie funktional erweist. Das erübrigt auch wieder eine eigene kartographische Darstellung, da sich der Beginn der Vegetationsperiode ≥ 10°C aus der Beziehung

$$B = -0,5717 \, D + 212,24$$

errechnen lässt, wobei B als Beginnzeit die Zahl der Tage seit dem Jahresbeginn ist und D die Dauer in Tagen, die der Tabelle 3.6.1 mit der Darstellung der Dauer zu entnehmen ist. Für Graz erhält man zum Beispiel nach der Beziehung

$$B = -0,5717 \cdot 178 + 212,24$$

als Normalwert für den Beginn die Zahl 110,48, das entspricht dem 20./21. April. In Tabelle 3.6.1 ist der durchschnittliche Beginn der Vegetationsperiode (≥ 10°C) aller ausgewählten Stationen wiedergegeben.

H. WAKONIGG | A. PODESSER

3.11 Durchschnittliches Ende der Vegetationsperiode (≥ 10°C)

Zwischen dem Ende-Datum und der Dauer der Vegetationsperiode besteht gleichermaßen ein sehr hoher Zusammenhang.

Die Ermittlung der für die Ableitung dieser Beziehung nötigen Datumszahlen des Über- bzw. Unterschreitens der 10°C-Schwelle erfolgt dabei durch Mittelbildung aus dem jeweiligen Ende in den 30 Einzeljahren nach einem bereits beim Beginn beschriebenen Verfahren, welches hier sinngemäß spiegelbildlich angewendet wird (siehe Kapitel 3.7). Dabei gibt es in jedem Jahr vor dem letzten Tag oder den letzen Tagen mit wenigstens 10°C üblicherweise bereits eine Unterbrechung der Vegetationszeit durch kühlere Tage, bevor schließlich die mittlere Tagestemperatur „endgültig" unter 10°C bleibt.

In Tabelle 3.6.1 ist das durchschnittliche Ende der Vegetationsperiode (≥ 10°C) aller ausgewählten Stationen wiedergegeben.

3.12 Frühestes Datum mit einer mittleren Tagestemperatur von wenigstens 16,5°C

Die Seehöhe bestimmt das Eintrittsdatum der Borkenkäferaktivität

Die Schwellenwerte von 16,5°C und 18,0°C stehen in Zusammenhang mit den Aktivitäten des Borkenkäfers und haben damit forstwirtschaftliche Relevanz. Der vergleichsweise hohe Schwellenwert von 16,5°C wird relativ spät, d.h. in den wärmsten Landesteilen üblicherweise erst Anfang Mai erstmals erreicht, wodurch das Verteilungsbild der Eintrittszeiten wieder vorrangig von den Faktoren des sommerlichen Temperaturklimas bestimmt wird, d.h. die Verspätung mit zunehmender Seehöhe ist wiederum der dominante Faktor, hinter dem alle anderen wie Gelände, Nord-Süd-Unterschied, zentralperipherer Formenwandel, Exposition und Eigenheiten des Stationsumfeldes bei weitem zurücktreten.

Im Durchschnitt der gesamten Steiermark beträgt die Verspätung des durchschnittlichen ersten Eintritts einer Tagestemperatur von 16,5°C bis 1 600 m Höhe (Gradient) 3,84 Tage pro 100 m.

Kleinräumig auffallende Unterschiede

Reduziert man die Eintrittszeit mit diesem Gradienten auf ein Niveau von 500 m, ergibt sich als durchschnittliches Eintrittsdatum der 14. Mai, wobei der durchschnittliche Eintritt im Norden um einen Tag später, im Murtal um fünf Tage später und im gesamten Süden um vier Tage früher erfolgt. Die regionalen Unterschiede sind wieder bescheiden, die kleinräumigen Unterschiede aber neuerlich recht auffallend, wobei die Stationen mit deutlich früherer Eintrittszeit (Lassnitzhöhe, Graz-Messendorfberg um zwölf Tage, Wiel, St. Radegund um acht, Altenberg um sieben Tage, etc.) in den thermischen Gunstgebieten liegen, die Stationen mit auffallend verspäteter Eintrittszeit entsprechend in den Ungunstgebieten (Pusterwald um 16, Kalwang um 8, St. Michael und Birkfeld um 7 Tage später, etc.).

Abbildung 3.12.1: Borkenkäfer-Nest in einem Fichtenbestand in den nordöstlichen Kalkalpen.
Foto: T. ZIMMERMANN

H. WAKONIGG | A. PODESSER

3.13 Frühestes Datum mit einer mittleren Tagestemperatur von wenigstens 18,0°C

Die erstmalige Eintrittszeit des Schwellenwertes von 18,0°C ist von den selben Faktoren abhängig wie die Eintrittszeit des Schwellenwertes von 16,5°C und ergibt ein recht ähnliches Verteilungsbild, wobei die Verspätung gegenüber dem Eintrittsdatum von 16,5°C alles andere als konstant ist. Sie beträgt im Durchschnitt aller Stationen gut elf Tage, vergrößert sich aber mit zunehmender Seehöhe, d.h. so weit überhaupt noch in jedem Jahr Tage mit wenigstens 18,0°C auftreten (bis ca. 1 300 m Seehöhe) immer mehr, im Extremfall (Stolzalpe) auf 19 Tage, was mit der Vorstellung des nach oben flacheren Temperaturanstiegs zum Sommer gut in Einklang steht. Im Mittel der Vorlandstationen bis 600 m Höhe beträgt diese Verspätung dagegen nur neun bis zehn Tage.

Im Durchschnitt der gesamten Steiermark beträgt die Verspätung des durchschnittlichen ersten Eintritts einer Tagestemperatur von 18,0°C bis 1 300 m Höhe (Gradient) 4,12 Tage pro 100 m. Reduziert man die Eintrittszeit mit diesem Gradienten auf ein Niveau von 500 m, ergibt sich als durchschnittliches Eintrittsdatum der 24. Mai, also eine Verspätung gegenüber dem Eintrittsdatum von 16,5°C um 10 Tage (die Abweichung zu dem oben angegebenen Wert von elf Tagen ergibt sich aus einer etwas abweichenden Stationsauswahl). Dabei erfolgt der durchschnittliche Eintritt im Norden um 1,5 Tage später, im Murtal um 5 Tage später und im gesamten Süden um 4 Tage früher. Die regionalen Unterschiede sind wieder bescheiden, die kleinräumigen Unterschiede aber deutlich größer, wobei die Stationen in den bekannten Gunstlagen eine um sechs bis neun Tage frühere Eintrittszeit aufweisen, jene in Ungunstlagen eine um sechs bis neun Tage spätere.

3.14 Normalwert des durchschnittlich täglichen Temperaturminimums im Jänner

Definition

Dieser Wert entsteht durch die Mittelbildung aus den tiefsten Temperaturen aller Tage im Jänner (das sind 930 Tage in 30 Jahren), unabhängig vom Zeitpunkt des Erreichens dieser Temperatur. Zur Messung können daher Minimumthermometer eingesetzt werden, welche die Tiefsttemperatur ohne Zeitangabe registrieren, aber auch moderne Dauerregistrierungsgeräte, bei denen der Zeitpunkt des Erreichens der Tiefsttemperatur zwar bekannt, für die Mittelbildung aber ohne Belang ist. Das gilt sinngemäß auch für die Ermittlung des mittleren täglichen Maximums der Temperatur.

Die mittleren täglichen Temperaturminima sowie Temperaturmaxima für alle Monate werden am Beispiel der Stationen Graz (Abb. 3.14.2) und Sonnblick (Abb. 3.14.3) dargestellt. Dabei ergibt der vertikale Abstand zwischen diesen beiden „Kurven" jeweils den Betrag der aperiodischen Tagesschwankung der Temperatur (siehe Karte 3.5). Auf dem Sonnblick ist übrigens infolge der „ozeanischen" Verspätung im Temperaturgang der Februar der kälteste Monat.

Tal- und Beckenlagen mit „Kaltluftseen"

Das Verteilungsbild des mittleren täglichen Temperaturminimums im Winter ist grundsätzlich von den selben Faktoren abhängig wie die Verteilung der Normalwerte der Jännertemperaturen (die auch die wärmeren Tagestemperaturen enthalten). Es ist aber wegen des überwiegenden bis ausschließlichen Erreichens der Tiefstwerte während der Nacht- oder frühen Morgenstunden noch viel mehr das Ergebnis der Neigung zur Bildung von Kaltluftseen bzw. des Gegensatzes zwischen thermisch begünstigten und benachteiligten Lagen, wobei die Temperaturgegensätze noch größer werden als bei den Tagesnormalwerten.

Hauptfaktor ist die Geländegestaltung

In den beiden unteren Schichten des Regressionsmodells wird die Verteilung daher erstrangig vom Gelände im Sinne der bei den Tages-Normalwerten der Lufttemperatur besprochenen Bedingungen bestimmt, wobei die absolute Höhe nur bezüglich der allgemeinen Abnahme nach oben bei gleichen sonstigen Faktoren eine

Abbildung 3.14.1: Die Ödernalm nördlich der Tauplitz im Toten Gebirge. Das durchschnittliche Temperaturminimum im Jänner liegt hier deutlich unter −10°C!
Foto: A. Pilz

H. Wakonigg | A. Podesser

Rolle spielt (höhere Becken sind kälter als tiefer gelegene), nicht aber als unmittelbarer Faktor innerhalb einer Landschaft. Erst in der oberen Schicht nimmt das tägliche Minimum wieder regelhaft mit zunehmender Seehöhe ab.

Dazu kommt, dass die das Ausmaß und die Verteilung der täglichen Minima steuernden Witterungsbedingungen in den oberen Schichten andere sind als in den unteren. In den unteren Schichten richtet sich die Verteilung nach den Bedingungen bei ruhigem, wenig gestörtem, strahlungsreichem Hochdruckwetter und wird im Wesentlichen von der Intensität und Verteilung der Inversionen bestimmt. Dabei kann „Fremdwetter", d.h. zyklonale Witterung mit reichlich Bewölkung und/oder Wind und Niederschlägen die Gegensätze wohl abschwächen, die typische Verteilung aber nicht grundsätzlich verändern.

Dagegen stellt sich die generelle und wenig gestörte Abkühlung nach oben in der oberen Schicht eigentlich bei allen Witterungsformen ein, ist allerdings bei stürmisch durchmischtem „Fremdwetter" stärker als bei antizyklonaler Witterung.

Tiefe Temperaturen bei klarem Himmel – mildere Temperaturen bei bewölktem Himmel

In den unteren Schichten wird die Witterung aber noch in einer anderen Form für die Verteilung der täglichen Tiefstwerte wesentlich: Das Ausmaß der nächtlichen Abkühlung wird insbesondere durch die effektive Ausstrahlung gesteuert und diese wiederum durch die Feuchtigkeits-, Nebel- und Bewölkungsverhältnisse. Dadurch sind sehr kalte Temperaturen ein deutlicher Hinweis auf geringere Störungen der effektiven Ausstrahlung bei

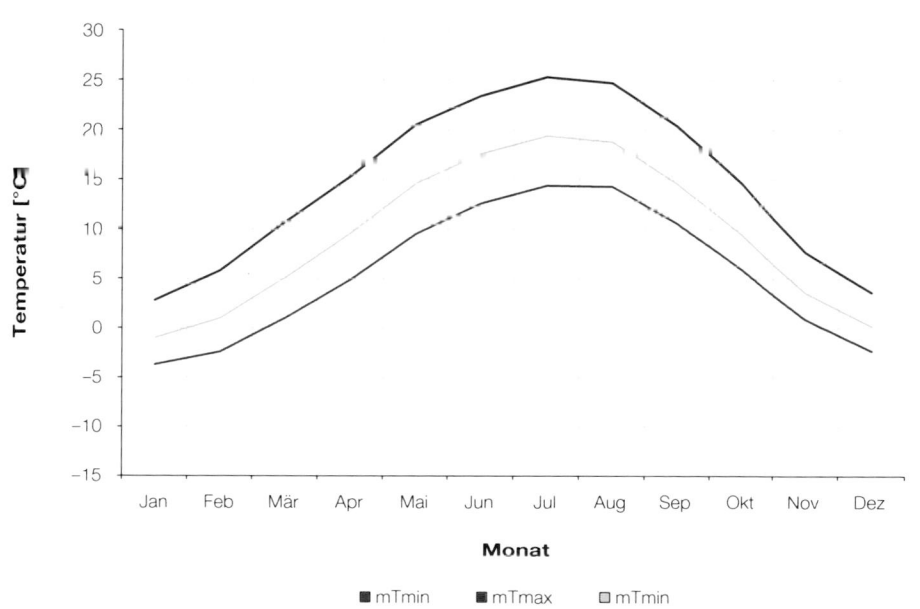

Abbildung 3.14.2: Mittlere tägliche Temperaturminima sowie Temperaturmaxima und Tagesmittel für alle Monate, Station Graz-Universität, 366 m.

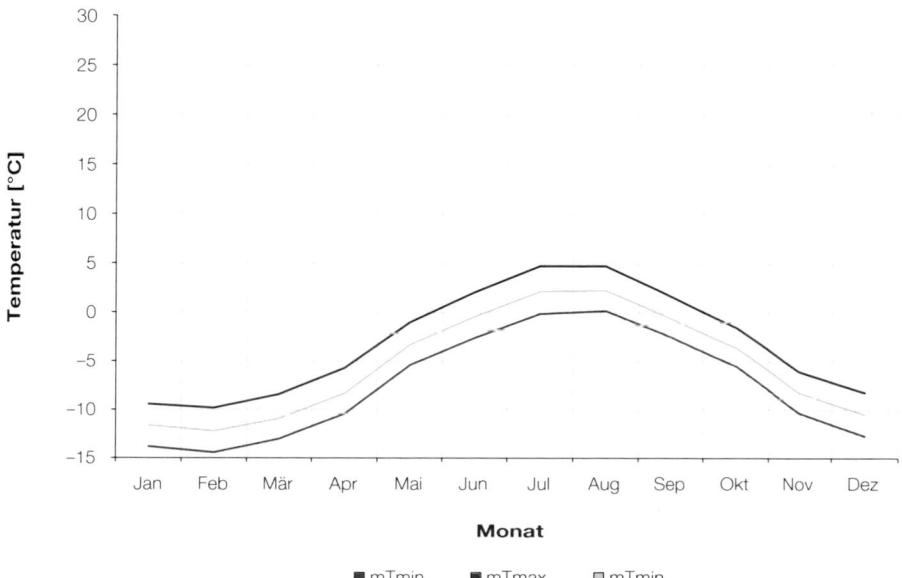

Abbildung 3.14.3: Mittlere tägliche Temperaturminima sowie Temperaturmaxima und Tagesmittel für alle Monate, Station Sonnblick, 3 105 m.

eher klarem Himmel, während mildere Temperaturen bei ansonsten gleichen oder ähnlichen Faktoren einen Hinweis auf größere Nebel-, Hochnebel- oder Bewölkungshäufigkeit anzeigen.

Das lässt sich durch den Vergleich des Oberen Ennsoder Mürztales mit dem Oberen Murtal zeigen, wobei die tiefen Werte des Oberen Murtales nicht nur im klassischen Beckenklima von Zeltweg, sondern auch in den „normal" gestalteten Talbereichen westlich von Zeltweg auftreten, deren Konfiguration durchaus mit dem Oberen Enns- oder Mürztal vergleichbar ist, wo die Winterwitterung aber deutlich bewölkungs- und nebelreicher ist.

Hochnebel verringert die effektive Ausstrahlung

Ähnliches gilt für das Vorland, das sehr häufig unter einer Hochnebeldecke liegt und somit allgemein geringe effektive Ausstrahlung und damit kleinere nächtliche Abkühlungsraten hat. Die deutlich wärmeren Temperaturen im Vorland sind dabei nur teilweise auf die generell geringere Seehöhe und geringere Geländeeigung für die Kaltluftbildung zurückzuführen. Das zeigt der Vergleich des Durchschnitts der Normalwerte der Tagestemperaturen mit jenen der täglichen Tiefstwerte:

Im Durchschnitt der Stationen Oberwölz, Neumarkt, Oberzeiring, Zeltweg und St. Michael beträgt der Tagesnormalwert im Jänner −4,1°C, im Durchschnitt der Vorlandstationen Graz-Flughafen, Lobming, Leibnitz, Bad Radkersburg, Bad Gleichenberg, Gleisdorf und Fürstenfeld −1,9°C. Die obersteirischen Stationen sind also um 2,2 K kälter. Bei den täglichen Minima ergeben sich aber Durchschnitte von −8,1°C und −5,2°C, da sind die obersteirischen Stationen um 2,9 K kälter.

Beim Vergleich mit dem Oberen Ennstal (Rohrmoos, Gröbming, Aigen, Irdning und Admont) hat das Murtal um 0,4 K kältere Tagesnormalwerte, aber um 1,1 K kältere Tagesminima, gegenüber dem Mürztal (Bruck, Kindberg, Mürzzuschlag) ist das Obere Murtal bei den Tagesnormalwerten um 1,2 K kälter, bei den Tagesminima aber um 2,0 K. Dementsprechend ist auch der Einfluss auf die aperiodische Tagesschwankung der Temperatur (siehe Kapitel 3.5).

Auf die Mitteilung der durchschnittlichen Gradienten in den einzelnen Schichten wird hier verzichtet, weil sie durch die willkürliche Zusammenfassung der Stationen alles andere als die Verhältnisse in gut definierten Einzellandschaften wiedergeben. Für die gesamte Steiermark ergibt sich ein Gradient von nur 0,31 K/hm, wobei bis 1 400 / 1 500 m im Mittel aller Stationen so gut wie isotherme Verhältnisse herrschen, und die allgemeine Abnahme der Temperaturen nach oben erst oberhalb dieser Höhe einsetzt.

In der Tabelle 3.14.1 sind die mittleren täglichen Temperaturminima sowie Temperaturmaxima und Tagesmittel aller ausgewählten Stationen wiedergegeben.

Nr.	Name	Sh [m]	Parameter	Jan	Feb	Mär	Apr	Mai	Jun	Jul	Aug	Sep	Okt	Nov	Dez	Frühling	Sommer	Herbst	Winter	Jahr
1	Admont	648	mTmin	−7,2	−5,6	−2,0	1,5	6,0	9,1	10,8	10,8	7,5	3,1	−1,7	−5,8	1,8	10,2	3,0	−6,2	2,2
			mTmax	0,2	3,5	8,3	12,8	18,5	20,9	22,9	23,0	19,2	13,8	5,7	0,5	13,2	22,3	12,9	1,4	12,4
			mT	−4,0	−1,8	2,2	6,3	11,7	14,5	16,3	16,0	12,3	7,4	1,3	−3,1	6,7	15,6	7,0	−3,0	6,6
3	Aflenz	785	mTmin	−6,2	−5,1	−2,0	1,2	5,8	8,9	10,7	10,7	7,7	3,2	−1,7	−5,0	1,7	10,1	3,1	−5,4	2,4
			mTmax	0,8	3,4	7,4	11,4	16,9	19,8	21,9	21,8	17,9	12,7	5,5	1,3	11,9	21,2	12,0	1,8	11,7
			mT	−3,2	−1,7	1,7	5,4	10,7	13,8	15,6	15,2	11,7	6,8	1,2	−2,3	5,9	14,9	6,6	−2,4	6,2
4	Aigen/Ennstal	640	mTmin	−7,7	−5,8	−1,9	1,3	5,5	9,0	10,8	10,5	7,0	2,4	−2,3	−6,2	1,6	10,1	2,4	−6,6	1,9
			mTmax	0,7	3,6	8,8	13,2	18,7	21,2	23,2	23,1	19,2	13,8	6,1	1,2	13,6	22,5	13,0	1,8	12,7
			mT	−3,9	−1,7	2,6	6,5	11,6	14,6	16,4	16,0	12,1	7,0	1,2	−2,8	6,9	15,7	6,8	−2,8	6,6
7	Altenberg/Hartberg	429	mTmin	−3,9	−2,6	0,8	4,7	9,4	12,3	14,1	14,0	10,5	6,0	0,8	−2,4	5,0	13,5	5,8	−3,0	5,3
			mTmax	2,9	5,5	10,2	14,9	19,9	22,7	24,9	24,6	20,3	14,7	7,6	3,8	15,0	24,1	14,2	4,1	14,3
			mT	−1,0	0,6	4,7	9,1	14,1	17,0	19,0	18,6	14,6	9,4	3,5	0,2	9,3	18,2	9,2	−0,1	9,2
10	Bad Aussee	660	mTmin	−5,7	−4,7	−1,4	1,8	6,5	9,5	11,4	11,4	8,1	3,9	−1,0	−4,4	2,3	10,8	3,7	−4,9	3,0
			mTmax	2,0	4,7	9,0	13,1	18,9	21,2	23,4	23,5	19,5	14,6	6,7	2,4	13,7	22,7	13,6	3,0	13,2
			mT	−2,5	−1,0	2,7	6,6	12,2	14,8	16,7	16,5	12,6	8,0	2,0	−1,5	7,2	16,0	7,5	−1,7	7,3
11	Bad Gleichenberg	293	mTmin	−4,6	−3,2	0,3	4,0	8,7	12,0	13,7	13,5	10,0	5,4	0,4	−3,2	4,3	13,1	5,3	−3,7	4,8
			mTmax	2,4	5,6	10,9	15,6	20,7	23,6	25,5	25,1	20,9	14,9	7,7	3,2	15,7	24,7	14,5	3,7	14,7
			mT	−1,6	0,5	4,9	9,3	14,4	17,5	19,2	18,6	14,6	9,2	3,4	−0,5	9,5	18,4	9,1	−0,5	9,1
14	Bad Mitterndorf	810	mTmin	−8,0	−6,7	−3,0	0,3	4,9	8,3	10,2	10,1	6,6	2,3	−2,7	−6,5	0,7	9,5	2,1	−7,1	1,3
			mTmax	0,9	3,3	7,5	11,7	17,6	20,1	22,3	22,3	18,5	13,5	5,8	1,3	12,3	21,6	12,6	1,8	12,1
			mT	−4,2	−2,6	1,2	5,2	10,8	13,7	15,7	15,3	11,4	6,6	0,6	−3,2	5,7	14,9	6,2	−3,3	5,9
15	Bad Radkersburg	208	mTmin	−4,5	−3,0	0,6	4,4	9,1	12,4	13,9	13,7	10,1	5,6	0,7	−3,0	4,7	13,3	5,5	−3,5	5,0
			mTmax	2,7	6,0	11,2	16,0	21,1	24,0	25,9	25,4	21,3	15,3	8,1	3,7	16,1	25,1	14,9	4,1	15,1
			mT	−1,5	0,7	5,1	9,6	14,6	17,8	19,4	18,7	14,6	9,4	3,7	−0,2	9,8	18,6	9,2	−0,3	9,3
18	Birkfeld	635	mTmin	−6,4	−5,1	−2,1	1,4	6,1	9,5	11,2	10,8	7,4	2,8	−1,7	−4,7	1,8	10,5	2,8	−5,4	2,4
			mTmax	2,2	4,4	8,5	12,8	18,1	21,0	23,2	22,5	18,5	13,9	6,9	3,0	13,1	22,2	12,9	3,2	12,9
			mT	−2,8	−1,2	2,3	6,5	11,7	14,9	16,8	16,0	12,1	7,0	1,8	−1,5	6,8	15,9	7,0	−1,8	7,0
23	Bruck/Mur	493	mTmin	−5,5	−3,9	−0,7	2,6	7,3	10,7	12,4	12,5	9,1	4,6	−0,4	−3,8	3,1	11,9	4,4	−4,4	3,7
			mTmax	2,4	5,7	10,3	14,4	19,8	22,7	24,8	24,5	20,4	14,7	7,3	2,8	14,8	24,0	14,1	3,6	14,2
			mT	−2,3	0,0	3,8	7,7	12,8	16,0	17,8	17,4	13,6	8,5	2,6	−1,1	8,1	17,1	8,2	−1,1	8,1
27	Deutschlandsberg	448	mTmin	−4,5	−3,1	0,3	4,0	8,3	11,2	13,0	12,9	9,6	5,3	0,0	−3,2	4,2	12,4	5,0	−3,6	4,5
			mTmax	3,5	6,3	10,9	15,4	20,7	23,7	25,7	25,3	21,0	15,3	8,2	4,2	15,7	24,9	14,8	4,7	15,0
			mT	−1,2	0,7	4,7	9,0	14,0	16,9	18,8	18,2	14,3	9,3	3,4	−0,1	9,0	18,0	9,0	−1,7	9,0
37	Fischbach	1016	mTmin	−4,0	−4,2	1,6	1,0	5,1	4,5	11,0	11,7	0,0	4,2	0,0	−3,8	2,3	11,0	4,0	−4,2	3,3
			mTmax	1,0	2,0	5,6	9,4	14,7	17,7	19,8	19,7	16,0	11,6	5,9	2,8	9,9	19,1	11,2	2,4	10,6
			mT	−1,9	−1,4	1,4	5,2	10,3	13,2	15,4	15,2	11,6	7,1	2,0	−0,8	5,6	14,6	6,9	−1,4	6,4
47	Fürstenfeld	271	mTmin	−4,9	−3,5	−0,1	3,8	8,6	11,8	13,3	13,1	9,4	4,9	0,3	−3,2	4,1	12,7	4,9	−3,9	4,5
			mTmax	2,7	5,9	10,9	15,6	20,7	23,6	25,7	25,5	21,1	15,3	7,9	3,6	15,7	24,9	14,8	4,1	14,9
			mT	−1,6	0,5	4,7	9,1	14,2	17,2	19,0	18,5	14,4	9,2	3,4	−0,4	9,3	18,2	9,0	−0,5	9,0
50	Gleisdorf	375	mTmin	−5,7	−4,4	−0,9	2,8	7,7	11,0	12,7	12,4	8,9	4,2	−0,6	−4,0	3,2	12,0	4,2	−4,7	3,7
			mTmax	2,9	5,8	10,6	15,2	20,4	23,3	25,3	24,9	20,7	14,9	7,9	3,7	15,4	24,5	14,5	4,1	14,6
			mT	−2,2	0,4	3,8	8,4	13,7	16,8	18,5	18,0	13,7	8,4	2,7	−0,9	8,6	17,8	8,3	−1,1	8,4
57	Graz-Flughafen	337	mTmin	−5,7	−4,1	−0,5	3,6	8,5	11,8	13,5	13,2	9,5	4,7	−0,4	−4,1	3,9	12,8	4,6	−4,6	4,2
			mTmax	2,1	5,4	10,7	15,3	20,5	23,5	25,4	24,9	20,7	14,8	7,5	3,0	15,5	24,6	14,3	3,5	14,5
			mT	−2,4	−0,1	4,3	9,0	14,2	17,4	19,1	18,5	14,2	8,8	2,8	−1,1	9,2	18,3	8,6	−1,2	8,7
58	Graz-Messendorfberg	435	mTmin	−3,7	2,1	1,2	5,0	9,7	12,7	14,6	14,5	10,9	6,2	0,9	−2,3	5,3	13,9	6,0	−2,7	5,6
			mTmax	2,5	5,6	10,5	15,0	20,0	22,6	24,6	24,3	20,2	14,4	7,4	3,2	15,2	23,8	14,0	3,8	14,2
			mT	−1,0	1,0	5,0	9,3	14,3	17,2	19,1	18,7	14,8	9,5	3,6	0,1	9,5	18,3	9,3	0,0	9,3
60	Graz-Universität	366	mTmin	−3,7	−2,4	1,0	4,9	9,5	12,6	14,4	14,3	10,6	5,9	0,9	−2,3	5,1	13,8	5,8	−2,8	5,5
			mTmax	2,8	5,8	10,7	15,3	20,5	23,4	25,3	24,7	20,4	14,6	7,7	3,6	15,5	24,5	14,2	4,1	14,6
			mT	−1,0	1,0	5,1	9,6	14,6	17,6	19,4	18,8	14,6	9,4	3,6	0,2	9,8	18,6	9,2	0,1	9,4
61	Gröbming	763	mTmin	−7,3	−6,1	−2,3	1,1	5,3	8,6	10,7	10,6	7,1	2,4	−2,5	−6,2	1,4	10,0	2,3	−6,5	1,8
			mTmax	1,1	3,7	8,4	12,6	18,1	20,6	22,5	22,5	18,6	13,4	5,8	1,3	13,0	21,9	12,6	2,0	12,4
			mT	−3,9	−2,2	2,0	6,0	11,2	14,1	16,0	15,6	11,7	6,6	0,8	−3,1	6,4	15,2	6,4	−3,1	6,2
69	Hieflau	500	mTmin	−4,5	−3,1	−0,2	3,0	7,6	10,4	12,1	12,2	9,0	4,9	0,1	−3,3	3,5	11,6	4,7	−3,6	4,0
			mTmax	1,0	3,7	9,2	13,7	19,2	21,2	23,5	23,7	19,6	13,8	5,5	1,5	14,0	22,8	12,9	2,1	13,0
			mT	−2,1	−0,4	3,5	7,4	12,6	15,0	17,0	16,8	13,1	8,3	2,3	−1,2	7,8	16,3	7,9	−1,2	7,7
80	Irdning-Gumpenstein	698	mTmin	−6,1	−4,6	−1,2	2,0	6,3	9,6	11,5	11,4	7,9	3,3	−1,4	−5,0	2,4	10,8	3,3	−5,2	2,8
			mTmax	1,9	4,7	9,6	13,7	19,3	21,6	23,7	23,7	19,9	14,6	6,7	2,2	14,2	23,0	13,7	2,9	13,5
			mT	−2,8	−0,9	3,1	6,8	11,9	14,8	16,6	16,3	12,6	7,6	1,8	−2,0	7,3	15,9	7,3	−1,9	7,2
84	Kalwang	760	mTmin	−6,6	−5,2	−2,1	1,1	5,3	8,7	10,5	10,5	7,4	3,0	−1,8	−5,0	1,4	9,9	2,9	−5,6	2,2
			mTmax	0,1	2,7	7,2	11,5	17,1	20,0	22,3	22,0	18,0	12,4	4,8	0,7	11,9	21,4	11,7	1,2	11,6
			mT	−3,5	−1,9	1,6	5,5	10,6	13,8	15,8	15,3	11,6	6,6	1,0	−2,4	5,9	15,0	6,4	−2,6	6,2
87	Kindberg	561	mTmin	−6,1	−4,9	−1,7	1,8	6,8	9,9	11,4	11,4	8,2	3,7	−1,2	−4,6	2,3	10,9	3,6	−5,2	2,9
			mTmax	1,1	4,4	9,0	13,6	19,2	21,9	24,0	23,8	19,6	14,1	6,4	1,6	13,9	23,2	13,4	2,4	13,2
			mT	−3,1	−1,1	2,6	6,8	12,3	15,2	17,0	16,6	12,7	7,7	1,8	−2,0	7,2	16,3	7,4	−2,1	7,2
90	Kirchberg-Grafendorf	455	mTmin	−4,5	−3,1	0,2	3,8	8,4	11,5	13,4	13,3	9,7	4,9	0,1	−2,8	4,1	12,7	4,9	−3,5	4,6
			mTmax	2,4	5,3	9,8	14,4	19,7	22,4	24,6	24,3	20,0	14,3	7,3	3,5	14,6	23,8	13,9	3,7	14,0
			mT	−1,6	0,2	4,1	8,5	13,7	16,6	18,6	18,1	14,0	8,5	3,0	−0,2	8,8	17,8	8,5	−0,5	8,6

Tabelle 3.14.1b: Mittlere tägliche Temperaturminima sowie Temperaturmaxima und Tagesmittel an ausgewählten Stationen in °C.

Nr.	Name	Sh [m]	Parameter	Jan	Feb	Mär	Apr	Mai	Jun	Jul	Aug	Sep	Okt	Nov	Dez	Frühling	Sommer	Herbst	Winter	Jahr
95	Kleinsölk	1005	mTmin	-5,2	-4,7	-1,9	1,0	5,5	8,3	10,2	10,2	7,2	3,3	-1,3	-4,2	1,5	9,6	3,1	-4,7	2,4
			mTmax	1,4	2,9	6,6	10,2	15,8	18,3	20,3	20,2	16,4	11,6	5,1	1,9	10,9	19,6	11,0	2,1	10,9
			mT	-2,4	-1,6	1,4	4,7	10,0	12,7	14,5	14,2	10,8	6,5	1,4	-1,6	5,4	13,8	6,2	-1,9	5,9
101	Krippenstein	2050	mTmin	-8,2	-8,8	-7,0	-4,5	0,6	3,1	5,5	6,1	3,1	0,1	-5,0	-7,1	-3,6	4,9	-0,6	-8,0	-1,8
			mTmax	-2,0	-2,6	-0,9	1,6	6,8	9,8	12,1	12,6	9,5	6,4	0,9	-1,2	2,5	11,5	5,6	-1,9	4,4
			mT	-5,4	-6,1	-4,4	-1,9	3,3	6,0	8,4	8,8	5,8	2,8	-2,4	-4,4	-1,0	7,7	2,1	-5,3	0,9
103	Lassnitzhöhe	527	mTmin	-3,7	-2,2	1,2	4,9	9,6	12,4	14,4	14,4	11,0	6,4	1,0	-2,3	5,2	13,7	6,1	-2,7	5,6
			mTmax	2,6	5,1	9,7	14,0	19,1	21,9	23,9	23,5	19,5	14,0	7,3	3,5	14,3	23,1	13,6	3,7	13,7
			mT	-1,0	0,8	4,6	8,7	13,8	16,7	18,6	18,2	14,4	9,4	3,5	0,2	9,0	17,8	9,1	0,0	9,0
104	Leibnitz	273	mTmin	-5,4	-3,8	-0,1	4,1	9,0	12,3	13,9	13,6	9,9	5,2	0,1	-3,7	4,3	13,3	5,1	-4,3	4,6
			mTmax	2,9	6,2	11,5	16,1	21,4	24,3	26,2	25,7	21,6	15,6	8,1	3,6	16,3	25,4	15,1	4,2	15,3
			mT	-2,0	0,2	4,6	9,2	14,5	17,7	19,4	18,6	14,5	9,1	3,2	-0,8	9,4	18,6	8,9	-0,9	9,0
112	Lobming	414	mTmin	-5,6	-4,4	-1,2	2,3	7,2	10,6	12,2	12,1	8,6	4,1	-0,9	-4,2	2,8	11,6	3,9	-4,7	3,4
			mTmax	3,1	5,8	10,4	14,9	19,9	22,8	24,8	24,2	20,1	14,5	7,8	3,7	15,1	23,9	14,1	4,2	14,3
			mT	-2,1	-0,4	3,6	8,1	13,4	16,6	18,3	17,5	13,4	8,2	2,5	-1,0	8,4	17,5	8,0	-1,2	8,2
116	Mariazell	865	mTmin	-5,8	-5,2	-2,3	0,6	5,3	8,2	10,1	10,1	6,9	3,0	-1,9	-4,8	1,2	9,5	2,7	-5,3	2,0
			mTmax	2,4	3,5	6,7	10,5	16,4	18,9	21,0	21,1	17,3	12,9	6,3	2,8	11,2	20,3	12,2	2,9	11,6
			mT	-2,3	-1,6	1,4	4,8	10,3	13,0	15,0	14,7	11,0	6,9	1,4	-1,5	5,5	14,2	6,4	-1,8	6,1
126	Mürzzuschlag	758	mTmin	-6,6	-5,6	-2,4	0,9	5,4	8,7	10,4	10,3	7,3	2,8	-1,9	-5,4	1,3	9,8	2,7	-5,9	2,0
			mTmax	0,9	3,5	7,6	11,8	17,4	20,2	22,3	22,1	18,1	12,8	5,3	1,1	12,3	21,5	12,1	1,8	11,9
			mT	-3,4	-1,9	1,6	5,6	10,9	14,0	15,8	15,3	11,6	6,7	1,0	-2,6	6,0	15,0	6,4	-2,6	6,2
132	Neumarkt	835	mTmin	-8,5	-7,0	-3,3	0,2	4,7	7,9	9,9	9,7	6,2	1,8	-3,2	-6,7	0,5	9,2	1,6	-7,4	1,0
			mTmax	1,9	4,4	8,5	12,2	17,6	20,7	22,9	22,5	18,7	13,4	6,5	2,6	12,8	22,0	12,9	3,0	12,7
			mT	-4,1	-2,2	1,8	5,6	10,7	13,9	15,9	15,4	11,5	6,5	0,7	-2,8	6,0	15,1	6,2	-3,0	6,1
138	Oberwölz	827	mTmin	-7,4	-5,8	-2,3	0,9	5,2	8,4	10,2	10,1	6,8	2,5	-2,2	-5,8	1,3	9,6	2,4	-6,3	1,7
			mTmax	2,2	5,1	9,1	12,9	18,2	21,2	23,3	23,1	19,3	14,1	7,0	2,6	13,4	22,5	13,5	3,3	13,2
			mT	-3,6	-1,6	2,2	6,0	11,0	14,2	16,0	15,5	11,6	6,8	1,2	-2,4	6,4	15,2	6,5	-2,5	6,4
139	Oberzeiring	933	mTmin	-7,0	-5,9	-2,5	0,6	4,7	7,8	9,7	9,6	6,5	2,2	-2,5	-5,7	0,9	9,0	2,1	-6,2	1,5
			mTmax	1,8	3,8	7,4	11,3	16,5	19,6	21,8	21,5	17,8	12,8	6,2	2,4	11,7	21,0	12,3	2,7	11,9
			mT	-3,5	-2,1	1,4	5,2	10,3	13,5	15,4	14,8	11,1	6,2	0,9	-2,4	5,6	14,6	6,1	-2,7	5,9
155	Pusterwald	1072	mTmin	-8,5	-7,8	-4,0	-0,6	3,3	6,3	8,2	7,9	4,8	0,8	-3,7	-7,0	-0,4	7,5	0,6	-7,8	0,0
			mTmax	0,9	2,7	5,9	9,8	15,2	18,1	20,4	20,3	16,8	12,1	5,4	1,3	10,3	19,6	11,4	1,6	10,7
			mT	-4,6	-3,4	0,0	3,8	8,7	11,8	13,6	13,1	9,5	5,0	-0,1	-3,4	4,2	12,8	4,8	-3,8	4,5
161	Rechberg	926	mTmin	-4,9	-4,2	-1,3	2,0	6,7	9,6	11,6	11,6	8,4	4,0	-0,9	-3,7	2,5	10,9	3,8	-4,3	3,2
			mTmax	1,3	2,9	6,5	10,6	16,0	19,0	21,1	20,7	16,8	11,9	5,7	2,1	11,0	20,3	11,5	2,1	11,2
			mT	-2,4	-1,5	1,8	5,6	10,8	13,8	15,8	15,3	11,7	7,0	1,6	-1,4	6,1	15,0	6,8	-1,8	6,5
169	Rohrmoos	1078	mTmin	-7,0	-6,3	-3,5	-0,2	4,2	7,3	9,3	9,4	6,0	1,8	-3,2	-6,2	0,2	8,7	1,5	-6,5	1,0
			mTmax	0,6	2,0	5,8	9,8	15,7	18,3	20,4	20,1	16,2	11,2	4,3	0,8	10,4	19,6	10,6	1,1	10,4
			mT	-3,7	-2,8	0,4	4,1	9,5	12,4	14,4	14,0	10,2	5,6	0,0	-3,1	4,7	13,6	5,3	-3,2	5,1
173	Schöckl	1436	mTmin	-5,8	-6,1	-3,7	-0,6	4,3	7,2	9,3	9,5	6,4	2,6	-2,1	-4,6	0,0	8,7	2,3	-5,5	1,4
			mTmax	-0,6	-0,4	2,2	5,8	11,2	14,2	16,4	16,0	12,5	8,3	3,1	0,5	6,4	15,5	8,0	-0,2	7,4
			mT	-3,5	-3,7	-1,3	2,1	7,3	10,3	12,4	12,3	8,9	4,9	0,1	-2,3	2,7	11,7	4,6	-3,2	4,0
176	Seckau	855	mTmin	-6,9	-5,6	-2,1	1,2	5,8	8,9	10,8	10,6	7,2	2,8	-2,1	-5,5	1,6	10,1	2,6	-6,0	2,1
			mTmax	1,5	3,8	8,0	11,8	17,3	20,5	22,4	22,2	18,4	12,9	6,2	2,0	12,4	21,7	12,5	2,4	12,2
			mT	-3,3	-1,7	2,0	5,8	11,0	14,1	16,0	15,6	11,8	6,9	1,2	-2,3	6,3	15,2	6,6	-2,4	6,4
183	Sonnblick	3105	mTmin	-13,8	-14,4	-13,0	-10,4	-5,4	-2,6	-0,1	0,2	-2,5	-5,5	-10,3	-12,7	-9,6	-0,8	-6,1	-13,6	-7,5
			mTmax	-9,4	-9,8	-8,4	-5,7	-1,0	2,1	4,8	4,8	1,7	-1,5	-6,0	-8,2	-5,0	3,9	-1,9	-9,1	-3,0
			mT	-11,6	-12,2	-10,9	-8,3	-3,3	-0,4	2,2	2,3	-0,6	-3,6	-8,2	-10,5	-7,5	1,4	-4,1	-11,4	-5,4
191	St. Michael b. Leoben	565	mTmin	-8,5	-6,0	-2,0	1,4	5,9	9,1	10,9	10,7	7,3	2,8	-2,2	-6,2	1,8	10,2	2,6	-6,9	1,9
			mTmax	0,6	4,2	9,1	13,2	18,6	21,6	24,1	23,6	19,7	13,9	6,3	1,5	13,6	23,1	13,3	2,1	13,0
			mT	-4,5	-1,8	2,6	6,6	11,9	15,0	17,1	16,3	12,3	7,1	1,2	-2,9	7,0	16,1	6,9	-3,1	6,7
195	St. Radegund	725	mTmin	-3,9	-2,8	0,3	3,7	8,5	11,4	13,4	13,4	9,9	5,4	0,5	-2,5	4,2	12,7	5,3	-3,1	4,8
			mTmax	2,9	4,5	8,3	12,4	17,5	20,4	22,6	22,2	18,1	13,1	7,2	4,0	12,7	21,7	12,8	3,8	12,8
			mT	-1,1	0,0	3,5	7,4	12,6	15,5	17,6	17,1	13,2	8,4	3,1	0,2	7,8	16,7	8,2	-0,3	8,1
198	Stolzalpe	1293	mTmin	-5,8	-5,6	-3,0	-0,2	4,3	7,4	9,4	9,4	6,3	2,4	-2,2	-4,7	0,4	8,7	2,2	-5,4	1,5
			mTmax	1,1	2,6	5,8	9,2	14,7	17,8	20,3	20,1	16,4	11,2	4,8	1,7	9,9	19,4	10,8	1,8	10,5
			mT	-2,9	-2,2	0,6	3,7	9,5	11,8	14,0	13,8	10,4	5,9	0,7	-2,0	4,3	13,2	5,7	-2,4	5,2
214	Villacher Alpe	2140	mTmin	-8,2	-8,7	-6,9	-4,4	0,4	3,6	6,0	6,4	3,4	-0,1	-4,9	-7,2	-3,6	5,3	-0,5	-8,0	-1,7
			mTmax	-3,6	-3,9	-2,1	0,3	5,3	8,9	11,5	11,6	8,1	4,5	-0,3	-2,4	1,2	10,7	4,1	-3,3	3,2
			mT	-6,1	-6,6	-4,8	-2,3	2,6	6,0	8,5	8,7	5,5	2,0	-2,8	-5,0	-1,5	7,7	1,6	-5,9	0,5
223	Weiz	465	mTmin	-4,4	-2,9	0,5	4,2	8,8	11,9	13,7	13,7	10,1	5,2	0,3	-2,8	4,5	13,1	5,2	-3,4	4,9
			mTmax	3,6	6,2	10,5	15,0	20,3	23,1	25,2	24,8	20,6	15,0	8,3	4,5	15,3	24,4	14,6	4,8	14,8
			mT	-1,3	0,6	4,5	8,9	14,1	17,2	19,0	18,4	14,2	8,9	3,3	0,1	9,2	18,2	8,8	-0,2	9,0
225	Wiel	928	mTmin	-4,0	-3,3	-0,6	2,8	7,5	10,3	12,4	12,4	9,2	4,9	-0,1	-2,7	3,2	11,7	4,7	-3,3	4,1
			mTmax	2,8	3,4	6,7	10,4	15,5	18,4	20,6	20,3	16,7	11,8	6,5	3,8	10,9	19,8	11,7	3,3	11,4
			mT	-1,0	-0,5	2,5	6,2	11,2	14,1	16,2	15,9	12,4	7,8	2,7	0,2	6,6	15,4	7,6	-0,4	7,3
232	Zeltweg	670	mTmin	-9,2	-6,7	-2,4	1,1	5,7	9,1	10,9	10,7	7,1	2,5	-2,8	-7,0	1,5	10,2	2,3	-7,6	1,6
			mTmax	0,8	4,2	9,3	13,4	18,6	21,7	23,9	23,6	19,8	14,1	6,5	1,4	13,8	23,1	13,5	2,1	13,1
			mT	-4,8	-2,1	2,6	6,6	11,8	15,0	16,9	16,4	12,4	7,1	1,0	-3,4	7,0	16,1	6,8	-3,4	6,6

H. WAKONIGG | A. PODESSER

3.15 Normalwert des durchschnittlich täglichen Temperaturmaximums im Juli

Lineare Abnahme mit der Höhe

Die durchschnittliche tägliche Höchsttemperatur im Sommer repräsentiert die Situation zur Zeit maximaler Einstrahlung und hoch positiver Strahlungsbilanzen am Erdboden, allerdings als Mittel aller Tage, d.h. auch solcher mit zyklonaler Witterung (Bewölkung und Regen). Aus diesem Grund ist nun die Seehöhe der bei weitem wichtigste Klimafaktor, wobei die Tageshöchsttemperaturen regelhaft und fast linear mit recht einheitlichen steilen Gradienten nach oben abnehmen.

Für die gesamte Steiermark lässt sich aus der Differenz der Temperaturen des tiefsten und höchsten Punktes (25,9°C und 5,6°C) ein Gradient von 0,73 K/hm errechnen, für die drei Hauptgebiete und die einzelnen Schichten von unten nach oben lauten die Gradienten in K/hm: Norden 0,79, 0,95, 0,66, Murtal 0,56, 0,86, 0,79, Vorland 0,46, 0,89, 0,70.

Kaltlufteinbrüche im Norden drücken die Temperatur

Es sind somit noch gewisse regionale Unterschiede erkennbar, die durch die übrigen Klimafaktoren bedingt sind. Dabei spielt jetzt das Gelände gegenüber der geographischen Lage eine untergeordnete Rolle. Letztere drückt sich in einer leichten Benachteiligung des Nordens aufgrund häufigerer und stärkerer Kaltlufteinbrüche mit zyklonaler trüb-feuchter Witterung aus, aber auch durch die größere Wärme der inneralpinen Stationen im Sinne des bei den Julinormalwerten angesprochenen zentral-peripheren Formenwandels.

Inneralpine Überwärmung

Der mittlere Temperaturgradient nur der unteren beiden Stockwerke (Schichten) bis 1 400 m für die gesamte Steiermark beträgt 0,79 K/hm, d.h. er ist geringfügig größer als der Gradient aus den zwei Einzelpunkten über den gesamten Höhenunterschied. Reduziert man die Temperaturen aller Stationen mit diesem Gradienten auf ein Niveau von 500 m, ergibt sich ein Durchschnittswert für die gesamte Steiermark von 24,5°C. Darauf bezogen ist der Norden im Durchschnitt um 0,2 K kälter, das Murtal um 0,8 K wärmer, während das Vorland wieder um 0,2 K kälter ist. Das zeigt, dass die inneralpine Überwärmung, die besonders im Murtal erkennbar wird, sogar im Norden die witterungsbedingte Benachteiligung gegenüber dem Süden wettmacht.

Diese inneralpine Überwärmung erreicht bei einigen Stationen noch höhere Werte, etwa in Tamsweg 1,9 K, in Oberwölz 1,4 K, auf der Stolzalpe 1,1 K und in Neumarkt 1,0 K. Die Stolzalpe ist bei ähnlicher Geländesituation sogar um 1,7 K wärmer als die Wiel im Bereich der südlichen Koralpe und um 2,3 K wärmer als Mönichkirchen im Wechselgebiet.

Vegetation dämpft das Maximum

Restliche Einflussfaktoren sind dann noch der Untergrund der Umgebung in dem Sinn, dass feuchte Bereiche mit reichlich aktiver Vegetation, hohem Grundwasserstand oder Mooren und Gewässern die Tageserwärmung aufgrund der bei der Verdunstung verbrauchten latenten Wärme dämpfen, während trockene, dunkle oder versiegelte Böden die Tageserwärmung fördern. Auch günstige Exposition bewirkt größere Tageserwärmung.

Aufstellungsort muss repräsentativ sein

Schließlich beeinflussen auch die lokalen Umstände der Stationsaufstellung recht stark die täglichen Höchsttemperaturen, was insbesondere an dem auffallend warmen Wert von Leibnitz erkennbar wird.

Auch die mittleren täglichen Temperaturmaxima werden für alle Monate am Beispiel der Stationen Graz (Abb. 3.14.2) und Sonnblick (Abb. 3.14.3) dargestellt.

In der Tabelle 3.14.1 sind die mittleren täglichen Temperaturminima sowie Temperaturmaxima und Tagesmittel aller ausgewählten Stationen wiedergegeben.

3.16 Durchschnittliche Zahl der Frosttage

Definition

Frosttage sind jene Tage, an denen die Temperatur wenigstens einmal im Laufe von 24 Stunden den Nullpunkt unterschreitet, unabhängig wie lange, wie tief, wie oft und zu welcher Tageszeit. Solcherart ist die Zahl der Frosttage im Hochwinter wenig variabel, weil auch in milderen Wintermonaten sogar in den wärmeren Landesteilen die überwiegende Zahl aller Tage Frosttage sind. Für die regionalen Unterschiede in den Niederungen ist vielmehr der Charakter der Übergangsmonate, darunter insbesondere der des wolkenärmeren März mit seiner höheren Tagesschwankung der Temperatur von Bedeutung, mit zunehmender Höhe sind auch die Monate Oktober, November und April wichtige Frostmonate.

Beispielstationen

Die Verteilung der Frosttage (und Eistage – siehe Kapitel 3.17) auf die einzelnen Monate wird beispielhaft für die Stationen Lassnitzhöhe, Zeltweg, Schöckl und Sonnblick (Abb. 3.16.1 bis 3.16.4) dargestellt. Auf der Lassnitzhöhe (Abb. 3.16.1), einer der mildesten Stationen mit Extremwertregistrierung (ZAMG-Stationen), konzentrieren sich die Frosttage auf den Kernwinter, wobei selbst im Jänner nur etwa 82% aller Tage Frosttage sind (im Kernwinter Jänner bis Februar ca. 74%).

Schon im April sind dort Frosttage mit nur etwa 7% aller Tage ausgesprochen selten und im Mai bestenfalls zufällige Ausnahmen. Zum Stadtklima von Graz ergeben sich dabei kaum Unterschiede.

Im Kernwinter in Zeltweg mehr Frosttage als am Schöckl

Dagegen sind im Beckenklima von Zeltweg (Abb. 3.16.2) etwa 93% aller Tage im Kernwinter Frosttage, und noch im April sind es etwa 40%. Der fast 800 m höhere, freie Gipfel des Schöckls (Abb. 3.16.3) hat dagegen aufgrund der geringen Tagesschwankung der Temperatur (siehe Abb. 3.5.3 und 3.5.4) im Kernwinter mit etwa 86% deutlich weniger Frosttage als die Beckenstation, während es dann im Frühjahr aufgrund der Advektivfröste bei Kaltlufteinbrüchen wieder mehr als in Zeltweg sind. In der Summe gleichen sich diese Unterschiede dann weitgehend aus. Schließlich gibt es an der extremen

Hochgebirgsstation Sonnblick (Abb. 3.16.4) nur im Juli und August weniger Frosttage als frostfreie Tage, und zwischen Dezember und März sind frostfreie Tage höchstens zufällige Ausnahmen.

Geländeeinfluss und Kaltluftseen

In den unteren Schichten ist im Sinne der Häufigkeit und Stärke der entstehenden „Kaltluftseen" wiederum das Gelände der entscheidende Faktor, gefolgt von der Witterung, da wolken- und nebelreiche Übergangsmonate (z.B. der November im Vorland) wegen der abgeschwächten nächtlichen Abkühlung die Gesamtzahl der Frosttage verringern. Im Bergland steigt die Zahl der Frosttage schließlich regelhaft mit zunehmender Höhe an. Das Verteilungsbild erinnert daher stark an jenes der Normalwerte der Jännertemperaturen (siehe Kapitel 3.3), welches ebenfalls in den unteren Stufen erstrangig vom Gelände und nachfolgend von der absoluten Höhe bestimmt wird.

So wie bei den Normalwerten der Jännertemperatur können die Eigenheiten des Geländeklimas durch die mittleren Gradienten der drei Großlandschaften nicht befriedigend erfasst werden, da sie sich nicht auf homogene Landschaftseinheiten beziehen, wofür zu wenig Stationen zur Verfügung stehen. Sie lauten in gleichbleibender Reihenfolge für die drei Schichten von unten nach oben in Tagen pro 100 m Höhenzunahme: Norden 13,4, 0,4, 7,6; Murtal 18,2, 0,4, 8,1; Vorland 10,0, −17,1 (!), 7,7. Die näheren Umstände der Entstehung der Gradienten werden bei den Normaltemperaturen des Jänners angesprochen.

Gute Erfassung der mittleren Höhenstufe im Vorland

Jedenfalls wird nur im Vorland in der mittleren Stufe zwischen 350 m und 500 m die inversionsbedingte Abnahme nach oben befriedigend erfasst. Auch in der Karte wird sie in Form eines Saumes entlang des Fußes des Randgebirges bzw. von inselförmigen Gebieten bei den das Riedelland überragenden Bergen und schließlich als eine das Stadtklima von Graz repräsentierende Fläche dargestellt. Darüber hinaus bleiben durch das Fehlen von Stationen in den am meisten wärmebegünstigten

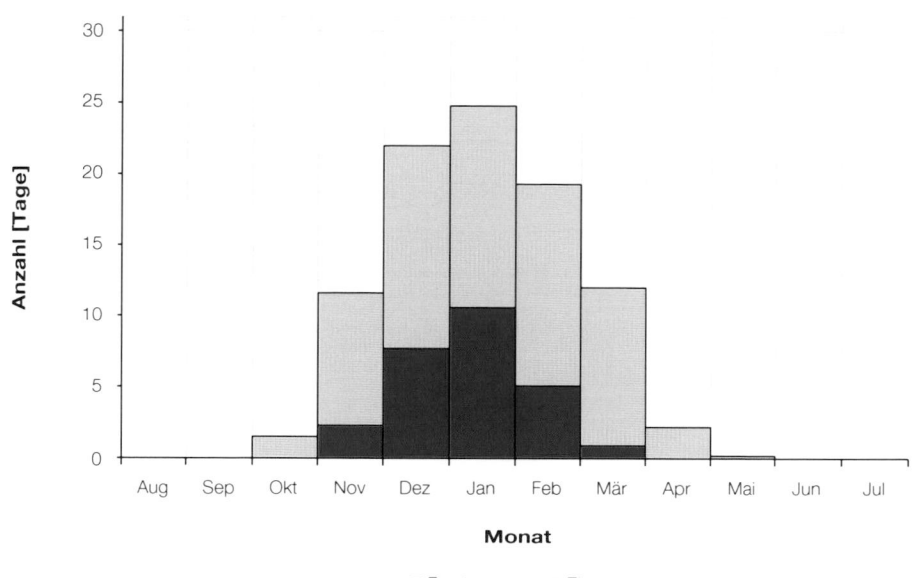

Abbildung 3.16.1: Durchschnittliche Zahl der Frost- und Eistage, Station Lassnitzhöhe, 543 m.

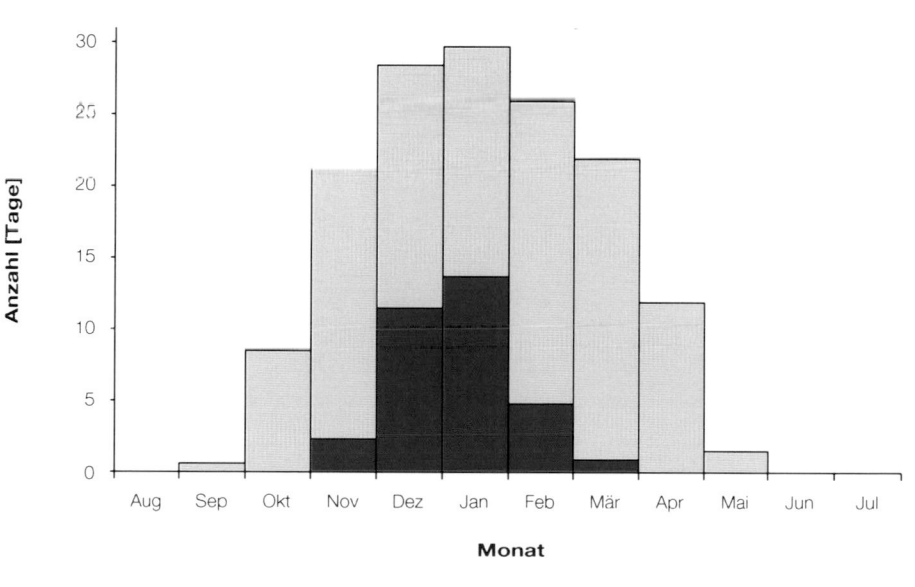

Abbildung 3.16.2: Durchschnittliche Zahl der Frost- und Eistage, Station Zeltweg, 670 m.

Gebieten – ähnlich wie bei den Tagesnormalwerten und mittleren absoluten Minima der Temperaturen im Jänner – die frostärmsten Lagen bzw. die dortige Frosthäufigkeit unbekannt. Die Zahl der Frosttage dürfte aber in den Gunstlagen des Sausals, des Weinlandes, der oststeirischen Vulkanberge und in einigen Teilen des Fußes des Randgebirges mit Sicherheit bis gegen 90 zurückgehen, vielleicht sogar noch darunter.

Große inneralpine Frosthäufigkeit

Die mittlere Zunahme der Zahl der Frosttage pro 100 m Höhenanstieg abgeleitet aus den unteren beiden Stufen bis 1 200 m für die gesamte Steiermark beträgt 5,32 Tage und der daraus berechnete gesamtsteirische Durchschnitt für 500 m Seehöhe 120. Bezogen auf diesen Durchschnitt gibt es im Norden durchschnittlich um 6,6 Tage mehr, im Murtal um 13,2 Tage mehr und im Vorland um 10,5 Tage weniger Frosttage. Damit wird die ungleich größere Frosthäufigkeit der inneralpinen Lagen gut belegt.

Positive Abweichungen

Die größten positiven Abweichungen vom Durchschnitt in Tagen haben: Neumarkt 25, St. Michael 22, Zeltweg und Pusterwald je 21, Bad Mitterndorf und Birkfeld je 16, Gröbming 15 und Aigen 14. Im Vorland liegt Graz-Flughafen mit 11 und Leibnitz mit 8 Tagen über dem Durchschnitt.

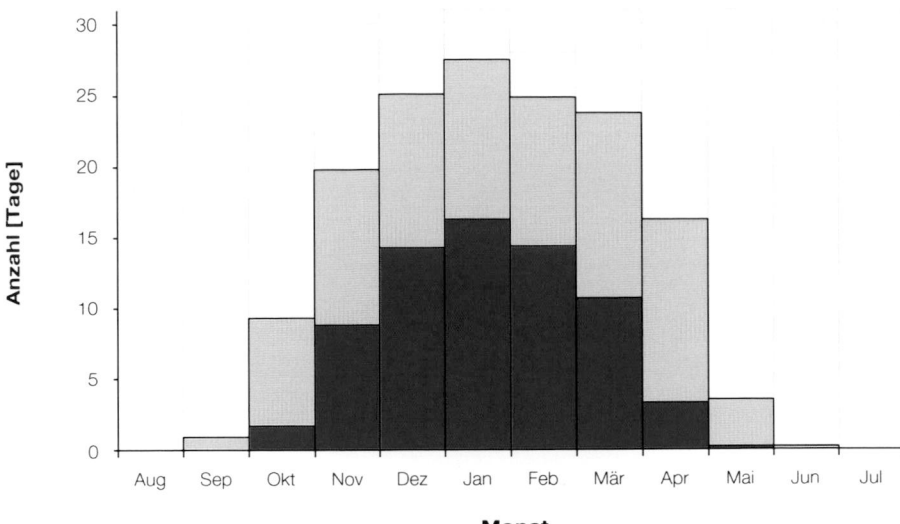

Abbildung 3.16.3: Durchschnittliche Zahl der Frost- und Eistage, Station Schöckl, 1 436 m.

□ Frosttage　■ Eistage

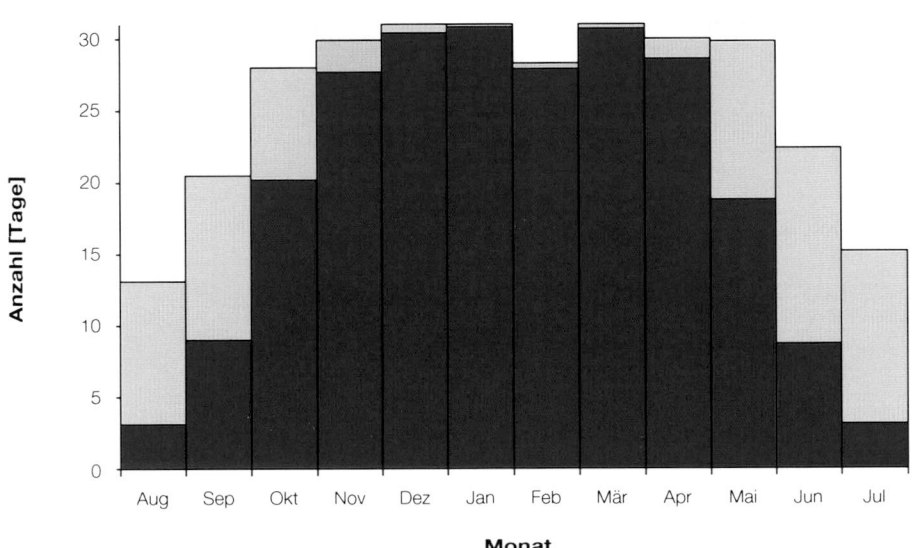

Abbildung 3.16.4: Durchschnittliche Zahl der Frost- und Eistage, Station Sonnblick, 3 105 m.

□ Frosttage　■ Eistage

Negative Abweichungen

Die größten negativen Abweichungen vom Durchschnitt in Tagen haben: Wiel –31, Laßnitzhöhe –27, Fischbach und Mönichkirchen –23, Graz-Messendorfberg –22, Altenberg bei Hartberg –19, Hieflau –18, Wörterberg –17, Rechberg und Graz-Universität –15, sowie Weiz –14. Die Gunst- und Ungunstfaktoren der Lage im Gelände werden dadurch nur allzu deutlich, wobei diese Gegensätze in der mittleren Stufe, d.h. im niedrigeren Bergland bzw. in der Gebirgssteiermark etwas größer sind als im Vorland. So beträgt die maximale Differenz der Abweichungen zwischen Graz-Flughafen und Laßnitzhöhe 28 Tage, zwischen Neumarkt und Stolzalpe schon 36, aber zwischen Neumarkt und Wiel sogar 56 Tage!

Klimaänderung

Gegenüber dem Zeitraum von 1951 bis 1970 hat die Zahl der Frosttage im Landesdurchschnitt um sechs Tage abgenommen. Dabei erweisen sich die Daten aufgrund von Stationsverlegungen mit Abnahmen bis zu 22 Tagen (Irdning) aber auch Zunahmen bis zu zehn Tagen (Neumarkt) als äußerst inhomogen. Bei den homogenen Stationen sind aber Abnahmen im Bereich des allgemeinen Durchschnitts realistisch.

An der Station Graz-Universität hat sich die Zahl der Frosttage bei einem Normalwert von 97,6 nach dem linearen Trend von 104,1 im Jahr 1951 auf 91,1 im Jahr 2002 vermindert.

Tabelle 3.16.1a: Durchschnittliche Zahl der Frost- und Eistage an ausgewählten Stationen.

Nr.	Name	Sh [m]	Parameter	Jan	Feb	Mär	Apr	Mai	Jun	Jul	Aug	Sep	Okt	Nov	Dez	Frühling	Sommer	Herbst	Winter	Jahr
1	Admont	648	Frost	29,0	25,1	20,8	9,4	0,7	–	–	–	0,3	6,5	18,3	27,8	30,9	–	25,1	81,9	137,9
			Eis	13,4	5,1	1,3	0,0	–	–	–	–	–	0,0	3,5	12,7	1,3	–	3,5	31,2	36,0
3	Aflenz	785	Frost	29,1	25,2	21,3	10,8	1,1	0,0	–	–	0,3	6,5	19,3	27,6	33,2	0,0	26,1	81,9	141,2
			Eis	13,0	6,3	2,2	0,1	–	–	–	–	–	0,0	3,2	11,5	2,3	–	3,2	30,8	36,3
4	Aigen/Ennstal	640	Frost	28,2	24,7	20,6	10,6	1,3	–	–	–	0,5	8,7	19,4	27,1	32,5	–	28,6	80,0	141,1
			Eis	12,1	5,2	1,3	0,0	–	–	–	–	–	–	2,9	10,5	1,3	–	2,9	27,8	32,0
7	Altenberg/Hartberg	429	Frost	25,7	20,5	12,1	1,8	0,1	–	–	–	–	2,1	12,6	22,4	14,0	–	14,7	68,6	97,3
			Eis	8,8	4,2	0,9	–	–	–	–	–	–	–	1,5	6,8	0,9	–	1,5	19,8	22,2
10	Bad Aussee	660	Frost	27,7	24,2	18,9	8,5	0,5	–	–	–	0,1	4,3	17,4	25,5	27,9	–	21,8	77,4	127,1
			Eis	8,1	4,0	1,2	0,1	–	–	–	–	–	–	2,2	7,3	1,3	–	2,2	19,4	22,9
11	Bad Gleichenberg	293	Frost	27,5	21,9	13,6	3,5	0,2	–	–	–	0,1	3,7	13,5	24,1	17,3	–	17,3	73,5	108,1
			Eis	9,9	3,7	0,7	–	–	–	–	–	–	–	1,4	7,3	0,7	–	1,4	20,9	23,0
14	Bad Mitterndorf	810	Frost	29,6	25,8	22,7	13,3	1,8	0,1	–	–	0,5	8,4	21,1	28,3	37,8	0,1	30,0	83,7	151,6
			Eis	11,1	6,2	2,1	0,1	–	–	–	–	–	–	3,4	10,6	2,2	–	3,4	27,9	33,5
15	Bad Radkersburg	208	Frost	26,9	21,7	13,6	3,0	0,3	–	–	–	0,1	3,4	13,5	24,6	16,9	–	17,0	73,2	107,1
			Eis	8,8	3,5	0,7	–	–	–	–	–	–	–	0,9	6,0	0,7	–	0,9	18,3	19,9
18	Birkfeld	635	Frost	29,6	25,6	21,7	10,2	1,1	0,1	–	–	0,4	7,5	19,0	27,5	33,0	0,1	26,9	82,7	142,7
			Eis	10,1	5,1	1,5	0,0	–	–	–	–	–	–	1,7	7,6	1,5	–	1,7	22,8	26,0
23	Bruck/Mur	493	Frost	28,3	22,9	16,3	5,4	0,4	–	–	–	0,0	3,9	14,7	24,7	22,1	–	18,6	75,9	116,6
			Eis	7,3	2,3	0,6	–	–	–	–	–	–	–	1,2	6,1	0,6	–	1,2	15,7	17,5
27	Deutschlandsberg	448	Frost	27,0	21,5	13,2	3,2	0,3	–	–	–	–	3,2	14,2	24,4	16,7	–	17,4	72,9	107,0
			Eis	7,9	3,0	0,7	–	–	–	–	–	–	–	0,8	5,8	0,7	–	0,8	16,7	18,2
37	Fischbach	1015	Frost	26,3	23,1	19,2	9,0	0,6	–	–	–	0,0	4,8	16,9	24,4	28,8	–	21,7	73,8	124,3
			Eis	11,3	9,1	4,5	0,4	0,0	–	–	–	–	0,1	3,8	9,0	4,9	–	3,9	29,4	38,2
47	Fürstenfeld	271	Frost	27,4	21,9	14,0	4,0	0,3	–	–	–	0,1	4,1	13,2	23,4	18,3	–	17,4	72,7	108,4
			Eis	8,6	3,2	0,7	–	–	–	–	–	–	–	0,9	6,0	0,7	–	0,9	17,8	19,4
50	Gleisdorf	375	Frost	29,1	24,5	18,6	6,4	0,3	–	–	–	0,2	5,5	16,7	26,4	25,3	–	22,4	80,0	127,7
			Eis	8,7	3,4	0,8	–	–	–	–	–	–	–	1,2	6,1	0,8	–	1,2	18,2	20,2
57	Graz-Flughafen	337	Frost	28,7	23,9	16,5	4,9	0,3	–	–	–	0,2	5,1	15,7	26,4	21,7	–	21,0	79,0	121,7
			Eis	10,5	3,9	0,8	–	–	–	–	–	–	–	1,6	7,5	0,8	–	1,6	21,9	24,3
58	Graz-Messendorfberg	435	Frost	25,6	19,8	10,9	1,8	0,1	–	–	–	–	1,8	12,1	22,4	12,8	–	13,9	67,8	94,5
			Eis	9,5	3,6	0,7	–	–	–	–	–	–	–	1,5	7,2	0,7	–	1,5	20,2	22,4
60	Graz-Universität	366	Frost	26,6	20,4	11,8	1,9	0,2	–	–	–	–	2,4	11,9	22,6	13,9	–	14,3	69,6	97,8
			Eis	8,8	3,3	0,7	–	–	–	–	–	–	–	1,1	6,0	0,7	–	1,1	18,8	19,9
61	Gröbming	763	Frost	29,4	26,2	22,2	11,2	1,5	0,0	–	–	0,4	8,2	21,5	28,6	34,9	0,0	30,1	84,2	149,2
			Eis	11,2	5,5	1,4	–	–	–	–	–	–	0,0	3,3	10,5	1,4	–	3,3	27,2	31,9
69	Hieflau	500	Frost	25,0	20,8	14,4	3,9	0,2	–	–	–	–	2,5	13,1	22,5	18,5	–	15,6	68,3	102,4
			Eis	10,6	4,2	1,1	–	–	–	–	–	–	–	2,4	9,3	1,1	–	2,4	24,1	27,6
80	Irdning-Gumpenstein	698	Frost	27,8	23,7	18,3	7,5	0,5	–	–	–	0,1	5,8	18,3	26,4	26,3	–	24,2	77,9	128,4
			Eis	8,9	3,6	0,8	–	–	–	–	–	–	–	2,0	8,0	0,8	–	2,0	20,5	23,3
84	Kalwang	760	Frost	29,0	24,9	21,0	10,3	1,2	–	–	–	0,2	6,7	19,4	26,3	32,5	–	26,3	80,2	139,0
			Eis	14,3	7,0	1,9	0,1	–	–	–	–	–	–	3,9	12,5	2,0	–	3,9	33,8	39,7
87	Kindberg	561	Frost	29,5	25,6	20,2	8,5	0,5	0,0	–	–	0,2	5,6	17,3	26,7	29,2	0,0	23,1	81,8	134,1
			Eis	11,6	4,1	1,2	–	–	–	–	–	–	–	2,0	9,3	1,2	–	2,0	25,0	28,2
90	Kirchberg-Grafendorf	455	Frost	27,0	21,6	14,0	3,7	0,2	–	–	–	–	3,3	14,5	23,3	17,9	–	17,8	71,9	107,6
			Eis	9,6	4,2	0,8	–	–	–	–	–	–	–	1,7	7,5	0,8	–	1,7	21,3	23,8

Nr.	Name	Sh [m]	Parameter	Jan	Feb	Mär	Apr	Mai	Jun	Jul	Aug	Sep	Okt	Nov	Dez	Frühling	Sommer	Herbst	Winter	Jahr
95	Kleinsölk	1005	Frost	28,0	24,4	19,9	10,8	0,9	–	–	–	0,2	5,4	17,5	25,8	31,6	–	23,1	78,2	132,9
			Eis	10,1	7,3	2,8	0,3	–	–	–	–	–	0,1	4,1	9,1	3,1	–	4,2	26,5	33,8
101	Krippenstein	2050	Frost	30,0	26,7	28,4	24,7	13,3	6,8	2,3	1,8	7,7	14,8	23,8	28,5	66,4	10,9	46,3	85,2	208,8
			Eis	19,0	19,0	16,8	10,8	2,7	0,6	0,1	0,2	1,5	4,0	12,8	16,4	30,3	0,9	18,3	54,4	103,9
103	Lassnitzhöhe	527	Frost	24,8	19,3	12,0	2,2	0,2	–	–	–	–	1,5	11,6	22,0	14,4	–	13,1	66,1	93,6
			Eis	10,6	5,1	0,9	–	–	–	–	–	–	–	2,3	7,7	0,9	–	2,3	23,4	26,6
104	Leibnitz	273	Frost	28,4	23,8	15,1	3,7	0,2	–	–	–	0,1	4,0	14,8	25,7	19,0	–	18,9	77,9	115,8
			Eis	8,8	2,9	0,6	–	–	–	–	–	–	–	1,1	6,3	0,6	–	1,1	18,0	19,7
112	Lobming	414	Frost	28,4	24,4	18,9	7,4	0,6	–	–	–	0,3	5,8	17,0	26,8	26,9	–	23,1	79,6	129,6
			Eis	7,8	3,3	0,6	–	–	–	–	–	–	–	1,0	5,7	0,6	–	1,0	16,8	18,4
116	Mariazell	865	Frost	27,9	25,1	21,7	14,0	1,8	0,1	–	–	0,5	7,6	20,2	26,5	37,5	0,1	28,3	79,5	145,4
			Eis	9,0	7,2	3,7	0,4	–	–	–	–	–	0,1	3,5	8,4	4,1	–	3,6	24,6	32,3
126	Mürzzuschlag	758	Frost	29,1	25,6	22,1	11,6	1,4	0,2	–	–	0,7	7,4	19,3	27,8	35,1	0,2	27,4	82,5	145,2
			Eis	12,0	6,0	1,9	0,0	–	–	–	–	–	0,0	3,1	11,8	1,9	–	3,1	29,8	34,8
132	Neumarkt	835	Frost	30,1	27,0	25,4	14,6	2,6	0,1	–	0,0	1,1	10,0	22,8	29,1	42,6	0,1	33,9	86,2	162,8
			Eis	9,2	4,1	1,0	–	–	–	–	–	–	–	2,3	7,7	1,0	–	2,3	21,0	24,3
138	Oberwölz	827	Frost	29,6	25,6	21,3	11,3	1,4	–	–	–	0,7	7,9	20,4	28,1	34,0	–	29,0	83,3	146,3
			Eis	8,4	3,3	0,8	–	–	–	–	–	–	–	1,7	6,8	0,8	–	1,7	18,5	21,0
139	Oberzeiring	933	Frost	28,8	25,4	22,2	12,7	1,6	–	–	–	0,5	8,4	21,0	27,6	36,5	–	29,9	81,8	148,2
			Eis	10,7	6,0	2,0	0,1	–	–	–	–	–	0,0	2,9	8,6	2,1	–	2,9	25,3	30,3
155	Pusterwald	1072	Frost	29,9	27,2	25,6	17,5	3,8	0,4	–	0,1	2,3	12,3	23,7	28,6	46,9	0,5	38,3	85,7	171,4
			Eis	12,6	8,0	3,8	0,3	–	–	–	–	–	0,1	3,9	11,4	4,1	–	4,0	32,0	40,1
161	Rechberg	926	Frost	27,4	23,8	19,5	8,4	0,6	–	–	–	0,0	4,7	17,4	25,9	28,5	–	22,1	77,1	127,7
			Eis	12,6	7,9	3,0	0,2	–	–	–	–	–	0,1	3,9	10,3	3,2	–	4,0	30,8	38,0
169	Rohrmoos	1078	Frost	29,1	25,7	24,9	16,3	2,8	0,2	0,0	–	0,9	9,1	23,1	27,9	44,0	0,2	33,1	82,7	160,0
			Eis	13,0	8,8	4,1	0,8	0,0	–	–	–	–	0,1	6,0	12,1	4,9	–	6,1	33,9	44,9
173	Schöckl	1436	Frost	27,5	24,9	23,8	16,3	3,5	0,2	–	0,0	0,9	9,3	19,8	25,1	43,6	0,2	30,0	77,5	151,3
			Eis	16,3	14,4	10,7	3,3	0,2	–	–	–	–	1,7	8,8	14,3	14,2	–	10,5	45,0	69,7
176	Seckau	855	Frost	29,2	25,3	20,9	10,7	0,9	–	–	–	0,2	7,2	20,3	27,8	32,5	–	27,7	82,3	142,5
			Eis	11,1	6,0	1,2	0,1	–	–	–	–	–	–	2,5	10,3	1,3	–	2,5	27,4	31,2
183	Sonnblick	3105	Frost	31,0	28,3	31,0	30,0	29,8	22,4	15,2	13,1	20,5	28,0	29,9	31,0	90,8	50,7	78,4	90,3	310,2
			Eis	30,8	27,9	30,7	28,6	18,8	8,7	3,1	3,1	9,0	20,2	27,7	30,4	78,1	14,9	56,9	89,1	239,0
191	St. Michael b. Leoben	565	Frost	30,0	25,4	20,6	11,0	1,6	0,1	–	0,0	0,9	7,7	19,8	27,7	33,2	0,1	28,4	83,1	144,8
			Eis	13,4	5,2	1,0	–	–	–	–	–	–	–	2,3	10,8	1,0	–	2,3	29,4	32,7
195	St. Radegund	725	Frost	24,5	20,4	14,2	4,1	0,2	–	–	–	0,2	2,8	13,3	21,9	18,5	–	16,3	66,8	101,6
			Eis	10,1	6,1	1,8	0,1	–	–	–	–	–	0,1	2,3	7,6	1,9	–	2,4	23,8	28,1
198	Stolzalpe	1293	Frost	28,8	25,9	23,7	15,4	2,0	0,0	–	–	0,4	7,2	20,7	27,0	41,1	0,0	28,3	81,7	151,1
			Eis	12,0	8,9	4,1	0,4	0,0	–	–	–	–	0,1	5,0	11,2	4,5	–	5,1	32,1	41,7
214	Villacher Alpe	2140	Frost	29,8	27,1	28,7	26,0	13,5	4,9	1,2	1,0	6,0	14,8	24,5	29,1	68,2	7,1	45,3	86,0	206,6
			Eis	24,5	22,1	21,0	15,1	2,4	0,2	–	–	0,9	5,1	15,0	21,4	38,5	0,2	21,0	68,0	127,7
223	Weiz	465	Frost	26,6	21,4	12,9	2,7	0,2	–	–	–	0,0	3,0	13,7	23,6	15,8	–	16,7	71,6	104,1
			Eis	7,9	3,1	0,8	–	–	–	–	–	–	–	1,0	5,7	0,8	–	1,0	16,7	18,5
225	Wiel	928	Frost	24,4	21,2	17,3	7,3	0,6	–	–	–	–	3,8	15,1	22,6	25,2	–	18,9	68,2	112,3
			Eis	10,3	8,5	3,9	0,2	–	–	–	–	–	0,2	3,5	8,3	4,1	–	3,7	27,1	34,9
232	Zeltweg	670	Frost	29,7	25,9	21,9	11,9	1,5	0,0	–	–	0,6	8,5	21,2	28,4	35,3	0,0	30,3	84,0	149,6
			Eis	13,7	4,8	0,9	–	–	–	–	–	–	–	2,3	11,5	0,9	–	2,3	30,0	33,2

3.17 Durchschnittliche Zahl der Eistage

Definition

Eistage sind Dauerfrosttage, an denen die Lufttemperatur ganztägig, d.h. durch 24 Stunden unter dem Gefrierpunkt bleibt, wobei sich solche Tage wenigstens in den Niederungen weitgehend auf den Kernwinter beschränken und in den Randmonaten November und März als Ausnahmen gelten können, die durch besonders kalte Witterungsanomalien hervorgerufen werden.

Jahreszeitliche Verteilung der Eistage

Auch die Verteilung der Eistage auf die einzelnen Monate wird beispielhaft für die Stationen Lassnitzhöhe, Zeltweg, Schöckl und Sonnblick (Abb. 3.16.1 bis 3.16.4) dargestellt. Dabei ist die Differenz zwischen der Zahl der Frosttage und der Zahl der Eistage, d.h. die Zahl der Tage mit Frostwechsel von der aperiodischen Tagesschwankung der Temperatur abhängig und daher in Zeltweg (Abb. 3.16.2) am größten, wo selbst im kältesten Monat weniger als die Hälfte aller Tage Eistage sind. Dagegen ist die Zahl der Eistage an der wintermilden Laßnitzhöhe (Abb. 3.16.1) wegen der dort viel geringeren aperiodischen Tagesschwankung der Temperatur nur in den Monaten Dezember und Jänner kleiner als in Zeltweg, in den anderen Monaten aber wenigstens gleich groß.

Die geringere Tagesschwankung wird besonders auf den beiden Bergstationen (Abb. 3.16.3. und 3.16.4) deutlich, wo sich geringere Differenzen zwischen der Zahl der Frosttage und der Zahl der Eistage ergeben. Auf dem Sonnblick sind Eistage schließlich das ganze Jahr über zu erwarten, im Juli und August aber nur an gut 3% aller Tage.

Zahl der Eistage steigt mit der Seehöhe

Aufgrund der ungleich stärkeren Tageserwärmung in den Niederungen und Beckenlagen schwächt sich der Geländeeinfluss gegenüber der Verteilung der Frosttage stark ab, bleibt aber noch in Form der größeren Häufigkeit in ausgesprochen inneralpinen Talbecken mit vielfach ganztägig anhaltenden Inversionen bzw. „Kaltluftseen" erkennbar. Jedenfalls wird bei der Zahl der Eistage die Seehöhe zum dominanten Klimafaktor: mit zunehmender Höhe geht wenigstens oberhalb der markantesten Kaltluftbecken eine regelhafte Steigerung der Zahl der Eistage einher.

Hochnebel wirkt dämpfend

Darüber hinaus wird der Einfluss der Witterung bei den Eistagen gegenüber den Frosttagen insofern umgekehrt wirksam, als Landschaften mit zeitweilig ganztägigem Nebel oder Hochnebel gegenüber solchen mit Nebelfreiheit aufgrund der tagsüber zu geringen Einstrahlung und Erwärmung deutlich mehr Eistage aufweisen, auch wenn die Zahl der Frosttage weitgehend gleich oder sogar kleiner ist. Das ist besonders beim Vergleich der Stationen Zeltweg und St. Michael (150 bzw. 145 Frosttage gegenüber jeweils 33 Eistagen) mit Oberwölz und Neumarkt (146 bzw. 163 Frosttage gegenüber 21 und 24 Eistagen), aber auch zwischen Admont und Gröbming (138 bzw. 149 Frosttage gegenüber 36 und 32 Eistagen) zu bemerken. Die geringe Häufigkeit in Bruck (17,5 Eistage) geht aber auf die geländebedingt geringere Kaltluftbildung zurück.

Die mittlere Zunahme der Zahl der Eistage pro 100 m Höhenanstieg abgeleitet aus den unteren beiden Stufen bis 1 350 m für die gesamte Steiermark beträgt 2,1 und der daraus berechnete gesamtsteirische Durchschnitt für 500 m Seehöhe 25,2 Tage. Bezogen auf diesen Durchschnitt gibt es im Norden durchschnittlich um 2,6 Tage mehr, im Murtal um einen Tag weniger und im Vorland um 1,5 Tage weniger Eistage. Damit wird die ungleich größere Frosthäufigkeit der inneralpinen Lagen gut belegt. Die regionalen Unterschiede sind somit auffallend gering, da sich die Witterungs- und Geländeunterschiede durchwegs ziemlich ausgleichen.

Umso stärker sind dagegen die lokalen Unterschiede, wobei in einer größeren Zahl der Eistage die Wirkung von kaltem Beckenklima an sich, aber auch von größerer Nebel- und Hochnebelhäufigkeit zu sehen ist, während in der gegenüber dem Landesdurchschnitt geringeren

Anzahl entweder der Effekt allgemein wärmeren Klimas oder größerer Sonnenscheindauer und damit Tageserwärmung zu sehen ist.

Positive und negative Abweichungen

Die Stationen mit den größten positiven Abweichungen an Eistagen sind Kalwang (+9,1), Admont und Rohrmoos (+7,8), Mönichkirchen (+6,6), St. Michael (+6,2), Aflenz (+5,2), Zeltweg (+4,5). Die Stationen mit den größten negativen Abweichungen sind Oberwölz (−10,9), Lobming (−9,0), Deutschlandsberg (−8,3), Graz-Universität (−8,0), Neumarkt und Gleisdorf (−7,8), Bruck (−7,6), Irdning (−6,0), Bad Ausse (−5,6).

Klimaänderung

Auch die Zahl der Eistage hat sich gegenüber den Normalwerten der Periode 1951 bis 1970 – abgesehen von Stationen mit inhomogenen Beobachtungen – im Durchschnitt des gesamten Landes um sieben bis acht Tage verringert, wobei die Abweichungen mit mindestens drei und höchstens 13 Tagen nicht allzu groß sind.

An der Station Graz-Universität hat sich ihre Zahl bei einem Normalwert von 23,1 Tagen nach dem linearen Trend von 29,8 Tagen im Jahr 1951 auf 16,4 im Jahr 2002 vermindert. In der Tabelle 3.16.1 sind die durchschnittlichen Eistage aller ausgewählten Stationen dargestellt.

H. Wakonigg | A. Podesser

3.18 Durchschnittliches Eintrittsdatum des letzten Frostes

Das durchschnittliche Datum des letzten Frostes hat wegen der möglichen Schadenswirkung vor allem agrarklimatische Bedeutung. Da es sich um ein innerhalb eines Jahres nur einmalig auftretendes Extremereignis handelt, sind die Bedingungen für sein Auftreten recht eindeutig und primär in der Zufuhr besonders kalter Luftmassen zu sehen, wobei der dadurch verursachte letzte Frost in der oberen Stufe schon während der Advektion der Kaltluft, d.h. als Advektivfrost auftritt, während er in den Niederungen und Beckenlagen erst nach der Advektion bei Strahlungswetter und nächtlichem Aufklaren (Strahlungsfrost) entsteht.

Einfluss von Seehöhe und Gelände

Solcherart ist für den Zeitpunkt und die regionalen Unterschiede in den unteren Schichten wieder das Gelände der primäre Klimafaktor, darüber aber die absolute Seehöhe. Die Verteilungsmuster und besonderen Abweichungen entsprechen daher wieder weitgehend jenen der Normalwerte der mittleren täglichen Minima im Jänner, der Zahl der Frosttage oder der Zahl der Tage mit strengem Frost (siehe Kapitel 3.16, 3.26), was gleichermaßen auch für die noch späteren Eintrittszeiten in den „Kaltluftlöchern" bzw. früheren Eintrittszeiten in den Wärmegunstgebieten gilt. In der Kainisch bei Bad Mitterndorf kann der durchschnittlich letzte Frost noch um den 25. Mai erwartet werden, in den wärmsten Gunstlagen des Vorlandes aber schon um den 5. April, in den besonders kalten Talbecken des Vorlandes aber erst um den 30. April.

Mehr als zehn Tage früheres Eintrittsdatum im Süden gegenüber dem Norden

Im Durchschnitt der gesamten Steiermark beträgt die Verspätung des mittleren Eintrittsdatums des letzten Frostes bis 1 300 m Höhe 2,1 Tage pro 100 m Höhenzunahme. Reduziert man das Eintrittsdatum mit diesem Gradienten auf ein Niveau von 500 m, ergibt sich als durchschnittliches Eintrittsdatum der 24. April, wobei der durchschnittliche Eintritt im Norden um vier Tage später, im Murtal um fünf Tage später und im gesamten Süden um 5,4 Tage früher erfolgt.

Recht auffällige kleinräumige Unterschiede

Die regionalen Unterschiede sind wieder bescheiden, die kleinräumigen Unterschiede aber neuerlich recht auffallend, wobei die Stationen mit deutlich früherem Eintrittsdatum (Lassnitzhöhe um 14 Tage, Graz-Messendorfberg um 12, Wörterberg und Altenberg um 11, St. Radegund um 10, Fischbach und Wiel um 9, Rechberg um 8 Tage, etc.) in den bekannten thermischen Gunstgebieten liegen, die Stationen mit auffallend verspäteter Eintrittszeit entsprechend in den Ungunstgebieten (Punterwald um 22, Neumarkt und St. Michael um 11, Mariazell um 10, Aigen, Mürzzuschlag und Birkfeld um 8, Gröbming, Rohrmoos und Zeltweg um 7 Tage später, etc.).

Die agrarklimatische Bedeutung der Hang- und Kammlagen im Vorland in 100 bis 300 m über den benachbarten Talböden ergibt sich daraus, dass die Spätfrostgefährdung wegen des unterschiedlichen Geländeeinflusses nicht mit dem allgemeinen Temperaturfortschritt im Frühjahr parallel geht, sondern sich aufgrund der nach oben (vor allem wegen der geringeren nächtlichen Abkühlung) abnehmenden Tagesschwankung der Temperatur schon bei einem ungleich tieferen mittleren Temperaturniveau und damit geringerem Wachstumsfortschritt einstellt als in den Tal- und Beckenlagen. Beim Eintritt des letzten Frostes sind die empfindlichen Nutzpflanzen (im Wesentlichen Wein und Obst) in den höheren Lagen daher meist noch nicht im besonders gefährdeten Stadium mit frischen Trieben oder Blüten.

Die durchschnittlichen, zum Zeitpunkt des letzten Frostes erreichten Temperaturen liegen in den frostgefährdeten Talbecken schon bei 11°C, während sie in den günstigsten Lagen darüber noch um 7,5 bis 8°C liegen. Diese Temperaturdifferenz entspricht auch weitgehend dem allgemeinen Temperaturfortschritt von etwa 20 Tagen, also der Datumsdifferenz zwischen frühem und späten Auftreten des letzten Frostes innerhalb des Vorlandes (etwa 5. und 25. April).

Extremwerte gelegentlich mehrere Wochen verspätet

Neben dem durchschnittlichen Datum des letzten Frostes ist auch die zeitliche Veränderlichkeit dieses Datums von agrarklimatischer Bedeutung, da sich die Extremwerte gegenüber den Durchschnitten noch um mehrere Wochen verspäten können. Solcherart ist in den Tallagen des Vorlandes durchaus noch mit Frösten im Mai zu rechnen, im Jahr 1962 wurden im Vorland örtlich sogar Fröste Anfang Juni registriert.

In der Tabelle 3.18.1 ist das durchschnittliche Eintrittsdatum des letzten Frostes aller ausgewählten Stationen dargestellt.

Tabelle 3.18.1: Eckdaten zu Beginn, Dauer und Ende des Frostes an ausgewählten Stationen.

Nr.	Name	Sh [m]	0 Grad Frost					−2 Grad Frost				
			Beginn	Dauer frostfrei	Ende	Beginn (frühester)	Ende (spätestes)	Beginn	Dauer frostfrei	Ende	Beginn (frühester)	Ende (spätestes)
1	Admont	648	10.Okt	163	30.Apr	7.Sep	23.Mai	25.Okt	190	18.Apr	26.Sep	6.Mai
3	Aflenz	785	10.Okt	160	3.Mai	17.Sep	1.Jun	21.Okt	183	21.Apr	26.Sep	8.Mai
4	Aigen/Ennstal	640	5.Okt	153	5.Mai	8.Sep	28.Mai	17.Okt	177	23.Apr	26.Sep	15.Mai
7	Altenberg/Hartberg	429	29.Okt	201	11.Apr	7.Okt	12.Mai	11.Nov	238	18.Mär	19.Okt	25.Apr
10	Bad Aussee	660	20.Okt	177	26.Apr	26.Sep	17.Mai	30.Okt	199	14.Apr	4.Okt	6.Mai
11	Bad Gleichenberg	293	20.Okt	184	19.Apr	18.Sep	12.Mai	5.Nov	216	3.Apr	7.Okt	12.Mai
14	Bad Mitterndorf	810	5.Okt	143	15.Mai	7.Sep	19.Jun	16.Okt	175	24.Apr	26.Sep	23.Mai
15	Bad Radkersburg	208	21.Okt	186	18.Apr	18.Sep	12.Mai	5.Nov	226	24.Mär	7.Okt	1.Mai
18	Birkfeld	635	9.Okt	157	5.Mai	14.Sep	8.Jun	22.Okt	184	21.Apr	29.Sep	12.Mai
23	Bruck/Mur	493	21.Okt	180	24.Apr	26.Sep	15.Mai	31.Okt	204	10.Apr	5.Okt	6.Mai
27	Deutschlandsberg	448	24.Okt	191	16.Apr	6.Okt	12.Mai	3.Nov	213	4.Apr	9.Okt	12.Mai
37	Fischbach	1015	20.Okt	177	26.Apr	26.Sep	24.Mai	2.Nov	199	17.Apr	9.Okt	12.Mai
47	Fürstenfeld	271	17.Okt	178	22.Apr	18.Sep	25.Mai	2.Nov	212	4.Apr	9.Okt	12.Mai
50	Gleisdorf	375	15.Okt	173	25.Apr	18.Sep	17.Mai	31.Okt	198	16.Apr	6.Okt	12.Mai
57	Graz-Flughafen	337	16.Okt	178	21.Apr	18.Sep	12.Mai	30.Okt	204	9.Apr	4.Okt	12.Mai
58	Graz-Messendorfberg	435	1.Nov	204	11.Apr	9.Okt	12.Mai	11.Nov	239	17.Mär	17.Okt	14.Apr
60	Graz-Universität	366	30.Okt	198	15.Apr	6.Okt	12.Mai	11.Nov	237	19.Mär	17.Okt	16.Apr
61	Gröbming	763	10.Okt	156	7.Mai	10.Sep	27.Jun	19.Okt	180	22.Apr	10.Sep	15.Mai
69	Hieflau	500	26.Okt	191	18.Apr	5.Okt	12.Mai	7.Nov	220	1.Apr	17.Okt	4.Mai
80	Irdning-Gumpenstein	698	16.Okt	172	27.Apr	22.Sep	17.Mai	24.Okt	194	13.Apr	26.Sep	6.Mai
84	Kalwang	760	12.Okt	163	2.Mai	14.Sep	27.Mai	22.Okt	185	20.Apr	17.Sep	15.Mai
87	Kindberg	561	17.Okt	172	28.Apr	17.Sep	6.Jun	29.Okt	196	16.Apr	2.Okt	6.Mai
90	Kirchberg-Grafendorf	455	25.Okt	189	19.Apr	2.Okt	12.Mai	5.Nov	216	3.Apr	9.Okt	12.Mai
95	Kleinsölk	1005	15.Okt	170	28.Apr	11.Sep	17.Mai	26.Okt	190	19.Apr	26.Sep	12.Mai
101	Krippenstein	2050	28.Aug	68	21.Jun	1.Aug	30.Jun	14.Sep	97	9.Jun	6.Aug	29.Jun
103	Lassnitzhöhe	527	2.Nov	205	11.Apr	9.Okt	12.Mai	14.Nov	233	26.Mär	25.Okt	4.Mai
104	Leibnitz	273	20.Okt	184	19.Apr	18.Sep	12.Mai	5.Nov	219	31.Mär	6.Okt	30.Apr
112	Lobming	414	13.Okt	169	27.Apr	17.Sep	25.Mai	25.Okt	188	20.Apr	18.Sep	12.Mai
116	Mariazell	865	6.Okt	147	12.Mai	14.Sep	7.Jun	21.Okt	176	28.Apr	2.Okt	29.Mai
126	Mürzzuschlag	758	8.Okt	154	7.Mai	13.Sep	8.Jun	21.Okt	179	25.Apr	20.Sep	1.Jun
132	Neumarkt	835	29.Sep	140	12.Mai	23.Aug	8.Jun	10.Okt	163	30.Apr	7.Sep	30.Mai
138	Oberwölz	827	3.Okt	152	4.Mai	7.Sep	30.Mai	18.Okt	178	23.Apr	26.Sep	13.Mai
139	Oberzeiring	933	4.Okt	150	7.Mai	3.Sep	31.Mai	19.Okt	179	23.Apr	26.Sep	15.Mai
155	Pusterwald	1072	21.Sep	116	28.Mai	26.Aug	25.Jun	7.Okt	154	6.Mai	3.Sep	9.Jun
161	Rechberg	926	20.Okt	178	25.Apr	26.Sep	13.Mai	31.Okt	198	16.Apr	9.Okt	12.Mai
169	Rohrmoos	1078	4.Okt	144	13.Mai	7.Sep	25.Jun	19.Okt	175	27.Apr	25.Sep	17.Mai
173	Schöckl	1436	4.Okt	141	16.Mai	18.Aug	6.Jun	21.Okt	173	1.Mai	17.Sep	27.Mai
176	Seckau	855	10.Okt	166	27.Apr	13.Sep	15.Mai	21.Okt	185	19.Apr	21.Sep	12.Mai
183	Sonnblick	3105	5.Aug	37	29.Jun	1.Aug	30.Jun	12.Aug	46	27.Jun	1.Aug	30.Jun
191	St. Michael b. Leoben	565	5.Okt	152	6.Mai	23.Aug	18.Jun	20.Okt	180	23.Apr	13.Sep	24.Mai
195	St. Radegund	725	28.Okt	192	19.Apr	21.Sep	12.Mai	6.Nov	215	5.Apr	21.Sep	4.Mai
198	Stolzalpe	1293	6.Okt	152	7.Mai	5.Sep	10.Jun	19.Okt	178	24.Apr	26.Sep	12.Mai
214	Villacher Alpe	2140	31.Aug	76	16.Jun	2.Aug	30.Jun	19.Sep	111	31.Mai	19.Aug	29.Jun
223	Weiz	465	25.Okt	191	17.Apr	18.Sep	12.Mai	4.Nov	224	25.Mär	9.Okt	30.Apr
225	Wiel	928	25.Okt	184	24.Apr	4.Okt	25.Mai	2.Nov	202	14.Apr	8.Okt	12.Mai
232	Zeltweg	670	4.Okt	152	5.Mai	7.Sep	4.Jun	15.Okt	174	24.Apr	17.Sep	15.Mai

H. Wakonigg | A. Podesser

3.19 Durchschnittliches Eintrittsdatum des ersten Frostes

Die Verteilung der Eintrittszeiten des durchschnittlich ersten Frostes im Herbst ist weitgehend ein Spiegelbild der Verteilung der Eintrittszeiten des letzten Frostes im Frühjahr und auch von den selben Witterungs- und räumlichen Faktoren abhängig (siehe Kapitel 3.18), weshalb auf die Wiederholung der diesbezüglichen Erläuterungen verzichtet werden kann. Seine agrarklimatische Bedeutung ist allerdings wesentlich kleiner als die des letzten Frostes, da es im Herbst weniger empfindliche Wuchsphasen der Kulturpflanzen gibt, bzw. die Ernte zur Zeit des ersten Frostes meist schon eingebracht ist

Inneralpin 11 Tage früherer Frost als im Süden
Im Durchschnitt der gesamten Steiermark bis 1 400 m erfolgt das mittlere Eintrittsdatum des ersten Frostes um 1,7 Tage pro 100 m Höhenzunahme früher. Reduziert man das Eintrittsdatum mit diesem Gradienten auf ein Niveau von 500 m, ergibt sich als durchschnittliches Eintrittsdatum der 18. Oktober, wobei der durchschnittliche Eintritt im Norden um einen Tag früher, im Murtal um sieben Tage früher und im gesamten Süden um vier Tage später erfolgt. Die regionalen Unterschiede sind wieder kleiner als die kleinräumigen, wobei die Stationen

Abbildung 3.19.1: Die aufgestaute Salza an der Prescenyklause nördlich des Hochschwabs: Während es in höheren Lagen mild war, hat sich im Tal über Nacht ein Kaltluftsee mit Nebel gebildet. Der Stausee ist zugefroren, die Raureifablagerungen an den Bäumen markieren die Nebelobergrenze. Foto: A. Pilz

Große zeitliche Veränderlichkeit
Auch der erste Frost tritt durchwegs als Folge besonders kalter Witterungsanomalien auf, wobei die durchschnittliche Eintrittszeit in den optimalen Gunstgebieten des Vorlandes um den 5. November zu erwarten ist, in den ungünstigsten Talbecken aber schon zwischen 5. und 10. Oktober. Wegen der großen Veränderlichkeit des Eintrittsdatums sind in den Tallagen fallweise auch Fröste im September möglich.

mit deutlich späterem Eintrittsdatum (Lassnitzhöhe um 15 Tage, St. Radegund und Wiel um 14, Graz-Messendorfberg um 13, Fischbach um 12, Graz-Universität, Altenberg und Mönichkirchen um 10, Rechberg um 9 Tage später, etc.) in den bekannten thermischen Gunstgebieten liegen, die Stationen mit auffallend früherer Eintrittszeit entsprechend in den Ungunstgebieten (Pusterwald um 17 Tage früher, Neumarkt um 13, St. Michael um 12, Zeltweg um 11, Oberwölz um 10 Tage, etc.).

In benachteiligten Tallandschaften im Norden ist im Extremfall nur der Juli absolut frostfrei

In der Obersteiermark ist in den am meisten benachteiligten Talbecken (Kainisch und höhere Seitentäler) durchschnittlich schon um den 20. September mit dem ersten Frost zu rechnen, in Extremfällen sind auch Fröste im Juni und August möglich, wodurch im besiedelten Gebiet eigentlich nur mehr der Juli als ganz frostfrei gelten kann.

Die in den Niederungen durchwegs markanten geländeklimatischen Unterschiede kommen durch die Zufälligkeit der Lage der Isolinien und die große Äquidistanz von zehn Tagen nur im Vorland durch einen Gunstsaum am Fuß des Randgebirges und einige isolierte „Wärmeinseln" noch einigermaßen zur Geltung, während die Gegensätze zwischen den frostgefährdeten Beckenklimaten und den frostärmeren Hängen darüber in der Gebirgssteiermark nicht mehr zum Ausdruck kommen.

In der Tabelle 3.18.1 ist das durchschnittliche Eintrittsdatum des ersten Frostes aller ausgewählten Stationen dargestellt.

H. WAKONIGG | A. PODESSER

Bis –2°C nur leichte Frostschäden

Der Betrag von –2°C als Grenzwert wurde ausgewählt, um die agrarklimatisch stärker wirksamen Schadensfröste zu erfassen, da bei Temperaturen zwischen Null und –2°C vielfach nur leichte Frostschäden auftreten und die Empfindlichkeit der Kulturpflanzen für Frostschäden unterschiedlich ist, wobei robustere Kulturpflanzen bzw. deren Blüten bei Frösten zwischen Null und –2°C noch kaum Schäden davontragen.

Verteilungsbild ähnlich mit jenem des letzten Frostes unter 0°C

Erwartungsgemäß ist das Verteilungsbild der Eintrittszeit des letzten Schadensfrostes, d.h. Frostes von wenigstens –2°C mit jenem des letzten Frostes unter Null Grad (siehe Kapitel 3.18) so gut wie identisch, wobei der letzte Schadensfrost regelhaft etliche Tage früher auf-

Ursachen und Faktoren für das Verteilungsbild des letzten Frostes mit wenigstens –2°C sind gleich wie bei den Frosttagen unter Null Grad und werden daher hier nicht mehr angesprochen. Die zeitliche Differenz zwischen diesen beiden Datumszahlen beträgt im Landesdurchschnitt für alle Stationen bis 1 436 m Höhe (Schöckl) 14,3 Tage oder gut zwei Wochen, wobei die Extremwerte zwischen 7 und 27 Tagen liegen, und die Standardabweichung 4,5 Tage beträgt. Die größeren Abstände sind dabei fast nur bei den Vorlandstationen zu beobachten (durchschnittlicher Abstand 17 Tage).

Inneralpin elf Tage späteres Eintrittsdatum als im Süden

Im Durchschnitt der gesamten Steiermark beträgt die Verspätung des mittleren Eintrittsdatums des letzten Frostes mit wenigstens –2°C bis 1 300 m Höhe 2,8 Tage

Abbildung 3.20.1: Frostschäden im April an einer Wintergerstenkultur.
Foto: A. Mayer

tritt als der letzte leichte Frost. Im konkreten Einzelfall kann das agrarklimatisch dann von entscheidender Bedeutung sein, wenn zum Datum des letzten Frostes mit wenigstens –2°C die Nutzpflanzen noch kein kritisches Wachstumsstadium erreicht haben, und dann in der Phase mit dem empfindlichen Wachstumsstadium nur mehr leichte, kaum Schaden bringende Fröste auftreten.

pro 100 m Höhenzunahme. Reduziert man das Eintrittsdatum mit diesem Gradienten auf ein Niveau von 500 m, ergibt sich als durchschnittliches Eintrittsdatum der 9. April, wobei der durchschnittliche Eintritt im Norden um vier Tage später, im Murtal um fünf Tage später und im gesamten Süden um sechs Tage früher erfolgt. Die regionalen Unterschiede sind schon recht beträchtlich, die kleinräumigen Unterschiede aber ungleich größer, wobei die Stationen mit deutlich früherem Eintrittsdatum (Graz-Messendorfberg um 21 Tage, Altenberg um 20, Graz-Universität um 17, Lassnitzhöhe um 15, Weiz um 14, St. Radegund um 10 Tage, etc.) in den bekannten thermischen Gunstgebieten liegen, die Stationen mit auffallend verspäteter Eintrittszeit entsprechend in den Ungunstgebieten (Bad Mitterndorf um 24 Tage; Lobming um 13; St. Michael und Neumarkt um 12; Pusterwald um 11; Aigen, Zeltweg und Gleisdorf um 10 Tage später, etc.).

In den optimalen Gunstlagen ist normalerweise mit dem letzten Schadensfrost um den 15. März, in den Ungunstlagen des Vorlandes (d.h. in den bei den Normalwerten der Lufttemperatur im Jänner angegebenen lokalen Beckenlagen) um den 25. April zu rechnen. In den extremen Beckenlagen und höheren Seitentälern der Obersteiermark ist mit Frösten von wenigstens –2°C bis zum 10. Mai zu rechnen.

In der Tabelle 3.18.1 ist das durchschnittliche Eintrittsdatum des letzten Frostes mit wenigstens –2°C aller ausgewählten Stationen dargestellt.

3.21 Durchschnittliches Eintrittsdatum des ersten Frostes mit wenigstens –2°C

Die Situation beim Eintritt des ersten Frostes mit wenigstens –2°C im Herbst ist bezüglich aller Bedingungen, d.h. Klimafaktoren und Verspätung gleich bzw. spiegelbildlich zu jener beim Eintritt des letzten Frostes im Frühjahr. Die durchschnittliche Verspätung des Eintritts des –2°C-Frostes gegenüber dem Frost unter Null Grad beträgt im Landesdurchschnitt 12,4 Tage – mit einer Standardabweichung von nur 2,4 Tagen. Im Norden beträgt die Verspätung nur 11,8, aber in den anderen Landesteilen fast 13 Tage, wobei diese Unterschiede nicht kausal interpretierbar sind, d.h. die Verspätung ist in allen Landesteilen ziemlich einheitlich und besondere „Ausreißer" gibt es nicht. Die Extremwerte liegen bei 8 und 17 Tagen.

Im Süden zehn Tage späteres Entrittsdatum

Im Durchschnitt der gesamten Steiermark bis 1 300 m erfolgt das mittlere Eintrittsdatum des letzten Frostes um zwei Tage pro 100 m Höhenzunahme früher. Reduziert man das Eintrittsdatum mit diesem Gradienten auf ein Niveau von 500 m, ergibt sich als durchschnittliches Eintrittsdatum der 31. Oktober, wobei der durchschnittliche Eintritt im Norden um 2,5 Tage früher, im Murtal um 5,7 Tage früher und im gesamten Süden um 4,7 Tage später erfolgt. Die regionalen Unterschiede sind wieder kleiner als die kleinräumigen, wobei die Stationen mit deutlich späterem Eintrittsdatum (Lassnitzhöhe um 15 Tage,

Fischbach um 12, St. Radegund und Wiel um 11, Altenberg und Graz-Messendorfberg um 10, Rechberg um 9, Graz-Universität um 8 Tage, etc.) in den bekannten thermischen Gunstgebieten liegen, die Stationen mit auffallend früherer Eintrittszeit entsprechend in den Ungunstgebieten (Neumarkt um 14 Tage früher, Zeltweg um 13, Pusterwald um 12, Aigen um 11, St. Michael um 10, Bad Mitterndorf um 9, Lobming um 8 Tage, etc.).

Die späteste durchschnittliche Erwartungszeit des –2°C-Frostes liegt in den frostärmsten Gebieten des Vorlandes um den 23. November, in den extremen Ungunstgebieten um den 20. Oktober und in den frostreichsten Talböcken und Hochtälern der Obersteiermark um den 5. Oktober. So wie bei der Eintrittszeit des ersten Frostes unter Null Grad kommt der geländeklimatische Unterschied aufgrund der Zufälligkeit der Isolinienführung und der großen Äquidistanz von 10 bzw. 15 Tagen durch die Darstellung eines Gunstsaumes am Fuß des Randgebirges noch einigermaßen zur Geltung, während in der Gebirgssteiermark der Gegensatz zwischen den kalten Beckenklimaten und den darüber liegenden begünstigten Hangzonen nicht mehr zum Ausdruck kommt.

In der Tabelle 3.18.1 ist das durchschnittliche Eintrittsdatum des ersten Frostes mit wenigstens –2°C aller ausgewählten Stationen dargestellt.

3.22 Durchschnittliche Dauer der frostfreien Zeit

Definition

Die Dauer der frostfreien Zeit (in Anlehnung an den Begriff der Vegetationsperiode auch „frostfreie Periode" genannt) ist die Zeit zwischen dem durchschnittlich letzten Frost im Frühjahr und dem durchschnittlich ersten Frost im Herbst und damit als Funktion dieser beiden Eintrittsdaten von den selben räumlichen Klimafaktoren und Witterungsbedingungen abhängig wie die beiden Eintrittsdaten. Entsprechend hoch ist auch die Veränderlichkeit der Dauer der frostfreien Zeit von Jahr zu Jahr.

Große Unterschiede der Dauer

Im Durchschnitt der gesamten Steiermark beträgt die Abnahme der Dauer der frostfreien Zeit bis 1 400 m Höhe 3,7 Tage pro 100 m. Reduziert man die Dauer mit diesem Gradienten auf ein Niveau von 500 m, ergibt sich eine durchschnittliche Dauer von 177 Tagen, wobei die durchschnittliche Dauer im Norden um 6 Tage kürzer, im Murtal um 3 Tage kürzer und im Vorland um 9 Tage länger ist. Die regionalen Unterschiede sind also beachtlich, die lokalen aber ausgesprochen spektakulär und spiegeln die geländeklimatischen Besonderheiten geradezu „mustergültig" wider, wobei die Stationen mit auffallend längerer Dauer (Lassnitzhöhe +29 Tage, Graz-Messendorfberg +25, St. Radegund +23, Altenberg +21, Wiel und Fischbach +19, Wörterberg +18, Rechberg +17, Graz-Universität und Mönichkirchen +16, etc.) in den schon bekannten Gunstgebieten liegen, wie umgekehrt die Stationen mit auffallend verkürzter Dauer in den geläufigen Ungunstgebieten liegen (Pusterwald −40 Tage, Bad Mitterndorf −23, Zeltweg −19, Aigen und St. Michael −18, Mariazell −17, Neumarkt −15, Mürzzuschlag und Birkfeld −14, etc.).

120 bis 210 Tage frostfrei

Dabei ist nur in den am stärksten wärmebegünstigten Landesteilen mit Werten bis 210 Tagen mehr als die Hälfte des Jahres normalerweise frostfrei, in der Obersteiermark ist das höchstens im Bereich des mittleren Ennstals unterhalb von Hieflau der Fall. Umgekehrt verkürzt sich die frostfreie Zeit in den extremen Ungunstgebieten, d.h. Kaltluftbecken und höheren besiedelten Seitentälern auf unter 120 Tage, das sind gerade noch vier Monate. In der Tabelle 3.18.1 ist die durchschnittliche Dauer der frostfreien Zeit aller ausgewählten Stationen dargestellt.

H. WAKONIGG | A. PODESSER

3.23 Durchschnittliche Dauer der Zeit ohne Fröste mit wenigstens −2°C

Dauer um sieben Tage länger als frostfreie Zeit

Bezüglich der Klimafaktoren und räumlichen Verteilung der Zeit ohne Fröste mit wenigstens −2°C gibt es keine Unterschiede zu den Frösten unter Null Grad. Die Länge der Zeit mit Frösten mit wenigstens −2°C ist nun um die Summe der Zeitdifferenz des früheren Auftretens gegenüber den Frösten unter Null Grad im Frühjahr und des späteren Auftreten im Herbst größer, das sind im Durchschnitt der gesamten Steiermark 26,7 Tage. Dagegen ergibt eine direkte Ermittlung aus den Differenzen der Dauer der Fröste unter Null Grad und Fröste mit wenigstens −2°C einen Durchschnitt von 27,2 Tagen (Standardabweichung 5,6 Tage). Die kleine Differenz entsteht durch geringfügige Abweichungen bei den zur Mittelbildung herangezogenen Stationen.

Im Süden drei Wochen länger als inneralpin

Im Durchschnitt der gesamten Steiermark beträgt die Abnahme der Dauer der Zeit ohne Fröste bis −2°C bis 1 400 m Höhe 3,7 Tage pro 100 m. Reduziert man die Dauer mit diesem Gradienten auf ein Niveau von 500 m, ergibt sich eine durchschnittliche Dauer von 203 Tagen, wobei die durchschnittliche Dauer im Norden um acht Tage kürzer, im Murtal um zwölf Tage kürzer und im Vorland um elf Tage länger ist. Die regionalen Unterschiede sind schon sehr groß, die lokalen aber noch weit größer und entsprechen etwa jenen bei der Dauer der frostfreien Zeit bis Null Grad (siehe Kapitel 3.22). Auch die Stationen mit auffallend längerer Dauer sind im Wesentlichen wieder die selben (Graz-Messendorfberg +34 Tage, Altenberg +32, Lassnitzhöhe +31, Graz-Universität +29, Wörterberg +26, St. Radegund +20, Weiz +19, etc.), desgleichen jene mit auffallend kürzerer Dauer (Pusterwald und Neumarkt −28 Tage, Zeltweg −23, Bad Mitterndorf und Lobming −17, Mürzzuschlag −16, Birkfeld −15, etc.)

Die am meisten begünstigten Regionen sind gut acht Monate schadfrostfrei

In den allerwärmsten Regionen des Vorlandes dauert die Zeit ohne Fröste mit wenigstens −2°C 240 bis 245 Tage, also gut acht Monate, in den „Kaltluftlöchern" aber nur 185 bis 190 Tage, d.h. nur etwas mehr als sechs Monate. In den extrem kalten Becken und höheren Seitentälern der Obersteiermark verkürzt sich diese Zeit sogar auf 150 bis 155 Tage, d.h. auf nur gut fünf Monate.

In der Tabelle 3.18.1 ist die durchschnittliche Dauer der Zeit ohne Fröste mit wenigstens −2°C aller Stationen dargestellt.

Definition

Als Sommertage werden traditionell solche verstanden, an denen die Temperatur irgendwann im Laufe des Tages den Höchstwert von 25°C erreicht oder überschreitet. Daraus ergeben sich einige wichtige Konsequenzen: Sommertage sind nur auf die wärmsten Monate des Jahres konzentriert und solcherart auch in den wärmsten Landesteilen im März nur seltene zufällige Ausnahmen bzw. auch im Oktober nur fallweise vorkommend. Mit den Sommertagen kann recht gut die Zahl der „Badetage" umschrieben werden, wenn man annimmt, dass die Zahl der dafür weniger geeigneten warmen Tage mit wenigstens 25°C aber Regen und stärkerer Bewölkung durch die Zahl der besser geeigneten Tage mit heiterem oder wolkenlosem Wetter aber etwas unter 25°C einigermaßen ausgeglichen wird.

Beispiel Graz

Die Verteilung der Zahl der Sommertage (und auch jene der Tropentage, siehe Kapitel 3.25) wird am Beispiel der Station Graz-Universität (Abb. 3.24.1) dargestellt. Dabei sind im Juli gut 17 bzw. knapp 56% aller Tage Sommertage, womit auch das mittlere tägliche Temperaturmaximum knapp über 25°C liegt. In allen drei Sommermonaten zusammen sind es knapp 43 Tage oder gut 46%. Im März sind Sommertage zwar denkbar, aber im Beobachtungszeitraum noch nicht aufgetreten.

Klimaänderung

Die Zahl der Sommertage hat ganz allgemein im Zuge der aktuellen Klimaänderung stark zugenommen. Nach dem linearen Trend beträgt die Zunahme an der Station Graz-Universität von 1951 bis 2003 bei einem Mittelwert von 53,2 Tagen nicht weniger als 26,9 Tage, d.h. von 39,7 auf 66,6 Tage. Allerdings wurde die zugrunde gelegte Reihe nicht homogenisiert (Stationsverlegung 1986) und könnte einen zu hohen Wert anzeigen.

Einfluss der Seehöhe

Sommertage stellen sich selbst im Hochsommer normalerweise nur bei strahlungsreichem „Schönwetter" bzw. entsprechend warmen Luftmassen ein und werden durchwegs durch die Temperatur während der wärmsten Tagesstunden, d.h. zu den Zeiten mit maximaler Einstrahlung bzw. positiver Strahlungsbilanz am Erdboden und damit steilsten Temperaturgradienten charakterisiert. Dadurch entspricht ihre Verteilung den Temperaturverhältnissen mit stärkster Abnahme mit

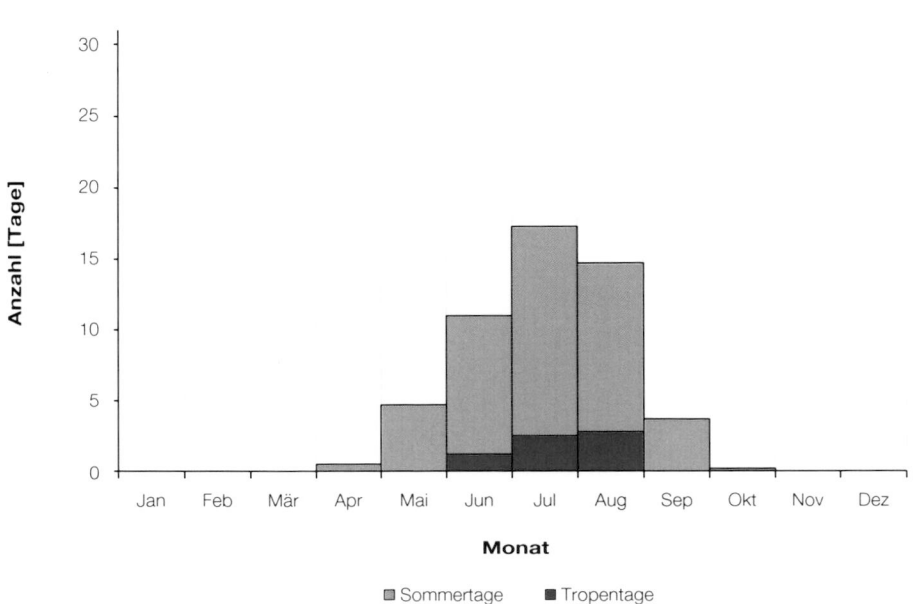

Abbildung 3.24.1: Durchschnittliche Zahl der Sommer- und Tropentage, Station Graz-Universität, 366 m.

H. Wakonigg | A. Podesser

zunehmender Seehöhe, wobei die Abnahme der Zahl der Sommertage nach oben bestenfalls in der unteren Schicht (je nach Landschaft bis 900 oder 1 200 m) linear erfolgt, darüber aber stark abnimmt und fast asymptotisch gegen Null geht.

Zentral-peripherer Formenwandel

Im Durchschnitt der gesamten Steiermark nimmt die Zahl der Sommertage bis etwa 1 100 m um 6,7 Tage pro 100 m nach oben ab. Reduziert man die Zahl der Sommertage mit diesem Gradienten auf ein Einheitsniveau von 500 m, dann erhält man als Durchschnittswert 45,7 Sommertage pro Jahr. Bezogen auf diesen Durchschnitt gibt es im Norden um 2,1 und im Murtal um 4,4 mehr Sommertage, während es im Vorland um 2,2 Tage weniger sind. Daran erkennt man wieder den Effekt der inneralpinen Überwärmung bei Strahlungswetter im Sinne des zentral-peripheren Formenwandels.

Große lokale Unterschiede

Diese regionalen Unterschiede sind aber weitaus kleiner als die lokalen, bei denen noch die Faktoren der Stationsaufstellung mitwirken. Auch bei der Zusammenfassung zu Gruppen gleichen sich die regionalen Unterschiede ziemlich aus, etwa in dem Sinn, dass z.B. Bruck nicht gleichermaßen zentralalpin liegt wie Oberwölz etc. Immerhin lassen sich auffallend mehr Sommertage als im Landesdurchschnitt bei den Stationen Irdning (+14,0), Deutschlandsberg (+12,4), Bad Aussee (+11,2), Oberwölz (+10,7), Bad Mitterndorf (+7,8), Leibnitz (+7,7) und Weiz (+7,0) feststellen, doch handelt es sich dabei überwiegend um die Effekte der jeweiligen Stationsaufstellung. Die größten negativen Abweichungen, z.B. Birkfeld (–10,8), St. Radegund (–9,1), Mönichkirchen (–8,7), Wiel (–8,2), Laßnitzhöhe (–7,8), Wörterberg (–7,7), Semmering (–5,8) sind dagegen wohl nur bei Birkfeld auf die lokalen Umstände, bei den anderen Stationen aber überwiegend auf deren rand- und außeralpine Lage auf Vollformen zurückzuführen, die zwar höhere Durchschnittstemperaturen, aber etwas geringere Maximaltemperaturen bewirkt.

Gegenüber den schon am Beispiel von Leibnitz angesprochenen lokalen Umständen der Stationsaufstellung, etwa der Beschaffenheit des Untergrundes, spielt das Gelände bei der Zahl und Verteilung der Sommertage nur eine untergeordnete Rolle und ist auch nicht mehr im Sinne einer bestimmten Wirkungsrichtung zu definieren, d.h. „kalte Beckenlagen" sind an Schönwettertagen tagsüber nicht mehr entwickelt.

Tabelle 3.24.1: Durchschnittliche Zahl der Sommertage an ausgewählten Stationen.

Nr.	Name	Sh [m]	Jan	Feb	Mär	Apr	Mai	Jun	Jul	Aug	Sep	Okt	Nov	Dez	Frühling	Sommer	Herbst	Winter	Jahr
1	Admont	648	–	–	–	0,1	3,1	7,4	12,1	12,0	3,1	0,1	–	–	3,2	31,5	3,2	–	37,9
3	Aflenz	785	–	–	–	–	0,9	4,2	7,9	8,0	1,1	–	–	–	0,9	20,1	1,1	–	22,1
4	Aigen/Ennstal	640	–	–	–	0,1	3,2	7,7	12,2	11,9	2,9	–	–	–	3,3	31,8	2,9	–	38,0
7	Altenberg/Hartberg	429	–	–	–	0,3	3,7	9,5	15,8	14,5	3,8	0,2	–	–	4,0	39,8	4,0	–	47,8
10	Bad Aussee	660	–	–	–	0,4	4,1	8,7	13,8	14,0	4,9	0,3	–	–	4,5	36,5	5,2	–	46,2
11	Bad Gleichenberg	293	–	–	–	0,5	5,2	11,8	18,5	16,1	4,7	0,3	–	–	5,7	46,4	5,0	–	57,1
14	Bad Mitterndorf	810	–	–	–	–	2,1	6,4	11,0	10,3	2,9	0,1	–	–	2,1	27,7	3,0	–	32,8
15	Bad Radkersburg	208	–	–	0,1	0,5	5,7	12,4	19,6	17,2	5,8	0,2	–	–	6,3	49,2	6,0	–	61,5
18	Birkfeld	635	–	–	–	–	1,1	5,1	10,1	8,3	1,3	–	–	–	1,1	23,5	1,3	–	25,9
23	Bruck/Mur	493	–	–	–	0,3	4,2	9,6	16,2	15,0	5,4	0,1	–	–	4,5	40,8	5,5	–	50,8
27	Deutschlandsberg	448	–	–	0,0	0,7	5,8	12,5	19,2	16,5	6,1	0,8	–	–	6,5	48,2	6,9	–	61,6
37	Fischbach	1015	–	–	–	0,0	0,9	2,0	2,9	0,4	–	–	–	–	0,0	5,8	0,4	–	6,2
47	Fürstenfeld	271	–	–	–	0,5	5,5	12,1	19,1	17,1	5,7	0,5	–	–	6,0	48,3	6,2	–	60,5
50	Gleisdorf	375	–	–	–	0,4	4,7	11,0	17,3	15,8	4,9	0,3	–	–	5,1	44,1	5,2	–	54,4
57	Graz-Flughafen	337	–	–	–	0,4	4,9	11,3	17,8	15,4	4,2	0,2	–	–	5,3	44,5	4,4	–	54,2
58	Graz-Messendorfberg	435	–	–	–	0,4	4,5	9,5	15,6	14,0	4,1	0,1	–	–	4,9	39,1	4,2	–	48,2
60	Graz-Universität	366	–	–	0,0	0,5	4,7	11,0	17,3	14,7	3,7	0,2	–	–	5,2	43,0	3,9	–	52,1
61	Gröbming	763	–	–	–	0,0	2,5	7,1	11,0	10,4	2,3	–	–	–	2,5	28,5	2,3	–	33,3
69	Hieflau	500	–	–	–	0,5	4,6	8,9	13,4	14,1	4,7	0,1	–	–	5,1	36,4	4,8	–	46,3
80	Irdning-Gumpenstein	698	–	–	–	0,1	4,0	9,1	14,3	14,0	5,0	–	–	–	4,1	37,4	5,0	–	46,5
84	Kalwang	760	–	–	–	–	1,1	5,4	9,3	8,4	1,2	–	–	–	1,1	23,1	1,2	–	25,4
87	Kindberg	561	–	–	–	0,1	3,7	8,2	13,7	13,3	3,4	0,1	–	–	3,8	35,2	3,5	–	42,5
90	Kirchberg-Grafendorf	455	–	–	–	0,3	3,7	8,3	15,4	14,1	4,0	–	–	–	4,0	37,8	4,0	–	45,8
95	Kleinsölk	1005	–	–	–	–	0,6	2,6	5,3	5,2	0,3	–	–	–	0,6	13,1	0,3	–	14,0
101	Krippenstein	2050	–	–	–	–	0,0	0,0	0,0	0,0	–	–	–	–	–	0,0	–	–	0,0
103	Lassnitzhöhe	527	–	–	0,0	0,2	2,5	7,3	12,5	11,1	2,4	0,1	–	–	2,7	30,9	2,5	–	36,1
104	Leibnitz	273	–	–	0,1	1,0	7,2	13,4	20,9	18,5	6,9	0,7	–	–	8,3	52,8	7,6	–	68,7
112	Lobming	414	–	–	–	0,3	4,2	9,9	16,0	14,2	3,5	0,2	–	–	4,5	40,1	3,7	–	48,3
116	Mariazell	865	–	–	–	–	1,1	3,4	6,4	7,1	1,4	–	–	–	1,1	16,9	1,4	–	19,4
126	Mürzzuschlag	758	–	–	–	–	1,3	4,7	8,9	8,8	1,4	–	–	–	1,3	22,4	1,4	–	25,1
132	Neumarkt	835	–	–	–	–	1,0	5,4	10,1	8,7	1,3	–	–	–	1,0	24,2	1,3	–	26,5
138	Oberwölz	827	–	–	–	0,0	2,1	7,2	11,4	11,1	2,8	–	–	–	2,1	29,7	2,8	–	34,6
139	Oberzeiring	933	–	–	–	0,0	0,8	3,9	7,6	7,3	1,0	–	–	–	0,8	18,8	1,0	–	20,6
155	Pusterwald	1072	–	–	–	–	0,1	1,5	4,4	4,3	0,6	–	–	–	0,1	10,2	0,6	–	10,9
161	Rechberg	926	–	–	–	–	0,1	2,2	5,1	5,0	0,5	–	–	–	0,1	12,3	0,5	–	12,9
169	Rohrmoos	1078	–	–	–	–	0,6	2,6	4,9	4,5	0,4	–	–	–	0,6	12,0	0,4	–	13,0
173	Schöckl	1436	–	–	–	–	–	0,2	0,2	0,1	–	–	–	–	–	0,4	0,1	–	0,5
176	Seckau	855	–	–	–	–	0,8	4,9	7,9	7,9	1,0	–	–	–	0,8	20,7	1,0	–	22,5
183	Sonnblick	3105	–	–	–	–	–	–	–	–	–	–	–	–	–	–	–	–	–
191	St. Michael b. Leoben	565	–	–	–	0,2	2,7	7,7	13,7	12,5	3,5	–	–	–	2,9	33,9	3,5	–	40,3
195	St. Radegund	725	–	–	–	–	0,9	4,1	8,4	7,4	1,0	–	–	–	0,9	19,9	1,0	–	21,8
198	Stolzalpe	1293	–	–	–	–	0,2	1,6	4,7	4,8	0,6	–	–	–	0,2	11,1	0,6	–	11,9
214	Villacher Alpe	2140	–	–	–	–	–	–	–	–	–	–	–	–	–	–	–	–	–
223	Weiz	465	–	–	–	0,5	5,0	11,0	17,5	15,3	5,2	0,5	–	–	5,5	43,8	5,7	–	55,0
225	Wiel	928	–	–	–	–	0,1	1,1	3,0	4,2	0,6	–	–	–	0,1	8,3	0,6	–	9,0
232	Zeltweg	670	–	–	–	0,0	2,3	7,8	13,0	12,2	3,3	–	–	–	2,3	33,0	3,3	–	38,6

Definition

Tropentage sind solche mit einer Tageshöchsttemperatur von wenigstens 30°C. Sie werden teilweise auch als heiße Tage bezeichnet, der Begriff „Tropentage" ist aber der ältere und offiziell eingebürgerte. Die Voraussetzungen zur Erreichung dieser Temperaturen sind die Ausbildung oder Zufuhr entsprechend warmer Luftmassen, eine wenig gestörte antizyklonale Witterung mit starker Globalstrahlung und ein entsprechend langer Tagbogen der Sonne und hoher Sonnenstand zu Mittag. Solcherart kommen Tropentage auch in den wärmsten Landesteilen nur zwischen Mai und September vor, wobei sie im September bereits seltene und beachtenswerte Ausnahmen darstellen, die vor der aktuellen Klimaänderung letztmals im Jahr 1947 beobachtet worden sind.

Besonderheiten des Beobachtungszeitraumes

Am Beispiel von Graz (Abb. 3.24.1) ergibt sich ein Maximum im August, sowie das Fehlen von Tropentagen im Mai und September. Beides sind Eigenheiten des Beobachtungszeitraums, denn allein im Mai des Jahres 1958 waren schon vier Tropentage beobachtet worden, und neben dem September 1947 gab es solche an der Station Graz-Universität auch im September 2006.

Tabelle 3.25.1: Durchschnittliche Zahl der Tropentage an ausgewählten Stationen.

Nr.	Name	Sh [m]	Jan	Feb	Mär	Apr	Mai	Jun	Jul	Aug	Sep	Okt	Nov	Dez	Frühling	Sommer	Herbst	Winter	Jahr
1	Admont	648	–	–	–	–	–	0,7	2,1	2,0	–	–	–	–	–	4,8	–	–	4,8
3	Aflenz	785	–	–	–	–	–	0,1	0,6	0,7	–	–	–	–	–	1,4	–	–	1,4
4	Aigen/Ennstal	640	–	–	–	–	–	0,8	1,6	1,9	0,1	–	–	–	–	4,3	0,1	–	4,4
7	Altenberg/Hartberg	429	–	–	–	–	0,0	0,8	2,2	2,9	0,2	–	–	–	0,0	5,9	0,2	–	6,1
10	Bad Aussee	660	–	–	–	–	0,1	1,2	2,7	2,9	0,2	–	–	–	0,1	6,8	0,2	–	7,1
11	Bad Gleichenberg	293	–	–	–	–	0,1	1,2	3,0	3,5	0,0	–	–	–	0,1	7,7	0,0	–	7,8
14	Bad Mitterndorf	810	–	–	–	–	–	0,5	1,3	1,4	0,0	–	–	–	–	3,2	0,0	–	3,2
15	Bad Radkersburg	208	–	–	–	–	0,1	1,4	2,7	3,6	0,2	–	–	–	0,1	7,7	0,2	–	8,0
18	Birkfeld	635	–	–	–	–	–	0,2	0,7	0,9	0,0	–	–	–	–	1,8	0,0	–	1,8
23	Bruck/Mur	493	–	–	–	–	0,0	1,3	3,3	3,1	0,4	–	–	–	0,0	7,7	0,4	–	8,1
27	Deutschlandsberg	448	–	–	–	–	0,2	2,0	4,3	4,2	0,2	0,0	–	–	0,2	10,5	0,2	–	10,9
37	Fischbach	1015	–	–	–	–	–	–	0,1	0,0	–	–	–	–	–	0,1	–	–	0,1
47	Fürstenfeld	271	–	–	–	–	0,1	1,6	3,8	4,3	0,2	–	–	–	0,1	9,7	0,2	–	10,0
50	Gleisdorf	375	–	–	–	–	0,0	1,1	2,5	2,7	0,1	–	–	–	0,0	6,3	0,1	–	6,4
57	Graz-Flughafen	337	–	–	–	–	0,1	1,3	2,6	2,8	0,0	–	–	–	0,1	6,7	0,0	–	6,8
58	Graz-Messendorfberg	435	–	–	–	–	0,0	0,8	1,8	2,2	0,0	–	–	–	0,0	4,8	0,0	–	4,8
60	Graz-Universität	366	–	–	–	–	0,0	1,2	2,5	2,8	–	–	–	–	0,0	6,5	–	–	6,5
61	Gröbming	763	–	–	–	–	–	0,5	1,3	1,5	–	–	–	–	–	3,3	–	–	3,3
69	Hieflau	500	–	–	–	–	0,2	1,2	3,2	3,1	0,1	–	–	–	0,2	7,5	0,1	–	7,8
80	Irdning-Gumpenstein	698	–	–	–	–	0,1	1,1	2,6	2,7	0,1	–	–	–	0,1	6,4	0,1	–	6,6
84	Kalwang	760	–	–	–	–	–	0,2	0,8	0,9	–	–	–	–	–	1,9	–	–	1,9
87	Kindberg	561	–	–	–	–	0,0	0,7	2,3	2,6	0,2	–	–	–	0,0	5,6	0,2	–	5,8
90	Kirchberg-Grafendorf	455	–	–	–	–	0,0	1,0	2,4	2,6	0,0	–	–	–	0,0	6,0	0,0	–	6,0
95	Kleinsölk	1005	–	–	–	–	–	0,1	0,4	0,4	–	–	–	–	–	0,9	–	–	0,9
101	Krippenstein	2050	–	–	–	–	–	–	–	–	–	–	–	–	–	–	–	–	–
103	Lassnitzhöhe	527	–	–	–	–	0,0	0,5	1,0	1,4	0,0	–	–	–	0,0	2,9	0,0	–	2,9
104	Leibnitz	273	–	–	–	–	0,4	2,5	4,5	4,7	0,4	–	–	–	0,4	11,7	0,4	–	12,5
112	Lobming	414	–	–	–	–	0,0	0,9	1,9	2,3	–	–	–	–	0,0	5,1	–	–	5,1
116	Mariazell	865	–	–	–	–	–	0,1	0,5	0,8	–	–	–	–	–	1,4	–	–	1,4
126	Mürzzuschlag	758	–	–	–	–	–	0,2	0,7	0,9	–	–	–	–	–	1,8	–	–	1,8
132	Neumarkt	835	–	–	–	–	–	0,1	0,5	0,8	–	–	–	–	–	1,4	–	–	1,4
138	Oberwölz	827	–	–	–	–	–	0,3	1,2	1,4	0,0	–	–	–	–	2,9	0,0	–	2,9
139	Oberzeiring	933	–	–	–	–	–	0,2	0,5	0,7	–	–	–	–	–	1,4	–	–	1,4
155	Pusterwald	1072	–	–	–	–	–	–	0,1	–	–	–	–	–	–	0,1	–	–	0,1
161	Rechberg	926	–	–	–	–	–	–	0,1	0,1	–	–	–	–	–	0,2	–	–	0,2
169	Rohrmoos	1078	–	–	–	–	–	0,0	0,2	0,0	–	–	–	–	–	0,2	–	–	0,2
173	Schöckl	1436	–	–	–	–	–	–	–	–	–	–	–	–	–	–	–	–	–
176	Seckau	855	–	–	–	–	–	0,1	0,5	0,6	–	–	–	–	–	1,2	–	–	1,2
183	Sonnblick	3105	–	–	–	–	–	–	–	–	–	–	–	–	–	–	–	–	–
191	St. Michael b. Leoben	565	–	–	–	–	–	0,7	2,2	2,3	0,1	–	–	–	–	5,2	0,1	–	5,3
195	St. Radegund	725	–	–	–	–	–	0,1	0,3	0,6	–	–	–	–	–	1,0	–	–	1,0
198	Stolzalpe	1293	–	–	–	–	–	0,0	0,2	0,1	–	–	–	–	–	0,3	–	–	0,3
214	Villacher Alpe	2140	–	–	–	–	–	–	–	–	–	–	–	–	–	–	–	–	–
223	Weiz	465	–	–	–	–	0,0	1,3	3,1	3,2	0,1	–	–	–	0,0	7,6	0,1	–	7,7
225	Wiel	928	–	–	–	–	–	–	0,1	0,1	–	–	–	–	–	0,2	–	–	0,2
232	Zeltweg	670	–	–	–	–	–	0,6	1,6	2,0	0,1	–	–	–	–	4,2	0,1	–	4,3

Aufgrund der Beschränkung der Tropentage auf die genannten Strahlungs- und Witterungsbedingungen ist bei der geographischen Verteilung ihrer Anzahl auch keine Benachteiligung des Nordens mehr erkennbar, weil die dortige größere „Schlechtwetterhäufigkeit" für die Zahl der Tropentage nicht mehr relevant ist.

Faktoren der Verteilung

Die entscheidenden Klimafaktoren für die Anzahl und Verteilung sind nun die Seehöhe, der zentral-periphere Formenwandel und die lokalen Umstände der Stationsaufstellung, aber nicht mehr geographische Breite oder das Gelände. Bei der Seehöhe ist erwartungsgemäß eine rasche und in homogenen Geländeeinheiten ungestörte Abnahme mit zunehmender Seehöhe festzustellen, die im Landesdurchschnitt etwa 1,5 Tage pro 100 m beträgt und abgesehen von den inneralpin überwärmten Gebieten meist schon unter 1 000 m Höhe gegen Null geht.

Leichte inneralpine Überwärmung

Im Durchschnitt der gesamten Steiermark nimmt die Zahl der Tropentage bis 800 m Höhe um 1,58 Tage pro 100 m nach oben ab. Reduziert man die Zahl der Tropentage mit diesem Gradienten auf ein Einheitsniveau von 500 m (allerdings ohne die aufgrund besonderer Bedingungen der Stationsaufstellung zu hohen Werte der „Ausreißer" Irdning, Deutschlandsberg und Leibnitz), dann erhält man als Durchschnittswert 5,9 Tropentage pro Jahr. Demgegenüber liegt die Zahl im Norden um durchschnittlich einen Tag und im Murtal um 1,2 Tage darüber, während sie im Vorland um 1,3 Tage darunter liegt.

Darin ist wieder die inneralpine Überwärmung zu erkennen. Das Vorland hat zwar absolut deutlich mehr Tropentage, nicht aber in vergleichbarer Seehöhe. Die lokalen Umstände der Stationsaufstellung können mangels Kenntnis nicht weiter bewertet werden.

Klimaänderung

An der Station Graz-Universität hat sich die Zahl der Tropentage bei einem Normalwert von 7,2 nach dem linearen Trend von 1,4 im Jahr 1951 auf 12,9 im Jahr 2003 erhöht. So wie bei den Sommertagen dürfen diese Daten wegen der Stationsverlegung allerdings nicht als völlig homogen angesehen werden. Trotzdem hat die aktuelle Klimaänderung gerade bei der Zunahme dieser seltenen Extremwerte ihre unübersehbaren Spuren hinterlassen.

3.26 Durchschnittliche Zahl der Tage mit strengem Frost (≤ –10°C)

Solche Tage sind ähnlich wie die Eistage auf den Kernwinter konzentriert, in den Niederungen im November und März eher Ausnahmen und im Oktober und April nur mehr in den alpinen Talbecken vorkommend. Als spätestes Datum mit strengem Frost gilt der 4. Mai 1979 mit –16,2°C in Tamsweg, –15,0°C in Pusterwald, –13,6°C in Zeltweg, –10,3 °C in Neumarkt und –10,2°C in Rohrmoos.

Beispiele

Die Verteilung der Tage mit strengem Frost wird für drei Beispielstationen in den Abbildungen 3.26.1 bis 3.26.3 dargestellt.

In Graz (Abb. 3.26.1) sind so kalte Tage tatsächlich seltene Ausnahmen, und selbst im Jänner sind durchschnittlich nur zwei solcher Tage (gut 6% aller Tage) zu erwarten.

Das winterstrenge Zeltweg (Abb. 3.26.2) hat entsprechend wesentlich mehr Tage mit strengem Frost; die wenigen im April und Mai sind durch die Mittelbildung im Diagramm nicht mehr erkennbar.

Auf dem Sonnblick sind in allen in der Abbildung 3.26.3 dargestellten Monaten strenge Fröste zu erwarten, einzig im Juni sind sie so selten, dass sie in der Darstellung „verschluckt" werden.

Strahlungsfröste in den Becken

Die Zahl der Tage mit strengem Frost ist nun besser als jedes andere in den Karten dargestellte Kriterium geeignet, die typischen Beckenklimate kenntlich zu machen, bzw. gleichzeitig die wärmebegünstigten Lagen außer- und oberhalb der Inversionen davon zu unterscheiden, da für die Anzahl und Verbreitung in den unteren beiden Schichten überwiegend ungestörte Strahlungswetterlagen, d.h. antizyklonale Wetterlagen im Gefolge von Kaltlufteinbrüchen, sowie das Geländeklima maßgebend sind.

Advektivfröste auf den Bergen

Erst in der oberen Schicht nimmt die Zahl der Tage mit strengem Frost wieder regelhaft mit wachsender Seehöhe zu, wobei dafür überwiegend advektive Wetterlagen mit Zufuhr kalter Luftmassen verantwortlich sind. Dabei wird die gleich große Zahl der Tage mit strengem Frost wie in den kalten Talbecken erst etwa 1 000 m über den jeweiligen Talbecken erreicht, d.h. in der Obersteiermark in 1 600 – 1 800 m, im Randgebirge in 1 100 – 1 200 m.

Inneralpine Neigung zu großer Kälte

Die mittlere Zunahme der Zahl der Tage mit strengem Frost pro 100 m Höhenanstieg abgeleitet aus den unteren beiden Stufen bis 1 400 m für die gesamte Steiermark beträgt nur 0,63 Tage, und der daraus berechnete gesamtsteirische Durchschnitt für 500 m Seehöhe 14,4 Tage. Bezogen auf diesen Durchschnitt gibt es im Norden durchschnittlich um drei Tage mehr, im Murtal um acht Tage mehr und im Vorland um 5,4 Tage weniger. Damit wird die ungleich größere Neigung der inneralpinen Lagen zu großer Kälte gut belegt, die sich aber in Einzelfällen als noch weitaus größer erweist.

So ist die Zahl der Tage mit strengem Frost gegenüber dem auf gleiche Seehöhe reduzierten Landesdurchschnitt in Zeltweg um 17,7, Neumarkt um 14,4, Pusterwald um 14,2, Bad Mitterndorf um 13,2, St. Michael um 12,9, Admont um 7,7, Rohrmoos um 7,3, Oberwölz um 6,8 und Oberzeiring um 6,1 Tage größer. Demgegenüber ist sie im Mittel der Stationen in thermischen Gunstlagen (Graz-Universität, Wörterberg, Deutschlandsberg, Altenberg, Graz-Messendorfberg, Weiz, St. Radegund, Rechberg und Wiel) um 8,2 kleiner als im Landesdurchschnitt, wobei St. Radegund mit einer Abweichung von –9,7 Tagen als relativ am wenigsten anfällig für strenge Fröste gilt (absolut ist es Graz-Messendorfberg mit nur fünf Tagen).

Lokale Extreme

Auch bei den Tagen mit strengem Frost sind in den beim Normalwert der Lufttemperatur im Jänner genannten „Kaltluftlöchern" noch größere als die dargestellten Werte zu erwarten, wie auch in den ebenfalls dort und beim Normalwert der Frosttage genannten, maximal wärmebegünstigten Gebieten geringere Werte, d.h. sicher weniger als fünf Tage pro Jahr.

An der Station Graz-Universität hat sich die Zahl der Tage mit strengem Frost bei einem Normalwert von 7,2 nach dem linearen Trend von 10,7 im Jahr 1951 auf 3,7 im Jahr 2002 vermindert. In Tabelle 3.26.1 ist die durchschnittliche Zahl der Tage mit strengem Frost aller ausgewählten Stationen dargestellt.

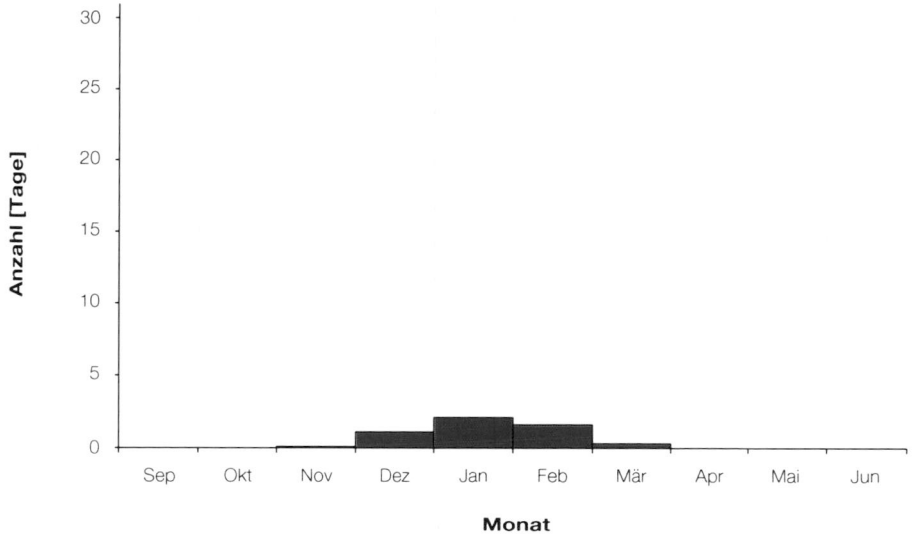

Abbildung 3.26.1: Durchschnittliche Zahl der Tage mit strengem Frost, Station Graz-Universität, 366 m.

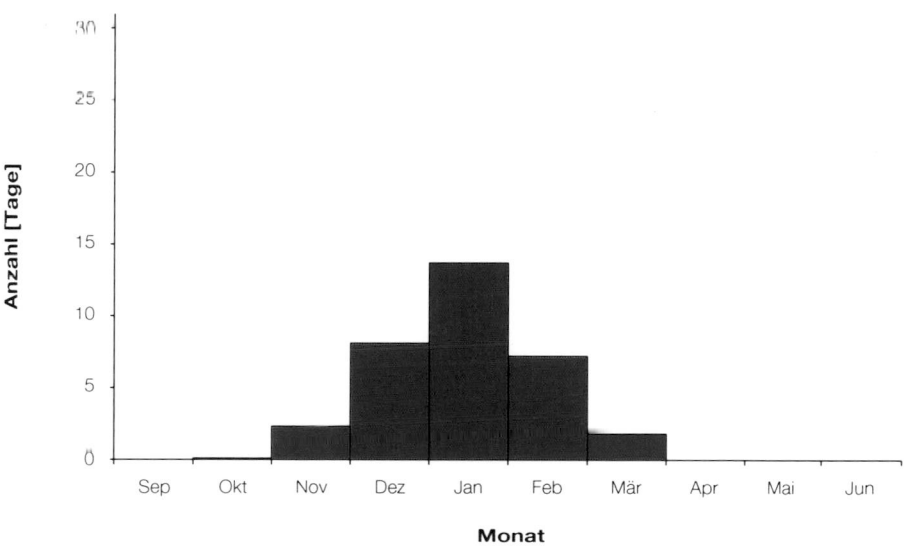

Abbildung 3.26.2: Durchschnittliche Zahl der Tage mit strengem Frost, Station Zeltweg, 670 m.

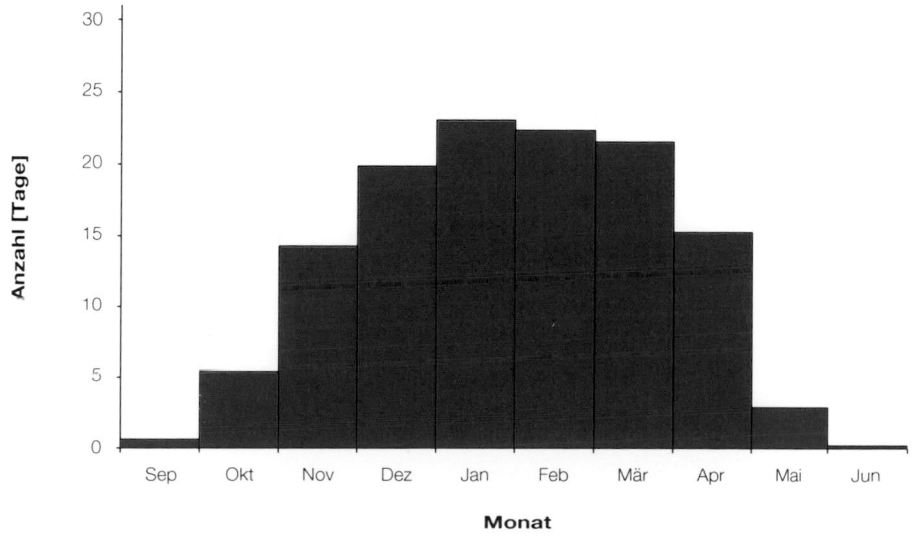

Abbildung 3.26.3: Durchschnittliche Zahl der Tage mit strengem Frost, Station Sonnblick, 3 105 m.

Tabelle 3.26.1: Durchschnittliche Zahl der Tage mit strengem Frost an ausgewählten Stationen.

Nr.	Name	Sh [m]	Jan	Feb	Mär	Apr	Mai	Jun	Jul	Aug	Sep	Okt	Nov	Dez	Frühling	Sommer	Herbst	Winter	Jahr
1	Admont	648	9,1	4,9	1,4	–	–	–	–	–	–	0,1	1,3	6,2	1,4	–	1,4	20,2	23,0
3	Aflenz	785	6,3	4,3	1,2	–	–	–	–	–	–	0,0	1,0	4,6	1,2	–	1,0	15,2	17,4
4	Aigen/Ennstal	640	10,2	5,7	1,2	–	–	–	–	–	–	0,1	1,6	7,2	1,2	–	1,7	23,1	26,0
7	Altenberg/Hartberg	429	2,6	1,6	0,5	–	–	–	–	–	–	–	0,1	1,6	0,5	–	0,1	5,8	6,4
10	Bad Aussee	660	5,8	3,6	1,0	–	–	–	–	–	–	–	0,6	4,1	1,0	–	0,6	13,5	15,1
11	Bad Gleichenberg	293	3,5	2,4	0,5	–	–	–	–	–	–	–	0,3	2,3	0,5	–	0,3	8,2	9,0
14	Bad Mitterndorf	810	10,6	7,2	2,1	0,1	–	–	–	–	–	0,0	2,0	7,6	2,2	–	2,0	25,4	29,6
15	Bad Radkersburg	208	3,7	2,5	0,4	–	–	–	–	–	–	–	0,2	2,1	0,4	–	0,2	8,3	8,9
18	Birkfeld	635	6,4	4,1	1,2	–	–	–	–	–	–	–	0,9	3,9	1,2	–	0,9	14,4	16,5
23	Bruck/Mur	493	5,0	2,5	0,7	–	–	–	–	–	–	–	0,6	2,8	0,7	–	0,6	10,3	11,6
27	Deutschlandsberg	448	3,1	1,9	0,5	–	–	–	–	–	–	–	0,1	1,9	0,5	–	0,1	6,9	7,5
37	Fischbach	1015	4,0	3,4	1,2	–	–	–	–	–	–	–	0,5	2,3	1,2	–	0,5	9,7	11,4
47	Fürstenfeld	271	4,3	2,5	0,7	–	–	–	–	–	–	–	0,5	2,7	0,7	–	0,5	9,5	10,7
50	Gleisdorf	375	5,8	3,7	0,8	–	–	–	–	–	–	–	0,8	3,2	0,8	–	0,8	12,7	14,3
57	Graz-Flughafen	337	5,5	3,0	0,6	–	–	–	–	–	–	–	0,7	3,3	0,6	–	0,7	11,8	13,1
58	Graz-Messendorfberg	435	2,3	1,4	0,3	–	–	–	–	–	–	–	0,1	0,9	0,3	–	0,1	4,6	5,0
60	Graz-Universität	366	2,1	1,6	0,3	–	–	–	–	–	–	–	0,1	1,1	0,3	–	0,1	4,8	5,2
61	Gröbming	763	9,1	5,5	1,5	–	–	–	–	–	–	0,0	1,4	6,5	1,5	–	1,4	21,1	24,0
69	Hieflau	500	4,1	2,0	0,5	–	–	–	–	–	–	–	0,4	2,5	0,5	–	0,4	8,6	9,5
80	Irdning-Gumpenstein	698	6,7	3,9	1,1	–	–	–	–	–	–	–	0,8	5,0	1,1	–	0,8	15,6	17,5
84	Kalwang	760	7,8	4,6	1,5	–	–	–	–	–	–	0,1	1,0	4,7	1,5	–	1,1	17,1	19,7
87	Kindberg	561	5,9	3,8	1,0	–	–	–	–	–	–	–	0,9	4,0	1,0	–	0,9	13,7	15,6
90	Kirchberg-Grafendorf	455	3,4	2,2	0,7	–	–	–	–	–	–	–	0,2	1,8	0,7	–	0,2	7,4	8,3
95	Kleinsölk	1005	4,2	3,8	1,1	–	–	–	–	–	–	0,0	0,8	2,7	1,1	–	0,8	10,7	12,6
101	Krippenstein	2050	10,2	11,5	8,1	3,1	0,1	–	–	–	–	0,5	5,3	9,1	11,3	–	5,8	30,8	47,9
103	Lassnitzhöhe	527	2,5	1,2	0,3	–	–	–	–	–	–	–	0,1	1,0	0,3	–	0,1	4,7	5,1
104	Leibnitz	273	4,9	3,0	0,6	–	–	–	–	–	–	–	0,4	2,9	0,6	–	0,4	10,8	11,8
112	Lobming	414	5,3	3,1	0,7	–	–	–	–	–	–	–	0,7	3,1	0,7	–	0,7	11,5	12,9
116	Mariazell	865	6,4	4,8	1,7	–	–	–	–	–	–	0,1	1,2	4,6	1,7	–	1,3	15,8	18,8
126	Mürzzuschlag	758	7,3	5,2	1,7	–	–	–	–	–	–	0,1	1,4	5,7	1,7	–	1,5	18,2	21,4
132	Neumarkt	835	11,5	7,3	2,0	–	0,0	–	–	–	–	0,1	2,4	7,6	2,0	–	2,5	26,4	30,9
138	Oberwölz	827	8,9	5,7	1,5	–	–	–	–	–	–	0,1	1,4	5,7	1,5	–	1,5	20,3	23,3
139	Oberzeiring	933	8,7	5,5	1,8	–	0,0	–	–	–	–	0,1	1,5	5,6	1,8	–	1,6	19,8	23,2
155	Pusterwald	1072	11,6	8,7	3,1	0,1	0,0	–	–	–	–	0,1	2,5	8,1	3,2	–	2,6	28,4	34,2
161	Rechberg	926	3,6	2,7	0,9	–	–	–	–	–	–	–	0,3	1,9	0,9	–	0,3	8,2	9,4
169	Rohrmoos	1078	7,8	6,4	2,2	0,1	0,0	–	–	–	–	0,1	2,2	6,6	2,3	–	2,3	20,8	25,4
173	Schöckl	1436	5,8	6,2	2,9	0,1	0,0	–	–	–	–	0,1	1,4	4,0	3,0	–	1,5	16,0	20,5
176	Seckau	855	8,3	5,1	1,7	–	0,0	–	–	–	–	0,1	1,1	5,3	1,7	–	1,2	18,7	21,6
183	Sonnblick	3105	23,1	22,4	21,6	15,3	2,9	0,2	–	–	0,6	5,4	14,3	19,9	39,8	0,2	20,3	65,4	125,7
191	St. Michael b. Leoben	565	11,5	6,0	1,6	–	0,1	–	–	–	–	–	2,0	6,5	1,7	–	2,0	24,0	27,7
195	St. Radegund	725	2,8	1,6	0,5	–	–	–	–	–	–	–	0,1	1,5	0,5	–	0,1	5,9	6,5
198	Stolzalpe	1293	5,2	4,8	1,7	–	–	–	–	–	–	0,1	1,0	3,5	1,7	–	1,1	13,5	16,3
214	Villacher Alpe	2140	10,1	11,0	7,9	2,3	0,1	–	–	–	–	0,4	5,1	9,1	10,3	–	5,5	30,2	46,0
223	Weiz	465	3,1	1,9	0,5	–	–	–	–	–	–	–	0,1	1,7	0,5	–	0,1	6,7	7,3
225	Wiel	928	3,0	2,3	0,9	–	–	–	–	–	–	–	0,2	1,8	0,9	–	0,2	7,1	8,2
232	Zeltweg	670	13,7	7,2	1,8	–	0,0	–	–	–	–	0,1	2,3	8,1	1,8	–	2,4	29,0	33,2

3.27 Durchschnittliche Zahl der Heiztage

Definition

Unter Heiztagen werden solche verstanden, an denen eine Wohnraumheizung zur Regulierung einer angenehmen Raumtemperatur wegen zu kalter äußerer Witterungsbedingungen notwendig wird. Traditionell wird dafür ein Grenzwert der mittleren (äußeren) Lufttemperatur von 12°C herangezogen, was angesichts der erwünschten Raumtemperaturen von wenigstens 20°C niedrig erscheint, allerdings haben Wohngebäude eine andere Strahlungs- und Energiebilanz als die äußere Umgebung und Innenräume sind daher gewöhnlich um einen deutlichen Betrag wärmer als die Außenluft.

Dieser Wärmevorsprung der Innenraumluft vergrößert sich bei sonnigem Strahlungswetter bzw. vermindert sich bei wolkenreicher und strahlungsarmer Witterung, weshalb der angegebene Grenzwert nur als grober Richtwert gelten kann. Dazu kommt, dass es kaum Jahre mit einem „endgültigen" Ende der Heizperiode im Frühjahr bzw. deren „endgültigem" Beginn im Herbst gibt, sondern dass die jeweiligen Perioden in den Übergangszeiten meist noch durch thermisch abweichende Witterungsphasen unterbrochen werden, was zuweilen sogar mehrmals geschieht.

Aus der Zahl der Heiztage allein, welche durch Auszählen der tatsächlichen Tage $\leq$ 12°C gewonnen werden, kann über den aus der Temperaturdifferenz zur Außenluft herzuleitenden nötigen Energieaufwand für die Wohnraumbeheizung nichts ausgesagt werden, da die tatsächliche Außentemperatur unbekannt bleibt. Diese Größe wird durch die „Summe der Heizgradtage" umschrieben.

Jahreszeitliche Verteilung

Die Verteilung der Zahl der Heiztage auf die einzelnen Monate wird für drei Beispielstationen in den Abbildungen 3.27.1 bis 3.27.3 dargestellt. In Graz Universität (Abb. 3.27.1), einer der wärmsten Stationen der Steiermark sind von November bis Februar alle Tage Heiztage, im März sind es noch 94% und im April immer noch 71%. Die nur zufällig in den Sommermonaten auftretenden Heiztage sind aber wegen der vorangegangenen Wärmespeicherung in den Gebäuden keine Tage mit tatsächlicher Notwendigkeit zur Raumheizung.

In Zeltweg (Abb. 3.27.2) sind alle Tage zwischen November und März Heiztage, und sogar im April sind es noch 83%. Auch in Zeltweg besteht an den seltenen Heiztagen im Juli und August keine wirkliche Notwendigkeit zur Raumheizung, anders ist es allerdings im Juni, in welchem zu Monatsbeginn durchaus immer wieder Bedarf zur Raumheizung besteht.

Schließlich sind im nordalpinen und höher gelegenen Mariazell (Abb. 3.27.3) von November bis März alle Tage, im April noch 96% und im Juli und August sogar noch 13 – 14% aller Tage Heiztage.

Dominierender Einfluss der Seehöhe

Beginn und Ende der Heizperiode liegen somit in der gesamten Steiermark, d.h. sogar in den wärmsten Landesteilen relativ nahe zum Sommer, weshalb die Zahl und Verteilung der Heiztage durch die räumlichen Faktoren und Witterungsbedingungen des Sommerhalbjahres bestimmt werden. Dadurch dominiert jetzt in allen Landesteilen der Faktor der Seehöhe mit eindeutiger Zunahme der Zahl der Heiztage nach oben und einem recht großen Gradienten von 7,5 bis 8,5 Tagen pro 100 m in den unteren beiden Schichten. Darüber nimmt dieser Gradient exponentiell ab, und die Zahl der Heiztage nähert sich asymptotisch dem Wert von 365 in etwa 2 800 m Höhe.

Sonstige Einflussfaktoren eher gering

Demgegenüber ist der Einfluss des Geländes so wie bei allen die wärmere Jahreshälfte betreffenden Temperaturen gering und bestenfalls in der unteren Stufe des Vorlandes festzustellen, wo er in den untersten 250 m nur drei Tage pro 100 m beträgt, was wieder auf die fast isothermen Temperaturen zwischen den Talböden und den begünstigten Riedellagen hinweist. Nach der geographischen Breite und den Witterungsbedingungen ist eine graduelle Benachteiligung des kühleren Nordens zu erwarten.

Deutliche thermische Bevorzugung des Südens

Reduziert man die Zahl der Heiztage mit dem mittleren Gradienten für die gesamte Steiermark in den unteren beiden Schichten von 8,15 Tagen pro 100 m auf ein

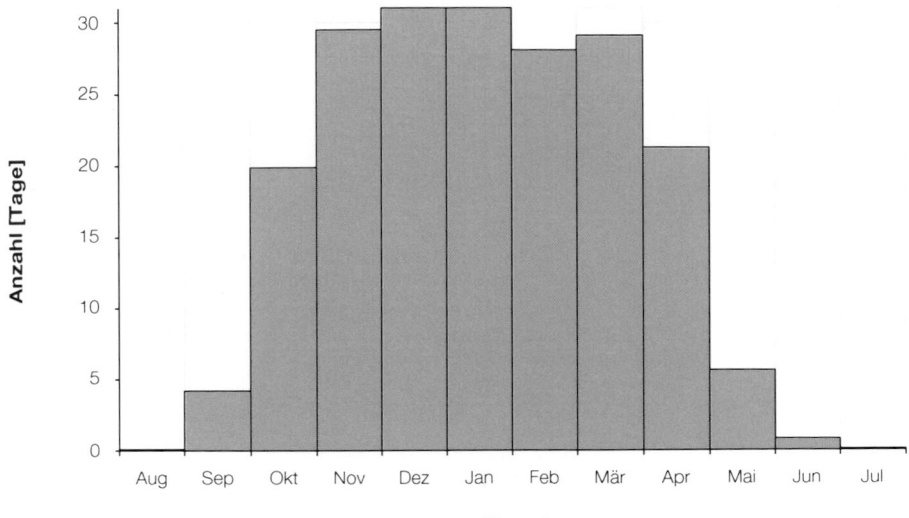

Abbildung 3.27.1: Durchschnittliche Zahl der Heiztage, Station Graz-Universität, 366 m.

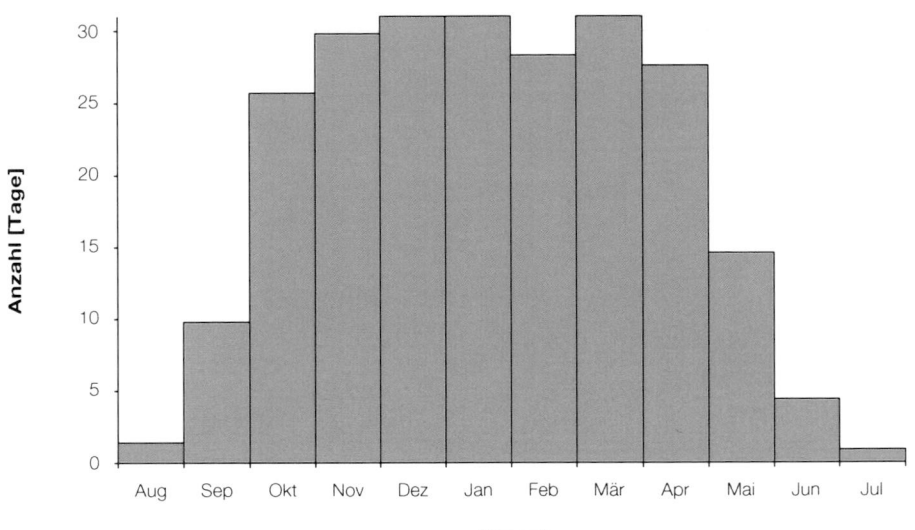

Abbildung 3.27.2: Durchschnittliche Zahl der Heiztage, Station Zeltweg, 670 m.

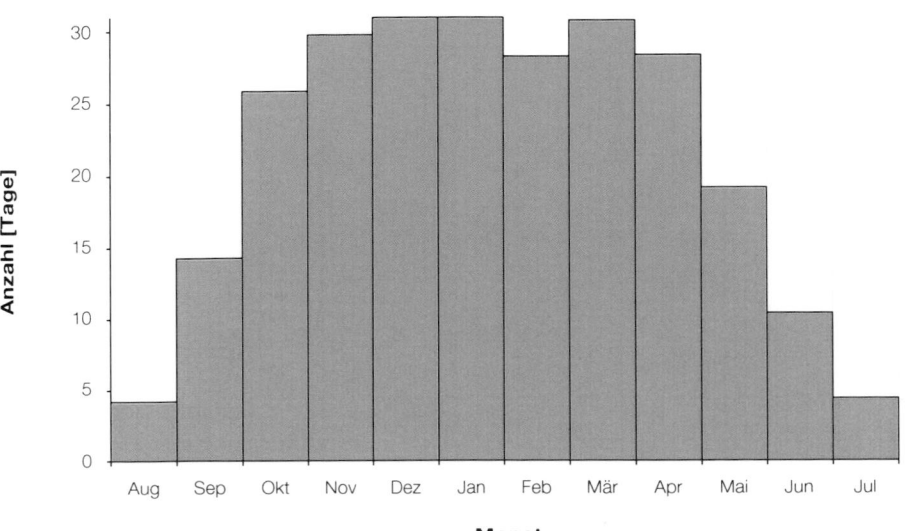

Abbildung 3.27.3: Durchschnittliche Zahl der Heiztage, Station Mariazell, 865 m.

H. WAKONIGG | A. PODESSER

Niveau von 500 m, dann erhält man eine durchschnittliche Dauer der Heizperiode von 219 Tagen. Demgegenüber gibt es im Norden im Durchschnitt um 4,6 Heiztage mehr, bei den Stationen in Tal- und Talbeckenlage sogar um 7,1 Tage mehr, im Murtal um einen Tag mehr und im Vorland um 4 Tage weniger. Die größte Verlängerung der Heizperiode gegenüber dem Normalwert der entsprechenden Seehöhe in Tagen haben Pusterwald (+15), Birkfeld (+10), Aigen und Kalwang (+9), Admont, Mürzzuschlag, Aflenz und Bad Mitterndorf (+7). Die größte Verkürzung haben die Stationen Lassnitzhöhe und St. Radegund (–15), Graz-Messendorfberg und Deutschlandsberg (–12), Weiz und Wiel (–11) und Altenberg (–10). Damit wird die oben angesprochene Bevorzugung des Südens (im Sinne der abgeschwächten „Schlechtwetterwirkung") bzw. neuerlich die der Bereiche über den Talböden bestätigt. In der Tabelle 3.27.1 ist die durchschnittliche Zahl der Heiztage aller ausgewählten Stationen dargestellt.

Tabelle 3.27.1: Durchschnittliche Zahl der Heiztage an ausgewählten Stationen.

Nr.	Name	Sh [m]	Jan	Feb	Mär	Apr	Mai	Jun	Jul	Aug	Sep	Okt	Nov	Dez	Frühling	Sommer	Herbst	Winter	Jahr
1	Admont	648	31,0	28,3	30,7	27,2	14,1	6,0	2,2	2,1	10,2	25,3	29,6	31,0	72,0	10,3	65,1	90,3	237,7
3	Aflenz	785	31,0	28,3	30,9	28,7	17,6	7,4	2,9	2,6	12,1	26,3	29,8	31,0	77,2	12,9	68,2	90,3	248,6
4	Aigen/Ennstal	640	31,0	28,3	30,7	27,6	15,0	5,2	1,7	1,9	10,3	26,3	29,7	31,0	73,3	8,8	66,3	90,3	238,7
7	Altenberg/Hartberg	429	31,0	28,1	29,1	22,1	7,2	1,0	0,1	0,2	4,4	19,9	29,3	30,9	58,4	1,3	53,6	90,0	203,3
10	Bad Aussee	660	31,0	28,3	30,4	26,5	12,7	5,9	2,4	2,1	8,8	23,0	29,5	31,0	69,6	10,4	61,3	90,3	231,6
11	Bad Gleichenberg	293	31,0	28,2	29,5	22,0	6,3	0,8	0,1	0,1	4,5	20,1	29,3	30,9	57,8	1,0	53,9	90,1	202,8
14	Bad Mitterndorf	810	31,0	28,3	30,9	28,6	17,6	8,4	3,4	3,3	12,6	26,2	29,8	31,0	77,1	15,1	68,6	90,3	251,1
15	Bad Radkersburg	208	31,0	28,1	29,2	20,8	5,0	0,6	0,1	0,1	3,6	19,4	29,1	30,9	55,0	0,8	52,1	90,0	197,9
18	Birkfeld	635	31,0	28,2	30,8	27,7	15,4	4,9	1,1	2,1	11,7	26,4	29,8	31,0	73,9	8,1	67,9	90,2	240,1
23	Bruck/Mur	493	31,0	28,3	30,3	25,5	9,5	2,3	0,3	0,5	6,1	22,1	29,6	31,0	65,3	3,1	57,8	90,3	216,5
27	Deutschlandsberg	448	31,0	28,1	29,0	22,0	7,1	1,2	0,1	0,4	4,6	19,5	29,1	30,9	58,1	1,7	53,2	90,0	203,0
37	Fischbach	1015	31,0	28,3	30,8	28,2	19,7	10,0	3,8	3,9	13,8	26,2	29,8	31,0	78,7	17,7	69,8	90,3	256,5
47	Fürstenfeld	271	31,0	28,2	29,9	22,5	6,4	0,9	0,1	0,2	4,5	20,7	29,4	31,0	58,8	1,2	54,6	90,2	201,0
50	Gleisdorf	375	31,0	28,3	30,2	24,3	8,5	1,2	0,1	0,3	5,7	21,0	29,0	31,0	63,0	1,6	55,7	90,3	210,1
57	Graz-Flughafen	337	31,0	28,2	30,0	23,0	6,6	1,1	0,1	0,1	4,1	21,3	20,7	31,0	60,1	1,0	55,9	90,2	207,2
58	Graz-Messendorfberg	105	31,0	28,1	30,1	21,5	6,4	1,2	0,2	0,2	4,2	20,1	29,4	31,0	57,0	1,6	53,7	90,1	202,4
60	Graz-Universität	366	31,0	28,1	29,1	21,3	5,6	0,8	0,1	0,1	4,2	19,9	29,5	31,0	56,0	1,0	53,6	90,1	200,7
61	Gröbming	763	31,0	28,3	30,9	28,0	16,2	7,0	2,7	2,5	11,3	26,5	29,8	31,0	75,1	12,2	67,6	90,3	245,2
69	Hieflau	500	31,0	28,3	30,0	25,0	10,3	4,4	1,2	1,3	7,4	23,2	29,5	31,0	65,3	6,9	60,1	90,3	222,6
80	Irdning-Gumpenstein	698	31,0	28,3	30,4	26,2	12,2	4,9	1,5	1,7	8,6	24,1	29,7	31,0	68,8	8,1	62,4	90,3	229,6
84	Kalwang	760	31,0	28,3	31,0	28,6	18,3	7,4	2,5	2,7	11,7	26,1	29,9	31,0	77,9	12,6	68,5	90,3	249,3
87	Kindberg	561	31,0	28,3	30,8	26,7	11,7	3,7	0,8	1,2	8,6	24,2	29,8	31,0	69,2	5,7	62,6	90,3	227,8
90	Kirchberg-Grafendorf	455	31,0	28,1	29,7	23,8	8,7	1,7	0,1	0,4	5,9	21,9	29,4	31,0	62,2	2,2	57,2	90,1	211,7
95	Kleinsölk	1005	31,0	28,3	30,8	28,6	19,4	10,5	5,4	5,8	14,9	27,1	29,8	31,0	78,8	22,0	71,8	90,3	262,9
101	Krippenstein	2050	31,0	28,3	31,0	30,0	30,4	27,2	23,5	22,8	26,7	30,0	30,0	31,0	91,4	73,5	86,7	90,3	341,9
103	Lassnitzhöhe	527	31,0	28,0	28,9	22,5	8,2	1,8	0,2	0,5	5,0	20,2	29,0	30,8	59,6	2,5	54,2	89,8	206,1
104	Leibnitz	273	31,0	28,1	29,3	21,5	5,2	0,5	0,1	0,1	3,5	19,4	29,4	30,9	56,0	0,7	52,3	90,0	199,0
112	Lobming	414	31,0	28,2	30,3	25,4	9,4	1,5	0,3	0,6	6,8	23,0	29,6	30,9	65,1	2,4	59,4	90,1	217,0
116	Mariazell	865	31,0	28,3	30,8	28,4	19,2	10,4	4,4	4,2	14,3	25,9	29,8	31,0	78,4	19,0	70,0	90,3	257,7
126	Mürzzuschlag	758	31,0	28,3	30,9	28,5	17,4	6,9	1,8	2,5	12,2	26,5	29,8	31,0	76,8	11,2	68,5	90,3	246,8
132	Neumarkt	835	31,0	28,3	31,0	29,2	18,6	7,0	2,2	2,3	12,8	27,7	29,9	31,0	78,8	11,5	70,4	90,3	251,0
138	Oberwölz	827	31,0	28,3	30,9	28,7	16,5	5,8	1,4	1,8	10,8	26,2	29,8	31,0	76,1	9,0	66,8	90,3	242,2
139	Oberzeiring	933	31,0	28,3	30,9	29,1	20,4	9,2	3,8	3,9	14,1	27,7	29,8	31,0	80,4	16,9	71,6	90,3	259,2
155	Pusterwald	1072	31,0	28,3	31,0	29,9	25,2	14,0	6,2	7,0	19,0	29,2	29,9	31,0	86,1	27,2	78,1	90,3	281,7
161	Rechberg	926	31,0	28,3	30,7	27,9	17,8	7,9	2,6	2,9	12,5	26,2	29,8	31,0	76,4	13,4	68,5	90,3	248,6
169	Rohrmoos	1078	31,0	28,3	31,0	29,3	22,4	11,8	6,0	5,9	16,7	28,8	29,9	31,0	82,7	23,7	75,4	90,3	272,1
173	Schöckl	1436	31,0	28,3	31,0	29,7	26,5	10,0	11,0	12,9	22,1	28,9	29,9	30,9	87,2	43,8	80,9	90,2	302,1
176	Seckau	855	31,0	28,3	30,8	28,7	16,9	6,2	1,7	2,1	11,6	26,7	29,8	31,0	76,4	10,0	68,1	90,3	244,8
183	Sonnblick	3105	31,0	28,3	31,0	30,0	31,0	30,0	31,0	31,0	30,0	31,0	30,0	31,0	92,0	92,0	91,0	90,3	365,3
191	St. Michael b. Leoben	565	31,0	28,3	30,7	27,3	14,2	4,7	1,1	1,8	9,7	25,4	29,9	31,0	72,2	7,6	65,0	90,3	235,1
195	St. Radegund	725	31,0	28,1	29,8	25,0	12,0	3,8	0,6	0,9	8,7	22,5	29,0	30,8	66,8	5,3	60,2	89,9	222,2
198	Stolzalpe	1293	31,0	28,3	31,0	29,7	23,5	13,1	5,8	6,2	16,4	28,3	29,9	31,0	84,2	25,1	74,6	90,3	274,2
214	Villacher Alpe	2140	31,0	28,3	31,0	30,0	30,9	28,5	26,0	24,8	29,1	31,0	30,0	31,0	91,9	79,3	90,1	90,3	351,6
223	Weiz	465	31,0	28,1	29,2	22,8	7,2	1,2	0,1	0,2	4,6	20,5	29,4	31,0	59,2	1,5	54,5	90,1	205,3
225	Wiel	928	30,9	28,0	30,2	27,0	17,5	7,7	2,4	3,1	12,0	24,4	29,2	30,7	74,7	13,2	65,6	89,6	243,1
232	Zeltweg	670	31,0	28,3	31,0	27,6	14,6	4,4	0,9	1,4	9,8	25,7	29,8	31,0	73,2	6,7	65,3	90,3	235,5

3.28 Durchschnittliche Heizgradsumme

Definition

Wie schon beim Normalwert der Zahl der Heiztage erwähnt, ist die Heizgradsumme ein indirekter Wert zur Abschätzung des tatsächlichen Heizaufwandes. Dabei wird durch die Heizgradsumme keineswegs ein Wert in einer Energiedimension angegeben, sondern nur eine abstrakte Zahl, die zum nötigen Energieaufwand mehr oder weniger in funktionaler Beziehung steht. Man gewinnt sie, indem man die Differenzen aller mittleren Tagestemperaturen jener Tage, die kleiner oder gleich 12°C sind, zur Raumtemperatur von 20°C bildet, und diese Differenzen aufsummiert.

Die durchschnittliche Temperaturdifferenz zu 20°C von allen Tagen mit kleiner oder gleich 12°C erhält man, indem man die Heizgradsumme durch die Zahl der Heiztage dividiert. Am Beispiel von Graz-Universität wäre das 3233 : 201 = 16,1 K, daraus ergibt sich eine Durchschnittstemperatur aller Heiztage von 3,9°C.

Große lokale Unterschiede

Im Durchschnitt der gesamten Steiermark nimmt die Heizgradsumme bis 1 400 m Höhe um 160 pro 100 m Anstieg zu. Reduziert man die Heizgradsumme mit diesem Gradienten auf ein Niveau von 500 m, ergibt sich

Tabelle 3.28.1: Durchschnittliche Heizgradsumme an ausgewählten Stationen.

Nr.	Name	Sh [m]	Jan	Feb	Mär	Apr	Mai	Jun	Jul	Aug	Sep	Okt	Nov	Dez	Frühling	Sommer	Herbst	Winter	Jahr
1	Admont	648	729,2	594,1	519,6	366,5	150,8	59,3	20,8	19,8	105,1	321,6	537,7	702,8	1036,9	99,9	964,4	2026,1	4127,3
3	Aflenz	785	703,0	588,2	535,0	402,5	192,2	72,7	26,0	25,0	126,9	342,8	541,0	677,4	1129,7	123,7	1010,7	1968,6	4232,7
4	Aigen/Ennstal	640	727,2	595,2	510,3	366,0	157,0	51,7	15,5	18,0	105,6	338,8	540,5	696,5	1033,3	85,2	984,9	2018,9	4122,3
7	Altenberg/Hartberg	429	635,6	522,1	436,5	260,7	71,2	9,1	0,9	1,4	41,8	237,1	468,8	595,9	768,4	11,4	747,7	1753,6	3281,1
10	Bad Aussee	660	677,0	566,0	496,1	355,3	137,6	59,3	22,5	20,0	92,0	284,5	511,3	650,4	989,0	101,8	887,8	1893,4	3872,0
11	Bad Gleichenberg	293	655,3	531,3	435,9	258,8	61,9	7,5	0,9	1,2	43,1	244,3	473,8	619,8	756,6	9,6	761,2	1806,4	3333,8
14	Bad Mitterndorf	810	729,6	613,2	548,0	409,5	195,1	86,3	33,4	31,9	134,1	343,3	553,2	701,8	1152,6	151,6	1030,6	2044,6	4379,4
15	Bad Radkersburg	208	646,8	522,0	424,6	241,1	49,3	5,6	0,6	0,8	34,5	233,1	461,4	608,5	715,0	7,0	729,0	1777,3	3228,3
18	Birkfeld	635	684,0	573,8	520,0	371,5	161,1	46,2	10,1	19,0	119,1	339,6	519,9	647,0	1052,6	75,3	978,6	1904,8	4011,3
23	Bruck/Mur	493	667,4	538,7	465,5	315,6	95,7	21,1	2,4	4,7	59,5	268,0	493,7	635,6	876,8	28,2	821,2	1841,7	3567,9
27	Deutschlandsberg	448	636,1	517,7	432,1	263,7	71,2	11,0	1,2	3,3	44,7	234,3	471,1	605,0	767,0	15,5	750,1	1758,8	3291,4
37	Fischbach	1015	665,6	588,4	555,6	417,3	224,3	101,3	35,3	37,0	148,4	346,1	520,7	631,4	1197,2	173,6	1015,2	1885,4	4271,4
47	Fürstenfeld	271	653,7	530,9	444,2	264,6	63,8	7,6	0,6	1,4	43,3	248,0	473,7	614,5	772,6	9,6	765,0	1799,1	3346,3
50	Gleisdorf	375	664,1	545,5	464,4	293,6	84,4	10,6	1,1	3,0	55,2	268,4	487,3	625,1	842,4	14,7	810,9	1834,7	3502,7
57	Graz-Flughafen	337	675,8	546,6	452,2	277,5	67,4	7,7	0,9	1,1	47,4	259,3	490,6	638,8	797,1	9,7	797,3	1861,2	3465,3
58	Graz-Messendorfberg	435	637,9	514,7	425,4	252,9	63,9	10,2	1,7	1,5	40,4	238,7	471,6	605,4	742,2	13,4	750,7	1758,0	3264,3
60	Graz-Universität	366	633,1	515,0	425,9	248,4	55,6	6,8	1,2	40,3	238,4	467,9	599,7	729,9	8,6	746,4	1747,8	3232,7	
61	Gröbming	763	717,0	599,7	523,5	379,8	174,4	71,0	25,3	24,1	118,5	344,7	548,5	696,0	1077,7	120,4	1011,7	2012,7	4222,5
69	Hieflau	500	675,2	555,9	472,9	319,7	108,6	43,2	11,5	11,9	74,7	286,6	512,4	647,5	901,2	66,6	873,7	1878,6	3720,1
80	Irdning-Gumpenstein	698	685,7	564,1	484,7	338,6	128,0	48,8	14,6	15,6	87,7	298,7	518,9	663,4	951,3	79,0	905,3	1913,2	3848,8
84	Kalwang	760	721,1	600,8	540,4	400,4	199,1	73,0	23,1	25,5	123,0	353,7	554,5	687,2	1139,9	121,6	1031,2	2009,1	4301,8
87	Kindberg	561	698,0	571,9	504,7	346,0	120,9	34,4	7,1	11,5	86,7	301,8	521,4	666,5	971,6	53,0	909,9	1936,4	3870,9
90	Kirchberg-Grafendorf	455	652,3	533,1	455,7	290,8	87,3	15,6	1,2	3,1	57,0	267,8	484,3	609,8	833,8	19,9	809,1	1795,2	3458,0
95	Kleinsölk	1005	678,8	591,1	545,9	420,9	221,8	114,8	53,7	56,9	164,4	364,1	541,2	655,9	1188,6	225,4	1069,7	1925,8	4409,5
101	Krippenstein	2050	778,3	726,4	741,6	643,9	500,8	388,9	301,8	283,8	388,9	511,2	661,1	749,3	1886,3	974,5	1561,2	2254,0	6676,0
103	Lassnitzhöhe	527	637,4	522,0	438,2	273,6	82,9	16,2	1,5	4,3	48,2	243,2	469,2	599,2	794,7	22,0	760,6	1758,6	3335,9
104	Leibnitz	273	658,8	530,2	431,2	248,7	51,5	4,8	0,6	1,1	33,0	231,4	472,7	620,9	731,4	6,5	737,1	1809,9	3284,9
112	Lobming	414	659,3	545,5	472,2	312,6	94,9	13,8	2,3	5,0	65,9	282,4	493,3	626,5	879,7	21,1	841,6	1831,3	3573,7
116	Mariazell	865	672,4	589,8	550,7	423,2	218,9	104,9	41,2	40,8	155,0	342,5	532,2	650,8	1192,8	186,9	1029,7	1913,0	4322,4
126	Mürzzuschlag	758	709,8	594,7	539,3	398,6	188,7	66,7	16,7	23,4	128,1	347,4	547,8	687,9	1126,6	106,8	1023,3	1992,4	4249,1
132	Neumarkt	835	721,8	601,5	539,8	407,8	199,4	68,1	20,3	22,2	134,2	362,6	548,8	683,3	1147,0	110,6	1045,6	2006,6	4309,8
138	Oberwölz	827	701,2	576,1	513,0	382,2	173,5	55,1	12,7	17,1	110,2	331,4	527,1	669,4	1068,7	84,9	968,7	1946,7	4069,0
139	Oberzeiring	933	701,6	595,1	543,1	414,5	225,7	91,4	35,0	36,5	148,9	366,0	543,0	671,0	1183,3	162,9	1057,9	1967,7	4371,8
155	Pusterwald	1072	737,7	637,2	590,6	461,4	295,5	146,2	59,8	68,1	209,1	407,4	572,7	708,2	1347,5	274,1	1189,2	2083,1	4893,9
161	Rechberg	926	676,5	583,0	537,0	397,1	196,2	78,0	23,4	27,0	132,4	343,1	526,5	645,0	1130,3	128,4	1002,0	1904,5	4165,2
169	Rohrmoos	1078	718,3	626,3	584,2	451,7	259,0	127,5	60,3	59,6	187,0	402,6	582,2	704,0	1294,9	247,4	1171,8	2048,6	4762,7
173	Schöckl	1436	719,6	657,9	643,9	519,7	349,5	217,5	123,1	134,1	268,8	440,4	585,7	683,0	1513,1	474,7	1294,9	2060,5	5343,2
176	Seckau	855	703,1	590,8	526,4	395,1	182,8	60,1	15,6	19,9	120,0	347,6	538,3	674,7	1104,3	95,6	1005,9	1968,6	4174,4
183	Sonnblick	3105	980,2	907,1	952,8	843,2	719,3	607,3	548,0	542,8	611,4	729,6	846,0	943,6	2515,3	1698,1	2187,0	2830,9	9231,3
191	St. Michael b. Leoben	565	741,9	590,5	506,2	362,5	151,3	45,5	9,8	16,4	98,9	325,3	538,2	692,7	1020,0	71,7	962,4	2025,1	4079,2
195	St. Radegund	725	635,6	539,3	478,0	326,5	126,1	35,6	5,4	8,2	87,4	283,3	479,1	595,0	930,6	49,2	849,8	1769,9	3599,5
198	Stolzalpe	1293	693,3	607,4	577,2	462,2	280,4	140,5	57,4	60,8	182,5	390,7	560,7	667,6	1319,8	258,7	1133,9	1968,3	4680,7
214	Villacher Alpe	2140	803,4	744,0	761,1	661,7	530,2	401,4	315,3	301,6	420,0	551,9	677,7	769,3	1953,0	1018,3	1649,6	2316,7	6937,6
223	Weiz	465	631,7	517,2	438,3	271,6	71,2	10,7	0,6	2,1	45,0	246,1	467,2	593,6	781,1	13,4	758,3	1742,5	3295,3
225	Wiel	928	638,5	562,1	519,8	382,4	193,6	76,8	21,7	28,9	124,9	320,7	498,1	602,0	1095,8	127,4	943,7	1802,6	3969,5
232	Zeltweg	670	750,8	599,6	513,2	365,8	152,4	41,7	8,5	13,2	98,8	329,4	543,6	706,5	1031,4	63,4	971,8	2056,9	4123,5

ein Durchschnittswert von 3 654, wobei die Summe im Norden im Mittel um 131 größer, im Murtal um 70 größer und im gesamten Süden um 128 kleiner ist. Die regionalen Unterschiede betragen also nur +3,5, +1,9 und –3,5%. Dagegen sind die kleinräumigen Unterschiede wieder ungleich größer, wobei die Stationen mit deutlich kleinerer Heizgradsumme (Wiel –370, Laßnitzhöhe und St. Radegund –361, Weiz –303, Graz-Messendorfberg –286, Deutschlandsberg –280, Altenberg –259, Stolzalpe –244, Graz-Universität –208, etc.) in den geläufigen thermischen Gunstgebieten liegen, die Stationen mit auffallend größerer Heizgradsumme entsprechend in den Ungunstgebieten (Pusterwald +323, St. Michael +321, Aigen +244, Admont +236, Kalwang +231, Bad Mitterndorf +228, Zeltweg +198, Mürzzuschlag +182, etc.). Die maximalen Abweichungen gegenüber dem Landesdurchschnitt betragen dabei –10% bzw. +9%.

Dabei ist die Durchschnittstemperatur aller Heiztage bei den Stationen mit großer Jahresschwankung und kaltem Winter kleiner als bei Stationen mit geringerer Jahresschwankung und mildem Winter. Der übliche Gegensatz zwischen den thermisch benachteiligten und bevorzugten Stationen wird somit auch bei diesem Kriterium erkennbar. Die geringste Durchschnittstemperatur aller Heiztage haben Zeltweg und Bad Mitterndorf mit 2,5°C, die höchste Weiz, Graz-Universität, Altenberg, Graz-Messendorfberg, Laßnitzhöhe und Deutschlandsberg mit 3,9 bis 3,8°C. In der Tabelle 3.28.1 sind die durchschnittlichen Heizgradsummen aller ausgewählten Stationen dargestellt.

3.29 Durchschnittliches Eintrittsdatum
des ersten Heiztages

Wie schon bei der Dauer der Heizperiode bemerkt, ist das durchschnittliche Datum des Beginns der Heizperiode weder das „endgültige", noch jährlich zur gleichen Zeit auftretend. Bei den Klimafaktoren ist wieder die Seehöhe der dominierende Faktor, gefolgt vom Gelände und der geographischen Breite.

Entscheidend ist die Seehöhe

Entscheidender Klimafaktor für den Beginn der Heizperiode (Datum des ersten Heiztages) ist wieder die Seehöhe. Die Beziehung zwischen Beginn der Heizperiode und Seehöhe sowie Ende der Heizperiode und Seehöhe wird in der Abb. 3.29.1 für alle ausgewählten Stationen bis zur Höhe des Schöckls dargestellt. Die regelhafte

Verspätung des Endes bzw. „Verfrühung" des Beginns mit zunehmender Seehöhe wird dabei als dominante Struktur erkennbar, die Abweichungen von einer Ausgleichslinie, d.h. einem Durchschnittsdatum ergeben sich als Wirkungen der sonstigen Klimafaktoren, besonders des Geländes und der geographischen Lage (Nord-Süd-Unterschied). Beispiele für die Abweichung vom Landesdurchschnitt der jeweiligen Seehöhe werden unten angegeben.

Thermisch bevorzugtes Vorland

Im Durchschnitt der gesamten Steiermark stellt sich das Datum des ersten Heiztages bis 1 400 m Höhe um 4,4 Tage pro 100 m Höhenzunahme früher ein.

Tabelle 3.29.1: Durchschnittlicher Beginn und durchschnittliches Ende sowie Dauer [Tage] der Heizperiode an ausgewählten Stationen.

Nr.	Name	Sh [m]	Beginn	Dauer	Ende	Beginn (frühester)	Ende (späteste)
1	Admont	648	10.Sep	271	8.Jun	3.Aug	29.Jun
3	Aflenz	785	7.Sep	278	12.Jun	3.Aug	29.Jun
4	Aigen/Ennstal	640	10.Sep	273	10.Jun	3.Aug	29.Jun
7	Altenberg/Hartberg	429	29.Sep	227	14.Mai	31.Aug	13.Jun
10	Bad Aussee	660	10.Sep	271	8.Jun	3.Aug	30.Jun
11	Bad Gleichenberg	293	2.Okt	219	9.Mai	9.Sep	6.Jun
14	Bad Mitterndorf	810	2.Sep	285	14.Jun	3.Aug	29.Jun
15	Bad Radkersburg	208	6.Okt	209	3.Mai	9.Sep	7.Jun
18	Birkfeld	635	11.Sep	263	1.Jun	3.Aug	27.Jun
23	Bruck/Mur	493	24.Sep	241	23.Mai	10.Aug	27.Jun
27	Deutschlandsberg	448	3.Okt	221	12.Mai	31.Aug	7.Jun
37	Fischbach	1015	4.Sep	288	19.Jun	3.Aug	30.Jun
47	Fürstenfeld	271	2.Okt	219	9.Mai	6.Sep	7.Jun
50	Gleisdorf	375	30.Sep	226	14.Mai	31.Aug	7.Jun
57	Graz-Flughafen	337	2.Okt	218	8.Mai	9.Sep	7.Jun
58	Graz-Messendorfberg	435	1.Okt	220	9.Mai	6.Sep	13.Jun
60	Graz-Universität	366	5.Okt	214	7.Mai	10.Sep	7.Jun
61	Gröbming	763	8.Sep	277	12.Jun	3.Aug	29.Jun
69	Hieflau	500	19.Sep	255	1.Jun	3.Aug	29.Jun
80	Irdning-Gumpenstein	698	15.Sep	264	6.Jun	3.Aug	29.Jun
84	Kalwang	760	6.Sep	278	11.Jun	3.Aug	29.Jun
87	Kindberg	561	17.Sep	256	31.Mai	3.Aug	27.Jun
90	Kirchberg-Grafendorf	455	25.Sep	235	18.Mai	31.Aug	20.Jun
95	Kleinsölk	1005	28.Aug	294	18.Jun	3.Aug	30.Jun
101	Krippenstein	2050	6.Aug	327	29.Jun	3.Aug	30.Jun
103	Lassnitzhöhe	527	27.Sep	232	17.Mai	31.Aug	13.Jun
104	Leibnitz	273	6.Okt	211	5.Mai	14.Sep	7.Jun
112	Lobming	414	25.Sep	235	18.Mai	31.Aug	13.Jun
116	Mariazell	865	2.Sep	290	19.Jun	3.Aug	29.Jun
126	Mürzzuschlag	758	11.Sep	275	13.Jun	3.Aug	29.Jun
132	Neumarkt	835	8.Sep	278	13.Jun	3.Aug	30.Jun
138	Oberwölz	827	11.Sep	271	9.Jun	3.Aug	29.Jun
139	Oberzeiring	933	1.Sep	286	14.Jun	3.Aug	30.Jun
155	Pusterwald	1072	24.Aug	302	22.Jun	3.Aug	30.Jun
161	Rechberg	926	6.Sep	280	13.Jun	3.Aug	29.Jun
169	Rohrmoos	1078	27.Aug	298	21.Jun	3.Aug	30.Jun
173	Schöckl	1436	14.Aug	316	26.Jun	3.Aug	30.Jun
176	Seckau	855	10.Sep	274	11.Jun	3.Aug	29.Jun
183	Sonnblick	3105	–	365	–	–	–
191	St. Michael b. Leoben	565	15.Sep	258	31.Mai	3.Aug	29.Jun
195	St. Radegund	725	20.Sep	251	29.Mai	7.Aug	20.Jun
198	Stolzalpe	1293	28.Aug	297	21.Jun	3.Aug	30.Jun
214	Villacher Alpe	2140	5.Aug	329	30.Jun	3.Aug	30.Jun
223	Weiz	465	30.Sep	224	12.Mai	31.Aug	20.Jun
225	Wiel	928	7.Sep	279	13.Jun	3.Aug	30.Jun
232	Zeltweg	670	17.Sep	258	2.Jun	3.Aug	29.Jun

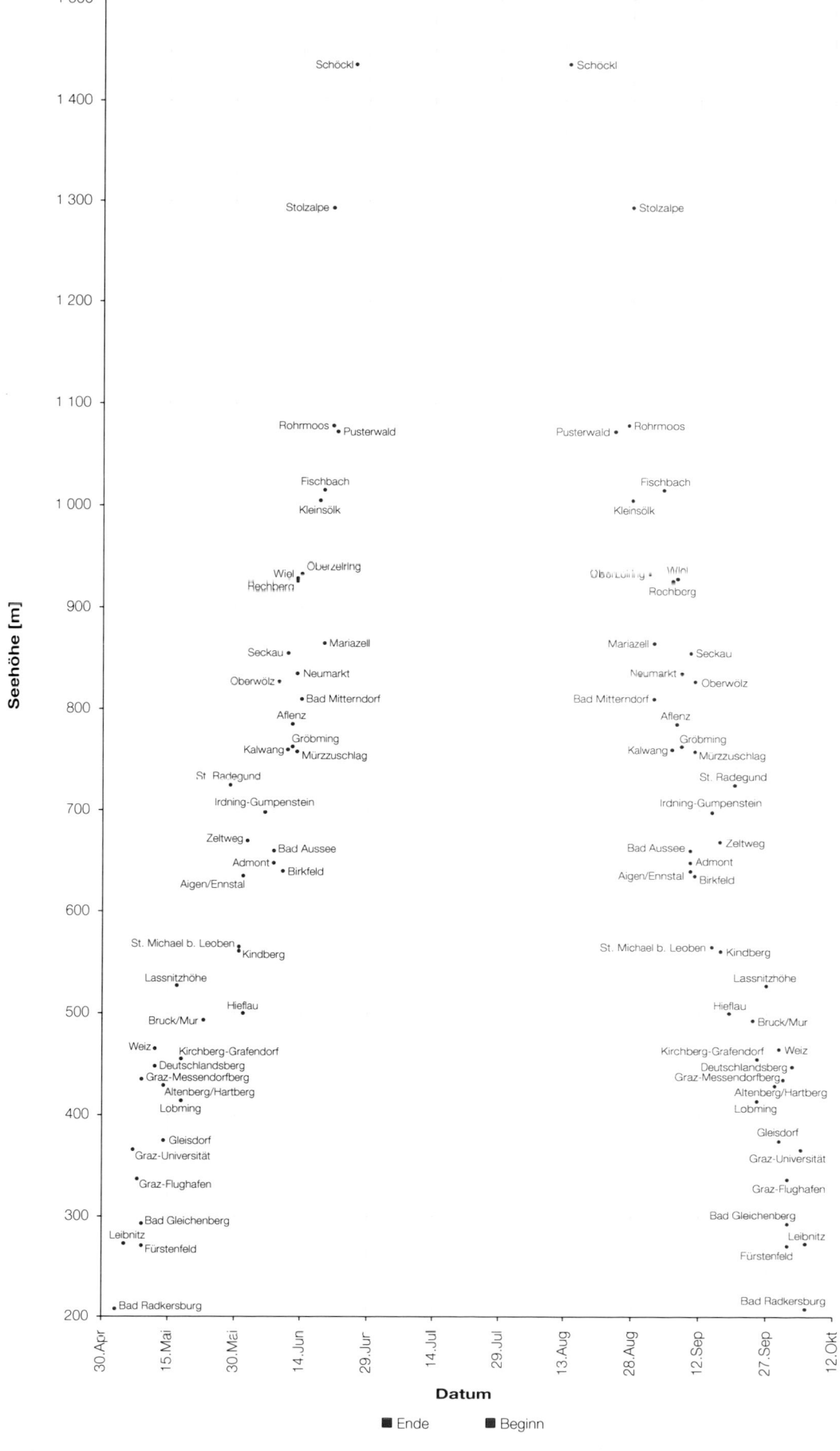

Abbildung 3.29.1: Durchschnittlicher Beginn und Ende der Heizperiode in Abhängigkeit von der Seehöhe.

Reduziert man mit diesem Gradienten das Eintritts-datum auf ein Niveau von 500 m, dann erhält man als mittleres Datum für den Beginn der Heizperiode den 16. September. Demgegenüber erfolgt der Eintritt im Norden durchschnittlich um 4,4 Tage früher, im Murtal um 0,4 Tage früher und im Vorland um 2,9 Tage später, im Mittel der Vorlandstationen mit Lage über den Tal-böden sogar um 6,6 Tage später als im Landesdurch-schnitt.

Positive und negative Abweichungen

Die größte Abweichung vom Durchschnitt der jeweiligen Seehöhe in Richtung früherer Eintrittszeit in Tagen ha-ben Bad Mitterndorf mit acht, Aigen und Pusterwald mit sieben, sowie Admont, Bad Aussee, Kalwang, Mariazell und Birkfeld mit sechs Tagen. Die größte Verspätung haben Deutschlandsberg mit neun, Graz-Universität mit acht, sowie Weiz und St. Radegund mit sieben Tagen. In der Tabelle 3.29.1 ist der durchschnittliche Beginn der Heizperiode aller ausgewählten Stationen dargestellt.

3.30 Durchschnittliches Eintrittsdatum des letzten Heiztages

Das Ende der Heizperiode (im Spätfrühling bzw. Frühsommer) verändert sich mehr oder weniger symmetrisch zum Beginn im Herbst. Dabei verspätet sich das Ende der Heizperiode im Landesdurchschnitt in den unteren beiden Schichten (bis 1 000 m) bei 100 m Höhenzunahme um 5,3 Tage, also etwas rascher als im Herbst, was mit der Vorstellung allgemein steilerer Temperaturgradienten im Frühjahr/Frühsommer gegenüber dem Herbst gut übereinstimmt.

Die Beziehung zwischen dem Datum des Endes der Heizperiode und der Seehöhe wird ebenfalls in der Abbildung 3.29.1 dargestellt.

Reduziert man mit diesem Gradienten das Eintrittsdatum des letzten Heiztages auf ein Niveau von 500 m, dann erhält man als durchschnittliches Datum des Endes der Heizperiode für die gesamte Steiermark den 23. Mai. Demgegenüber endet die Heizperiode im Norden durchschnittlich um 6,5 Tage später, im Murtal um einen Tag später und im Vorland um 4,6 Tage früher als im Landesdurchschnitt, im Mittel der Vorlandstationen in besonderer Gunstlage sogar um 7,7 Tage früher als im Landesdurchschnitt.

Nord-Süd-Differenz bis zu zwei Wochen

Die Stationen mit der größten Verspätung gegenüber dem Durchschnitt der entsprechenden Seehöhe in Tagen sind Aigen mit +11, Hieflau mit +9, Admont und Mariazell mit +8, sowie Bad Aussee und Mürzzuschlag mit +7 Tagen. Die Stationen mit den größten Abweichungen in Richtung früherer Eintrittszeiten sind Graz-Messendorfberg mit −11, Graz-Universität und Weiz mit −9, Deutschlandsberg mit −8, Lassnitzhöhe mit −7 sowie Leibnitz, Graz-Flughafen und St. Radegund mit −6 Tagen. In der Tabelle 3.29.1 ist das durchschnittliche Ende der Heizperiode aller ausgewählten Stationen dargestellt.

3.31 Ergänzende und weiterführende Literatur

AUER, I., BÖHM, R., MOHNL, H. 1989: Klima von Wien – Eine anwendungsorientierte Klimatographie. Beitr. zu Stadtforschung, Stadtplanung und Stadtgestaltung, Bd. 20, 270 S.

AUER, I., BÖHM, R., SCHÖNER, W. 2001: Austrian long-term climate 1767 – 2000 – Multiple instrumental climate time series from Central Europe. Österr. Beitr. zu Meteorologie und Geophysik, Heft 25, 147 Seiten plus Daten- und Metadaten-CD.

BÖHM, R. 1977: Ergebnisse von Temperaturberechnungen an Flußmodellen: Das Abkühlverhalten künstlich erwärmter Flüsse. Arch. Met. Geophy. Biokl., Ser.A, 25, S. 293 – 304.

BÖHM, R. 1992: Lufttemperaturschwankungen in Österreich seit 1775. Österr. Beitr. zu Meteorologie und Geophysik, H. 5, 95 S.

BÖHM, R. 1993: Geschichte der Temperatur. Historicum, Linz, Frj. 1993, S. 15 – 24.

BÖHM, R. 1999: Das Klima im Wandel. In: Alpenvereinsjahrbuch Berg – 2000, S. 116 – 137.

BÖHM, R., POTZMANN, R. 1999: Systematic climate mapping in complicated terrain – part one: From point information to maps of means (a GIS-supported procedure including quantitative error analysis). ÖGM-bulletin, 99/1, S. 21 – 30.

CERMAK, V. 1994: Climate Change Reconstructed from the Present Subsurface Temperature Field. R. Brazdil (ed.): Contemporary Climatology. Proc. of the Meeting of the Commission on Climatology of the IGU in Brno, S. 147 – 154.

DANSGAARD, W., JOHNSEN, S.J., CLAUSEN, H.B., DAHL-JENSEN, D., GUNDESTRUP, N.S., HAMMER, C.U., HVIDBERG, C.S., STEFFENSEN, J.P., SVEINBJÖRNSDOTTIR, A.E., JOUZEL, J., BOND, G. 1993: Evidence for general instability of past climate from 250-kyr ice-core record. Nature, Vol. 364, 17. July, 218 – 220.

Hydrographischer Dienst in Österreich, 1994: Die Wassertemperaturen in Österreich im Zeitraum 1981 – 1990. Beiträge zur Hydrographie Österreichs, H. 56, Hydrographisches Zentralbüro im BmfLuF., Wien.

LAZAR, R., KUNCIC, E. 1997: Bisherige Erfahrungen mit der Klimaeignungskarte in der Steiermark, Arbeit aus dem Inst. f. Geogr. u. Raumf. der Karl-Franzens-Universität Graz, Bd. 35, S. 139 – 152.

NILSSON, T. 1983: The Pleistocene – Geology and life in the quaternary ice age. Verl. Enke, Stuttgart, 651 S.

VAN HUSEN, D. 1987: Die Ostalpen in den Eiszeiten. Populärwissenschaftliche Veröffentlichungen der Geologischen Bundesanstalt, Wien, 24 S.

WAKONIGG, H. 1970: Witterungsklimatologie der Steiermark. Verlag Notring, 255 S.

WAKONIGG, H., 1978: Witterung und Klima in der Steiermark. Verlag Technische Universität Graz, 473 S.

LUFTFEUCHTIGKEIT, BEWÖLKUNG, NEBEL

A. Podesser, F. Wölfelmaier

KARTOGRAPHISCHE BEARBEITUNG

V. Hawranek, A. Podesser, H. Rieder

4 LUFTFEUCHTIGKEIT, BEWÖLKUNG, NEBEL

Dieses Kartensymbol bedeutet, dass gedrucktes Kartenmaterial in der Klimaatlas-Mappe verfügbar ist.

Abgehobener Bodennebel im Ennstal, welcher von der aufgehenden Sonne angestrahlt wird.
Foto: A. PILZ

4.1 Allgemeines

Wasser kommt in der Atmosphäre in allen drei Aggregatzuständen vor: Die flüssige Phase als Wolken- und Nebeltröpfchen, die gasförmige Phase als Wasserdampf und die feste Phase in Form von Eiskristallen.

Die Luftfeuchte ist ein Maß für die Menge an Wasserdampf in der Atmosphäre. Durch Verdunstung von flüssigem Wasser an der Erdoberfläche wird der Atmosphäre ständig Wasserdampf zugeführt. Diese Verdunstung erfolgt weltweit betrachtet hauptsächlich über die Oberfläche der Weltmeere, vor allem der tropischen, aber auch von Seen, Wasserläufen und der Vegetation. Vom Erdboden weg wird der Wasserdampf dann durch die Luftströmungen ausgebreitet, sowohl in horizontaler als auch in vertikaler Richtung. Ein Teil des Wasserdampfes wandelt sich durch Kondensation wieder in flüssiges Wasser oder durch Sublimation in Eis um. Es entstehen Wasser- oder Eiswolken, aus welchen wiederum aufgrund atmosphärischer und wolkenphysikalischer Prozesse Niederschlag ausfällt. Durch den Niederschlag wird das Wasser dann wieder der Erdoberfläche zugeführt. Das Wasser durchläuft somit einen Kreislauf, der für das Leben auf der Erde wesentlich ist (LILJEQUIST ET AL., 1983).

Der Wasserdampfgehalt der Luft ist für viele Zwecke der angewandten Meteorologie von großer Bedeutung. Insbesondere im Bereich der Klimatechnik (Ent- bzw. Befeuchtung) und für bioklimatische Fragestellungen, wie etwa die Häufigkeit des Auftretens von Schwüle, stellt die Kenntnis der Feuchteverhältnisse eines Gebietes eine wertvolle Planungsgrundlage und Information dar (AUER, 2001).

Während die gasförmigen Bestandteile einer theoretisch trockenen Luft in einem konstanten Verhältnis zueinander stehen, ist der Anteil des Wasserdampfes an der feuchten Luft sehr variabel und kann zwischen etwa 0,1% und 4% schwanken (UHEREK, 2004).

Es gibt verschiedene Maßzahlen, die den Wasserdampfgehalt der Luft charakterisieren. Häufig verwendete Größen sind die Relative Feuchte und der Dampfdruck.

4.2 Relative Feuchte

Definition

Die Relative Feuchte ist das Verhältnis aus dem zu einem bestimmten Zeitpunkt in der Luft tatsächlich vorhandenen Dampfdruck und dem bei gleicher Lufttemperatur maximal möglichen Dampfdruck. Der Dampfdruck ist der Partialdruck des Wasserdampfes in der Luft. Bei höherer Temperatur kann die Luft mehr Wasserdampf aufnehmen als bei niedriger.

Sättigungsdampfdruck

Die Angabe der Relativen Feuchte erfolgt in Prozent. Hat der Anteil des Wasserdampfes in der Luft die maximale Menge erreicht, so spricht man vom Sättigungsdampfdruck. Gesättigte Luft hat eine Relative Feuchte von 100%. In der Regel tritt ab diesem Wert Kondensation ein.

Der Sättigungsdampfdruck über einer unterkühlten Wasserfläche ist größer als jener über einer Eisfläche. Das heißt über Wasser ($\leq$ 0°C) vermag ein Luftvolumen bei gleicher Temperatur mehr Feuchtigkeit aufzunehmen als über Eis.

Der Sättigungsdampfdruck hängt aber auch geringfügig von der Krümmung der Wasseroberfläche ab. Über einer ebenen Wasseroberfläche ist der Sättigungsdampfdruck kleiner als über einem Wassertropfen. Bezeichnet man also den Sättigungsdampfdruck über einer ebenen Wasserfläche als „normal", so muss zum Eintreten von Kondensation über einem Tropfen die darüber liegende Luft übersättigt sein. Diese Luft besitzt eine Relative Feuchte von mehr als 100%. Die Werte der Übersättigung in der Atmosphäre betragen aber nur wenige Prozente über 100. Die meteorologische Größe der Relativen Feuchte ist instrumentell leicht zu bestimmen.

Hydrograph

An den manuellen Klimamessstationen wird die relative Luftfeuchte mit einem Haarhygrographen gemessen. Das menschliche und tierische Haar besitzen die hygroskopische Eigenschaft, Wasserdampf aufzunehmen. Das Haar dehnt sich dabei aus und wird länger. Bei Trocknung des Haares zieht es sich wieder zusammen. Somit ist die Länge des Haares ein Maß für die Relative Feuchte. Dabei wird die Längenänderung eines Haarbündels auf einen Schreibstift übertragen, welcher auf einer rotierenden Trommel mit skaliertem Diagrammpapier und einwöchiger Umlaufzeit die Relative Feuchte aufzeichnet.

Thermohygrograph

Meist ist diese Trommel zusätzlich mit einem Schreiber zur Registrierung der Temperatur gekoppelt. Dann spricht man von einem Thermohygrographen (siehe Abbildung 4.2.1.1).

Der Nachteil dieser Messung ist, dass sie relativ ungenau ist. Außerdem sind häufige Wartungsarbeiten erforderlich, um die Genauigkeit des Gerätes über Mehrpunktkalibrierung zu erhöhen.

Die elektronischen TAWES-Stationen besitzen ebenfalls ein Haarhygrometer. Durch die dabei verwendete größere Haarlänge kann eine höhere Genauigkeit erzielt werden.

4.2.2 Tages- und Jahresgang der Relativen Feuchte

Der mittlere Jahres- und Tagesgang der Relativen Feuchte an den einzelnen Stationen wurde mit stündlichen Daten der Periode 1991 bis 2000 bestimmt. Zur Interpretation der Grafik wurden exemplarisch drei Stationen in verschiedenen Höhenlagen ausgewählt.

Graz-Universität

Die Werte der Relativen Feuchte an der Station Graz-Universität (Tabelle 4.2.2.1) sind eng an die Temperatur gekoppelt und weisen besonders in der kalten Jahreszeit sowie nachts die höchsten Werte auf. Besonders in den Monaten September bis Dezember sowie im Jänner erreichen die Mittelwerte während der Nacht über 90%. Die höchsten Werte werden im September um 06:00 Uhr MEZ mit 94% erreicht. Tagsüber sinken die Werte durch die Tageserwärmung. Am höchsten sind die tageszeitlichen Minima der Relativen Feuchte tagsüber im Dezember: die Relative Feuchte geht dann bis um 14:00 Uhr MEZ nur mehr auf 76% zurück.

Die geringsten durchschnittlichen Werte der Relativen Feuchte werden im April um etwa 15:00 Uhr MEZ mit Werten von 51% erreicht. Die relativ trockensten Verhältnisse während der Nacht gibt es ebenfalls im April, sie werden um 06:00 Uhr MEZ mit 86% erreicht.

St. Radegund

Im Vergleich zur Station Graz-Universität weist St. Radegund (Tabelle 4.2.2.2) einen geringeren Tagesgang und Jahresgang der Relativen Feuchte auf. Die höchsten Werte werden im Oktober um 06:00 Uhr MEZ mit 88% erreicht. Tagsüber sind im November die höchsten Feuchtewerte zu erwarten: die Relative Feuchte geht mit der Tageserwärmung bis um 13:00 Uhr MEZ nur mehr auf 78% zurück. Die tiefsten Werte werden im April um 14:00 Uhr MEZ mit durchschnittlich rund 58% erreicht, in der Nacht steigt die Relative Feuchte im Februar nicht über 77% an.

Schöckl

Am Schöckl (Tabelle 4.2.2.3) liegen die Werte der Relativen Feuchte aufgrund der geringeren Temperatur höher als an den beiden tiefer liegenden Messstationen. Die durchschnittlich höchsten Werte werden im September um 20:00 Uhr MEZ mit 92% erreicht. Im selben Monat sinken die Werte bis um 11:00 Uhr MEZ nur auf 83% ab. Die geringsten Werte der Relativen Feuchte werden im Februar um 13:00 Uhr MEZ mit 69% erreicht. Im Jänner wird das geringste Maximum mit 77% im Durchschnitt um 08:00 Uhr MEZ erreicht.

Vergleich

Insgesamt ist in tiefen Lagen durch die strahlungsbedingte Erwärmung des Erdbodens ein starker Einfluss des Bodens auf die Temperaturschwankungen zu beobachten, was sich auch auf die Schwankungen der Relativen Feuchte auswirkt. Die tages- und jahreszeitlichen Schwankungen der Relativen Feuchte an den obigen drei Stationen sind in Graz-Universität am höchsten und am Schöckl am geringsten. In Graz beträgt die größte Schwankungsbreite der Relativen Feuchte über alle Tages- und Jahreszeiten 43%, in St. Radegund 30% und am Schöckl 23%.

Die Tabellen mit den Durchschnittswerten der Relativen Feuchte aller verwendeten Stationen finden sich im technischen Anhang unter www.klimaatlas.steiermark.at.

Abbildung 4.2.1.1: Der Thermohygrograph ist ein kombiniertes Registriergerät zum gleichzeitigen Messen und Aufzeichnen der Lufttemperatur und der relativen Luftfeuchtigkeit während einer bestimmten Zeitspanne. Im Gehäuse sind die Haarbündel zu sehen, deren feuchteabhängige Längenänderung über einen Schreiber als Messkurve auf eine Trommel gezeichnet wird.
Foto: A. Podesser

Tabelle 4.2.2.1: Jahres- und Tagesgang der Relativen Feuchte in Prozent an der Station Graz-Universität, 366 m, Periode 1991 – 2000.

Uhrzeit [MEZ]	Jan	Feb	Mär	Apr	Mai	Jun	Jul	Aug	Sep	Okt	Nov	Dez	Frühling	Sommer	Herbst	Winter	Jahr
1	89,3	83,9	82,5	81,0	84,4	86,8	86,2	87,3	91,5	91,4	90,5	90,5	82,6	86,7	91,1	87,9	87,1
2	89,6	84,8	83,8	82,5	85,8	87,4	87,2	88,4	92,0	91,7	90,8	90,8	84,0	87,7	91,5	88,4	87,9
3	90,1	85,6	85,2	83,8	87,0	88,6	88,2	89,1	92,4	92,3	91,2	91,2	85,3	88,7	92,0	88,9	88,7
4	89,8	86,0	86,0	84,7	88,1	89,5	88,9	90,0	92,9	92,7	91,7	91,4	86,2	89,5	92,5	89,1	89,3
5	90,1	86,4	86,6	85,8	88,8	89,6	89,2	90,6	93,3	92,8	92,2	91,5	87,1	89,8	92,8	89,3	89,7
6	90,2	86,6	87,2	85,6	87,1	87,1	87,5	90,2	93,6	92,9	92,4	91,6	86,6	88,3	93,0	89,5	89,3
7	90,3	86,6	86,7	81,9	80,9	80,8	81,8	86,2	92,4	92,5	92,3	91,6	83,2	82,9	92,4	89,5	87,0
8	90,1	86,0	83,2	75,2	72,4	73,9	74,5	79,6	86,6	90,1	91,8	91,6	76,9	76,0	89,5	89,2	82,9
9	88,6	79,7	74,9	66,6	65,3	68,5	67,7	70,4	76,7	83,2	88,4	90,4	68,9	68,9	82,8	86,2	76,7
10	83,4	70,9	68,8	61,0	60,7	63,8	63,1	64,4	70,3	76,5	83,5	86,2	63,5	63,8	76,8	80,2	71,0
11	78,3	65,3	63,2	57,3	57,7	60,9	59,8	60,7	66,2	71,9	79,2	82,3	59,4	60,4	72,4	75,3	66,9
12	74,2	60,9	59,5	54,3	55,3	58,8	57,5	58,4	63,5	68,4	76,3	79,3	56,3	58,2	69,4	71,5	63,9
13	71,8	57,6	56,9	52,3	54,3	57,8	56,0	56,6	61,1	65,8	74,0	76,7	54,5	56,8	67,0	68,7	61,8
14	70,2	55,6	55,0	51,0	53,6	56,9	55,5	56,2	59,8	64,7	73,0	75,6	53,2	56,2	65,8	67,1	60,6
15	69,9	55,4	54,3	51,0	53,5	57,5	56,0	56,9	59,9	65,9	74,1	76,5	52,9	56,8	66,6	67,3	60,9
16	72,3	56,9	54,5	52,0	54,1	58,4	56,6	58,1	61,5	67,7	76,3	79,0	53,6	57,7	68,5	69,4	62,3
17	76,6	59,9	56,6	53,9	55,5	60,9	59,2	60,7	65,2	72,8	80,1	82,7	55,3	60,3	72,7	73,1	65,3
18	80,6	65,3	59,7	56,2	58,0	63,2	61,6	63,3	71,3	80,3	83,5	85,2	58,0	62,7	78,4	77,0	69,0
19	83,2	71,3	65,0	60,2	61,6	66,5	64,8	69,5	79,5	84,6	85,4	86,6	62,3	66,9	83,2	80,4	73,2
20	84,9	75,1	69,9	66,0	67,8	72,1	71,4	77,4	84,4	87,0	87,0	87,7	67,9	73,6	86,1	82,6	77,6
21	86,4	78,0	73,5	71,1	73,6	78,0	77,1	81,2	86,9	88,5	89,1	88,7	72,8	78,8	87,8	84,4	80,9
22	87,4	80,1	76,1	74,8	77,3	81,5	80,7	83,5	88,7	89,7	89,1	89,2	76,1	81,9	89,1	85,6	83,2
23	87,9	81,8	78,3	77,5	79,9	83,8	83,1	85,2	90,0	90,5	89,6	89,9	78,6	84,0	90,0	86,5	84,8
24	88,2	83,0	80,4	79,5	82,3	85,6	84,7	86,4	91,0	90,9	90,1	90,3	80,7	85,6	90,7	87,1	86,0

Tabelle 4.2.2.2: Jahres- und Tagesgang der Relativen Feuchte in Prozent an der Station St. Radegund, 725 m, Periode 1991 – 2000.

Uhrzeit [MEZ]	Jan	Feb	Mär	Apr	Mai	Jun	Jul	Aug	Sep	Okt	Nov	Dez	Frühling	Sommer	Herbst	Winter	Jahr
1	79,9	76,2	79,9	78,7	81,9	82,5	81,0	83,4	86,6	87,4	87,0	83,8	80,2	82,3	87,0	80,0	82,4
2	79,4	76,1	79,9	79,2	82,3	82,7	81,0	83,5	86,9	87,1	87,0	83,6	80,5	82,4	87,0	79,7	82,4
3	79,2	76,1	80,3	80,0	83,0	83,4	80,8	83,8	87,3	87,3	87,2	83,5	81,1	82,7	87,3	79,6	82,7
4	79,4	76,0	80,5	80,2	83,4	83,7	81,0	84,5	87,6	87,6	87,6	83,2	81,4	83,1	87,6	79,6	82,9
5	79,5	76,3	81,4	80,4	83,4	83,8	81,3	84,6	87,6	87,8	87,9	83,1	81,7	83,2	87,8	79,6	83,1
6	79,6	76,8	81,8	80,0	82,0	82,0	80,8	84,5	87,4	88,1	87,9	83,4	81,3	82,5	87,8	79,9	82,9
7	79,9	76,9	80,9	75,8	75,3	77,3	77,2	81,8	86,3	88,0	87,8	83,9	77,3	78,8	87,4	80,2	80,9
8	80,0	75,4	77,0	71,1	71,1	74,4	72,9	76,1	81,2	85,2	87,0	83,9	73,1	74,5	84,5	79,8	77,9
9	76,8	69,0	72,6	68,4	67,7	71,4	70,7	72,7	77,5	80,3	84,0	82,1	69,6	71,6	80,6	76,0	74,4
10	72,2	64,0	69,2	65,4	64,9	69,0	68,0	69,5	73,8	77,2	81,2	78,6	66,5	68,8	77,4	71,6	71,1
11	69,9	61,4	66,4	62,3	62,9	67,1	66,5	67,8	71,6	75,2	79,7	76,7	63,9	67,1	75,5	69,0	69,0
12	69,2	59,7	64,5	59,7	61,6	65,6	65,1	66,4	70,5	73,3	78,7	75,9	61,9	65,7	74,2	68,3	67,5
13	68,7	58,5	62,6	58,5	61,0	64,7	64,5	65,9	69,3	72,6	77,8	75,5	60,7	65,0	73,2	67,6	66,6
14	69,2	58,2	61,6	57,9	60,4	64,2	64,4	65,8	68,2	72,7	78,1	76,4	59,9	64,8	73,0	67,9	66,4
15	70,8	59,6	61,4	58,0	60,3	64,8	64,7	66,1	69,4	73,9	79,6	78,3	59,9	65,2	74,3	69,6	67,2
16	74,9	62,3	62,9	59,5	60,5	66,6	65,1	67,8	71,7	77,0	82,0	81,2	61,0	66,5	76,9	72,8	69,3
17	78,8	67,4	65,1	61,7	62,4	68,6	66,9	70,1	75,4	82,2	84,6	82,8	63,1	68,5	80,7	76,3	72,2
18	79,7	72,2	70,2	65,6	66,0	70,7	70,0	74,4	80,9	85,2	86,0	83,6	67,3	71,7	84,0	78,5	75,4
19	80,0	73,8	73,9	70,9	72,5	76,2	74,9	79,3	84,2	86,6	86,3	83,9	72,4	76,8	85,7	79,2	78,5
20	79,7	74,7	76,0	73,4	76,2	79,9	77,9	81,2	85,1	86,8	87,1	83,9	75,2	79,7	86,3	79,5	80,2
21	79,7	75,4	77,2	75,0	77,9	81,3	79,1	82,1	85,8	87,1	87,2	83,8	76,7	80,8	86,7	79,6	81,0
22	79,6	75,9	77,5	75,9	79,5	81,8	80,3	82,7	85,8	87,3	87,3	83,6	77,7	81,6	86,8	79,7	81,4
23	79,4	76,0	78,6	77,0	80,6	82,1	81,0	83,1	86,5	87,0	87,4	83,8	78,7	82,1	87,0	79,7	81,9
24	79,5	76,4	79,3	77,9	81,2	82,1	81,0	83,0	87,0	87,3	87,3	83,7	79,5	82,0	87,2	79,8	82,1

Tabelle 4.2.2.3: Jahres- und Tagesgang der Relativen Feuchte in Prozent an der Station Schöckl, 1 436 m, Periode 1991 – 2000.

Uhrzeit [MEZ]	Jan	Feb	Mär	Apr	Mai	Jun	Jul	Aug	Sep	Okt	Nov	Dez	Frühling	Sommer	Herbst	Winter	Jahr
1	75,2	76,0	84,3	83,6	83,7	83,1	84,6	84,4	89,6	84,5	87,1	79,2	83,9	84,1	87,0	76,8	82,9
2	75,6	75,7	84,8	84,0	83,9	83,2	84,4	84,2	89,3	84,1	87,0	79,1	84,2	83,9	86,8	76,8	82,9
3	75,8	75,7	84,7	84,2	83,7	83,4	83,9	84,3	88,7	83,8	86,5	79,3	84,2	83,9	86,4	76,9	82,8
4	76,2	75,5	84,7	84,0	83,9	83,4	84,4	83,8	88,4	83,7	86,1	78,7	84,2	83,9	86,1	76,8	82,7
5	76,4	75,6	84,8	84,0	83,7	82,9	84,6	83,8	87,8	83,6	85,7	78,9	84,1	83,8	85,7	77,0	82,6
6	76,6	75,6	84,6	83,6	82,9	81,5	83,2	83,5	88,2	83,4	85,7	79,1	83,7	82,7	85,8	77,1	82,3
7	76,7	75,1	84,1	81,8	81,2	79,4	80,8	81,8	86,8	83,1	85,8	78,7	82,4	80,7	85,3	76,8	81,3
8	76,9	74,7	82,8	79,7	79,4	78,5	79,1	79,6	84,4	81,9	85,5	78,4	80,6	79,1	83,9	76,7	80,1
9	76,3	73,3	80,8	77,9	78,0	77,1	78,5	78,6	83,2	80,5	84,7	77,8	78,9	78,1	82,8	75,8	78,9
10	75,2	71,4	79,0	76,9	76,2	77,1	78,3	78,2	82,8	79,8	83,6	76,9	77,4	77,9	82,1	74,5	78,0
11	74,2	70,2	77,5	74,9	76,0	76,7	78,0	78,4	82,7	79,9	82,5	76,4	76,1	77,7	81,7	73,6	77,3
12	73,4	69,4	76,3	73,4	75,6	77,0	76,6	78,1	83,1	79,8	81,7	75,9	75,1	77,2	81,5	72,9	76,7
13	72,7	68,7	75,7	72,3	75,1	76,2	75,9	78,0	83,3	80,0	81,9	75,9	74,4	76,7	81,7	72,4	76,3
14	72,9	68,7	75,0	71,1	74,6	75,2	76,0	78,4	83,6	80,5	82,4	76,2	73,6	76,6	82,1	72,6	76,2
15	72,9	69,7	75,5	70,6	73,8	75,7	75,4	78,7	84,4	81,2	83,4	77,0	73,3	76,6	83,0	73,2	76,5
16	74,4	71,3	76,9	72,2	73,5	76,6	75,7	80,2	86,6	82,9	85,3	78,6	74,2	77,5	84,9	74,8	77,8
17	75,3	73,6	78,6	73,8	74,4	78,6	76,6	81,6	88,5	84,4	86,6	79,6	75,6	78,9	86,5	76,2	79,3
18	76,2	75,8	80,7	76,9	77,5	80,7	78,5	83,7	90,6	86,0	87,4	80,0	78,4	81,0	88,0	77,3	81,2
19	76,7	76,6	82,5	79,8	80,3	82,6	81,3	85,4	91,5	86,2	87,6	80,2	80,8	83,1	88,5	77,9	82,6
20	76,8	77,2	83,4	80,9	81,5	83,9	82,9	85,6	91,6	85,9	87,4	79,9	81,9	84,1	88,3	78,0	83,1
21	76,4	77,2	84,0	81,8	82,3	84,5	84,2	85,8	91,4	85,7	87,9	79,7	82,7	84,9	88,3	77,8	83,4
22	76,3	77,6	84,5	82,4	83,0	84,1	84,7	85,4	91,0	85,5	87,8	79,2	83,3	84,7	88,1	77,7	83,5
23	75,7	77,2	84,9	83,1	83,1	83,8	84,2	85,3	90,7	85,2	87,7	79,2	83,7	84,4	87,9	77,4	83,3
24	75,4	76,9	84,7	83,2	82,9	83,8	84,7	84,8	90,3	84,7	87,4	79,2	83,6	84,4	87,5	77,2	83,2

4.3 Dampfdruck

Im Gegensatz zur Relativen Feuchte ist der Dampfdruck eine Maßzahl für den absoluten Feuchtegehalt der Luft. Die trockene Luft und der Wasserdampf üben beide einen Teildruck aus. Die Summe dieser beiden Partialdrücke ergibt den herrschenden Luftdruck. Der höchste Wert, den der Dampfdruck erreichen kann, hängt von der Temperatur ab. Bei höheren Temperaturen kann die Luft mehr Wasserdampf aufnehmen. Ist die maximale Menge an Wasserdampf erreicht, so spricht man vom Sättigungsdampfdruck. Wird der Sättigungsdampfdruck überschritten, so tritt Kondensation ein. Ist die Luft über einer Wasseroberfläche mit Wasserdampf gesättigt, so kondensiert das verdunstete Wasser sofort wieder. Über Eis ist der Sättigungsdampfdruck gleicher Temperatur geringer als über Wasser.

Sättigungsdampfdruck und Temperatur stehen in einer logarithmischen Abhängigkeit: Der maximal mögliche Dampfdruck (Sättigungsdampfdruck) steigt bei niedrigen Temperaturen zunächst nur langsam, bei höheren Temperaturen aber immer steiler an. Die empirische Formel von MAGNUS beschreibt diesen Zusammenhang:

Sättigungsdampfdruck über Wasser:

$$E_w = 6{,}1 \cdot 10^{\frac{7{,}5\,T}{T+237{,}2}}$$

E_w ... *Sättigungsdampfdruck über Wasser [hPa]*

T ... *Lufttemperatur [°C]*

Sättigungsdampfdruck über Eis:

$$E_e = 6{,}1 \cdot 10^{\frac{9{,}5\,T}{T+265{,}5}}$$

E_e ... *Sättigungsdampfdruck über Eis [hPa]*

Diese Abhängigkeit von der Temperatur hat zur Folge, dass im Winter markant niedrigere Werte des Dampfdruckes als im Sommer, und in höheren Lagen geringere Werte als im Tiefland auftreten. Die Temperaturabhängigkeit überwiegt dabei die räumlichen Unterschiede der Relativen Feuchte in Lagen ähnlicher Seehöhe.

Berechnet wird der Dampfdruck (e) aus der Temperatur (T) und der Relativen Feuchte (RF) mittels folgender Beziehung:

$$e = \frac{RF \cdot E}{100}$$

e ... *Dampfdruck [hPa]*

RF... *Relative Feuchte [%]*

E ... *Sättigungsdampfdruck [hPa]*

Für den Dampfdruck wurde exemplarisch für den Juli eine Höhenregression für drei Regionen berechnet. Diese Regionen unterteilen sich in den Norden (Ennstal und Ausseerland), das Mur- Mürztal und den Süden (Alpenvorland mit Randgebirge) des Landes. In allen drei Regionen zeigt sich eine logarithmische Abnahme des Dampfdruckes mit der Höhe. Die jeweils gewählte logarithmische Funktion hat die folgende Form:

Region Norden:

$$e = -3{,}87 \cdot \ln(h) + 20{,}68$$

h ... *Seehöhe [100 m]*

Region Mur- Mürztal:

$$e = -4{,}03 \cdot \ln(h) + 21{,}22$$

Region Vorland:

$$e = -3{,}29 \cdot \ln(h) + 19{,}73$$

Für diese Parameter wurde das Bestimmtheitsmaß R^2 berechnet. Es gibt Auskunft über die Qualität der Annäherung der Regression an die Datenpunkte. Im Idealfall erreicht es den Wert eins.

Region Norden:	$R^2 = 0{,}94$
Region Mur- Mürztal:	$R^2 = 0{,}86$
Region Vorland:	$R^2 = 0{,}85$

Regionale Verteilung im Juli

Im Juli werden demnach die höchsten Dampfdruckwerte mit bis zu 16,5 hPa im Gebiet von Bad Radkersburg, im Grazer Raum, im Leibnitzer Feld sowie über den Niederungen der Weststeiermark beobachtet. Werte knapp über 15,0 hPa treten in den tiefen Lagen der gesamten südlichen Steiermark auf, sie betreffen Höhenlagen unterhalb von 400 bis 500 m Seehöhe.

Zonen mit einem Dampfdruck zwischen 13,0 und 15,0 hPa liegen in den Tälern der Obersteiermark, in weiten Teilen der Mur-Mürzfurche, im Enns- und Salzatal, im Bereich Bad Aussee sowie in Teilen des Liesing-Paltentales. Im Süden des Landes werden diese Werte etwa zwischen 500 und 800 m Seehöhe gemessen.

Im Oberen Mürztal, oberhalb von Kindberg, liegen die mittleren Dampfdruckwerte im Juli bereits unter 13 hPa, obwohl diese Talregion nur Seehöhen zwischen 600 und 800 m aufweist. Dies ist durch die relativ geringe Juli-Temperatur dieser Region bedingt. Gebiete mit einem Dampfdruck zwischen 11 und 13 hPa sind in der ganzen Steiermark in Höhenlagen zwischen 800 und 1 400 m zu finden. Ein mittlerer Dampfdruck zwischen 9 und 11 hPa wird in einer Seehöhe von 1 400 bis 2 000 m beobachtet. Oberhalb von 2 000 m liegt der Dampfdruck zwischen 7 und 9 hPa. Eine Übersicht über den durchschnittlichen Dampfdruck in hPa aller Stationen findet sich in Tabelle 4.3.1.

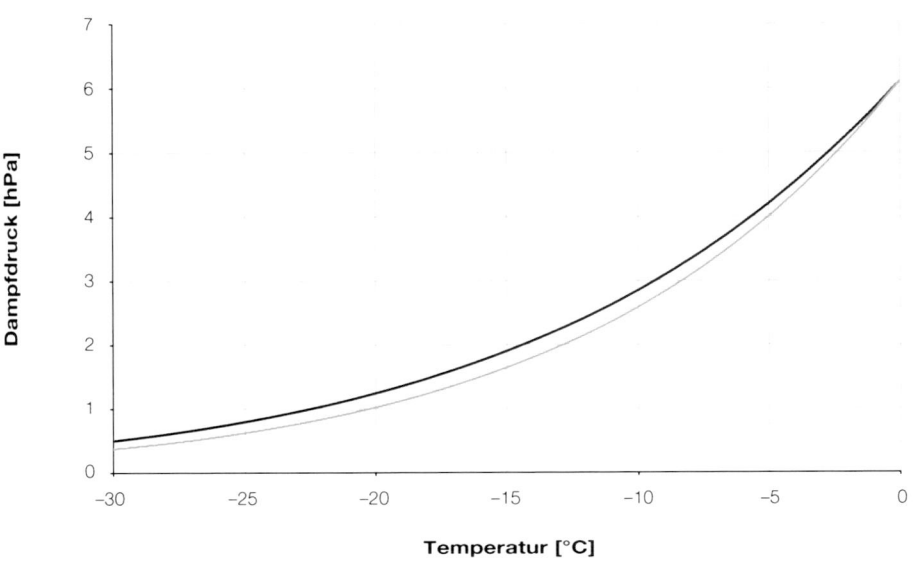

Abbildung 4.3.1: Sättigungsdampfdruck über Wasser und Eis (analog Auer, 2001).

— Wasser   — Eis

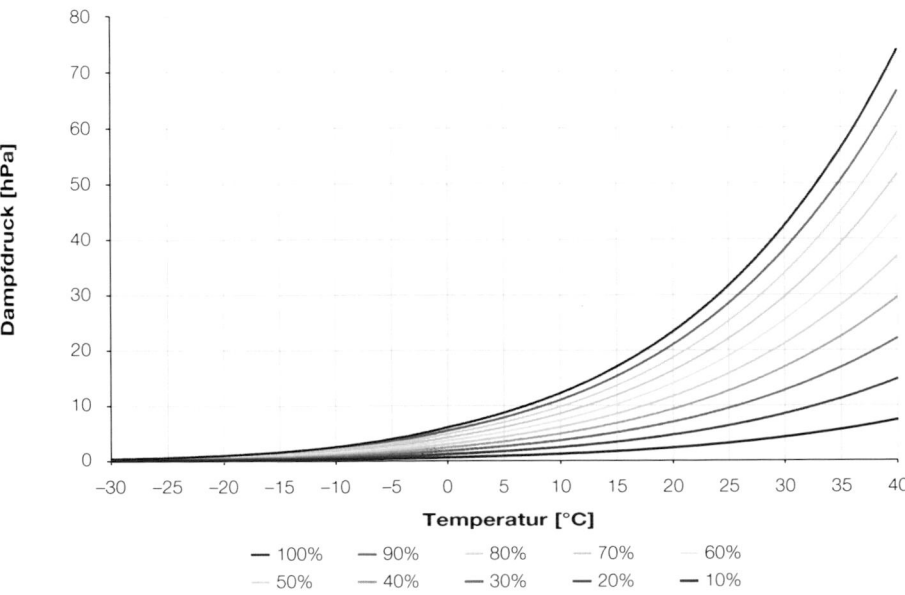

Abbildung 4.3.2: Dampfdruck (über 0°C über Wasser, unter 0°C über Eis) in Abhängigkeit von Lufttemperatur und relativer Feuchte (analog Auer, 2001).

— 100%   — 90%   — 80%   — 70%   — 60%
— 50%   — 40%   — 30%   — 20%   — 10%

A. Podesser | F. Wölfelmaier

Tabelle 4.3.1: Jahresgang des Dampfdruckes in hPa an allen verwendeten Stationen.

Nr.	Name	Sh [m]	Jan	Feb	Mär	Apr	Mai	Jun	Jul	Aug	Sep	Okt	Nov	Dez	Frühling	Sommer	Herbst	Winter	Jahr
1	Admont	648	4,1	4,4	5,4	6,6	9,3	11,8	13,4	13,7	11,2	8,4	5,9	4,5	7,1	13,0	8,5	4,4	8,2
3	Aflenz	785	4,1	4,3	5,2	6,5	9,3	11,5	12,9	13,2	10,9	8,2	5,8	4,5	7,0	12,6	8,3	4,3	8,0
4	Aigen/Ennstal	640	4,0	4,4	5,5	6,9	9,8	12,0	13,7	13,9	11,3	8,4	5,7	4,4	7,4	13,2	8,5	4,3	8,3
7	Altenberg/Hartberg	429	4,5	4,7	5,8	7,4	10,6	13,3	14,5	14,7	12,5	9,4	6,5	5,1	7,9	14,2	9,5	4,8	9,1
10	Bad Aussee	660	4,5	4,8	5,8	7,0	9,9	12,4	14,2	14,5	12,0	8,8	6,2	5,0	7,6	13,7	9,0	4,8	8,8
11	Bad Gleichenberg	293	4,7	4,8	5,8	7,2	10,4	13,2	14,9	15,2	12,7	9,6	6,7	5,2	7,8	14,4	9,7	4,9	9,2
14	Bad Mitterndorf	810	4,2	4,3	5,3	6,6	9,2	11,4	13,1	13,2	10,9	8,2	5,8	4,6	7,0	12,6	8,3	4,4	8,1
15	Bad Radkersburg	208	4,9	5,3	6,4	8,1	11,7	14,7	16,5	16,9	13,7	10,2	7,1	5,5	8,7	16,0	10,3	5,2	10,1
18	Birkfeld	635	4,1	4,3	5,3	6,5	9,4	11,9	13,3	13,5	11,2	8,3	5,9	4,7	7,0	12,9	8,5	4,4	8,2
23	Bruck/Mur	493	4,3	4,6	5,5	6,8	9,8	12,3	13,5	14,0	11,8	8,9	6,2	4,8	7,4	13,2	9,0	4,6	8,5
27	Deutschlandsberg	448	4,6	4,9	6,2	7,8	11,3	14,3	16,3	16,4	13,6	10,0	6,7	5,2	8,4	15,6	10,1	4,9	9,7
37	Fischbach	1015	3,8	4,0	4,9	6,1	8,9	10,9	12,4	12,6	10,5	7,8	5,4	4,2	6,7	12,0	7,9	4,0	7,6
47	Fürstenfeld	271	4,8	5,0	6,1	7,6	11,1	13,8	15,1	15,3	12,8	9,7	6,8	5,3	8,3	14,7	9,8	5,0	9,4
50	Gleisdorf	375	4,4	4,7	5,8	7,3	10,5	13,3	14,9	15,2	12,5	9,3	6,5	5,1	7,8	14,5	9,4	4,7	9,1
57	Graz-Flughafen	337	4,7	5,1	6,3	8,1	11,6	14,4	16,2	16,4	13,5	9,9	6,9	5,2	8,7	15,6	10,1	5,0	9,8
58	Graz-Messendorfberg	435	4,7	4,8	5,9	7,5	11,1	13,8	15,5	15,8	13,2	9,9	6,7	5,2	8,2	15,1	9,9	4,9	9,5
60	Graz-Universität	366	4,9	5,2	6,4	8,2	11,8	14,6	16,4	16,6	13,7	10,1	6,9	5,4	8,8	15,8	10,2	5,1	10,0
61	Gröbming	763	4,1	4,4	5,6	6,9	9,6	11,9	13,6	14,0	11,5	8,5	5,9	4,5	7,4	13,2	8,7	4,3	8,4
69	Hieflau	500	4,5	4,7	5,7	7,0	10,1	12,6	14,3	14,9	12,3	9,1	6,3	5,0	7,6	13,9	9,2	4,8	8,9
80	Irdning-Gumpenstein	698	4,2	4,4	5,4	6,6	9,3	11,7	13,4	13,5	11,2	8,3	5,9	4,6	7,1	12,9	8,4	4,4	8,2
84	Kalwang	760	4,2	4,6	5,6	6,9	9,8	12,1	13,7	13,8	11,4	8,5	5,9	4,6	7,5	13,2	8,6	4,5	8,4
87	Kindberg	561	4,0	4,4	5,3	6,4	9,2	11,1	12,4	12,6	10,8	8,2	5,9	4,5	7,0	12,0	8,3	4,3	7,9
90	Kirchberg-Grafendorf	455	4,3	4,6	5,6	7,1	10,3	12,8	14,1	14,4	12,1	9,0	6,2	4,8	7,7	13,8	9,1	4,6	8,8
95	Kleinsölk	1005	4,2	4,3	5,1	6,3	9,0	11,1	12,4	12,9	10,7	8,1	5,6	4,6	6,8	12,1	8,1	4,4	7,8
101	Krippenstein	2050	2,7	2,8	3,3	4,1	5,8	7,4	8,5	8,5	7,0	5,1	3,6	3,0	4,4	8,1	5,2	2,8	5,1
103	Lassnitzhöhe	527	4,6	4,8	6,0	7,5	11,1	13,8	15,6	15,8	13,1	9,7	6,6	5,1	8,2	15,1	9,8	4,8	9,5
104	Leibnitz	273	4,6	4,9	6,1	7,7	11,1	13,9	15,6	15,9	13,2	9,7	6,7	5,2	8,3	15,1	9,9	4,9	9,6
112	Lobming	414	4,6	5,0	6,2	8,2	11,8	14,6	16,5	16,4	13,3	9,7	6,6	5,2	8,7	15,9	9,9	4,9	9,9
116	Mariazell	865	4,1	4,1	4,9	6,1	8,7	10,8	12,2	12,3	10,1	7,6	5,4	4,5	6,6	11,7	7,7	4,3	7,6
126	Mürzzuschlag	758	4,1	4,2	5,1	6,4	9,3	11,4	12,6	12,9	10,7	8,0	5,6	4,4	6,9	12,3	8,1	4,2	7,9
138	Oberwölz	827	3,8	4,0	4,9	6,0	8,8	10,9	12,4	12,8	10,5	7,9	5,4	4,2	6,6	12,0	7,9	4,0	7,6
139	Oberzeiring	933	3,8	3,9	4,8	6,1	8,7	10,7	12,3	12,6	10,3	7,6	5,3	4,2	6,5	11,9	7,7	4,0	7,5
155	Pusterwald	1072	3,6	3,9	4,9	6,0	8,7	10,5	11,9	12,0	9,7	7,2	5,1	4,0	6,5	11,5	7,3	3,8	7,3
161	Rechberg	926	4,0	4,2	5,1	6,4	9,3	11,4	12,9	13,2	11,0	8,2	5,6	4,4	6,9	12,5	8,3	4,2	8,0
169	Rohrmoos	1078	3,6	3,7	4,5	5,4	7,8	9,7	11,3	11,6	9,5	7,1	5,0	4,0	5,9	10,9	7,2	3,8	6,9
173	Schöckl	1436	3,5	3,6	4,4	5,5	8,0	10,0	11,3	11,6	9,5	7,0	4,8	3,8	6,0	10,9	7,1	3,6	6,9
176	Seckau	855	3,9	4,1	5,4	6,8	9,8	12,0	13,3	13,6	11,1	8,1	5,6	4,3	7,3	13,0	8,3	4,1	8,2
183	Sonnblick	3105	1,8	1,8	2,2	2,9	4,1	5,5	6,3	6,5	5,0	3,2	2,7	2,0	3,1	6,1	3,6	1,9	3,8
191	St. Michael b. Leoben	505	3,9	4,0	5,0	7,2	10,3	12,8	14,4	14,4	11,8	8,7	6,0	4,5	7,8	13,8	8,8	4,3	8,7
195	St. Radegund	725	4,4	4,6	5,6	7,1	10,5	13,0	14,7	15,2	12,3	9,1	6,2	4,9	7,7	14,3	9,2	4,6	9,0
198	Stolzalpe	1293	3,4	3,3	4,2	5,2	7,5	9,2	10,5	10,9	9,1	6,9	4,7	3,8	5,6	10,2	6,9	3,5	6,6
214	Villacher Alpe	2140	2,7	2,7	3,4	4,4	6,1	8,1	9,4	9,4	7,5	5,5	3,7	2,9	4,7	9,0	5,6	2,8	5,5
223	Weiz	465	4,4	4,5	5,5	7,0	10,1	12,7	14,2	14,6	12,3	9,1	6,3	4,9	7,5	13,9	9,2	4,6	8,8
225	Wiel	928	3,8	3,8	4,8	5,9	8,7	11,1	12,6	12,7	10,6	7,9	5,3	4,1	6,5	12,1	7,9	3,9	7,6
232	Zeltweg	670	3,9	4,4	5,5	6,9	10,0	12,4	14,1	14,2	11,6	8,5	5,8	4,4	7,5	13,5	8,6	4,2	8,5

4.4 Zahl der schwülen Tage im Jahr

Definition

Als Schwüle wird eine durch erhöhte Werte der Luftfeuchtigkeit und -temperatur gekennzeichnete klimatische Situation bezeichnet, welche die Wärmeregulation des Körpers behindert. Hohe Lufttemperatur und -feuchte erschweren die Wärmeabgabe der Hautoberfläche an die Umgebung durch Wärmestrahlung, Wärmeleitung und Verdunstung. Auch die Wärmeabgabe über die Atmungsorgane wird verringert. Schwüle wird dadurch vom Menschen als Beeinträchtigung des Wohlbefindens empfunden.

Es gibt keine exakte meteorologische Definition von Schwüle, als Abschätzung kann aber die Äquivalenttemperatur (T_{EQ}) verwendet werden, welche aus der Lufttemperatur (T), dem Dampfdruck (e) und einem Proportionalitätsfaktor (k) berechnet wird (siehe auch „Durchschnittliche Wärmebelastung um 14:00 MEZ im Sommer" in Kapitel 10.3):

$$T_{EQ} = T + k \cdot e$$

T_{EQ}... *Äquivalenttemperatur [°C]*
T ... *Lufttemperatur [°C]*
k ... *Proportionalitätsfaktor*
e ... *Dampfdruck*

Klimatische Verhältnisse mit Äquivalenttemperaturen über 56,0°C wurden als schwül definiert (AUER, 2001). Bei 30°C entspricht dies einer relativen Luftfeuchtigkeit von 41%.

Zur Darstellung der Schwüle in Kartenform wurden drei Höhenregressionen für drei Klimaregionen berechnet: für den gesamten Norden mit dem Mürztal, für das Obere Murtal und für den gesamten Süden (Vorland mit Randgebirge).

Zusätzlich wurden in der Vertikalen drei Schichten eingeführt, um eine bessere Anpassung an die Realität zu erlangen. In der jeweiligen Schicht wurde ein linearer Zusammenhang gewählt. Die Funktionen haben die in der Tabelle 4.4.1 angegebene Form.

Erwartungsgemäß werden die meisten schwülen Tage in den Tal- und Beckenregionen des südöstlichen Alpenvorlandes registriert. Dabei wird das Maximum im Stadtgebiet von Graz mit 25,8 Tagen erreicht. Ursache dafür ist die höhere Temperatur im dicht verbauten Stadtgebiet.

Im Bereich der Niederungen und Täler der Weststeiermark sowie in den tiefen Lagen der Oststeiermark liegt die Anzahl der schwülen Tage zwischen 20 und 25.

Im Hügelland der Ost- und Weststeiermark, von Zeltweg bis Niklasdorf sowie im untersten Bereich des Ennstales gibt es zehn bis 15 schwüle Tage.

Im Murtal oberhalb von Zeltweg sowie im Ennstal oberhalb von Hieflau sowie den niedrigeren Niveaus des Randgebirges werden fünf bis zehn schwüle Tage gezählt.

Tabelle 4.4.1: Höhenregressionen (3-Schicht-Modell) für die drei Modellregionen.

Norden	von/bis	Gleichung	R^2
1. Schicht	< 850 m	N = −2,56 · h + 24,40	0,78
2. Schicht	≥ 850 m – < 1400 m	N = −0,30 · h + 5,18	1,00
3. Schicht	≥ 1400 m	N = −0,06 · h + 1,92	1,00

Oberes Murtal	von/bis	Gleichung	R^2
1. Schicht	< 900 m	N = −3,42 · h + 31,59	0,53
2. Schicht	≥ 900 m – < 1400 m	N = −0,30 · h + 5,08	1,00
3. Schicht	≥ 1400 m	N = −0,05 · h + 1,68	0,94

Vorland	von/bis	Gleichung	R^2
1. Schicht	< 700 m	N = −1,46 · h + 20,20	0,12
2. Schicht	≥ 700 m – < 1100 m	N = −2,18 · h + 25,22	1,00
3. Schicht	≥ 1100 m	N = −0,06 · h + 1,92	1,00

A. PODESSER | F. WÖLFELMAIER

Ein bis fünf schwüle Tage gibt es im Mürztal, im Aflenzer Becken sowie in den Gebirgsregionen zwischen 800 m und 1 700 m. Die geringe Anzahl der schwülen Tage im Mürztal und Aflenzer Becken ist wiederum durch die geringere Temperatur in diesem Gebiet bedingt. Eine ähnliche räumliche Verteilung der Anzahl der schwülen Tage in der Steiermark ist auch bei WAKONIGG, 1978 zu finden. Eine Übersicht über die durchschnittliche Zahl der schwülen Tage aller Stationen findet sich in Tabelle 4.4.2.

Tabelle 4.4.2: Durchschnittliche Zahl schwüler Tage aller verwendeten Stationen.

Nr.	Name	Sh [m]	Jan	Feb	Mär	Apr	Mai	Jun	Jul	Aug	Sep	Okt	Nov	Dez	Frühling	Sommer	Herbst	Winter	Jahr
1	Admont	648	–	–	–	–	0,1	0,7	1,7	2,4	0,3	–	–	–	0,1	4,8	0,3	–	5,1
3	Aflenz	785	–	–	–	–	–	0,1	0,9	1,5	0,0	–	–	–	–	2,5	0,0	–	2,5
4	Aigen/Ennstal	640	–	–	–	–	–	0,9	4,1	4,2	0,6	–	–	–	–	9,2	0,6	–	9,7
7	Altenberg/Hartberg	429	–	–	–	–	0,1	1,5	4,6	3,7	0,6	–	–	–	0,1	9,8	0,6	–	10,5
10	Bad Aussee	660	–	–	–	–	0,2	0,9	3,8	4,1	0,6	–	–	–	0,2	8,8	0,6	–	9,6
11	Bad Gleichenberg	293	–	–	–	–	0,1	1,6	4,5	5,0	1,0	0,0	–	–	0,1	11,1	1,0	–	12,2
14	Bad Mitterndorf	810	–	–	–	–	–	0,3	1,4	1,6	0,0	–	–	–	–	3,4	0,0	–	3,4
15	Bad Radkersburg	208	–	–	–	–	0,2	3,4	7,5	7,9	1,0	–	–	–	0,2	18,8	1,0	–	20,0
18	Birkfeld	635	–	–	–	–	0,1	0,7	2,3	2,6	0,3	0,0	–	–	0,1	5,6	0,4	–	6,1
23	Bruck/Mur	493	–	–	–	–	0,0	1,0	1,9	3,1	0,3	–	–	–	0,0	6,0	0,3	–	6,3
27	Deutschlandsberg	448	–	–	–	–	0,3	3,2	8,4	8,2	1,7	–	–	–	0,3	19,9	1,7	–	21,9
37	Fischbach	1015	–	–	–	–	–	0,1	0,7	0,7	0,1	–	–	–	–	1,5	0,1	–	1,6
47	Fürstenfeld	271	–	–	–	–	0,2	2,6	5,7	6,2	1,1	–	–	–	0,2	14,5	1,1	–	15,8
50	Gleisdorf	375	–	–	–	–	0,0	1,7	4,7	4,7	0,4	–	–	–	0,0	11,1	0,4	–	11,6
57	Graz-Flughafen	337	–	–	–	–	0,2	3,5	8,4	8,1	1,3	–	–	–	0,2	20,0	1,3	–	21,5
58	Graz-Messendorfberg	435	–	–	–	–	0,1	2,6	6,4	6,6	1,1	–	–	–	0,1	15,6	1,1	–	16,7
60	Graz-Universität	366	–	–	–	–	0,5	4,6	10,0	9,3	1,4	–	–	–	0,5	23,9	1,4	–	25,8
61	Gröbming	763	–	–	–	–	–	0,8	2,4	2,9	0,3	–	–	–	–	6,0	0,3	–	6,3
69	Hieflau	500	–	–	–	–	0,1	1,3	4,3	4,7	0,6	–	–	–	0,1	10,4	0,6	–	11,0
80	Irdning-Gumpenstein	698	–	–	–	–	–	1,1	2,3	3,0	0,4	–	–	–	–	6,4	0,4	–	6,7
84	Kalwang	760	–	–	–	0,0	0,1	0,9	2,6	3,4	0,5	–	–	–	0,2	6,9	0,5	–	7,6
87	Kindberg	561	–	–	–	–	0,1	0,4	0,6	1,8	0,1	–	–	–	0,1	2,8	0,1	–	2,9
90	Kirchberg-Grafendorf	455	–	–	–	–	0,1	2,3	4,2	4,5	0,7	–	–	–	0,1	11,0	0,7	–	11,9
95	Kleinsölk	1005	–	–	–	–	0,1	0,2	0,9	1,2	0,1	–	–	–	0,1	2,3	0,1	–	2,6
101	Krippenstein	2050	–	–	–	–	–	–	–	–	–	–	–	–	–	–	–	–	–
103	Lassnitzhöhe	527	–	–	–	–	0,2	3,1	7,9	8,5	1,2	–	–	–	0,2	19,4	1,3	–	21,0
104	Leibnitz	273	–	–	–	–	0,3	3,3	6,5	6,4	1,0	–	–	–	0,3	16,2	1,0	–	17,4
112	Lobming	414	–	–	–	–	0,5	3,9	9,5	9,0	1,6	–	–	–	0,5	22,4	1,6	–	24,6
116	Mariazell	865	–	–	–	–	0,0	0,1	0,4	0,6	0,0	–	–	–	0,0	1,1	0,0	–	1,2
126	Mürzzuschlag	758	–	–	–	–	0,2	0,6	1,2	1,7	0,1	–	–	–	0,2	3,6	0,1	–	3,9
138	Oberwölz	827	–	–	–	–	0,0	0,2	1,0	1,2	0,0	–	–	–	0,0	2,4	0,0	–	2,5
139	Oberzeiring	933	–	–	–	–	0,0	0,3	1,3	1,2	0,2	–	–	–	0,0	2,8	0,2	–	3,0
155	Pusterwald	1072	–	–	–	–	–	0,2	0,7	1,1	0,1	–	–	–	–	2,0	0,1	–	2,1
161	Rechberg	926	–	–	–	–	–	0,5	1,5	1,8	0,1	–	–	–	–	3,8	0,1	–	3,9
169	Rohrmoos	1078	–	–	–	–	0,1	–	0,2	0,2	–	–	–	–	0,1	0,5	–	–	0,5
173	Schöckl	1436	–	–	–	–	–	0,1	0,4	0,6	–	–	–	–	–	1,0	–	–	1,0
176	Seckau	855	–	–	–	0,0	0,2	1,9	3,2	4,1	0,5	–	–	–	0,2	9,2	0,5	–	10,0
183	Sonnblick	3105	–	–	–	–	–	–	–	–	–	–	–	–	–	–	–	–	–
191	St. Michael b. Leoben	565	–	–	–	–	0,2	2,1	6,1	6,0	0,5	–	–	–	0,2	14,1	0,5	–	14,8
195	St. Radegund	725	–	–	–	–	0,2	2,1	5,2	6,5	0,9	0,0	–	–	0,2	13,9	0,9	–	14,9
198	Stolzalpe	1293	–	–	–	–	–	0,1	0,4	0,6	–	–	–	–	–	1,2	–	–	1,2
214	Villacher Alpe	2140	–	–	–	–	–	–	–	–	–	–	–	–	–	–	–	–	–
223	Weiz	465	–	–	–	–	0,1	1,4	4,1	3,7	0,5	–	–	–	0,1	9,2	0,5	–	9,8
225	Wiel	928	–	–	–	–	–	0,3	1,3	1,7	0,1	–	–	–	–	3,4	0,1	–	3,4
232	Zeltweg	670	–	–	–	–	0,0	0,9	3,7	3,8	0,5	–	–	–	0,0	8,4	0,5	–	9,0

4.5 Bewölkung

4.5.1 Allgemeines

Wolken sind in allen meteorologischen Untersuchungsmaßstäben für die räumliche Differenzierung des Klimas mitverantwortlich (ARKING, 1991). Über die große räumliche und zeitliche Variabilität des Bedeckungsgrades und die Wolkenart beeinflussen sie die Energiebilanz des Systems Erde – Atmosphäre entscheidend. Für die Beurteilung des Klimas im regionalen Maßstab hinsichtlich seiner Gunst und Ungunst, beispielsweise für die Eignung eines Ortes als Fremdenverkehrs- oder Kurstandort, spielen die Bewölkungsverhältnisse eine wichtige Rolle.

Letztendlich vermittelt die Bewölkung in der Bevölkerung neben dem Niederschlag wie kaum ein anderes Klimaelement auch die Vorstellung von „Schönwetter" und „Schlechtwetter".

Die Klassifizierung von Wolken kann über die Art, Höhe, Dichte und den Grad der Himmelsbedeckung erfolgen, entsprechende Aufzählungen mit anschaulichem Bildmaterial gibt es inzwischen in großer Anzahl (z.B. Karlsruher Wolkenatlas).

Wegen der Abhängigkeit von bestimmten Jahreszeiten und Wetterlagen seien an dieser Stelle nur die zwei Haupttypen der Bewölkung für die gemäßigten Breiten kurz beschrieben:

Stratiforme Wolken

Stratiforme Wolken oder einfach Schichtwolken entstehen, wenn bei der Hebung die horizontale Bewegungskomponente viel größer ist als die vertikale Bewegungskomponente. Sie sind das Kennzeichen von Wetterlagen mit stabiler bis neutraler Schichtung bzw. des Winterhalbjahres. Meist entstehen sie an Warmfronten durch

Abbildung 4.5.1.1: Altostratus translucidus: Typischer Aufzug einer Warmfrontbewölkung vor Annäherung einer Störung. Der größte Teil der Altostratus-Schicht ist noch so dünn, dass die Sonne durchscheint.
Foto: A. PODESSER

A. PODESSER | F. WÖLFELMAIER

Aufgleitvorgänge, wobei für die Steiermark die Vorderseiten von Tiefdruckgebieten aus dem Mittelmeerraum sehr wetterwirksam sind.

Außerdem bilden sich im Zuge von Hochdruckgebieten über Mittel- bis Osteuropa Nebel- und Hochnebeldecken, welche ebenfalls zur stratiformen Bewölkung zählen.

Cumuliforme Wolken

Cumuliforme Wolken oder einfach Haufenwolken entstehen, wenn bei der Hebung die vertikale Bewegungskomponente viel größer ist als die horizontale Bewegungskomponente. Sie sind ein typisches Erscheinungsbild labiler Wetterlagen bzw. des sommerlichen Himmels. Einerseits entstehen sie konvektionsbedingt durch Erwärmung des Untergrundes, andererseits bei labilen Wetterlagen an Kaltfronten durch Einbruch polarer Luftmassen an der Rückseite von Tiefdruckgebieten. Außer bei schweren Gewittern handelt es sich bei der Cumulusbewölkung meist um mehr oder weniger aufgelockerte Bewölkung, da rasches Aufsteigen zum Ausgleich auch Absinkvorgänge in benachbarten Zonen bewirkt.

Diese beiden Wolkengrundtypen lassen sich weiter in vier Familien, zehn Gattungen und einige Dutzend Arten und Unterarten gliedern.

Klimabeobachter

Die Registrierung der Bewölkung erfolgt im österreichischen Klimadienst nicht über instrumentelle Messung, sondern über Schätzung durch Klimabeobachter. Die Augenbeobachtung erfolgt zu den drei Terminwerten um 07:00, 14:00 und 19:00 Uhr MEZ unter Angabe des Bedeckungsgrades und der Dichte. Zur Angabe des Bedeckungsgrades schätzt man, wie viele Zehntel des Himmels von Wolken bedeckt sind. Zusammen mit dem Bewölkungsgrad Null (wolkenlos) und 10 (bedeckt) ergibt das eine 11-teilige Skala. Die Dichte gliedert sich in 3 Stufen (0 = dünn, 1 = mittel, 2 = dick).

Mittelwerte

Zwar eignen sich die daraus errechneten Mittelwerte recht gut für einen Vergleich verschiedener Landschaften untereinander, geben aber nur unbefriedigende Auskunft über die tatsächlichen Bewölkungsverhältnisse. Da bedeckter Himmel (10) am weitaus häufigsten klassifiziert wird, gefolgt von wolkenlosem Himmel (0), ergeben sich Mittel zwischen 4 und 8, welche so in Wirklichkeit meist nicht auftreten (WAKONIGG, 1978).

Abbildung 4.5.1.2: Altocumulus lenticularis im Gebirgssee bei Nordföhn. Die stationäre Wolke entsteht, wenn die Luft mehrmals in Wellenform auf- und wieder absteigt.
Foto: W. ERTL

Tabelle 4.5.2.1: Liste der verwendeten Stationen und Legende.

Nr.	Name	Sh [m]	geographische Länge	geographische Breite	Betreiber	Klimaregion	Lage
1	Admont	648	14° 27' 25"	47° 34' 19"	ZAMG	3	▬
3	Aflenz	785	15° 15' 31"	47° 33' 48"	ZAMG	6	↓
4	Aigen/Ennstal	640	14° 08' 17"	47° 32' 59"	ZAMG	3	▬
7	Altenberg/Hartberg	429	16° 02' 52"	47° 15' 24"	ZAMG	9	↗
10	Bad Aussee	660	13° 47' 59"	47° 37' 40"	ZAMG	2	▬
11	Bad Gleichenberg	293	15° 54' 19"	46° 53' 35"	ZAMG	9	▬
13	Bad Ischl	469	13° 38' 54"	47° 43' 00"	ZAMG	2	▬
14	Bad Mitterndorf	810	13° 56' 06"	47° 33' 11"	ZAMG	2	▬
15	Bad Radkersburg	208	15° 59' 03"	46° 42' 33"	ZAMG	9	▬
18	Birkfeld	635	15° 42' 38"	47° 21' 16"	ZAMG	8	→
23	Bruck/Mur	493	15° 16' 37"	47° 25' 43"	ZAMG	6	▬
27	Deutschlandsberg	448	15° 12' 15"	46° 50' 33"	ZAMG	9	↓
35	Feuerkogel	1618	13° 44' 60"	47° 49' 00"	ZAMG	1	▲
37	Fischbach	1015	15° 39' 55"	47° 27' 26"	ZAMG	8	↘
39	Flattnitz	1438	14° 02' 07"	46° 57' 41"	ZAMG	7	◣
44	Friesach	634	14° 25' 12"	46° 57' 19"	ZAMG	–	▬
47	Fürstenfeld	271	16° 05' 54"	47° 02' 52"	ZAMG	9	▬
50	Gleisdorf	375	15° 43' 38"	47° 07' 48"	ZAMG	9	▬
57	Graz-Flughafen	337	15° 27' 52"	46° 60' 41"	ZAMG	9	▬
58	Graz-Messendorfberg	435	15° 29' 27"	47° 03' 53"	ZAMG	9	↘
60	Graz-Universität	366	15° 27' 58"	47° 05' 45"	ZAMG	9	▬
61	Gröbming	763	13° 54' 11"	47° 27' 46"	ZAMG	3	▬
69	Hieflau	500	14° 44' 28"	47° 37' 32"	ZAMG	2	▬
80	Irdning-Gumpenstein	698	14° 06' 54"	47° 30' 43"	ZAMG	3	↑
84	Kalwang	760	14° 44' 37"	47° 25' 26"	ZAMG	6	▬
87	Kindberg	561	15° 27' 06"	47° 30' 29"	ZAMG	6	▬
90	Kirchberg-Grafendorf	455	15° 59' 47"	47° 21' 06"	ZAMG	9	▲
95	Kleinsölk	1005	13° 56' 60"	47° 24' 00"	ZAMG	4	▬
101	Krippenstein	2050	13° 42' 00"	47° 31' 00"	ZAMG	1	▲
103	Lassnitzhöhe	527	15° 36' 34"	47° 04' 28"	ZAMG	9	↘
104	Leibnitz	273	15° 32' 17"	46° 47' 51"	ZAMG	9	▬
112	Lobming	414	15° 11' 42"	47° 03' 35"	ZAMG	8	→
116	Mariazell	865	15° 19' 18"	47° 46' 09"	ZAMG	2	↙
122	Mönichkirchen	991	16° 02' 59"	47° 31' 39"	ZAMG	8	↓
126	Mürzzuschlag	758	15° 41' 09"	47° 36' 11"	ZAMG	6	↗
132	Neumarkt	835	14° 26' 47"	47° 05' 32"	ZAMG	5	▲
138	Oberwölz	827	14° 17' 57"	47° 12' 07"	ZAMG	5	▬
139	Oberzeiring	933	14° 30' 46"	47° 15' 17"	ZAMG	5	▬
153	Preitenegg	1055	14° 55' 00"	46° 56' 60"	ZAMG	5	▲
155	Pusterwald	1072	14° 23' 34"	47° 19' 33"	ZAMG	7	▬
158	Radstadt	845	13° 27' 00"	47° 23' 60"	ZAMG	3	↓
161	Rechberg	926	15° 25' 59"	47° 16' 46"	ZAMG	8	▲
169	Rohrmoos	1078	13° 39' 29"	47° 23' 41"	ZAMG	4	↗
173	Schöckl	1436	15° 28' 06"	47° 12' 57"	ZAMG	8	▲
176	Seckau	855	14° 47' 57"	47° 16' 16"	ZAMG	5	↓
178	Semmering	1000	15° 50' 40"	47° 38' 52"	ZAMG	1	◣
183	Sonnblick	3105	12° 57' 29"	47° 03' 18"	ZAMG	–	▲
191	St. Michael b. Leoben	565	15° 00' 20"	47° 20' 09"	ZAMG	6	▬
195	St. Radegund	725	15° 29' 27"	47° 11' 56"	ZAMG	8	↓
198	Stolzalpe	1293	14° 12' 42"	47° 07' 15"	ZAMG	7	↓
201	Tamsweg	1012	13° 49' 36"	47° 07' 29"	ZAMG	5	▬
214	Villacher Alpe	2140	13° 40' 24"	46° 36' 13"	ZAMG	–	▲
223	Weiz	465	15° 38' 08"	47° 13' 07"	ZAMG	9	▬
225	Wiel	922	15° 08' 46"	46° 45' 46"	ZAMG	8	↓
229	Wörterberg	400	16° 06' 54"	47° 14' 38"	ZAMG	9	▲
232	Zeltweg	670	14° 46' 35"	47° 12' 05"	ZAMG	5	▬

Klimaregionen	Lage
1 ... Hochlagen im Nordstaugebiet	▬ ... Tal
2 ... Tallagen im Nordstaugebiet	→ ... Hang (Richtung), hier als Beispiel ein Osthang
3 ... Talbecken des Oberen Ennstales	◣ ... Pass
4 ... Niedere Tauern	▲ ... Gipfel
5 ... Talbecken des Oberen Murtales	
6 ... Talbecken des Mur- und Mürztales	
7 ... Hochlagen der Inneralpen	
8 ... Steirisches Randgebirge	
9 ... Vorland	
– ... außerhalb steirischer Klimazonen	

Wie bereits angedeutet, hängt der Tagesgang der Bewölkung eng mit dem Auftreten bestimmter Wolkenarten zusammen.

Stratiforme Bewölkung entsteht vor allem nachts durch Ausstrahlung des Erdbodens und damit verbundener Taupunktunterschreitung sowie Wasserdampfkondensation in den bodennahen Schichten. Je nach Inversionsstruktur können sich Nebel oder Hochnebel bilden, welche am Morgen ein Maximum aufweisen.

Die einstrahlungsbedingte Erwärmung führt tagsüber zu Verdunstung und zu einer Rückbildung der Bewölkung, wobei ein Minimum am Nachmittag eintritt.

Die tagesperiodischen Unterschiede sind allerdings besonders im Spätherbst recht gering, da der aperiodische Tagesgang besonders höherer, von der Einstrahlung weniger beeinflussten stratiformen Bewölkung überwiegt.

Cumuliforme Bewölkung bildet sich bevorzugt tagsüber durch Erwärmung des Erdbodens und der bodennächsten Schicht. Die einsetzende Konvektion bewirkt in der warmen Jahreszeit meist ein Bewölkungsmaximum in den Nachmittagsstunden. Nachts führt die Abkühlung zu einer Stabilisierung und Bewölkungsrückbildung, wobei ein Minimum am Morgen eintritt.

Im Unterschied zum Tagesgang der winterlichen Bewölkung ist der periodische Tagesgang der cumuliformen Bewölkung im Sommer viel stärker ausgeprägt. Dies trifft in besonderem Maße für das Gebirge und Hochgebirge zu.

In den folgenden Abbildungen 4.5.3.1 bis 4.5.3.9 sind die relativen Anteile der Bedeckungsgrade zu drei Terminen für unterschiedliche Stationen und Jahreszeiten dargestellt.

Graz-Flughafen
Die Vorlandstation Graz-Flughafen (Abb. 4.5.3.1 bis 4.5.3.5) zeigt zum 7:00 Uhr-Termin ein Überwiegen der hohen Bewölkungsgrade (9/10, 10/10), welches im Wesentlichen durch die große Nebel- und Hochnebelhäufigkeit begründet ist. Nur im Frühjahr und Frühsommer sowie im Hoch- und Spätsommer könnte auch zusätzliche morgendliche Restbewölkung nächtlicher Gewitter zum hohen Bewölkungsgrad beitragen. Als zweithäufigste Klassen folgen bereits wolkenlose (0/10) oder leicht bewölkte (1/10) Termine. Zum 14 Uhr-Termin dominieren – bis auf Frühjahr und Frühsommer sowie Hoch- und Spätsommer – ebenfalls die letzten beiden, meist nebelbedingten Bedeckungsklassen. Die Klasse 1/10 tritt – mit Ausnahme des Frühsommers, wo oft Konvektionsbewölkung vorherrscht – verstärkt auf. Zum 19 Uhr-Termin nehmen gegenüber dem Nachmittagstermin die hohen Bewölkungsgrade wieder zu. Die restlichen Klassen sind in ihrem Auftreten hingegen untypisch und zum Teil auch selten.

Admont
In Admont (Abb. 4.5.3.4 bis 4.5.3.6) ergibt sich ein ähnlicher Tagesverlauf, allerdings mit wesentlich größeren Anteilen hoher Bewölkungsgrade, insbesondere bedecktem Himmel. Dies trifft im Tagesgang vor allem auf den Frühtermin (Nebel) zu. Auch im Jahresgang gibt es ein nebelbedingtes Maximum im Spätherbst und Frühwinter, während die häufige Konvektionsbewölkung im Frühjahr und Frühsommer durch die unterbrochene Bewölkung eher in den „Zwischenklassen" zu finden ist.

Sonnblick
Am Sonnblick (Abb. 4.5.3.7 bis 4.5.3.9) zeigt sich ein Tagesgang der Bewölkung nur insofern, als die bedeckte Klasse (10/10) im Frühjahr/Frühsommer und Hoch-/Spätsommer bis zum Abendtermin langsam zunimmt. Im Jahresgang tritt erwartungsgemäß das Maximum zum Zeitpunkt verstärkter Einstrahlung und erhöhter Labilität im Frühjahr und Frühsommer auf.

Zusammenfassend muss aber festgestellt werden, dass die leichter erkennbaren sehr hohen und sehr niedrigen Bewölkungsklassen überschätzt und möglicherweise über das tatsächliche Maß hinaus registriert werden.

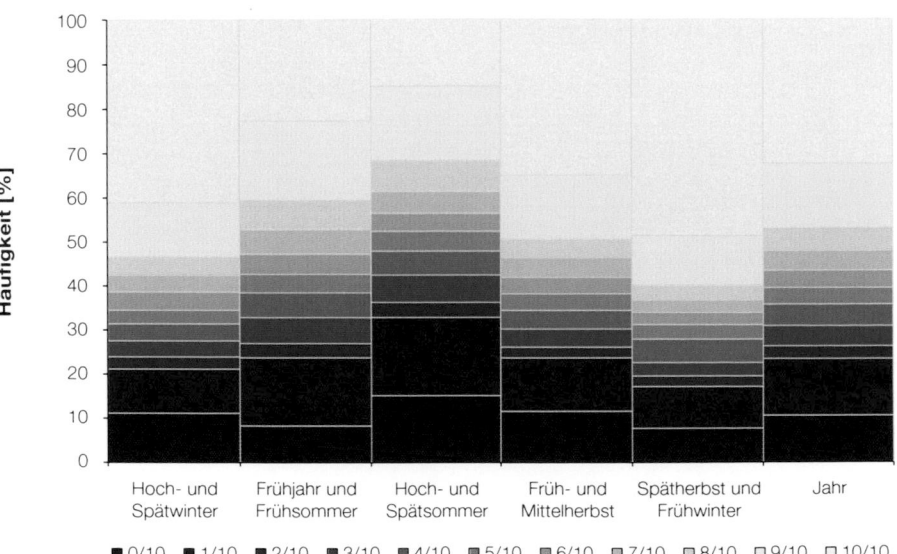

Abbildung 4.5.3.1: Relative Häufigkeit der Bewölkung (in Zehntel Himmelsbedeckung) in Prozent um 07:00 Uhr MEZ, Station Graz-Flughafen, 337 m.

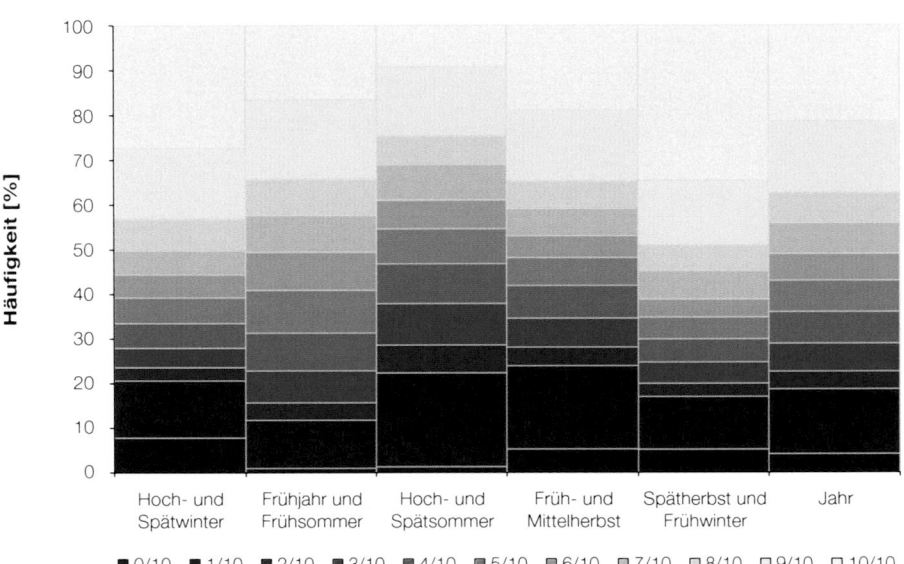

Abbildung 4.5.3.2: Relative Häufigkeit der Bewölkung (in Zehntel Himmelsbedeckung) in Prozent um 14:00 Uhr MEZ, Station Graz-Flughafen, 337 m.

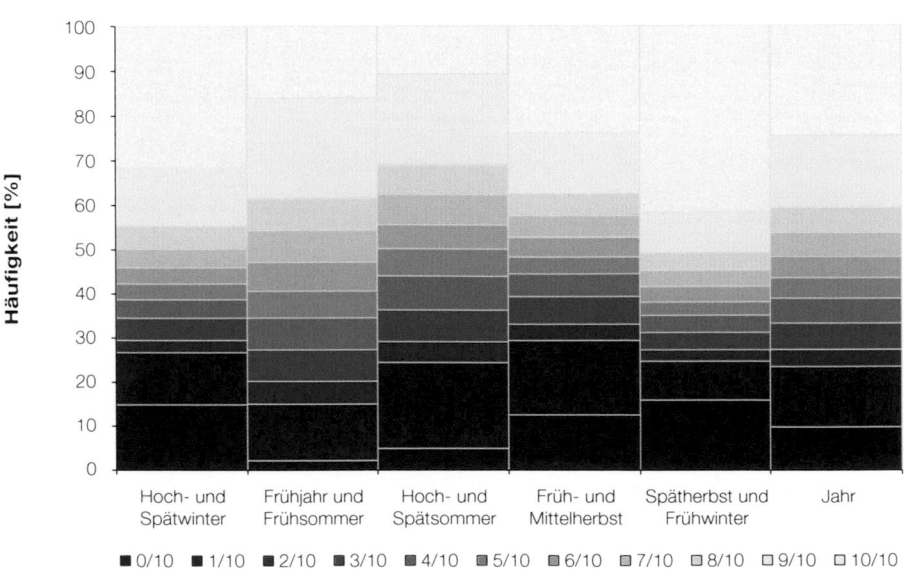

Abbildung 4.5.3.3: Relative Häufigkeit der Bewölkung (in Zehntel Himmelsbedeckung) in Prozent um 19:00 Uhr MEZ, Station Graz-Flughafen, 337 m.

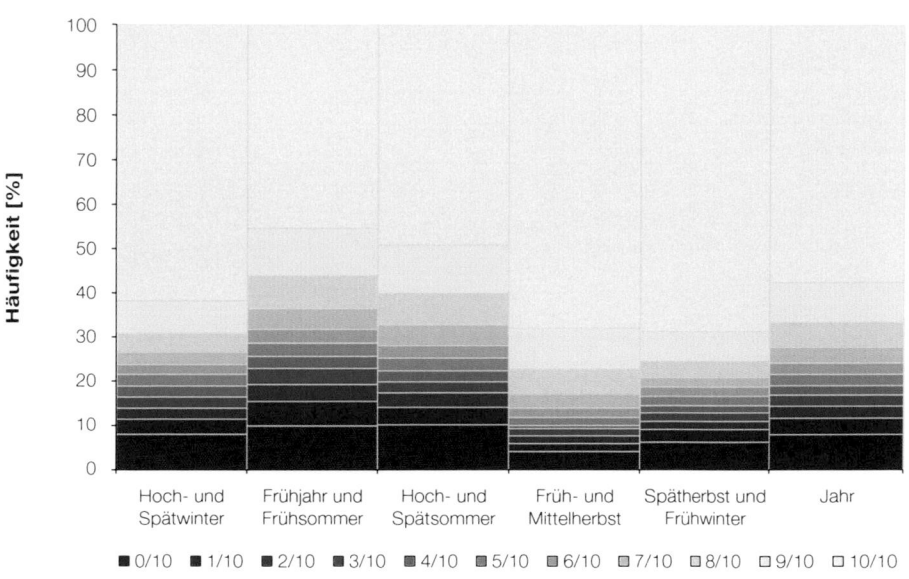

Abbildung 4.5.3.4: Relative Häufigkeit der Bewölkung (in Zehntel Himmelsbedeckung) in Prozent um 07:00 Uhr MEZ, Station Admont, 648 m.

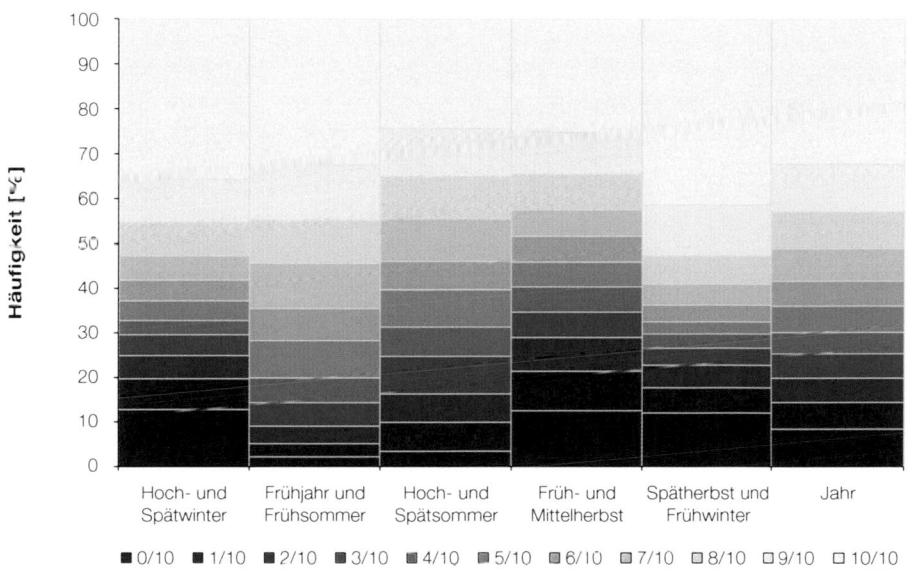

Abbildung 4.5.3.5: Relative Häufigkeit der Bewölkung (in Zehntel Himmelsbedeckung) in Prozent um 14:00 Uhr MEZ, Station Admont, 648 m.

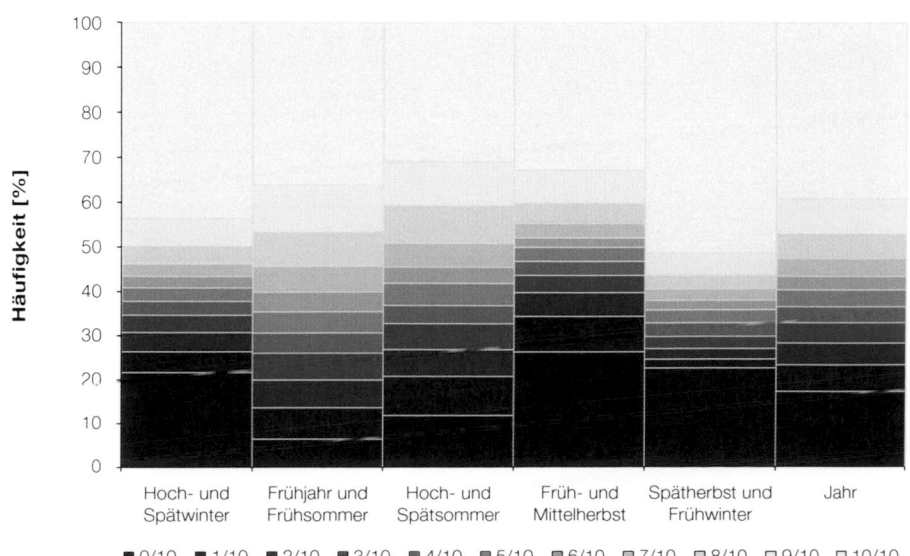

Abbildung 4.5.3.6: Relative Häufigkeit der Bewölkung (in Zehntel Himmelsbedeckung) in Prozent um 19:00 Uhr MEZ, Station Admont, 648 m.

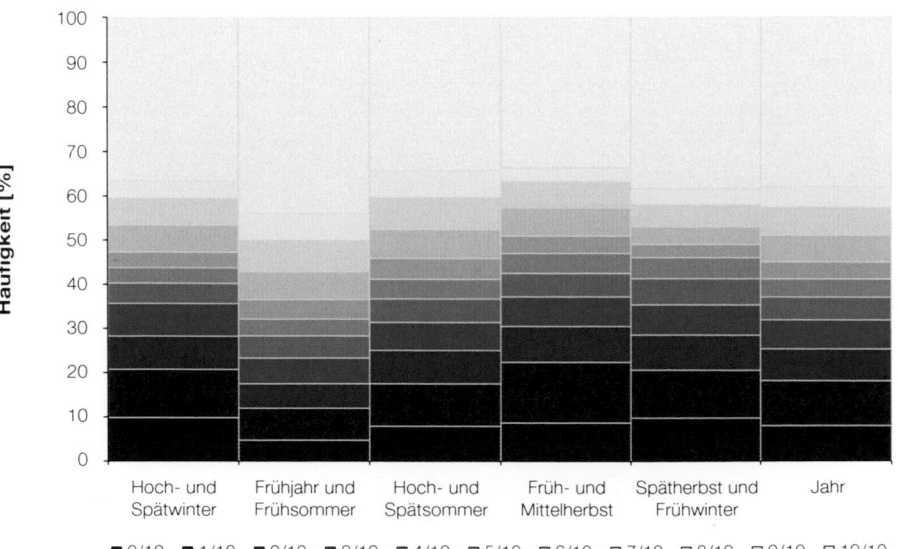

Abbildung 4.5.3.7: Relative Häufigkeit der Bewölkung (in Zehntel Himmelsbedeckung) in Prozent um 07:00 Uhr MEZ, Station Sonnblick, 3 105 m.

■ 0/10   ■ 1/10   ■ 2/10   ■ 3/10   ■ 4/10   ■ 5/10   ■ 6/10   ■ 7/10   ■ 8/10   ▢ 9/10   ▢ 10/10

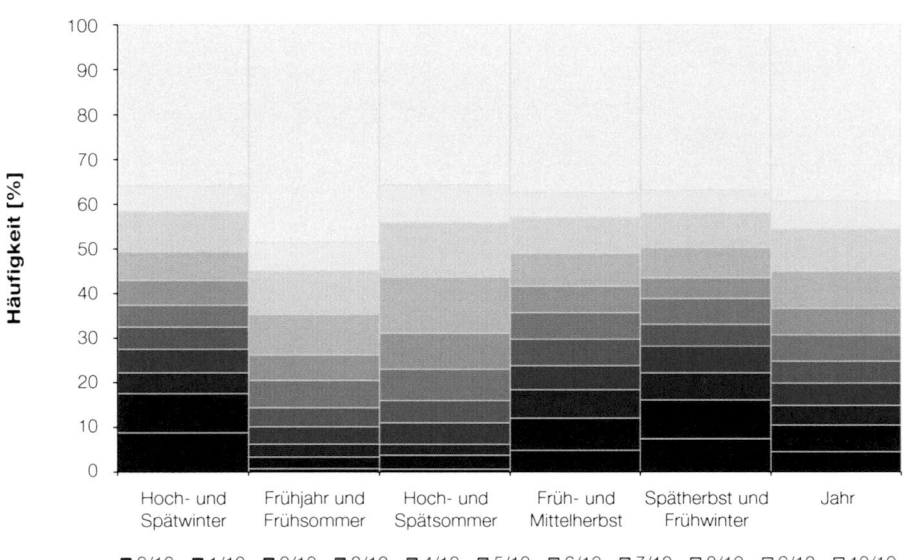

Abbildung 4.5.3.8: Relative Häufigkeit der Bewölkung (in Zehntel Himmelsbedeckung) in Prozent um 14:00 Uhr MEZ, Station Sonnblick, 3 105 m.

■ 0/10   ■ 1/10   ■ 2/10   ■ 3/10   ■ 4/10   ■ 5/10   ■ 6/10   ■ 7/10   ■ 8/10   ▢ 9/10   ▢ 10/10

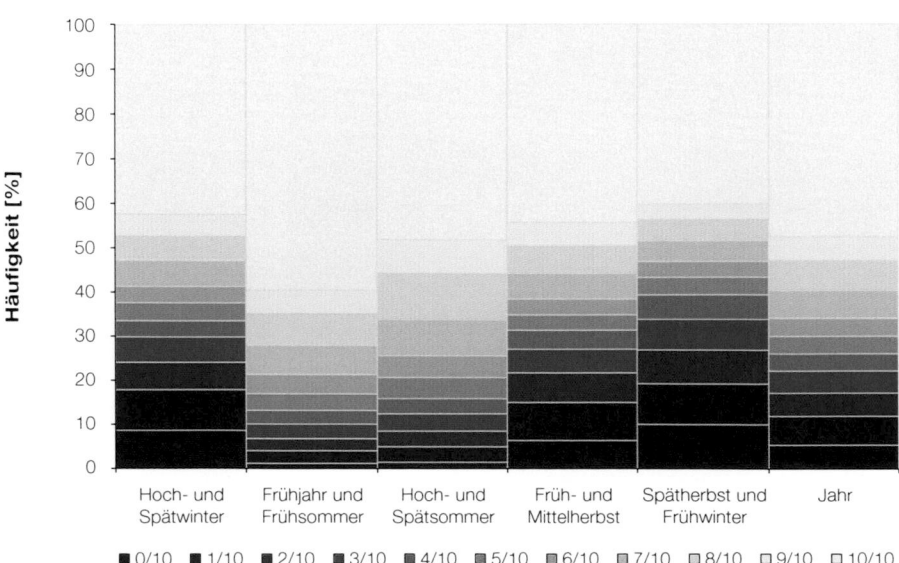

Abbildung 4.5.3.9: Relative Häufigkeit der Bewölkung (in Zehntel Himmelsbedeckung) in Prozent um 19:00 Uhr MEZ, Station Sonnblick, 3 105 m.

■ 0/10   ■ 1/10   ■ 2/10   ■ 3/10   ■ 4/10   ■ 5/10   ■ 6/10   ■ 7/10   ■ 8/10   ▢ 9/10   ▢ 10/10

Genauere Angaben über die Bewölkung gibt es nur bei sogenannten Synop-Stationen. Hier erfolgt eine Wolkenklassifikation über drei Wolkenstockwerke in besserer zeitlicher Auflösung (meist dreistündlich). Allerdings liegen solche Meldungen nur von Flughafenstandorten vor (in der Steiermark von Graz-Flughafen, Zeltweg und Aigen/Ennstal). In den Abbildungen 4.5.3.10 bis 4.5.3.12 mit den Linien gleichen Bedeckungsgrades (Isonephen) werden die Tages- und Jahresgänge der Bewölkung an den drei genannten Synop-Stationen dargestellt.

Graz-Flughafen

An der Flughafenstation Graz (Abb. 4.5.3.10) zeigt sich zwischen Oktober und Februar ein morgendliches Bewölkungsmaximum, welches sich bis zum Hochwinter in die Mittagsstunden ausdehnt und vor allem über zunehmend persistente Nebel- und Hochnebelfelder entsteht. Der April weist ein sekundäres Maximum tagsüber auf, welches sich in abgeschwächter Form konvektionsbedingt bis in die Nachmittagsstunden des Frühsommers verlagert, wobei die rasche Wolkenrückbildung in den Nachtstunden gut zum Ausdruck kommt. Die geringste Bewölkung herrscht im Mittel in den sommerlichen Nacht- und Morgenstunden (kaum Bodennebel) sowie im Hochsommer bis Mittag (noch geringe Quellwolkenbildung).

Zeltweg

Auch in Zeltweg (Abb. 4.5.3.11) sind die höheren morgendlichen Bewölkungsklassen auf die Bildung von Nebel zurückzuführen, allerdings kommt es hier zu einer rascheren Auflösung, und zähere Hochnebelfelder sind außerdem seltener als im Vorland. Im Frühjahr weist die Bewölkung, bedingt vor allem durch Schlechtwettereinfluss, ein früheres Maximum auf als im Sommer, welches sich im Juni im Zuge gewittriger Witterung bis in die späteren Nachmittagsstunden ausdehnt. Wie in Graz schneiden der Juli und August am günstigsten ab, allerdings ist der Bewölkungsgrad während der warmen Jahreszeit hier insgesamt größer als in Graz.

Aigen/Ennstal

Ähnlich wie in Zeltweg nimmt die morgendliche Nebelhäufigkeit auch in Aigen/Ennstal (Abb. 4.5.3.12) ab September zu und erreicht ein Maximum im November, wobei es in diesem Monat auch zu einer Überlagerung mit Schlechtwetterereignissen kommt. Im April ist der ganztägig höhere Bewölkungsgrad auf Störungseinfluss, im Juni das Mittags-/Nachmittags-Maximum auf Konvektionsbewölkung zurückzuführen. Abgesehen von ersten Frühnebeln wird die bewölkungsärmste Zeit durch den September und Oktober repräsentiert.

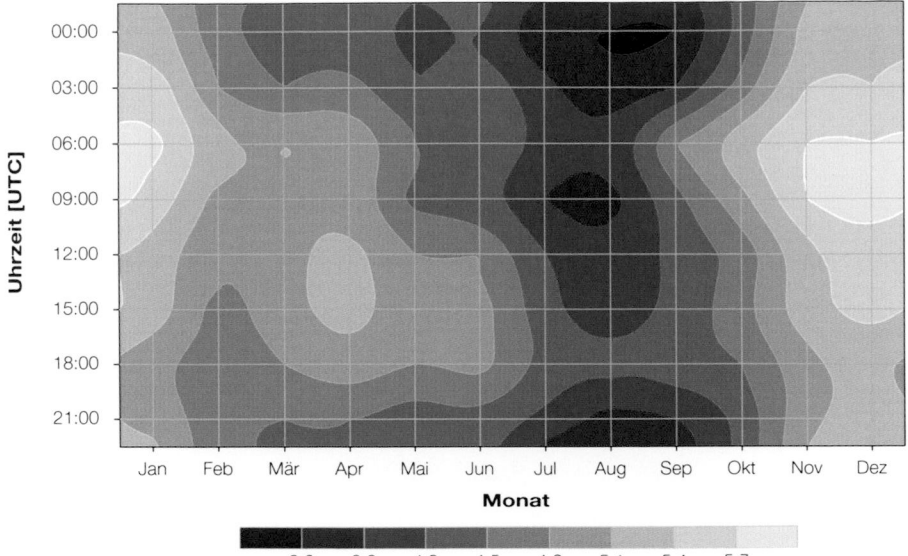

Abbildung 4.5.3.10: Durchschnittliche Bewölkung (in Achtel Himmelsbedeckung) für Graz-Flughafen, 337 m.

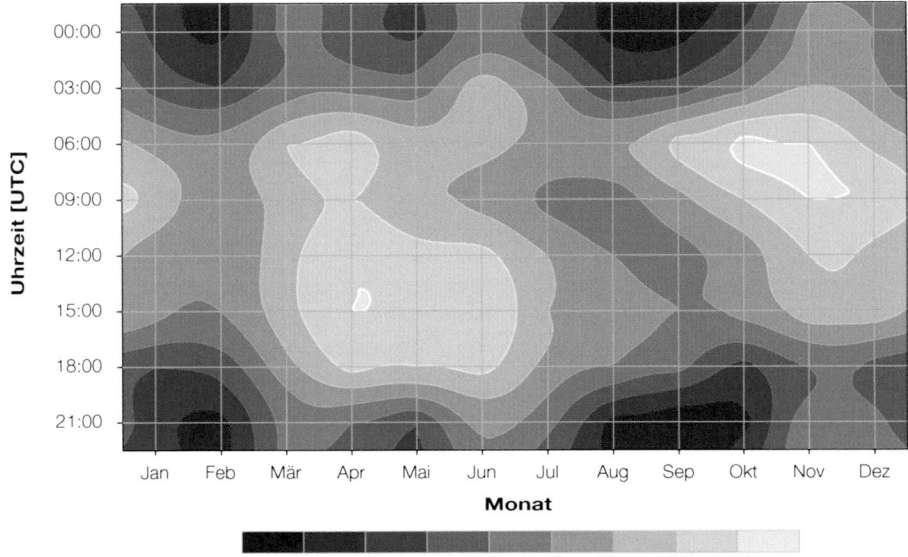

Abbildung 4.5.3.11: Durchschnittliche Bewölkung (in Achtel Himmelsbedeckung) für Zeltweg, 670 m.

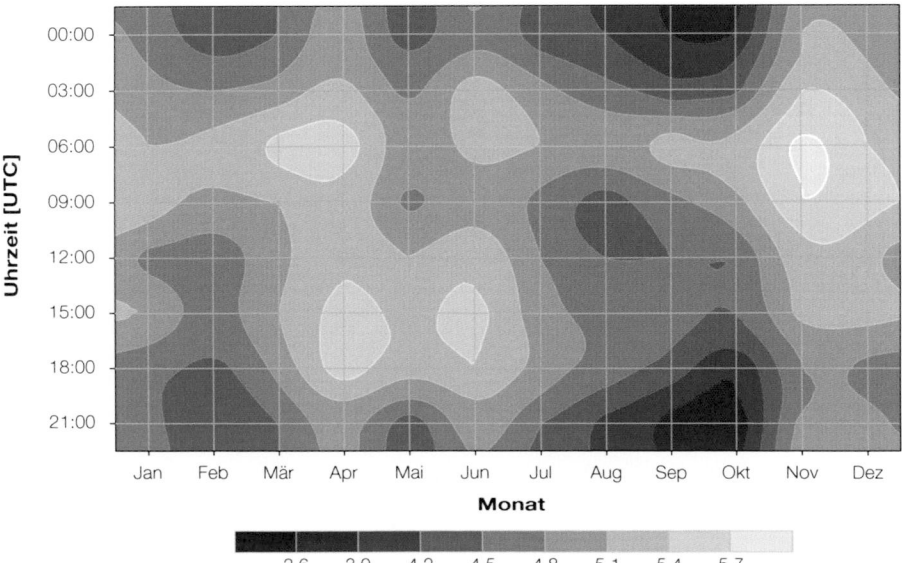

Abbildung 4.5.3.12: Durchschnittliche Bewölkung (in Achtel Himmelsbedeckung) für Aigen/Ennstal, 640 m.

A. PODESSER | F. WÖLFELMAIER

Der Jahresgang der Bewölkung (siehe Tabelle 4.5.4.1) hängt ähnlich wie bei der Relativen Feuchte oder der Relativen Sonnenscheindauer stark von der Häufigkeit des Auftretens zyklonaler bzw. antizyklonaler Witterung ab. In Abbildung 4.5.4.1 ist der jährliche Verlauf der Bewölkung für vier typische Standorte dargestellt.

Graz-Flughafen

In den Niederungen des Vorlandes (Station Graz-Flughafen) sind die Wintermonate insgesamt recht bewölkungsreich, was im Zusammenhang mit der schon mehrfach erwähnten Nebel- und Hochnebelhäufigkeit zu sehen ist.

Bad Gleichenberg

An der etwas außerhalb flacher Bodenebel gelegenen Station Bad Gleichenberg ist der winterliche Bewölkungsgrad geringer, da hier neben allgemeinem Schlechtwetter nur mehr Hochnebel bewölkungswirksam ist. Ein sekundäres Maximum im April, in abgeschwächter Form auch im Juni, weisen übrigens alle Stationen auf, wobei ersteres eher auf häufige Schlechtwetterlagen in diesem an sich sehr zyklonalen Monat,

letzteres aber vor allem auf kovektionsbedingte Bewölkung zurückzuführen ist. Das Minimum tritt bei allen Talstationen durchwegs im August auf, wenn einerseits die Gewitterhäufigkeit abnimmt, sich andererseits aber noch kaum Nebel ausbildet. Interessant ist an den Vorlandstationen auch ein ausgeprägtes Minimum im Februar, welches – wie in anderen Arbeiten beschrieben – mit einem sekundären Maximum der relativen Sonnenscheindauer einhergeht (HARLFINGER ET. AL., 2006), und in früheren Reihen in dieser Ausprägung nicht zum Ausdruck kommt.

Mariazell

Abgesehen vom Winter zeigt der Jahresgang der im Nordstaueinfluss gelegenen Station Mariazell einen insgesamt höheren Bewölkungsgrad als das Vorland. Das Hauptminimum verlagert sich in den Oktober, der Mittelherbst ist im Nordstaugebiet die bewölkungsärmste Jahreszeit.

Sonnblick

Für die Hochgebirgslagen (Sonnblick) wird die Wirkung der Konvektionsbewölkung im Frühjahr und Sommer so entscheidend für den Jahresgang, dass sogar die hochsommerliche Bewölkung die des Winters bei weitem übertrifft.

Tabelle 4.5.4.1: Durchschnittlicher Jahresgang des Bewölkungsgrades an allen verwendeten Stationen.

Nr.	Name	Sh [m]	Jan	Feb	Mär	Apr	Mai	Jun	Jul	Aug	Sep	Okt	Nov	Dez	Frühling	Sommer	Herbst	Winter	Jahr
1	Admont	648	68,3	65,6	69,1	71,5	66,9	70,6	66,3	66,0	67,7	62,7	71,2	73,3	69,2	67,6	67,2	69,1	68,3
3	Aflenz	785	62,0	60,8	64,0	66,2	64,1	65,9	61,4	61,5	64,6	62,2	66,5	67,8	64,8	62,9	64,4	63,5	63,9
4	Aigen/Ennstal	640	60,0	59,5	64,9	67,2	62,7	65,5	60,5	58,2	60,3	56,9	65,2	64,1	64,9	61,4	60,8	61,2	62,1
7	Altenberg/Hartberg	429	71,0	63,9	64,6	66,1	62,8	63,2	58,0	57,4	59,4	60,9	70,4	70,9	64,5	59,5	63,5	68,6	64,0
10	Bad Aussee	660	55,4	54,0	56,7	58,6	53,1	57,9	53,8	51,2	51,1	48,4	59,8	58,7	56,1	54,3	53,1	56,0	54,9
11	Bad Gleichenberg	293	65,0	57,1	58,0	58,7	53,9	54,7	48,4	45,9	51,5	55,8	64,5	66,1	56,9	49,7	57,3	62,7	55,6
14	Bad Mitterndorf	810	58,5	59,8	63,2	68,2	63,6	67,0	61,9	58,8	59,0	55,0	62,9	62,6	65,0	62,6	59,0	60,3	61,7
15	Bad Radkersburg	208	69,7	59,5	60,8	61,5	57,0	57,2	51,1	49,1	54,8	60,8	70,2	70,7	59,8	52,5	61,9	66,6	60,2
18	Birkfeld	635	63,6	60,9	63,3	64,2	62,8	64,4	58,5	56,7	59,7	57,3	62,9	66,6	63,4	59,9	60,0	63,7	61,7
23	Bruck/Mur	493	66,6	63,3	69,3	71,0	68,8	69,5	63,4	64,7	68,0	67,7	70,5	71,5	69,7	65,9	68,7	67,1	67,9
27	Deutschlandsberg	448	63,4	58,8	61,9	63,6	61,0	62,2	56,4	53,6	55,1	59,0	65,3	66,7	62,2	57,4	59,8	63,0	60,6
37	Fischbach	1015	58,2	56,3	62,7	62,1	60,9	63,1	57,5	56,9	57,9	54,7	59,8	59,7	61,9	59,1	57,5	58,1	59,1
47	Fürstenfeld	271	68,4	60,4	60,7	61,2	56,0	57,2	50,9	50,3	57,1	58,1	67,6	70,1	59,3	52,8	60,9	66,3	59,8
50	Gleisdorf	375	69,4	61,7	64,5	65,5	61,3	62,4	55,6	54,6	59,3	61,4	70,0	71,6	63,7	57,5	63,6	67,6	63,1
57	Graz-Flughafen	337	66,2	59,0	62,6	63,6	59,5	59,3	52,6	50,6	56,1	59,4	67,0	67,2	61,9	54,2	60,8	64,1	60,3
58	Graz-Messendorfberg	435	61,9	56,0	58,6	57,6	55,8	56,6	51,3	47,8	51,9	56,1	63,2	64,3	57,3	51,9	57,1	60,7	56,7
60	Graz-Universität	366	63,1	66,8	66,8	69,0	65,4	65,2	60,3	58,2	60,4	61,8	69,0	70,2	67,1	61,2	63,7	67,3	64,8
61	Gröbming	763	57,2	57,8	64,0	68,7	63,9	69,1	64,8	63,0	62,1	55,8	64,8	63,3	65,6	65,6	60,9	59,4	62,9
69	Hieflau	500	59,0	60,8	64,8	67,7	62,1	66,7	61,2	58,1	59,1	55,9	64,2	63,1	64,9	62,0	59,7	61,0	61,9
80	Irdning-Gumpenstein	698	60,1	59,7	64,4	66,2	62,4	65,8	61,1	58,0	59,9	57,1	65,9	64,7	64,3	61,6	61,0	61,5	62,1
84	Kalwang	760	67,4	64,1	67,1	70,3	67,4	68,9	62,6	63,2	62,1	61,2	69,9	68,9	68,3	64,9	64,4	66,8	66,1
87	Kindberg	561	68,2	65,3	68,5	70,2	67,6	69,6	63,2	63,6	69,0	66,8	72,7	73,0	68,8	65,4	69,5	68,9	68,1
90	Kirchberg-Grafendorf	455	66,9	59,9	61,6	62,9	57,2	60,5	53,5	52,8	54,7	55,9	65,3	68,0	60,6	55,6	58,7	65,0	59,9
95	Kleinsölk	1005	54,9	56,1	63,1	67,2	64,1	67,9	61,3	57,7	57,1	52,2	60,2	57,5	64,8	62,3	56,5	56,2	60,0
101	Krippenstein	2050	56,2	59,1	66,0	69,7	65,8	70,9	66,6	60,5	59,6	53,1	59,4	59,7	67,2	66,0	57,4	58,4	62,2
103	Lassnitzhöhe	527	60,6	60,2	63,9	65,9	64,1	61,9	56,7	53,8	56,8	58,4	67,7	69,8	63,7	57,5	60,9	65,4	61,9
104	Leibnitz	273	67,8	61,4	59,6	59,5	54,6	53,9	49,1	50,0	54,1	60,4	68,1	68,5	57,9	51,0	60,9	65,9	58,9
112	Lobming	414	63,9	59,4	63,1	66,0	62,2	62,5	56,8	54,9	57,5	59,4	65,1	66,3	63,8	58,1	60,7	63,2	61,4
116	Mariazell	865	64,0	65,5	70,5	71,5	66,5	68,5	62,8	60,3	63,5	59,4	67,4	67,0	69,5	63,9	63,4	65,5	65,6
126	Mürzzuschlag	758	63,8	60,7	64,5	64,1	62,1	62,4	56,9	58,2	63,2	60,3	67,2	68,8	63,6	59,2	63,6	64,4	62,7
138	Oberwölz	827	58,0	59,8	67,7	71,3	68,1	67,8	64,2	64,0	62,4	58,3	64,7	61,5	69,1	65,3	61,8	59,7	64,0
139	Oberzeiring	933	55,2	57,8	63,4	66,4	64,9	66,9	61,9	58,5	57,6	55,7	59,5	58,2	64,9	62,4	57,6	57,1	60,5
155	Pusterwald	1072	55,8	57,1	66,3	68,0	63,9	65,2	60,2	57,4	58,2	56,2	60,8	59,4	66,1	60,9	58,4	57,5	60,7
161	Rechberg	926	64,7	65,1	69,8	70,2	66,7	66,2	62,3	62,5	55,4	64,1	66,6	66,3	68,9	63,7	65,4	65,4	65,8
169	Rohrmoos	1078	53,4	56,9	64,1	65,6	62,4	65,5	60,6	58,6	57,3	54,0	60,3	59,0	64,0	61,6	57,2	56,5	59,8
173	Schöckl	1436	52,9	56,0	63,2	65,9	64,0	64,7	58,5	58,1	59,9	56,8	57,7	55,3	64,4	60,5	58,1	54,7	59,4
176	Seckau	855	57,5	57,9	63,7	67,2	65,2	66,4	61,0	59,8	56,9	56,5	62,4	62,0	65,3	62,4	59,5	59,2	61,6
183	Sonnblick	3105	58,3	59,5	70,4	76,9	75,4	78,3	72,9	69,8	67,4	60,2	62,8	60,4	74,2	73,7	63,4	59,4	67,7
191	St. Michael b. Leoben	565	59,5	58,8	66,1	70,2	68,0	68,3	62,9	61,8	67,9	68,0	69,3	67,8	68,1	64,3	68,4	62,0	65,7
195	St. Radegund	725	62,4	58,2	61,8	64,0	61,8	62,2	57,9	55,6	58,4	57,6	63,0	64,9	62,6	58,6	59,6	61,8	60,6
198	Stolzalpe	1293	51,4	54,0	63,2	66,8	65,1	66,8	61,4	59,7	58,3	55,6	57,2	54,0	65,0	62,6	57,0	53,1	59,5
214	Villacher Alpe	2140	57,1	59,6	67,8	74,4	73,1	71,6	64,4	61,7	63,1	61,5	64,0	58,9	71,8	65,9	62,9	58,5	64,8
223	Weiz	465	63,6	58,1	61,6	63,6	58,6	59,8	53,7	51,1	54,4	56,4	64,3	66,0	60,7	54,9	58,3	62,7	59,2
225	Wiel	928	56,1	57,5	63,2	66,1	62,9	63,1	56,9	54,3	57,2	58,8	58,4	58,4	64,0	58,1	58,1	57,3	59,4
232	Zeltweg	670	58,9	58,0	65,3	68,9	66,8	67,1	62,1	60,9	63,7	61,7	64,1	63,2	67,0	63,4	63,2	60,0	63,4

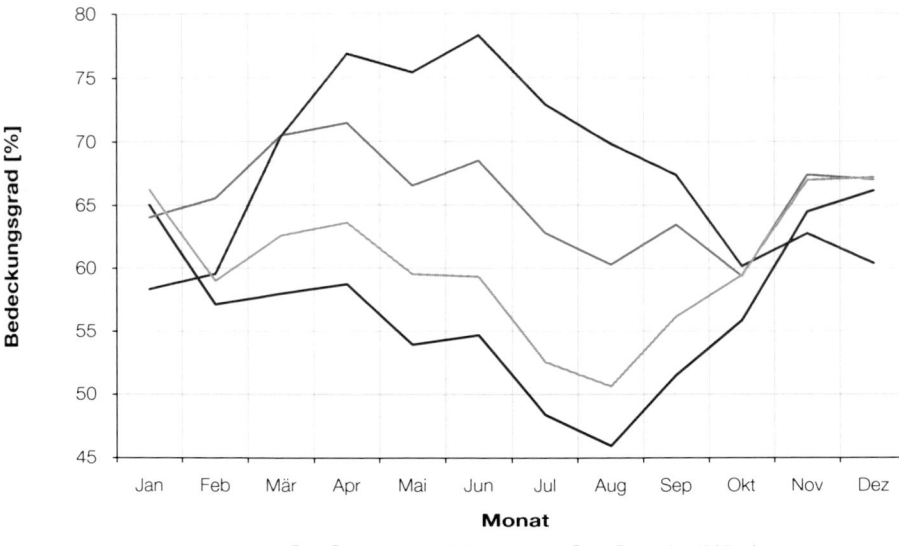

Abbildung 4.5.4.1: Durchschnittlicher Jahresgang des Bedeckungsgrades in Prozent an ausgewählten Stationen.

A. PODESSER | F. WÖLFELMAIER

4.5.5 Durchschnittliche Bewölkung im Hoch- und Spätwinter (I – III)

Der Hoch- und Spätwinter zeigt eine ähnliche Bewölkungsverteilung wie der Spätherbst und Frühwinter, allerdings sind die landschaftlichen Unterschiede mit einem Gesamtrahmen von 57 bis 68% Bewölkung etwas geringer.

Alpennordseite begünstigt

Die Wirkung atlantisch beeinflusster Witterungsabschnitte ergibt für die Alpennordseite im Schnitt einen etwas niedrigeren Bewölkungsgrad als im südlichen Vorland, wo stabilere Wetterbedingungen vor allem im Jänner und Februar noch häufig zu stratiformer Bewölkung (Hochnebel) führen.

Als wolkenreichster Abschnitt erweist sich das Mürztal, weil hier sowohl „echte Bewölkung" im Zuge von übergreifendem Nordstau als auch Hochnebelbewölkung bei stabilen Schichtungsbedingungen auftreten kann.

Die Gunstlagen liegen während dieser Zeit bereits außerhalb des Nebels: es sind dies die höheren Lagen des Grazer Berglandes, des Randgebirges, die Gurk- und Seetaler Alpen sowie die Südabdachung der Tauern. In den Nordalpen macht sich hingegen noch Staubewölkung von Wetterlagen mit Rückseitencharakter (z.B. Nordwestströmung) bemerkbar.

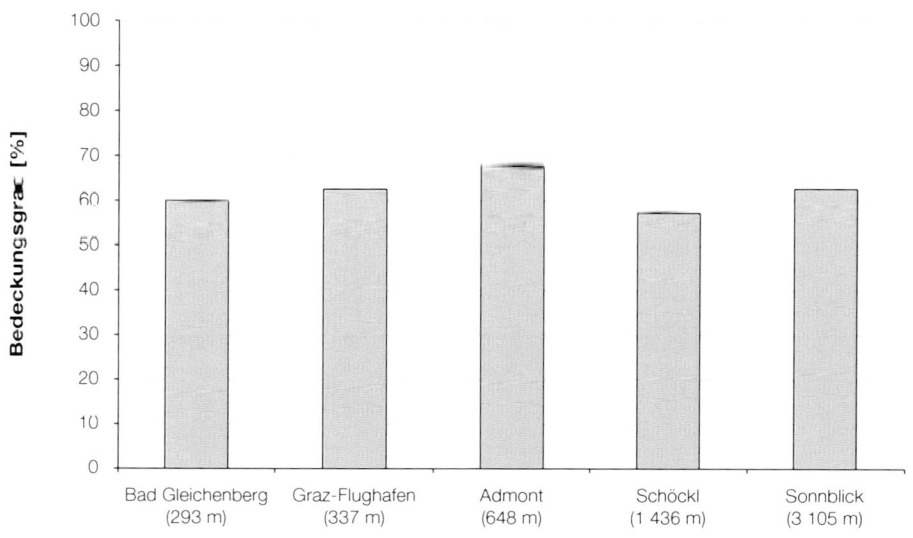

Abbildung 4.5.5.1: Durchschnittliche Bewölkung in Prozent im Hoch- und Spätwinter (Jänner bis März) an ausgewählten Stationen.

Große Unterschiede nördlich und südlich des Randgebirges

Anders als im Winterhalbjahr ergeben sich für den Zeitabschnitt zwischen April und Juni bereits große regionale Unterschiede, welche im Wesentlichen auf zwei Witterungssituationen zurückzuführen sind. Nordalpin wirksame Strömungslagen verursachen Staubewölkung entlang der gesamten Alpennordseite, zusätzlich wird der Bewölkungsgrad durch einsetzende Konvektionsbewölkung angehoben, was sich vor allem im Gebirge und an gebirgsnahen Standorten als Besonnungsnachteil erweist. Somit ergibt sich ein deutlicher Kontrast zwischen den Gebieten nördlich und südlich des Randgebirges. In den Tallagen der Obersteiermark werden Bedeckungswerte bis zu 70% erreicht, den geringsten Bedeckungsgrad weisen hingegen die Tal- und Beckenlagen des südlichen Alpenvorlandes auf (z.B. Leibnitz, Bad Gleichenberg: 56%): Hier wirken Wetterlagen mit Nordstaucharakter als Nordföhn wolkenauflösend, gleichzeitig macht sich durch die Gebirgsferne die Konvektionsbewölkung nicht mehr so stark bemerkbar.

Für die Mittel- und Hochgebirge ist der Frühsommer die wolkenreichste Jahreszeit, da mit der intensiven Einstrahlung nach Abschmelzen des Schnees auch die Konvektionsbewölkung stark zunimmt (z.B. Sonnblick: 77%).

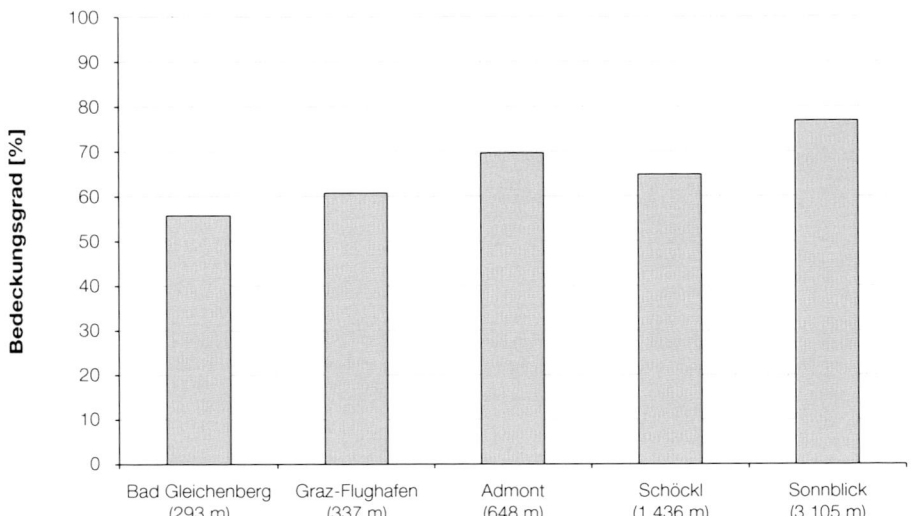

Abbildung 4.5.6.1: Durchschnittliche Bewölkung in Prozent im Frühjahr und Frühsommer (April bis Juni) an ausgewählten Stationen.

4.5.7 Durchschnittliche Bewölkung im Hoch- und Spätsommer (VII – VIII)

Bewölkungszunahme von Süd nach Nord

Die Bewölkungsverteilung im Hoch- und Spätsommer spiegelt sowohl die Wirkung des Nordstaues als auch der Einfluss von Konvektionsbewölkung wider. Dementsprechend ergibt sich eine allgemeine Bewölkungszunahme von Süd nach Nord sowie mit der Gebirgsnähe und der zunehmenden Seehöhe.

Einen sehr geringen Bewölkungsgrad weist das südliche Vorland auf, wobei eine weitere Gunstzunahme in der Süd- und Südoststeiermark mit knapp 50% eintritt. An der Südabdachung der Niederen Tauern und der Nordalpen östlich der Eisenerzer Alpen werden 60% kaum noch unterschritten. An der Alpennordseite nimmt die Bewölkung noch geringfügig zu, da hier Konvektion und Nordstau den Bewölkungsgrad zusätzlich verstärken.

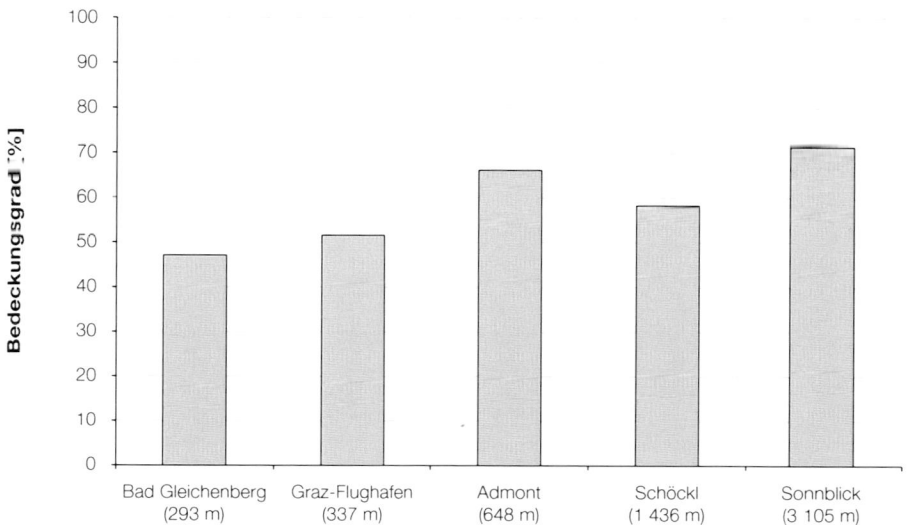

Abbildung 4.5.7.1: Durchschnittliche Bewölkung in Prozent im Hoch- und Spätsommer (Juli, August) an ausgewählten Stationen.

Im Früh- und Mittelherbst liegt die Bewölkung in der ganzen Steiermark zwischen 55 und 68%. Während die Verteilung im September noch ähnlich der des Sommers mit einer Bewölkungszunahme nach Norden hin ist, wirken sich im Oktober häufige Hochdrucklagen im Norden und allgemein in höheren Lagen in Form von geringer Bewölkung, in Tal- und Beckenlagen aber bewölkungsverstärkend durch die Bildung von Hochnebel aus.

Sonniger Norden

Dementsprechend nimmt die Bewölkung in der Mur-Mürzfurche sowie im Knittelfelder- und Admonter Becken stark zu (St. Michael, Bruck, Kindberg: 68%),

während im Vorland noch relativ günstige Verhältnisse herrschen. Auch das Nordstaugebiet im Bereich der Nordalpen und der Nordabdachung der Niederen Tauern weist geringe Bedeckungsgrade auf. Wie bereits bei der relativen Sonnenscheindauer festgestellt (Kapitel 2.4), zählen der Früh- und Mittelherbst hier zur sonnenreichsten Zeit. Die Hochlagen profitieren von den zunehmend stabilen Wetterlagen, wobei sich im Norden noch etwas günstigere Bedingungen einstellen (z.B. Krippenstein: 56%) als im Süden, wo mitunter Störungseinfluss aus dem Mittelmeerraum zu starker Bewölkung führen kann (z.B. Villacher Alpe: 62%).

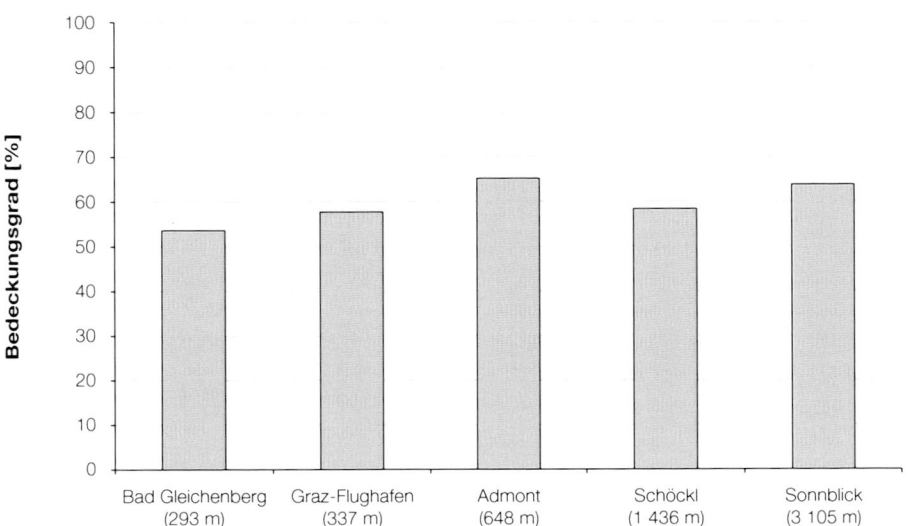

Abbildung 4.5.8.1: Durchschnittliche Bewölkung in Prozent im Früh- und Mittelherbst (September, Oktober) an ausgewählten Stationen.

Trübe Niederungen

Bedingt durch häufigen Störungseinfluss sowie Nebel und Hochnebel zählen der Spätherbst und Frühwinter in den Niederungen zum wolkenreichsten Zeitabschnitt. In der nördlichen Obersteiermark bewirken häufige Nordstaulagen einen hohen Bedeckungsgrad in Form „echter Bewölkung", südlich der Tauern und Nordalpen sowie im Vorland führt anhaltende Stratusbewölkung eher zu trüber Witterung.

Die Tal- und Beckenlagen des Alpenvorlandes sowie der Mur- Mürzfurche und das Admonter Becken weisen nebel- und hochnebelbedingt den höchsten Bewölkungsgrad auf. Besonders im Mürztal bringt die Überlagerung von übergreifender Nordstau-Bewölkung und Hochnebel äußerst ungünstige Bedingungen mit sich (z.B. Kindberg: 73%). Auch im Vorland verdecken häufig Nebel und Hochnebel den Himmel, die Werte liegen teilweise nur knapp unter jenen des Mürztales. Am relativ besten schneiden höhergelegene Gebiete ab, die bereits über den Nebelzonen liegen. Dazu zählen insbesondere Hangstandorte im Randgebirge sowie an der Tauernsüdseite. Auch die vom Nordstau etwas weniger beeinflussten Südabdachungen der Gebirge von den Eisenerzer Alpen ostwärts schneiden noch etwas besser ab. Von den Hoch- und Mittelgebirgslagen sind nur die vom Nordstau nicht beeinflussten Hänge an der Alpensüdseite relativ wolkenarm (Stolzalpe, Schöckl: 56%).

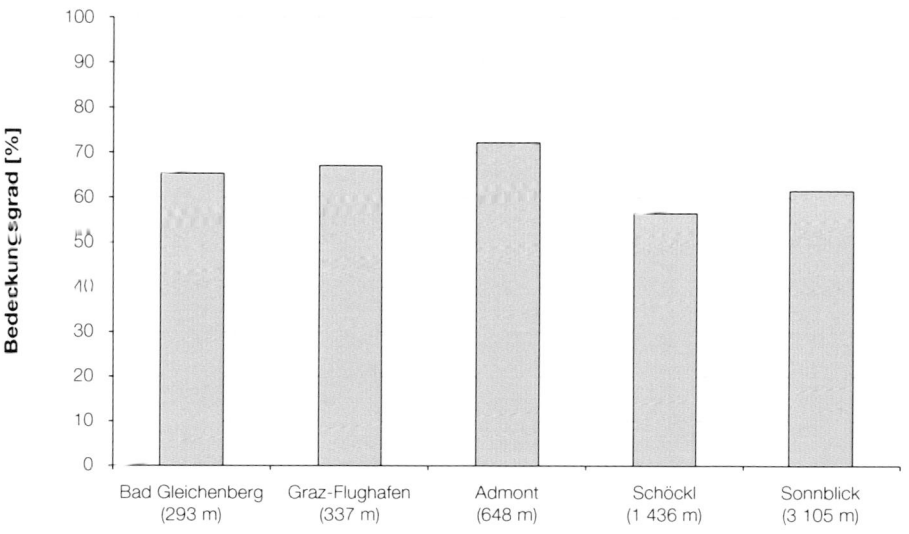

Abbildung 4.5.9.1: Durchschnittliche Bewölkung in Prozent im Spätherbst und Frühwinter (November, Dezember) an ausgewählten Stationen.

Definition

Da über die Mittelwerte des Grades der Himmelsbedeckung zwar ein guter landschaftlicher Vergleich möglich ist, aber keine Aussagen über die tatsächlichen Bewölkungsverhältnisse gemacht werden können, verwendet man zur Charakterisierung des Wetters in der Klimatologie die Maßzahlen der heiteren und trüben Tage. Dabei handelt es sich um Schwellenwerte für bestimmte Bewölkungsstufen. Ist das Tagesmittel der Bewölkung aus den Beobachtungsterminen um 07:00, 14:00 und 19:00 Uhr MEZ kleiner als zwei Zehntel (20%), spricht man von heiteren Tagen, übersteigt es acht Zehntel (80%), handelt es sich um trübe Tage. Für Tage mit Bewölkungsmitteln zwischen diesen Grenzen gibt es keine gesonderte Klassifizierung, sie können am ehesten als Tage mit mittlerer Bewölkung bezeichnet werden.

Tage mit einem Bewölkungsmittel kleiner als fünf Zehntel wurden als „freundliche Tage" ausgewertet

Über die Definition der heiteren Tage ist erkennbar, dass praktisch den ganzen Tag über keine nennenswerte Bewölkung auftreten darf, damit das Kriterium erfüllt ist. So zählen beispielsweise Tage mit Frühnebel bei sonst wolkenlosem Wetter, wie sie im Frühherbst üblich sind, nicht mehr zu den heiteren Tagen. Aus diesem Grund wiesen bereits STEINHAUSER und PERL, 1937 darauf hin, dass die Definition des heiteren Tages als Schönwettertag für den mitteleuropäisch-alpinen Klimabereich wegen dessen großer Häufigkeit von Tagen mit „mittlerer Bewölkung" im Sommerhalbjahr viel zu streng ist. Diesem Umstand Rechnung tragend, wurden auch Tage mit einem Bewölkungsmittel kleiner als fünf Zehntel (50%) als so genannte freundliche Tage ausgewertet.

In den Abbildungen 4.5.10.1 bis 4.5.10.3 sind die Jahresgänge für die heiteren, freundlichen, mittel bewölkten und trüben Tage für drei typische Stationen in unterschiedlicher Seehöhe dargestellt.

Bad Gleichenberg

An der Vorlandstation Bad Gleichenberg (Abb. 4.5.10.1) stellt sich in Bezug auf die heiteren Tage ein schönwetterbedingtes Sommermaximum ein, da die Konvektionsbewölkung mit zunehmender Entfernung vom Gebirgsrand eine immer geringere Rolle spielt. Ein se-

kundäres Maximum tritt im Februar ein, auf den Schönwettercharakter dieses Monats im Alpenvorland wurde bereits kurz eingegangen. Konträr dazu verhält sich der einfache Jahresgang der trüben Tage mit einem nebelbedingten Maximum im Winter und einem schönwetterbedingten Minimum im Sommer. Der nicht so streng gesetzte Grenzwert der freundlichen Tage zeigt einen weniger ausgeprägten Jahresgang, wobei aber doch auf den freundlichen Wettercharakter mehr Bezug genommen wird als etwa bei den heiteren Tagen. Insofern präsentiert sich der Hoch- und Spätsommer als „schöne" Jahreszeit. Tage mit mittlerer Bewölkung, also nicht heitere und nicht trübe Tage, weisen wieder einen einfachen Jahresgang auf, welcher am ehesten dem Jahresgang der effektiv möglichen Sonnenscheindauer entspricht. Nur der Februar zeigt wegen des Überwiegens der heiteren Tage ein sekundäres Minimum.

Admont

Die Station Admont (Abb. 4.5.10.2) weist gegenüber Bad Gleichenberg eine geringere Häufigkeit an heiteren Tagen auf, ein wenig ausgeprägtes Maximum stellt sich im Februar ein, während das Bewölkungstagesmittel von weniger als 2/10 Bewölkung im Sommer durch die Konvek-tionsbewölkung, im Herbst und Winter durch Bodennebel schwer erreicht wird. Ein besseres Bild über die Witterungsverhältnisse ergibt sich durch die Verteilung der freundlichen Tage, die den Früh- und Mittelherbst als „schönste" Jahreszeit ausweisen. Die trüben Tage verteilen sich ohne typischen Verlauf, am meisten derartiger Tage finden sich schlechtwetter- oder nebelbedingt im November und Dezember. Auch die Gruppe der mittel bewölkten Tage weist keinen charakteristischen Tagesgang auf, am ehesten ist zwischen Mai und Oktober mit solchen Tagen zu rechnen.

Sonnblick

An der Hochgebirgsstation Sonnblick (Abb. 4.5.10.3) wird der Jahresgang der heiteren Tage fast nur noch über die Konvektionsbewölkung im Frühjahr und Sommer bestimmt, dem Minimum zu dieser Zeit steht ein Maximum im Winter gegenüber. Aus den selben Gründen weisen die freundlichen Tage den gleichen Verlauf auf, während die trüben Tage erwartungsgemäß einen konträren jährlichen Ablauf zu den wolkenarmen Klassen zeigen. Der Jahresgang der mittel bedeckten Tage ist indifferent, ein schwaches Minimum im zyklonalen April ergibt sich zugunsten der trüben Tage.

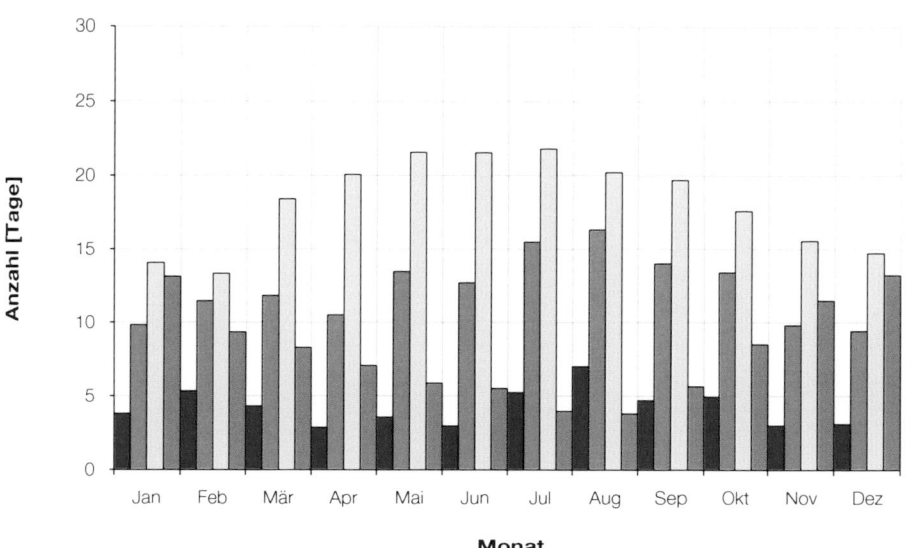

Abbildung 4.5.10.1: Durchschnittliche Jahresgänge der heiteren, trüben und mittel bewölkten sowie freundlichen Tage, Station Bad Gleichenberg, 303 m.

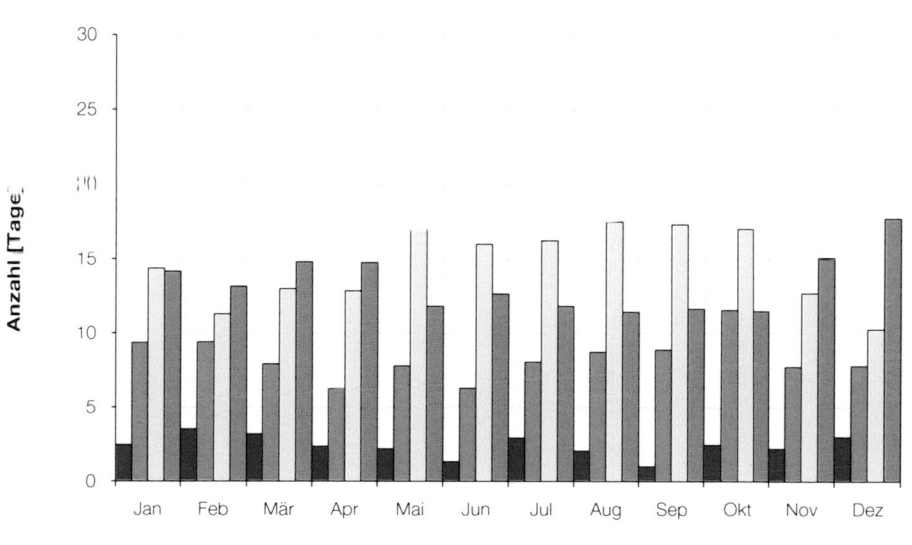

Abbildung 4.5.10.2: Durchschnittliche Jahresgänge der heiteren, trüben und mittel bewölkten sowie freundlichen Tage, Station Admont, 648 m.

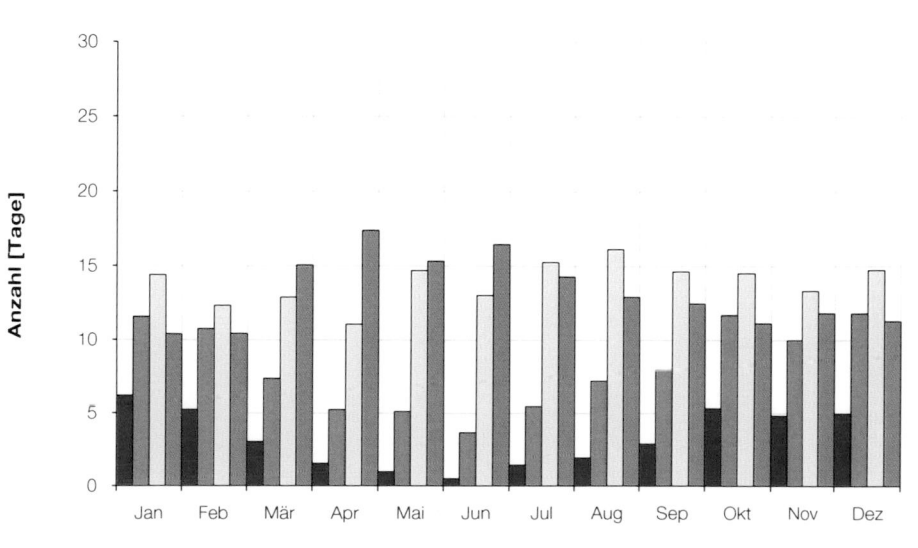

Abbildung 4.5.10.3. Durchschnittliche Jahresgänge der heiteren, trüben und mittel bewölkten sowie freundlichen Tage, Station Sonnblick, 3 105 m.

4.5.11 Durchschnittliche Anzahl von trüben Tagen im Jänner

Um einen besseren landschaftlichen Vergleich über die typisch auftretende Bewölkung zu ermöglichen, verwendet man Häufigkeitsangaben bestimmter Bewölkungsstufen. Dabei hat sich die Angabe der Zahl der heiteren, trüben und freundlichen Tage eingebürgert. Unter einem trüben Tag versteht man jenen, an dem das Bewölkungsmittel mehr als acht Zehntel beträgt.

Die Zahl der trüben Tage ist dabei ein guter Indikator zur Beurteilung der Häufigkeit von Schlechtwetter.Weniger durch Störungseinfluss aber vor allem durch ausgedehnte Stratusbewölkung mit hoher Peristenz erreichen die trüben Tage im Hochwinter in den Niederungen ihr Maximum. Höher gelegene Zonen außerhalb der Hochnebeldecken weisen hingegen einen Strahlungsvorteil auf.

Hochlagen schneiden besser ab

Somit schneiden Mittel- und Hochgebirgslagen günstig ab, da sich hier im Jänner oft trockenes, wolkenarmes Wetter einstellt, welches auf länger anhaltende Hochdruckperioden zurückzuführen ist (Schöckl: acht Tage, Sonnblick: zehn Tage).

In den Tal- und Beckenlagen des Alpenvorlandes sowie in Teilen der Mur- Mürzfurche bilden sich hingegen bei derartigen Wettersituationen oft zähe Nebel- und Hochnebelfelder, im Admonter Becken Bodennebel, welche zu einer hohen Anzahl trüber Tage führen. In diesen Gebieten kann nahezu jeder zweite Tag ein trüber Tag sein. Mit durchschnittlich neun bis zwölf trüben Tagen im Jänner schneiden die besser durchlüfteten Tallagen des Oberen Murtales und Ennstales etwas günstiger ab: hier weisen die Stratusdecken eine nicht so große Erhaltungstendenz auf.

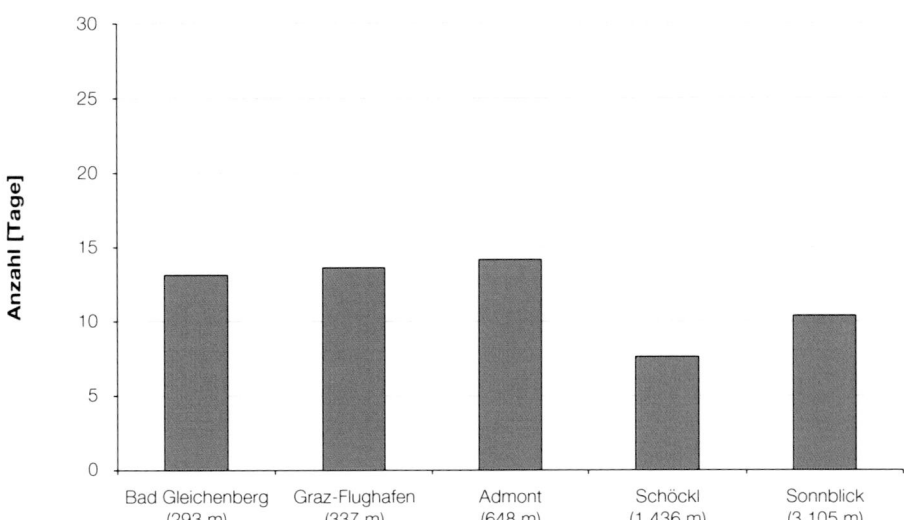

Abbildung 4.5.11.1: Durchschnittliche Anzahl von trüben Tagen im Jänner an ausgewählten Stationen.

4.5.12 Durchschnittliche Anzahl von trüben Tagen im Juli

Gegenüber dem Winter ändern sich die Verhältnisse im Sommer grundlegend: Während Konvektionsbewölkung einen charakteristischen Tagesgang aufweist und daher nicht allein für die trüben Tage verantwortlich zeichnet, sorgen vor allem Nordstaulagen für einen hohen Bewölkungsgrad von längerer Dauer und für Wolkenfelder, welche die Gebirgsregionen der Alpennordseite am ungünstigsten abschneiden lassen. Im Gegensatz zum Mürztal liegt dabei das Obere Murtal durch die Kulissenwirkung der Niederen Tauern und Nordalpen bereits außerhalb des Schlechtwettereinflusses.

Dementsprechend schneiden im Juli das Alpenvorland im Südosten mit dem Randgebirge sowie Teile der Mur-Mürzfurche deutlich besser ab als das Ennstal. In der südöstlichen Steiermark sinkt die durchschnittliche Zahl der trüben Tage auf vier, im Vorland muss im Schnitt zumindest ein Mal pro Woche mit einem trüben Tag gerechnet werden.

Im Nordstau häufig trüb

Am höchsten ist die Zahl der trüben Tage unter dem Einfluss häufigeren Schlechtwetters (Nordstau) und Konvektion in den Gebirgsregionen der Niederen Tauern und Nordalpen (z.B. Sonnblick: 14 Tage, Krippenstein: 13 Tage).

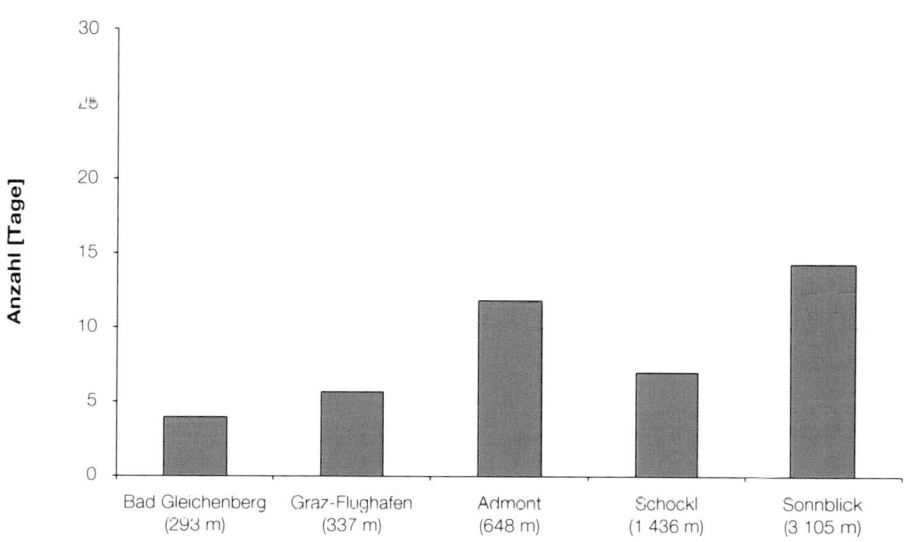

Abbildung 4.5.12.1: Durchschnittliche Anzahl von trüben Tagen im Juli an ausgewählten Stationen.

4.5.13 Durchschnittliche Anzahl von heiteren Tagen im Jänner

Unter einem heiteren Tag versteht man jenen, an dem das Bewölkungsmittel unter zwei Zehntel liegt. Die Häufigkeitsverteilung der heiteren Tage verhält sich weitgehend entgegengesetzt zu jener der trüben Tage. Verantwortlich für das geringe Bewölkungsmittel zeichnen vorwiegend Hochdrucklagen mit geringem Bewölkungsgrad. Durch den relativ streng definierten Grenzwert stellen sich allerdings in den Tal- und Beckenlagen der Steiermark nur sehr wenige heitere Tage ein, was auf den Einfluss von Nebel oder Hochnebel zurückzuführen ist. So ist bei Nebel zum Morgentermin (Bewölkung: zehn Zehntel) trotz sonst tagsüber wolkenlosen Wetters (Bewölkung null Zehntel) das Kriterium eines heiteren Tages nicht mehr erfüllt. Im Vorland sowie im Zentralraum der Mur- Mürzfurche ist daher durchschnittlich nur etwa jeder achte Tag ein heiterer Tag. Am günstigsten schneiden Standorte ab, welche bereits außerhalb der Stratusdecken liegen. Dementsprechend wird in Mittelgebirgslagen ein Maximum an heiteren Tagen erreicht (z.B. Stolzalpe: 7,7 Tage, Schöckl: 6,8 Tage), während im Hochgebirge die Anzahl der heiteren Tage wieder leicht zurückgeht (z.B. Sonnblick, Villacher Alpe: 6,2 Tage).

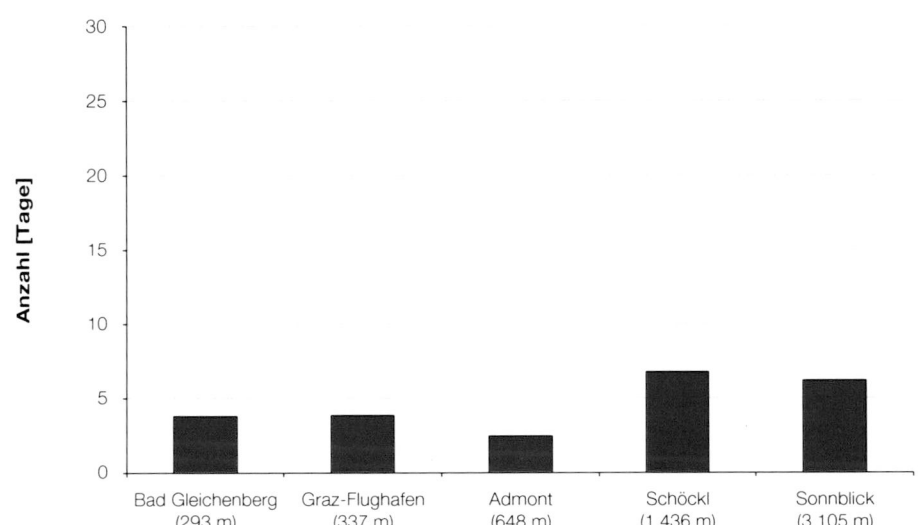

Abbildung 4.5.13.1: Durchschnittliche Anzahl heiterer Tage im Jänner an ausgewählten Stationen.

A. PODESSER | F. WÖLFELMAIER

Auch im Sommer verhält sich die Häufigkeitsverteilung der heiteren Tage umgekehrt zu jener der trüben Tage. Der Bewölkungsgrad wird im Sommer im Wesentlichen von Wetterlagen bestimmt, welche zu Konvektions- oder Staubewölkung führen. Während erstere im Zuge meist flacher Druckverteilung überall auftreten kann (wobei eine Verstärkung an Gebirgen erfolgt), betrifft nordstaubedingte Bewölkung vorrangig die nördliche Obersteiermark.

Quellwolken reduzieren die heiteren Tage im Bergland

Im Sommer schneiden daher Mittel- und Hochgebirgslagen am ungünstigsten ab, da durch die im Tagesverlauf einsetzende Konvektionsbewölkung das Kriterium eines heiteren Tages nicht mehr erfüllt werden kann (z.B. Schöckl: 2,6 Tage, Stolzalpe: 2,5 Tage, Sonnblick: 1,4 Tage).

Die höchste Zahl heiterer Tage erreichen hingegen mit zunehmender Entfernung vom Gebirgsrand die Tal- und Beckenlagen des Alpenvorlandes (z.B. Leibnitz: 5,9 Tage).

Die Talstandorte des Mur- Mürztales und des Ennstales erreichen im Durchschnitt hingegen kaum mehr als vier Tage.

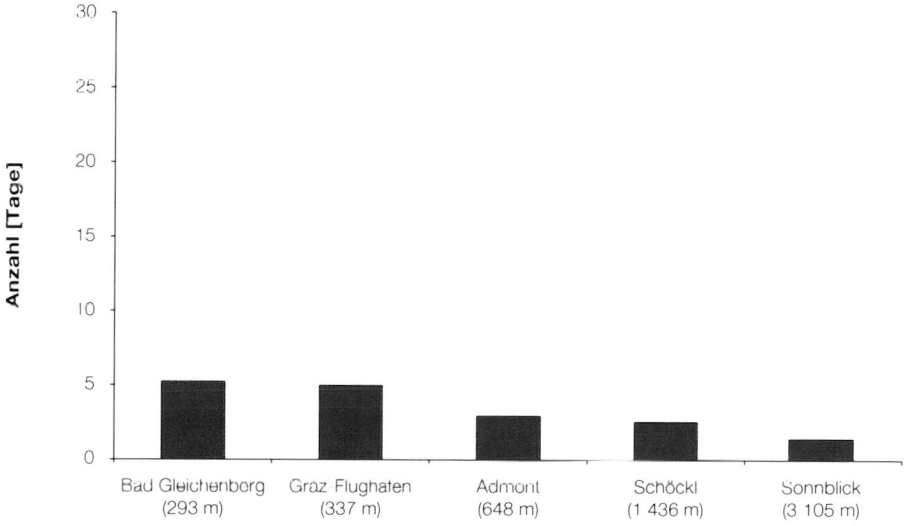

Abbildung 4.5.14.1: Durchschnittliche Anzahl heiterer Tage im Juli an ausgewählten Stationen.

4.5.15 Durchschnittliche Anzahl von freundlichen Tagen im Jänner

Wie schon erwähnt, verwendet man Häufigkeitsangaben bestimmter Bewölkungsstufen, um einen besseren landschaftlichen Vergleich über die typisch auftretende Bewölkung zu ermöglichen. Dabei hat sich neben der Angabe der Zahl der trüben und heiteren Tage auch die Angabe der Zahl der freundlichen Tage eingebürgert.

Unter einem freundlichen Tag versteht man jenen, an dem das Bewölkungsmittel unter fünf Zehntel liegt. Das Kriterium ist nicht so streng gewählt wie bei den heiteren Tagen (Bewölkungsmittel < 2/10), dadurch fallen beispielsweise auch jene Tage in Tal- und Beckenlagen in diese Kategorie, welche nach morgendlichem Nebel oder Hochnebel tagsüber wolkenlos oder gering bewölkt sind.

Für einen hohen Bedeckungsgrad im Jänner zeichnen vor allem atlantisch beeinflusste Wetterlagen verantwortlich. Ebenfalls in diesem Monat häufig auftretende kontinentale Hochdrucklagen sorgen nur im Gebirge für wolkenarmes Wetter, in den Niederungen hingegen für ausgedehnte und meist zähe Boden- und Hochnebelfelder.

In den Tälern des Mürztales und des Vorlandes vermindert Nebel die Zahl der freundlichen Tage

Die Verteilung der freundlichen Tage zeigt in der ganzen Steiermark eine generelle Gunstzone in den Mittel- und Hochgebirgslagen, die benachteiligten Gebiete jedoch in Tal- und Beckenlandschaften. In diesem Sinne am wenigsten freundlich gestaltet sich die Witterung im Vorland und im Mürztal, wo durchschnittlich nur jeder dritte Tag als freundlich eingestuft werden kann.

Die Täler des Mur- und des Oberen Ennstales schneiden günstiger ab

Mit Ausnahme des Admonter Beckens stellen sich im Ennstal und auch im Oberen Murtal mit durchschnittlich elf bis zwölf freundlichen Tagen deutlich günstigere Bedingungen ein. Hier erfolgt auch ein rascherer Übergang zur darüber liegenden, nebelfreien Gunstzone. Wie bei den heiteren Tagen erweist sich dabei wieder die Tauernsüdseite als sonnenbevorzugtes Gebiet (Stolzalpe: 14,1 Tage).

Aufgrund der Verteilung im Gebirge zeigt sich außerdem, dass Nordstau-Wetterereignisse nur wenig Einfluss auf die freundlichen Tage haben. Das belegen die Daten der in ähnlicher Seehöhe gelegenen Stationen Krippenstein (12,9 Tage) und Villacher Alpe (12,5 Tage).

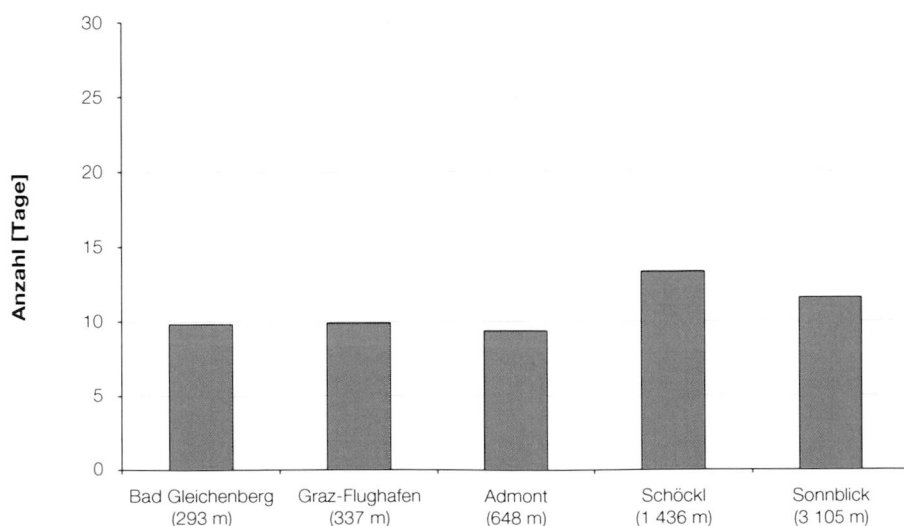

Abbildung 4.5.15.1: Durchschnittliche Anzahl freundlicher Tage im Jänner an ausgewählten Stationen.

A. Podesser | F. Wölfelmaier

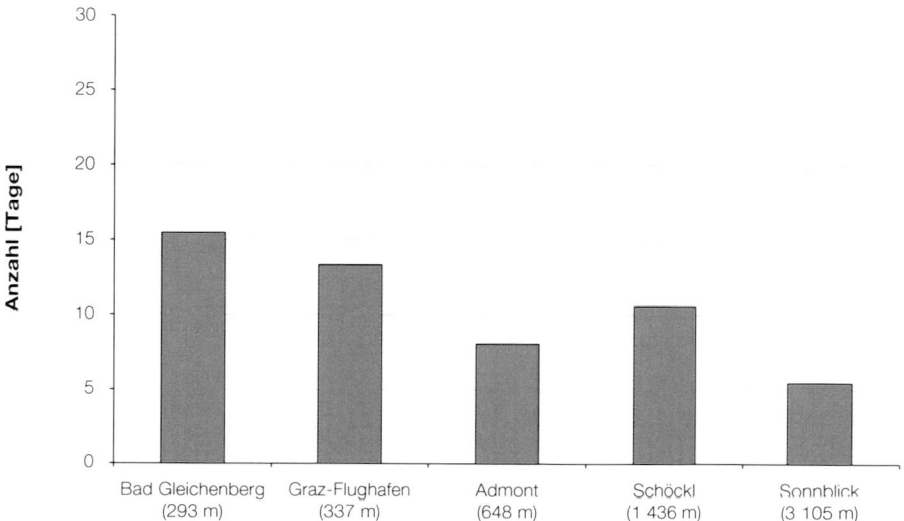

Der Grad der Bewölkung wird im Sommer vor allem von Wetterlagen bestimmt, welche zu Konvektions- oder Staubewölkung führen. Während erstere im Zuge von flacher Druckverteilung praktisch überall auftreten kann (wobei eine Verstärkung im Gebirge erfolgt), betrifft nordstaubedingte Bewölkung die nördliche Obersteiermark.

Einheitliche Bedingungen in den Tallagen der Obersteiermark

Für die Verteilung der freundlichen Tage ergibt sich ein ähnliches Bild wie bei der Verteilung der heiteren Tage. In den Tallagen der gesamten Obersteiermark herrschen relativ einheitliche Bedingungen: hier ist an durchschnitt-lich etwa jedem dritten Tag mit einem freundlichen Tag zu rechnen. Im Gegensatz zu den heiteren Tagen erfolgt aber erst in viel höheren Lagen eine Abnahme, da durch den nicht so strengen Bewölkungsgrenzwert auch Tage mit stärkerer Konvektionsbewölkung noch als freundliche Tage klassifiziert werden.

Nach Süden rasche Zunahme der freundlichen Tage

Südlich des Randgebirges kommt es zu einer raschen Zunahme der freundlichen Tage, wobei die abnehmende Gebirgsnähe als verstärkender Gunstfaktor wirkt. Ein Maximum wird schließlich im Bereich des untersten Murtalabschnittes erreicht, wo beinahe jeder zweite Tag ein freundlicher Tag ist.

Abbildung 4.5.16.1: Durchschnittliche Anzahl freundlicher Tage im Juli an ausgewählten Stationen.

4.6 Nebel

Nebel als Kondensationsprodukt der bodennahen Luftschicht hat vielschichtige Auswirkungen auf die Geo- und Biosphäre sowie auf den Interaktionsraum des wirtschaftenden Menschen. Hier sei nur an die eingeschränkten Sichtweiten oder die Bildung von gefrierendem Nebel und die daraus resultierenden Konsequenzen für den Verkehr erinnert. Auch die durch Nebel verminderte Einstrahlung hat einen nicht zu unterschätzenden Einfluss auf das Wohlbefinden und den Gesundheitszustand des Menschen. Außerdem liefert die Interzeption der Nebeltröpfchen durch die Vegetation einen bedeutenden Beitrag für den Niederschlagszuschlag im Mittelgebirge. Im Hochgebirge können Raufrost- oder Raueisablagerungen an Infrastrukturen zu gefährlichen Lasten führen. Letztlich sei noch auf die Stellung von Nebel als Schadstoffträger verwiesen, dessen Traufenspende sich ungünstig auf Ökosysteme auswirken kann.

4.6.1 Mikrophysikalische Grundlagen

Erfolgt die Kondensation oder Resublimation des Wasserdampfes in den Luftschichten nahe der Erdoberfläche, entsteht entweder Dunst oder Nebel.

Unter Nebel wird im Allgemeinen eine am Erdboden aufliegende Wolke verstanden (WEBER, 1975). Er besteht aus einer Vielzahl kleinster Wassertröpfchen mit einem mittleren Radius von 1 – 20 µm und einer Anzahl, die Werte zwischen 20 und 200 pro cm³ erreicht (WANNER, 1979). Nach MALBERG, 1985 besteht Nebel in den weitaus überwiegenden Fällen auch unter 0°C aus Wassertröpfchen.

Tropfengrößen

Im Nebel kommt ein ganzes Spektrum von Tropfengrößen vor. ZIER, 1992 gibt Tröpfchendurchmesser zwischen 1 – 50 µm an (durchschnittlich 10 µm), im Vergleich dazu können Regentropfen eine maximale Ausdehnung von 5 mm erreichen (BLÜTHGEN, 1980), durchschnittlich erreichen sie eine Größe von 0,1 – 2 mm. Da die Tropfengröße des Nebels im Unterschied zur Partikel- bzw. Tröpfchengröße von trockenem und feuchtem Dunst größer ist als die Wellenlänge des sichtbaren Lichtes, kommt es zu keiner Lichtbrechung, der Nebel erscheint in der Farbe des sichtbaren Lichtes, nämlich weiß.

Tabelle 4.6.1.1: Tropfengrößenangaben unterschiedlicher Nebelqualitäten (aus LILJEQUIST, 1983).

Nebelqualität	Tropfengröße
leicht nässender Nebel	5 – 10 µm
dicht nässender Nebel	10 – 20 µm
stark nässender Nebel	50 µm (ca. Tautropfengröße)

Wassergehalt

Der Wassergehalt im Nebel (LWC Liquid Water Content) schwankt je nach Nebeldichte zwischen 0,01 und 0,30 g/m³ Nebelluft (MALBERG, 1994, LILJEQUIST, 1983). Wie groß der Flüssigwassergehalt in Nebel sein kann, zeigte bereits CONRAD, 1901, der für den LWC aus aufsitzenden Wolken maritimen Ursprungs am Sonnblick bei 18 m Sichtweite 5 g/m³ angibt.

A. PODESSER | F. WÖLFELMAIER

4.6.2 Definition Nebel

Gemäß internationaler Definition spricht man von Nebel, wenn die horizontale Sichtweite in Augenhöhe aufgrund schwebender Wassertröpfchen weniger als 1 000 m beträgt (ohne Rücksicht auf die Dauer und den Bedeckungsgrad bzw. die Vertikalsicht). Dunst wird hingegen gemeldet, wenn die Sichtweite 1 – 2 km beträgt. Bei der Beobachtung bedient man sich einer definierten Skala der Normsichtweite, wobei folgende Nebeldichten unterschieden werden:

Tabelle 4.6.2.1: Normsichten gemäß WMO bei unterschiedlichen Nebeldichten (aus WEBER, 1975).

Normsicht	Nebeldichte
1000 – 500 m	leichter Nebel
500 – 200 m	mäßiger Nebel
200 – 100 m	dichter Nebel
< 100 m	sehr dichter Nebel

Ein Nebeltag wird demnach im österreichischen Klimadienst klassifiziert, wenn an einem der Ablesezeitpunkte um 07:00, 14:00 und 19:00 Uhr MEZ zumindest zehn Minuten Nebel herrschte. Diese Registrierung gibt zwar darüber Auskunft, dass im Beobachtungszeitraum ein Nebelereignis stattgefunden hat, doch kann nicht auf dessen Dauer geschlossen werden. Auch über die Nebeldichte lassen sich keine Aussagen machen.

Außerdem werden die typischen Hochnebelsituationen des Winterhalbjahres (mit abgehobener Nebeluntergrenze) nicht klassifiziert. In diesem Fall kann nur der Vergleich des Bewölkungsgrades einer Talstation mit einer benachbarten Bergstation über der Nebelobergrenze einigermaßen Aufschluss über die Hochnebelverhältnisse geben, wobei auch hier auf lokale Unterschiede (z.B. Luv-/Leeseiten) zu achten ist.

Nebelarten

Je nach ihren Entstehungsursachen werden für unsere Breiten verschiedene Nebelarten unterschieden:
Bei Abkühlung der Luft unter den Taupunkt durch Strahlungsverlust des Bodens und schwacher Turbulenz entsteht Strahlungsnebel. Wenn Luft eine kühlere Unterlage überströmt und bis unter den Taupunkt abkühlt, bildet sich Advektionsnebel. Durch erzwungenes Hinaufströmen wird Luft adiabatisch abgekühlt; es entsteht Orographischer Nebel.

SCHÖNWIESE, 1970 unterscheidet auch zwischen mehreren außerphysikalischen Gesichtspunkten, die für die Nebelbildung von Bedeutung sind:

- Konstante Einflüsse:
  Regionalklima wie Klimazonen, Seehöhe etc., weiters topographische Ursachen wie Orographie, Bodenart, Bodenzustand und Vegetation.

- Wechselnde Einflüsse:
  Z.B. Luftmassen, Konvergenzen, Druckgebilde, Zirkulationsvorgänge etc.

- Anthropogene Einflüsse:
  Durch sie entstehen die hinlänglich bekannten Smogsituationen im Bereich von großen Städten und Industrieanlagen; sie stellen nicht zu vernachlässigende Faktoren bei der Bildung von Nebel dar.

Für lokalklimatische Untersuchungen in Gebirgsregionen eignet sich besonders eine Klassifikation nach räumlichen Gesichtspunkten, die über die (vertikale) Verteilung des Nebels Auskunft gibt (Tabelle 4.6.2.2). Eine Einteilung erfolgt dabei beispielsweise über die Obergrenzen (Untergrenzen).

4.6.2.1 Bodennebel

In Bodennähe sind die Bewölkungsverhältnisse bei ungestörten nächtlichen Ausstrahlungsbedingungen oft durch Nebelfelder charakterisiert, welche sich bevorzugt im Winterhalbjahr bei synoptisch ungestörten Wetterlagen einstellen. In der Steiermark bleibt die Bildung von Bodennebel dabei meist auf die Nacht- und Morgenstunden beschränkt.

4.6.2.2 Hochnebel

Die Bildung von Hochnebel weist keine so strenge tageszeitliche Bindung auf wie beim Bodennebel. Neben einem Abheben von Bodennebel im Zuge der Umwandlung von Bodeninversionen in freie Inversionen kann die Hochnebelbildung tagsüber auch im Zusammenhang mit bodennaher Kaltluftadvektion oder Warmluftadvektion in der Höhe sowie Absinkinversionen über der Grundschicht erfolgen. Unter bestimmten Umständen können sich ganze „Nebelmeere" bilden, welche von der Oststeiermark bis zu den Niederen Tauern oft große Gebiete bedecken können. Durch die langwellige Ausstrahlung an der Nebeloberseite während der Nacht nimmt die Nebelmächtigkeit weiter zu.

Tabelle 4.6.2.2: Nebelarten nach räumlichen und genetischen Gesichtspunkten (aus WANNER, 1979).

räumlich klassierte Nebelarten	genetisch klassierte Nebelarten
Bodennebel	Strahlungsnebel mit Bodeninversion, Warmluftnebel, Meernebel, Küstennebel, Fluss- oder Seenebel, Mischungsnebel, Industrienebel, Smog
Hochnebel	Strahlungsnebel mit Höheninversion, Mischungsnebel, Industrienebel, Smog
Hangnebel (Bergnebel, Wolkennebel)	Orographischer Nebel, Frontnebel, Mischungsnebel

Auflösung

Wenngleich auch für Hochnebel ein Maximum in den Nacht- und Morgenstunden auftritt, gelten, wie bereits angesprochen, auch andere Bildungsbedingungen. Erwähnenswert ist in diesem Zusammenhang auch das bevorzugte Auftreten über Graz. Hier kann die Wärmeinsel der Landeshauptstadt und eine bereits vorhandene Dunstschicht ein Anwachsen von Hochnebel bewirken. Die Eigenerwärmung des Stadtklimas führt aber auch dazu, dass die Nebelbildung in größeren Agglomerationen reduziert wird bzw. es zu einer früheren Auflösung kommt (SACHWEH, 1992, BENDIX, 1998). Dies gilt z.B. auch für Graz, wo sich der Nebel oft deutlich früher auflöst als über den Niederungen im Süden und Osten.

Andauer

Für die zeitliche Andauer bzw. die Auflösung von Hochnebel ist die Erwärmungsmöglichkeit der gebildeten Kaltluft innerhalb der Mischungsschicht von entscheidender Bedeutung. Sie hängt vor allem von den Einstrahlungsverhältnissen und vom Kaltluftvolumen ab. Bei flacher Sonneneinstrahlung im Winter wird es zu langsamerer Hochnebelauflösung kommen als während der Übergangsjahreszeiten. Entsprechend erfolgt die Nebelauflösung aufgrund der Exposition beispielsweise an Süd- bzw. Osthängen rascher als an Nord- und Westhängen.

Abbildung 4.6.2.1.1: Bodennebel im Salzatal, im Hintergrund die Riegerin und Hochtürnach. Der beginnende Hangaufwind an den sonnenbeschienenen Hängen löst den Nebel vom Rand her auf.
Foto: A. PILZ

Abbildung 4.6.2.2.1: Blick über das Rennfeld nach Norden ins Mürztal, über welchem eine kompakte Hochnebelschicht liegt. Die Obergrenzen des Hochnebels steigen nach Nordwesten an, typischerweise liegt die Hochnebelobergrenze zwischen 1 000 und 1 100 m Seehöhe. Darüber herrscht bei vorderseitiger Anströmung mildes Winterwetter.
Foto: A. PODESSER

Während bei ausreichender Einstrahlung die thermische Auflösung von Bodenebel über die Verdunstung der Nebeltröpfchen meist flächig erfolgt, beginnt die Auflösung von Hochnebel an der Nebeloberseite zuerst an den Nebelrändern durch einsetzende Hangaufwinde. Dies führt dazu, dass die Obergrenze an den Rändern höher liegt als in Talmitte; hier kommt es zuerst zu einem Absinken und in weiterer Folge zu einem Aufreißen des Hochnebels.

Klassifizierung

Wie bereits erwähnt, erfolgt keine Klassifizierung von Hochnebel im österreichischen Klimadienst. Synop-Stationen melden hingegen „bedeckt durch Hochnebel", wenn bei den tiefen Wolken „Stratus" gemeldet wird (Cl = 6), wenn der „gesamte Bedeckungsgrad" acht Achtel beträgt (N = 8), und wenn die Untergrenze der Stratusbewölkung zwischen 50 und 600 m beträgt. Für eine flächendeckende Hochnebelbeschreibung ist das Synop-Netz in der Steiermark zu klein.

Nebelobergrenzen

Außerdem werden keine Aussagen über die wichtige Frage der Nebelobergrenzen gemacht. Zwar verschlüsseln Synop-Bergstationen in den Meldungen Wolken unterhalb der Station, doch findet sich in der Steiermark keine derartige Beobachtungsstelle.

Aus diesem Grund sei auf einzelne Arbeiten verwiesen, die auf unterschiedlichem Weg Obergrenzen ausgewertet haben. Für das Mürztal wurden über Bildmate-

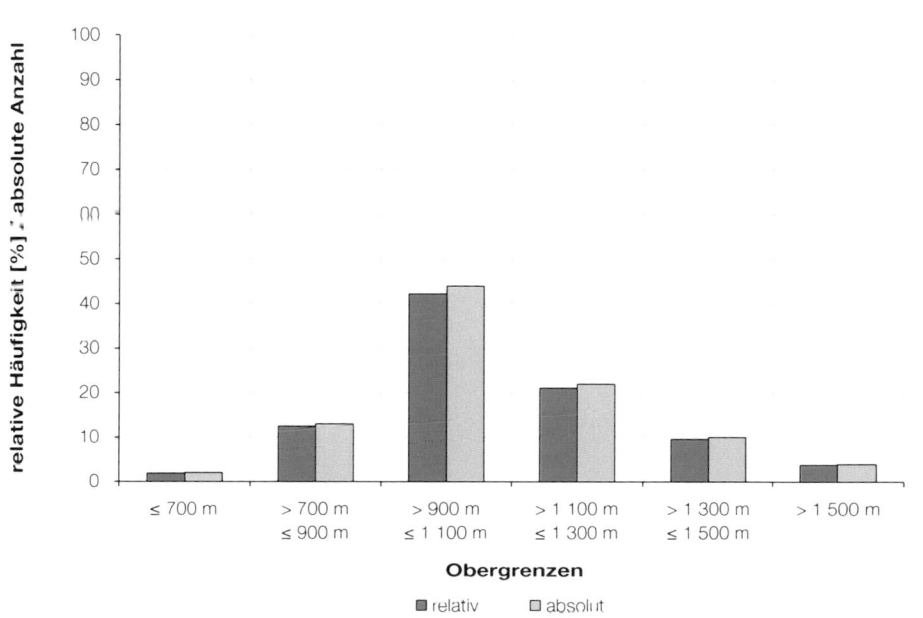

Abbildung 4.6.2.2.2: Klassen der Obergrenzen von 96 Hochnebelereignissen (Periode XI 1992 – XI 1998).

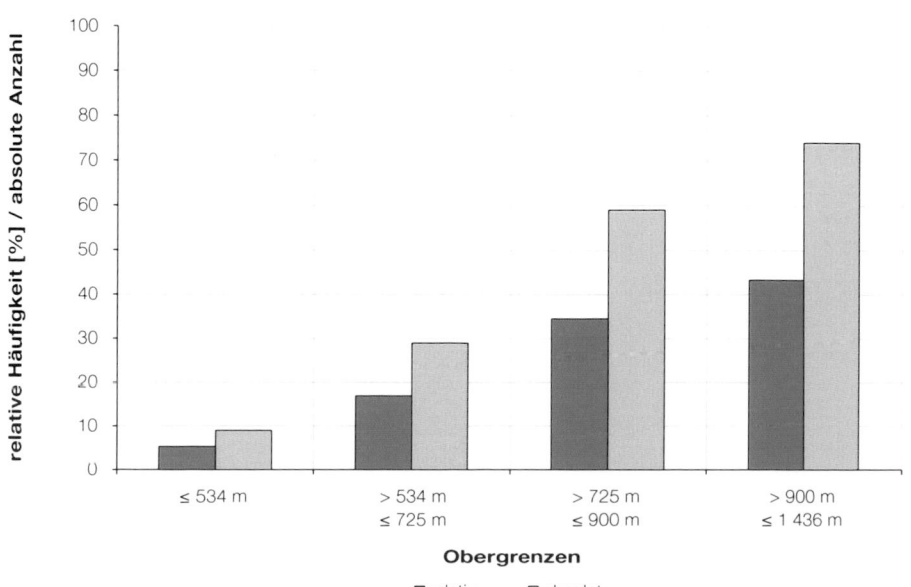

Abbildung 4.6.2.3: Klassen der Obergrenzen von 171 Hochnebelereignissen (Periode I 1982 – XII 1991).

rial hochgelegener Beobachtungsstandorte Hochnebel-obergrenzen klassifiziert (Podesser, 2000). Die Verteilung in Abbildung 4.6.2.2.2 zeigt in Übereinstimmung mit anderen Untersuchungen (z.B. Lazar, 1989), dass die Gruppe mit einer Obergrenze von 900 – 1 100 m am häufigsten anzutreffen ist (42,2%). Bei einer Zuordnung der Wetterlagen zu den entsprechenden Klassen ergab sich nur ein Zusammenhang zwischen dem Haupttyp und der Wetterlage Hoch; bei den Ereignissen mit höheren Obergrenzen war ein gewisser Zusammenhang mit jenen Wetterlagen zu erkennen, für die positive Temperatur-Anomalien in der Höhe kennzeichnend sind („Warmluftadvektion an der Vorderseite").

Für das Vorland zeigt bereits die frühe Untersuchung von Hüttig, 1934 eine Dominanz der Obergrenzen bei 900 m. In einer weiteren Arbeit (Kügerl, 1993) wurden für das Grazer Becken unterschiedliche Hochnebel-obergrenzen aus den Bewölkungsdifferenzen eines Stationsprofiles ermittelt (Abb. 4.6.2.2.3). Auch hier zeigt sich, dass die häufigsten Obergrenzen (43%) zumindest höher als 900 m liegen.

4.6.2.3 Hangnebel (Wolkennebel, Bergnebel)

Ähnlich wie beim Hochnebel handelt es sich auch beim Hangnebel in erster Linie um einen Begriff mit räumlichen Gesichtspunkten und Bezug zur Topographie.

Hingegen hebt sich Bergnebel (Wolkennebel) bezüglich seiner meteorologischen Voraussetzungen deutlich von den anderen Nebelarten ab, da dafür dynamische Vorgänge verantwortlich sind. Während die Niederungen dabei grundsätzlich nebelfrei bleiben, sind derartige Wettersituationen im Hochgebirge oft mit cumuliformer Bewölkung und Niederschlag verbunden. Ein ausge-

prägter Tagesgang kann sich nur in Zusammenhang mit entsprechender Konvektion während der warmen Jahreszeit einstellen. Wie bei der Relativen Feuchte verhält sich daher der Tagesgang von Bergnebel konträr zu den Niederungen mit einem Maximum während der warmen Jahreszeit analog zur Konvektion in den Nachmittagsstunden. Während des Winters ist hingegen kein charakteristischer Tagesgang festzustellen.

4.6.2.4 Tagesgang von Nebel

Der Tagesgang von Nebel allgemein steht in engem Zusammenhang mit dem Tagesgang der Relativen Feuchte, wobei eine charakteristische Tagesperiodizität in erster Linie bei autochthonen Wetterbedingungen gewährleistet ist. Bei Strahlungsnebel mit Bodeninversion, wie er für die Talböden des Vorlandes und die inneralpinen Talbecken der Steiermark typisch ist, tritt das Maximum zum Zeitpunkt des Temperaturminimums, also um Sonnenaufgang auf. In den Monaten des Winterhalbjahres ist die größte Häufigkeit somit gegen 07:00 Uhr MEZ gegeben, im Sommerhalbjahr bereits gegen 04:00 Uhr MEZ.

Nebelhäufigkeit: Maximum im Herbst

Der Auflösungszeitpunkt hängt vom Sonnenstand und dem Feuchteangebot der Luftmasse ab, die wiederum von der Jahreszeit bestimmt werden. Das Maximum der Nebelhäufigkeit fällt daher meist in den Herbst, da hier eine Häufung ruhigen Hochdruckwetters mit günstigen nächtlichen Ausstrahlungsbedingungen auftritt. In dieser Zeit ist die Taupunktunterschreitung neben der nächtlichen Temperaturabsenkung auch noch über absolut feuchtere Luftmassen gegeben. Ein Kriterium, das

Abbildung 4.6.2.3.1: Hangnebel am Plabutsch im Westen von Graz, welcher sich in der noch feuchten Luft eines vorangegangenen Niederschlagsereignisses bildete. Foto: A. Podesser

A. Podesser | F. Wölfelmaier

im Hochwinter bei Kaltluftzustrom aus Nordost im Zuge nordeuropäischer Hochdruckgebiete meist nicht mehr zutrifft.

Ganztägig anhaltende Bodennebel sind in der Steiermark eher die Ausnahme und nur auf das Winterhalbjahr beschränkt.

Der streng temperaturabhängige Tagesgang der Nebelhäufigkeit ist nur für die Strahlungsnebel der Niederungen gültig.

Die Abbildungen 4.6.2.4.1 bis 4.6.2.4.3 zeigen die Wahrscheinlichkeit des Auftretens von Bodennebel für drei unterschiedliche Talregionen in Abhängigkeit von der Tages- und Jahreszeit.

Graz-Flughafen

Für die Station Graz-Flughafen mit durchschnittlich 149 Nebeltagen pro Jahr (Abb. 4.6.2.4.1) nimmt die Nebelhäufigkeit bereits im Übergang zum September stark zu und erreicht im Oktober ein Maximum von 48% Wahrscheinlichkeit zum 06 Uhr-Termin. Danach erfolgt bis zum Frühjahr eine langsame Abnahme. Das Oktobermaximum ist im Zusammenhang mit einer Häufung von antizyklonalen Wetterlagen in dieser Zeit zu sehen, wobei, wie gesagt, die notwendigen Taupunktunterschreitungen neben einer effektiven nächtlichen Ausstrahlung auch mit noch höheren absoluten Feuchten zustande kommen. Im Tagesgang nimmt die Nebel-Persistenz bis in den Jänner hinein zu, sodass im Hochwinter auch ganztägig anhaltende Nebelereignisse auftreten können. Ebenso ist die Bildung von Nebel im Sommer zumindest während der zweiten Nachthälfte und am Morgen in der Steiermark nicht auszuschließen.

Zeltweg

Auch an der Station Zeltweg mit durchschnittlich 95 Nebeltagen pro Jahr (Abb. 4.6.2.4.2) ist von einer morgendlichen Nebelzunahme am Übergang zum September auszugehen: ein Maximum wird hier erst im November mit 41% Wahrscheinlichkeit erreicht. Ab Februar nimmt die Nebelhäufigkeit ins Frühjahr hinein wieder ab. Nur im Dezember sind auch ganztägig andauernde Nebel zu erwarten, im Sommer beschränkt sich die Nebelbildung ausschließlich um den Zeitbereich des Sonnenaufgangs.

Aigen/Ennstal

In Aigen/Ennstal (Abb. 4.6.2.4.3) tritt ein morgendliches Nebelmaximum bereits zwischen September und Oktober auf, auch die Abnahme zum Frühjahr erfolgt rascher. Mit durchschnittlich 94 Nebeltagen pro Jahr weist die Station eine ähnliche Häufigkeit wie Zeltweg auf. Zumindest im Dezember können auch hier ganztägig andauernde Nebel nicht ausgeschlossen werden. Auch im Sommer bildet sich zumindest an 5 – 10% aller Tage morgendlicher Nebel.

4.6.2.5 Jahresgang von Nebel

Ebenso wie beim Tagesgang stellen sich je nach Höhenstufe auch jahreszeitliche Unterschiede der Nebelhäufigkeit ein, welche auf differenzierte Bildungsbedingungen zurückzuführen sind.

Talböden des Vorlandes mit Herbst-/Winter-Nebelmaximum

Im Bereich der Talböden des Vorlandes verläuft der Jahresgang der Nebelhäufigkeit im Wesentlichen parallel zum Jahresgang der Temperatur. Da es sich um Strahlungsnebel handelt, tritt erwartungsgemäß ein Minimum im Sommer auf, ein Maximum wird im Herbst und Winter erreicht. Erwähnenswert ist ein schwach ausgeprägtes sekundäres Minimum im November, welches schon bei älteren Datenreihen in Erscheinung getreten ist. WAKONIGG, 1978 spricht in diesem Zusammenhang von der nebelauflösenden Wirkung dieses durch reichliche Bewölkung oder Hochnebel gekennzeichneten Schlechtwettermonats. In Abbildung 4.6.2.5.1 repräsentieren die Stationen Bad Radkersburg, Bad Gleichenberg, Fürstenfeld, Leibnitz, Graz Flughafen und Graz-Universität diesen Tieflandtypus mit durchschnittlich 80 bis knapp 100 Nebeltagen pro Jahr.

Eine Ausnahme stellt die Umland-Station Graz-Flughafen mit 149 Nebeltagen dar. Der Standort im Grazer Feld weist größere, zusammenhängende landwirtschaftliche Nutzflächen auf, daher erfolgt die Ausbildung von Strahlungsnebel besonders effektiv.

Auffallend ist dagegen die vergleichsweise geringe Nebelhäufigkeit der Landeshauptstadt. Allerdings gibt es auch hier, bedingt durch einen primären und sekundären Wärmeinseleffekt deutliche lokale Unterschiede, die sich in einer raschen Zunahme der Nebelhäufigkeit von Norden nach Süden äußern (LAZAR, PODESSER, 1998).

In der Obersteiermark weisen die Beckenlandschaften eine höhere Nebelhäufigkeit auf als die Tallandschaften

Ähnliche Verhältnisse mit durchschnittlichen Nebelhäufigkeiten zwischen 80 – 100 Tagen weisen die Talbeckenstandorte der Obersteiermark auf (Abb. 4.6.2.5.2). An den Stationen Zeltweg und Admont stellt sich ebenfalls ein einfacher Jahresgang ein. Ein Novemberminimum tritt nur in Admont und Aigen/Ennstal in Erscheinung. Wie sehr sich auch die Geländeform und die damit verbundenen Durchlüftungsbedingungen auf die Nebelhäufigkeit auswirken, zeigt ein Vergleich von Admont (80 Tage pro Jahr) in einer beckenartigen Erweiterung des Ennstales mit Hieflau am Ausgang des engen Ennstalabschnittes des Gesäuses (19 Tage pro Jahr).

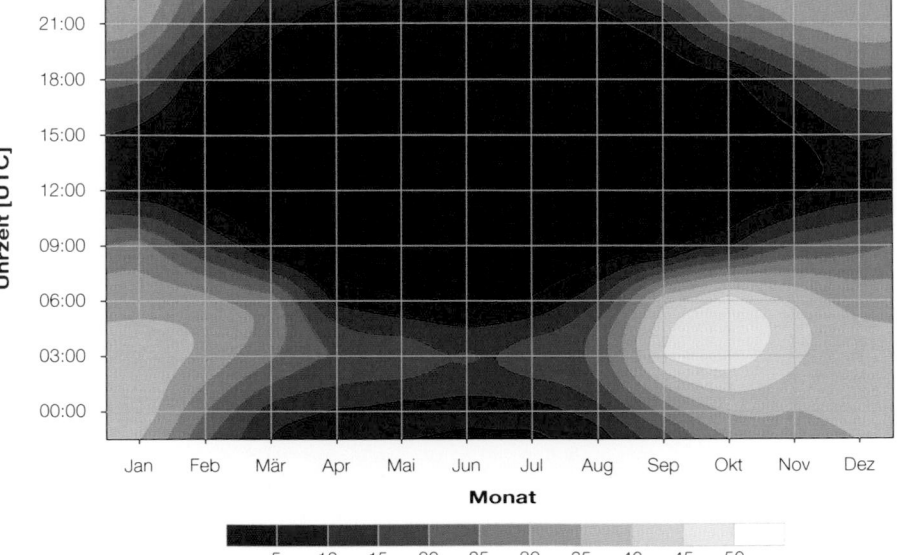

Abbildung 4.6.2.4.1: Wahrscheinlichkeit des Auftretens von Bodennebel in Prozent in Abhängigkeit von der Tages- und Jahreszeit, Station Graz-Flughafen, 337 m.

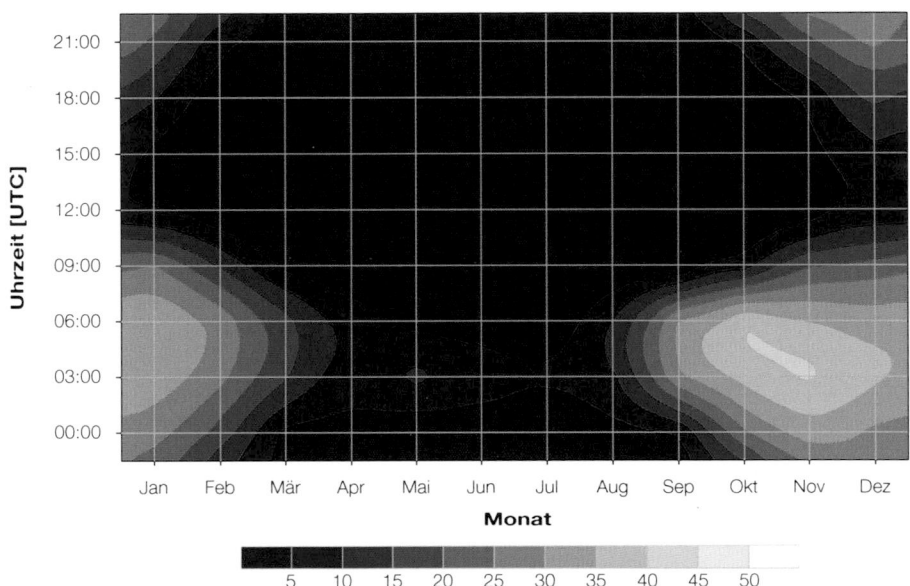

Abbildung 4.6.2.4.2: Wahrscheinlichkeit des Auftretens von Bodennebel in Prozent in Abhängigkeit von der Tages- und Jahreszeit, Station Zeltweg, 670 m.

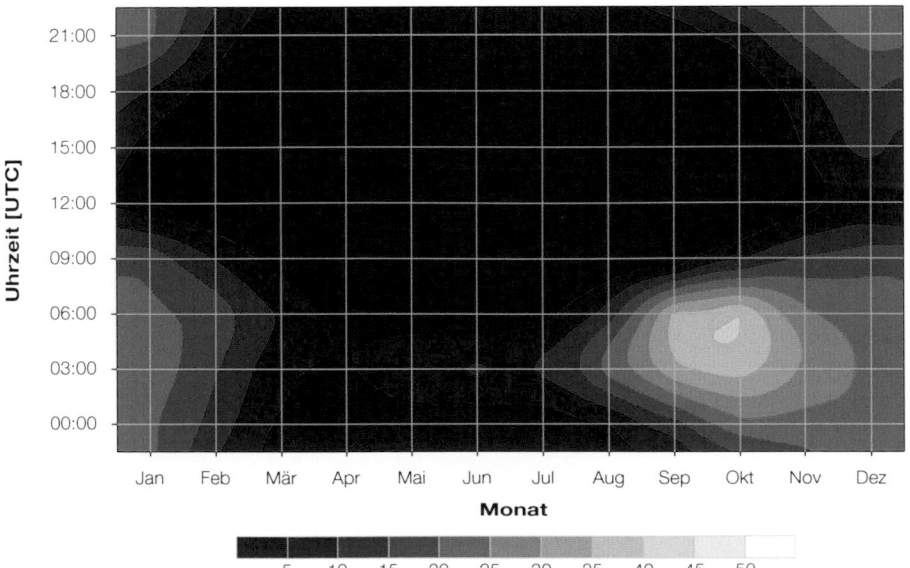

Abbildung 4.6.2.4.3: Wahrscheinlichkeit des Auftretens von Bodennebel in Prozent in Abhängigkeit von der Tages- und Jahreszeit, Station Aigen/Ennstal, 640 m.

Höher gelegene Seitentäler der Obersteiermark sind nebelärmer

Höher gelegene Seitentalstandorte der Obersteiermark, repräsentiert durch die Stationen Oberzeiring, Oberwölz und Irdning-Gumpenstein sind insgesamt deutlich nebelärmer, die durchschnittliche Zahl der Nebeltage pro Jahr liegt unter 35 Tagen. Durch den Einfluss von Hochnebel im Winter wird hier bereits der November zum nebelreichsten Monat. Ein vergleichbarer Jahresgang stellt sich auch an den Vorland-Stationen in Riedellage wie z.B. Laßnitzhöhe und Wörterberg ein, welche sich oft schon außerhalb der Reichweite flacher Bodennebel befinden. Allerdings ist hier die Nebelhäufigkeit mit ca. 50 – 70 Tagen insgesamt deutlich höher (Abb. 4.6.2.5.3).

Im Bergland verschiebt sich das Nebelmaximum in den Herbst

Die niedere Berglandstufe (Wiel, Preitenegg) liegt bereits außerhalb der eigentlichen Talnebel, gelangt aber immer mehr in den Einfluss tiefliegender Bewölkung oder Hochnebel, was sich in einem November- oder Oktobermaximum äußert (Abb. 4.6.2.5.4).

Im Bereich der eigentlichen Berglandstufe (Schöckl) verschiebt sich das Maximum noch weiter zurück, sodass hier neben dem Oktober der September zum nebelreichsten Monat wird. In dieser Stufe kommen immer mehr die bereits von FLIRI, 1967 beschriebenen jahreszeitlichen Unterschiede des Kondensationsniveaus zum Tragen, wobei hier weiterhin ein Minimum im Sommer auftritt.

Im Hochgebirge Nebelmaximum im Früh- und Hochsommer

Im Hochgebirge wird der Jahresgang von Nebel immer mehr von der eigentlichen Bewölkung gesteuert. Die nahezu identischen Verläufe der Stationen Feuerkogel und Krippenstein in Abbildung 4.6.2.5.5 deuten ein Maximum im Frühjahr und Frühsommer an, haben aber insgesamt keinen ausgeprägten Jahresgang. Am Sonnblick und auf der Villacher Alpe stellt sich hingegen ein eindeutiges Sommermaximum und Winterminimum ein. Hierbei wird im Februar die geringste Nebelhäufigkeit registriert. Da es sich im Falle von Nebel in großer Höhe um aufliegende Bewölkung handelt, entspricht hier sein Jahresgang dem der Bewölkung. Interessanterweise zeigen Arbeiten mit älteren Datenreihen zwar ebenfalls ein Herbst-/Winterminimum, den nebelärmsten Monat stellt allerdings der Oktober dar (WAKONIGG, 1978; AUER, BÖHM ET AL., 2002). Die Ursachen für diese vor allem alpensüdseitig wirksame Umgestaltung könnten ein typisches Merkmal der untersuchten Periode sein, die mit Schwankungen großräumiger Druckverhältnisse erklärbar wären. Dies belegt auch eine Häufung kontinentaler Hochdrucklagen im Februar während der 1990er-Jahre (z.B. Februar 1998, 1990, 1993), während etwa die Februar-Auswertungen der 1960er-Jahre eine viel geringere Hochdruckhäufigkeit aufweisen (PODESSER, 2000). In der Tabelle 4.6.2.5.1 finden sich die Jahresgänge der Nebelhäufigkeiten aller Stationen.

Tabelle 4.6.2.5.1: Durchschnittliche Zahl der Tage mit Nebel an allen Stationen.

Nr.	Name	Sh [m]	Jan	Feb	Mär	Apr	Mai	Jun	Jul	Aug	Sep	Okt	Nov	Dez	Frühling	Sommer	Herbst	Winter	Jahr
1	Admont	648	11,8	8,2	5,9	3,2	1,8	1,4	1,7	5,2	9,7	10,0	9,7	11,9	10,8	8,4	29,4	31,9	80,5
3	Aflenz	785	4,2	3,7	3,2	2,4	1,4	1,3	1,6	4,4	7,8	9,4	6,9	6,1	7,0	7,2	24,1	14,1	52,5
4	Aigen/Ennstal	640	10,5	7,2	4,8	2,8	3,9	4,3	5,2	8,6	10,8	13,6	9,8	12,6	11,5	18,1	34,2	30,3	94,0
10	Bad Aussee	660	2,5	2,1	1,8	1,3	0,8	0,8	0,7	1,9	3,0	3,2	3,5	2,3	3,8	3,3	9,8	7,0	23,9
11	Bad Gleichenberg	293	7,3	3,8	2,7	1,5	1,7	1,8	2,0	2,8	6,8	8,5	7,9	7,0	5,9	6,5	23,1	18,0	53,6
14	Bad Mitterndorf	810	2,4	1,7	1,6	1,8	0,8	1,4	2,3	3,1	4,1	3,6	3,9	3,2	4,2	6,8	11,9	7,3	30,2
15	Bad Radkersburg	208	10,7	6,7	4,7	2,1	2,3	2,1	2,8	4,9	10,5	12,9	11,3	10,5	9,1	9,8	34,7	27,9	81,5
23	Bruck/Mur	493	4,4	2,1	1,4	0,8	0,6	0,5	0,4	1,9	3,0	4,8	4,4	3,0	2,8	2,8	12,2	9,6	27,3
27	Deutschlandsberg	448	8,9	5,9	5,2	2,1	1,8	0,9	1,2	1,5	4,7	9,3	9,3	9,1	9,1	3,6	23,3	23,9	59,9
37	Fischbach	1015	4,1	3,0	3,0	2,0	1,1	0,9	0,4	0,6	2,5	5,1	5,1	4,7	6,0	1,9	12,7	11,7	32,3
47	Fürstenfeld	271	13,8	8,5	7,7	4,4	3,8	2,5	4,0	5,5	10,6	12,9	12,9	11,9	16,0	12,0	36,4	34,2	98,6
50	Gleisdorf	375	6,7	3,4	2,5	0,9	0,6	0,2	0,1	0,7	3,4	6,5	6,8	6,3	4,0	1,0	16,6	16,4	38,0
57	Graz-Flughafen	337	20,0	13,1	10,6	5,9	6,7	5,7	6,1	10,1	16,0	18,1	17,7	19,2	23,2	22,0	51,7	52,4	149,3
58	Graz-Messendorfberg	435	7,8	4,4	3,3	1,5	1,2	0,9	0,8	1,0	2,1	4,9	7,4	7,8	6,0	2,7	14,4	20,0	43,1
60	Graz-Universität	366	8,8	3,7	2,1	0,7	0,4	0,0	0,1	0,4	1,1	3,1	6,5	7,0	3,1	0,6	10,7	19,4	33,9
69	Hieflau	500	1,7	1,7	1,6	1,5	0,8	1,0	0,8	1,7	1,9	1,7	2,8	2,1	3,9	3,5	6,4	5,5	19,3
80	Irdning-Gumpenstein	698	3,9	2,7	1,7	1,2	0,7	0,5	0,8	2,1	3,7	4,5	5,3	5,7	3,5	3,4	13,4	12,2	32,5
90	Kirchberg-Grafendorf	455	6,5	3,9	2,4	0,7	1,0	0,5	0,2	0,6	1,8	3,9	5,9	6,0	4,1	1,3	11,6	16,4	33,4
95	Kleinsölk	1005	5,6	5,0	6,0	6,6	3,7	3,3	4,6	5,0	4,7	4,3	4,5	5,0	16,2	12,8	13,4	15,6	58,0
101	Krippenstein	2050	12,8	14,1	16,3	16,3	13,7	16,3	15,3	13,9	14,3	12,3	13,6	13,5	46,3	45,5	40,1	40,4	172,4
103	Lassnitzhöhe	527	9,0	5,2	4,4	2,1	1,4	0,6	1,0	1,2	2,6	5,8	9,1	8,9	7,9	2,8	17,5	23,0	51,2
112	Lobming	414	8,2	4,4	5,4	1,8	1,2	0,4	0,6	1,1	4,9	8,3	9,3	10,3	8,4	2,1	22,5	22,9	55,9
116	Mariazell	865	3,0	2,4	3,6	3,5	3,7	3,6	3,6	6,7	7,4	5,2	4,5	4,3	10,8	13,9	17,0	9,7	51,4
126	Mürzzuschlag	758	5,8	3,0	3,2	2,9	2,2	1,8	1,7	5,4	8,1	8,9	8,0	7,4	8,3	9,0	25,0	17,0	59,3
138	Oberwölz	827	1,9	1,2	1,2	0,9	0,3	0,2	0,1	0,5	0,8	1,4	2,7	2,6	2,4	0,9	5,0	5,7	13,9
139	Oberzeiring	933	2,4	1,8	2,5	2,3	1,5	1,1	0,9	1,5	1,4	3,3	3,7	3,2	6,3	3,4	8,4	7,5	25,5
155	Pusterwald	1072	2,8	1,7	2,6	1,9	0,6	0,5	0,7	0,7	0,7	2,0	2,5	2,7	5,1	2,0	5,2	7,2	19,5
161	Rechberg	926	5,3	4,0	5,0	3,6	3,0	2,4	2,0	3,8	5,6	8,4	7,2	5,7	11,6	8,2	21,2	14,9	56,0
173	Schöckl	1436	10,9	11,2	11,9	10,2	10,1	9,2	8,0	9,2	11,8	12,5	9,1	9,2	32,2	26,3	33,5	31,3	123,3
176	Seckau	855	5,3	4,4	3,7	3,5	3,1	2,4	2,2	3,8	6,7	6,8	8,1	6,3	10,3	8,5	21,6	16,0	56,4
183	Sonnblick	3105	19,4	17,6	23,3	25,5	26,5	26,5	25,8	25,3	22,9	20,2	19,5	19,3	75,3	77,6	62,7	56,3	271,9
195	St. Radegund	725	9,9	6,9	6,0	3,8	2,5	1,6	0,8	1,1	3,6	6,0	9,8	10,2	12,3	3,5	19,4	27,0	62,2
198	Stolzalpe	1293	2,4	2,4	2,7	3,1	3,3	2,6	2,6	4,0	4,1	3,4	3,9	2,2	9,1	9,3	11,5	7,0	36,9
214	Villacher Alpe	2140	17,3	16,4	20,9	22,9	25,4	25,1	24,3	24,4	22,7	20,3	18,4	17,1	69,3	73,8	61,5	50,9	255,5
223	Weiz	465	5,6	2,4	1,6	0,4	0,2	0,0	0,0	0,1	1,5	4,9	5,2	2,1	0,1	7,5	13,1	22,9	
225	Wiel	928	8,4	6,6	6,2	4,6	4,0	4,0	2,9	3,4	5,4	8,6	8,8	8,4	14,9	10,3	22,8	23,5	71,4
232	Zeltweg	670	13,7	8,9	5,4	3,6	2,8	2,6	3,0	6,9	9,8	11,6	12,0	14,3	11,9	12,4	33,4	36,9	94,6

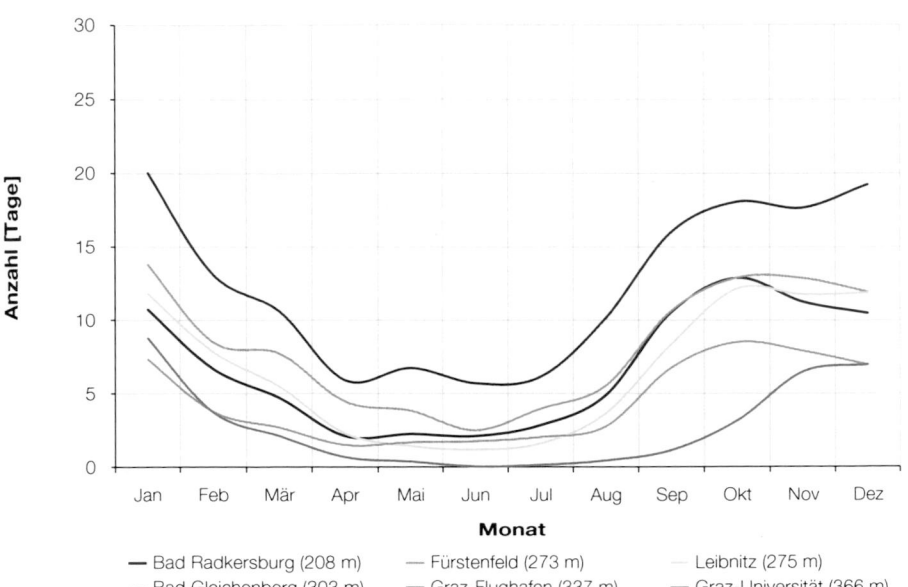

Abbildung 4.6.2.5.1: Durchschnittlicher Jahresgang der Nebelhäufigkeit an ausgewählten Stationen im Vorland.

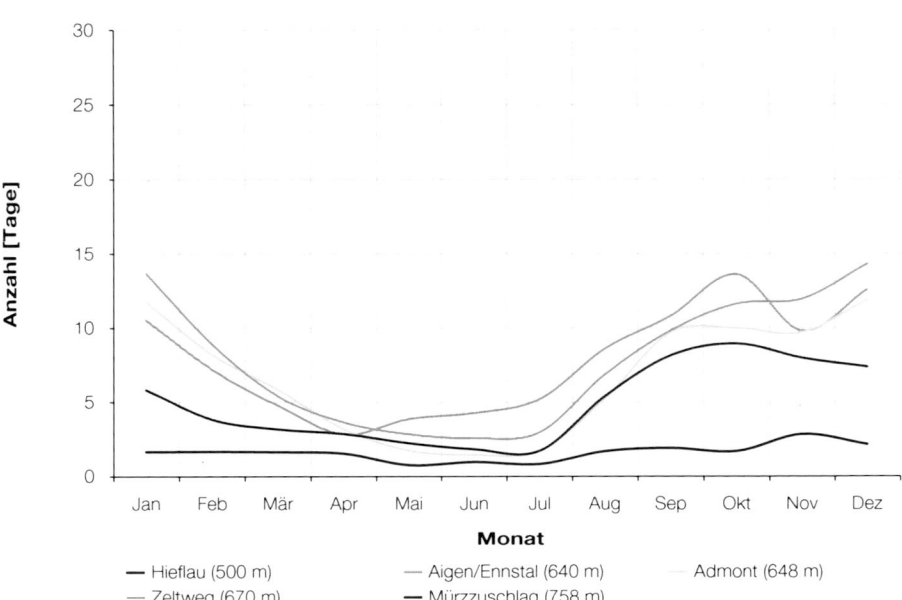

Abbildung 4.6.2.5.2: Durchschnittlicher Jahresgang der Nebelhäufigkeit an ausgewählten Seitentalstationen der Obersteiermark.

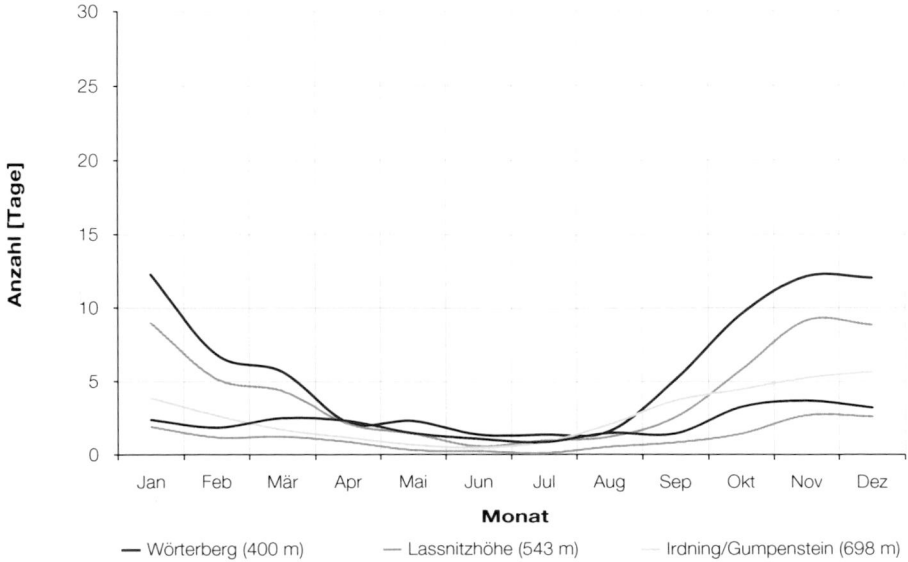

Abbildung 4.6.2.5.3: Durchschnittlicher Jahresgang der Nebelhäufigkeit an ausgewählten Seitentalstationen sowie Riedelstationen im Vorland.

A. PODESSER | F. WÖLFELMAIER

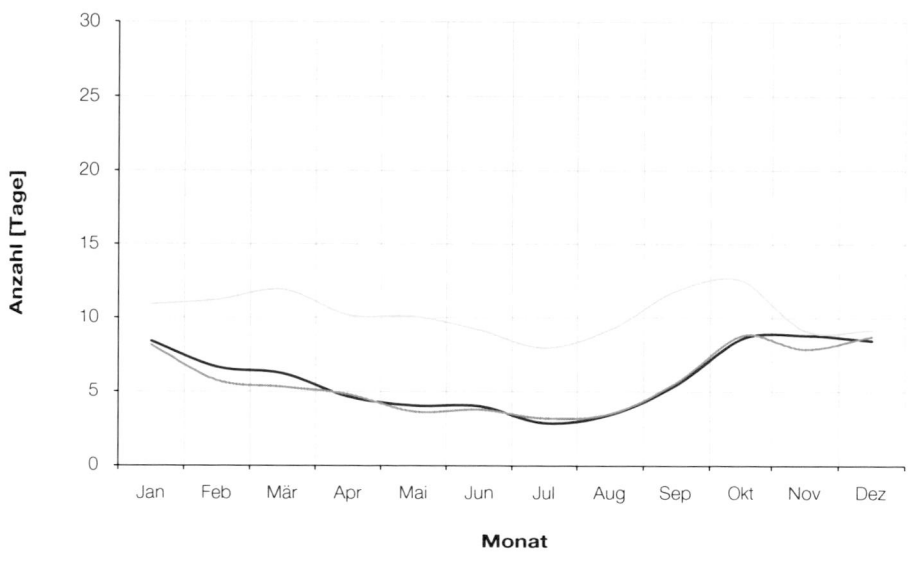

Abbildung 4.6.2.5.4: Durchschnittlicher Jahresgang der Nebelhäufigkeit
an ausgewählten Berglandstandorten
im Bereich des Randgebirges.

— Wiel (922 m)   — Preitenegg (1055 m)   Schöckl (1 436 m)

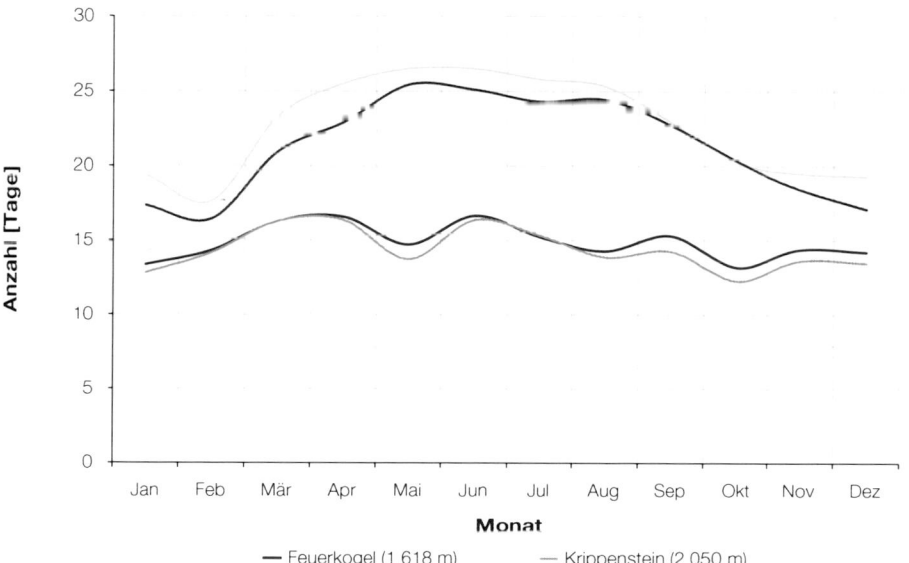

Abbildung 4.6.2.5.5: Durchschnittliche Jahresgang der Nebelhäufigkeit
an ausgewählten Hochgebirgssta-
tionen.

— Feuerkogel (1 618 m)   — Krippenstein (2 050 m)
  Sonnblick (3 105 m)   — Villacher Alpe (2 140 m)

4.6.2.6 Industrieschneefall

Nicht unerwähnt bleiben sollte ein Phänomen, welches in der Steiermark im Zusammenhang mit Nebel und hohen Luftfeuchten beobachtet wird. Besonders im Bereich städtischer Agglomerationen kommt es während winterlicher Hochdruckwetterlagen zu lokal begrenzten Schneefällen mit Neuschneehöhen bis zu mehreren Zentimetern. Die Bildungsbedingungen für diese anthropogen verursachten Niederschläge sind noch nicht restlos geklärt: als Voraussetzungen gelten Strahlungsnebel mit abgehobener Bodeninversion oder Hochnebel mit niedrigen Untergrenzen sowie ein erhöhter Aerosolgehalt mit zusätzlichen Wasserdampfemissionen (Podesser, 2000; Harlfinger et al., 2000). Diese Erscheinung ist auch insofern von besonderem Interesse, als das plötzliche Auftreten von Schnee zu erheblichen Verkehrsbehinderungen im Straßenverkehr führt. In der Landeshauptstadt werden derartige Niederschläge fast ausschließlich in den Monaten Dezember und Jänner beobachtet, durchschnittlich ist mit 11,5 solcher Schneefalltage pro Jahr zu rechnen. Dabei waren die Neuschneesummen aus Industrieschneefällen in einzelnen, schneearmen Jahren auch schon größer als der Schneezuwachs aus „natürlichem Schneefall" (Podesser, 2006).

Abbildung 4.6.2.6.1: „Industrieschnee" im Bereich des Grazer Hauptbahnhofes. Die Schneehöhen reichen aus, dass Strassen und Gehsteige vom Schnee geräumt werden müssen. Foto: A. Podesser

A. Podesser | F. Wölfelmaier

4.7 Ergänzende und weiterführende Literatur

Arking, A. 1991: The radiative effects of clouds and their impact of climate. Bull. Amer. Meteorol. Soc. 71, 795 – 813.

Auer, I., Böhm, R., Leymüller, M., Schöner, W. 2002: Das Klima des Sonnblicks. Österreichische Beiträge zu Meteorologie und Geophysik, Heft 28, Zentralanstalt für Meteorologie und Geophysik (Hrsg.), 304 S.

Auer, I. 2001: Klima von Vorarlberg, Band 1, Amt der Vorarlberger Landesregierung (Hrsg.), 222 S.

Bachmann, M., Bendix, J. 1993: Nebel im Alpenraum. Bonner Geographische Abhandlungen, Heft 86, Bonn, 301 S.

Bendix, J. 2002: A satellite-based climatology of fog and low-level stratus in Germany and adjacent areas. Atmosph. Res. 64, 3 – 18.

Bendix, J., Bachmann, M. 1991: Ein operationell einsetzbares Verfahren zur Nebelerkennung auf Basis von AVHRR-Daten der NOAA-Satelliten. Meteorol. Rdsch. 43, S. 169 – 178.

Blüthgen, J., Weischet, W. 1980: Allgemeine Klimageographie. Verlag Walter de Gruyter; Berlin, New York, 887 S.

Conrad, V. 1901: Über den Wassergehalt der Wolken. Denkschrift der Wiener Akademie, Band 73, 115 S.

Fliri, F. 1967: Über die klimatologische Bedeutung der Kondensationshöhe im Gebirge. Die Erde 98, S. 203 – 210.

Harlfinger, O., Kobinger, W., Fischer, G., Pilger, H. 2000: Industrieschneefälle, ein anthropogenes Phänomen Mitteleuropas. Meteorologische Zeitschrift, Vol. 9, Nr. 4, S. 231 – 236.

Hüttig, R. 1934: Über Talnebelbildung im Grazer Bergland. Jahresbericht des Sonnblickvereines 43; S. 50 – 55.

Karlsruher Wolkenatlas: http://www.wolkenatlas.de.

Kügerl, R. 1993: Hochnebelauswertungen über Bewölkungsdifferenzen zwischen 1952 und 1991 im Südöstlichen Alpenvorland. Unveröff. Seminararbeit am Inst. f. Geogr. Univ. Graz.

Jacobeit, J., Philipp, A. 2004: Klassifikation täglicher Luftdruckfelder im atlantisch-europäischen Sektor 1850 bis 2003. Tagungsband AK Klima 23, S. 45 – 46.

Lazar, R. 1989: Ergebnisse einer immissionsklimatischen Studie im Raum Bruck-Leoben-Kapfenberg. Arb. Inst. f. Geogr. Univ. Graz, Bd 29, S. 153 – 189.

Lazar, R., Podesser, A. 1998: An urban climate analysis of Graz and its significance for urban planning in the tributary valleys east of Graz. Atmospheric Environment 33, 4195 – 4209.

Lazar, R., Sulzer, W., Fallinski, T., Kern, K., Kraak, L., Podesser, A., Wurm, M. 2006: Thermalscannerbefliegung 2004 Graz, Projektbericht im Auftrag des Magistrat Graz, 144 S.

LILJEQUIST, G.H., CEHAK, H. 1983: Allgemeine Meteorologie. Verlag Friedrich Vieweg & Sohn, 3. dt. Auflage, 396 S.

MALBERG, H. 1994: Meteorologie und Klimatologie. Springer-Verlag, Berlin, 3. Auflage.

PODESSER, A. 2000: Nebelmonitoring in der Steiermark im Hinblick auf die Analyse forstrelevanter Spurenstoffe in Nebelwässern. Projektbericht Land Steiermark, FA 10C- Forstwesen, 35 S.

PODESSER, A. 2000: Stadtgebundene Schneefälle am Beispiel von Graz 19. Arbeitskreis Klima, Bad Gastein, Tagungsband.

PODESSER, A., PILGER, H. 2000: Die Verwendung des Systemes ostalpiner Wetterlagen in der Praxis der angewandten Klimatologie. Jubiläumsband 150 Jahre Meteorologie und Geophysik in Österreich, ZAMG (Hrsg.), S. 479 – 483.

SCHÖNWIESE, CH. D. 1970: Zur Systematik der Nebelerscheinungen. Wetter und Leben 22, S. 185 – 190.

STEINHAUSER, F., PERL, G. 1937: Der Jahresgang der Bereitschaft zu heiterem, wolkigem oder trübem Wetter in den Ostalpen. Meteorol. Zeitschr. 54, S. 321 – 328.

UHEREK, E.: http://www.atmosphere.mpg.de/enid/1 Aufbau Zusammensetzung/- Komponenten 17z.html, MPI Mainz, 2004.

WAKONIGG, H. 1978: Witterung und Klima in der Steiermark, Verlag für die Technische Universität Graz, 473 S.

WANNER, H. 1979: Zur Bildung, Verteilung und Vorhersage winterlicher Nebel im Querschnitt Jura-Alpen. Geographica Bernensia, Band G 7, Bern, 240 S.

WEBER, O. 1975: Nebel/Sichtweiten. Beitrag zu einem Kommissionsbericht französischer, deutscher und schweizerischer Strassenfachorgane, Arbeitsber. der Schw. Met. Anstalt, No. 50, Zürich.

ZIER, M. 1992: Über die Variabilität der Spurenstoffkonzentrationen im Nebelwasser im Verlaufe einzelner Nebelereignisse auf dem Kamm des Erzgebirges. Meteorologische Zeitschrift, Neue Folge 1, S. 221 – 228.

KLIMAATLAS STEIERMARK
Kapitel 5

NIEDERSCHLAG

H. Wakonigg

KARTOGRAPHISCHE BEARBEITUNG

V. Hawranek, F. Lackner, A. Podesser, H. Rieder

5 NIEDERSCHLAG

🐏 Dieses Kartensymbol bedeutet, dass gedrucktes Kartenmaterial in der Klimaatlas-Mappe verfügbar ist.

Titelbild: Gewittrige Niederschläge im Mai. Blick vom Greim (2 474 m) nach Süden ins Katschtal. Deutlich zu erkennen ist die streifige Struktur der Regenfahnen, welche am Boden zu einer ungleichmäßigen Verteilung der Niederschlagshöhen führt.
Foto: A. PODESSER

5.1 Allgemeines

5.1.1 Definition und Arten des Niederschlags

Unter Niederschlag versteht man jenen Teil des atmosphärischen Wasserdampfes, welcher im Zuge des allgemeinen Wasserkreislaufes in fester oder flüssiger Form auf den Erdboden gelangt. Dabei wird unter „Erdboden" die Gesamtheit der Erdoberfläche verstanden, d.h. auch Wasser- und Eisoberflächen, Pflanzen und Gebäude.

Das Abfangen von Niederschlag durch Pflanzen wird als Interzeption bezeichnet, wobei die Interzeption bei nachträglicher Verdunstung von den Pflanzenoberflächen für den darunter liegenden Erdboden eine Niederschlagsverminderung gegenüber pflanzenfreien Flächen darstellt, während der von den Pflanzen als Wasser oder Raureif abgefangene und später abfallende, abrinnende oder abtropfende Niederschlag auch eine Niederschlagsvermehrung für den darunter liegenden Erdboden bedeuten kann.

Beim Niederschlag wird grundsätzlich zwischen abgesetztem, abgefangenem und fallendem Niederschlag unterschieden, was auch für die Messung bzw. Messmethoden von Bedeutung ist.

Abgesetzter Niederschlag

Unter abgesetztem Niederschlag versteht man die direkte Kondensation oder Resublimation von atmosphärischem Wasserdampf auf festen Oberflächen, wobei im ersten Fall Tau, im zweiten Reif entsteht. Voraussetzung ist die Abkühlung der Oberflächen unter den Taupunkt der Luft, was in klaren Nächten mit starker effektiver Ausstrahlung und gleichzeitig hoher relativer Luftfeuchtigkeit am ehesten der Fall ist. Daher ist die Taubildung in klaren Sommer- und Frühherbstnächten am stärksten. Oberflächen mit schlechter Wärmeleitung zum darunter liegenden Erdboden wie z.B. Gras, kühlen sich dabei am stärksten ab und sind somit die effizientesten Tauproduzenten.

Schon wegen des exponentiell von der Temperatur abhängigen Wasserdampfgehaltes der Luft ist die Reifbildung in Frostnächten quantitativ geringer als die Taubildung bei positiven Temperaturen, kann sich aber in schattigen Lagen mit starker nächtlicher Abkühlung über mehrere Tage, ja sogar Wochen zu nennenswerten Mengen ansammeln.

Tau und Reif werden vom Standard-Messprogramm der entsprechenden Organisationen nicht erfasst, ihre Menge und ihre Bedeutung für den Wasserhaushalt bleiben

Abbildung: 5.1.1.1: Raureifablagerungen an Geländehindernissen im Gebirge durch unterkühlten, nächtlichen Nebel.
Foto: A. Pɪʟᴢ

dadurch unbekannt. Es darf aber davon ausgegangen werden, dass die Menge des gebildeten und später nicht verdunsteten, d.h. in den Bodenwasserhaushalt gelangenden Taus und Reifes vergleichsweise bescheiden ist und für den Wasserhaushalt nur in besonderen Ausnahmen eine nennenswerte Rolle spielen dürfte.

Abgefangener Niederschlag

Unter abgefangenem Niederschlag versteht man das „Auskämmen" von in der Luft schwebenden Wassertröpfchen durch feste Oberflächen bei entsprechender Luftbewegung. Dabei entstehen aus unterkühlten Wassertröpfchen, d.h. aus solchen mit Temperaturen unter Null Grad (üblicherweise bis −20°C) Eisablagerungen, die je nach Aussehen, Bildungsbedingungen und Konsistenz als Raureif, Raufrost oder Raueis bezeichnet werden. Wassertröpfchen mit positiven Temperaturen an den Oberflächen können in flüssiger Form verbleiben und abtropfen oder abrinnen.

Die Bildung von abgefangenem Niederschlag ist bei dichtem Nebel und starkem Wind am effizientesten und erfolgt vorzugsweise als Interzeption an Nadelbäumen oder Pflanzen mit ericoiden, d.h. kleinen, schuppigen oder nadelförmigen Blättern (z.B. Wacholder). Solcherart kann abgefangener Niederschlag unter bestimmten Bedingungen, d.h. im randalpinen wind- und nebelreichen Bergwald nahe der Baumgrenze, für den Wasserhaushalt von größerer Bedeutung werden. Er wird aber messtechnisch nicht erfasst (siehe auch unter Niederschlagsmessung).

Eisbildungen durch abgefangenen Niederschlag können sich auch an Vorsprüngen des Untergrundes (z.B. felsige Geländekanten), an Bauwerken und technischen Einrichtungen bilden (siehe Abb. 5.1.1.2). Dies kann bei zu großen Anhäufungen auch zu technischen Störungen und mechanischen Schäden führen (z.B. Reißen von zu hoch belasteten Freileitungen).

Fallender Niederschlag

Quantitativ bei weitem am bedeutendsten und messtechnisch am einfachsten zu erfassen ist schließlich der fallende Niederschlag, wobei zwischen flüssigem (Regen) und festem Niederschlag (Schnee, Hagel) unterschieden wird.

Beim Regen werden vielfach noch Zusatzangaben gemacht, um Erscheinungsbild, Dauer oder Ursache näher zu beschreiben. Die wichtigsten sind: Nieselregen (sehr feintropfig), Schlagregen (von starkem Wind begleitet), Regenschauer (kurzfristig, konvektiv verursacht), Starkregen (oberhalb einer definierten zeitabhängigen Intensität). Eher umgangssprachliche Begriffe sind Landregen und Schnürlregen (anhaltend gleichmäßig) sowie Platzregen (heftig, konvektiv).

Ausgesprochen vielgestaltig sind die Erscheinungsformen des festen Niederschlags, wobei Schneefall die wichtigste und geläufigste Form darstellt. Darüber hinaus sind aber noch Hagel, Reifgraupel und Frostgraupel zu nennen, die mit dem Hagel verwandt, d.h. konvektive Niederschlagsformen sind. Unter Schneegriesel werden kleine Schneekörnchen verstanden, die wenig ergiebig aus Stratusdecken fallen können. Schließlich ist Eisregen fester Niederschlag der entsteht, wenn Regen beim Durchfallen einer mächtigen bodennahen Kaltluftschicht gefriert und in Form kleiner Eiskügelchen den Erdboden erreicht.

Flüssiger Niederschlag, der auf dem kalten Erdboden gefriert und Glatteis bewirkt, sollte dagegen als gefrierender Regen und nicht als Eisregen bezeichnet werden.

Abbildung 5.1.1.2: Die Reichensteinhütte (2 136 m) am Eisenerzer Reichenstein mit vereister Nordfassade nach tagelangem Nordwestwetter. Bei hohen Windgeschwindigkeiten und Temperaturen unter dem Gefrierpunkt kann es an Hindernissen zu großen Raufrost- oder Raueisablagerungen kommen. Die unterkühlten Nebeltröpfchen frieren auf den Oberflächen an und wachsen in die Windrichtung.
Foto: A. PODESSER

H. WAKONIGG

5.1.2 Die Entstehung des (fallenden) Niederschlags

Die Entstehung des abgesetzten und abgefangenen Niederschlags wurde bereits angesprochen. Demgegenüber wird die Entstehung des fallenden Niederschlags durch unterschiedliche Vorgänge ausgelöst. Entscheidend sind auf jeden Fall die Abkühlung der Luft unter den Taupunkt und das Vorhandensein von in der Luft schwebenden Kondensationskernen, an welchen sich die Kondensation oder Resublimation des Wasserdampfes vollziehen kann.

Dabei erfolgt die Abkühlung unter den Taupunkt nur ausnahmsweise statisch, d.h. durch Ausstrahlung, etwa an der Obergrenze von Hochnebel (dadurch Nebelnässen, feiner Nieselregen oder Schneegriesel) oder an der Obergrenze von höher reichenden Wolken, was aber nur statistisch in Form einer schwachen Niederschlagszunahme in der zweiten Nachthälfte nachweisbar ist.

Die Entstehung von fallenden Regentropfen aus Wolkentröpfchen erfolgt fast durchwegs über die Eisphase, wobei der Regen dann aus geschmolzenen Schneeflocken bzw. Eiskörnern besteht. Nur ausnahmsweise, z.B. bei feinem Nieseln aus Stratuswölken (Hochnebel) entsteht flüssiger Niederschlag ohne vorherige Eisphase.

Niederschlagsbildung durch Hebung

Die für den fallenden Niederschlag entscheidende Abkühlung geschieht überwiegend dynamisch, d.h. bewegungsbedingt in Form des Aufsteigens bzw. der Hebung der Luft mit expansionsbedingter adiabatischer Abkühlung unter den Taupunkt. Im Sinne der Ursachen der Hebung hat man vereinfacht zwischen vier Formen der Niederschlagsentstehung zu unterscheiden: Den zyklonalen Aufgleitniederschlägen, den zyklonalen Einbruchsniederschlägen, den Konvektionsniederschlägen und den Stauniederschlägen. Eine andere Einteilung unterscheidet zwischen advektiven Niederschlägen, bei denen die horizontale Bewegungskomponente bei weitem größer ist als die vertikale und konvektiven Niederschlägen, bei denen es umgekehrt ist.

Aufgleitniederschlag

Zyklonale Aufgleitniederschläge sind das Musterbeispiel für advektive Niederschläge und an Warmfronten von Zyklonen gebunden oder wenigstens an warmfrontartiges Aufgleiten von Warmluft über bodennahe Kaltluft. Im Sinne der dabei ablaufenden Vorgänge sind diese Niederschläge von geschlossener, wenig konturierter Bewölkung des Nimbostratus-Typs begleitet, dazu meist wenig intensiv aber länger anhaltend („Landregen"). Das gilt gleichermaßen für Regen- und Schneefälle. Entsprechend dem Temperaturgegensatz zwischen Festland und Meer und den meist wärmeren niederschlags-

bringenden maritimen Luftmassen sind solche Niederschläge eher in der kalten Jahreshälfte vorkommend bis vorherrschend. Insbesondere im südöstlichen Vorland sind die Spätherbst- und Winterniederschläge überwiegend diesem Typ zuzuordnen, was für die regionale Verteilung von Bedeutung ist, da diese Niederschläge durch das niedere Riedelrelief nicht regional differenziert werden können, weil dieses keinerlei Einfluss auf die Aufgleitvorgänge in der höheren Atmosphäre hat.

Gegenüber der generellen Abnahme von SW nach NE (etwa Eibiswald – Friedberg) ist somit kein Einfluss im Sinne höherer Mengen auf den Riedeln und geringerer in den Tälern zu erkennen. Diese meist an die Vorderseiten von Mittelmeerzyklonen („Genuatief", „Adriatief" und ähnliche Wetterlagen) gebundenen Aufgleitvorgänge werden auch recht treffend als „mediterrane Aufgleitfächer" bezeichnet.

Kaltfrontniederschlag

Zyklonale Einbruchsniederschläge sind dagegen an die Kaltfronten von Zyklonen gebunden und aufgrund des umgekehrten Temperaturgegensatzes zwischen Meer und Festland eher im Frühjahr und Sommer vorkommend. Gegenüber den Aufgleitniederschlägen sind sie variabler, heftiger, meist kurzfristiger und von konvektiven Vorgängen bei labiler Luftschichtung begleitet, daher auch mit cumuliformen Wolkenbildungen vergesellschaftet. Kaltfrontniederschläge sind also advektiv/konvektiv gemischte Niederschläge und werden durch geringe Reliefunterschiede nicht weiter regional differenziert.

Da die den Bereich der Steiermark beeinflussenden Zyklonen schon recht weit von ihrem Ursprungsgebiet entfernt und entsprechend gealtert sind, ist eine deutliche Trennung zwischen Warm- und Kaltfronten nur ausnahmsweise möglich, denn vielfach sind diese Fronten schon okkludiert, d.h. „zusammengewachsen". Dazu kommt die allgemeine Hebungstendenz innerhalb eines Tiefdruckgebietes mit Abkühlung und Niederschlagswirkung, sowie der modifizierende Einfluss des Alpenkörpers, wodurch die genannten Vorgänge meist komplex zusammenwirken und vielfach nur mehr von allgemeiner Niederschlagswirkung des Tiefdruckgebietes gesprochen werden kann. Entscheidend ist aber jedenfalls die vertikale Hebung der Luft.

Konvektionsniederschlag

Konvektionsniederschläge sind, wie schon der Name sagt, solche, die an konvektive Vorgänge gebunden sind, bei denen es infolge der labilen Luftschichtung zu örtlich begrenzten, aber heftigen vertikalen Umlagerungen kommt. Sie sind selten „reine", d.h. von sonstigen Faktoren unbeeinflusste Konvektionsniederschläge, aber bei vorherrschend konvektiver Entstehung überwiegend auf das Sommerhalbjahr (April bis September) beschränkt. Sie entstehen bevorzugt bei Wetterlagen mit „flacher Druckverteilung", d.h. geringen horizontalen Druckunterschieden, bei denen vertikalen Aufwinde und damit die Bildung von hoch reichenden Cumulus-Wolkentürmen nicht durch Querwinde gestört wird.

Konvektionsniederschläge und die dafür nötige Labilisierung werden einerseits durch starke Einstrahlung gefördert, wodurch sich ein markanter Tagesgang mit Morgenminimum und Spätnachmittagsmaximum einstellt, andererseits durch hohen Wasserdampfgehalt der Luft, welcher geringere feuchtadiabatische Gradienten bewirkt und das Aufsteigen von Wolken auch innerhalb von Luft mit trockenadiabatischem Gradienten gestattet. Die stärkste Form der Konvektionsniederschläge sind die sommerlichen Gewitter. Hagel und Graupel sind ebenfalls an konvektive Niederschläge gebunden und können auch bei Kaltfrontniederschlägen auftreten.

Die Konvektion wird durch aufsteigende Hangwinde verstärkt bzw. angeregt oder ausgelöst, wobei diese Verstärkung besonders die Randalpen betrifft, an denen die wasserdampfreiche Luft der Vorländer bzw. die von außen herangeführte maritim-feuchte Luft zum Aufsteigen angeregt wird. In der Steiermark wird damit das Randgebirge zur gewitterreichsten Zone, während die Gewitterhäufigkeit gegen das Alpeninnere bei allgemein abnehmendem Wasserdampfgehalt sukzessive zurückgeht.

Von dieser großräumigen Differenzierung abgesehen sind Konvektionsniederschläge nur geringen regionalen Unterschieden unterworfen, d.h. auch die sommerliche Gewittertätigkeit und deren Niederschlagswirkung sind wohl vom Abstand zum Randgebirge abhängig und ganz allgemein im Bergland stärker als in den Tälern, werden aber genauso wenig wie die Warmfrontniederschläge durch das Kleinrelief des Vorlandes differenziert.

Stauniederschlag

Stauniederschläge entstehen vereinfacht durch die Hebung von horizontal herangeführter Luft an Gebirgen und zählen solcherart prinzipiell zu den advektiven Niederschlägen, doch können ausnahmsweise beim Freiwerden von besonders großen Energiemengen durch die Kondensation auch konvektive Vorgänge beteiligt sein, im Extremfall sogar Gewitter.

Ihre Intensität ist dabei abhängig vom spezifischen Feuchtigkeitsgehalt der gehobenen Luft, von der Strömungsintensität, d.h. von der pro Zeiteinheit gehobenen Luftmenge, von der Kondensationshöhe (Wolkenuntergrenze), d.h. von der Größe des Hebungsbetrages der feuchten (gesättigten) Luft und schließlich von der Höhe des Gebirges selbst.

Da der Feuchtigkeitsgehalt stochastisch von der Temperatur abhängig ist, ist er im Winter am kleinsten und im Sommer am größten, während es sich bei der Strömungsintensität umgekehrt verhält. Auch die Kondensationshöhe liegt als Funktion der relativen Luftfeuchtigkeit im Winter und Herbst tiefer als im Frühjahr und Sommer, womit auch der Hebungsbetrag feuchter Luft in diesen Jahreszeiten größer ist.

Im Zusammenwirken aller drei Faktoren ergibt sich – erstrangig abhängig von der unterschiedlichen Strömungsintensität – eine größere Intensität der Stauniederschläge im Winter gegenüber dem Sommer, d.h. in den ausgesprochenen Staugebieten (z.B. Nordstaugebiet im steirischen Salzkammergut) sind die Niederschlagshöhen bei gleicher Wetterlage, z.B. Nordwestwetter, im Winter größer als im Sommer.

Dazu kommt noch die jahreszeitlich unterschiedliche Häufigkeit der Stauwetterlagen, wodurch sich z.B. im Nordstaugebiet durch das Aufleben von West- und Nordwestwetterlagen im Dezember und Jänner ein sekundäres Maximum der Niederschläge einstellt.

Die Stauwirkung eines Gebirgskörpers ist aber ein sehr komplexer Vorgang, wobei es zu allgemeinen, großflächigen Hebungsvorgängen kommt, die schon vor dem Gebirgsrand beginnen und eine „Stau-Vorzone" mit erhöhtem Niederschlag bewirken, die sich aber auch weit über den Gebirgsrand in das Alpeninnere fortsetzen können und vielfach erst in größerem Abstand vom Gebirgsrand (10 – 20 km) die Maximalmengen bescheren. Dabei zeigt sich der Niederschlag durch das Kleinrelief – etwa enge Schluchten oder Täler – ebenfalls wenig differenziert.

Andererseits können „Luftstraßen" und horizontale Strömungskonvergenzen (trichterförmige Verengungen der ins Gebirge führenden Täler) lokal zu besonders hohen Stauniederschlägen führen, was beispielsweise auch für das innere Salzkammergut (Station Altaussee) angenommen werden muss.

Staugebiete

Die Steiermark hat großen Anteil am Nordstaugebiet (im Wesentlichen in Form der Nördlichen Kalkalpen und Eisenerzer Alpen) wobei auf die Niederschlagswirkung bei den jeweiligen Karten eingegangen wird, nicht aber am Südstaugebiet, welches in Österreich nur in den Karnischen Alpen eindeutig verwirklicht ist. Darüber hinaus wäre das Steirische Randgebirge als Ost- oder Südoststaugebiet anzusprechen, wobei entsprechende Wetterlagen aber nur ausnahmsweise vorkommen und das regionale Verteilungsbild der Niederschläge nur bei Einzelereignissen, nicht aber in den Durchschnittswerten prägen können.

5.1.3 Die Messung des Niederschlags

Bei der Messung des Niederschlags besteht eine auffallende Diskrepanz zwischen dem theoretisch recht einfachen Messprinzip und den tatsächlichen Messproblemen in der Praxis.

Ombrometer

Als Standardmessgerät gilt das Ombrometer, das in seiner Original-Ausführung nach HELLMANN aus einem vertikalen zylindrischen Auffanggefäß mit einem oberen Querschnitt von 200 cm² (ca. 16 cm Durchmesser) besteht, wobei der Regen durch einen trichterförmigen Aufsatz in ein darunter befindliches Sammelgefäß fällt und zu bestimmten Zeitpunkten in einem Messglas gemessen werden kann. Die Maßeinheit ist dabei Millimeter Niederschlagshöhe, die Ablesegenauigkeit und damit der untere Grenzwert für gemessenen Niederschlag sind 0,1 mm.

In Österreich wird abweichend von den obigen Angaben wegen der zu erzielenden größeren Messgenauigkeit der sogenannte österreichische Gebirgsregenmesser verwendet, der völlig gleich aufgebaut ist, aber eine obere Querschnittsfläche von 500 cm² (ca. 25 cm Durchmesser) aufweist.

Die Höhe der Auffangfläche der Ombrometer muss dabei einen Meter über dem Untergrund der Umgebung liegen, dazu sollte die Messung auf einer weitgehend freien Fläche erfolgen, d.h. in unmittelbarer Umgebung sollten sich keine störenden Objekte (Häuser, Bäume u. dgl.) befinden. Als Mindestvorschrift gilt dabei ein freier Horizont unterhalb von wenigstens 45° in allen Richtungen um das Messgerät.

Bei Schneefall oder zu erwartendem Schneefall werden der trichterförmige Aufsatz und das Sammelgefäß entfernt und der Schnee fällt in den oben offenen Zylinder, in dem er später – um die Verdunstung möglichst zu vermeiden – unter mäßiger Wärme geschmolzen werden muss. Die Wasserhöhe wird dann gleich wie beim Regen gemessen, d.h. die Höhe des Schneeniederschlags in mm ist keine Schneehöhe, sondern die Wasserhöhe des geschmolzenen Schnees. Für diese Art der Messung muss ein zweites Messgefäß zur Verfügung stehen, das am Messplatz zum Einsatz kommt, während im anderen Gefäß der Schnee geschmolzen wird.

Fehlerquellen

Bei der beschriebenen Messmethode gibt es aber zahlreiche Fehlerquellen, die den gemessenen Niederschlag gegenüber dem im Freiland tatsächlich den Erdboden erreichenden Niederschlag um einen gewissen Betrag verfälschen, wobei dabei so gut wie immer der gemessene Wert kleiner ist als der tatsächliche.

Zu diesen Fehlerquellen zählen die Benetzung der Gefäßwände, wobei der dadurch entstehende Verlust umso größer ist, je häufiger und schwächer der Niederschlag fällt, das Herausspringen von Hagelkörnern, die Bildung eines Schneewulstes an der Außenkante des Sammelgefäßes und die damit verbundene Verkleinerung des Auffangquerschnittes, sogar die Bildung kompletter Schneehauben auf dem Sammelgefäß und insbesondere die Beeinflussung durch Wind.

Durch den Wind wird ein Teil des Schnees aber auch des Regens wegen des durch das Messgerät selbst veränderten Windfeldes über das Messgefäß hinweggeblasen und geht damit für die Messung verloren, auch kann Schnee sogar aus dem Sammelgefäß wieder herausgeblasen werden. Die entstehenden Messfehler vergrößern sich mit zunehmender Windgeschwindigkeit und sind im Hochgebirge am größten, wobei sie dort im Extremfall mehr als die Hälfte des tatsächlichen Niederschlags erreichen können.

Totalisator

Aus diesem Grund wurden hochgebirgstaugliche Totalisatoren entwickelt, in denen der Niederschlag über längere Zeit gesammelt und durch eine Kalziumchloridlösung auch geschmolzen bzw. flüssig gehalten wird. Dabei wird die Auffangöffnung von einem Windschutzring umgeben, durch den die Messfehler entscheidend verringert werden. Im amtlichen Netz werden aber innerhalb der Steiermark keine Totalisatoren verwendet.

Ombrograph

Ombrographen oder Niederschlagsschreiber sind Geräte mit fortlaufender Aufzeichnung des Niederschlagsgeschehens und dienen vor allem der Kenntnis kurzfristiger Niederschlagshöhen, d.h. der Niederschlagsintensität (Höhe pro Zeiteinheit). Sie arbeiten entweder nach dem Schwimmerprinzip, dem Waageprinzip oder dem Wippenprinzip. Beim Schwimmerprinzip wird die Höhe eines Schwimmers auf dem Wasser im Auffanggefäß mechanisch aufgezeichnet, wobei das Auffanggefäß nach vollkommener Füllung durch ein Heberrohr entleert wird und der aufgezeichnete Wert auf Null zurückgeht, von wo die weitere Aufzeichnung beginnt. Zur Beschleunigung der Entleerung kann das Gefäß mittels einer elektrischen Wasserpumpe entleert werden.

Solche Ombrographen können nur flüssigen Niederschlag aufzeichnen, fester Niederschlag muss durch eine eigens angebrachte Beheizung geschmolzen werden. Dabei gilt die einfache Regel, dass die Geräte umso störungsanfälliger werden, je mehr technische Einrichtungen (Beheizung, Pumpe) angebracht werden. Der Vorteil solcher Geräte liegt aber darin, dass eine eventuelle Verdunstung des gesammelten Wassers keine Rolle spielt, wenn nur die aufsteigenden Werte des Schwimmers registriert werden.

Bei den Ombrographen nach dem Waageprinzip wird das zunehmende Gewicht des Sammelgefäßes elektronisch aufgezeichnet, wobei in diesem Fall der feste Niederschlag nicht geschmolzen werden muss. Dafür muss das Sammelgefäß entsprechend groß dimensioniert werden. Auch dabei ergeben sich Gewichtsverminderungen durch Verdunstungsverluste, weshalb ebenfalls nur die Zunahmewerte registriert werden dürfen.

Die laufende Aufzeichnung flüssigen oder geschmolzenen Niederschlags kann auch mittels einer Niederschlagswippe geschehen, wobei das Niederschlagswasser in einer von zwei Schalen einer Wippe aufgefangen wird, welche sich nach einer gewissen Menge durch einen Wippenschlag (Kippen des Wippenbalkens) entleert, worauf die gegenüber liegende Schale gefüllt wird. Die Wippenschläge werden elektronisch aufgezeichnet und liefern Ablesegenauigkeiten bis zu 0,1 mm. Ombrographen können ebenfalls mit einem Windschutzring versehen werden.

In jüngster Zeit werden auch optische Klassifikatoren für die Niederschlagsmessung eingesetzt, welche auch die Niederschlagsart unterscheiden können. Allerdings ist diese Methode v.a. bei höheren Windgeschwindigkeiten noch fehleranfällig.

Ablesezeit

Die Ablesung der Niederschlagshöhe an Stationen mit Ombrometern erfolgt täglich um 07:00 Uhr, wobei die gemessene Höhe jeweils zur Gänze dem Vortag zugerechnet wird, auch wenn der Niederschlag noch oder sogar nur (!) nach Mitternacht gefallen ist. Meist und insbesondere im Sommerhalbjahr mit seinen tagesperiodischen Konvektionsniederschlägen fällt aber doch der weitaus größte Teil am Vortag. Solcherart wird die Vergleichbarkeit der Werte gewährleistet. Allerdings wird diese Handhabung nicht überall vollzogen; so wird der Niederschlag z.B. in Deutschland oder Slowenien dem Messtag zugeordnet, wodurch die Einzeltageswerte überhaupt nicht und sogar die Monats- und Jahreswerte nur mehr bedingt vergleichbar sind.

Abbildung 5.1.3.1: Niederschlags-Vergleichsmessung an der ZAMG-Station Leibnitz-Wagna: links ein System mit Wippenmessung, rechts eine Niederschlagswaage. Foto: F. Lackner

Nach Bedarf kann die Ablesung auch in kürzeren Intervallen erfolgen; die kurzfristigen Werte der Wetterdienststationen, die alle zwei oder drei Stunden weiter geleitet werden, sind aber Daten von automatischen Registrierungen. Für die Niederschlagskarten der Steiermark wurden nur Daten von Ombrometern (500 cm²) des Messnetzes der ZAMG und der Hydrographischen Dienste verwendet.

5.1.4 Niederschlagskarten

Niederschlag wird windkorrigiert

Allen Niederschlagskarten, die aufsummierte Niederschlagshöhen wiedergeben, liegen im Gegensatz zu allen bisher veröffentlichten Niederschlagskarten nicht die gemessenen, sondern die berechneten Nieder-

Tabelle 5.1.4.1: Verminderungs- bzw. Korrekturfaktoren für Regen und Schnee bei unterschiedlichen Windgeschwindigkeiten (nach LEGATES 1993).

Windgeschwindigkeit [m/s]	0	1	2	3	4	5	6	7	8
Regen – Verminderungsfaktor	0,997	0,98	0,96	0,94	0,92	0,90	0,87	0,85	0,82
Regen – Korrekturfaktor	1,003	1,02	1,04	1,06	1,09	1,11	1,14	1,18	1,22
Schnee – Verminderungsfaktor	0,73	0,63	0,53	0,45	0,38	0,32	0,27	0,23	0,20
Schnee – Korrekturfaktor	1,36	1,59	1,87	2,22	2,64	3,14	3,71	4,33	4,89

Nebelfänger

Die Messung des abgefangenen Niederschlags kann durch sogenannte Nebelfänger erfolgen, wobei über dem Auffanggefäß (Ombrometer) ein in einem Rahmen vertikal aufgespanntes Gewebe (Gaze, Kunststofffäden) angebracht wird, in welchem sich die Nebeltröpfchen verfangen und in das Messgerät tropfen. Dabei ist aber zu beachten, dass diese Vorrichtung das Abfangen besonders fördert und üblicherweise Werto liofert, dio woit über jenen der natürlichen Umgebung (Bäume, Sträucher) liegen.

Nebelfänger dienen daher nur zur Erfassung der prinzipiellen Neigung zur Bildung abgefangenen Niederschlags oder zur Analyse des Nebelniederschlagswassers, aber nicht zur Messung der für den Wasserkreislauf tatsächlich wirksamen Niederschlagsmenge.

Dazu ist die Menge des natürlich abgefangenen Niederschlags von der Vegetationsverteilung und den lokalen Windfeldern abhängig und solcherart extrem kleinräumig differenziert. Eine grobe Einschätzung der Höhe des abgefangenen Niederschlages kann daher nur durch komplizierte und aufwändige Versuchsfelder mit einem dichten Netz von Auffanggefäßen oder ausgelegten Planen oder Saugplatten unter bestimmten Baumkronen erfolgen, wobei solcherart auch nur der abgetropfte oder am Stamm abgeronnene Niederschlag und nicht die gesamte Interzeption, d.h. mit dem haften gebliebenen Niederschlag erfasst wird.

Außerdem gelten die Ergebnisse nur für das Versuchsfeld und schon nicht mehr für die weitere Umgebung und schließlich wird die Erfassung des festen abgefangenen Niederschlags noch problematischer und komplizierter. Die normale amtliche Niederschlagsmessung und Mitteilung beschränkt sich daher durchwegs auf den fallenden Niederschlag.

Eine Tabelle mit den für das Niederschlagskapitel verwendeten Stationen findet sich samt den zugehörigen Eckdaten im technischen Anhang.

schlagshöhen zugrunde. Dabei wurden die wahrscheinlichen windbedingten Fehler durch Korrekturfaktoren ausgeglichen, denen gemessene oder geschätzte Windgeschwindigkeiten zugrunde gelegt wurden. Gemäß dem Ansatz von LEGATES, 1993 erfolgte die Berechnung für Regenniederschlag dabei nach der Formel

$$y = -0{,}00595\ x^2 - 1{,}7024\ x + 99{,}714$$

und für Schneeniederschlag nach der Formel

$$y = 0{,}5595\ x^2 - 11{,}083\ x + 73{,}286$$

Dabei ist x die durchschnittliche Windgeschwindigkeit in m/s, y ist der Verminderungsfaktor bzw. 1/y der Korrekturfaktor für den Niederschlag. Beispiele für einige Windgeschwindigkeiten sind in der oben stehenden Tabelle zusammengefasst.

Nimmt man z.B. für eine in etwa 2 000 m Höhe gelegene Station eine mittlere Windgeschwindigkeit von 5 m/s und einen Anteil des Schnees am Niederschlag von 50% an, dann ergibt sich ein mittlerer Verminderungsfaktor von 0,61, entsprechend einem Korrekturfaktor von 1,64. Durch die solcherart durchgeführten Korrekturen ergeben sich bei den Karten der Niederschlagshöhen doch auffallende Unterschiede zu den bisher geläufigen Karten bzw. Niederschlagshöhen, die sich mit zunehmender Seehöhe vergrößern.

Dabei stellt sich nun umgekehrt die Frage nach der Realität der berechneten Niederschläge, da die Korrekturfaktoren für alle Stationen gleichsinnig angewandt werden, die lokale Aufstellung der Niederschlagsmessgeräte aber zu recht unterschiedlichen Fehlern führen kann. Solcherart sind auch windkorrigierte Werte möglich, die über den (unbekannten) realen liegen. Die beste Einschätzung des Gebietsniederschlages im Hochgebirge wäre über die hydrologischen Grundgrößen (Abfluss, Verdunstung) zu erreichen. Solcherart könnten auch die gemessenen bzw. korrigierten Werte auf ihre Plausibilität geprüft werden.

5.2 Durchschnittliche Zahl der Tage mit Niederschlag ≥ 0,1 mm

Datenlage

Die Zahl der Tage mit Niederschlag von wenigstens 0,1 mm bezieht sich auf den unteren Grenzwert der Messung fallender Niederschläge. Dabei stellt sich das Problem, dass die „Schwachniederschläge", d.h. solche mit Höhen von unter 1 mm an etlichen Stationen nicht mit der nötigen Umsicht und Konsequenz erfasst, d.h. etwas zu selten angegeben werden. Dadurch ergeben sich immer wieder auffallende örtliche Unterschiede, die nicht durch Faktoren des Reliefs oder der Niederschlag auslösenden Vorgänge, sondern nur durch unterschiedliche Beobachtungsqualität zu erklären sind.

von Schwachniederschlägen gibt, etwa wenn starker Taufall bei wolkenarmer Witterung als Niederschlag mit wenigstens 0,1 mm registriert wird, was für das zugrunde gelegte Beobachtungsmaterial aber nicht zutreffen dürfte.

Faktoren für die Verteilung

Die Zahl der Tage mit Niederschlag ist von der Häufigkeit der Niederschlag auslösenden Faktoren abhängig, die bei der Karte der durchschnittlichen Jahressummen der Niederschlagshöhen eingehender beschrieben werden. Vereinfacht gesagt ist das die Häufigkeit von zyklonaler

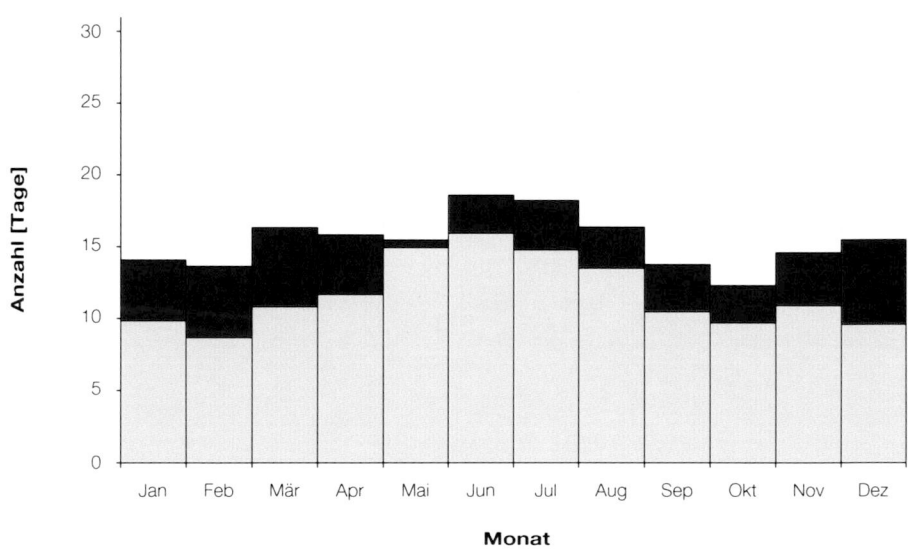

Abbildung 5.2.1: Durchschnittliche Zahl der Tage mit Niederschlag ≥ 0,1 mm.

■ Altaussee-Lichtersberg, 850 m   □ Graz-Universität, 366 m

Als Beispiel seien genannt: 141 Tage für Graz-Universität, aber nur 131 für Graz-Andritz oder 134 für Graz-Messendorfberg. 137 Tage für Zeltweg aber nur 118 für Judenburg oder 113 für Kraubath, dagegen wieder 153 für Leoben. 126 Tage für Leibnitz, aber nur 108 für Straß, 106 für Kitzeck oder 109 für St. Nikolai im Sausal. 126 Tage für Bad Radkersburg, aber nur 112 für Zelting oder 116 für Unterpurkla.

Dabei ist eigentlich immer dem größeren Wert die höhere Verlässlichkeit zuzubilligen, wiewohl es auch die Möglichkeit der übertriebenen Angabe der Häufigkeit

Witterung, von Strömungen die zu Stau an Gebirgen führen und von Konvektion, für die sich jahreszeitlich unterschiedliche Verteilungen ergeben. Bei der regionalen Verteilung der Häufigkeit der Tage mit Niederschlag ergibt sich eine Interferenz zwischen den Faktoren Seehöhe, zentral-peripherer Formenwandel und Entfernung zu den stauwirksamen Randalpen, wobei damit in der Steiermark in erster Linie an die nördlichen Randalpen und sehr untergeordnet an das Steirische Randgebirge zu denken ist, wogegen die Steiermark keinen Anteil am Südstaugebiet (südliche Randalpen) hat.

Diese Interferenz zeigt sich in einer allgemeinen Zunahme der Zahl der Tage ≥ 0,1 mm mit wachsender Seehöhe, einer allgemeinen Abnahme von Norden nach Süden und einer allgemeinen Abnahme von den Randalpen gegen das Alpeninnere, im südöstlichen Vorland auch in einer Abnahme mit zunehmender Entfernung vom Randgebirge nach außen. Die Ursachen dafür werden bei der Karte der durchschnittlichen Jahresniederschlagshöhen näher besprochen.

Die Beziehung zur Seehöhe ist generell nur mäßig entwickelt, wobei sich für die Obersteiermark nur eine durchschnittliche Zunahme von lediglich 1,22 Tagen auf 100 m errechnen lässt. Im Vorland und dem Randgebirge ist der Zusammenhang besser, hier ergibt sich eine Zunahme um 2,64 Tage pro 100 m. Das ist wohl überwiegend auf die vermehrten Konvektionsniederschläge (Schauer und Gewitter) im Randgebirge gegenüber dem Vorland zurückzuführen, wobei hier der Faktor der Seehöhe mit dem Faktor der Entfernung zum Randgebirge zusammenfällt und sich diese beiden Faktoren verstärken.

In den Hochzonen der Nördlichen Kalkalpen ist mit wenigstens 190 bzw. wahrscheinlich sogar 200 Tagen zu rechnen, wobei solcherart nur 175 bis 165 Tage ohne Niederschlag bleiben, das sind nur 48 bis 45%. Gleichzeitig muss aber darauf verwiesen werden, dass mit der Zahl der Tage mit wenigstens 0,1 mm Niederschlag keineswegs die „Schlechtwetterhäufigkeit" und schon gar nicht die Zahl der „verregneten" Tage erfasst werden kann, da wenigstens die Hälfte aller Niederschläge in so kurzen Zeitspannen fällt oder so schwach ist, dass dadurch der Witterungscharakter nur eines kleineren Tagesabschnitts bestimmt wird.

Die Muster der regionalen Verteilung sprechen nach den oben angegebenen Faktoren für sich; besonders auffällig ist aber eine allgemeine „Wetterscheide" zwischen regenreichem Norden und regenärmerem Süden, welche entlang der Südflanken der Niederen Tauern, Eisenerzer Alpen und der östlich anschließenden Kalkalpen verläuft. Die relative Nord-Süd-Abnahme ist im Winter am stärksten und im Sommer am geringsten.

Jahreszeitliche Verteilung

Auch die jahreszeitliche Verteilung der Zahl der Tage mit Niederschlag ist im Norden mit einem schwachen Sommermaximum und ziemlich gleichwertiger Verteilung in den übrigen Jahreszeiten recht ausgeglichen, während sich südlich der Wetterscheide die Gegensätze zwischen selteneren Niederschlägen im Winter und häufigeren im Sommer verstärken.

Die jahreszeitliche Verteilung wird am Beispiel der Stationen Altaussee und Graz gezeigt (Abb. 5.2.1). Die Darstellung leidet etwas unter der zu geringen Zahl der Niederschlagstage in Altaussee, wo sich nur eine Differenz zwischen der Zahl der Tage mit wenigstens 0,1 und jener mit wenigstens 1,0 mm von 22 gegenüber einem Erwartungswert von wenigstens 40 ergibt. Trotzdem ist der entscheidende Unterschied zwischen diesen beiden Landschaften zu erkennen, nämlich die recht gleichmäßige Verteilung über das Jahr im Nordstaugebiet mit einer „Doppelwelle" im Jahresgang (sekundäres Maximum im Winter durch west-nordwestliche Stauwetterlagen) gegenüber dem viel eindeutigeren Sommermaximum in Graz bei guter Abschirmung der niederschlagsaktiven Stauwetterlagen durch den Alpenkörper.

In keiner Landschaft werden dabei die jahreszeitlichen Unterschiede auch nur annähernd so groß wie jene bei den Niederschlagshöhen (Karte 5.9), weil sich zum Sommer hin auch die durchschnittlichen Niederschlagshöhen pro Niederschlagstag („Niederschlagsdichte") vergrößern. Einzig in der südlichen Weststeiermark ist die Niederschlagsdichte im Herbst etwa gleich groß wie im Sommer.

Die Tabellen mit der durchschnittlichen Zahl der Tage mit Niederschlag ≥ 0,1 mm aller verwendeten Stationen finden sich im technischen Anhang unter www.klimaatlas-steiermark.at.

5.3 Durchschnittliche Zahl der Tage
   mit Niederschlag ≥ 1,0 mm

Wie erwähnt ist das Datenmaterial bezüglich der Zahl der Tage mit wenigstens 1 mm Niederschlag wesentlich verlässlicher als jenes der Zahl der Tage mit wenigstens 0,1 mm, doch wird auch damit noch längst nicht die Zahl der „Schlechtwettertage" oder „verregneten" Tage erfasst, welche immer noch deutlich darunter liegt (zumal wenn man diesen die Tage mit Schneefall nicht zuordnet).

Faktoren der regionalen Verteilung

Damit kommen auch die Unterschiede in der absoluten Häufigkeit und im Jahresgang der Häufigkeit zwischen Nordstaugebiet und südöstlichem Vorland beim Vergleich der beiden Stationen Altaussee und Graz

Die Beziehung zur Seehöhe ist in der Obersteiermark wiederum deutlich schwächer ausgebildet als im Vorland und dem Randgebirge. Die Ursachen dafür sind wohl die selben wie bei der Zahl der Tage mit wenigstens 0,1 mm Niederschlag (Kapitel 5.2).

Bei der regionalen Verteilung bleiben nun die Ursachen (Faktoren) und auch Muster grundsätzlich die selben wie bei der Zahl der Tage mit wenigstens 0,1 mm (siehe dort), schon weil sich aus den Daten aller benutzten Stationen zwischen diesen beiden Werten ein Korrelationskoeffizient von +0,91 (Bestimmtheitsmaß 0,82) ergibt, was angesichts der angesprochenen unterschiedlichen Datenqualität eine gute Beziehung darstellt. Diese kann aber bis zu einem Korrelationskoeffizienten von

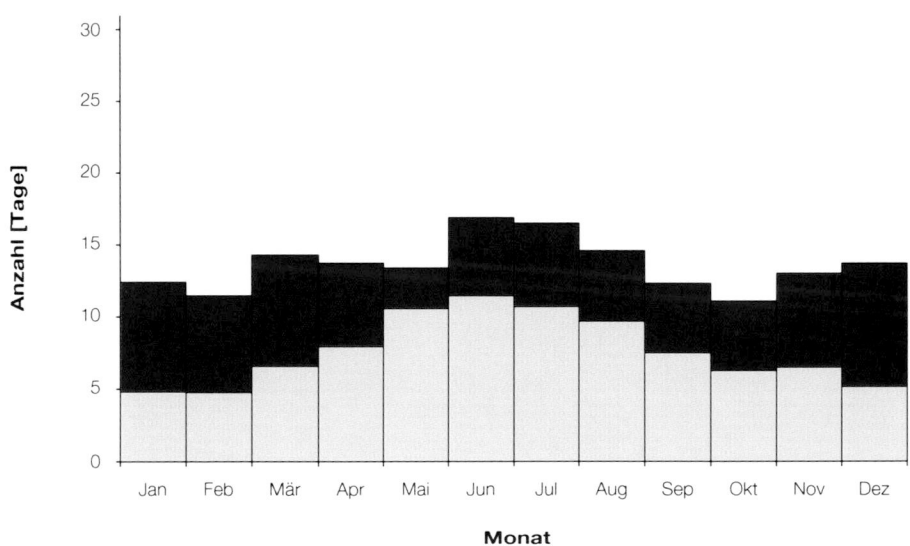

Abbildung 5.3.1: Durchschnittliche Zahl der Tage mit Niederschlag ≥ 1,0 mm.

besser zum Ausdruck (Abb. 5.3.1). In Graz wird in den Wintermonaten nicht einmal die Hälfte der Zahl der Niederschlagstage von Altaussee erreicht, während es im Sommer zwei Drittel und im Mai fast 80% sind. Das zeigt so recht die Bedeutung der konvektiven Schauerniederschläge des Sommerhalbjahres im Vorland gegenüber den advektiven Stauniederschlägen im Norden, welche dort auch im Winter reichlich auftreten, wobei aber auch der Abschirmungseffekt durch den Alpenkörper im Winter am größten ist.

+0,99 ansteigen, wenn man nur Stationen mit bekannt hoher Beobachtungsqualität heranzieht. Die Differenz zwischen der Zahl der Tage mit wenigstens 1,0 und wenigstens 0,1 mm ergibt sich nach der Beziehung

$$y = 0,9668\,x + 33,977$$

Dabei ist y die Zahl der Tage mit wenigstens 0,1 mm, x die Zahl der Tage mit wenigstens 1,0 mm. Demnach sinken die Differenzen von etwa 31 Tagen bei Stationen mit seltenen Niederschlägen (90/121 Tage) auf etwa

28 Tage bei Stationen mit häufigen Niederschlägen (170/198 Tage). Im Sinne der unbefriedigenden Beobachtungsqualität bei den Schwachniederschlägen ist diese Beziehung aber nicht wirklich real. Aufgrund der Differenzen bei den verlässlichen Stationen sind nämlich größere Differenzen zu erwarten, die ebenfalls weitgehend konstant bleiben, aber um 40 Tage betragen.

Die Tabellen mit der durchschnittlichen Zahl der Tage mit Niederschlag $\geq$ 1,0 mm aller verwendeten Stationen finden sich im technischen Anhang unter www.klimaatlas-steiermark.at.

5.4 Durchschnittliche Zahl der Tage mit Niederschlag ≥ 10,0 mm

Das Datenmaterial bezüglich dieses Grenzwertes kann als noch verlässlicher als jenes der Tage mit wenigstens 1,0 mm eingeschätzt werden, d.h. so große Mengen werden kaum „übersehen" und recht zuverlässig registriert.

Regionale Gegensätze verstärkt

Die Verteilung der Zahl der Tage mit wenigstens 10 mm Niederschlag ist von den selben Faktoren abhängig wie die Zahl der Tage mit wenigstens 0,1 oder 1,0 mm und zeigt damit – abgesehen von der generell kleineren An-

Niederschlagshöhe nur teilweise, d.h. ca. zur Hälfte auf die größere Niederschlagshäufigkeit zurückzuführen ist, zum anderen Teil aber auf die größeren Niederschlagshöhen an den Niederschlagstagen selbst.

Jahresgang

Beim Jahresgang der Zahl der Tage mit wenigstens 10 mm Niederschlag (Abb. 5.4.1) werden die Diskrepanzen zwischen dem Nordstaugebiet und dem südöstlichen Vorland noch größer. Im Nordstaugebiet ist nur mehr ein sehr schwaches Sommermaximum

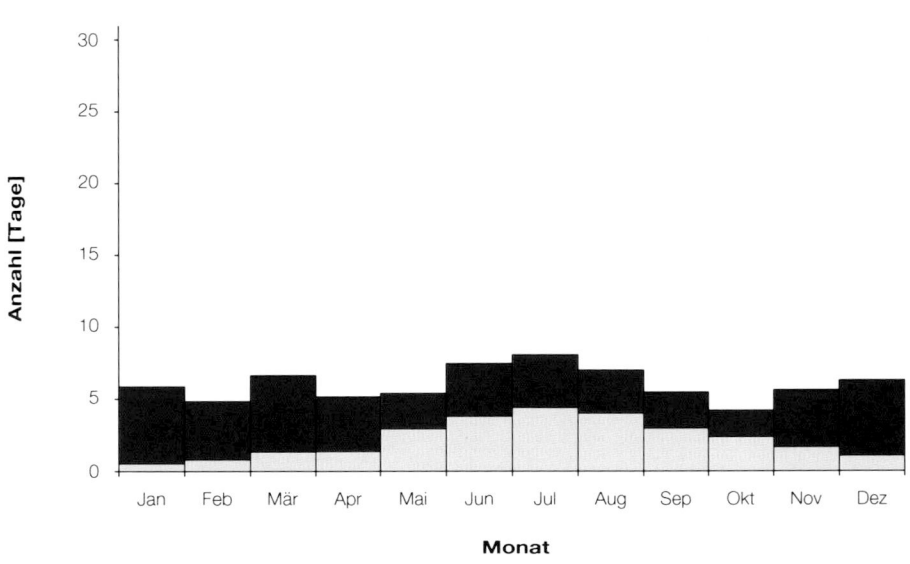

Abbildung 5.4.1: Durchschnittliche Zahl der Tage mit Niederschlag ≥ 10,0 mm.

■ Altaussee-Lichtersberg, 850 m   □ Graz-Universität, 366 m

zahl – das selbe Verteilungsmuster, wenn auch mit einer Verstärkung der regionalen Gegensätze. So beträgt das Verhältnis zwischen den Stationen mit der größten und geringsten Häufigkeit von Tagesniederschlägen mit wenigstens 1,0 mm innerhalb der Steiermark (Planneralm und St. Johann bei Herberstein) 1,92 : 1, bei den Tagen mit wenigstens 10,0 mm (Altaussee und Altenberg bei Hartberg) aber schon 3,1 : 1.
Darin kommt zum Ausdruck, dass die Orte bzw. Regionen mit den größeren Niederschlagshöhen auch die größere Niederschlagsdichte besitzen und die größere

ausgebildet; darüber hinaus kommen stärkere Tagesniederschläge eigentlich in allen Jahreszeiten einigermaßen gleich häufig vor. Die geringen Unterschiede (z.B. das Minimum im Oktober) ergeben sich dabei weitgehend parallel zur allgemeinen Niederschlagserwartung und sind nicht in speziellen Unterschieden zwischen konvektiven, zyklonalen oder Stauniederschlägen begründet.
Ganz anders ist die Situation im Vorland, wo die Häufigkeit der stärkeren Niederschläge weitgehend parallel zum Precipitable Water verläuft (siehe Text zur

H. WAKONIGG

Karte 5.9) und sich dadurch ein eindeutiges Sommermaximum einstellt. Die seltenen Fälle im Winter entstehen bei zyklonaler Witterung (Mittelmeerzyklonen, Vb-Lagen) und nicht durch Gebirgsstau.

Seehöhenabhängigkeit

Die Beziehung zur Seehöhe ist in der Obersteiermark hauptsächlich aufgrund der extrem heterogenen Lage der Stationen wieder nur sehr lose entwickelt; bei einem Korrelationskoeffizienten von nur +0,23 (Bestimmtheitsmaß 0,054) beträgt die Zunahme nur 0,69 Tage pro 100 m. Im Durchschnitt dieses Großraumes sind in 500 m Höhe 37 Tage mit wenigstens 10 mm Niederschlag zu erwarten, in 2 000 m 47 Tage. Wegen der größeren witterungsklimatischen Einheitlichkeit der Region Vorland und Randgebirge beträgt dort der Korrelationskoeffizient +0,65 (Bestimmtheitsmaß 0,43) und die durchschnittliche Häufigkeit steigt von 27 Tagen in 200 m mit einem Gradienten von 0,76 Tagen pro 100 m auf 40 Tage in 2 000 m.

Die Tabellen mit der durchschnittlichen Zahl der Tage mit Niederschlag ≥ 10,0 mm aller verwendeten Stationen finden sich im technischen Anhang unter www.klimaatlas-steiermark.at.

5.5 Durchschnittliche Zahl der Tage mit Niederschlag ≥ 30,0 mm

Die Verteilung der Tage mit so großen Niederschlagshöhen weicht auffallend vom Verteilungsbild der sonstigen Häufigkeiten ab. Dabei werden diese großen Tagesmengen im Nordstaugebiet im Wesentlichen durch anhaltende Stauniederschläge, d.h. advektive Niederschlagsformen und nur zu einem sehr bescheidenen Anteil durch konvektive Niederschläge, d.h. schwere Gewitter bewirkt. Sie haben zwar ein sommerliches Häufigkeitsmaximum, sind aber auch in allen anderen Jahreszeiten zu erwarten. Die Sonderstellung des inneren Salzkammergutes als Staugebiet tritt dabei in den Vordergrund.

ist diese Beziehung nur zufällig und die Häufigkeit kann nicht einmal teilweise durch die Höhenlage der Stationen erklärt werden.

Anders ist die Situation im Südosten des Landes, d.h. im Vorland und Randgebirge. Im Vorland wird die Häufigkeit solcher Tage überwiegend durch die Häufigkeit von schweren Sommergewittern bestimmt, wobei so hohe Tagesmengen im Winter fast ganz ausbleiben (Abb. 5.5.1). Das selbe gilt fast uneingeschränkt für das Obere Enns- und Murtal.

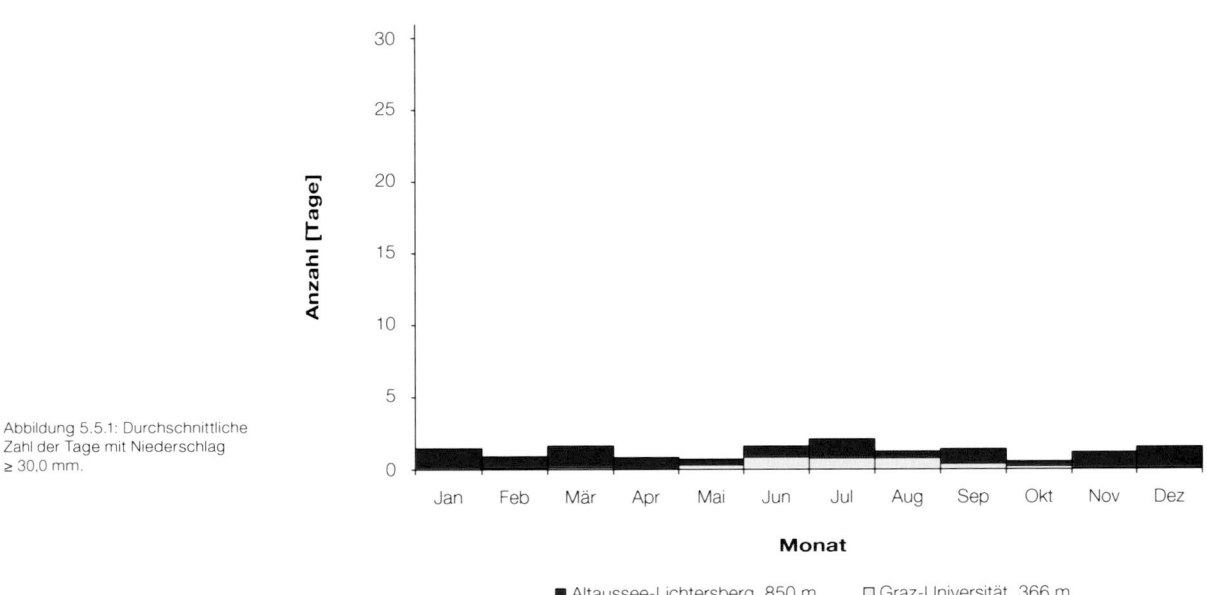

Abbildung 5.5.1: Durchschnittliche Zahl der Tage mit Niederschlag ≥ 30,0 mm.

■ Altaussee-Lichtersberg, 850 m   □ Graz-Universität, 366 m

mergutes als Staugebiet tritt dabei in den Vordergrund. Im sekundären Staugebiet der Niederen Tauern sind solche Niederschläge aufgrund der Abschirmung durch die Nördlichen Kalkalpen aber schon auffallend selten.

Keine Seehöhenabhängigkeit in der Obersteiermark

Dadurch ergibt sich für die Obersteiermark so gut wie keine Beziehung zwischen der Häufigkeit hoher Tagesmengen und der Seehöhe (Abb. 5.5.1). Bei einem Korrelationskoeffizienten von 0,13 (Bestimmtheitsmaß 0,017)

Im Randgebirge kommen dazu aber auch starke advektive Niederschläge bei Tiefdruckentwicklung südlich der Alpen, d.h. im Raum westliches Mittelmeer bis zur Adria oder bei Vb-Wetterlagen. Diese Niederschläge werden durch Oststau zusätzlich verstärkt und treten neben dem Sommer vor allem im Herbst auf, sind aber auch im Frühjahr und Winter zu erwarten. Im Randgebirge zeigt sich auch eine auffallende Zunahme nach Süden (Koralpe) im Sinne der allgemeinen Annäherung an das den Niederschlag verursachende Tiefdruckgeschehen.

Bessere Beziehung zur Seehöhe im Südosten

Im Südosten ist dadurch auch die Beziehung zwischen Seehöhe und großen Tagesmengen etwas stärker, bei einem Korrelationskoeffizienten von +0,53 kann mehr als ein Viertel aller Unterschiede (Bestimmtheitsmaß 0,28) durch die Seehöhe allein erklärt werden. Im Durchschnitt dieser Landschaft nimmt die Häufigkeit von Tagesniederschlägen mit wenigstens 30 mm von 3,9 in 200 m Höhe mit einem Gradienten von 0,21 Tagen pro 100 m bis auf 7,7 Tage in 2 000 m zu.

Die Tabellen mit der durchschnittlichen Zahl der Tage mit Niederschlag ≥ 30,0 mm aller verwendeten Stationen finden sich im technischen Anhang unter www.klimaatlas-steiermark.at.

5.6 Durchschnittlicher maximaler 24-Stunden-Niederschlag

Datenstruktur

Die Definition des 24-Stunden- oder „Tagesniederschlags" ergibt sich aus der im Kapitel 5.1.3 angesprochenen Methode der Niederschlagsmessung im 24-Stunden-Abstand. Aus den Daten von Ombrographen ließen sich dazu noch Maximalwerte für beliebig kürzere Zeiträume, z.B. zwölf oder sechs Stunden, eine Stunde oder kürzer ermitteln, doch gibt es dafür im Gegensatz zu den 24-Stunden-Niederschlägen nur wenig Beobachtungsmaterial. Jedenfalls ist zu beachten, dass sich bei den 24-Stunden-Niederschlägen die Mengen meist nur auf einen Teil des Tages, oft sogar nur auf wenige Stunden konzentrieren, was insbesondere für die Konvektionsniederschläge (schwere Gewitter) gilt.

Die Mittelbildung des jährlichen Höchstwertes aus mehreren Jahrzehnten hat den Vorteil, dass die Werte von extrem zufälligen Einzelereignissen, deren Jährlichkeit, d.h. Wahrscheinlichkeit des Auftretens, den Beobachtungszeitraum bei weitem überschreitet, recht gut ausgeglichen werden und die „Neigung" bestimmter Landschaften zu hohen Tagesmengen gut zum Ausdruck kommt. Die Verteilung der jeweiligen 30 Einzelwerte ist rechtsschief, d.h. wenigeren stärker über dem Mittelwert liegenden Werten stehen mehr aber geringer unter den Mittelwert abweichende Werte gegenüber.

Außerdem werden mit dem Höchstwert eines jeden Jahres (insgesamt 30) nicht die 30 tatsächlich höchsten Tagesniederschläge aller 30 Jahre erfasst, da in etwa der Hälfte der Jahre die zweithöchsten oder auch dritt- und vierthöchsten Tagesniederschläge größer sind als die höchsten in den niederschlagsschwächeren Jahren. Am Beispiel der Station Graz-Universität ergibt sich für den Zeitraum 1971 – 2000 in Tabelle 5.6.1 folgende Situation:

Jahr 1973 der höchste, dritthöchste und siebthöchste Wert in der Reihe der tatsächlichen 30 Höchstwerte. Außerdem waren in beiden Jahren nicht weniger als je sechs Tagesniederschläge höher als der höchste des Jahres 1974 (kleinstes Jahresmaximum mit 30,2 mm).

Landregen im Norden

Die regionale Verteilung zeigt die Abhängigkeit von den beiden Grundformen hoher Tagesniederschläge in Form von zwei Schwerpunktgebieten: Das eine ist das Nordstaugebiet, wo die Verteilung im Wesentlichen mit der Verteilung der Jahresniederschlagshöhen und der Niederschlagshöhen beliebiger Jahreszeiten oder Monate parallel geht und überwiegend auf anhaltende Stauniederschläge zurückzuführen ist. Damit dominiert dort auch bei den höchsten Tagesniederschlägen der „Landregen-Typ" gegenüber dem Konvektionstyp.

Dabei gelten die einfachen Regeln, dass hohe Jahressummen auch hohe Einzeltagessummen bedeuten und dass die Höhe der höchsten Tagesniederschläge von den selben Geländefaktoren (Entfernung zum Alpenrand, lokale Strömungskonvergenzen) abhängt wie die gesamten Niederschlagshöhen einzelner Monate oder Jahreszeiten.

Gewitter im Süden

Für die Verteilung im Randgebirge und südöstlichen Vorland sowie in den inneralpinen Tallagen südlich der Niederen Tauern sind dagegen Konvektionsniederschläge die entscheidende Niederschlagsform für die Erreichung hoher Tagesmengen. Das gilt insbesondere für das Vorland, wo hohe Tagesmengen nur ausnahmsweise durch advektive warmfrontartige Niederschläge – am ehesten im Herbst – zustande kommen. Im Südteil des Rand-

Tabelle 5.6.1: Eckdaten zu den Höchstwerten des 24-Stunden-Niederschlages für Graz-Universität.

24-Stunden-Niederschläge [mm]	arithmetisches Mittel	Max.	Min.	Median	Werte > Mittel	deren arithm. Mittel	Werte < Mittel	deren arithm. Mittel
Höchstwert aus jedem Jahr	49,3	79,1	30,2	46,8	10	64,1	20	41,8
30 tatsächliche Höchstwerte	57,3	79,1	47,0	54,8	11	68,3	19	51,0

Von den 30 tatsächlichen Höchstwerten sind dabei nicht weniger als 16 nicht die jeweiligen Höchstwerte der Jahre ihres Auftretens. Allein in den Jahren 1972 und 1973 waren je drei Werte höher als 47,0 mm (kleinster Wert der 30 tatsächlichen Höchstwerte), davon waren es im

gebirges (Koralpe) sind Stauniederschläge bei Tiefdruck südlich der Alpen und verwandten Wetterlagen aber schon wieder ganz wesentlich an den höchsten Tagesmengen beteiligt.

Weststeiermark unwettergefährdet

Es kann als Besonderheit gewertet werden, dass die durchschnittlichen Höchstmengen im Bereich der Koralpe und des Vorlandes in der südlichen Weststeiermark wenigstens gleich groß sind wie in den niederschlagsreichsten Landschaften des Nordstaugebietes. Damit weicht die Verteilungsstruktur bei den Höchstmengen ganz wesentlich von der Verteilungsstruktur der durchschnittlichen Niederschlagssummen längerer Zeiträume ab und lässt die Weststeiermark als ausgesprochen unwettergefährdete Landschaft erkennen.

Die deutliche Abschirmung der inneralpinen Landschaften gegenüber extrem hohen Tagesmengen betrifft nicht nur die Täler, sondern auch den Gebirgsraum, da die geringere Wirkung dort zwar weniger für Stauniederschläge, aber umso mehr für Konvektionsniederschläge gilt, für die eine Steigerung mit zunehmender Seehöhe nur gering bis überhaupt nicht ausgebildet ist. So wurde für die Gebirgssteiermark sogar ein leicht negativer Zusammenhang zwischen Seehöhe und mittlerem maximalen Tagesniederschlag ermittelt (Abnahme um 0,15 mm auf 100 m), während sich für den Südostraum der Steiermark ein positiver Gradient mit einer Zunahme von 0,92 mm auf 100 m ergibt.

5.7 Maximaler 50-jährlicher 24-Stunden-Niederschlag

Als solcher wird der im Durchschnitt alle 50 Jahre zu erwartende höchste Tagesniederschlag verstanden, wobei mit dieser Jährlichkeit nur die durchschnittliche Eintrittswahrscheinlichkeit, nicht aber eine periodische Regelmäßigkeit ausgedrückt wird. 50-jährliche Werte können auch zufällig über 50 oder 100 Jahre ausbleiben, aber genauso zufällig innerhalb von 50 Jahren mehrmals auftreten.

Da sich die Ermittlung nicht auf einen Einzelwert innerhalb von 50 Jahren bezieht, sondern aus dem gesamten Datenkollektiv eines Beobachtungszeitraums erfolgt, ergibt sich wieder ein gewisser Ausgleich hinsichtlich statistischer „Ausreißer", doch bewirken extreme Einzelereignisse durchaus eine Beeinflussung des 50-jährlichen Ereignisses im Sinne einer deutlichen Vergrößerung, was besonders am Beispiel von Deutschlandsberg zu erkennen ist, wo der Wert durch das schwere Hagelunwetter vom 10. August 1986 (184 mm) beeinflusst wird.

Im Norden Landregen, im Süden Gewitter

Bei der regionalen Verteilung ist neuerlich der unterschiedliche Einfluss der advektiven Stauniederschläge und der konvektiven Gewitterniederschläge zu erkennen, wobei im Nordstaubereich erstere überwiegen, in der übrigen Steiermark aber letztere. Dabei wird der Bereich der Niederen Tauern und ihrer Umgebung von den starken Stauniederschlägen bereits recht gut abgeschirmt und ist zudem im Sinne der gegen das Alpeninnere abnehmenden Gewittertätigkeit auch von extremen Gewitterregen weniger stark betroffen.

Dadurch ergeben sich für diesen Raum nicht nur die geringsten Werte für die maximalen 50-jährlichen Tagesniederschläge, sondern es wird auch die Beziehung zwischen Niederschlags- und Seehöhe in der gesamten Obersteiermark leicht negativ, d.h. eine Zunahme mit wachsender Seehöhe lässt sich nicht mehr feststellen.

Völlig anders präsentiert sich die Situation im Vorland, wo sich wiederum der Bereich der Koralpe bzw. Weststeiermark als von Starkniederschlägen besonders betroffen präsentiert. Durch die Neigung des Randgebirges zur Ausbildung und Verstärkung von Gewittern wird auch die Beziehung zwischen Niederschlags- und Seehöhe im Südosten besser.

Insgesamt ähnelt die regionale Verteilung unmittelbar jener der durchschnittlichen maximalen 24-Stunden-Niederschläge, was aufgrund der fast gleichen Ursachen und Strukturen sowie des ähnlichen Datenmaterials auch zu erwarten ist.

Niederschlagsereignisse vom Ausmaß eines 50-jährlichen Ereignisses ziehen fast immer entsprechende Schadens- bis Katastrophenwirkungen nach sich, wobei es sich im Nordstaubereich überwiegend um großflächige Hochwässer handelt, die ganze Flusseinzugsgebiete gleichzeitig betreffen, während es sich im Alpeninneren und Südosten der Steiermark vornehmlich um lokal begrenzte, aber besonders schwere Unwetter mit Überschwemmungen, Hagelfällen, Windwurf, Vermurungen oder Hangrutschungen u. dgl. handelt.

5.8 Jahresgang der Niederschläge

Bestimmende Faktoren

Der Jahresgang der Niederschläge ist von folgenden Faktoren abhängig:

- Dem Precipitable Water, das ist die Gesamtheit der in der Atmosphäre enthaltenen und theoretisch für den Niederschlag verfügbaren Wasserdampfmenge, welche entsprechend ihrer stochastischen Abhängigkeit von der Lufttemperatur ihr Maximum im Sommer und ihr Minimum im Winter im Verhältnis von etwa 3 : 1 besitzt. Das allein erklärt schon weitgehend das in der gesamten Steiermark zu beobachtende Sommermaximum der Niederschläge.

- Der Häufigkeit der Niederschlag auslösenden Wetterlagen, d.h. der die Steiermark beeinflussenden Zyklonen.

- Der jahreszeitlich unterschiedlichen Wirkung der Stau-Wetterlagen bzw. damit zusammenhängend der Kulissenwirkung der Gebirge im Sinne der jahreszeitlich wechselnden Stärke nicht nur ihres Stau- sondern auch ihres Abschirmeffektes.

- und schließlich der jahreszeitlich unterschiedlichen Bereitschaft und Häufigkeit von Konvektionsniederschlägen.

Zusammenwirken der Faktoren

Bezüglich der Häufigkeit der niederschlagswirksamen Wetterlagen an sich ist nur ein mäßiger Jahresgang festzustellen, welcher jenem des Precipitable Water nicht wesentlich entgegenwirken kann und relativ „neutral" in das gesamte Wirkgefüge eingreift. Demgegenüber zeigt sich bei den Nordstau-Wetterlagen ein leichtes Herbstminimum, dem sowohl ein Winter- als auch ein Sommermaximum gegenüber stehen. Dieser Jahresgang ist mit Ausnahme des deutlichen Häufigkeitsanstieges vom Herbst zum Winter nur wenig ausgeprägt.

Das Maximum der Südstau-Wetterlagen im Herbst (mit herbstlichem Niederschlagsmaximum in Südkärnten) wird in der Steiermark nicht mehr wirksam und das deutliche Sommerminimum der für die Steiermark so wichtigen Zyklonen im Mittelmeerraum wird durch die übrigen niederschlagswirksamen Wetterlagen und die sommerlichen Gewitterregen überkompensiert und rührt nicht am allgemeinen Sommermaximum der Niederschläge.

Sehr wirksam ist der jahreszeitlich wechselnde Abschirmeffekt der Gebirge, der im Winter sein Maximum erreicht und damit ein ausgeprägtes Winterminimum der Niederschläge in inneralpinen Tallagen, aber auch im südöstlichen Vorland bewirkt. Dadurch wird dort der Gegensatz zwischen niederschlagsarmem Winter und niederschlagsreichem Sommer auffallend verstärkt.

In der Steiermark gibt es nur eine Grundform des Jahresgangs, nämlich jene mit dem Sommermaximum. Darüber hinaus gibt es nur mehr Untertypen oder Abwandlungen dieser Grundform. Es lassen sich folgende unterscheiden:

Sommermaximum, sekundäres Wintermaximum

Die Ursachen des Jahresganges des Nordstaugebietes mit Sommermaximum und sekundärem Wintermaximum, wurden bereits angesprochen. Es wird darüber hinaus noch durch einen auffallend ausgeglichenen Jahresgang gekennzeichnet, bei dem es kein deutliches Minimum gibt und in allen Jahreszeiten reichlich Niederschlag fällt. Am ausgeglichensten ist der Jahresgang in den Kalk-Voralpen östlich der Enns bis in den Raum Mariazell.

Sommermaximum, Winterminimum

Am Südrand des Nordstaugebietes, d.h. im Umkreis der Tal-Furche Ennstal – Paltental – Aflenzer Becken – Semmering wandelt sich diese Form unter dem Einfluss der stärkeren Abschirmung der winterlichen Stauniederschläge allmählich in einen einfachen Jahresgang mit Sommermaximum und Winterminimum um, der schließlich die gesamte übrige Steiermark beherrscht.

Inneralpin stark gegensätzlich

Dabei gibt es nur mehr graduelle Abwandlungen, etwa die inneralpine Form mit starkem Gegensatz zwischen Sommermaximum und Winterminimum. Dieses Verhältnis wird in erster Linie durch die kleineren Winterniederschläge bestimmt, bei denen schon kleine absolute Abweichungen zu großen Unterschieden in der „Jahresschwankung", d.h. im Verhältnis Winter/Sommer führen. Diese sind daher am größten in der Zone mit der stärksten Abschirmung der Winterniederschläge, das ist an der „Mittelachse", also entlang und im Umfeld eines Streifens zwischen Oberem Murtal und der nördlichen Oststeiermark, etwa von Paal-Stadl über Unzmarkt, Frohnleiten bis St. Johann bei Herberstein und Friedberg-Ortgraben.

Im Süden herbstlicher Überhang

Südlich einer Linie, die etwa vom Kamm der Niederen Tauern bis zum Wechsel führt, erfolgt die Niederschlagsverteilung nicht mehr symmetrisch zum Sommer, sondern es ist im Herbst ein leichtes Übergewicht gegenüber dem Frühjahr entwickelt, was auf die in dieser Jahreszeit etwas größere Wirksamkeit der Mittelmeerzyklonen zurückzuführen ist, wogegen im Frühjahr die Häufigkeit der Nordstaulagen etwas überwiegt. Dieser herbstliche Überhang ist am größten in der südlichen Weststeiermark (St. Lorenzen – Leutschach).

5.9 Durchschnittliche Niederschlagssummen im Jahr

Wie beim Jahresmittel der Temperatur ist die Darstellung der Jahressummen der Niederschlagshöhen die am stärksten vereinfachte und verallgemeinerte Aussage über dieses Klimaelement, andererseits aber die wichtigste Aussage bezüglich der für den Jahres-Wasserhaushalt verfügbaren Eingangsgrößen.

Im Jahresdurchschnitt gleichen sich alle jahreszeitlichen Unterschiede bezüglich der angesprochenen Komponenten der Stau- und Kulissenwirkung, Häufigkeit der Wetterlagen und Wirksamkeit der Konvektion des Sommerhalbjahres aus. Insgesamt zeigt sich das Ergebnis des Zusammenwirkens folgender Kriterien:

Zunahme der Niederschläge mit wachsender Seehöhe

Das liegt in der Zunahme der advektiven Niederschläge nach oben begründet, wobei die Zunahme des Windweges nach oben wenigstens in dem durch Stationen besetzten Bereich bzw. theoretisch abgeleitet bis wenigstens 3 000 m rascher erfolgt als die Abnahme der spezifischen Luftfeuchtigkeit. Die „Transportleistung" für Feuchtigkeit nimmt also generell nach oben zu. Bei den konvektiven Niederschlägen ist dieser Effekt abgesehen davon, dass sich Gewitterzellen bevorzugt über dem Bergland bilden, nicht wirklich gegeben, d.h. im Hochgebirge ist keine Zunahme der konvektiven Niederschläge nach oben festzustellen. Im Durchschnitt aller Stationen ergibt sich für die Obersteiermark bei einem Korrelationskoeffizienten zwischen Niederschlags- und Seehöhe von +0,60 (Bestimmtheitsmaß 0,36) ein Gradient von 72 mm Niederschlagszunahme bei 100 m Höhenanstieg, für das Vorland und Randgebirge ergibt sich ein Korrelationskoeffizient von +0,90 (Bestimmtheitsmaß 0,82) und ein Gradient von 68 mm Zunahme auf 100 m.

Abnahme der Niederschläge von außen nach innen

Im Sinne des zentral-peripheren Formenwandels kommt es zu einer allgemeinen Abnahme der Niederschläge von den Randalpen gegen das Alpeninnere, wobei die höchsten Mengen aber etwas einwärts der Alpenränder fallen. Bei gleichen sonstigen Faktoren erhalten die inneralpinen Gebiete wesentlich weniger Niederschlag als die rand- oder außeralpinen, wobei dieser Effekt aber jahreszeitlich unterschiedlich ist.

Abnahme von Norden nach Süden

Im Sinne der ungleich größeren Häufigkeit und Wirksamkeit der Nordstau- und ähnlichen Wetterlagen kommt es zu einer Abnahme der Niederschläge von Norden nach Süden, allerdings nur bis zu der schon genannten „Mittelachse" vom Oberen Murtal bis in die nördliche Oststeiermark, die auch bei den meisten anderen Niederschlagskarten in irgend einer Form zum Ausdruck kommt. Südlich dieser Achse nehmen die Niederschläge wegen des stärkeren Einflusses der Mittelmeerzyklonen und der mit diesen verwandten Wetterlagen wieder etwas zu, aber wegen des nicht so weit reichenden Einflusses der echten Südstaulagen nicht annähernd bis auf die Werte der nördlichen Landesteile.

Der Schwerpunkt der Niederschläge liegt also eindeutig im Norden, doch gibt es kein Pendant zum Nordstaugebiet im Süden, weshalb hier der Vergleich anhand des Oberen Ennstals, Oberen Murtals und der südlichen Weststeiermark durchgeführt wird. Im Durchschnitt der Stationen Gröbming/Aigen/Admont, Oberwölz/Zeltweg/Leoben und Eibiswald/Leutschach/Leibnitz ergibt sich ein Verhältnis von 1 : 0,76 : 0,94.

Lokaler Einfluss des Reliefs

Schließlich sind noch lokale Reliefeinflüsse im Sinne der erwähnten Staueffekte wirksam, etwa im inneren Salzkammergut, das schließlich zur niederschlagsreichsten Landschaft der ganzen Steiermark wird. Das Verteilungsmuster als Ergebnis dieser Faktoren spricht für sich selbst; die niederschlagsreichste Landschaft ist das Nordstaugebiet, als niederschlagsärmste Zonen präsentieren sich die inneralpinen Täler des Oberen Murtales und seiner Nachbartäler, und noch mehr die gebirgsferne Oststeiermark an der burgenländischen Grenze. Eine Übersicht über die durchschnittlichen Niederschlagssummen im Jahr aller Stationen findet sich im technischen Anhang unter www.klimaatlas-steiermark.at.

5.10 Durchschnittliche Niederschlagssummen im Winter

Bestimmende Faktoren

Die Niederschläge im Winter werden durch folgende Kriterien gesteuert:

- Durch das Minimum an Precipitable Water, d.h. durch die geringste verfügbare Wasserdampfmenge in der Atmosphäre von allen Jahreszeiten entsteht auch das Winterminimum, wenn sonstige niederschlagsfördernde Vorgänge ausbleiben.

- Die absolute Dominanz der advektiven Niederschläge bzw. der gemischten Niederschläge an Kaltfronten und das fast völlige Ausbleiben der „reinen" konvektiven Schauer- und Gewitterniederschläge steuern außerdem das Niederschlagsgeschehen.

- Der starke Kulisseneffekt begünstigt den Gegensatz zwischen starken Stauniederschlägen und starker Abschirmung bei tief liegender Kondensationshöhe.

Dominanz nordalpiner Niederschlagslagen

Der starke Überhang der nordalpinen Niederschlagslagen (West- bis Nordströmungen, Rückseitenwetterlagen) gegenüber den südostalpinen Niederschlagslagen (Mittelmeerzyklonen, Vb-Lagen u.ä.) führt zu mehr Niederschlag in den nördlichen Landesteilen.

Starke regionale Differenzierung

Die daraus resultierende, gegenüber dem Jahresdurchschnitt stark vergrößerte regionale Differenzierung zeigt sich am Beispiel des Unterschiedes zwischen Altaussee und dem Mittel der drei am besten abgeschirmten Stationen Unzmarkt, Frohnleiten und Pöllau, welcher im Jahresdurchschnitt 2,7 : 1 beträgt, im Winterdurchschnitt aber 6,3 : 1. Damit in direktem Zusammenhang steht entsprechend auch der Schneereichtum der jeweiligen Landschaften, was aber in den Karten der Schneeverhältnisse noch besser zum Ausdruck kommt.

Seehöhenabhängigkeit

Die Abhängigkeit der Niederschlagshöhe von der Seehöhe wird in der Obersteiermark durch einen Korrelationskoeffizienten von +0,37 (Bestimmtheitsmaß 0,14) und einen Gradienten von 15 mm Zunahme auf 100 m, im Vorland und Randgebirge durch einen Korrelationskoeffizienten von +0,82 (Bestimmtheitsmaß 0,67) und einen Gradienten von 12 mm auf 100 m ausgedrückt.

Im Übrigen ist das Verteilungsbild prinzipiell ähnlich jenem im Gesamtjahr, wobei die bestimmenden Faktoren (Seehöhe, zentral-peripherer Formenwandel, Nähe zu den Alpenrändern, niederschlagsarme „Mittelachse" und besondere lokale Staueffekte) noch schärfer zum Ausdruck kommen. Besondere lokale Staueffekte kann man neben der Umgebung von Altaussee auch im Bereich der Planneralm und im Umkreis von Neuhaus am Zellerrain (in Niederösterreich, westlich von Mariazell) erkennen.

Der eindeutige Schwerpunkt der Niederschläge im Norden, die gute Abschirmung der inneralpinen Täler und die neuerliche Zunahme nach Süden werden auch durch das auffallende Verhältnis der Niederschlagshöhen zwischen den beim Jahresniederschlag genannten Stationen des Oberen Ennstales, Oberen Murtales und der südlichen Weststeiermark von 1 : 0,50 : 0,64 belegt.

Eine Übersicht über die durchschnittlichen Niederschlagssummen im Winter aller Stationen findet sich in den Tabellen im technischen Anhang unter www.klimaatlas-steiermark.at.

5.11 Durchschnittliche Niederschlagssummen im Sommer

Bestimmende Faktoren

Die Niederschläge im Sommer werden durch folgende Kriterien gesteuert:

- Durch das Maximum an Precipitable Water wird das Sommermaximum der Niederschläge im Wesentlichen erklärt.

- Die sommerlichen Niederschläge weisen einen hohen Anteil der konvektiven Niederschläge auf, insbesondere im südöstlichen Vorland, dazu kommt ein starker Anteil konvektiver Niederschläge bei Kaltfrontdurchgängen. Solcherart ergibt sich auch kein Widerspruch dazu, dass der Sommer gleichzeitig das Niederschlagsmaximum und in den Niederungen und Tälern die geringste Bewölkung aufweist.

- Durch den geringeren Kulisseneffekt kommt es zu einer abgeschwächten Wirkung der Abschirmung durch das Gebirgsrelief bei höher liegendem Kondensationsniveau (Wolkenbasis) und stärkerem Anteil konvektiver Niederschläge.

- Der starke Überhang der nordalpinen Niederschlagslagen, aber auch die große Häufigkeit der gesamtalpinen Niederschlagslagen, d.h. meridionale Tiefdruckrinnen, Tiefdruck über West- und Mitteleuropa steuern das Niederschlagsgeschehen. Andererseits tritt im Sommer ein Minimum der Häufigkeit der Wetterlagen mit Tiefdruck im Mittelmeerraum auf.

Geringe regionale Differenzierung

Daraus ergibt sich durchwegs das sommerliche Niederschlagsmaximum, sowie die geringste regionale Differenzierung von allen Jahreszeiten. So beträgt das Verhältnis der Niederschlagshöhen zwischen Altaussee und dem Durchschnitt der in maximaler Entfernung vom Alpenrand liegenden niederschlagsärmsten Stationen Bad Radkersburg, Fürstenfeld und Fehring nur mehr 2,2 : 1, das Verhältnis zwischen Altaussee und den inneralpinen Stationen Kraubath, Leoben, Trofaiach und Bruck sogar nur 2,1 : 1.

Der Schwerpunkt der Niederschläge im Norden und die auffallend geringe regionale Differenzierung zeigen sich auch im Niederschlagsverhältnis von 1 : 0,84 · 0,96 zwischen Oberem Ennstal, Oberem Murtal und südlicher Weststeiermark. Eine sommerliche „Wetterscheide" zwischen den nördlichen und inneralpinen bzw. südlichen Landesteilen ist zwar im Einzelfall (Nordstau-Wetterlagen) oft genug entwickelt, im Durchschnitt der Niederschlagshöhen dieser Landschaften aber kaum noch erkennbar, da die größere Niederschlagshäufigkeit des Ennstales durch die größere Niederschlagsdichte – insbesondere in der südlichen Weststeiermark – weitgehend ausgeglichen wird.

Geringe Abhängigkeit von der Seehöhe

Die Abhängigkeit der Niederschlagshöhe von der Seehöhe ergibt in der Obersteiermark einen Korrelationskoeffizienten von +0,40 (Bestimmtheitsmaß 0,16) und einen Gradienten von nur 9 mm Zunahme auf 100 m, im Vorland und Randgebirge beträgt der Korrelationskoeffizient +0,79 (Bestimmtheitsmaß 0,62) und der Gradient 11 mm auf 100 m. Der auffallend geringe Zusammenhang in der Obersteiermark geht weniger auf die tatsächlichen Verhältnisse in homogenen Einzellandschaften als auf die Zufälligkeiten der Lage der Stationen zurück.

Eine Übersicht über die durchschnittlichen Niederschlagssummen im Sommer aller Stationen findet sich im technischen Anhang unter www.klimaatlas-steiermark.at.

5.12 Durchschnittliche Niederschlagssummen in der Vegetationsperiode (V – IX)

Geringe regionale Unterschiede

Zwischen April und September entsprechen die Niederschlagsbedingungen so gut wie vollkommen jenen im Sommer und Frühjahr und ergeben auch ein gleichsinniges Verteilungsbild: Das Verhältnis zwischen den Niederschlagshöhen von Altaussee und jenen der drei niederschlagsärmsten oststeirischen Stationen Fürstenfeld, Großwilfersdorf und Bad Radkersburg beträgt nur 2,32 : 1, zeigt also geringe regionale Unterschiede, das Verhältnis der Niederschlagshöhen zwischen Oberem Ennstal, Oberem Murtal und südlicher Weststeiermark beläuft sich auf 1 : 0,85 : 1,00 und ergibt damit auch eine recht gute Ausgewogenheit zwischen Norden und Süden.

Deutliche Unterschiede gibt es zwischen Ennstal und Weststeiermark in der Niederschlagsstruktur, wobei es im Ennstal wohl eine größere Häufigkeit aber eine geringere Niederschlagsdichte als in der südlichen Weststeiermark gibt. Absolut gesehen bleibt der Schwerpunkt der Niederschlagshöhen allerdings im Nordstaugebiet.

Die Abhängigkeit der Niederschlagshöhe von der Seehöhe ergibt in der Obersteiermark einen Korrelationskoeffizienten von +0,73 (Bestimmtheitsmaß 0,53) und einen Gradienten von 46 mm Zunahme auf 100 m, im Vorland und Randgebirge beträgt der Korrelationskoeffizient +0,91 (Bestimmtheitsmaß 0,83) und der Gradient 36 mm auf 100 m, was den bisher deutlichsten Zusammenhang zwischen diesen beiden Größen bedeutet.

„Grüne Mark"

In fast allen Landesteilen beträgt die Summe der Niederschlagshöhen während der Vegetationsperiode wenigstens 500 mm, d.h. wenigstens so viel wie örtlich im nördlichen Weinviertel (Pulkautal) im gesamten Jahr, was normalerweise eine für Vegetation, Wasserversorgung und Landbau ausreichende Menge bedeutet und den Ruf der Steiermark als „Grüne Mark" im Sinne des den ganzen Sommer anhaltenden vorherrschenden Grüns im Kulturland – etwa im Gegensatz zu den Niederungen Ostösterreichs – rechtfertigt.

„Trockenjahre" sind Ausnahmen

Dieses günstige Bild der Wasserversorgung trifft aber für einige Einzeljahre nicht mehr zu. Die wichtigsten „Trockenjahre" der letzten Jahrzehnte, deren Niederschlags- und Wasserknappheit sich überwiegend auf den Sommer konzentrierte, waren 1945, 1947, 1971, 1976, 1983, 1992, 2001, 2002 und 2003. Die Auswirkungen waren

Abbildung 5.12.1: Im Jahr 2003 erlebte die Steiermark einen äußerst heißen und trockenen Sommer, der zu teils großen Schäden in der Landwirtschaft führte. Im Bild ein Kürbisfeld Ende August 2003. Foto: A. PODESSER

H. WAKONIGG

räumlich und sachlich recht verschieden und reichten von Ernteeinbußen bei Grünfutter oder Getreide bis zu abgesenktem Grundwasser und Trockenfallen von Brunnen. Sie betrafen fast durchwegs die Landschaften des Vorlandes, was auch bei der Karte der Veränderlichkeit der Niederschlagshöhen zum Ausdruck kommt.

Eine Übersicht über die durchschnittlichen Niederschlagssummen in der Vegetationsperiode aller Stationen findet sich in den Tabellen im technischen Anhang unter www.klimaatlas-steiermark.at.

5.13 Veränderlichkeit der Niederschlagssummen im Jahr

Die Veränderlichkeit von Niederschlagssummen kann absolut (mm) oder relativ (%) ausgedrückt werden. Wegen der starken stochastischen Beziehung zwischen absoluten Niederschlagshöhen und absoluter Veränderlichkeit würde letztere nur ein getreues Abbild der Verteilung der Niederschlagshöhen selbst nachzeichnen und kaum klimatisch interpretierbare Aussagen zulassen.

Standardabweichung in Altaussee dreimal so groß wie die von Graz

Diese Beziehung wird in den Abbildungen 5.13.1 für Graz und 5.13.2. für Altaussee für einen 120-jährigen Zeitraum veranschaulicht. Die Streuung ist in Graz wesentlich geringer und alle 120 Jahressummen liegen innerhalb der Grenzwerte von 550 und 1 300 mm, d.h. höchstens 750 mm auseinander; die Standardabweichung liegt bei 126 mm. Dagegen streuen die Werte in Altaussee zwischen 1 375 und 3 325 mm, d.h. über eine Spannweite von 1 950 mm, wobei die Standardabweichung mit 364 mm etwa dreimal so groß ist wie in Graz.

Die Darstellung erfolgt daher durchwegs relativ, d.h. in Prozenten der Veränderlichkeit an der durchschnittlichen Niederschlagshöhe (Varianz bzw. Variabilität). Die Veränderlichkeit wird dabei als Standardabweichung, d.h. als durchschnittliche quadratische Abweichung vom Mittelwert etwas anders berechnet als die einfache durchschnittliche Abweichung, wobei sich auch graduelle Unterschiede zwischen beiden Werten ergeben.

Die Veränderlichkeit sinkt mit zunehmender Länge des der Berechnung zugrunde liegenden Zeitraumes

Bei der relativen Abweichung ergibt sich eine eindeutige stochastische Beziehung, d.h. ein hoher Zusammenhang zwischen der Größe der Abweichung und der der Berechnung zugrunde gelegten Zeiteinheit, wobei die Abweichung mit zunehmender Länge der Zeiteinheit wegen der zunehmenden Möglichkeit des witterungsbedingten Ausgleichs abnimmt. Solcherart zeigen die Niederschlagssummen von Einzelmonaten die größte relative Veränderlichkeit, jene der vier Jahreszeiten eine geringere und schließlich jene des Gesamtjahres die mit Abstand geringste.

Ein anderer stochastischer Zusammenhang ergibt sich zwischen der durchschnittlichen Niederschlagshöhe und ihrer relativen Veränderlichkeit in dem Sinn, dass geringe Niederschlagshöhen mit hohen Veränderlichkeiten verbunden sind bzw. große Niederschlagshöhen mit geringen, was hinsichtlich der räumlichen Verteilung zu verstehen ist. Diese Beziehung ist aber keineswegs kausal, was anhand von Einzelbeispielen mit umgekehrtem Zusammenhang belegt werden kann.

Regeln der Veränderlichkeit

Die Veränderlichkeit von Niederschlagshöhen muss daher witterungsklimatisch interpretiert werden, wobei folgende Regeln zu beachten sind:

- Je kürzer die Jahreszeit mit Niederschlägen oder Niederschlagserwartung („Regenzeit") dauert, desto größer ist die Veränderlichkeit, da kurze Witterungsanomalien häufiger und stärker sind als lange und eine kurze „Regenzeit" zur Gänze betreffen können, worauf es in der folgenden „Trockenzeit" keine Möglichkeit mehr zum Ausgleich gibt.

- Je häufiger es Niederschlagswetterlagen gibt und je geringer die Niederschlagsdichte ist, desto geringer ist die Veränderlichkeit. Diese Beziehung ist recht ähnlich zur ersten.

- Je mehr unterschiedliche Wetterlagen am Niederschlagsgeschehen beteiligt sind, desto geringer ist die Veränderlichkeit, weil beim Ausfall einer Wetterlagengruppe ein guter Teil des Niederschlags durch andere Wetterlagen verursacht wird.

- Je seltener und niederschlagsintensiver einige Wetterlagen sind, desto höher ist die Veränderlichkeit.

Allgemein geringe Veränderlichkeit

In der Steiermark gibt es keine zirkulationsbedingte Trockenzeit bzw. es sind niederschlagsbringende Wetterlagen das ganze Jahr über zu erwarten, wodurch der Ausgleich im Laufe des Jahres recht gut gewährleistet ist und die Veränderlichkeit aus diesem Grund allgemein

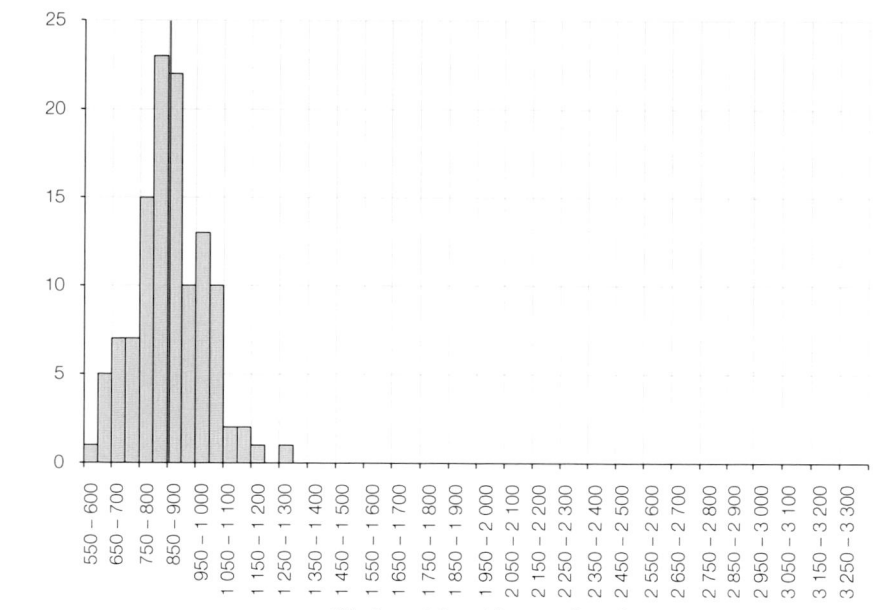

Abbildung 5.13.1: Absolute Häufigkeiten unterschiedlicher Niederschlagsklassen der Niederschlagssummen im Jahr, Station Graz-Universität, 366 m, Periode 1881 bis 2000.

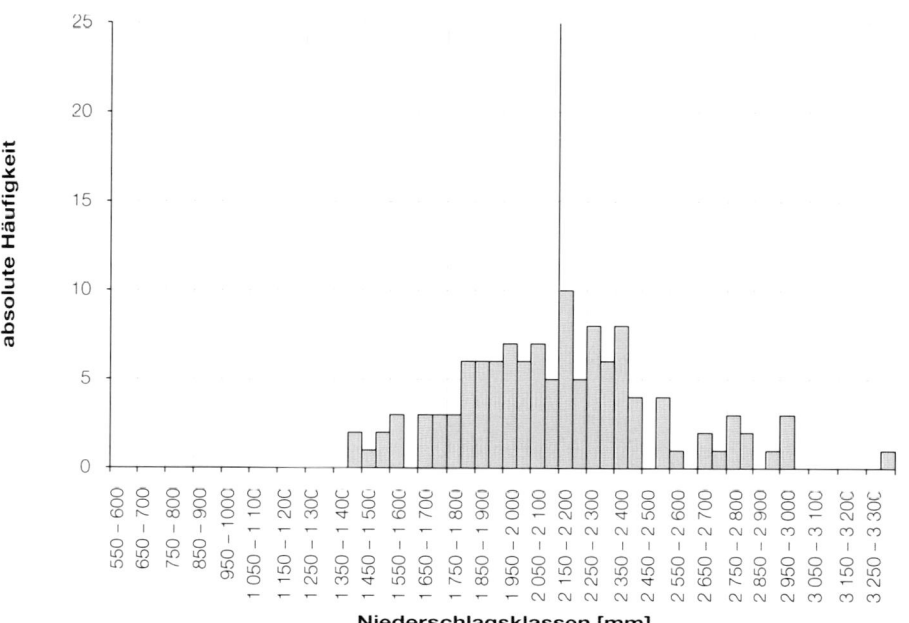

Abbildung 5.13.2: Absolute Häufigkeiten unterschiedlicher Niederschlagsklassen der Niederschlagssummen im Jahr, Station Altaussee-Lichtersberg, 855 m, Periode 1881 bis 2000.

gering bleibt. Außerdem ist die Niederschlagshäufigkeit durchwegs recht groß und die am Niederschlagsgeschehen beteiligten Wetterlagen sind vielgestaltig bzw. es kommen extrem seltene und hochwirksame Wetterlagen kaum vor.

Die Veränderlichkeit der Niederschlagssummen liegt dabei insgesamt nur zwischen 12 und 18%, was im globalen Vergleich einen sehr niedrigen Wert darstellt und nur in ausgesprochen maritimen Klimaten mit großer Zyklonen- und Niederschlagshäufigkeit (z.B. im Umkreis des Nordatlantiks) stärker unterboten wird. Dazu sind die regionalen Unterschiede ausgesprochen gering; in wenigstens 80% der Fläche des Landes besteht nur eine Spannweite von 3 Prozentpunkten (12 – 15% bzw. 14 – 17%).

Diese geringen Unterschiede lassen kaum witterungsklimatologische Interpretationen zu. Zutreffend ist immerhin, dass die Veränderlichkeit in der westlichen Obersteiermark mit geringer Niederschlagsdichte und breit gefächertem Anteil an niederschlagswirksamen Wetterlagen eher gering ist, doch steht dazu die ebenfalls nur mäßige Veränderlichkeit in der südlichen Oststeiermark, d.h. in einem Raum mit eher selteneren Niederschlägen und einem hohen Anteil der vergleichsweise „unzuverlässigen" Tiefdrucklagen im Mittelmeerraum in gewissem Widerspruch.

Gleichermaßen schwer zu interpretieren ist die hohe Veränderlichkeit in der Fußzone des Randgebirges, was mit der stark wechselnden Häufigkeit schwerer Sommergewitter zu tun haben dürfte, wo doch in diesem Raum der

Anteil der Sommerniederschläge sehr hoch ist und sich deren Veränderlichkeit auch auf die Veränderlichkeit der Jahresniederschläge auswirken muss. Außerdem stimmen die Bereiche mit hoher Veränderlichkeit recht gut mit den Bereichen großer Gewitterhäufigkeit bzw. Blitzdichte überein.

Insgesamt ist aber das regionale Verteilungsbild viel zu ausgeglichen und auch die Jahresmenge als Summe von vier Jahreszeitenmengen von viel zu heterogenen Faktoren abhängig, als dass sich wirklich zwingende Ursachen für das Verteilungsbild angeben ließen, welches zudem noch in anderen Beobachtungsperioden abweichende Strukturen ausbilden kann.

Eine Übersicht über die Veränderlichkeit der Niederschlagssummen aller Stationen im Jahr findet sich in den Tabellen im technischen Anhang unter www.klimaatlas-steiermark.at.

H. WAKONIGG

5.14 Veränderlichkeit der Niederschlagssummen im Winter

Niederschlagsfreie Monate im Winter

Entsprechend der der Berechnung zugrundeliegenden Zeiteinheit von nur drei Monaten ist die Veränderlichkeit der Summe der Niederschlagshöhen im Winter mit Werten zwischen etwa 30 und 50% weitaus größer als im Gesamtjahr, da Witterungsanomalien viel weniger aus-

geglichen werden und Konvektionsniederschläge fast nicht mehr vorkommen. Dadurch kommen im Winter sogar ganz oder fast niederschlagsfreie Monate immer wieder vor, insbesondere südlich der Nordstaugebiete. Umgekehrt beläuft sich die absolute Veränderlichkeit (Standardabweichung) im Winter nur auf einen Bruch-

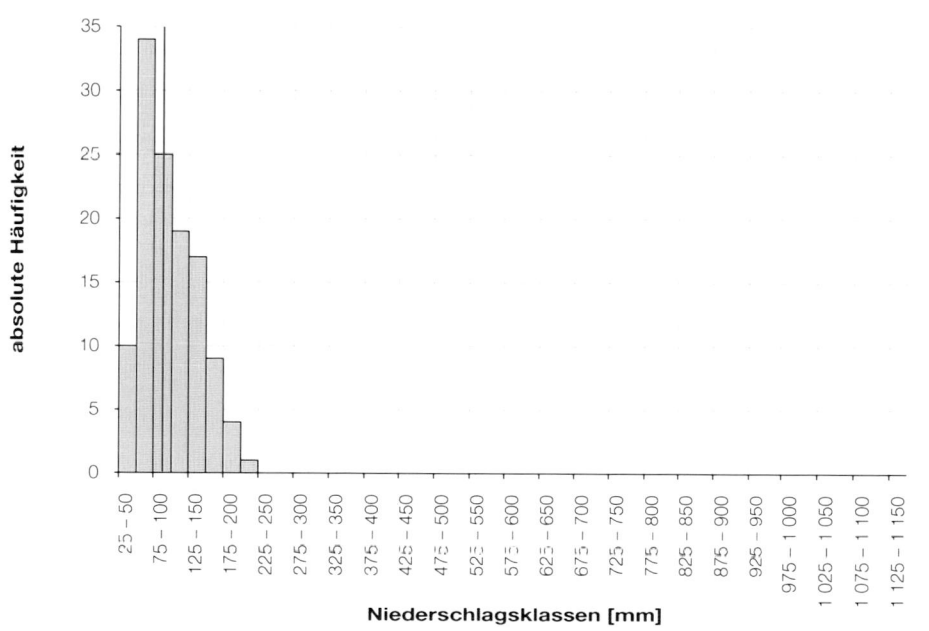

Abbildung 5.14.1. Absolute Häufigkeiten unterschiedlicher Niederschlagsklassen der Niederschlagssummen im Winter, Station Graz-Universität, 366 m, Periode 1881 bis 2000.

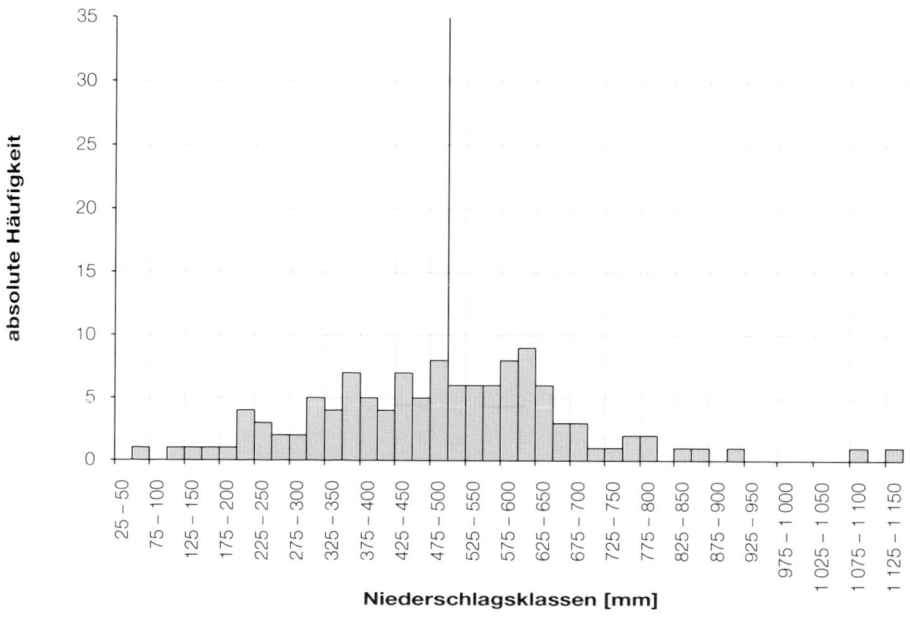

Abbildung 5.14.2: Absolute Häufigkeiten unterschiedlicher Niederschlagsklassen der Niederschlagssummen im Winter, Station Altaussee-Lichtersberg, 855 m, Periode 1881 bis 2000.

teil jener des Gesamtjahres. In Graz fallen alle 120 Winter in den Bereich zwischen 25 und 225 mm, bei einer Standardabweichung von nur 40 mm, (Abb. 5.14.1), in Altaussee beträgt die absolute Spannweite 50 bis 1 150 mm bei einer Standardabweichung von 184 mm (Abb. 5.14.2).

Regionale Verteilung unterschiedlich

Die regionale Verteilung zeigt eine allgemeine Abnahme der Veränderlichkeit mit zunehmender Seehöhe sowie eine hohe Veränderlichkeit im außeralpinen Vorland. Diese ist dort mit der starken Abhängigkeit der Winterniederschläge von der relativ wenig häufigen Gruppe der Wetterlagen mit Tiefdruckentwicklung im Mittelmeerraum in Verbindung zu bringen, wobei Häufigkeitsschwankungen dieser Gruppe kaum durch die Niederschlagswirkung anderer Wetterlagen ausgeglichen werden.

Die Veränderlichkeit in den Gebirgslagen ist in Wirklichkeit kleiner als es in der Karte zum Ausdruck kommt und wohl auf die Niederschlagswirksamkeit einer größeren Zahl von Wetterlagen zurückzuführen. Die auffallend hohe Veränderlichkeit im Raum zwischen Hochschwab und Mürztal sowie im Oberen Ennstal entzieht sich allerdings einer schlüssigen witterungsklimatologischen Interpretation.

Eine Übersicht über die Veränderlichkeit der Niederschlagssummen aller Stationen im Winter findet sich in den Tabellen im technischen Anhang unter www.klimaatlas-steiermark.at.

H. Wakonigg

5.15 Veränderlichkeit der Niederschlagssummen im Sommer

Hohe Verlässlichkeit von Sommerregen

Die sommerlichen Niederschläge sind wesentlich verlässlicher als jene im Winter, wobei die Variabilität nur zwischen etwa 18 und 33% liegt. Das ist einerseits auf die allgemein größere Niederschlagshäufigkeit zurückzuführen, die mit einer großen Häufigkeit niederschlags-

wirksamer Wetterlagen einhergeht, andererseits auf die Wirksamkeit der Konvektionsniederschläge, die auch bei Wetterlagen ohne ausgeprägten zyklonalen Charakter, z.B. bei flacher Druckverteilung oder bei Vorhandensein von feucht-labilen Luftmassen entstehen. Solcherart ist der Sommer nicht nur die Jahreszeit mit den größten

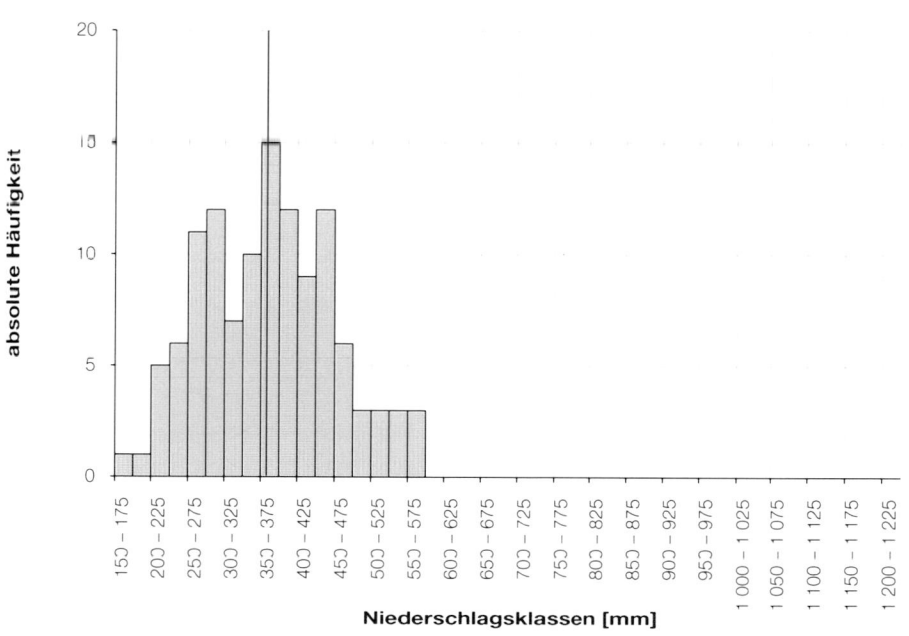

Abbildung 5.15.1: Absolute Häufigkeiten unterschiedlicher Niederschlagsklassen der Niederschlagssummen im Sommer, Station Graz-Universität, 366 m, Periode 1881 bis 2000.

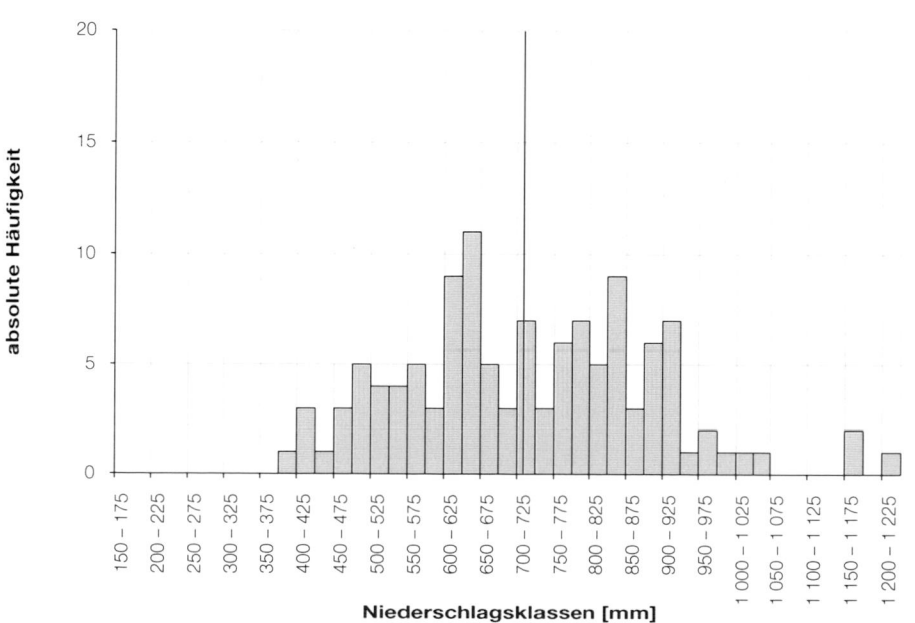

Abbildung 5.15.2: Absolute Häufigkeiten unterschiedlicher Niederschlagsklassen der Niederschlagssummen im Sommer, Station Altaussee-Lichtersberg, 855 m, Periode 1881 bis 2000.

Niederschlagshöhen, sondern auch jene mit der größten Verlässlichkeit der Niederschläge, wobei letztere nicht kausal durch erstere bedingt wird.

Dagegen ist die absolute Veränderlichkeit wegen der ungleich größeren Niederschlagshöhen auch wesentlich größer als im Winter. Bei einer Gesamtspannweite von 150 bis 575 mm beträgt die Standardabweichung in Graz 90 mm (Abb. 5.15.1), in Altaussee beträgt die Gesamtspannweite 375 bis 1 225 mm und die Standardabweichung 169 mm (Abb. 5.15.2).

Regionale Verteilung

Die regionale Verteilung zeigt ganz allgemein eine Zunahme der Veränderlichkeit von Westen nach Osten bzw. vom Gebirge gegen das Vorland. Darin ist die Wirkung der im Nordwesten häufig und stark wirksamen Nordstau-Wetterlagen und gesamtalpinen Niederschlagslagen zu sehen, während im Vorland die selteneren und starken Gewitterregen die Veränderlichkeit erhöhen. Das passt dort auch gut in das Verteilungsbild der Veränderlichkeit der Jahresniederschläge bzw. die Neigung zu Trockenperioden, die im gebirgsfernen Vorland am größten ist.

Eine Übersicht über die Veränderlichkeit der Niederschlagssummen aller Stationen im Sommer findet sich in den Tabellen im technischen Anhang unter www.klimaatlas-steiermark.at.

H. WAKONIGG

5.16 Veränderlichkeit der Niederschlagssummen im Frühjahr

Im Frühjahr liegt die Niederschlagsvariabilität zwischen etwa 20 und 40% und damit erwartungsgemäß zwischen den Werten des Winters und Sommers. Entsprechend liegt auch die absolute Veränderlichkeit zwischen den Werten dieser beiden Jahreszeiten, wobei die Standardabweichung in Graz bei einer Gesamtspannweite von 75 bis 375 mm 55 mm beträgt (Abb. 5.16.1), in Altaussee sind es bei einer Gesamtspannweite von 125 bis 1 025 mm 169 mm (Abb. 5.16.2).

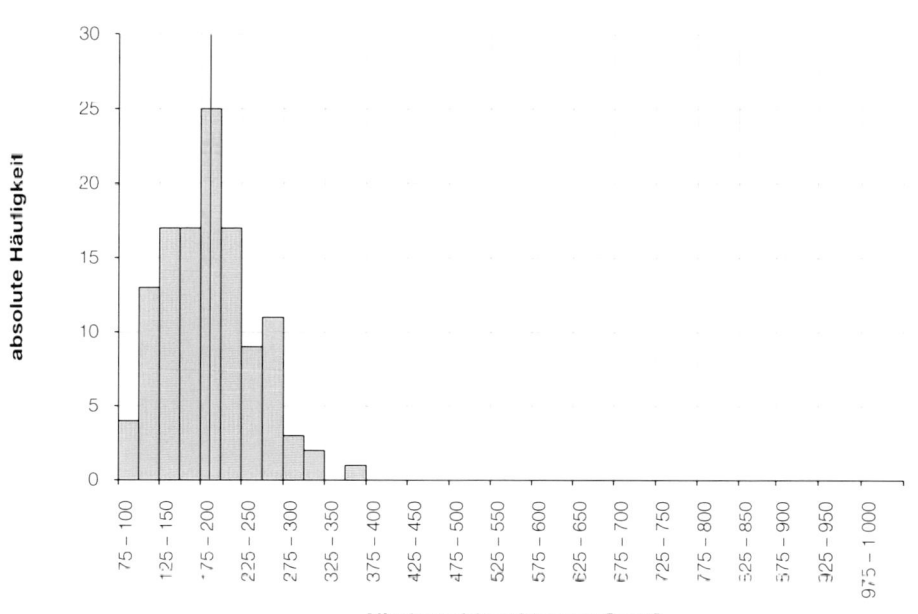

Abbildung 5.16.1: Absolute Häufigkeiten unterschiedlicher Niederschlagsklassen der Niederschlagssummen im Frühjahr, Station Graz-Universität, 366 m, Periode 1881 bis 2000.

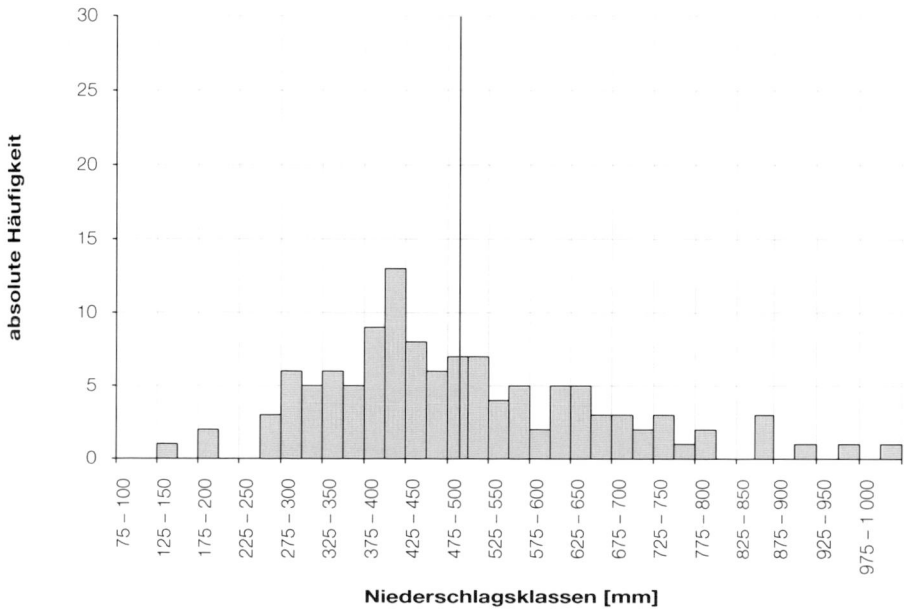

Abbildung 5.16.2: Absolute Häufigkeiten unterschiedlicher Niederschlagsklassen der Niederschlagssummen im Frühjahr, Station Altaussee-Lichtersberg, 855 m, Periode 1881 bis 2000.

Geringe Veränderlichkeit im Nordstau

Das Verteilungsbild mit der geringen Veränderlichkeit im Nordstaubereich, der hohen entlang der „Mittelachse" und der mäßigen Zunahme von dort nach Süden korreliert recht gut mit der allgemeinen Niederschlagshäufigkeit, die die Veränderlichkeit ursächlich mitbestimmt. Das Übergreifen eines Bereiches höherer Veränderlichkeit von Süden in den Raum Turrach/Oberes Murtal lässt sich am ehesten mit der ausklingenden Wirkung der seltenen aber hoch wirksamen südalpinen Niederschlagslagen erklären, die schon bei ganz wenigen Einzeljahren (z.B. 1975) die durchschnittliche Veränderlichkeit des gesamten Beobachtungszeitraums merkbar vergrößern können.

Eine Übersicht über die Veränderlichkeit der Niederschlagssummen aller Stationen im Frühjahr findet sich in den Tabellen im technischen Anhang unter www.klimaatlas-steiermark.at.

5.17 Veränderlichkeit der Niederschlagssummen im Herbst

Ähnlich dem Frühjahr

Im Herbst ergeben sich bezüglich der absoluten Veränderlichkeit keine wesentlichen Unterschiede zum Frühjahr. In Graz liegt die Standardabweichung bei einer Gesamtspannweite von 50 bis 375 mm bei 70 mm (Abb. 5.17.1), in Altaussee sind es bei einer Gesamtspannweite von 100 bis 1 000 mm 180 mm (Abb. 5.17.2).

Einfluss südalpiner Niederschlagslagen

Das Übergreifen eines Bereiches hoher Veränderlichkeit von Süden in den Bereich Turrach/Oberes Murtal ist nun noch deutlicher als im Frühjahr und kann noch eindeutiger auf den ausklingenden Einfluss der unzuverlässigen, aber hoch wirksamen südalpinen Niederschlags-

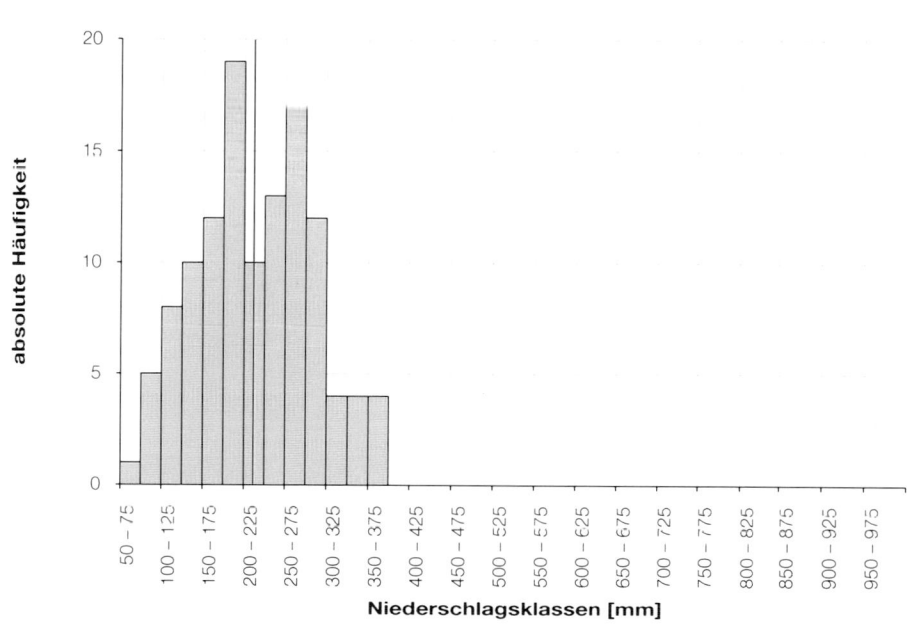

Abbildung 5.17.1: Absolute Häufigkeiten unterschiedlicher Niederschlagsklassen der Niederschlagssummen im Herbst, Station Graz-Universität, 366 m, Periode 1881 bis 2000.

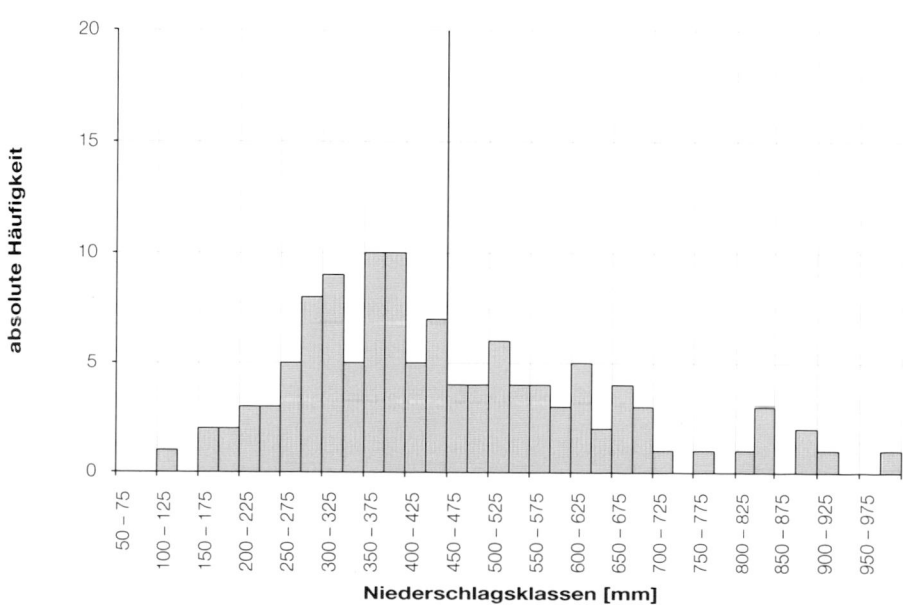

Abbildung 5.17.2: Absolute Häufigkeiten unterschiedlicher Niederschlagsklassen der Niederschlagssummen im Herbst, Station Altaussee-Lichtersberg, 855 m, Periode 1881 bis 2000.

lagen zurückgeführt werden, wogegen die übrigen Verteilungsstrukturen weniger eindeutig interpretierbar sind.

Immerhin ist noch eine gewisse Zuordnung der höheren Veränderlichkeit zur niederschlagsärmeren „Mittelachse" und eine allgemein geringere im regenreicheren Norden und Süden festzustellen, doch über diese stochastische Beziehung zwischen höheren Mengen und geringeren Veränderlichkeiten hinaus lassen sich kaum witterungsklimatische Aussagen treffen.

Insbesondere die höheren Veränderlichkeiten im steirischen Salzkammergut und im Raum Mariazell weichen von den zu erwartenden Strukturen etwas ab. Für diese Räume wären aufgrund der hohen Zahl der beteiligten Niederschlagslagen und der großen Niederschlagshäufigkeit eher geringere Veränderlichkeiten zu erwarten.

Eine Übersicht über die Veränderlichkeit der Niederschlagssummen aller Stationen im Herbst findet sich in den Tabellen im technischen Anhang unter www.klimaatlas-steiermark.at.

5.18 Veränderlichkeit der Niederschlagssummen in der Vegetationsperiode (V – IX)

Verteilungsbild ähnlich wie im Sommer

Die Veränderlichkeit der Niederschlagssummen der Vegetationszeit zeigt erwartungsgemäß wegen der der Berechnung zugrunde gelegten Zeiteinheit von sechs Monaten allgemein Werte, die sowohl absolut als auch relativ zwischen jenen des Sommers und des Gesamt-jahres liegen. Absolut ergibt sich für Graz eine Gesamtspannweite der Niederschlagshöhen von 300 bis 850 mm und eine Standardabweichung von 109 mm (Abb. 5.18.1), in Altaussee liegt die Gesamtspannweite bei 450 bis 1 700 mm und die Standardabweichung beträgt 236 mm (Abb. 5.18.2). Die relative Veränderlichkeit

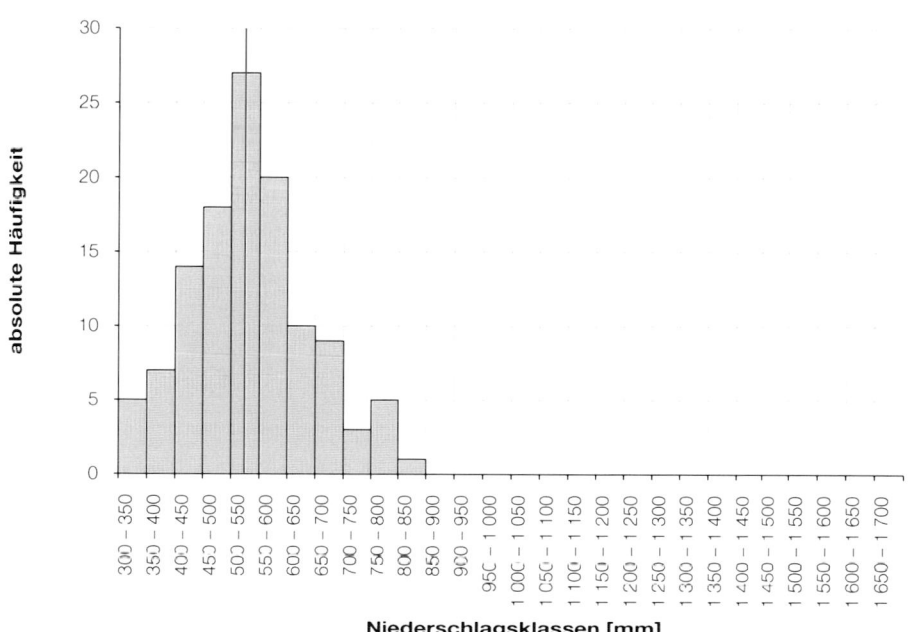

Abbildung 5.18.1: Absolute Häufigkeiten unterschiedlicher Niederschlagsklassen der Niederschlagssummen im Herbst, Station Graz-Universität, 366 m, Periode 1881 bis 2000.

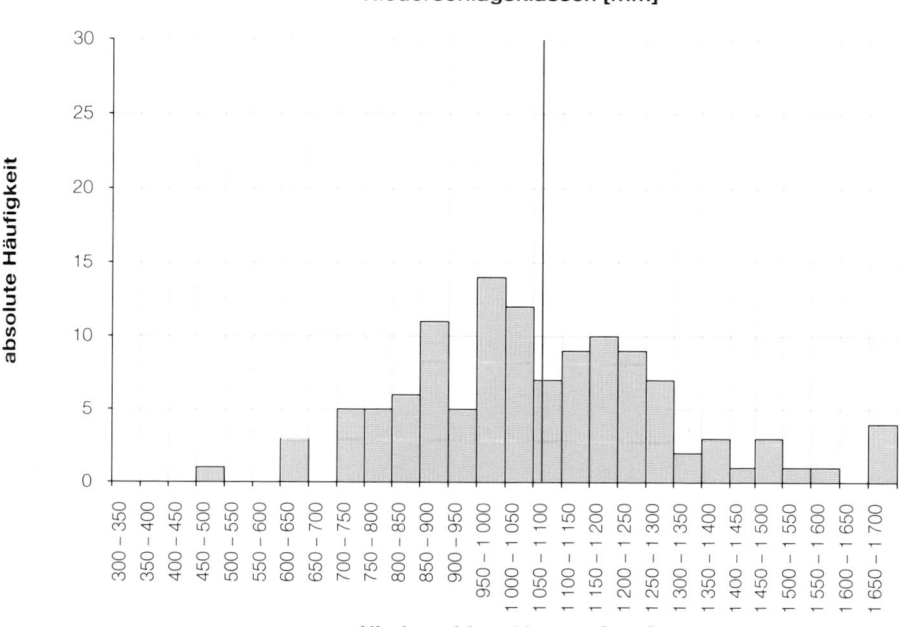

Abbildung 5.18.2: Absolute Häufigkeiten unterschiedlicher Niederschlagsklassen der Niederschlagssummen im Herbst, Station Altaussee-Lichtersberg, 855 m, Periode 1881 bis 2000.

bewegt sich in der gesamten Steiermark zwischen etwa 13 und 25%. Das Verteilungsbild zeigt wegen der so gut wie gleichen Ursachen recht ähnliche Züge zur Veränderlichkeit im Sommer.

Veränderlichkeit nimmt gegen Osten zu

Die Grundstruktur der Verteilung wird durch eine allgemeine Zunahme der Veränderlichkeit von Westen nach Osten, d.h. vom Alpenraum gegen das Vorland bestimmt, genauer gesagt von den mitteleuropäisch-maritimen (alpinen) Niederschlagsstrukturen zu den eher pannonisch-kontinentalen. Dabei wäre die hohe Veränderlichkeit im Umkreis des Randgebirges wieder mit der dort höheren Gewitterhäufigkeit und Blitzdichte, aber auch mit der höheren Neigung der außeralpinen Steiermark zu Trockenperioden in Zusammenhang zu bringen. Insgesamt zeigt die Verteilungsstruktur der Niederschlagshöhen im 120-jährigen Zeitraum nur dann ein ausgeglichenes Bild, wenn die Klassenbreite in Relation zum Normalwert besonders breit gewählt wurde (Graz), während sie bei in Bezug zum Normalwert relativ kleiner Klassenbreite (Altaussee) ein viel weniger ausgeglichenes Bild ergibt. Bei Verdoppelung oder Verdreifachung der Klassenbreite für Altaussee, d.h. im Verhältnis zu den gegenüber Graz größeren Niederschlagshöhen verschwinden diese Unstetigkeiten und die Verteilungsbilder werden ähnlich ausgeglichen wie für Graz.

Rechtsschiefe Verteilungen

Darüber hinaus entsprechen einige Verteilungsbilder auch einigermaßen den Kriterien einer Normalverteilung, vor allem für Graz beim Jahresniederschlag und beim Niederschlag der Vegetationsperiode, andere wiederum haben eine so auffallende Rechtsschiefe, dass diese nicht mehr aus den Zufälligkeiten des Beobachtungszeitraums zu erklären ist.

Ursachen der Rechtsschiefe (vielen schwach unternormal hohen Werten stehen weniger aber stärker übernormal hohe Werte gegenüber) sind einerseits ein formales Kriterium, andererseits ein witterungsklimatisches. Formal kann die Niederschlagshöhe zwar beliebig hohe Werte über dem Normalwert erreichen, aber umgekehrt nicht unter Null absinken. Solcherart ist die Rechtsschiefe in Gebieten bzw. Zeiteinheiten mit geringen Niederschlagshöhen und großer Wahrscheinlichkeit zu mehr oder weniger niederschlagsfreien Perioden am größten. Diese Beziehung wird beim Winterniederschlag in Graz besonders augenfällig.

Witterungsklimatisch ergibt sich eine hohe Rechtsschiefe aus dem Gegensatz zwischen Zeiteinheiten (Jahreszeiten) mit anhaltend antizyklonaler Witterung und solchen mit einer Häufung von (z.T. extrem) niederschlagsaktiven Wetterlagen. Letzteres trifft zwar noch stärker für die Südalpen zu, doch auch in Altaussee ist der angesprochene Gegensatz im Frühjahr und besonders im Herbst verwirklicht; im Winter ist er allerdings geringer als erwartet.

Eine Übersicht über die Veränderlichkeit der Niederschlagssummen in der Vegetationsperiode aller Stationen findet sich in den Tabellen im technischen Anhang unter www.klimaatlas-steiermark.at.

5.19 Durchschnittliche Dauer von Trockenperioden

Definition

Als Trockenperioden gelten alle Tage, an denen kein messbarer Niederschlag (wenigstens 0,1 mm) gefallen ist. Bei 122 Niederschlagstagen mit wenigstens 0,1 mm (z.B. Fehring) verbleiben doppelt so viele, also 243 „Trockentage", d.h. Tage ohne messbaren Niederschlag. Wenn sich die Niederschlagstage nun völlig gleichmäßig über das Jahr verteilen, folgen auf jeden Niederschlagstag zwei niederschlagsfreie Tage und die durchschnittliche Dauer der Trockenperioden ist zwei Tage. Bei je 185 Niederschlagstagen und niederschlagsfreien Tagen (etwa Altaussee) ergäbe eine völlig gleichmäßige Verteilung dieser Tage über das Jahr eine durchschnittliche Dauer von je einem Tag sowohl für die Regen- als auch für die Trockentage.

Die Abweichung der tatsächlichen durchschnittlichen Dauer der Trockenperioden von der kleinst möglichen durchschnittlichen (bei völlig gleicher Verteilung der Trockentage über das Jahr) ist nun ein Maß für die Konzentration der Niederschlags- oder Trockentage auf Abschnitte mit mehreren gleichsinnigen Tagen ohne Unterbrechung hintereinander. Dabei zeigt sich, dass die durchschnittliche Dauer der Trockenperioden in der gesamten Steiermark gleichmäßig 2,1 bis 3,5 mal so lang ist wie die kleinst mögliche durchschnittliche Dauer.

Die Konzentration ist in den Landesteilen mit seltenen Niederschlägen geringer als in solchen mit häufigeren Niederschlägen. Südlich der Hauptwetterscheide bleiben die Werte durchwegs unter dem Dreifachen, meist sogar unter dem 2,5-fachen, nördlich der Hauptwetterscheide ist die durchschnittliche Dauer der Trockenperioden durchwegs wenigstens dreimal bis 3,5 mal so lang wie die kleinst mögliche durchschnittliche Dauer.

Zusammenhang der Dauer von Trockenperioden mit der Zahl der Niederschlagstage

Die tatsächliche durchschnittliche Dauer der Trockenperioden schwankt zwischen knapp unter drei Tagen in den Landschaften mit häufigem Niederschlag und fast fünf Tagen in solchen mit seltenem Niederschlag. Wegen der relativ gleichmäßigen Konzentration auf längere Abschnitte ist das Bild der regionalen Verteilung der durchschnittlichen Dauer der Trockenperioden ein getreues Abbild der Verteilung der Zahl der Niederschlagstage mit wenigstens 0,1 mm und muss daher nicht weiter kommentiert werden. Landschaften mit selteneren Niederschlägen haben erwartungsgemäß auch längere Trockenperioden.

Dauer nimmt mit zunehmender Seehöhe ab

Erwartungsgemäß ergibt sich eine Verkürzung der Dauer der Trockenperioden mit zunehmender Höhe, wobei diese Beziehung in der Obersteiermark nur zufällig und nicht signifikant ist. Dort nimmt die durchschnittliche Dauer von 3,45 Tagen in 500 m mit einem Gradienten von –0,02 Tagen pro 100 m bis auf 3,15 Tage in 2 000 m ab, wobei der Korrelationskoeffizient zwischen Dauer und Seehöhe nur –0,25 (Bestimmtheitsmaß 0,057) beträgt. Im Vorland und Randgebirge ist diese Beziehung mit einem Korrelationskoeffizienten von –0,54 (Bestimmtheitsmaß 0,29) etwas besser; dort nimmt die durchschnittliche Dauer von 3,97 Tagen in 200 m mit einem Gradienten von –0,06 Tagen pro 100 m bis auf 3,07 Tage in 2 000 m ab.

Ökologische Wirksamkeit

Bezüglich der ökologischen Wirksamkeit sagt die durchschnittliche Dauer aber so gut wie gar nichts aus, da weder bekannt ist, in welcher Jahreszeit sich solche Perioden bevorzugt einstellen, noch welche Verteilungsstruktur die Dauer der Trockenperioden hat, d.h. wie lange die längsten durchschnittlich oder maximal andauern und wie oft besonders lange Trockenperioden vorkommen.

Eine Übersicht über die durchschnittliche Dauer von Trockenperioden aller Stationen findet sich in den Tabellen im technischen Anhang unter www.klimaatlas-steiermark.at.

5.20 Durchschnittliche Dauer von Trockenperioden in der Vegetationsperiode (V – IX)

Bezüglich der Ermittlung und Struktur der Trockenperioden während der Vegetationszeit gilt nun dasselbe wie für die Trockenperioden im Gesamtjahr. Aufgrund der größeren Niederschlagshäufigkeit im Sommer bzw. während der Vegetationsperiode ist auch die durchschnittliche Dauer der Trockenperioden geringer als im Gesamtjahr und bewegt sich nur in einem Bereich von etwa 2,5 Tagen in den Landschaften mit häufigen Niederschlägen und höchstens 3,5 Tagen in den Landschaften mit seltenen Niederschlägen.

Abnahme der Dauer mit zunehmender Seehöhe

Auch die Beziehung zur Seehöhe ist strukturell gleich wie bei der Dauer im Gesamtjahr: In der Obersteiermark nimmt die durchschnittliche Dauer von 2,78 Tagen in 500 m mit einem Gradienten von −0,02 Tagen pro 100 m bis auf 2,48 Tage in 2 000 m ab, wobei der Korrelationskoeffizient zwischen Dauer und Seehöhe −0,31 (Bestimmtheitsmaß 0,097) beträgt. Im Vorland und Randgebirge ist diese Beziehung mit einem Korrelationskoeffizienten von −0,62 (Bestimmtheitsmaß 0,39) wieder besser; dort nimmt die durchschnittliche Dauer von 3,33 Tagen in 200 m mit einem Gradienten von −0,05 Tagen pro 100 m bis auf 2,43 Tage in 2 000 m ab. Die regionale Verteilung ist dabei wieder ein recht getreues Abbild der Verteilung der Häufigkeit der Niederschläge, welche für die Vegetationszeit zwar nicht dargestellt wurde, im Prinzip aber nicht anders ist als im Gesamtjahr.

Ökologischer Nachteil eher für den Südosten

Aus der durchschnittlichen Dauer der Trockenperioden allein lässt sich auch für die Vegetationszeit keine ökologische Wirksamkeit ableiten, außer der Hinweis, dass Trockenperioden mit nachteiliger ökologischer Wirkung eher im südöstlichen Vorland als in der Gebirgssteiermark zu erwarten sind.

Eine Übersicht über die durchschnittliche Dauer von Trockenperioden in der Vegetationsperiode aller Stationen findet sich in den Tabellen im technischen Anhang unter www.klimaatlas-steiermark.at.

H. Wakonigg

5.21 Durchschnittliche Häufigkeit von Trockenperioden mit einer Dauer von 7 bis 14 Tagen in der Vegetationsperiode

Vergleich mit dem Gesamtjahr

Die generell größere Niederschlagshäufigkeit (mitbedingt durch die größere Neigung zu Konvektionsniederschlägen) sowie insbesondere die nur halb so lange Zeiteinheit bewirken auch eine entsprechend kleinere Häufigkeit von Trockenperioden mit einer bestimmten Dauer während der Vegetationsperiode gegenüber dem Gesamtjahr. Wenn diese Häufigkeit genau halb so groß ist wie im Gesamtjahr, dann bleibt die durchschnittliche Neigung zu Trockenperioden in beiden Zeiteinheiten gleich. Nur eine Häufigkeit kleiner als die Hälfte jener im Gesamtjahr signalisiert auch eine geringere Neigung zu Trockenperioden während der Vegetationsperiode.

Vergleicht man den Quotienten der Verkleinerung der Häufigkeit von Trockenperioden während der Vegetationsperiode gegenüber der Hälfte der Häufigkeit im Gesamtjahr, so ergibt sich die stärkste Verkürzung auf weniger als 60% der Hälfte in den Zentralalpen, insbesondere in den östlichen Niederen Tauern, wobei die Verkürzung auf höheren Berggipfeln wohl aufgrund der hohen Neigung zu konvektiven Regenschauern sogar unter 50%, möglicherweise sogar unter 40% absinkt.

Regensicherheit im Südosten ganzjährig gleich

In den Nordstaugebieten verkürzt sich die Dauer nur auf 60 bis 75%, im Vorland gar nur auf 75 bis 90% und im äußersten Südosten (östlicher Bezirk Radkersburg) sogar nur auf 96%, d.h. die Wahrscheinlichkeit zu Trockenperioden ist während der Vegetationsperiode schon fast gleich groß wie im Gesamtjahr, die „Regensicherheit" also gegenüber dem Jahresdurchschnitt kaum vergrößert.

Häufigkeit nimmt gegen Südosten zu

Damit wird belegt, dass die Wahrscheinlichkeit zu Schaden verursachenden Trockenperioden im Sinne von Ernteeinbußen und Wasserversorgungsproblemen von Nordwesten nach Südosten zunimmt, konkret von weniger als zwei Fällen (minimal 1,4) mit ein bis zwei Wochen ohne Regen auf bis über vier Fälle (maximal 4,4). Die regionale Verteilung zeigt neben diesen großräumigen regionalen Unterschieden vor allem auch eine deutliche Abnahme der Neigung zu Trockenperioden mit zunehmender Seehöhe, die in allen Landschaften Gültigkeit hat, am auffälligsten aber im Steirischen Randgebirge hervortritt.

Häufigkeit ist von der Seehöhe unterschiedlich abhängig

Die Beziehung zur Seehöhe ist unterschiedlich entwickelt: In der Obersteiermark nimmt die durchschnittliche Häufigkeit von Trockenperioden mit 7 bis 14 Tagen Dauer während der Vegetationszeit von 2,4 Fällen in 500 m mit einem Gradienten von −0,05 Fällen pro 100 m bis auf 1,6 Fälle in 2 000 m ab, wobei der Korrelationskoeffizient zwischen Dauer und Seehöhe −0,40 (Bestimmtheitsmaß 0,16) beträgt. Im Vorland und Randgebirge ist diese Beziehung mit einem Korrelationskoeffizienten von −0,74 (Bestimmtheitsmaß 0,54) deutlich besser; dort nimmt die durchschnittliche Häufigkeit von 3,8 Fällen in 200 m mit einem Gradienten von −0,13 Fällen pro 100 m bis auf 1,5 Fälle in 2 000 m ab.

Eine Übersicht über die durchschnittliche Häufigkeit von Trockenperioden mit einer Dauer von 7 bis 14 Tagen in der Vegetationsperiode aller Stationen findet sich in den Tabellen im technischen Anhang unter www.klimaatlas-steiermark.at.

5.22 Durchschnittlicher Anteil der gewittrigen Niederschläge am Gesamtniederschlag im Jahr

Beobachtungszeitraum 1995 – 2004

Die Faktoren und Charakteristika für die Häufigkeit und Verteilung der Gewitter in der Steiermark werden im Kapitel 6 (Gewitter und Hagel) näher beschrieben. Die Karte des Anteils der gewittrigen Niederschläge am gesamten Jahresniederschlag wurde aufgrund der kürzeren Verfügbarkeit des nutzbaren Datenmaterials nur aus dem Zeitraum von 1995 bis 2004 berechnet.

Höherer Anteil bei deutlichem Sommermaximum der Niederschläge

Für den Anteil der gewittrigen Niederschläge am gesamten Jahresniederschlag sind wenigstens drei Faktoren maßgebend.

Der erste Faktor ist der Jahresgang der Niederschläge, da der Anteil der gewittrigen Niederschläge in Landschaften mit ausgeprägtem Sommermaximum entsprechend höher sein muss als in solchen mit nur schwachem Sommermaximum. Dieser Faktor wird am besten durch den Jahresgang der Niederschläge (Karte 5.8) veranschaulicht.

Hohe Anteile sind vor allem entlang der „inneralpinen Mittelachse" zu erwarten, d.h. in der Zone mit dem größten Gegensatz zwischen winterlichem Niederschlagsminimum und sommerlichem Niederschlagsmaximum. Umgekehrt sind niedrige Anteile in den Hochzonen des Nordstaugebietes zu erwarten, in denen der Anteil der sommerlichen Niederschläge den geringsten Wert des Landes erreicht, weil dort die advektiven Stauniederschläge gegenüber den konvektiven Niederschlägen stark überwiegen, was ja auch in einem sekundärem Wintermaximum bei den Niederschlagshöhen zum Ausdruck kommt.

Hohe Gewitterhäufigkeit bedeutet hohen Anteil

Der zweite Faktor ist unter der Voraussetzung, dass die durchschnittliche Niederschlagsmenge pro Gewitterereignis nicht allzu starken regionalen Unterschieden unterworfen ist, die Häufigkeit der Gewitter selbst (Karten 6.2, 6.3). Die Gewitterhäufigkeit ist in der Nähe der „inneralpinen Mittelachse" und dazu im Bereich der Koralpe am höchsten, in den Landschaften nördlich des Alpenhauptkamms aber allgemein recht gering. Allerdings

wäre im Sinne des zentral-peripheren Formenwandels eine allgemeine Abnahme der Gewitterhäufigkeit von außen nach innen zu erwarten, die zumindest für die südlich des Oberen Murtals liegenden Gebirgsgruppen nicht zutrifft.

Abnehmender Anteil mit zunehmender Seehöhe

Der dritte Faktor ist die Seehöhe, wobei die Gewitterhäufigkeit an sich keine signifikante Abhängigkeit von der Seehöhe aufweist, jedoch die allgemeine Niederschlagshöhe und gleichzeitig auch der Anteil der Niederschlagshöhen außerhalb des Sommers eindeutig nach oben zunimmt. Der Gradient der vertikalen Zunahme der Jahresniederschlagshöhe beträgt in der Obersteiermark +72 mm pro 100 m, im Vorland und Randgebirge +69 mm pro 100 m.

Wegen der heterogenen Lage der Stationen in der Obersteiermark ist aber die Abnahme des Anteils der gewittrigen Niederschläge am Gesamtniederschlag im Jahr im Durchschnitt aller Stationen nicht verwirklicht, sondern es ergibt sich im Gegenteil eine schwache Zunahme von 0,16% pro 100 m, was vor allem auf einige wenige „Ausreißer" bei den Stationen zurückzuführen ist. Dabei beträgt der Korrelationskoeffizient zwischen Seehöhe und Anteil nur +0,08 (Bestimmtheitsmaß 0,006). Im Vorland und Randgebirge ist dagegen eine schwache aber auch nicht signifikante Abnahme mit zunehmender Seehöhe zu erkennen. Im Durchschnitt dieser Region nimmt der Anteil von 39,3% in 200 m mit einem Gradienten von −0,15% pro 100 m bis auf 36,6% in 2 000 m ab und dabei beträgt der Korrelationskoeffizient nur −0,18 (Bestimmtheitsmaß 0,03).

Faktoren der regionalen Verteilung

Im Zusammenwirken dieser drei Faktoren ist eine allgemeine Zunahme des Anteils der gewittrigen Niederschläge am Gesamtniederschlag von Norden nach Süden, von oben nach unten und wenigstens im Falle des Oberen Murtales auch von außen nach innen zu erwarten, wobei sich die Faktoren mit recht unterschiedlichem Gewicht überlagern und regionale Besonderheiten auch gesondert interpretiert werden müssen.

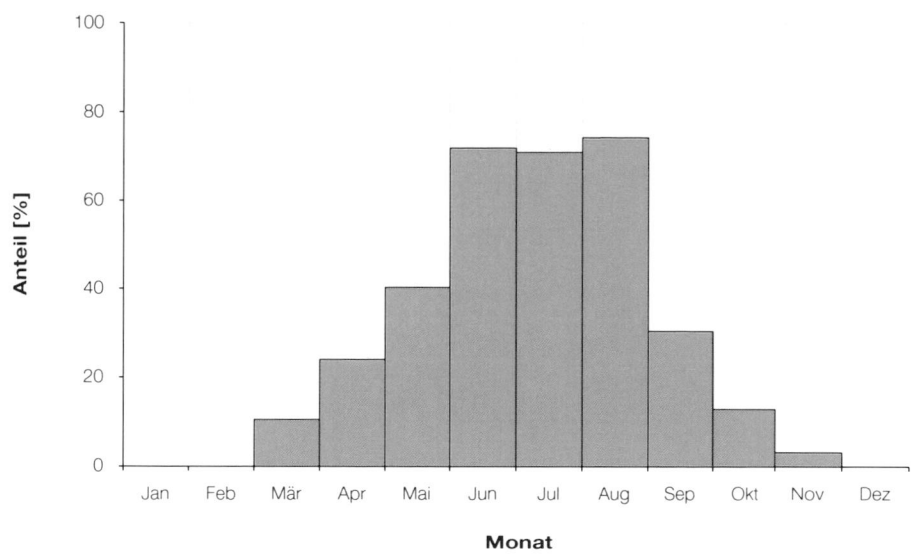

Abbildung 5.22.1: Anteil der gewittrigen Niederschläge am Gesamtniederschlag in Prozent, Station Graz-Universität, 366 m, Periode 1995 – 2004.

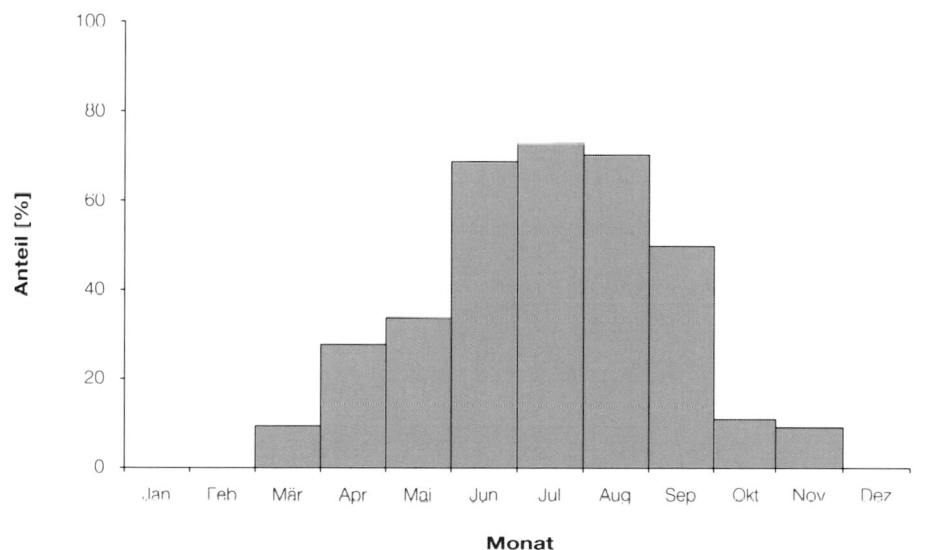

Abbildung 5.22.2: Anteil der gewittrigen Niederschläge am Gesamtniederschlag in Prozent, Station Neumarkt, 842 m, Periode 1995 – 2004.

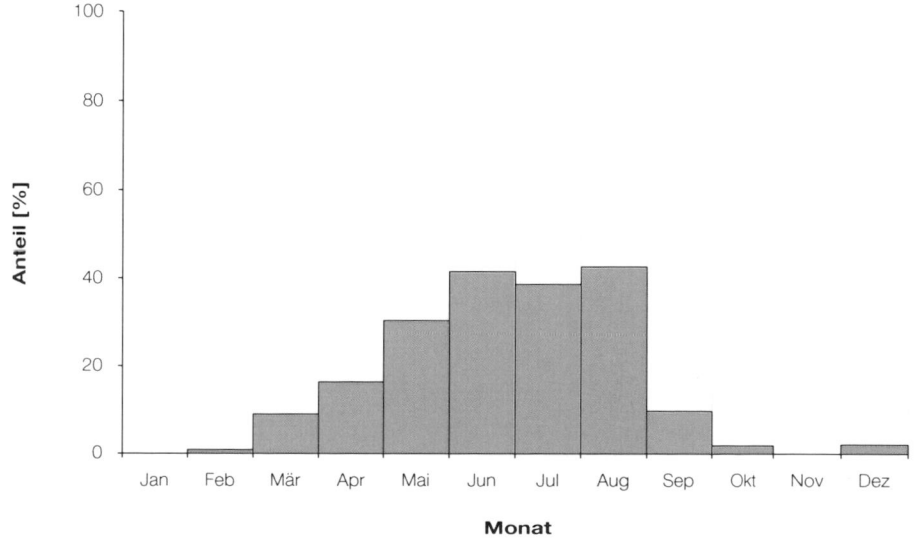

Abbildung 5.22.3: Anteil der gewittrigen Niederschläge am Gesamtniederschlag in Prozent, Station Altaussee-Lichtersberg, 855 m, Periode 1995 – 2004.

Einfach ist die Sache im Nordstaugebiet bzw. nördlich des Alpenhauptkamms, wo die drei Faktoren gleichsinnig in Form der Zunahme des Anteils nach Süden (= innen) und nach unten wirken, während sich die regionale Verteilung in den übrigen Landesteilen etwas differenzierter darstellt.

Im Oberen Murtal ergibt sich durch die Überlagerung der großen Gewitterhäufigkeit mit dem markanten Sommermaximum der Niederschläge ein Maximalbereich im Umkreis der Neumarkter Passlandschaft, wo der Anteil durchwegs über 40% liegt und örtlich auch 45% übertreffen dürfte.

Ähnlich ist die Situation im Umkreis des oststeirischen Alpenrandes bei gleichermaßen deutlichem Sommermaximum der Niederschläge und großer Gewitterhäufigkeit mit Maximalwerten bis 44% im nordöstlichen Flügel des Grazer Berglandes. Dagegen ist der Anteil im Umfeld der Koralpe wesentlich geringer, da die dortige große Gewitterhäufigkeit wenigstens zum Teil durch die allgemeine Niederschlagszunahme mit wachsender Seehöhe bzw. den sinkenden Anteil der sommerlichen Niederschläge kompensiert wird.

Der Jahresgang

Der Jahresgang des Anteils der gewittrigen Niederschläge an der Gesamtmenge der Niederschläge wird beispielhaft für drei Stationen nach Monatsdurchschnitten dargestellt. Graz (Abb. 5.22.1) repräsentiert die Situation am gewitterreichen Alpenrand. Dort liegt der Anteil in den drei Sommermonaten bei 70 bis 74%. Auch im inneralpinen Neumarkt, in einer Landschaft mit hohem Anteil sommerlicher Niederschläge (Karte 5.8) und gleichzeitig auffallender Gewitterhäufigkeit (Karte 6.2), erreichen die Anteile im Sommer mit 68 – 73% ähnliche Dimensionen (Abb. 5.22.2). Dagegen sind es in Altaussee mit der für das Nordstaugebiet typisch großen Wirksamkeit advektiver Niederschläge selbst im Sommer nur 38 – 43% (Abb. 5.22.3). Andererseits sind dort aber Wintergewitter an besonders labilen Kaltfronten zu erwarten, welche an den anderen beiden Stationen so gut wie unbekannt sind.

5.23 Ergänzende und weiterführende Literatur

AUER, I. 2002: Klima von Vorarlberg. Band II., Amt der Vorarlberger Landesregierung (Hrsg.), 368 S.

AUER, I. ET AL. 2002: Das Klima des Sonnblicks, Heft 28, Zentralanstalt für Meteorologie und Geodynamik, 306 S.

AUER, I. 1993: Niederschlagsschwankungen in Österreich. Österr. Beitr. zu Met. u. Geophys., Heft 7, Wien.

AUER, I., BÖHM R., MOHNL, H., POTZMANN, R., SCHÖNER, W., SKOMOROWSI, P. 2001: ÖKLIM – der digitale Klimaatlas Österreichs, CD-ROM, Zentralanst. f. Meteorologie und Geodynamik.

BLÜTHGEN, J., WEISCHET, W. 1980: Allgemeine Klimageographie. Verlag Walter de Gruyter; Berlin, New York, 887 S.

BREZJAK, A. 1997: Das Niederschlagsgeschehen auf der Gleinalpe vom 12.10.1993 bis 31.12.1995 – Beobachtungen anhand eines vertikalen Messprofils; Diplomarbeit Univ. Graz – Inst. f. Geogr. u. Raumf., 200 S.

BUCHER, K., KERSCHNER, H. ET AL. 2004: Spatial Precipitation Modeling for the Tyrol Region. Institut für Geographie, Univ. Innsbruck, 1 – 5.

FLIRI, F. 1974: Niederschlag und Lufttemperatur im Alpenraum. Wissenschaftl. Alpenvereinshefte, Heft 24, 111 S.

FLIRI, F. 1975: Das Klima der Alpen im Raume Tirol. Monographien zur Landeskunde Tirols F 1, Innsbruck – München, 454 S.

FREI, C., SCHÄR, C. 1998: A precipitation climatology of the alps from high resolution rain-gauge observations. Int. J. Climatol. 18, 873 – 900.

GRUNOW, J. 1954: Über die Bestimmung des Schneeanteils am Niederschlag. Geof. Pura e Appl. 27, S. 167 – 173.

HAVLIK, D. 1986: Die Höhenstufe maximaler Niederschlagssummen in den Westalpen – Nachweis und dynamische Begründung. Geogr. Hefte Univ. Freiburg – Bd. 7, S. 5 – 76.

KNOCH, K., REICHEL, E. 1930: Verteilung und jährlicher Gang der Niederschläge in den Alpen. Veröff. d. Preuß. Met. Inst. Nr. 375, Abh. Bd. IX Nr. 6, Berlin, 84 S.

KUBAT, O. 1972: Die Niederschlagsverteilung in den Alpen mit besonderer Berücksichtigung der jahreszeitlichen Verteilung. Veröff. der Univ. Innsbruck 73, Alpenkundl. Studien, 69 S.

LANG, H. 1985: Höhenabhängigkeit der Niederschläge – Niederschlag in der Schweiz. Bericht der Arbeitsgruppe „Niederschlag"; Bern, 1985; Beiträge zur Geologie der Schweiz Hydrologie Nr. 31, S. 149 – 157.

LAUSCHER, F. 1954: Klimatologische Probleme des festen Niederschlages. Archiv f. Met., Geophys. u. Bioklim. Serie B, Bd. G, S. 60 – 65.

LEGATES, D.R. 1993: Biases in precipitation gage measurement. Global observations, analyses and simulation of precipitation. Report of a WGNE/GEWEX workshop, National Meteorological Center, Campsprings, Maryland, 27 – 30 October 1992, 31 – 34.

SEVRUK, B. 1985: Systematischer Niederschlagsmessfehler in der Schweiz – Der Niederschlag in der Schweiz. Bericht der Arbeitsgruppe „Niederschlag"; Bern, 1985; Beiträge zur Geologie der Schweiz – Hydrologie Nr. 31; S. 65 – 76.

SEVRUK, B., KLEMM, S. 1989: Catalogue of National Standard Precipitation Gauges. Instruments And Observing Methods. Rep. No. 39. WMO/TD-No. 313.

SEVRUK, B. 1974: Correction for the wetting loss of a Hellmann precipitation gauge. Hydrol. Sci. Bull., 19(4), 549 – 559.

SEVRUK, B. 1975: Inaccuracy of precipitation measurement – a serious problem of water resources instrumentation. 2nd World Congress on Water Resources, New Delhi, IWRA, Vol. III, 429 – 440.

SEVRUK, B. 1982: Methods of correction for systematic error in point precipitation measurement for operational use. WMO Operational Hydrology, Rep. No. 21, WMO-No.589, Geneva.

STEINÄUSSER, H. 1951: Zur Bestimmung des Schneeanteils am Gesamtniederschlag. Archiv f. Met., Geophys. u. Bioklim. Serie B, B II, S. 129 – 133.

Trinationale Arbeitsgemeinschaft Regio-Klima-Projekt REKLIP (Hrsg) 1995: Klimaatlas Oberrhein Mitte – Süd. 212 S.

UNGERSBÖCK, M., AUER, I., RUBEL, F., SCHÖNER, W., SKOMOROWSKI, P. 2002: Zur Korrektur des systematischen Fehlers bei der Niederschlagsmessung: Anwendung des Verfahrens für die ÖKLIM Karten; Wien, 18. – 21. September 2001, Posterpräsentation zur Deutsch – Österreichisch – Schweizerischen Meteorologentagung.

WAKONIGG, H. 1970: Witterungsklimatologie der Steiermark. Verlag Notring, 255 S.

WAKONIGG, H. 1978: Witterung und Klima in der Steiermark. Verlag Technische Universität Graz, 473 S.

WAKONIGG, H. 1980: Die Niederschlagsverhältnisse im südlichen Hochschwabgebiet (Auswertung der Messergebnisse eines Sondernetzes zur Niederschlagsbeobachtung). Berichte der Wasserwirtschaftlichen Rahmenplanung Bd. 44, S. 95 – 141.

GEWITTER UND HAGEL

H. Wakonigg, A. Podesser

KARTOGRAPHISCHE BEARBEITUNG

H. Rieder, F. Lackner

6 GEWITTER UND HAGEL

Dieses Kartensymbol bedeutet, dass gedrucktes Kartenmaterial in der Klimaatlas-Mappe verfügbar ist.

Titelbild: Mächtige und reife Cumulus congestus- Wolke vor der Umwandlung zum Cumulonimbus am 14.06.2009 um 16:00 Uhr.
Aufnahmeort: Graz-Mariatrost mit Blickrichtung Nordost.
Foto: D. LORETTO

6.1 Einführung

Gewitter sind spektakuläre Wettererscheinungen, bei denen fast immer mehrere verschiedene meteorologische Elemente in typischer Weise zusammenwirken, nämlich elektrische Entladungen mit ihren optischen und akustischen Begleiterscheinungen (Blitz und Donner), heftige konvektive Niederschläge (Schauer, Platzregen, teilweise Hagel) und heftige Windböen, die durch „lawinenartiges" Abstürzen von – durch den Regen abgekühlten – Luftpaketen ausgelöst werden.

Man könnte demnach Gewitter auch dem Wind- oder Niederschlagskapitel zuordnen. Aufgrund der Dominanz der elektrischen Erscheinungen und der Komplexität des Wetterablaufes werden Gewitter jedoch in einem eigenen Kapitel zusammengefasst.

Definition

Nach der allgemeinen meteorologischen Beobachtungsanleitung handelt es sich dann um ein Gewitter bzw. ist in den Notizen ein Gewitter zu vermerken, wenn es wenigstens einen hörbaren Donner an der Beobachtungsstation gegeben hat. Aufgrund dieser Definition gibt es erwartungsgemäß große Unterschiede im Beobachtungsmaterial, da die Aufmerksamkeit der Beobachter schon aufgrund kurzfristiger Abwesenheiten vom Beobachtungsort, wegen Nachtruhe oder subjektiver Einschätzung stark voneinander abweicht. Auch bedeutet ein Beobachterwechsel fast immer eine gewisse Inhomogenität im Beobachtungsmaterial.

Beobachtung

Aufgrund dieser Umstände erweisen sich auch die dauernd besetzten bzw. hauptamtlich betreuten Stationen (Flugwetterwarten, Observatorien) geradezu regelhaft scheinbar gewitterreicher als die Nachbarstationen mit ehrenamtlichen Beobachtern. Dazu kommt, dass aufgrund der recht toleranten Definition die Häufigkeit von Gewittern bzw. Gewittertagen an Stationen mit konsequenter und akribischer Beobachtung deutlich größer ausfällt, als es dem subjektiven Empfinden der meisten Menschen entspricht.

Schließlich ergeben sich auch starke Unterschiede zwischen älteren und jüngeren Datenreihen bzw. Durchschnittswerten sowie kartographischen Darstellungen, womit eine objektiv genaue Erfassung und Darstellung der Häufigkeit von Gewittern bzw. Gewittertagen auf diesem Weg gar nicht möglich war. Trotzdem konnten in den älteren Darstellungen die Grundzüge der Verteilung der Gewitterhäufigkeit in der Steiermark durchaus zufriedenstellend vermittelt werden.

Gewitter-Registrierung

Eine andere Möglichkeit der Erfassung der Gewitterhäufigkeit ist die objektive Registrierung durch ein elektronisches Blitzdetektor-System, wie es in Österreich nunmehr seit 1992 als sogenanntes „ALDIS"-System (Austrian Lightning Detection & Information System) zum Einsatz kommt. Mit Hilfe dieses Detektor-Systems kann jede elektrische Entladung zwischen Atmosphäre (Wolken) und Erdoberfläche („Bodenblitze") eindeutig und objektiv erfasst werden. Eine daraus abzuleitende Definition eines Gewitters wäre nun diese, dass es sich dann um ein Gewitter handelt, wenn wenigstens eine Blitzentladung zwischen Wolken und Erdboden registriert wurde.

Damit ist diese objektive mit der subjektiven Methode alles andere als direkt vergleichbar, was schließlich auch das Datenmaterial betrifft. Als Vorteil der ALDIS-Methode gegenüber der subjektiven Methode kann die absolute Objektivität genannt werden, d.h. der automatischen Registrierung entgeht kein Ereignis, es wird also nichts „überhört" oder „verschlafen". Damit sind die Ergebnisse bzw. Häufigkeiten uneingeschränkt regional vergleichbar, worin eigentlich der größte Fortschritt gegenüber der subjektiven Beobachtung zu sehen ist.

Als Nachteil könnte genannt werden, dass die bloßen „Wolkenblitze", d.h. die nicht den Erdboden erreichenden Blitze nicht registriert werden, wodurch auf jeden Fall eine gegenüber der gesamten Blitzhäufigkeit wesentlich geringere Blitzanzahl erfasst wird. Ob das auch für die Gewitterereignisse bzw. Gewittertage gilt, hängt davon ab, ob es Gewitter ohne Erdbodenblitze gibt, was aber seltene Ausnahmen sein dürften, und woraus sich keine nennenswerte Häufigkeitsverminderung ergeben sollte. Bleibt noch die Frage offen, ob es nicht in den Niederungen aufgrund der größeren Distanz zwischen Wolken und Erdboden weniger Bodenblitze gibt als im Bergland, was durch den Vergleich der „subjektiven" mit den „objektiven" Karten durchaus nahe liegend erscheint, doch gibt es dafür bisher keine eindeutig nachweisbaren Indizien.

Hauptproblem ist aber der gegenüber der subjektiven Registrierung fehlende örtliche Bezug, d.h. die Frage für welche Stelle oder welchen Bereich ein registrierter Blitz statistisch als Gewitter zu gelten hat. Aufgrund der mittleren Größe einer Gewitterwolke wurde dafür ein Radius von 5 Kilometern festgelegt. Solcherart muss aber die durchschnittliche Gewitterhäufigkeit gegenüber der subjektiv erfassten um einen unbekannten Betrag kleiner ausfallen, da Donner viel weiter hörbar sind als 5 km,

6.1.1 Datenmaterial

An den österreichischen Klimastationen werden in der Kategorie „Sonstige Wettererscheinungen" Gewitter, Donner und Wetterleuchten durch Wetterbeobachter permanent registriert. Wie bereits erwähnt, können aufgrund der Stationsdichte aber nicht alle Gewitter aufgezeichnet werden, was insbesondere die Gebirge betrifft. Für eine flächendeckende Erfassung von Gewittern wurde daher auf den Blitzdatensatz des ALDIS-Blitzortungssystems zurückgegriffen, von welchem Daten zwischen 1995 und 2004 zur Verfügung standen.

Abbildung 6.1.1: Am 26.05.2009 entwickelten sich im Süden der Steiermark heftige Gewitter, die in der Weststeiermark auch zu Überschwemmungen führten. Es wurden alleine an diesem Abend über 4 000 Blitze registriert.
Aufnahmeort: Graz-Flughafen mit Blickrichtung Norden.
Foto: D. Loretto

und ein einzelner Donner dadurch gleich von mehreren Umgebungsstationen als Gewitter registriert in die Statistik eingeht, auch wenn sich dieses – wenn überhaupt – nur über einer Station wirklich entladen hat.

Im Durchschnitt von 36 vergleichbaren Stationen werden durch das ALDIS-System nur 81% der traditionell registrierten Gewittertage erfasst, wobei dieser Betrag zwischen 53% (Wiel) und 137% (Bad Aussee) schwankt, was aber kaum auf reale Unterschiede bei der Gewitterbildung als vielmehr auf die Unterschiede bei der Genauigkeit der traditionellen Beobachtungen zurückzuführen ist. So beträgt der Anteil der ALDIS-Beobachtungen im Mittel der bekannt oder erwartungsgemäß sehr genau beobachtenden Stationen Aigen/Ennstal, Graz-Universität, Graz-Messendorfberg, Graz-Flughafen (Thalerhof), Wiel und Zeltweg nur 57% bzw. beträgt die dort subjektiv ermittelte Gewitterhäufigkeit 39,3 Tage gegenüber 28,2 Tagen im Durchschnitt aller 36 Stationen.

Hagel und Graupel werden im österreichischen Klimadienst unter der Kategorie „Art des fallenden Niederschlages" an Klimastationen rund um die Uhr durch Augenbeobachtung klassifiziert. Dabei wird neben Regen und Schneefall auch zwischen Frostgraupelschauer, Reifgraupelschauer und Hagelschauer unterschieden, wobei noch eine weitere Abstufung nach der Stärke des Ereignisses erfolgt. Allerdings können trotz des relativ dichten Stationsnetzes durch das punktuelle Auftreten derartiger Niederschläge einige Ereignisse nicht registriert werden.

So zum Beispiel führten die Gewitter vom 26.05.2009 (Abb. 6.1.1) in der Weststeiermark regional zu Hagel, an der nächstgelegenen Station Deutschlandsberg konnte jedoch lediglich Starkregen verzeichnet werden.

Tabelle 6.1.1: Liste der verwendeten Stationen und Legende.

Nr.	Name	Sh [m]	geographische Länge	geographische Breite	Betreiber	Klimaregion	Lage
1	Admont	648	14° 27' 25"	47° 34' 19"	ZAMG	3	▬
3	Aflenz	785	15° 15' 31"	47° 33' 48"	ZAMG	6	↓
4	Aigen/Ennstal	640	14° 08' 17"	47° 32' 59"	ZAMG	3	▬
7	Altenberg/Hartberg	429	16° 02' 52"	47° 15' 24"	ZAMG	9	↗
10	Bad Aussee	660	13° 47' 59"	47° 37' 40"	ZAMG	2	▬
11	Bad Gleichenberg	293	15° 54' 19"	46° 53' 35"	ZAMG	9	▬
14	Bad Mitterndorf	810	13° 56' 06"	47° 33' 11"	ZAMG	2	▬
15	Bad Radkersburg	208	15° 59' 03"	46° 42' 33"	ZAMG	9	▬
23	Bruck/Mur	493	15° 16' 37"	47° 25' 43"	ZAMG	6	▬
27	Deutschlandsberg	448	15° 12' 15"	46° 50' 33"	ZAMG	9	↓
37	Fischbach	1015	15° 39' 55"	47° 27' 26"	ZAMG	8	↘
47	Fürstenfeld	271	16° 05' 54"	47° 02' 52"	ZAMG	9	▬
50	Gleisdorf	375	15° 43' 38"	47° 07' 48"	ZAMG	9	▬
57	Graz-Flughafen	337	15° 27' 52"	46° 60' 41"	ZAMG	9	▬
58	Graz-Messendorfberg	435	15° 29' 27"	47° 03' 53"	ZAMG	9	↘
60	Graz-Universität	366	15° 27' 58"	47° 05' 45"	ZAMG	9	▬
69	Hieflau	500	14° 44' 28"	47° 37' 32"	ZAMG	2	▬
80	Irdning-Gumpenstein	698	14° 06' 54"	47° 30' 43"	ZAMG	3	↑
84	Kalwang	760	14° 44' 37"	47° 25' 26"	ZAMG	6	▬
95	Kleinsölk	1005	13° 56' 60"	47° 24' 00"	ZAMG	4	↘
103	Lassnitzhöhe	527	15° 36' 34"	47° 04' 28"	ZAMG	9	↘
104	Leibnitz	273	15° 32' 17"	46° 47' 51"	ZAMG	9	▬
112	Lobming	414	15° 11' 42"	47° 03' 35"	ZAMG	8	→
116	Mariazell	865	15° 19' 18"	47° 46' 09"	ZAMG	2	↙
126	Mürzzuschlag	758	15° 41' 09"	47° 36' 11"	ZAMG	6	↗
138	Oberwölz	827	14° 17' 57"	47° 12' 07"	ZAMG	5	▬
139	Oberzeiring	933	14° 30' 46"	47° 15' 17"	ZAMG	5	▬
155	Pusterwald	1072	14° 23' 34"	47° 19' 33"	ZAMG	7	▬
161	Rechberg	926	15° 25' 59"	47° 16' 46"	ZAMG	8	▲
169	Rohrmoos	1078	13° 39' 29"	47° 23' 41"	ZAMG	4	↗
173	Schöckl	1436	15° 28' 06"	47° 12' 57"	ZAMG	8	▲
176	Seckau	855	14° 47' 57"	47° 16' 16"	ZAMG	5	↓
195	St. Radegund	725	15° 29' 27"	47° 11' 56"	ZAMG	8	↓
198	Stolzalpe	1293	14° 12' 42"	47° 07' 15"	ZAMG	7	↓
223	Weiz	465	15° 38' 08"	47° 13' 07"	ZAMG	9	▬
225	Wiel	922	15° 08' 46"	46° 45' 46"	ZAMG	8	↓
232	Zeltweg	670	14° 46' 25"	47° 12' 05"	ZAMG	5	▬

Klimaregionen		Lage	
1	Hochlagen im Nordstaugebiet	▬	... Tal
2	... Tallagen im Nordstaugebiet	→	... Hang (Richtung), hier als Beispiel ein Osthang
3	... Talbecken des oberen Ennstales	▲	... Pass
4	... Niedere Tauern	▲	... Gipfel
5	... Talbecken des oberen Murtales		
6	... Talbecken des Mur- und Mürztales		
7	... Hochlagen der Inneralpen		
8	... Steirisches Randgebirge		
9	... Vorland		
–	... außerhalb steirischer Klimazonen		

Die Ermittlung der Zahl der Gewittertage erfolgte nach den in der Einführung angegebenen Regeln, wobei zur Sicherheit wenigstens zwei Blitze registriert werden müssen, um einen Tag für ein Gebiet von knapp 79 km² als Gewittertag zu erfassen.

Faktoren für die regionale Gewitterverteilung

Die raumwirksamen Faktoren für die regionale Verteilung der Gewitterhäufigkeit ergeben sich aus den für die Gewitterbildung nötigen Bedingungen. Ohne auf die komplizierten – und nicht wirklich restlos geklärten – Vorgänge bei der elektrischen Auf- und Entladung bzw. Niederschlagsbildung in einer Gewitterwolke einzugehen, kann gesagt werden, dass zur Gewitterbildung jedenfalls ausreichend Energie und zusätzlich die Labilisierung der Atmosphäre nötig ist.

Die Energie wird einerseits durch die Lufttemperatur, andererseits durch den für die Gewitterbildung viel bedeutenderen Wasserdampfgehalt der Luft ausgedrückt: dessen als „latente Wärme" bezeichnete Energie wird bei seiner Kondensation in fühlbare Wärme übergeführt, was das konvektive Aufquellen der Gewitterwolken weiter beschleunigt. Die theoretisch bei vollkommener Kondensation des gesamten Wasserdampfes erreichbare Lufttemperatur wird „Pseudopotentielle oder Äquivalentpotentielle" Temperatur genannt.

Lufttemperatur („fühlbare Wärme"), Wasserdampfgehalt („latente Wärme") und damit die Gesamtenergie (oder „pseudopotentielle Temperatur") unterliegen einem akzentuierten Jahresgang mit eindeutigem Winterminimum und Sommermaximum, wodurch der Jahresgang der Gewittertätigkeit mit seinem auffallenden Sommermaximum schon weitgehend erklärt werden kann. Bezüglich der Raumverteilung gilt jetzt, dass der Wasserdampfgehalt der Luft im Alpeninneren generell geringer ist als außerhalb der Alpen, wodurch sich im Sinne des zentral-peripheren Formenwandels auch ein allgemeiner Gegensatz zwischen geringerer Gewitterhäufigkeit im Alpeninneren und höherer an den Außenrändern einstellen muss.

Das erklärt auch die gegenüber dem nördlichen Alpenrand größere Gewittertätigkeit am südöstlichen und insbesondere am südlichen Alpenrand, da dort aufgrund der Zufuhr der entsprechenden Luftmassen der Wasserdampfgehalt der Atmosphäre größer ist.

Die Labilisierung der Atmosphäre wird überwiegend durch einstrahlungsbedingte Erwärmung der unteren Luftschichten bewirkt, wobei die stärkste Labilisierung im April und Mai erfolgt, worauf sie über den Sommer gegen den Herbst wieder allmählich abnimmt. Die labilen Bedingungen in den beiden Frühjahrsmonaten werden wohl in einer vergleichsweise großen Neigung zu Regenschauern („Aprilwetter"), nicht aber zu Gewittern wirksam, weil die nötige Energie zur Beschleunigung der Konvektion zu gering ist. Diese erreicht ihr Maximum im Juli und August. Aufgrund der strahlungsbedingten Labilisierung ergibt sich aber gegenüber dem Jahresgang der pseudopotentiellen Temperatur doch eine schwache Asymmetrie mit einer leichten Verschiebung der Gewittertätigkeit gegen das Frühjahr, also mit mehr Gewittern im Juni gegenüber dem August und deutlich mehr im Mai gegenüber dem September.

Jahresgang

Der Jahresgang der Gewitterhäufigkeit nach den aus ALDIS-Beobachtungen für den Zeitraum von 1995 bis 2004 abgeleiteten Monatsnormalwerten wird für drei ausgewählte Stationen in den Abbildungen 6.2.2 bis 6.2.4 dargestellt. Graz repräsentiert dabei einen gewitterreichen Standort am südöstlichen Alpenrand. Glashütten im südlichen Randgebirge ist eine der gewitterreichsten Stationen der Steiermark, und Irdning-Gumpenstein im inneralpinen Oberen Ennstal die gewitterärmste dieses Zeitraums.

Die Unterschiede sind – abgesehen von der absoluten Zahl der Gewittertage – nicht wirklich gravierend. Immerhin zeigt das Verhältnis zwischen Frühsommer und Spätsommer – besonders erkennbar am Vergleich von Mai und September – im inneralpinen Ennstal eine geringere Bevorzugung des Frühsommers gegenüber den

H. WAKONIGG | A. PODESSER

beiden randalpinen Stationen, was mit dem oben Gesagten in guter Übereinstimmung steht. Der Vorsprung des Mai vor dem September ist an den beiden randalpinen Stationen größer als an der Ennstal-Station.

Die geringere Häufigkeit im Juli gegenüber den beiden Nachbarmonaten an den beiden randalpinen Stationen muss als Eigenheit des kurzen Beobachtungszeitraums gesehen werden. Gerade am Alpenrand sind Gewitter im Spätsommer sicher weniger häufig als im Frühsommer. Allen Stationen gemeinsam und wohl für die gesamte Steiermark gültig ist die starke Konzentration der Gewitterhäufigkeit auf die Sommermonate, wobei zwischen Mai und August durchwegs zwischen 85% (Graz) und 92% (Glashütten) aller Gewittertage beobachtet wurden. Eine räumlich unterschiedliche Labilisierung bzw. Verstärkung der Konvektion erfolgt vor allem tagsüber durch die Hangaufwinde im Bergland, weshalb Gewitter, die

dabei die große Häufigkeit im Grenzraum des Oberen Murtales zu Kärnten und insbesondere die (nicht dargestellte) große Häufigkeit in den benachbarten Hohen und Niederen Gurktaler Alpen sowie im Bereich der Saualpe auf, die somit eine Art Randalpenfunktion für das benachbarte Klagenfurter Becken ausüben.

Gegenüber den bisherigen, auf der subjektiven Beobachtungsmethode basierenden Karten zeigt die auf den ALDIS-Beobachtungen beruhende Darstellung eine generell geringere Gewitterhäufigkeit, die vor allem das südöstliche alpenfernere Vorland betrifft. Die Ursache dafür ist in der unterschiedlichen Beobachtungsmethode aber auch in den unterschiedlichen und ungleich langen Beobachtungszeiträumen zu suchen, wobei die vorliegende Karte nur aus den Beobachtungen von Mai 1995 bis Ende 2004 abgeleitet worden ist. Ansonsten stimmt das Verteilungsmuster mit jenem der traditionellen Kar-

Abbildung 6.2.1: Hagelgewitter hinter dem Schöckl am 11.06.2009 mit kleiner „Wallcloud".
Aufnahmeort: Faßlberg bei Graz mit Blickrichtung Norden.
Foto: D. LORETTO

durch Labilisierung ohne „Fremdeinwirkung" (Fronten) entstehen, ausgesprochene Bergland-Phänomene sind und sogar in den Zentralalpen häufiger vorkommen als in den Vorländern. Diese Verteilung wird aber durch die zusätzlichen Kaltfrontgewitter, die bevorzugt an den Außenrändern und dabei insbesondere im Südosten wirksam werden, überlagert und unkenntlich gemacht.

Insgesamt ergibt sich im Raumverteilungsmuster der Gewitterhäufigkeit durch das Zusammenwirken bzw. Überlagern der genannten Faktoren eine allgemeine Zunahme von Norden nach Süden bzw. Südosten, eine allgemeine Abnahme von den Außenrändern bzw. Randalpen gegen das Alpeninnere, dazu eine Abnahme von den Randalpen gegen die Vorländer, d.h. von den Alpen weg und schließlich eine leichte Zunahme mit zunehmender Seehöhe im Bergland. Betrachtet man die Karte der durchschnittlichen Zahl der Gewittertage, so fällt

ten recht gut überein. Die große Gewitterhäufigkeit im Steirischen Randgebirge wird recht gut bestätigt, es ist neben den Hohen und Niederen Gurktaler Alpen die gewitterreichste Landschaft in Österreich.

Im „Ranking" der gewitterreichsten Landeshauptstädte weist Graz gemäß des ALDIS-Blitzdatensatzes die größte Anzahl von Entladungen auf. Die Nähe zum Randgebirge und insbesondere zum gewitterreichen Grazer Bergland bewirkt eine verstärkte Gewittertätigkeit auch über dem Stadtgebiet. In Abbildung 6.2.1 ist eine typische sommerliche Gewittersituation über dem Grazer Hausberg, dem 1 445 m hohen Schöckl zu sehen. Gemäß einer Auswertung von Gewitter-Zugbahnen durch HOFER, 2006 dominieren Nordwest-Richtungen. Ausgeprägte Zugbahnen bilden sich dabei vor allem bei frontalen Gewittern mit dem Vorstoß kälterer Luft aus Nordwest.

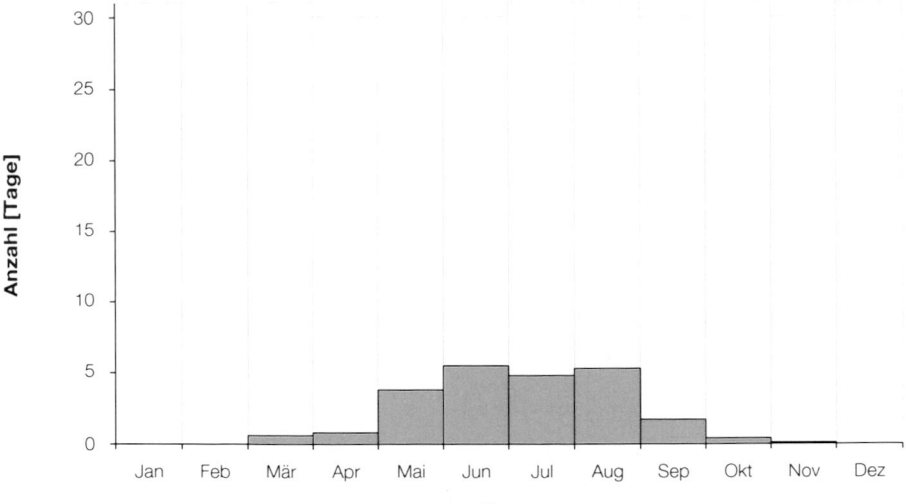

Abbildung 6.2.2: Jahresgang der Gewitterhäufigkeit an der Station Graz-Universität (366 m) nach den ALDIS-Beobachtungen, Periode 1995 – 2004.

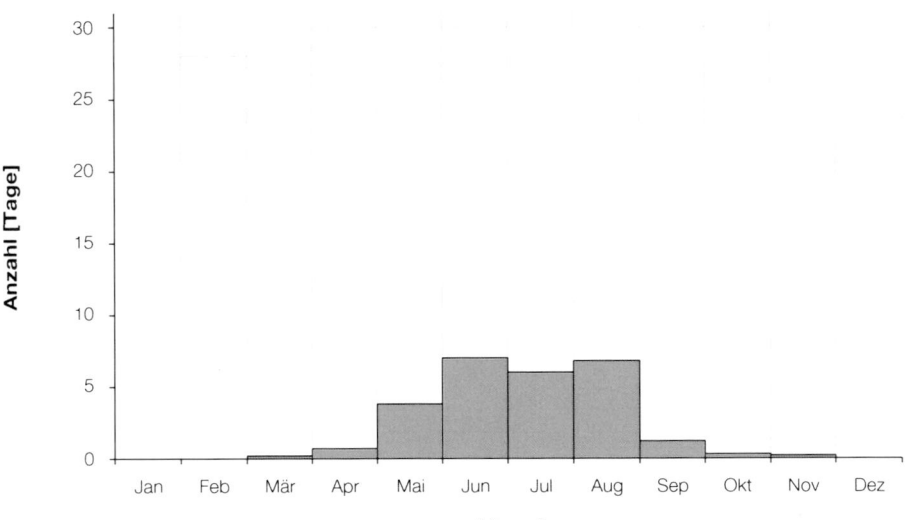

Abbildung 6.2.3: Jahresgang der Gewitterhäufigkeit an der Station Glashütten (1 275 m) nach den ALDIS-Beobachtungen, Periode 1995 – 2004.

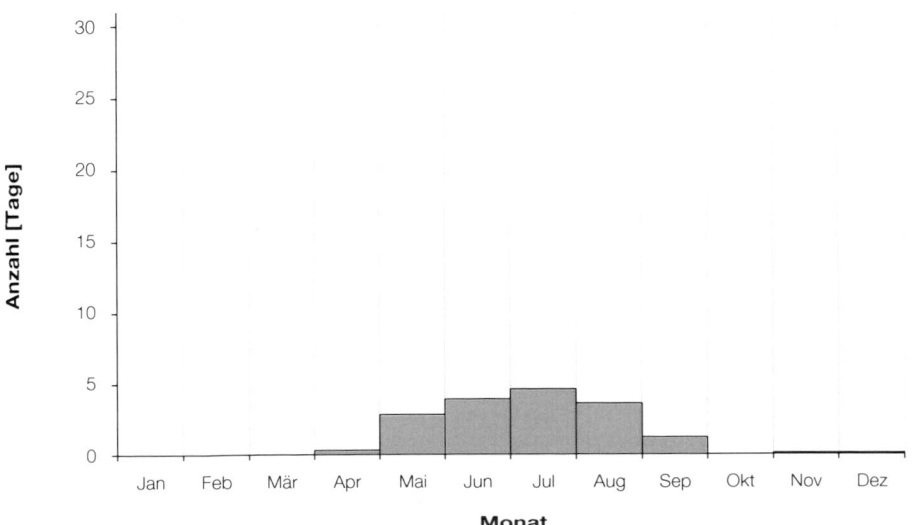

Abbildung 6.2.4: Jahresgang der Gewitterhäufigkeit an der Station Irdning-Gumpenstein (698 m) nach den ALDIS-Beobachtungen, Periode 1995 – 2004.

H. Wakonigg | A. Podesser

6.3 Durchschnittliche Zahl von Blitzen pro Quadratkilometer im Jahr

Dargestellt wird die durchschnittliche Anzahl der nach dem ALDIS-System erfassten Bodenblitze pro Jahr. Der wichtigste Unterschied zur Karte der Anzahl der Gewittertage ist darin zu sehen, dass die Karte der Blitzdichte eine Mischinformation über Häufigkeit und Intensität der Gewitter bietet, wobei letztere durch die Häufigkeit der Bodenblitze pro km² auch Aussagen über die Blitzschlaggefährdung von Bauwerken und sonstigen Infrastruktureinrichtungen gestattet.

Steiermark und Kärnten sind blitzreichste Bundesländer

Die durchschnittliche Blitzdichte im zugrunde liegenden Zeitraum in Österreich beträgt 1,8 Blitze pro km² und Jahr, in der Steiermark aber 2,5 Blitze, wodurch die allgemein größere Gewittergefährdung der Steiermark gut belegt wird, die nur noch von jener Kärntens ganz knapp übertroffen wird.

Die blitzreichsten Gebiete sind dabei im Wesentlichen die selben wie bei der Gewitterhäufigkeit, weil auch die selben Ursachen zugrunde liegen. Dabei ist die Blitzdichte örtlich, d.h. in den südöstlichen Ausläufern der Gleinalpe und lokal im Grazer Bergland mehr als doppelt so groß wie der österreichische Durchschnitt. Wie bereits erwähnt, weist die ALDIS-Blitzstatistik Graz als „Gewitterhauptstadt" aus: 3,1 Blitze pro km² werden hier im Jahresschnitt registriert, während das ebenfalls blitzreiche Klagenfurt mit 2,3 Blitzen pro km² schon deutlich zurückliegt. In Abbildung 6.3.1 ist der Naheinschlag eines Blitzes im Stadtgebiet von Graz zu sehen.

Unterboten wird der österreichische Durchschnitt nur im Oberen Ennstal und seiner Umgebung sowie in den südöstlichsten Landesteilen.

Jahresgang

Erwartungsgemäß weicht die Verteilung der Blitzdichte im Sommer ebenso wie die Verteilung der Zahl der Gewittertage nur unwesentlich von jener im Gesamtjahr ab. Gemessen an der Gesamtzahl des Jahres ist dabei der Anteil der Blitze im Sommer etwas größer als der Anteil der Gewittertage, was auf eine durchschnittlich größere Heftigkeit der sommerlichen Gewitter im Sinne eines größeren Blitzreichtums hinweist. Im Durchschnitt der gesamten Steiermark beträgt der sommerliche Anteil 77,5%, doch gibt es dabei eine Spannweite von knapp 65 bis fast 90%.

Abbildung 6.3.1: Naheinschlag eines Blitzes.
Aufnahmeort: Graz-Mariatrost mit Blickrichtung Nordost.
Foto: D. LORETTO

Der Jahresgang der Blitzdichte im Sinne einer tatsächlichen Dichtezahl (Blitze pro km²) könnte für beliebig definierte Punkte mit einem Radius von 1 km angegeben werden, wird aber als Häufigkeit von Blitzentladungen in der gesamten Steiermark nach Monatsdurchschnitten dargestellt (Abb. 6.3.2). Solcherart kann auch die absolute Blitzhäufigkeit abgelesen werden, die im Juli fast 12 000 Bodenblitze erreicht bzw. im Gesamtjahr gut 40 000. Die schon bekannte Konzentration auf die Sommermonate wird wieder recht deutlich: auf die drei Sommermonate allein entfallen steiermarkweit etwa 78%, auf den Zeitraum Mai bis August etwa 92% aller Bodenblitze.

Tagesgang

Die starke Abhängigkeit der Gewitterbildung von der einstrahlungsbedingten Labilisierung wird auch im Tagesgang der Häufigkeit von Bodenblitzen (Abb. 6.3.3) sichtbar. Die größte Häufigkeit stellt sich dabei am Frühnachmittag, nur eine Stunde nach dem Temperaturmaximum ein. Dagegen sind Gewitter in der zweiten Nachthälfte geradezu Ausnahmen und sicher in erster Linie an nächtliche Kaltfrontdurchgänge gebunden.

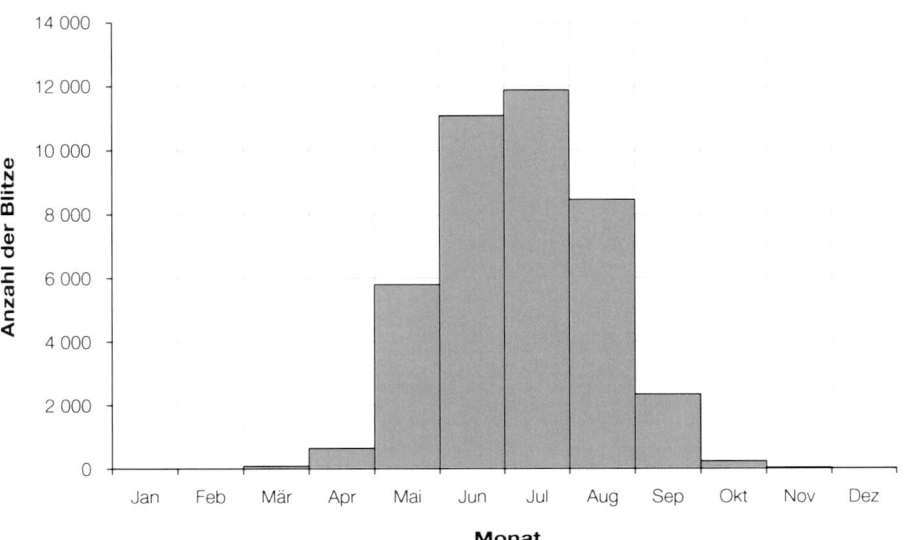

Abbildung 6.3.2: Jahresgang der Blitzanzahl in der Steiermark, berechnet aus dem ALDIS-Blitzdatensatz, Periode 1995 – 2004.

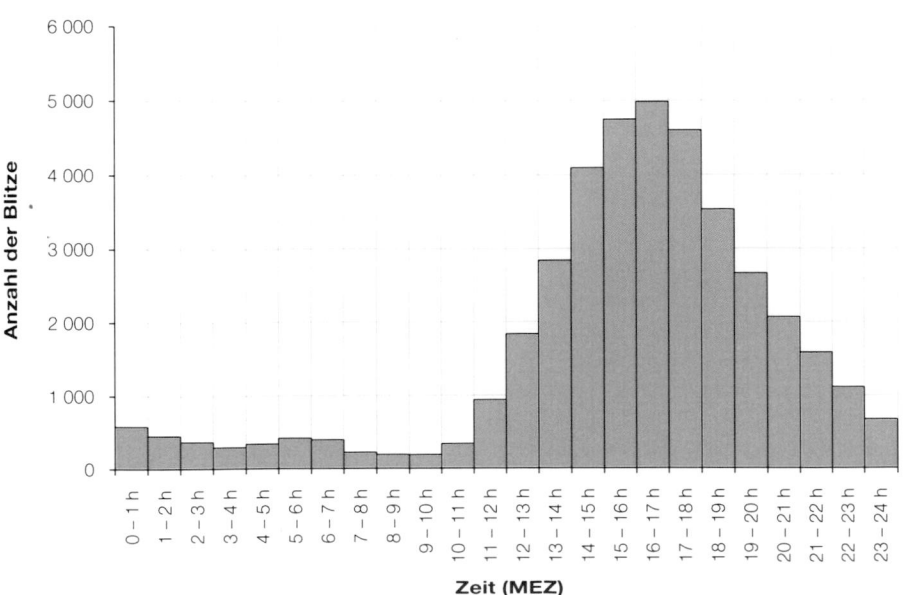

Abbildung 6.3.3: Tagesgang der Häufigkeit von Bodenblitzen in der Steiermark, berechnet aus dem ALDIS-Blitzdatensatz, Periode 1995 – 2004.

H. WAKONIGG | A. PODESSER

Für die Niederschlagsformen Hagel (Eiskörner über 5 mm Durchmesser) und Graupel (kleinerer Durchmesser) sind weder sinnvolle bzw. signifikante regionale noch vertikale Faktoren für die Häufigkeitsverteilung herzuleiten, weshalb eine flächenhafte Darstellung in Form von Isolinien der Häufigkeit der Ereignisse nicht wirklich zielführend ist. Denkbar wäre eine subjektive Erstellung einer solchen Isolinienkarte anhand des Stationsbeobachtungsmaterials, doch stehen dieser große Hindernisse entgegen, die sich aus dem nicht vergleichbaren Beobachtungsmaterial ergeben.

Beobachtungsproblematik

Hauptproblem ist dabei die eindeutige Zuordnung einer Niederschlagsform zu Hagel oder Graupel bzw. die eindeutige Trennung dieser beiden Niederschlagsformen und die damit verbundenen starken subjektiven Einschätzungsunterschiede. Dazu kommt, dass die Erfassung der schwächeren Hagel- und Graupelniederschläge so wie bei den Gewittern theoretisch eine 24 Stunden lange ununterbrochene Aufmerksamkeit der Beobachter erfordert, womit auch von dieser Seite ungleiche Beobachtungsqualitäten vorgegeben sind. Außerdem ist Graupelniederschlag ohnehin in fast jedem Gewitter in größerer Seehöhe die übliche Niederschlagsform, die wegen der Abschmelzung beim Herabfallen in den Niederungen meist nur mehr als Regen, im Gebirge aber doch häufig noch in gefrorenem Zustand den Erdboden erreicht.

Bei Zusammenfassung beider Niederschlagsformen ist daher eine deutliche Zunahme ihrer Häufigkeit mit wachsender Seehöhe zu erwarten und auch zu erkennen, etwa im Vergleich der Werte des Schöckls oder der Wiel und sogar des Krippensteins mit jenen der benachbarten Niederungen. Ansonsten steht die Verteilung der Häufigkeit mit jener der Gewitter in guter Übereinstimmung. Hagel ist damit weitgehend ein Phänomen des Randgebirges und dessen Fußzone und ist dort für das Kulturland von so entscheidender Bedeutung, dass ein risikofreier Qualitätsobstbau, Ackerbau oder Weinbau ohne entsprechende Vorsorge (Hagelnetze, Hagelversicherungen) gar nicht möglich ist.

Jahresgang

Was den Jahresgang der Tage mit Hagel und Graupel anlangt (Tabelle 6.4.2), so steht auch dieser mit der eindeutigen Konzentration auf die Sommermonate mit jener der Gewitterhäufigkeit in guter Übereinstimmung,

Abbildung 6.4.1: „Winterlandschaft" nach einem Hagelunwetter am 16. Juni 2010 in Eckberg bei Gamlitz. An den Weinkulturen der abgebildeten Riede kam es zu beträchtlichen Schäden.
Foto: Skywarn

doch gibt es dabei überraschende Abweichungen im Detail. Dazu gehören insbesondere die Tage mit Hagel und Graupel im Winter an zahlreichen Stationen, auch an jenen des Vorlandes, was mit der subjektiven Einschätzung wohl nicht übereinstimmt. Darin hat man die Fälle von Schneeniederschlag entweder bei labiler Schauerwitterung an Kaltfronten im Bergland zu sehen, bei denen es durchaus zu Niederschlag in Form von kleinen Graupelkügelchen kommen kann, aber auch die Fälle von Niederschlag aus stabilen Stratusdecken im Vorland, der manchmal in Form des „Schneegriesels" erfolgt: das sind ebenfalls kleine Reif- und Schneekügelchen, die wegen ihrer auffallenden Abweichung von „normalen" Schneeflocken als Graupelniederschlag registriert werden.

Ansonsten lässt sich – so wie bei der Gewitterhäufigkeit – eine gewisse Verschiebung im Jahresgang erkennen, wobei die maximale Hagel- und Graupelhäufigkeit im Randgebirge und Vorland schon im Frühsommer, meist sogar schon im Mai zu erwarten ist, während sie sich gegen das Alpeninnere bzw. in der Obersteiermark überwiegend erst im Hoch- oder Spätsommer einstellt.

Hagelabwehr

Wegen der großen Hagelhäufigkeit im südöstlichen Alpenvorland wurde bereits früh eine Hagelabwehr eingerichtet. Die Steirische Hagelabwehr wurde 1955 gegründet. Die präventive Hagelabwehrmethode beruht darauf, dass in hagelträchtigen Gewitterzellen zu den natürlich vorhandenen Kondensationskernen zusätzlich eiskeimfähige Verbindungen (in diesem Fall Silberjodid, AgJ) mit dem Ziel eingebracht werden, die vermehrte Ausbildung kleinerer Hagelkörner zu erreichen. Anfangs wurde das Silberjodid über Raketen, später über Generatoren, welche auf erhöhten Standorten postiert waren, eingebracht. Seit 1987 erfolgt das Ausbringen von AgJ an der Basis im Aufwindbereich gefährlich erscheinender Gewitterwolken mittels an Flugzeugen angebrachter Generatoren.

Zur wissenschaftlichen Untersuchung über die Wirksamkeit der Hagelabwehr wurde unter der Leitung von O. Svabik im Raum Weiz-Gleisdorf ein Hageltestplatten-programm gestartet (Svabik, 2004). In diesem 730 km² großen Untersuchungsgebiet wurden insgesamt 181 Hageltestplatten-Stationen errichtet und die „getroffenen" Platten wurden von der ZAMG in Wien permanent ausgewertet. Eine solche Station besteht aus fünf Styroporschaum-Platten mit einer Fläche von jeweils 0,1 m², die in einer Höhe von 1,5 m so montiert sind, dass vier Platten vertikal nach den vier Himmelsrichtungen orientiert sind und die fünfte Platte horizontal darüber liegt.

Die Auswertung der 20-jährigen Periode 1982 – 2001 in Tabelle 6.4.1 zeigt, dass die kleinen Kornklassen stark zugenommen, die größten Kornklassen hingegen stark abgenommen haben. Bei der Anzahl der Hageltage ergab sich eine Abnahme von 16 auf 12 Tage. Außerdem hat die durchschnittlich verhagelte Fläche von 34 auf 16 km² abgenommen.

Insgesamt weisen die durchaus positiven Auswertungsergebnisse einen deutlichen Rückgang der Verhagelung der Region Weiz-Gleisdorf in den letzten beiden Jahrzehnten nach.

Tabelle 6.4.1: Mittlere Anzahl der auf die Hageltestplatten-Stationen fallenden Hagelkörner bestimmter Klassen (Durchmesser in mm) bei einem durchschnittlichen Hagelschlag innerhalb der vier Pentaden zwischen 1982 und 2001 im Hageltestgebiet. Quelle: O. Svabik

Korndurchmesser	bis 5 mm	bis 10 mm	bis 15 mm	bis 20 mm	bis 25 mm	bis 30 mm	bis 35 mm	bis 40 mm	bis 45 mm	bis 50 mm	20 bis 50 mm
1982 bis 1986	91,7	42,5	14,1	6,0	3,2	2,2	0,9	0,3	0,0	0,0	12,6
1987 bis 1991	169,3	54,1	16,3	8,2	2,9	0,2	0,2	0,0	0,2	0,0	11,7
1992 bis 1996	220,8	64,3	12,0	5,8	2,8	1,7	0,4	0,0	0,0	0,0	10,7
1997 bis 2001	324,5	90,0	22,7	4,1	1,8	0,0	0,0	0,0	0,0	0,0	5,9

H. Wakonigg | A. Podesser

Tabelle 6.4.2: Jahresgang der Zahl der Tage mit Hagel und Graupel.

Nr.	Name	Sh [m]	Jan	Feb	Mär	Apr	Mai	Jun	Jul	Aug	Sep	Okt	Nov	Dez	Frühling	Sommer	Herbst	Winter	Jahr
1	Admont	648	0,1	0,0	–	0,0	0,0	0,2	0,3	0,2	–	–	0,1	0,1	0,1	0,6	0,1	0,3	1,0
3	Aflenz	785	0,0	–	–	0,0	0,2	0,1	0,1	0,1	0,0	–	–	–	0,2	0,3	0,0	0,0	0,6
4	Aigen/Ennstal	640	0,1	–	–	0,1	0,0	0,1	0,2	0,1	–	–	0,1	0,1	0,1	0,3	0,1	0,2	0,7
7	Altenberg/Hartberg	429	–	0,1	–	0,3	0,2	0,2	0,3	0,2	–	–	0,1	0,1	0,5	0,8	0,1	0,1	1,4
10	Bad Aussee	660	0,0	–	–	–	0,2	0,1	0,1	0,2	0,0	–	–	–	0,2	0,4	0,0	0,0	0,6
11	Bad Gleichenberg	293	0,1	–	0,0	0,1	0,3	0,3	0,3	0,1	0,0	0,0	0,1	0,1	0,4	0,7	0,2	0,2	1,4
14	Bad Mitterndorf	810	–	–	–	–	–	0,1	0,1	0,1	0,0	–	–	–	–	0,3	0,0	–	0,3
15	Bad Radkersburg	208	0,0	0,0	–	0,1	–	0,2	0,2	0,2	0,0	–	–	0,1	0,1	0,5	0,0	0,2	0,7
23	Bruck/Mur	493	0,1	–	–	0,1	0,2	0,1	0,1	0,0	0,0	0,0	0,0	0,1	0,3	0,2	0,1	0,1	0,7
27	Deutschlandsberg	448	–	0,0	–	0,1	0,4	0,4	0,7	0,6	0,4	0,1	–	–	0,5	1,8	0,4	0,0	2,7
37	Fischbach	1015	–	–	0,0	0,0	0,4	0,1	0,1	0,1	0,1	–	–	–	0,4	0,3	0,1	0,0	0,8
47	Fürstenfeld	271	0,0	0,0	–	0,1	0,2	0,1	0,2	0,0	–	–	0,0	–	0,2	0,3	0,0	0,1	0,6
50	Gleisdorf	375	0,0	0,1	0,0	0,2	0,3	0,4	0,3	0,1	–	0,0	–	–	0,5	0,8	0,0	0,1	1,4
57	Graz-Flughafen	337	0,2	0,0	–	0,1	0,5	0,4	0,4	0,4	0,0	–	0,1	0,1	0,5	1,1	0,1	0,3	2,1
58	Graz-Messendorfberg	435	0,4	0,1	0,1	0,2	0,3	0,4	0,2	0,3	0,1	0,1	0,2	0,3	0,5	0,9	0,5	0,8	2,6
60	Graz-Universität	366	0,3	0,1	0,1	0,1	0,5	0,3	0,4	0,3	0,1	0,1	0,1	0,1	0,7	1,1	0,3	0,5	2,6
69	Hieflau	500	–	–	–	–	0,1	0,2	0,2	0,1	–	–	–	0,1	0,1	0,5	–	0,1	0,6
80	Irdning-Gumpenstein	698	0,0	0,2	0,1	0,0	0,1	0,2	0,3	0,0	–	0,0	–	0,1	0,3	0,5	0,0	0,3	1,1
84	Kalwang	760	–	–	–	–	0,0	0,1	0,1	–	–	–	–	–	–	0,2	–	–	0,2
95	Kleinsölk	1005	0,1	0,1	0,2	0,2	0,2	0,1	0,2	0,0	–	–	0,1	0,2	0,5	0,3	0,1	0,4	1,3
103	Lassnitzhöhe	527	0,1	–	–	0,1	0,1	0,1	–	0,0	0,1	–	–	–	0,2	0,1	0,1	0,1	0,5
104	Leibnitz	273	0,1	–	0,0	0,0	0,4	0,2	0,4	0,1	0,0	–	0,0	–	0,5	0,6	0,1	0,1	1,3
112	Lobming	414	0,0	–	–	0,1	0,2	0,4	0,4	0,3	0,1	0,0	0,0	–	0,3	1,0	0,2	0,0	1,6
116	Mariazell	865	0,1	0,1	0,1	0,0	0,2	0,2	0,2	0,1	0,0	–	–	–	0,3	0,4	0,0	0,2	1,0
126	Mürzzuschlag	758	0,2	0,0	0,1	0,2	0,4	0,4	0,3	0,2	0,1	–	0,0	0,1	0,7	0,9	0,1	0,3	2,0
138	Oberwölz	827	0,0	–	–	–	0,1	0,3	0,3	0,2	0,1	–	–	0,0	0,1	0,8	0,1	0,1	1,0
139	Oberzeiring	933	0,0	–	–	0,0	0,2	0,4	0,3	0,2	–	0,1	–	–	0,2	0,9	0,1	0,0	1,2
155	Pusterwald	1072	0,0	–	0,0	0,2	0,3	0,3	0,2	0,3	0,2	–	–	0,1	0,5	0,7	0,2	0,1	1,6
161	Rechberg	926	0,0	–	–	0,3	0,6	0,3	0,4	0,4	0,0	0,0	–	–	0,9	1,1	0,1	0,0	2,2
169	Rohrmoos	1078	–	–	–	0,1	0,1	0,2	0,1	0,1	–	–	–	–	0,2	0,3	–	–	0,5
173	Schöckl	1436	–	–	–	0,5	1,6	1,5	0,9	0,8	0,3	0,1	0,1	–	2,0	3,2	0,5	–	5,6
176	Seckau	855	0,1	0,0	–	0,2	0,1	–	0,2	0,2	0,0	0,0	–	0,1	0,3	0,4	0,1	0,2	1,0
195	St. Radegund	725	–	–	0,0	0,1	0,3	0,4	0,2	0,0	0,1	0,0	0,0	–	0,4	0,7	0,2	–	1,3
198	Stolzalpe	1293	–	–	–	0,1	0,3	0,2	0,3	0,2	0,1	0,0	–	–	0,3	0,7	0,1	–	1,1
223	Weiz	465	0,0	0,1	–	0,0	0,1	0,3	0,3	0,2	–	0,0	0,0	0,0	0,2	0,8	0,1	0,1	1,2
225	Wiel	922	–	0,1	0,1	0,8	0,9	0,7	0,8	0,5	0,3	0,1	0,1	0,1	1,8	1,0	0,4	0,2	4,4
232	Zeltweg	670	0,1	–	–	0,0	0,0	0,0	0,3	0,1	0,1			0,1	0,2	0,8	0,1	0,2	1,3

6.5 Ergänzende und weiterführende Literatur

BERTRAM, I. 2000: Verbreitung und Verlagerung von Gewittern in Österreich. Diplomarbeit Inst. f. Meteorol. Univ. Innsbruck, 101 S.

HOFER, F. 2006: Gewitter in der Steiermark, Häufigkeit, Verteilung und Zugbahnenanalyse unter besonderer Berücksichtigung von Luftmassen- und Wetterlagenabhängigkeit. Diplomarbeit Inst. f. Geogr. u. Raumf. Univ. Graz, 90 S.

KANN, A. 2001: Klimatologie konvektiver Systeme in den Ostalpen anhand von Blitzdaten. Diplomarbeit Inst. f. Meteorol. Univ. Wien, 71 S.

STAUD, D. 1965: Der Hagel in der Steiermark. Hausarbeit Inst. f. Geogr. Univ. Graz, 150 S.

SVABIK, O. 2004: Hagelabwehr in der Steiermark, 1982 – 2001. Forschungsbericht der ZAMG, Wien, Oktober 2004, 9 S.

WAKONIGG, H. 1978: Witterung und Klima in der Steiermark. Verlag für die Technische Universität Graz, 473 S.

SCHNEEFALL UND SCHNEEDECKE

H. WAKONIGG, A. PODESSER

KARTOGRAPHISCHE BEARBEITUNG

V. HAWRANEK, A. PODESSER, H. RIEDER, A. STUDEREGGER

7 SCHNEEFALL UND SCHNEEDECKE

🐾 Dieses Kartensymbol bedeutet, dass gedrucktes Kartenmaterial in der Klimaatlas-Mappe verfügbar ist.

Titelbild: Expositionsunterschiede der Schneedecke an einem teilweise bewaldeten Kamm im steirisch-niederösterreichischen Grenzgebiet. In diesem exponiert gelegenen Nordalpenabschnitt kommt es bei Nordwest-Anströmung selbst in Mittelgebirgslagen zu effektiven Schneeumlagerungen.
Foto: A. PODESSER

7.1 Allgemeines

7.1.1 Schneeniederschlag und Schneedecke

Fester Niederschlag

Die bekannteste Form der festen Niederschläge ist der Schneefall. Schnee fällt üblicherweise aus mehrschichtigen Nimbostratus-Wolken, wobei Schneeflocken nichts anderes darstellen als untereinander verhakte Schneekristalle. Diese Kristalle haben immer hexagonale (sechseckige) Struktur, ihre Form ist aber von den Bildungstemperaturen abhängig und reicht von den „klassischen" Schneesternchen über sechseckige Plättchen, Säulen, „Hanteln" bis hin zu fast amorphen Eisnadeln. Ausnahmsweise kommt es auch zu „Schneegriesel" aus niederen Stratus-Wolkendecken, welches vergleichsweise unergiebig ist, im Falle von „Industrieschneefall" – d.h. offenbar anthropogen ausgelöst durch Anreicherung von Wasserdampf und Aerosol – örtlich begrenzt und zeitlich kurzfristig aber auch nennenswerte Mengen mit Höhen der Lockerschneedecke bis zu 10 cm erreichen kann. Unter anderem wird besonders in einigen westlichen Stadtbezirken von Graz dieser Industrieschneefall immer wieder beobachtet (siehe Kap. 4.6.2.6.1, S. 172).

Entstehung des Schneefalles

Die auslösenden Faktoren für Schneefall sind die selben wie für Regen (zyklonale, konvektive und Stauniederschläge), wobei Regen ohnehin meist über geschmolzene Schneeflocken zustande kommt, doch spielen beim Schneefall konvektive Vorgänge nur eine sehr untergeordnete Rolle, da sich solche überwiegend auf das Sommerhalbjahr beschränken und die mit ihnen einhergehenden festen Niederschläge hauptsächlich aus Hagel- und Graupelkörnern bestehen.

Schneefall ist nicht nur bei negativen Temperaturen zu beobachten, sondern auch bei leicht positiven Temperaturen, wobei es von der Intensität des Schneefalls abhängt, bis zu welcher Temperatur dieser noch möglich ist. Bei stärkerem Schneefall und größeren Schneeflocken, bei denen das Schmelzen während des Fallens länger dauert und zudem die Fallgeschwindigkeit wesentlich größer ist, sind die Maximaltemperaturen etwas höher (etwa 2 bis 3°C) als bei schwachem Schneefall.

Darüber hinaus sind bei sehr trockener Luft, d.h. bei Taupunkten weit unter Null Grad, wie sie etwa bei Schneeschauern in labiler Luft oder in Zusammenhang mit föhnigen Abwinden vorkommen, Schneefälle auch noch bei weit höheren Temperaturen, etwa bis 6 oder 7°C möglich, da die Schneeflocken durch die Verdunstung abgekühlt werden und der Schmelzvorgang dadurch verzögert bzw. verhindert wird. Solche Schneeschauer in trockener Luft sind aber durchwegs von geringer Ergiebigkeit.

Schneefalltag

Klima-statistisch gilt ein Tag als Schneefalltag bzw. Tag mit Schneefall, wenn zu irgend einem Zeitpunkt Schneefall beobachtet wird, unabhängig davon, ob dieser mit Regen vermischt ist oder ob sich daraus auch eine Schneedecke bildet, wenn wenigstens 0,1 mm Niederschlagshöhe zustande kommt. Daraus erklärt sich auch die relativ große Diskrepanz zwischen der Zahl der Tage mit Schneefall und der Zahl der Tage mit Neuschnee im Sinne einer zu beobachtenden auf dem Erdboden liegenden Schneedecke.

Beobachtungsregeln für Tage mit Neuschnee und Tage mit Schneedecke

Klima-statistisch gilt ein Tag als Tag mit Schneedecke, wenn zum Morgentermin um 07:00 Uhr wenigstens 1 cm Schneehöhe gemessen werden kann. Das selbe gilt auch für die Zahl der Tage mit Neuschnee. Kurzfristige Schneebedeckungen außerhalb des Morgentermins fallen statistisch sozusagen durch den Rost, bleiben also offiziell unregistriert. Im Falle von Neuschnee ist diese Regel vergleichsweise einfach einzuhalten, eventuell schneefreie Flächen durch größeren Bodenwärmestrom (Asphalt, unterirdisch verlegte Rohrleitungen mit Wärmeabgabe u. dgl.) können erkannt und übergangen werden.

Weniger eindeutig ist die Sache zur Zeit des Abschmelzens einer höheren Schneedecke, d.h. für die Festlegung des Termins des Endes der Schneebedeckung und damit zur Feststellung der Zahl der Tage mit Schneebedeckung, da das Abschmelzen je nach Besonnung (Exposition, Schlagschatten), Bodenwärmestrom und windabhängiger Verteilung der tatsächlichen Schneemengen während und nach dem Schneefall sehr ungleich erfolgt. Das völlige Ausapern ist meist ein viele Tage dauernder Prozess, bei dem sich zuerst Lücken innerhalb der Schneedecke zeigen, später nur mehr einige Schneeflecken, bevor die Schneedecke ganz verschwunden ist.

Dieses Problem verstärkt sich mit zunehmender Seehöhe, wobei oberhalb der Waldgrenze die statistische Zahl der Tage mit Schneedecke nur mehr theoretischen Wert hat, da die Zeit mit durchbrochener Schneedecke bzw. einzelnen Schneeflecken üblicherweise mehrere Wochen andauert, wofür in erster Linie die Windverfrachtung ausschlaggebend ist.

Klima-statistisch behilft man sich damit, dass eine von aperen Stellen durchbrochene Schneedecke (üblicherweise mehr als 50% der Bodenoberfläche bedeckend) noch mit einer Mächtigkeitsangabe in cm versehen und zu den Tagen mit Schneedecke gezählt wird, während bei nicht mehr zusammenhängenden Schneeflecken (üblicherweise weniger als 50% der Bodenoberfläche bedeckend) keine Mächtigkeitsangabe mehr erfolgt und solche Tage auch nicht mehr zu den Schneedeckentagen zählen.

In den Original-Aufzeichnungen werden erstere Tage mit dem Zusatz „dbr" (durchbrochen) versehen, letztere mit dem Zusatz „Fl" (Flecken). Im Falle von unklarer Zuordnung gilt auch die Regel, dass die Umgebung der Station einen „schneebedeckten Eindruck" machen muss. Fragliche und schwer zuzuordnende Tage sind in den Niederungen die Ausnahme und im Falle des frühjährlichen Abschmelzens der Schneedecke auf einen, höchstens zwei Tage beschränkt, was bezüglich der Gesamtstatistik kein Problem darstellt. Oberhalb der Waldgrenze sind solche „gemischte" Tage aber während der frühjährlichen Abschmelzung geradezu die Regel.

Schneeumwandlung

Der auf dem Erdboden liegende Schnee wird unmittelbar nach seiner Ablagerung metamorph, d.h. er beginnt seine Struktur zu verändern, wobei die Schneekristalle allmählich in Körner („Firn") umgewandelt werden, was bei der Beteiligung von Schmelzwasser rascher vor sich geht als bei Dauerfrost. Aber auch die Umlagerung und Zerbrechung der Eiskristalle durch den Wind und das Zusammenpressen durch das eigene Gewicht der Schneedecke zählen zur Metamorphose, wobei jede Art der Metamorphose zu einer Verdichtung des Schnees führt. Dabei gilt die Regel, dass der Schnee umso dichter ist, je älter er ist bzw. je tiefer er innerhalb der Schneedecke liegt.

Schneedichte

Dabei kann die Dichte des Schnees außerordentlich schwanken. Lockerer, wenig mächtiger Neuschnee hat Dichtewerte bis unter 0,05, d.h. 2 cm Schneehöhe ergeben kaum 1 mm Wasserhöhe, während mächtige Altschneedecken Dichtewerte bis 0,5 aufweisen können. Vielfach wird für grobe quantitative Abschätzungen eine durchschnittliche Neuschneedichte von 0,1 angenommen (MAIRAN'sche Regel), was im Durchschnitt vieler Schneefallereignisse mit unterschiedlicher Höhe, Struktur und Dichte der Schneedecke einen guten Näherungswert darstellt, im Einzelfall aber nur selten einigermaßen zutrifft.

Für eine erste grobe Orientierung kann mit Hilfe dieses Wertes auch aus der Summe der Neuschneehöhen der Wasserwert der Schnee-Niederschlagshöhe und damit der Anteil des Schnees am Gesamtniederschlag abgeschätzt werden, was ungleich einfacher ist als die Ermittlung aus den „Extenso-Werten" (Original-Tagesaufzeichnungen), aber eben auch entsprechend ungenauere Werte liefert.

Beim Schnee werden im Wesentlichen vier Parameter gemessen:

Niederschlagshöhe

Die Niederschlagshöhe, die sich aus dem Wasserwert des Schneefalls ergibt und durch Schmelzen des Schnees im Sammelgefäß ermittelt wird. So wie beim Regen erfolgt diese Messung wenigstens einmal täglich um 07:00 Uhr. Die Schnee-Niederschlagshöhe kann aber auch mittels nach dem Waage-Prinzip arbeitenden Ombrographen automatisch und für beliebige Zeitabschnitte registriert werden. Dabei erfolgt die Messung von gemischtem Niederschlag aus Schnee und Regen bei beiden Methoden gleich wie bei ausschließlichem Schneefall.

einem möglichst neutralen und umgebungstypischen Platz mit nur teilweiser Abschattung angebracht werden soll und der Schnee in dessen unmittelbaren Umgebung nicht zusammengetreten werden darf. Auch die Gesamtschneehöhe wird täglich einmal um 07:00 Uhr in ganzen Zentimetern abgelesen.

Wasserwert

Der Wasserwert der Gesamt-Schneedecke. Dieser wird durch Schmelzung eines definierten Volumens (gewonnen durch Ausstechen eines vertikalen Schneezylinders) ermittelt und dient zur Abschätzung der Rücklagen im Sinne der Alimentierung des Boden- und Grundwassers bzw. des Abflusses nach der Schneeschmelze. Aus dem Wasserwert der Schneedecke lässt sich auch die Schneedichte und das Gewicht pro Auflagefläche (Schneedruck) im Sinne der Belastung von schneebedeckten Bauwerken ermitteln.

Abbildung 7.1.2.1: Automatischer Schneepegel mit Ultraschallmessung des Steiermärkischen Lawinenwarndienstes am Grimming-Multereck (2 160 m).
Foto: A. Podesser

Neuschneehöhe

Die Messung erfolgt üblicherweise mittels eines Schneetisches, das ist ein 1 m² großer, horizontal etwa 0,5 m über dem Erdboden angebrachter Holztisch, auf dem die Neuschneehöhe täglich einmal um 07:00 Uhr durch Einstechen mit einem Messstab an mehreren Stellen gemessen wird. Der Durchschnittswert, gerundet auf ganze Zentimeter, ergibt die Neuschneehöhe. Nach der Messung wird der Schneetisch vollkommen vom Schnee gesäubert (abgekehrt), damit bei der nächsten Messung wieder ausschließlich Neuschnee gemessen wird.

Gesamtschneehöhe

Die Gesamtschneehöhe. Diese wird mit Hilfe eines fix auf dem Erdboden angebrachten und vertikal ausgerichteten Schneepegels gemessen, wobei der Pegel auf

Die Ermittlung des Wasserwertes der Schneedecke gehört nicht zum Standard-Messprogramm von Beobachtungsstationen, sondern wird nur an einigen ausgewählten Stationen stichprobenweise durchgeführt. Eine kartographische Darstellung von Wasserwerten der Schneedecken ist daher nicht möglich.
Eine Tabelle mit den für das Schneefall- und Schneedeckenkapitel verwendeten Stationen findet sich samt den zugehörigen Eckdaten im technischen Anhang unter www.klimaatlas-steiermark.at.

7.2 Durchschnittliche Zahl der Tage mit Neuschnee

Definition

Wie in der Einleitung angegeben, sind das die Tage mit wenigstens 1 cm Neuschneehöhe auf dem Schneetisch zum morgendlichen Beobachtungstermin. Ihre Zahl ist wesentlich kleiner als die (nicht dargestellte) Zahl der Tage mit Schneefall, weil sich nicht aus jedem Schneefall eine wenigstens 1 cm hohe bzw. überhaupt eine Schneedecke bildet. Schließlich zählen auch Tage mit gemischtem Niederschlag (Schnee und Regen) zu den Tagen mit Schneefall.

Auf die Darstellung der Zahl der Tage mit Schneefall wurde vor allem deshalb verzichtet, weil das Beobachtungsmaterial aufgrund unterschiedlicher Beobachtungsqualität nicht uneingeschränkt vergleichbar ist und weil die Tage mit Schneefall auch für Umwelt und Nutzer von geringerer Bedeutung ist als die Zahl der Tage mit Neuschnee.

Bestimmende Faktoren

Die Zahl der Tage mit Neuschnee ist von folgenden Faktoren abhängig:

- Von der Zahl der Tage mit Niederschlag ganz allgemein im Sinne der gleichsinnigen Änderung.

- Von der Seehöhe im Sinne einer Zunahme nach oben, wobei diese Zunahme einerseits von der Zunahme der Zahl der Tage mit Niederschlag selbst, andererseits wegen der nach oben abnehmenden Temperaturen viel stärker von der Zunahme des Anteils des Schnees am Gesamtniederschlag abhängt.

- Vom Jahresgang der Zahl der Tage mit Niederschlag. Bei gleicher Anzahl im Gesamtjahr und gleicher Seehöhe (Temperaturklima) ist die Zahl der Tage mit Neuschnee in Landschaften mit hohem Anteil der Niederschlagstage im Winter (Nordstaugebiete) entsprechend höher als in Landschaften mit geringem Anteil der Niederschlagstage im Winter (insbesondere Oberes und Mittleres Murtal, nördliche Oststeiermark).

Beispielstationen

Die saisonale Aufteilung („Jahresgang") der Zahl der Tage mit Neuschnee wird für drei ausgewählte Stationen in den Abbildungen 7.2.1 bis 7.2.3 dargestellt. Altaussee (Abb. 7.2.1) repräsentiert die Situation in höherer Tallage im steirischen Salzkammergut (Nordstaugebiet), der schneereichsten Landschaft der Steiermark. Dort beträgt die Zahl der Tage mit Neuschnee zwischen Dezember und März durchwegs gleichermaßen etwa ein Drittel aller Tage, dazu sind Neuschneefälle schon im Oktober und noch im Mai zu erwarten.

Auf der Tauplitzalm (Abb. 7.2.2), einem traditionellen Wintersportgebiet ebenfalls im Nordstaugebiet, mit der Station etwas unter der örtlichen Waldgrenze, gibt es eigentlich in allen Monaten des Jahres Neuschnee, zwischen Dezember und März an fast der Hälfte aller Tage, wobei das Maximum wegen der vergleichsweise häufigeren antizyklonalen Witterung nicht auf den Hochwinter (Jänner, Februar) fällt, sondern auf den Spätwinter (März). Relativ gesehen ist aber die Zahl der Tage mit Neuschnee im Februar wenigstens gleich hoch. Zu beachten ist nämlich – wie in allen anderen gleichsinnigen Diagrammen auch – dass der Februar um drei Tage kürzer ist als der Jänner oder März und sich seine geringeren Absolutwerte vielfach nur aus der kürzeren Monatslänge herleiten.

Die Landeshauptstadt (Abb. 7.2.3) steht als Beispiel für das schneearme Vorland in der Nähe der „inneralpinen Mittelachse", welche ein wenig nördlicher (Raum Frohnleiten – Friedberg) zu denken ist. Im Vergleich mit den beiden Stationen im Nordstaugebiet ist die Häufigkeit von Neuschnee geradezu „kümmerlich" und dazu auf die Monate November bis April beschränkt (eine Ausnahme waren die 2 cm Neuschnee am 24. Oktober 2003 als erstmaliger Fall in diesem Monat seit Aufzeichnungsbeginn; siehe dazu Abbildung 7.6.1 auf Seite 254). Dazu fällt die größte Häufigkeit temperaturbedingt auf den Hochwinter, aber selbst im Jänner und Februar gibt es nur an etwa 10 – 12% aller Tage Neuschnee.

H. Wakonigg | A. Podesser

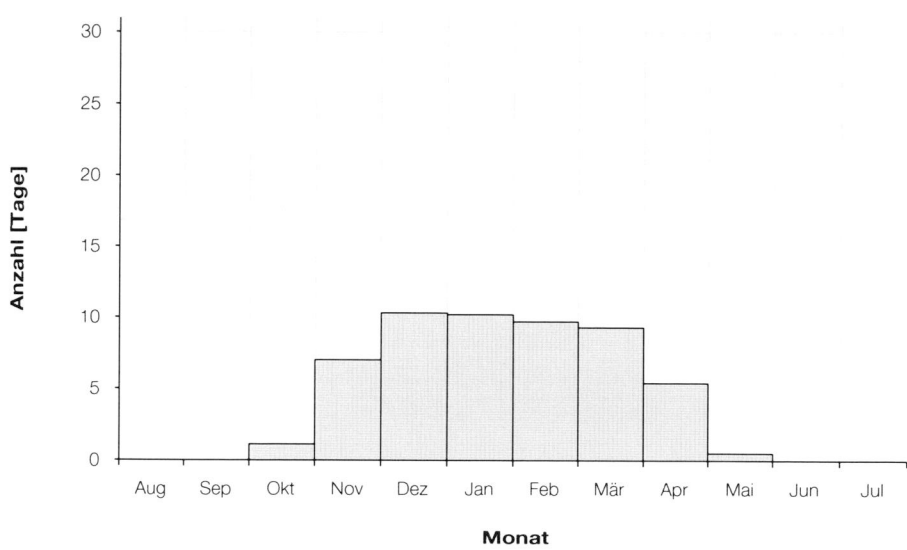

Abbildung 7.2.1: Durchschnittliche Zahl der Tage mit Neuschnee, Station Altaussee-Lichtersberg, 850 m.

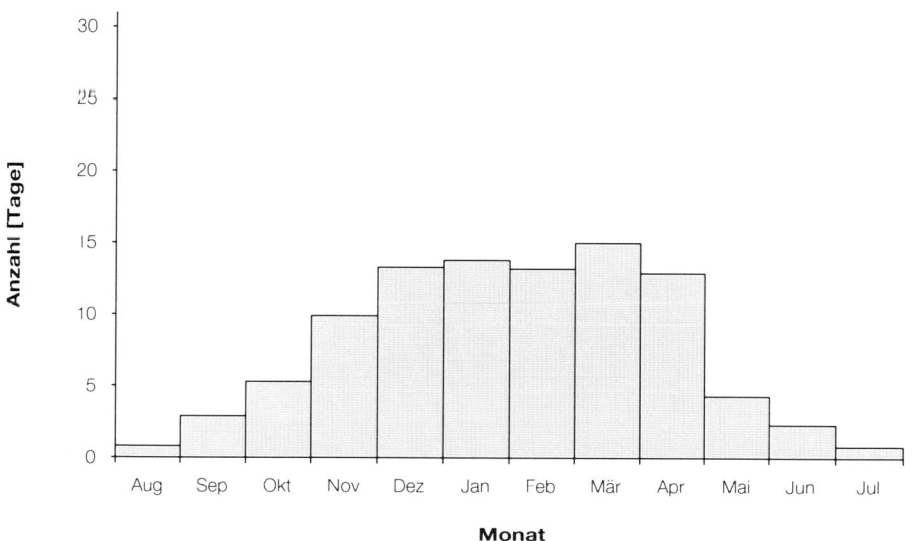

Abbildung 7.2.2: Durchschnittliche Zahl der Tage mit Neuschnee, Station Tauplitzalm, 1 645 m.

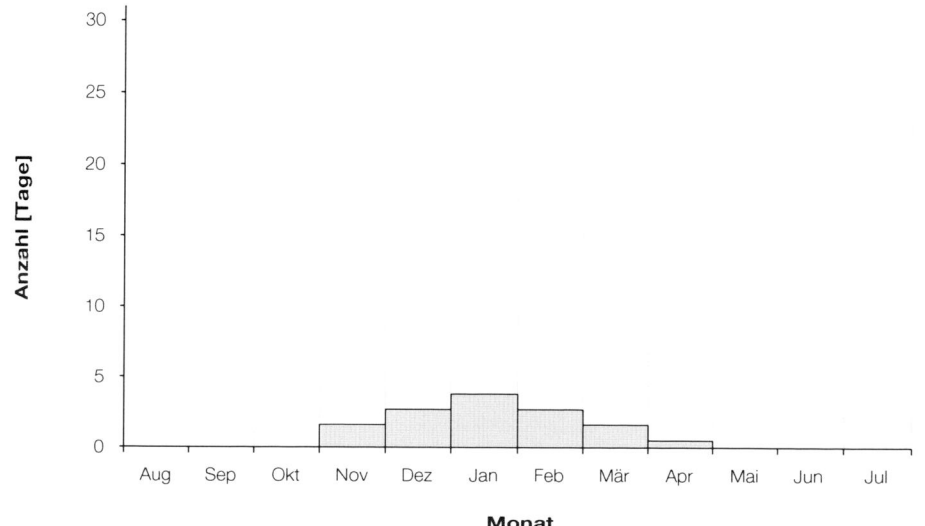

Abbildung 7.2.3: Durchschnittliche Zahl der Tage mit Neuschnee, Station Graz-Universität, 366 m.

Modellregionen

Für alle Karten wurden die bei den Temperaturkarten noch getrennten nördlichen Regionen „Norden" und „Murtal" zu einer Region („Obersteiermark") zusammengefasst, da eine Trennung der beiden Region aufgrund des gewählten Ansatzes für die Kartenmodellierung nicht mehr nötig war. So verhält sich die Zahl der Tage mit Neuschnee zwischen den praktisch gleich hoch gelegenen Stationen Zeltweg und Bad Aussee wie 1 : 2,0, zwischen Unzmarkt und Gößl wie 1 : 2,4 und zwischen Neumarkt und Altaussee sogar wie 1 : 3,2.

Seehöhenabhängigkeit

Umgekehrt wird die in der Höhenstufe der schneereichsten Landschaften des Nordstaugebietes um 700 m vorkommende Zahl der Tage mit Neuschnee in den Bergen südlich der Mur erst in einer Höhe von 1 800 bis 2 000 m erreicht. Dadurch ist die Beziehung zwischen Seehöhe und Zahl der Tage mit Neuschnee in der Obersteiermark mit einem Korrelationskoeffizienten von +0,79 (Bestimmtheitsmaß 0,63) wohl eindeutig, aber nicht wirklich den Erwartungen entsprechend hoch.

Große regionale Abweichungen in der Obersteiermark

Formal nimmt die Zahl der Tage mit Neuschnee im Durchschnitt der Obersteiermark von 22 in 500 m Höhe mit einem Gradienten von +4,2 Tagen pro 100 m bis auf 84 in 2 000 m nach oben zu, wobei jedoch die regionalen Abweichungen von diesem Durchschnitt sehr groß sind. (Erwartungswert in Altaussee 36, tatsächlicher Wert 54, dagegen in Neumarkt 36 zu 17).

In der Südostregion geringere Abweichungen

Demgegenüber ist diese Beziehung in der dritten Region (Vorland und Randgebirge) bei weitgehend ähnlichen Jahresgängen der Niederschläge mit einem Korrelationskoeffizienten von +0,94 (Bestimmtheitsmaß 0,89) ungleich eindeutiger. Im Durchschnitt dieser Region nimmt die Zahl der Tage mit Neuschnee mit einem Gradienten von +2,4 Tagen pro 100 m von 10 in 200 m bis 54 in 2 000 m nach oben zu. Dabei sind die regionalen Abweichungen deutlich geringer als in der Obersteiermark. Das Verhältnis zwischen Erwartungswert und realem Wert beläuft sich in Eibiswald auf 14 : 19 und in Kirchberg bei Grafendorf auf 16 : 12.

In der Obersteiermark raschere Zunahme mit der Höhe als im Südosten

Die Zunahme der Zahl der Tage mit Neuschnee nach oben erfolgt in der Obersteiermark mit deutlich größerem Gradienten, d.h. wesentlich rascher als in der Südostregion, was auf den entscheidenden witterungs- und schneeklimatischen Unterschied zwischen diesen beiden Räumen zurückzuführen ist und im Kapitel 7.12 (Zahl der Tage mit wenigstens 20 cm Schneehöhe) auf Seite 267 näher ausgeführt wird.

Darüber hinaus ist die regionale Verteilung der Zahl der Tage mit Neuschnee von der regionalen Verteilung der Zahl der Niederschlagstage im Winter bzw. Winterhalbjahr abhängig, deren Faktoren bei der Karte der Zahl der Tage mit Niederschlag im Gesamtjahr angesprochen werden. Neben der Dominanz des Faktors Seehöhe zeigt die regionale Verteilung der Zahl der Tage mit Neuschnee recht gut die generelle Abnahme gegen Süden,

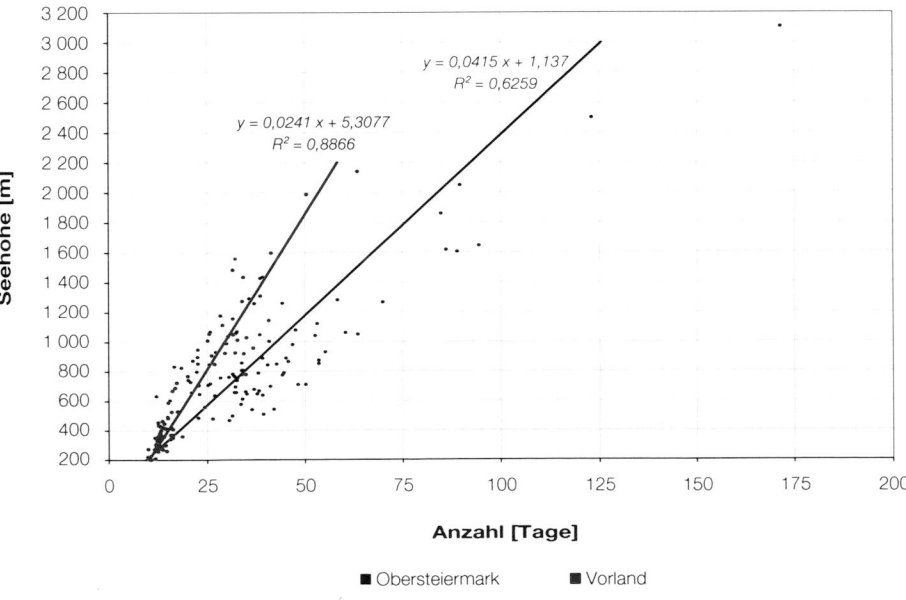

Abbildung 7.2.4: Durchschnittliche Zahl der Tage mit Neuschnee in Abhängigkeit von der Seehöhe (R^2 = Bestimmtheitsmaß, y = Seehöhe, x = Element).

$$y = 0,0241\,x + 5,3077$$
$$R^2 = 0,8866$$

$$y = 0,0415\,x + 1,137$$
$$R^2 = 0,6259$$

■ Obersteiermark   ■ Vorland

insbesondere den scharfen Gegensatz an der Südflanke der Niederen Tauern, wie er ja auch bei der Zahl der Niederschlagstage beobachtet werden kann.

Vergleich von vier Großlandschaften

Für den großlandschaftlichen Vergleich werden bei allen folgenden Schneekapiteln Durchschnittswerte von mehreren Stationen aus den witterungsklimatischen Hauptlandschaften gebildet, und zwar für das Nordstaugebiet aus den Stationen Altaussee, Brunngraben, Gößl, Grubegg, Hieflau, Kirchenlandl, Weichselboden und Wildalpen mit einer mittleren Höhe von 670 m, für das Obere Ennstal aus den Stationen Admont, Aigen, Irdning, Liezen und Gröbming mit einer mittleren Höhe von 677 m, für das Obere Murtal aus den Stationen Bruck, Kraubath, Oberwölz, Unzmarkt und Zeltweg mit einer mittleren Höhe von 668 m und für das Vorland und Randgebirge aus den Stationen Friedberg, Lassnitzhöhe, St. Lorenzen, St. Radegund und Vorau mit einer mittleren Höhe von 662 m.

Bei praktisch gleicher Seehöhe sind die Durchschnittswerte so gut wie uneingeschränkt vergleichbar und nur mehr regionalklimatisch und nicht mehr hypsometrisch (nach der Seehöhe) zu interpretieren. Die durchschnittliche Zahl der Tage mit Neuschnee beträgt dabei im:

Nordstaugebiet	43 Tage
Oberen Ennstal	32 Tage
Oberen Murtal	18 Tage
Vorland und Randgebirge	20 Tage

Dabei ist allerdings die letzte Landschaft die uneinheitlichste, da sie Stationen aus dem schneearmen Nordosten (Vorau, Friedberg) und dem schneereichen Südwesten (St. Lorenzen) umfasst.

Eine Übersicht über die durchschnittliche Zahl der Tage mit Neuschnee aller Stationen findet sich in den Tabellen im technischen Anhang unter www.klimaatlas-steiermark.at.

7.3 Durchschnittliche Summen der Neuschneehöhen

Definition

Die Summe der Neuschneehöhen erhält man durch Addieren aller einmal täglich nach der in der Einleitung angegebenen Methode gemessenen Neuschneehöhen. Solcherart ist die Summe ein theoretischer Wert, der nicht als reale Schneehöhe beobachtbar ist, da die reale (Gesamt-) Schneehöhe nur am ersten Schneefalltag mit der Neuschneehöhe übereinstimmt, später aber durch Setzung (Verdichtung) und zwischenzeitliches Zurückschmelzen mehr und mehr hinter dem Wert der aufsummierten Neuschneehöhen zurückbleibt.

Praktische Bedeutung

Ganz allgemein ist die Summe der Neuschneehöhen ein guter Orientierungswert bezüglich des Schneereichtums im Sinne der gefallenen Mengen vor allem in Hinblick auf die logistischen Aufwendungen für die Schneeräumung von Verkehrswegen, für die Eignung als Wintersportgebiet und für eine erste Abschätzung der Niederschlagshöhen (Wasserwert) in Form von Schnee bzw. entsprechend des Anteils des Schnees an der gesamten Niederschlagshöhe, wenn man vereinfacht den Wasserwert des Neuschnees mit 0,1 annimmt.

Bestimmende Faktoren

Die Summe der Neuschneehöhen ist von folgenden Faktoren abhängig:

- Von der Niederschlagshöhe ganz allgemein im Sinne der gleichsinnigen Änderung.

- Von der Seehöhe im Sinne einer Zunahme nach oben, wobei diese Zunahme einerseits von der Zunahme der Niederschlagshöhen selbst, andererseits wegen der nach oben abnehmenden Temperaturen viel stärker von der Zunahme des Anteils des Schnees am Gesamtniederschlag abhängt und solcherart ganz außergewöhnliche Zunahmeraten nach oben zu verzeichnen sind.

- Vom Jahresgang der Niederschläge. Bei gleicher Jahres-Niederschlagshöhe und gleicher Seehöhe (Temperaturklima) ist die Summe der Neuschneehöhen zweier Orte alles andere als gleich, da sie auch davon abhängt, wie groß der Anteil der Niederschläge im Winter bzw. in der Jahreszeit mit Schneefall-Erwartung ist.

Wenn man für die Niederungen vereinfacht die drei Wintermonate als Schneefall-Jahreszeit heranzieht, dann beträgt deren Anteil am Jahresniederschlag entlang der inneralpin-kontinentaleren „Mittelachse" nur 12 bis 14%, gegenüber 27 bis über 30% in den extremen Nordstaugebieten mit sekundärem Wintermaximum. Solcherart sind auch Angaben von Durchschnittswerten sowohl für die Summe der Neuschneehöhen als auch für den Anteil des Schneeniederschlags am Gesamtniederschlag in bestimmten Seehöhen nur für Regionen mit gleichsinnigem Jahresgang der Niederschläge sinnvoll.

Jahresgang der Neuschneesummen

Der Jahresgang der monatlichen Summe der Neuschneehöhen ist dem Jahresgang der Zahl der Tage mit Neuschnee unmittelbar ähnlich. In Altaussee (Abb. 7.3.1) werden zwischen Dezember und März in jedem Monat durchschnittlich etwa 125 cm erreicht, auf der Tauplitzalm (Abb. 7.3.2) sind es sogar bis zu zwei Meter im März, in dem fast der gesamte Niederschlag noch als Schnee fällt. Dagegen werden in Graz (Abb. 7.3.3) selbst im schneefallreichsten Monat Jänner nur etwa 15 cm Neuschneehöhe erreicht.

Enorme regionale Unterschiede

Wie bei der Zahl der Tage mit Neuschnee sind die regionalen Unterschiede in dem zur Obersteiermark zusammengefassten Großraum enorm. So verhält sich die Summe der Neuschneehöhen zwischen den Stationen

H. Wakonigg | A. Podesser

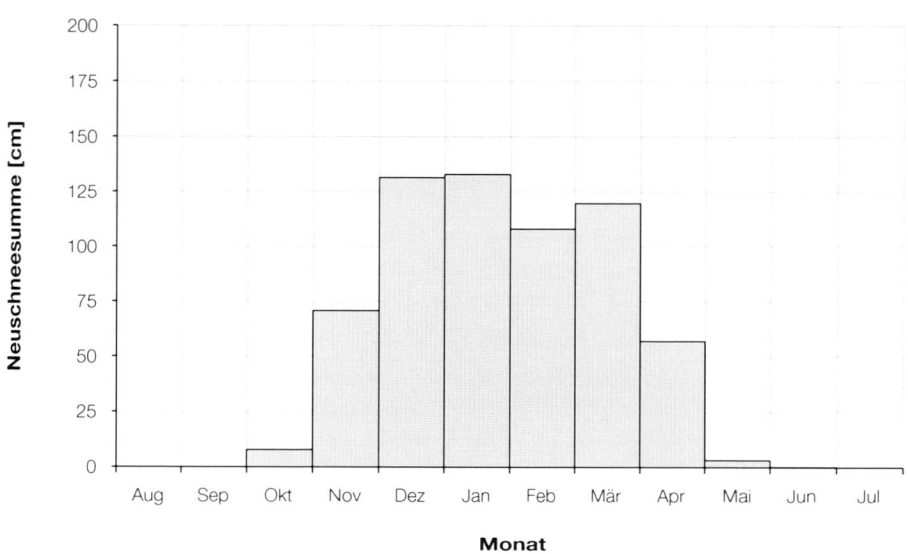

Abbildung 7.3.1: Durchschnittliche Summen der Neuschneehöhen in cm, Station Altaussee-Lichtersberg, 850 m.

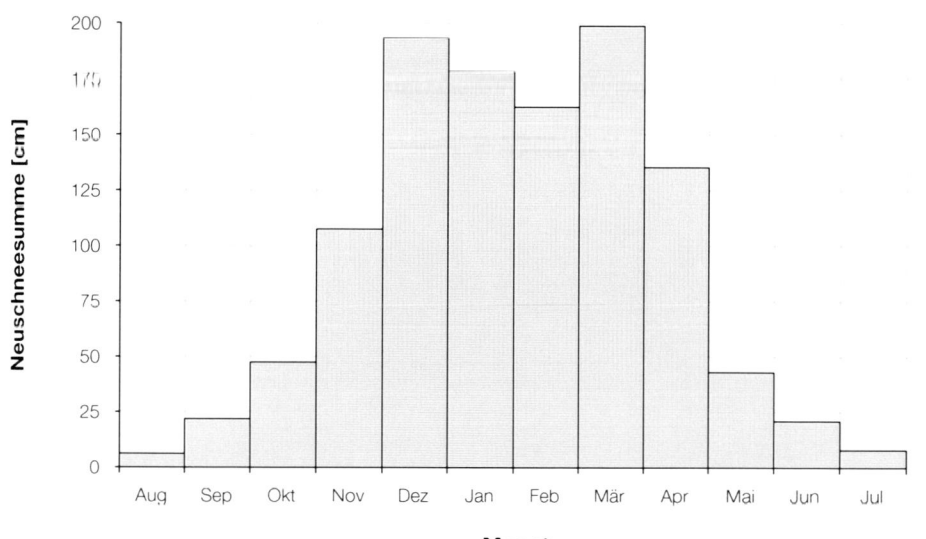

Abbildung 7.3.2: Durchschnittliche Summen der Neuschneehöhen in cm, Station Tauplitzalm, 1 645 m.

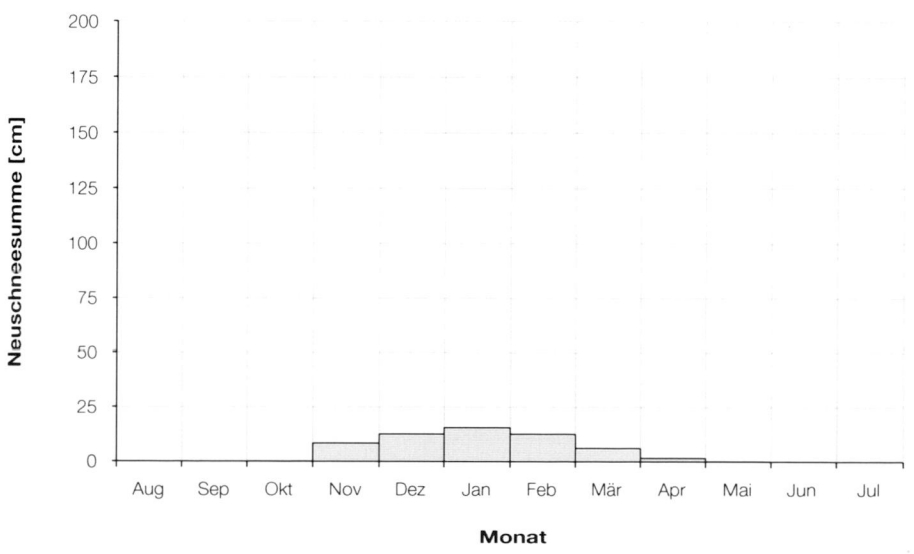

Abbildung 7.3.3: Durchschnittliche Summen der Neuschneehöhen in cm, Station Graz-Universität, 366 m.

Zeltweg und Bad Aussee wie 1 : 4,5, zwischen Unzmarkt und Gößl wie 1 : 4,7 und zwischen Neumarkt und Altaussee sogar wie 1 : 7,4.

Die im Norden in 700 m vorkommenden Neuschneesummen werden in den Muralpen erst in Höhen zwischen 1 500 bis 2 000 m erreicht

Auch wird die im Nordstaugebiet um 700 m vorkommende Summe der Neuschneehöhen in den Bergen südlich der Mur erst in einer Höhe von 1 500 bis 2 000 m erreicht. Dadurch ist die Beziehung zwischen Seehöhe und Summe der Neuschneehöhen in der Obersteiermark mit einem Korrelationskoeffizienten von +0,78 (Bestimmtheitsmaß 0,61) wohl eindeutig, aber nicht annähernd so hoch wie in einer witterungsklimatisch einheitlichen Landschaft.

Formal nimmt die Summe der Neuschneehöhen im Durchschnitt der Obersteiermark von 82 cm in 500 m Höhe mit einem Gradienten von +48,5 cm pro 100 m bis auf 810 cm in 2 000 m nach oben zu, wobei jedoch die regionalen Abweichungen von diesem Durchschnitt enorm sind. (Erwartungswert in Altaussee 252 cm, tatsächlicher Wert 630 cm, dagegen in Neumarkt 245 cm zu 85 cm).

Der Süden ist ausgeglichener

Dagegen ist diese Beziehung im Südosten (Vorland und Randgebirge) bei weitgehend ähnlichen Jahresgängen der Niederschläge mit einem Korrelationskoeffizienten von +0,95 (Bestimmtheitsmaß 0,90) ungleich eindeutiger. Im Durchschnitt dieser Region nimmt die Summe der Neuschneehöhen mit einem Gradienten von +20 cm pro 100 m von 39 cm in 200 m bis 395 cm in 2 000 m nach oben zu. Dabei sind die regionalen Abweichungen deutlich geringer als in der Obersteiermark. Die Abweichungen zwischen Erwartungswert und realem Wert belaufen sich in Eibiswald auf 71 : 120 cm und in Altenberg bei Hartberg auf 85 : 55 cm.

Vergleich der Großlandschaften

Darüber hinaus ist die regionale Verteilung der Summen der Neuschneehöhen von der regionalen Verteilung der Niederschläge im Winter bzw. Winterhalbjahr abhängig, deren Faktoren bei der Karte der Niederschlagssummen im Winter näher ausgeführt werden. Wegen der absoluten Dominanz des Faktors Seehöhe und der relativ großen Äquidistanz der Isolinien sind aber die sonstigen Faktoren (Abschirmung gegenüber nordalpinen Niederschlagslagen, Abnahme von Südwesten nach Nordosten im Vorland) erst beim „zweiten Hinsehen" wirklich gut zu erkennen.

Im Durchschnitt der schneeklimatisch weitgehend einheitlichen Hauptlandschaften (Mittelwerte der im Kapitel 7.2 genannten Stationen) beträgt die Summe der Neuschneehöhen in einer Seehöhe um 670 m im:

Nordstaugebiet	363 cm
Oberen Ennstal	183 cm
Oberen Murtal	86 cm
Vorland und Randgebirge	108 cm

Eine Übersicht über die durchschnittlichen Summen der Neuschneehöhen aller Stationen findet sich in den Tabellen im technischen Anhang unter www.klimaatlas-steiermark.at.

Abbildung 7.3.4: Im neuen Jahrtausend gab es in der Obersteiermark immer wieder sehr schneereiche Winter (z.B. 2004/05, 2005/06 und 2008/09). Häufig mussten dabei Dächer abgeschaufelt werden, so wie hier in den Türnitzer Alpen im steirisch-niederösterreichischen Grenzgebiet.
Foto: Lawinenwarndienst Steiermark

H. Wakonigg | A. Podesser

7.4 Veränderlichkeit der Summe der Neuschneehöhen

Bedeutung und Grundbegriffe

Die Veränderlichkeit der Summe der Neuschneehöhen ist ein Maß für die „Sicherheit" bzw. Verlässlichkeit, mit der eine bestimmte Schneemenge Jahr für Jahr zu erwarten ist und damit auch wie weit ein Gebiet von den natürlichen Schneemengen her als Wintersportgebiet geeignet ist. Dabei wird die Veränderlichkeit zuerst als Standardabweichung der Neuschneehöhen berechnet, d.h. als durchschnittliche Abweichung aller 30 Summen der Neuschneehöhen von ihrem Mittelwert, wobei die Berechnung der Standardabweichung über die Quadrate der einzelnen Abweichungen erfolgt und gegenüber der „durchschnittlichen" Abweichung, also dem bloßen Mittelwert der einzelnen Abweichungsbeträge (bei Gleichschaltung des Vorzeichens und ohne deren Quadrierung) geringfügig abweichende Werte ergibt.

Dabei ergibt sich allerdings die stochastische, d.h. statistisch zufällige (nicht kausale) aber mit Sicherheit zu erwartende Beziehung, dass die Standardabweichung der Summen der Neuschneehöhen bei Stationen mit hohen durchschnittlichen Summen der Neuschneehöhen größer ist als bei solchen mit durchschnittlich geringen Summen der Neuschneehöhen. Die Darstellung der Standardabweichung würde also nur eine zur durchschnittlichen Summe der Neuschneehöhen weitgehend ähnliche Verteilung erkennen lassen und damit keine zusätzlichen Aussagen ermöglichen. In den schneereichen Gebieten sind also auch die (absoluten) Abweichungen von Jahr zu Jahr viel größer als in den schneearmen Gebieten.

Aus diesem Grund erfolgt die Darstellung in Form der relativen Standardabweichung (Varianz, Variabilität), d.h. als Größe der Standardabweichung in Prozenten des Durchschnittswertes. Dabei ergibt sich aber nun die umgekehrte stochastische Beziehung in der Form, dass die relativen Abweichungen in den schneearmen Gebieten größer sind als in den schneereichen. Mit anderen Worten: Die ohnehin schneearmen Gebiete sind gleichzeitig die schneeunsicheren und die schneereichen Gebiete auch die schneesicheren. Diese stochastische Beziehung ist aber alles andere als kausal, d.h. nicht gesetz-

mäßig, da sie ja nicht aus den Schneemengen als solche herzuleiten ist, sondern nur aus witterungsklimatischen Strukturen, was sich auch anhand von Einzelbeispielen beweisen ließe. So ist z.B. das schneereiche Südkärnten (Karnische Alpen, Gailtal) alles andere als schneesicher, weil die relativen Abweichungen durch die besondere Struktur der dort extrem wirksamen aber vergleichsweise seltenen Schnee bringenden Wetterlagen entstehen.

Die Seehöhenabhängigkeit

Durch das Zusammenwirken aller Faktoren ergibt sich beim Raumverteilungsmuster der Veränderlichkeit erstrangig eine allgemeine Abnahme mit zunehmender Seehöhe. Die Beziehung zwischen diesen beiden Parametern ergibt in der Obersteiermark einen Korrelationskoeffizienten von −0,71 (Bestimmtheitsmaß 0,50). Dabei nimmt die Veränderlichkeit im Durchschnitt dieses Raumes von 45% in 500 m mit einem Gradienten von −1,5% pro 100 m bis auf 24% in 2 000 m ab.

Im Vorland und Randgebirge ist diese Beziehung mit einem Korrelationskoeffizienten von −0,86 (Bestimmtheitsmaß 0,74) ungleich enger, dort nimmt die Veränderlichkeit von durchschnittlich 60% in 200 m mit einem Gradienten von −2,2% pro 100 m bis auf 21% in 2 000 m ab.

Zunahme der Veränderlichkeit gegen Süden

Zur Abnahme mit zunehmender Seehöhe kommt noch die allgemeine Zunahme von Norden nach Süden, wobei sich die höchste Veränderlichkeit nicht im äußersten Süden findet, sondern eher an der schneearmen „Mittelachse", die auch bei der Karte der durchschnittlichen Niederschlagssumme im Winter (Karte 5.10) und der Jahresschwankung der Niederschläge zum Ausdruck kommt. Die auffallend hohe Veränderlichkeit im Knittelfelder Becken (Raum Zeltweg) ist hauptsächlich auf die außergewöhnlichen Schneemengen im Winter 1985/86 zurückzuführen, welche dort einen „Jahrhundertwinter" bescherten, was insbesondere auch bei der Veränderlichkeit der maximalen Schneehöhen (Karte 7.14) zum Ausdruck kommt.

Vergleich der Großlandschaften

Im Durchschnitt der schneeklimatisch weitgehend einheitlichen Hauptlandschaften (Mittelwerte der in Kapitel 7.2 genannten Stationen) beträgt die Veränderlichkeit der Summe der Neuschneehöhen in einer Seehöhe um 670 m im:

Nordstaugebiet	42%
Oberen Ennstal	37%
Oberen Murtal	46%
Vorland und Randgebirge	52%

Eine Übersicht über die durchschnittliche Veränderlichkeit der Summe der Neuschneehöhen aller Stationen findet sich in den Tabellen im technischen Anhang unter www.klimaatlas-steiermark.at.

H. WAKONIGG | A. PODESSER

7.5 Durchschnittliche Zahl der Tage mit Starkschneefällen mit wenigstens 20 cm Neuschneehöhe

Begriff und Bedeutung

Mit diesem Grenzwert sollen jene Schneefälle erfasst werden, bei denen innerhalb von höchstens 24 Stunden solche Neuschneehöhen zustande kommen, dass sie insbesondere für die Logistik der Schneeräumung im Verkehrsbereich von besonderer Bedeutung bzw. Problematik werden. Schon 1951 (Jahrbuch der ZAMG, 1950) wurden Schneefälle über diesem Grenzwert von SCHALKO und STEINHAUSER als Groß-Schneefälle bezeichnet und ihre Bedeutung im angegebenen Bereich und dazu für Belange der Wärmeisolierung und Wasserspeicherung angesprochen.

Problematik des starren Messtermins

Wegen des willkürlichen Beobachtungstermins um 07:00 Uhr morgens werden etliche durch diesen Beobachtungstermin „zerrissene" Starkschneefälle nicht erfasst, wobei deren Anzahl nicht wirklich abzuschätzen ist (in Graz sind es sieben von insgesamt 18 des gesamten Beobachtungszeitraums). Die Zahl der erfassten und dargestellten Starkschneefälle ist also kleiner als die Zahl der tatsächlich vorkommenden, doch behält die Aussage bezüglich der regionalen und hypsometrischen Verteilung ihre prinzipielle Gültigkeit.

Bestimmende Faktoren

Die Faktoren, von denen solche Starkschneefälle abhängen, sind in erster Linie die Seehöhe, dazu aber besonders noch die regional unterschiedliche Stauwirkung bei den überwiegend advektiv wirksamen Schneefall-Wetterlagen. Dabei ist die mit Abstand größte Häufigkeit im Nordstaugebiet zu erwarten, während die Steiermark keinen Anteil mehr am Südstaugebiet hat, in dem Starkschneefälle zwar seltener als im Nordstaugebiet, aber mit größerer Veränderlichkeit sowohl bezüglich Häufigkeit als auch bezüglich der Neuschneehöhen vorkommen.

Südlich des Alpenhauptkammes sind Starkschneefälle selten

In den tieferen Lagen südlich des Alpenhauptkamms und sogar im Oberen Ennstal sind Starkschneefälle längst nicht in jedem Winter zu erwarten. An der Station Graz-Universität z.B. gab es in den 30 Beobachtungswintern nur in elf Wintern insgesamt 18 Starkschneefälle (maximal 3 1987/88 und 1995/96), davon wurden aber nur elf in neun Wintern durch den sieben Uhr-Termin erfasst, die restlichen sieben wurden durch diesen Termin in jeweils zwei kleinere Werte als 20 cm aufgesplittet.

Beispielstationen

Der Vollständigkeit halber wird auch der Jahresgang der Starkschneefälle für drei ausgewählte Stationen in Diagrammen (Abb. 7.5.1 – 7.5.3) dargestellt. In Altaussee sind zwischen Dezember und März rund zwei Fälle pro Monat zu erwarten, auf der Tauplitzalm jeweils etwa ein Tag mehr, während die insgesamt elf Tage des 30-jährigen Zeitraums in Graz in den Monatsdurchschnitten so geringe Werte ergeben, dass diese im Diagramm fast nicht mehr zum Ausdruck kommen. Umso ungewohnter und logistisch problematischer sind solche Ereignisse dann in den allgemein schneearmen Gebieten der Steiermark (z.B. im Februar 1986).

Obersteiermark

Im Durchschnitt der Obersteiermark nimmt die Zahl der Tage mit Starkschneefällen von einem theoretischen Wert von Null in 500 m mit einem Gradienten von +0,93 Tagen pro 100 m bis auf 13 Tage in 2 000 m zu, wobei der Korrelationskoeffizient zwischen der Zahl der Tage mit Starkschneefällen und Seehöhe wegen der klimatischen Heterogenität dieses Großraums nur +0,76 (Bestimmtheitsmaß 0,58) beträgt. Entsprechend groß sind auch die regionalen Abweichungen von den Durchschnittswerten, im Extremfall ergibt sich für Altaussee

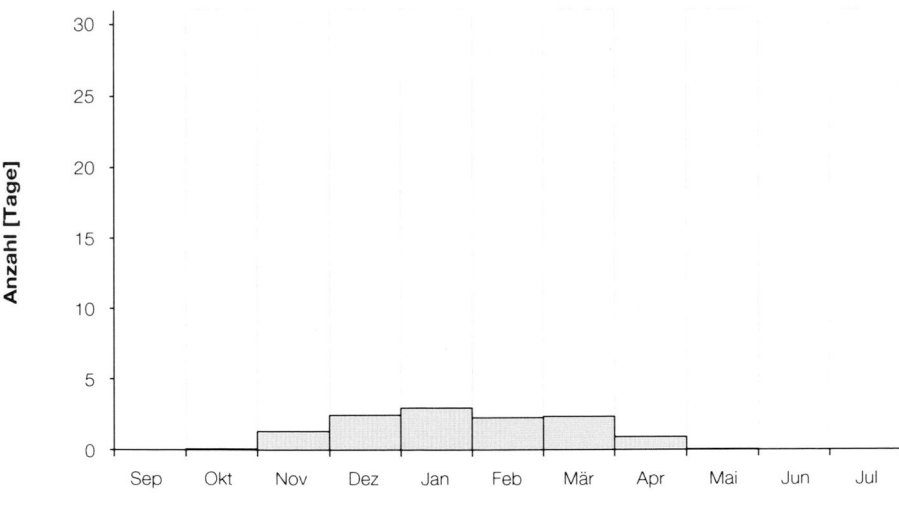

Abbildung 7.5.1: Durchschnittliche Zahl der Tage mit Starkschneefällen mit wenigstens 20 cm Neuschneehöhe, Station Altaussee-Lichtersberg, 855 m.

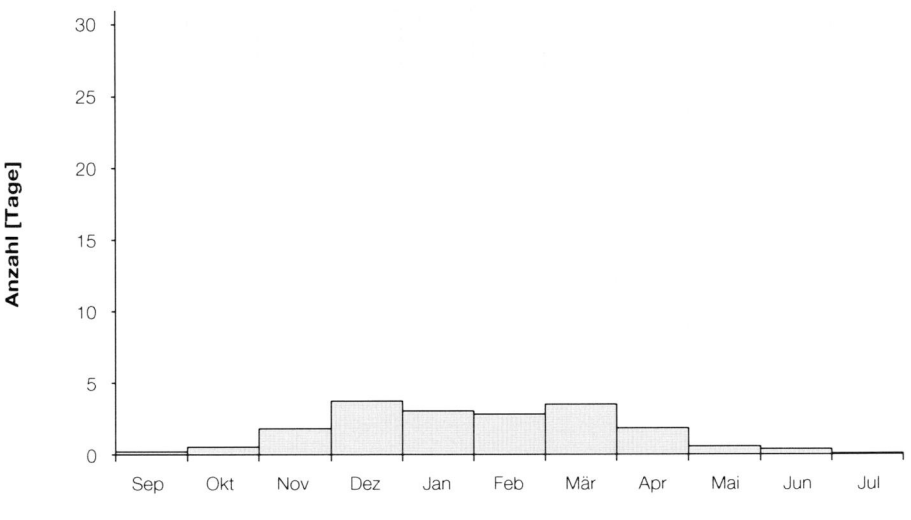

Abbildung 7.5.2: Durchschnittliche Zahl der Tage mit Starkschneefällen mit wenigstens 20 cm Neuschneehöhe, Station Tauplitzalm, 1 645 m.

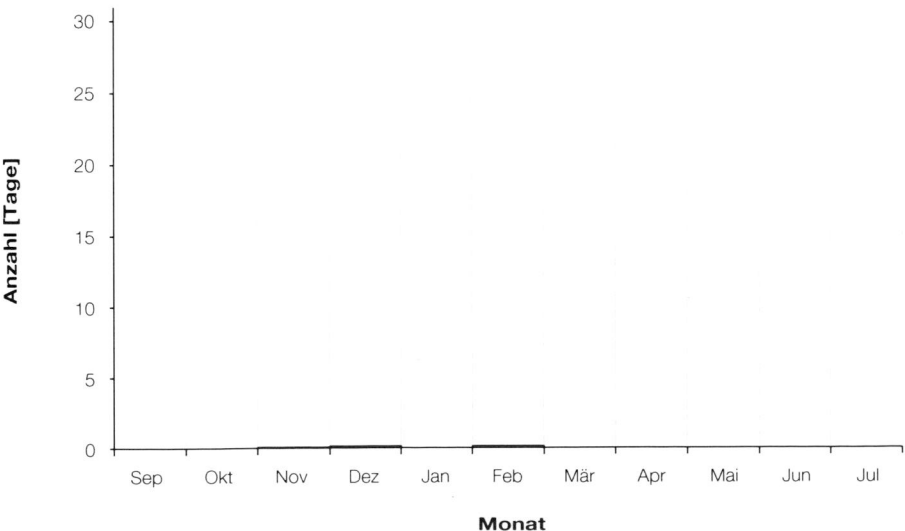

Abbildung 7.5.3: Durchschnittliche Zahl der Tage mit Starkschneefällen mit wenigstens 20 cm Neuschneehöhe, Station Graz-Universität, 366 m.

H. WAKONIGG | A. PODESSER

ein Erwartungswert von drei Tagen gegenüber einem tatsächlichen Wert von zwölf Tagen, in Neumarkt beläuft sich dieses Verhältnis auf 2,6 zu 0,7 Tage.

Südosten

Ungleich einheitlicher sind die Verhältnisse wieder im Alpenvorland und Randgebirge, wo die durchschnittliche Zahl der Tage mit Starkschneefällen von null Tagen in 200 m mit einem Gradienten von +0,26 Tagen pro 100 m bis auf 4,7 Tage in 2 000 m zunimmt. Mit einem Korrelationskoeffizienten von +0,92 (Bestimmtheitsmaß 0,84) ist auch die Beziehung zwischen Häufigkeit der Starkschneefälle und Seehöhe wieder viel besser, dazu ist aber der Gradient der höhenbedingten Zunahme fast viermal so klein wie in der Obersteiermark.

Wegen der größeren Einheitlichkeit des Klimas sind in diesem Raum auch die regionalen Unterschiede entsprechend geringer, wenn auch eine deutliche Abnahme der Häufigkeit von Südwesten nach Nordosten zu erkennen ist. So beträgt das Verhältnis zwischen Erwartungswert und tatsächlichem Wert in Eibiswald 0,4 zu 1,1, in Altenberg bei Hartberg aber 0,6 zu 0,2 bzw. nimmt die Häufigkeit von 3,2 Tagen in der 928 m hoch gelegenen Wiel auf 1,5 Tage im 922 m hohen St. Jakob im Walde ab.

Vergleich der Großlandschaften

Im Durchschnitt der witterungs- und schneeklimatisch einheitlichen Landschaften (Mittelwerte der in Kapitel 7.2 genannten Stationen) beträgt die Zahl der Tage mit Starkschneefällen in einer Seehöhe um 670 m im:

Nordstaugebiet	5,1 Tage
Oberen Ennstal	1,4 Tage
Oberen Murtal	0,5 Tage
Vorland und Randgebirge	0,8 Tage

Eine Übersicht mit der durchschnittlichen Zahl der Tage mit wenigstens 20 cm Neuschnee findet sich in den Tabellen im technischen Anhang unter www.klimaatlas-steiermark.at.

Definition

Mit dem durchschnittlichen Beginn der Schneedecke wird das mittlere Datum der ersten Schneebedeckung mit wenigstens 1 cm um 07:00 Uhr angegeben, unabhängig davon wie lange sich diese Schneebedeckung hält, d.h. auch wenn sie im Extremfall einen Tag später schon wieder abgeschmolzen ist. Dieses Datum signalisiert somit den durchschnittlichen Erwartungszeitpunkt des ersten Wettersturzes mit Kaltlufteinbruch und Schneefällen im (Spät-) Herbst, der erstmalig eine weiße „Winterlandschaft" beschert.

Bestimmende Faktoren

Auch das Datum der ersten Schneebedeckung unterliegt im Wesentlichen den selben Faktoren wie die Summe der Neuschneehöhen und die übrigen Schnee-Parameter. Absolut dominierend ist wieder der Einfluss der Seehöhe, wobei im Durchschnitt der Obersteiermark in 500 m Höhe normalerweise am 22. November mit der ersten Schneebedeckung zu rechnen ist, in 2 000 m aber schon am 24. September. Die Verfrühung beträgt dabei 3,9 Tage pro 100 m, wobei sich diese Beziehung durch einen Korrelationskoeffizienten von −0,92 (Bestimmtheitsmaß 0,85) als recht zwingend erweist.

Regionale Abweichungen in der Obersteiermark

Wie bei den anderen Schnee-Parametern sind die regionalen Abweichungen innerhalb der Obersteiermark wieder auffallend groß: Zwar ergibt sich zwischen den praktisch gleich hoch gelegenen Stationen Zeltweg und Bad Aussee nur ein Unterschied von knapp drei Tagen (18./15. November), zwischen Unzmarkt und Gößl aber von elf Tagen(16./5. November) und zwischen Neumarkt und Altaussee von 22 Tagen (26./4. November). Neumarkt kann aber als „statistischer Ausreißer" gelten; bei anderen Stationspaaren liegen die Unterschiede meist um zehn Tage, im Falle von Bruck/Hieflau bzw. Bruck/Kirchenlandl etwa bei 15 bis 16 Tagen.

Damit wird signalisiert, dass im Nordalpenraum bzw. im Nordstaugebiet doch frühere Wetterstürze aus dem Nordsektor zu erwarten sind bzw. diese südlich des Alpenhauptkamms viel weniger schneefallwirksam werden bzw. die Wetterstürze durch das Tiefdruckgeschehen südlich der Alpen nicht so häufig sind.

Vorland und Randgebirge

Im Vorland und Randgebirge ist die Beziehung zwischen Eintrittsdatum der ersten Schneedecke und Seehöhe mit einem Korrelationskoeffizienten von −0,97

Abbildung 7.6.1: Am 24.10.2003 gab es die bisher früheste Schneedecke in Graz seit Aufzeichnungsbeginn. So wie hier am Plabutsch stürzten viele belaubte Bäume durch den nassen, schweren Schnee um.
Foto: A. Podesser

H. Wakonigg | A. Podesser

(Bestimmtheitsmaß 0,94) noch eindeutiger, zumal diese Landschaft witterungsklimatisch viel einheitlicher ist als die Obersteiermark. Im Durchschnitt ist in 200 m Höhe am 8. Dezember und in 2 000 m am 3. Oktober mit der ersten Schneedecke zu rechnen, wobei die Verfrühung nach oben 3,7 Tage pro 100 m beträgt.

Die größere Einheitlichkeit dieses Raumes zeigt sich auch in geringeren regionalen Abweichungen, z.B. in einer maximalen Verspätung von Eibiswald nach Altenberg bei Hartberg von sieben Tagen (26. November/ 3. Dezember).

Die spätherbstlichen Wetterstürze wirken sich somit im Südosten viel einheitlicher aus. Dazu kommt, dass das Datum der ersten Schneedecke nur von den Witterungsbedingungen bei den diesbezüglichen Wetterlagen abhängt und nicht von Schneedecken erhaltenden Faktoren wie bei der Dauer oder beim Ende der Schneebedeckung (siehe Kapitel 7.7 bzw. 7.8).

Vergleich der Großlandschaften

Im Landschaftsdurchschnitt (Mittelwerte der im Kapitel 7.2 genannten Stationen) gibt es die erste Schneebedeckung in einer Seehöhe um 670 m im:

Nordstaugebiet am	8. November
Oberen Ennstal am	12. November
Oberen Murtal am	21. November
Vorland und Randgebirge am	23. November

Eine Übersicht über den durchschnittlichen Beginn der Schneedecke aller Stationen findet sich im technischen Anhang unter www.klimaatlas-steiermark.at.

7.7 Durchschnittliches Ende der Schneedecke

Definition

Im Sinne der in der Einführung angesprochenen Regeln wird hier das Datum der durchschnittlich letzten Schneebedeckung von wenigstens der Hälfte des Erdbodens in der Umgebung der Station dargestellt. Auch dieses Datum ist im Wesentlichen Ausdruck der Wirkung von Kaltlufteinbrüchen mit Schneefällen im Frühjahr und wird nur indirekt von Schneedecken erhaltenden Faktoren mitbestimmt.

Bestimmende Faktoren

Entsprechend ist in allen Landschaften der Steiermark wieder die Seehöhe der primäre Wirkfaktor, wobei gerade im Frühjahr dazu noch starke Nord-Süd-Unterschiede im Sinne einer auffallenden Verspätung des Datums der letzten Schneebedeckung in den nördlichen Landesteilen bzw. im Nordstaugebiet kommt. Darin hat man die Wirkung der frühjährlichen Wetterstürze aus nördlichen Richtungen mit starker Wetterscheidenwirkung gegen Süden zu sehen.

Obersteiermark

Im Durchschnitt der Obersteiermark verspätet sich das Datum der letzten Schneebedeckung mit einem Gradienten von 5,7 Tagen pro 100 m vom 29. März in 500 m Höhe auf den 23. Juni in 2 000 m, wobei diese Beziehung mit einem Korrelationskoeffizienten von +0,91 (Bestimmtheitsmaß 0,83) recht eindeutig ist.

Vorland und Randgebirge

So wie beim Beginn der Schneebedeckung ist diese Beziehung in der Region Vorland und Randgebirge aufgrund der einheitlicheren witterungsklimatischen Züge mit einem Korrelationskoeffizienten von +0,95 (Be-

stimmtheitsmaß 0,90) noch deutlicher ausgeprägt. Dort verspätet sich das durchschnittliche Datum der letzten Schneebedeckung mit einem Gradienten von 4,5 Tagen pro 100 m vom 14. März in 200 m bis zum 4. Juni in 2 000 m Höhe.

Regionale Abweichungen

Abweichend von diesen Durchschnitten sind die regionalen und lokalen Abweichungen wieder enorm. So ist die durchschnittlich letzte Schneedecke in Zeltweg am 6. April, in Bad Aussee erst am 10. April, in Unzmarkt am 4. April, in Gößl erst am 20. April, in Neumarkt am 27. März, in Altaussee erst am 3. Mai und in Bruck am 23. März, in Hieflau aber erst am 11. April oder in Kirchenlandl am 13. April zu erwarten. Dabei ist aber zu beachten, dass die starken Abweichungen an den Stationen Neumarkt, Bad Aussee und Altaussee eher auf die lokalen Umstände der Stationsumgebung bzw. auf lokale Klimaeigenheiten und weniger auf das Regionalklima zurückzuführen sind.

Vergleich der Großlandschaften

Im Landschaftsdurchschnitt (Mittelwerte der im Kapitel 7.2 genannten Stationen) gibt es die letzte Schneebedeckung in einer Seehöhe um 670 m im:

Nordstaugebiet am	19. April
Oberen Ennstal am	13. April
Oberen Murtal am	1. April
Vorland und Randgebirge am	4. April

Eine Übersicht über das durchschnittliche Ende der Schneedecke aller Stationen findet sich im technischen Anhang unter www.klimaatlas-steiermark.at.

7.8 Durchschnittliche Zahl der Tage mit Schneedecke

Definitionen und Begriffe

Ein Tag mit Schneedecke wird nach den in der Einleitung angegebenen Regeln definiert. Dargestellt wird die Gesamtzahl der Tage mit Schneedecke, wobei diese wesentlich größer ist als die Zahl der Tage mit Winterschneedecke aber auch deutlich kleiner als die Zahl der Tage zwischen durchschnittlichem Beginn und durchschnittlichem Ende der Schneedecke. Dabei sind folgende Zusammenhänge bzw. Begriffe von Bedeutung:

Schneedecken-Erwartungszeit

Die Zeit (Zahl der Tage) zwischen durchschnittlichem Datum der ersten und letzten Schneebedeckung (Kapitel 7.6 und 7.7) ist die durchschnittliche „Schneedecken-Erwartungszeit". Die Wahrscheinlichkeit der Existenz einer Schneedecke zu diesen beiden Terminen liegt allerdings mit Werten um oder etwas über 20% auffallend niedrig.

Winterschneedecke

Innerhalb dieser beiden Termine liegen die beiden Termine mit dem durchschnittlichen Beginn und Ende der Winterschneedecke (Kapitel 7.9 und 7.10). Die Zahl der Tage mit Winterschneedecke ist dabei mit der Zahl der Tage zwischen deren durchschnittlichem Beginn und durchschnittlichem Ende identisch, da es ja definitionsgemäß keine schneefreien Tage während der Dauer der Winterschneedecke geben kann.

Erhaltungsquotient der Schneedecke

Der Quotient aus der Zahl der Tage mit Schneedecke (insgesamt) und der Zahl der Tage (Dauer) der Schneedeckenerwartungszeit wird „Erhaltungsquotient der Schneedecke" genannt. Er gibt die „Sicherheit" bzw. „Unsicherheit" an, mit der innerhalb der Schneedecken-Erwartungszeit mit einer Schneebedeckung gerechnet werden kann bzw. mit 100 multipliziert den Anteil der Tage mit Schneedecke während der Schneedecken-Erwartungszeit in Prozenten, d.h. die durchschnittliche Schneedeckenwahrscheinlichkeit während der Schneedecken-Erwartungszeit.

Dieser Quotient bzw. Anteil wird umso kleiner sein, je öfter die Schneedecke innerhalb der Schneedecken-Erwartungszeit wieder abschmilzt bzw. je länger die Abschnitte ohne Schneedecke sind. Damit sind die kleinsten Werte in den schneeärmsten Gebieten zu erwarten, insbesondere in solchen, in denen sich aufgrund ihrer größeren Seehöhe schon sehr früh im Herbst bzw. noch sehr spät im Frühjahr Schneedecken einstellen, sich aber aufgrund der allgemein geringen Winterniederschläge sowie der größeren Einstrahlung und milderen Temperaturen, d.h. der schlechteren Schneedecken-Erhaltungsbedingungen ganz allgemein keine großen Schneehöhen bzw. Schneedeckenwahrscheinlichkeiten ergeben.

Kleinster Erhaltungsquotient in den Weinbauzonen

Diese beiden Bedingungen sind in erster Linie auf den wärmebegünstigten Riedellagen bzw. den oststeirischen Vulkankuppen und Ausläufern des Randgebirges erfüllt. In den genannten Landschaften sinkt der Erhaltungsquotient auf unter 0,40 und erreicht in den mildesten Hang- und Kuppenlagen (Weinbauzonen) örtlich 0,35. Geringe Werte mit 0,40 bis 0,50 sind dann generell im Vorland, d.h. auch in den Talböden, aber auch auf den Ausläufern des Randgebirges und im Oberen Murtal zwischen Unzmarkt und Bruck und im Mittleren Murtal bis in den Raum Graz zu beobachten.

Werte zwischen 0,50 und 0,60 sind dann ausgesprochene Übergangswerte zu den schneereichen Gebieten, wobei im Oberen Ennstal schon in Tallagen der Quotient von 0,60 überschritten wird, in den Nordstaugebieten sogar generell 0,70.

Größter Erhaltungsquotient im Hochgebirge

Mit zunehmender Seehöhe wird der Erhaltungsquotient immer größer und überschreitet schließlich den Wert von 0,8 allgemein in einer Seehöhe um 1 600 m, während ein Quotient von 0,9 nur in den Hochzonen des Nordstaugebietes und der Niederen Tauern erreicht werden dürfte. Diese hohe Schneesicherheit während der Schneedecken-Erwartungszeit in den schneereichen Gebieten entsteht eigentlich nur dadurch, dass sich die Zahl der Tage mit Winterschneedecke etwa parallel zur Zahl der Tage mit Schneedecke (insgesamt) und auch zur Dauer der Schneedecken-Erwartungszeit vergrößert, wodurch der Anteil der Tage mit Schneedecke zunehmen muss.

Regionale Unterschiede

Die absolute Zahl der Tage ohne Schneedecke während der Schneedecken-Erwartungszeit steigt dagegen im Hochgebirge wieder an, weil dort eigentlich ganzjährig kurzfristige Schneedecken zu erwarten sind und die Termine des Beginns und Endes der Schneedecke im Sommer fast zusammentreffen. Für die Niederungen in den schneereichen Nordstaugebieten gilt dagegen, dass die Zahl der schneefreien Tage während der Schneedecken-Erwartungszeit die kleinsten Werte mit durchschnittlich 40 Tagen und darunter erreicht (im „extremen" Altaussee 28 Tage!).

Ursache ist der wegen des verzögerten Abschmelzens der großen Schneehöhen relativ späte Termin des Endes der Winterschneedecke im Frühjahr, wodurch die Wahrscheinlichkeit der Bildung einer neuerlichen Schneedecke nach diesem Termin geringer wird bzw. nur kürzer möglich ist als in schneearmen Gebieten gleicher Seehöhe aber mit ungleich früherem Ende der Winterschneedecke.

So liegt die Zahl der schneefreien Tage innerhalb der Schneedecken-Erwartungszeit in den Niederungen und mittleren Höhen südlich des Alpenhauptkamms bei 50 bis 70. Werte deutlich unter 50 werden dabei nur in schattigen und kalten Tallagen erreicht, in denen die guten Erhaltungsbedingungen auch bei geringen Schneemengen recht beständige Schneedecken bewirken.

Beispielstationen

Der Jahresgang der Zahl der Tage mit Schneedecke wird für die drei ausgewählten Stationen in Form von Diagrammen dargestellt. Im extrem schneereichen Altaussee (Abb. 7.8.2) ergibt sich zwischen Jänner und März eine fast hundertprozentige Schneedeckenwahrscheinlichkeit, im November liegt sie nur wenig unter der Hälfte und im April noch bei über zwei Dritteln. Auf der Tauplitzalm (Abb. 7.8.3) ist sogar zwischen Dezember und Mai mit einer fast vollkommenen Schneesicherheit zu rechnen und sogar im Juni beträgt sie noch über 40%. Dagegen gibt es in Graz (Abb. 7.8.4) nur im Jänner an der Hälfte aller Tage eine Schneebedeckung. In den anderen Monaten liegt die Wahrscheinlichkeit deutlich darunter, erreicht im Februar nur ein gutes Drittel und im Dezember nur knapp 30%.

Bestimmende Faktoren

Konkret hängt die Zahl der Tage mit Schneedecke von den geläufigen Faktoren ab, wobei die Seehöhe wieder am wichtigsten wird, gefolgt vom Gegensatz zwischen schneereichem Nordstaugebiet und schneearmem Oberen Murtal und Vorland. Aufgrund der mitwirkenden Faktoren der Schneedecken-Erhaltung (Temperatur- und Strahlungsklima) kommt als dritter Faktor das Geländeklima einschließlich der Exposition dazu.

Berücksichtigung in der Karte: Exposition

Der Faktor der Exposition wurde aber bei der Erstellung der Karten insofern berücksichtigt, als die „neutralen" Stationswerte noch durch einen Expositions-Korrekturfaktor modifiziert wurden. Die Hauptkorrektur erfolgt dabei über die Faktoren Seehöhe und Hangexposition nach der Formel:

Abbildung 7.8.1: Blick vom Grazer Hausberg, dem 1 445 m hohen Schöckl nach Norden zum Hochlantsch. Inversionsbedingt ist es in den Tal- und Beckenlagen deutlich kälter als im Mittelgebirge. So wie hier im Passailer Becken konserviert die kalte Luft den Schnee.
Foto: A. Podesser

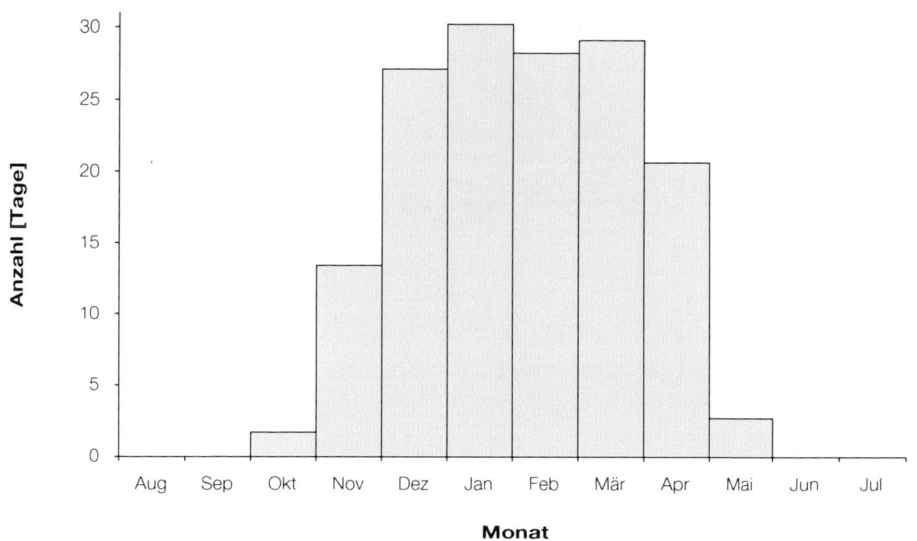

Abbildung 7.8.2: Durchschnittliche Zahl der Tage mit Schneedecke, Station Altaussee-Lichtersberg, 855 m.

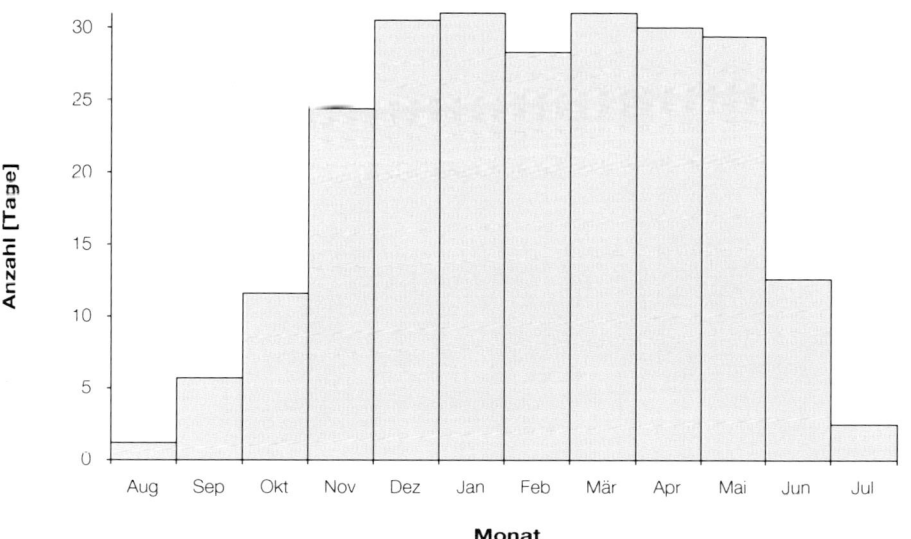

Abbildung 7.8.3: Durchschnittliche Zahl der Tage mit Schneedecke, Station Tauplitzalm, 1 645 m.

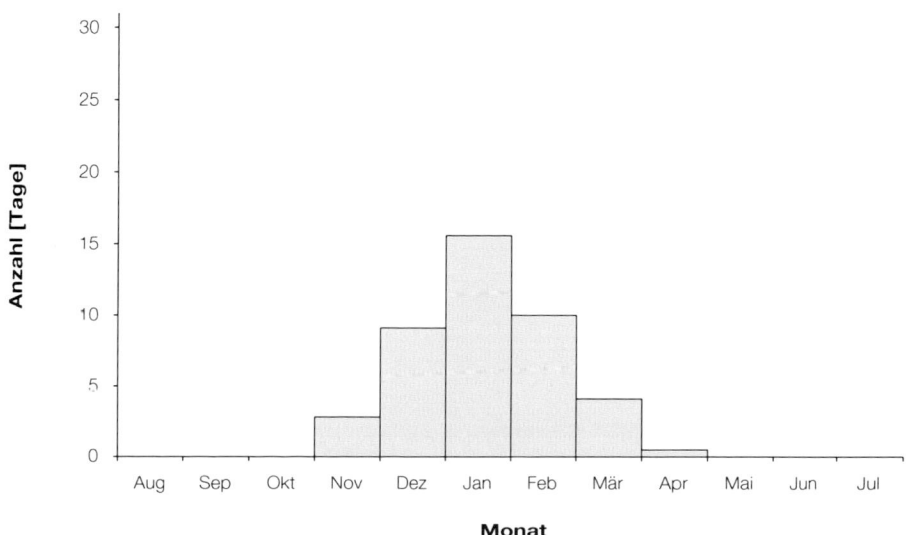

Abbildung 7.8.4: Durchschnittliche Zahl der Tage mit Schneedecke, Station Graz-Universität, 366 m.

$$K = \left[\frac{15 \cdot H}{300 + H} \right] \cdot \cos a$$

K ... *Korrekturfaktor*
H ... *Seehöhe [m]*
a ... *Hangexposition [°] beginnend bei 0° (Nord)*
   über 90° (Ost) etc.

Eine weitere Korrektur erfolgt über die Hangneigung, ergibt aber nur Korrekturwerte bis zu einem Tag. Dabei sind die fast nur aus Seehöhe und Hangexposition resultierenden maximalen Abzüge bei Südexposition oberhalb 1 500 m mit 13 Tagen gleich groß wie die maximalen Zuschläge bei Nordexposition. Die jeweiligen Korrekturwerte verringern sich aufgrund der abnehmenden Einstrahlungsunterschiede in den Niederungen bis auf Minimalwerte von gleichermaßen sechs Tagen bei Zuschlägen und Abzügen in 200 m Höhe. Die Abweichungen der korrigierten Dauer der Schneebedeckung von der „neutralen" ist aber in der Karte nicht unmittelbar zu erkennen.

Obersteiermark

Im Durchschnitt der Obersteiermark beläuft sich die Dauer der Schneedecke in 500 m auf 74 Tage und nimmt mit einem Gradienten von +9,8 Tagen pro 100 m bis auf 220 Tage in 2 000 m zu, wobei der Korrelationskoeffizient zwischen Seehöhe und Dauer +0,89 beträgt (Bestimmtheitsmaß 0,79). Wie immer sind die regionalen Unterschiede in diesem Großraum eklatant, was an den geläufigen Stationspaaren gezeigt werden kann (in Klammern stehen die jeweiligen Durchschnittswerte für den Gesamtraum): Zeltweg 76/Bad Aussee 110 Tage (90), Neumarkt 69/Altaussee 153 Tage (107), Unzmarkt 64/Gößl 125 Tage (96), Bruck 53/Kirchenlandl 107 Tage (74).

Südosten

Dagegen ist die Beziehung zwischen Dauer und Seehöhe im kleineren und witterungsklimatisch einheitlicheren Südosten mit einem Korrelationskoeffizienten von +0,97 (Bestimmtheitsmaß 0,94) wesentlich strenger. Im Durchschnitt dieser Region nimmt die Zahl der Tage mit Schneedecke von 31 in 200 m mit einem Gradienten von +8,9 Tagen pro 100 m bis auf 191 in 2 000 m zu.

Vergleich der Großlandschaften

Die regionalklimatischen Unterschiede werden wieder anhand der Durchschnitte mehrerer Stationen gezeigt. Im Landschaftsdurchschnitt (Mittelwerte der im Kapitel 7.2 genannten Stationen) beträgt die Zahl der Tage mit Schneedecke in neutralem Gelände in einer Seehöhe um 670 m im:

Nordstaugebiet	123 Tage
Oberen Ennstal	98 Tage
Oberen Murtal	66 Tage
Vorland und Randgebirge	60 Tage

Einfluss des Geländes

Auch der Gegensatz zwischen den kalten Talböden und den milderen Riedellagen lässt sich durch die Daten einiger Stationspaare belegen: Thalerhof (337 m) 51 Tage/Messendorfberg (435 m) 47 Tage, St. Peter am Ottersbach (270 m) 57 Tage/Straden (360 m) 36 Tage, St. Nikolai im Sausal (340 m) 49 Tage/Kitzeck im Sausal (485 m) 43 Tage.

Für die Obersteiermark ergibt sich Ähnliches bei folgenden Stationspaaren: Irdning (698 m) 98 Tage/Pürgg (790 m) 73 Tage, St. Lambrecht (1 070 m) 118 Tage/Stolzalpe (1 293 m) 123 Tage.

Eine Übersicht über die durchschnittliche Zahl der Tage mit Schneedecke aller Stationen finden sich im technischen Anhang unter www.klimaatlas-steiermark.at.

7.9 Durchschnittlicher Beginn der Winterschneedecke

Definition

Unter Winterschneedecke versteht man die „endgültige" Schneedecke, d.h. jene, die über den Winter ohne Unterbrechung anhält. Diese Definition bzw. Bedingung ist in schneereichen Gebieten und besonders im Bergland klar und unmissverständlich, in den schneearmen Niederungen, in denen sich in manchen Wintern überhaupt nur kurzfristige Schneebedeckungen einstellen aber nicht wirklich eindeutig, weshalb die Winterschneedecke allgemein als die jeweils am längsten anhaltende Schneedecke definiert wird.

Dadurch können sich aber in anomalen Einzeljahren Termine ergeben, die auffallend weit vom „Schnee-Kernwinter", d.h. der Zeit mit der größten Schneedeckenwahrscheinlichkeit abweichen (das ist in den Niederungen die Zeit an der Monatswende Jänner/Februar). Diese Abweichungen (in beide Richtungen) sollten sich aber im Durchschnittswert vieler Jahre wieder ausgleichen. Dabei liegt die Wahrscheinlichkeit einer Schneebedeckung zum Termin des durchschnittlichen Beginns der Winterdecke nur um 60% oder zwischen 60 und 70%.

Früher Beginn in kalten, strahlungsarmen Lagen

Im Gegensatz zum Beginn der ersten (nicht „endgültigen") Schneebedeckung ist das Datum des Beginns der Winterschneedecke neben den Witterungsfaktoren (Schneefall-Wetterlagen) auch von Schneedecken erhaltenden Faktoren abhängig. Dazu gehört einerseits die erzielte Schneehöhe selbst, andererseits das Temperatur- und Strahlungsklima, wobei sich eine Schneedecke in kälteren und/oder strahlungsärmeren Lagen entsprechend besser halten kann. Dort ist auch ein etwas früherer Beginn der Winterschneedecke auch bei ansonsten gleichen Bildungsbedingungen (Schneefallbedingungen) zu erwarten.

Obersteiermark

Auch der Beginn der Winterschneedecke ist in erster Linie von der Seehöhe abhängig. Im Mittel der Obersteiermark ergibt sich für diesen Zusammenhang ein Korrelationskoeffizient von −0,84 (Bestimmtheitsmaß 0,70), wobei die Verfrühung des Eintritts vom 29. Dezember in 500 m Höhe auf den 8. November in 2 000 m durchschnittlich 3,4 Tage pro 100 m Höhenzunahme beträgt.

Regionale Unterschiede hoch

Die regionalen Abweichungen von diesen Durchschnittswerten sind wieder auffallend hoch. Bei Stationen in weitgehend gleicher Seehöhe aber unterschiedlicher Klimazone ergeben sich folgende Datumszahlen für den Beginn der Winterschneedecke: Zeltweg 10. Dezember/Bad Aussee 13. Dezember, Unzmarkt 11. Jänner/Gößl 10. Dezember, Neumarkt 24. Dezember/Altaussee 29. November, Bruck 7. Jänner/Hieflau 10. Dezember.

Vorland und Randgebirge

Im Raum Vorland und Randgebirge ist der Zusammenhang zwischen Eintrittsdatum der Winterschneedecke und Seehöhe mit einem Korrelationskoeffizienten von −0,91 (Bestimmtheitsmaß 0,83) wieder deutlich besser. Im Durchschnitt dieser Region ist der Beginn der Winterschneedecke in 200 m Höhe am 11. Jänner, in 2 000 m am 24. November zu erwarten, wobei die durchschnittliche Verfrühung 2,7 Tage pro 100 m beträgt.

Südosten kontinentaler

Der gegenüber der Obersteiermark deutlich geringere Gradient ist schon ein Hinweis auf die „kontinentaleren" Witterungsstrukturen im Südosten, in welchem das „Herabsteigen" der Schneebedeckung rascher erfolgt als in der Obersteiermark. Konkret ist dafür der Gegensatz zwischen den der südöstlichen Landschaft Schnee bringenden Wetterlagen mit eher kaltem Luftkörper (stabilere Luftschichtung), d.h. dem Tiefdruckgeschehen südlich der Alpen und den labileren West- Nordwest- und Rückseitenlagen zu sehen, die den nördlichen Landesteilen den Schnee bringen. Dort dauert der Gegensatz zwischen schneebedeckten Bergen und schneefreien Niederungen entsprechend länger als im Südosten.

Vergleich der Großlandschaften

Die regionalklimatischen Unterschiede lassen sich wieder am besten anhand der Durchschnitte mehrerer Stationen zeigen. Im Landschaftsdurchschnitt (Mittelwerte der im Kapitel 7.2 genannten Stationen) fällt der Beginn der Winterschneedecke in einer Seehöhe um 670 m im:

Nordstaugebiet auf den	11. Dezember
Oberen Ennstal auf den	22. Dezember
Oberen Murtal auf den	31. Dezember
Vorland und Randgebirge auf den	6. Jänner

Bedeutung des Geländeklimas

Auch hier besteht noch eine Verspätung zwischen dem schneereichen Südwesten und dem schneearmen Nordosten, die aber mangels vergleichbarer Stationen in der gleichen Seehöhe und mit gleichem Lokalklima kaum zu quantifizieren ist. Besser lässt sich die Abhängigkeit von den Schneedecken erhaltenden Faktoren an Gegensatzpaaren von Stationen in kaltem Talbodenklima und solchen in mildem Riedelklima zeigen: Thalerhof (337 m) 2. Jänner/Lassnitzhöhe (527 m) 8. Jänner, St. Peter am Ottersbach (270 m) 2. Jänner/Straden (360 m) 10. Jänner, St. Nikolai im Sausal (340 m) 6. Jänner, Leibnitz (273 m) 9. Jänner/Kitzeck im Sausal (485 m) 12. Jänner.

Sinngemäß gilt das aber auch für die Obersteiermark, was durch folgende Stationspaare belegt werden kann: Irdning (698 m) 25. Dezember/Pürgg (790 m) 30. Dezember, Zeltweg (670 m) 19. Dezember/Seckau (854 m) 21. Dezember, St. Lambrecht (1 070 m) 4. Dezember/Stolzalpe (1 293 m) 15. Dezember. Durch die zu großen Äquidistanzen der Isolinien kommen diese geländeklimatisch bedingten Unterschiede in der Karte allerdings nicht zum Ausdruck.

Eine Übersicht über den durchschnittlichen Beginn der Winterschneedecke aller Stationen findet sich im technischen Anhang unter www.klimaatlas-steiermark.at.

H. WAKONIGG | A. PODESSER

Bestimmende Faktoren

Beim Ende der Winterschneedecke spielen die Schneedecken erhaltenden Faktoren (Temperatur- und Strahlungsklima) bezüglich der regionalen Unterschiede zumindest in den tieferen Lagen eine größere Rolle als die Schneefall-Witterungsfaktoren, deren Bedeutung mit zunehmender Seehöhe aufgrund der eklatanten Unterschiede bei den Schneemengen allerdings wieder ansteigt. Ähnlich wie beim Beginn liegt auch beim durchschnittlichen Datum des Endes der Winterschneedecke die Wahrscheinlichkeit einer Schneebedeckung nur um 70%.

Der großräumig dominante Faktor ist aber wie immer die Seehöhe. Im Mittel der Obersteiermark wird diese Beziehung durch einen Korrelationskoeffizienten von +0,86 (Bestimmtheitsmaß 0,74) angezeigt, wobei die Verspätung des Eintritts vom 14. Februar in 500 m Höhe auf den 27. Mai in 2 000 m durchschnittlich 6,8 Tage pro 100 m Höhenzunahme beträgt.

Große regionale Abweichungen

Wieder sind die regionalen Abweichungen von diesen Durchschnittswerten recht groß. Bei Stationen in weitgehend gleicher Seehöhe aber unterschiedlicher Klimazone ergeben sich folgende Datumszahlen für das Ende der Winterschneedecke: Zeltweg 11. Februar/Bad Aussee 14. März, Unzmarkt 15. Februar/Gößl 27. März, Neumarkt 13. Februar/Altaussee 15. April, Bruck 8. Februar/Hieflau 8. März.

Vorland und Randgebirge zeigen gute Seehöhenabhängigkeit

In der Region Vorland und Randgebirge ist der Zusammenhang zwischen dem Eintrittsdatum des Endes der Winterschneedecke und der Seehöhe mit einem Korrelationskoeffizienten von +0,94 (Bestimmtheitsmaß 0,89) wieder ungleich besser. Im Durchschnitt dieses Bereiches ist das Ende der Winterschneedecke in 200 m Höhe am 26. Jänner, in 2 000 m am 20. April zu erwarten, wobei die durchschnittliche Verspätung 4,7 Tage pro 100 m beträgt.

Im Randgebirge rasches Ausapern nach oben

Dieser gegenüber der Obersteiermark wieder deutlich geringere Gradient ist in erster Linie auf die ungleich geringeren Schneemengen in den Hochlagen des Randgebirges gegenüber jenen in der Obersteiermark – insbesondere in den Nordstaugebieten – zurückzuführen, was schon anhand der Summen der Neuschneehöhen gezeigt werden konnte. Das Ausapern steigt somit viel schneller nach oben voran als in den nördlichen Landesteilen und die Zeit mit dem Gegensatz zwischen schneefreien Niederungen und schneebedeckten Bergen ist im Südosten viel kürzer als im Norden des Landes.

Vergleich der Großlandschaften

Die regionalklimatischen Unterschiede werden wieder anhand der Durchschnitte mehrerer Stationen gezeigt. Im Landschaftsdurchschnitt (Mittelwerte der bei der im Kapitel 7.2 genannten Stationen) fällt das Ende der Winterschneedecke in einer Seehöhe um 670 m im:

Nordstaugebiet auf den	23. März
Oberen Ennstal auf den	4. März
Oberen Murtal auf den	13. Februar
Vorland und Randgebirge auf den	10. Februar

Einfluss des Geländes

Auch der Gegensatz zwischen den kalten Talböden und den milderen Riedellagen lässt sich durch die Daten einiger Stationspaare belegen: Thalerhof (337 m) 7. Februar/Lassnitzhöhe (527 m) 5. Februar, St. Peter am Ottersbach (270 m) 9. Februar/Straden (360 m) 29. Jänner, St. Nikolai im Sausal (340 m) 5. Februar, Leibnitz (273 m) 10. Februar/Kitzeck im Sausal (485 m) 4. Februar.

Für die Obersteiermark ergibt sich Ähnliches bei folgenden Stationspaaren. Irdning (698 m) 5. März/Pürgg (790 m) 9. Februar, St. Lambrecht (1 070 m) 17. März/Stolzalpe (1 293 m) 16. März.

Eine Übersicht über das durchschnittliche Ende der Winterschneedecke aller Stationen findet sich im technischen Anhang unter www.klimaatlas-steiermark.at.

7.11 Durchschnittliche Zahl der Tage mit Winterschneedecke

Bestimmende Faktoren

Die Zahl der Tage mit Winterschneedecke (identisch mit der Zahl der Tage zwischen dem Datum ihres durchschnittlichen Beginns und dem Datum ihres durchschnittlichen Endes) ist von den selben Faktoren abhängig wie die übrigen Schnee-Parameter (Seehöhe, Nord-Süd-Gegensatz, Geländeklima), wobei jetzt weit mehr als bei der Zahl der Tage mit Schneedecke (insgesamt) die Schneedecken erhaltenden Faktoren des lokalen Temperatur- und Strahlungsklimas wirksam werden.

Obersteiermark

Im Durchschnitt der Obersteiermark beträgt die Zahl der Tage mit Winterschneedecke in 500 m 48 und nimmt mit einem Gradienten von +10 Tagen pro 100 m bis zu 199 Tagen in 2 000 m zu. Dabei beträgt der Korrelationskoeffizient zwischen Seehöhe und Zahl der Tage +0,86 (Bestimmtheitsmaß 0,74). Wie immer sind die regionalen Abweichungen von diesen Durchschnitten wieder sehr groß. Am Beispiel der geläufigen Stationspaare ergeben sich folgende Gegensätze (In Klammern die Durchschnittswerte des Gesamtraumes für die jeweilige Seehöhe): Zeltweg 54/Bad Aussee 90 Tage (63), Unzmarkt 36/Gößl 106 Tage (71), Neumarkt 50/Altausse 137 Tage (82), Bruck 33/Hieflau 79 Tage (47).

Südosten

Erwartungsgemäß ist die Beziehung zwischen Seehöhe und Zahl der Tage mit Winterschneedecke in der Südostregion mit einem Korrelationskoeffizienten von +0,95 (Bestimmtheitsmaß 0,90) wieder wesentlich enger. Im Durchschnitt dieses Raumes beträgt die Zahl der Tage mit Winterschneedecke in 200 m 15 und nimmt mit einem Gradienten von +7,3 Tagen pro 100 m bis zu 146 Tagen in 2 000 m zu.

Regionale Abweichungen

Die regionalen Abweichungen sind dabei überwiegend auf die Schneedecken erhaltenden Faktoren des Geländeklimas zurückzuführen, was an folgenden Stationspaaren gezeigt werden kann: Thalerhof (337 m) 35/Messendorfberg (435 m) 30 Tage, St. Peter am Ottersbach (270 m) 38/Straden (360 m) 19 Tage, St. Nikolai im Sausal (340 m) 30/Kitzeck im Sausal (485 m) 23 Tage.

In der Obersteiermark ergibt sich Ähnliches bei folgenden Stationspaaren: Irdning (698 m) 71 Tage/Pürgg (790 m) 41 Tage, St. Lambrecht (1 070 m) 102 Tage/Stolzalpe (1 293 m) 91 Tage. Diese kleinräumigen Unterschiede kommen allerdings in der Karte nicht wirklich zur Geltung.

Vergleich der Großlandschaften

Die regionalklimatischen Unterschiede werden wieder anhand der Durchschnitte der bei der im Kapitel 7.2 genannten Stationen gezeigt. Die Zahl der Tage mit Winterschneedecke in neutralem Gelände in einer Seehöhe um 670 m beträgt im:

Nordstaugebiet	102 Tage
Oberen Ennstal	72 Tage
Oberen Murtal	44 Tage
Vorland und Randgebirge	35 Tage

Eine Übersicht über die Zahl der Tage mit Winterschneedecke (Dauer) aller Stationen findet sich im technischen Anhang unter www.klimaatlas-steiermark.at.

H. WAKONIGG | A. PODESSER

7.12 Durchschnittliche Zahl der Tage mit wenigstens 20 cm Schneehöhe

Bedeutung

Mit diesem Grenzwert soll eine Schneebedeckung umschrieben werden, die für die meisten Belange „richtig" winterliche Bedingungen bedeutet. Das betrifft z.B. die Bodenbedeckung im Sinne der Isolierung des Bodenwärmestroms bzw. gleichermaßen im Sinne des Schutzes vor strengen Frösten, die Mindestanforderungen für den Wintersport und bestimmte logistische Anforderungen im Verkehrswesen.

Bestimmende Faktoren

Ihre Anzahl ist von den üblichen Faktoren abhängig, wobei neben den Schneefall-Faktoren auch wieder die Schneedecken-Erhaltungsfaktoren zu nennen sind, was sich am Gegensatz zwischen kaltem Talboden- und milderem Hang- und Riedelklima belegen lässt.

Beispielstationen

Der Jahresgang der Zahl der Tage mit wenigstens 20 cm Schneehöhe wird wieder für die drei ausgewählten Stationen in Diagrammform dargestellt. In Altaussee (Abb. 7.12.1) ist die Anzahl bzw. die Wahrscheinlichkeit dieser Tage im Kernwinter nur geringfügig kleiner als die Zahl der Tage mit Schneedecke insgesamt (Abb. 7.8.2), d.h. dass fast alle Tage mit Schneedecke auch eine Schneehöhe von wenigstens 20 cm aufweisen. Ähnliches gilt auch für die hochmontane Station Tauplitzalm (Abb. 7.12.2 und 7.8.3) wo nur in den Übergangsmonaten September bis November sowie Juni/Juli stärkere Unterschiede zwischen der Häufigkeit der Zahl der Tage mit Schneedecke überhaupt und solchen mit wenigstens 20 cm Schneehöhe zu erkennen sind. Das zeigt so recht den Schneereichtum dieser beiden Stationen im Nordstaugebiet.

Dagegen sind die Unterschiede im schneearmen Graz (Abb. 7.12.3 und 7.8.4) und damit eigentlich im gesamten Vorland recht auffallend. Dort erreicht die Anzahl der Tage mit Schneehöhen von wenigstens 20 cm im Kernwinter (Summe der Monate Jänner und Februar) mit ca. 4,5 Tagen gerade eben 7,5% aller Tage bzw.

ca. 17,5% aller Tage mit Schneedecke. Im November und März sind solche Schneehöhen zufällige Ausnahmen und kommen in den übrigen Monaten überhaupt nicht mehr vor.

Regionale Unterschiede in der Obersteiermark beachtlich

Im Durchschnitt der Obersteiermark nimmt die Zahl der Tage mit wenigstens 20 cm Schneehöhe mit einem Korrelationskoeffizienten von +0,87 (Bestimmtheitsmaß 0,70) von 18 in 500 m mit einem Gradienten von +11,6 Tagen pro 100 m bis auf 190 in 2 000 m zu, wobei die regionalen Unterschiede wie immer recht beachtlich sind, was anhand der geläufigen Stationspaare gezeigt werden kann (in Klammern die Durchschnittswerte für die entsprechende Seehöhe): Zeltweg 17/Bad Aussee 65 Tage (34), Unzmarkt 7/Gößl 82 Tage (42), Neumarkt 18/Altaussee 133 Tage (56), Bruck 7/Hieflau 53 Tage (16).

Südostregion

Im Durchschnitt der Südostregion nimmt die Zahl der Tage mit wenigstens 20 cm Schneehöhe bei einem Korrelationskoeffizienten von +0,94 (Bestimmtheitsmaß 0,89) mit einem Gradienten von nur +6,3 Tagen pro 100 m von einem theoretischen Wert von −3 in 200 m (16 in 500 m) auf 111 in 2 000 m zu.

Einfluss des Geländes

Die regionalen Abweichungen sind wieder überwiegend das Ergebnis des Schneedecken erhaltenden Geländeklimas, was sich an folgenden Stationspaaren belegen lässt: Thalerhof (337 m) 10/Messendorfberg (435 m) 7 Tage, St. Peter am Ottersbach (270 m) 8/Straden (360 m) 7 Tage. In der Obersteiermark sind solche Vergleiche mangels geeigneter Stationen weniger gut möglich, immerhin übertrifft das winterstrenge Zeltweg mit 17 Tagen die weniger kalten Murtalstationen Unzmarkt (7 Tage) und Bruck (6 Tage) beträchtlich, beide Vergleichsstationen liegen aber auch bei den gefallenen Schneemengen hinter Zeltweg zurück.

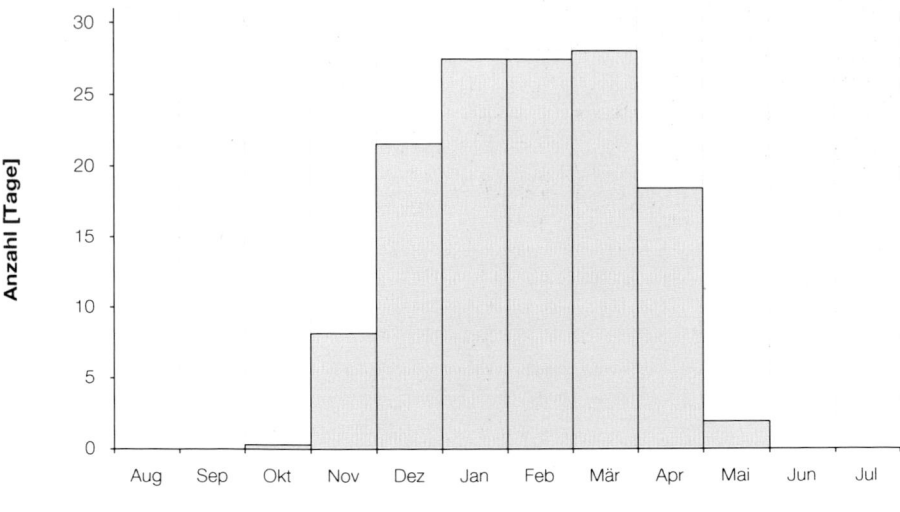

Abbildung 7.12.1: Durchschnittliche Zahl der Tage mit wenigstens 20 cm Schneehöhe, Station Altaussee-Lichtersberg, 855 m.

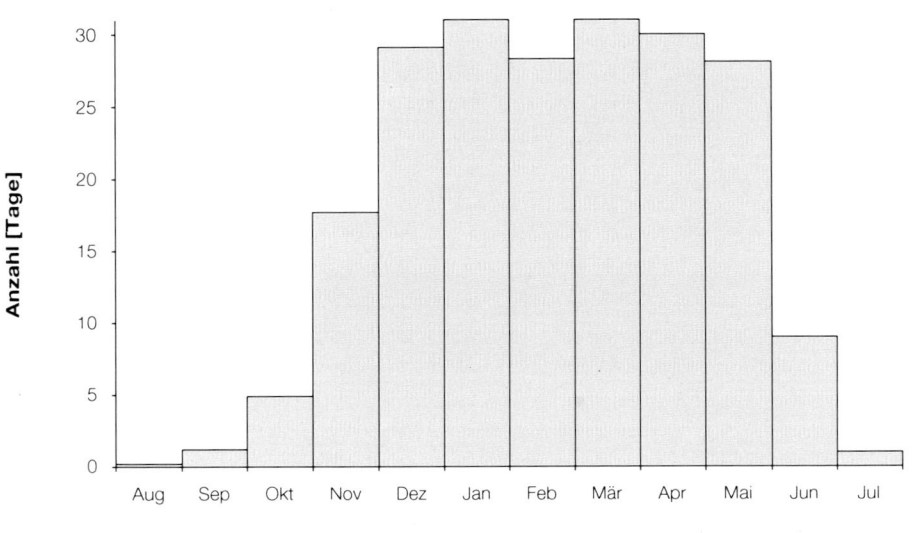

Abbildung 7.12.2: Durchschnittliche Zahl der Tage mit wenigstens 20 cm Schneehöhe, Station Tauplitzalm, 1 645 m.

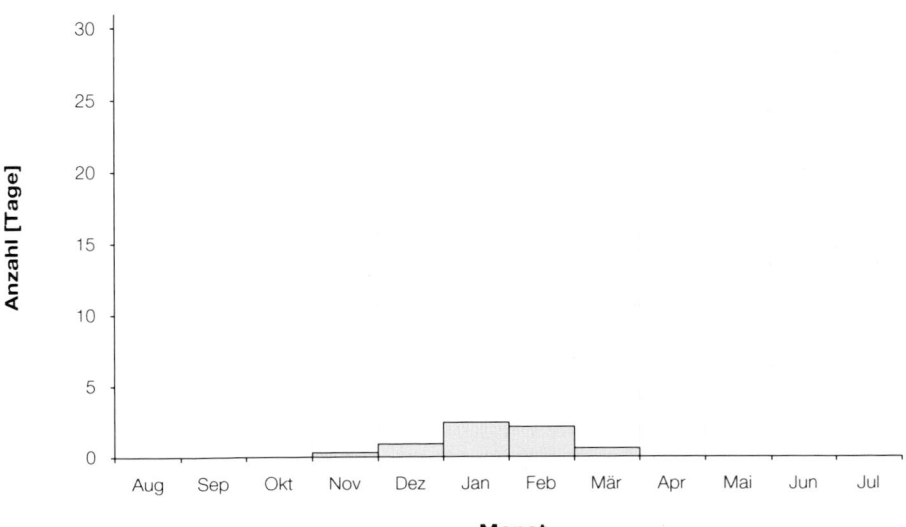

Abbildung 7.12.3: Durchschnittliche Zahl der Tage mit wenigstens 20 cm Schneehöhe, Station Graz-Universität, 366 m.

H. WAKONIGG | A. PODESSER

Unterschied zwischen Obersteiermark und Südostregion

Der entscheidende Unterschied zwischen der bezüglich der Schnee bringenden Wetterlagen eher „westlich-atlantisch" beeinflussten Obersteiermark und dem eher „kontinental-mediterran" beeinflussten Südosten sind aber die unterschiedlichen Gradienten der Zunahme der Zahl der Tage mit Schneehöhen von wenigstens 20 cm mit wachsender Seehöhe, wie sie schon bei der Summe der Neuschneehöhen beobachtet werden konnten, welche in der Obersteiermark mehr als doppelt so stark nach oben zunimmt wie im Randgebirge und Vorland.

Bei der Zahl der Tage mit wenigstens 20 cm Schneehöhe ist der Gradient in der Obersteiermark mehr als 1,8 mal so groß wie im Südosten. Damit wird neuerlich belegt, dass sich das Steirische Randgebirge gegenüber seinem Vorland keineswegs durch auffallend größeren Schneereichtum auszeichnet, etwa ganz im Gegensatz zu den Verhältnissen im Nordstaugebiet.

Unterschiedliche Wetterlagen

Hauptursache ist die unterschiedliche Niederschlagsstruktur der Schnee bringenden Wetterlagen. Während im Nordstaugebiet die Namen gebenden Stauwetterlagen mit starkem hypsometrischem Niederschlagsgradienten und häufigem Gegensatz zwischen Regen „unten" und Schneefall „oben" entscheidend sind, sind es im Südosten die mediterranen Tiefdrucklagen mit ihren warmfrontartigen Niederschlagsfeldern, bei denen ein wirklich ausgeprägter Süd- oder Südoststau nur selten entwickelt ist. Dazu ist auch der Gegensatz zwischen Regen „unten" und Schneefall „oben" geringer ausgeprägt.

Beispiel 1986

Bei manchen Schneefallereignissen sind kaum Höhengradienten entwickelt und die Berglagen erhalten nur unwesentlich mehr Niederschlag bzw. Schneefall als die Niederungen, etwa auch bei dem „Jahrhundertschneefall" vom Februar 1986 (siehe Abb. 7.14.1, S. 272). Auch an den Bergstraßen bzw. in den Schigebieten der Hebalpe, Weinebene oder Stubalpe (Gaberl) finden sich nur ausnahmsweise „meterhohe Schneewände", selbst wenn es gleichzeitig in den Niederungen des Vorlandes relativ große Schneehöhen gibt.

Vergleich der Großlandschaften

Die regionalklimatischen Unterschiede werden wieder anhand der Durchschnitte der im Kapitel 7.2 genannten Stationen gezeigt. Die Zahl der Tage mit wenigstens 20 cm Schneehöhe in einer Seehöhe um 670 m beträgt im:

Nordstaugebiet	ø 79 Tage	(Bereich 53 – 133 Tage)
Oberen Ennstal	ø 36 Tage	(Bereich 18 – 62 Tage)
Oberen Murtal	ø 12 Tage	(Bereich 6 – 21 Tage)
Vorland, Randgebirge	ø 15 Tage	(Bereich 8 – 35 Tage)

Große Unterschiede auch innerhalb der Großlandschaften

Dabei muss allerdings darauf hingewiesen werden, dass sich die witterungsklimatisch relativ einheitlichen vier Auswahlgebiete gerade bei der Zahl der Tage mit wenigstens 20 cm Schneehöhe als in sich ausgesprochen heterogen erweisen und sich innerhalb der Gebiete beachtliche Unterschiede einstellen. Diese werden unter „Bereich" angeführt, wobei es sich dabei nur um Werte der im Kapitel 7.2 genannten Stationen handelt.

Eine Übersicht über die durchschnittliche Zahl der Tage mit wenigstens 20 cm Schneedecke aller Stationen finden sich im technischen Anhang unter www.klimaatlas-steiermark.at.

Definition und Bedeutung

Mit der durchschnittlichen maximalen Schneehöhe (traditionell „mittlere maximale Schneehöhe") wird der Durchschnitt der in jedem Winter einmalig erreichten größten Schneehöhe dargestellt und damit über den Schneereichtum eines Gebietes nicht mehr ausgesagt als mit dem mittleren absoluten Maximum beim Temperaturklima, d.h. es wird nur der Durchschnitt einer in jedem Winter meist nur einen einzigen Tag lang gültigen Schneehöhe mitgeteilt.

Demgegenüber ist z.B. die durchschnittliche Schneehöhe, die für jedes beliebige Datum bzw. jede beliebige größere Zeiteinheit (z.B. Monate) angegeben werden kann, und die gegebenenfalls auch aus Tagen ohne Schneedecke errechnet wird, selbst während des Schnee-Hochwinters wesentlich kleiner und beträgt jeweils nur einen Bruchteil der mittleren maximalen Schneehöhe. Unbeschadet dessen eignet sich die mittlere maximale Schneehöhe recht gut für regionale Vergleiche, lässt sie doch auf einen Blick schneereiche von schneearmen

Abbildung 7.13.1: Das Ausseerland ist die schneereichste Region der Steiermark. In einzelnen Jahren wurden auf den Almen im Toten Gebirge schon Schneehöhen von über vier Metern gemessen.
Foto: A. Pilz

H. Wakonigg | A. Podesser

Gebieten unterscheiden, wenn auch auf Basis eines Wertes mit nur geringer Realität bzw. Häufigkeit seines Auftretens. Immerhin lässt dieser Wert unter Zugrundelegung einer realistischen Schneedichte und einer entsprechenden Veränderlichkeit seines Auftretens grobe Rückschlüsse auf die Belastung von Bauwerken durch die Schneelast zu.

Beziehung zur Summe der Neuschneehöhe

Der zu erwartende hohe Zusammenhang zwischen der mittleren maximalen Schneehöhe und der Summe der Neuschneehöhen in dem Sinn, dass viel Schneefall auch große Schneehöhen zur Folge haben muss, erweist sich beim näheren Hinsehen allerdings als weit weniger eindeutig und zudem von regionalspezifischen Strukturen des Schneeklimas abhängig.

Quotient aus maximaler Schneehöhe und Summe der Neuschneehöhe

Drückt man z.B. die Beziehung zwischen mittlerer maximaler Schneehöhe und Summe der Neuschneehöhe durch den Quotienten aus diesen beiden Werten aus, welcher immer wesentlich kleiner als 1 ist, dann gilt die Regel, dass dieser Quotient umso kleiner sein muss, je öfter es zu Schneefällen kommt, je länger die Schneefallsaison dauert und je öfter es zwischen den Schneefällen zur vollkommenen oder teilweisen Abschmelzung oder wenigstens Setzung der Schneedecke kommt. In diesem Sinne nimmt der Quotient auch mit allgemein zunehmenden Schneemengen (= zunehmender Seehöhe) ab, da es dadurch sowohl zu einer stärkeren Setzung durch das Eigengewicht der Schneedecke, als auch zu einer längeren Schneesaison kommen muss.

Umgekehrt ist der Quotient dort groß, wo es nur selten schneit und es zwischen den Schneefallereignissen lange Perioden mit guten Erhaltungsbedingungen, d.h. anhaltendem Frostwetter gibt. Österreichweit sind die geringsten Quotienten in den tieferen Lagen des „maritimen" Vorarlberg mit häufigem Tauwetter und zahlreichen Schneefallereignissen mit unter 0,2 im Extremfall bis 0,16 zu erwarten, d.h. dort erreicht die höchste Schneehöhe nur 16 bis 20% der Summen der Neuschneehöhen, während im winterkalten Jauntal Unterkärntens örtlich Quotienten von 0,4 erreicht werden. Kleine Quotienten sind auch in schneearmen mittleren Höhen des Berglandes zu erwarten, wo die Schneesaison vergleichsweise lange dauert, aber die Schneebedeckung durch zahlreiche Lücken unterbrochen wird.

Höchste Quotienten in kalten Tälern des Vorlandes

Konkret liegen die höchsten Quotienten mit Werten über 0,4 in allen kalten Talbodenklimaten des Vorlandes, in der Weststeiermark gleichermaßen wie in der Oststeiermark, wobei Werte bis 0,44 erreicht werden, was aber auch eine Eigenheit des zugrunde liegenden Beobachtungszeitraums sein dürfte, denn die Bedingungen im Kärntner Jauntal sind diesbezüglich noch „kontinentaler".

Relativ große Quotienten werden noch in den kalten Tallagen des Oberen Murtales zwischen dem Lungau und Bruck bzw. durchgehend bis zum Gratkorner Becken mit Werten um 0,35 erreicht, während die Quotienten in den schneereichen Nordstaulagen und im höheren Bergland auf Werte um 0,25 absinken. Alle anderen Landschaften können somit als Übergangslandschaften mit dazwischen liegenden Quotienten betrachtet werden.

Bestimmende Faktoren

Die durchschnittliche maximale Schneehöhe ist also wieder von den Faktoren des Schneefalls sowie jenen der Erhaltung der Schneedecke abhängig. Als dominant erweist sich dabei wieder der Einfluss der Seehöhe gefolgt vom Nord-Süd-Gegensatz und dem Geländeklima.

Beispielstationen

Der Jahresgang der durchschnittlichen maximalen Schneehöhe nach Monaten wird wieder für die drei ausgewählten Stationen in Diagrammform dargestellt. In Altaussee (Abb. 7.13.2) erreicht sie den höchsten Wert mit etwa 145 cm im März, womit die Schneehöhe auch im Durchschnitt bis in diesen Monat anwächst. Auf der Tauplitzalm (Abb. 7.13.3) sind es im März fast 3 m und der dort nur wenig geringere Wert im April zeigt an, dass die Schneedecke im Durchschnitt noch bis gegen Ende März anwächst, bevor ihre Schrumpfung durch Setzung und Rückschmelzung den Zuwachs durch Schneefälle zu überwiegen beginnt.

Dagegen beträgt die mittlere maximale Schneehöhe in Graz (Abb. 7.13.4) in den Monaten Jänner und Februar gleichermaßen nur 15 – 16 cm, die durchschnittliche Erwartungszeit der höchsten Schneehöhe fällt damit in den Zeitbereich um den Monatswechsel. Gegenüber der mittleren maximalen Schneehöhe des Gesamtjahres erreicht der mittlere Maximalwert in einem Einzelmonat in Altaussee 87%, auf der Tauplitzalm 90% und in Graz nur 68%. Damit wird der weitaus stetigere und über die Jahre relativ weniger variable Anstieg der Schneehöhen bis zu einem relativ wenig veränderlichen Zeitpunkt in den extrem schneereichen Gebieten gegenüber dem ungleichmäßigen und von Jahr zu Jahr sehr variablen Anstieg der Schneehöhe bis zu einem stark veränderlichen Zeitpunkt in den schneearmen Gebieten angezeigt.

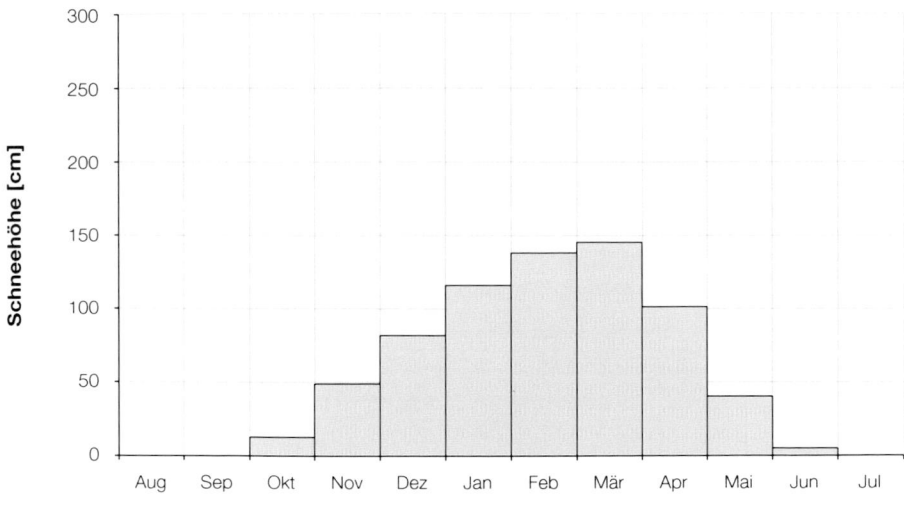

Abbildung 7.13.2: Durchschnittliche maximale Schneehöhen in cm, Station Altaussee-Lichtersberg, 855 m.

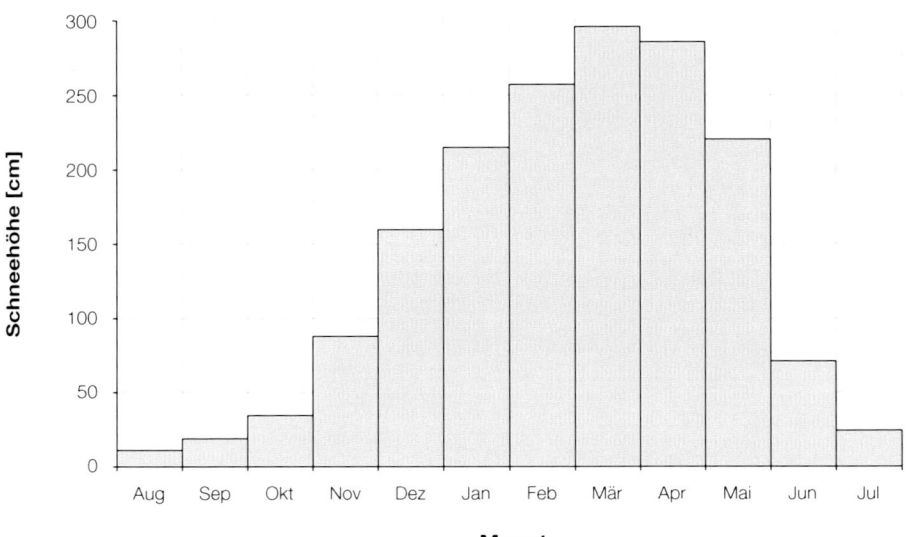

Abbildung 7.13.3: Durchschnittliche maximale Schneehöhen in cm, Station Tauplitzalm, 1 645 m.

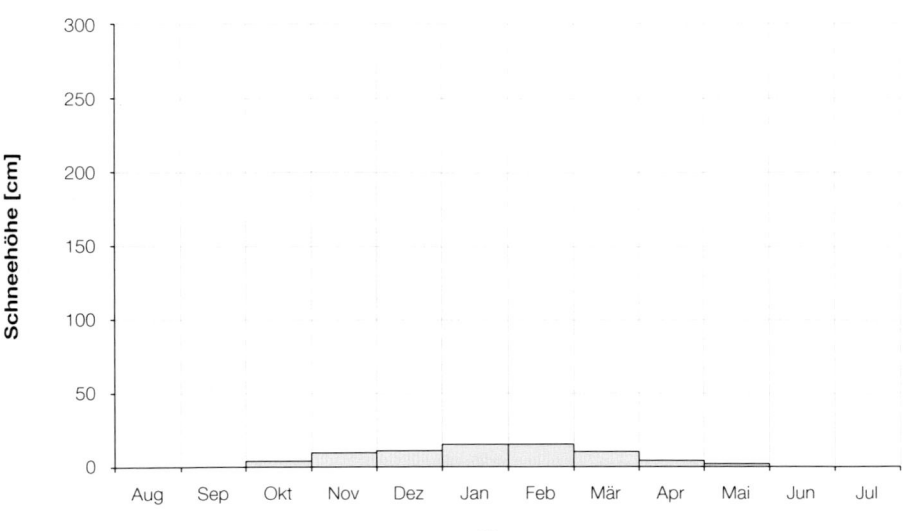

Abbildung 7.13.4: Durchschnittliche maximale Schneehöhen in cm, Station Graz-Universität, 366 m.

H. WAKONIGG | A. PODESSER

In der Obersteiermark große regionale Unterschiede

Im Durchschnitt der Obersteiermark nimmt die durchschnittliche maximale Schneehöhe bei einem Korrelationskoeffizienten von +0,81 (Bestimmtheitsmaß 0,66) mit einem Gradienten von +13,8 cm pro 100 m von 19 cm in 500 m Höhe bis auf 226 cm in 2 000 m nach oben zu, wobei die regionalen Abweichungen von diesem Durchschnitt wieder außergewöhnlich groß sind, was an den geläufigen Stationspaaren gezeigt werden kann (in Klammern stehen die jeweiligen Durchschnittswerte für den Gesamtraum): Zeltweg 32/Bad Aussee 61 cm (41), Neumarkt 34/Altaussee 167 cm (67), Unzmarkt 24/Gößl 94 cm (51), Bruck 24/Kirchenlandl 67 cm (49).

Hypsometrische Zunahme im Nordstaugebiet mehrmals so groß wie im Randgebirge

In der Südostregion beträgt der Korrelationskoeffizient +0,94 (Bestimmtheitsmaß 0,89) und die durchschnittliche maximale Schneehöhe nimmt von 18 cm in 200 m mit einem Gradienten von +4,9 cm pro 100 m bis auf 107 cm in 2 000 m zu. Damit zeigt sich neuerlich die ungleich geringere hypsometrische Zunahme des Schneereichtums im Südosten gegenüber den nördlichen Landesteilen, wobei der Gradient in der Obersteiermark gut 2,8 mal so groß ist wie im Südosten bzw. die durchschnittliche maximale Schneehöhe in 2 000 m Höhe mehr als doppelt so groß ist wie im Steirischen Randgebirge. In den eigentlichen Nordstaulagen ist sie in den Hochzonen sogar viermal so groß wie im Randgebirge.

Vergleich der Großlandschaften

Die regionalklimatischen Unterschiede werden wieder anhand der Durchschnitte der im Kapitel 7.2 genannten Stationen gezeigt. Die durchschnittliche maximale Schneehöhe beträgt in einer Seehöhe um 670 m im:

Nordstaugebiet	90 cm
Oberen Ennstal	46 cm
Oberen Murtal	29 cm
Vorland und Randgebirge	34 cm

Bestimmende Faktoren

Als jedes Jahr nur einmalig vorkommender Extremwert unterliegt die maximale Schneehöhe auch einer vergleichsweise starken Veränderlichkeit von Jahr zu Jahr, wobei deren relatives Ausmaß von mehreren unterschiedlichen Faktoren abhängt:

- Stochastisch von der mittleren maximalen Schneehöhe selbst im Sinne großer relativer Veränderlichkeiten bei kleinen Schneehöhen (wie eigentlich bei allen die Schneemengen beschreibenden Kennzahlen) und umgekehrt.

- Hydrologisch-klimatisch davon, wie weit die maximale Schneehöhe entweder überwiegend durch besondere Einzelschneefälle oder durch sukzessives Anwachsen über einen längeren Zeitraum zustande kommt. Im ersteren Fall ist eine höhere, im letzteren eine geringere Veränderlichkeit zu erwarten. Der erstere Fall ist bei kleinen Schneehöhen bzw. kurzer Schneedeckendauer verwirklicht, der letztere bei großen Schneehöhen bzw. langer Schnee-

deckendauer, womit hier eine der Ursachen für den o.a. stochastischen Zusammenhang gegeben ist, die dann auch indirekt bei der unterschiedlichen Seehöhe und im Nord-Süd-Gegensatz erkennbar wird.

- Witterungsklimatisch davon, wie weit die maximale Schneehöhe durch besondere Einzelschneefälle zustande kommt, jetzt aber in dem Sinne, dass diese Einzelfälle durch besonders schneefallwirksame, aber mit sehr variabler Häufigkeit auftretende Wetterlagen bewirkt werden. Das sollte sich in einer größeren Veränderlichkeit im Vorland gegenüber den Tallandschaften der Obersteiermark bemerkbar machen, worauf auch bei der 10-jährlichen maximalen Schneehöhe (Kapitel 7.15) hingewiesen wird.

Geringe Abhängigkeit von der Seehöhe

Aufgrund dieser komplexen Zusammenhänge ist die Beziehung zwischen Veränderlichkeit und Seehöhe vergleichsweise gering ausgeprägt. In der Obersteiermark ergibt sich dafür nur ein Korrelationskoeffizient von

Abbildung 7.14.1: Der Winter 1986 bleibt in den südlichen und östlichen Landesteilen als Jahrhundertwinter in Erinnerung. Anfang Februar glitt im Einflussbereich eines Mittelmeertiefs feuchte Meeresluft auf die im Alpenraum lagernde, arktische Kaltluft auf, es kam zu mehrere Tage dauernden Schneefällen mit Rekordschneehöhen. In der Landeshauptstadt erreichte die Schneehöhe 75 cm, am Schöckl sogar 230 cm. Im Bild die Wetterstation am Flughafen Graz-Thalerhof, wo ebenfalls 75 cm gemessen wurden.
Foto: A. Sudy

−0,48 (Bestimmtheitsmaß 0,23), wobei die Veränderlichkeit im Durchschnitt dieses Raumes von 46% in 500 m mit einem Gradienten von −1% pro 100 m auf 30% in 2 000 m absinkt.

Besser ist diese Beziehung im Vorland und Randgebirge mit einem Korrelationskoeffizienten von −0,57 (Bestimmtheitsmaß 0,32) ausgebildet. Dort sinkt die Veränderlichkeit im Durchschnitt der Gesamtregion von 60% in 200 m mit einem Gradienten von −1% pro 100 m auf 41% in 2 000 m.

Ausreißer Knittelfelder Becken

Im räumlichen Muster der Veränderlichkeit in der Karte zeigt sich recht deutlich die Wirkung der o.a. Ursachen, wobei allerdings als besondere Ausnahme die auffallend hohe Veränderlichkeit im Knittelfelder Becken (Bereich um Zeltweg) ins Auge fällt. Diese wurde aber hauptsächlich durch das extreme Einzelereignis vom Februar 1986 mit den „Jahrhundertschneehöhen" von bis zu 120 cm bewirkt, welche dort tatsächlich als „zufälliger Ausreißer" gelten können (100-jährliches Ereignis etwa 80 cm).

Vergleich der Großlandschaften

Die regionalklimatischen Unterschiede werden als Durchschnitt der im Kapitel 7.2 genannten Stationen angegeben. Dabei zeigt sich aus den genannten Grün-den das Obere Murtal als in sich auffallend heterogen, weshalb auch die höchsten und tiefsten Werte der jeweils benutzten Stationen unter „Bereich" angegeben werden. Die entsprechenden Veränderlichkeiten der maximalen Schneehöhe in einer Seehöhe um 670 m betragen im:

Nordstaugebiet	ø 38,4% (Bereich 32 – 41%)
Oberen Ennstal	ø 41,5% (Bereich 38 – 47%)
Oberen Murtal	ø 54,2% (Bereich 46 – 67%)
Vorland und Randgebirge	ø 57,1% (Bereich 45 – 62%)

Auffallende geringe Veränderlichkeit in der südlichen Weststeiermark

Am Fuß des Randgebirges ist der niedrige Wert von 45% (Friedberg) besonders stark vom regionalen Durchschnitt abweichend. Auffallend ist auch die vergleichsweise geringe Veränderlichkeit in der südlichen Weststeiermark, in der das Tiefdruckgeschehen im Mittelmeerraum große Schneemengen bewirken kann, wobei etwa in Eibiswald im Februar 1969 und 1986 eine Schneehöhe von einem Meter überschritten wurde. Immerhin stimmt die Verteilung der Veränderlichkeit im Vorland recht gut mit der Verteilung der mittleren maximalen Schneehöhen überein und bestätigt den stochastischen Zusammenhang zwischen diesen beiden Kennzahlen.

7.15 10-jährliche maximale Schneehöhen

Definition und Bedeutung

Damit wird die im statistischen Durchschnitt in 10 Jahren einmal bzw. die mit 10% Wahrscheinlichkeit zu erwartende größte Schneehöhe dargestellt, wobei damit keineswegs eine zeitliche Regelmäßigkeit, sondern nur ein errechneter Durchschnitt aus einem zeitlich völlig ungeregelten Ablauf ausgedrückt wird. Gegenüber der absolut größten Schneehöhe des Gesamtzeitraums hat dieser Wert den Vorteil, dass er weniger zufallsabhängig ist, weil er aus dem Gesamtkollektiv aller 30 Werte abgeleitet wird, wogegen der einmalige Absolutwert ein Extremwert von viel größerer Jährlichkeit sein kann, der sich eben zufällig im Beobachtungszeitraum eingestellt hat.

Gleiche Faktoren wie bei der mittleren maximalen Schneehöhe

Die Faktoren, die das Raumverteilungsmuster der 10-jährlichen maximalen Schneehöhe bestimmen, sind die selben wie bei der durchschnittlichen maximalen Schneehöhe, wodurch sich auch ein ähnliches Verbreitungsbild ergibt, welches auch nicht mehr interpretiert werden muss.

Beispielstationen

Der Jahresgang der 10-jährlichen maximalen Schneehöhe nach Monaten wird wieder für die drei ausgewählten Stationen in Diagrammform dargestellt. An den Stationen Altaussee (Abb. 7.15.1) und Tauplitzalm (Abb. 7.15.2) wird sie im März mit 239 cm bzw. 445 cm erreicht, das sind jeweils 96% der 10-jährlichen maximalen Schneehöhen des Gesamtjahres, womit wieder eine große Stetigkeit des Aufbaus der Schneedecke und eine hohe Wahrscheinlichkeit des Auftretens ihrer Maximalhöhe im jeweils selben Monat signalisiert wird.

Dagegen sind es in Graz (Abb. 7.15.3) nur 37 cm im Februar oder 79% der 10-jährlichen maximalen Schneehöhe des Gesamtjahres, woraus sich eine größere Unstetigkeit des Aufbaus der Schneedecke und Streuung des Zeitraums des Erreichens ihrer Maximalhöhe ableiten lässt.

Obersteiermark

Im Durchschnitt der Obersteiermark nimmt die 10-jährliche maximale Schneehöhe bei einem Korrelationskoeffizienten von +0,80 (Bestimmtheitsmaß 0,64) mit einem Gradienten von +19,4 cm pro 100 m von 41 cm in 500 m Höhe bis auf 332 cm in 2 000 m nach oben zu, wobei die regionalen Abweichungen von diesem Durchschnitt wieder außergewöhnlich groß sind, was an den geläufigen Stationspaaren gezeigt werden kann (in Klammern stehen die jeweiligen Durchschnittswerte für den Gesamtraum): Zeltweg 64/Bad Aussee 113 cm (71), Neumarkt 55/Altaussee 249 cm (107), Unzmarkt 39/Gößl 163 cm (85), Bruck 46/Kirchenlandl 107 cm (76).

Südostregionen

In der Südostregion beträgt der Korrelationskoeffizient +0,94 (Bestimmtheitsmaß 0,88) und die 10-jährliche maximale Schneehöhe nimmt von 35 cm in 200 m um +8,3 cm pro 100 m bis auf 185 cm in 2 000 m zu, also wieder mit viel kleinerem Gradienten als im Norden. Auch die regionalen Unterschiede sind hier geringer als in der Obersteiermark, wie die Vergleiche von Stationen in gleicher Seehöhe zeigen: Wiel 111/St. Jakob im Walde 106 cm, Eibiswald 67/Hartberg 41 cm.

Vergleich der Großlandschaft

Die regionalklimatischen Unterschiede werden wieder anhand der Durchschnitte der im Kapitel 7.2 genannten Stationen gezeigt. Die 10-jährliche maximale Schneehöhe beträgt in einer Seehöhe um 670 m im:

Nordstaugebiet	141 cm
Oberen Ennstal	72 cm
Oberen Murtal	53 cm
Vorland und Randgebirge	63 cm

Oberes Murtal schneeärmer

Hier kommt die Neigung des Vorlandes zu größeren Schneefallereignissen gegenüber dem Oberen Murtal recht gut zum Ausdruck. Die maximalen Schneehöhen eines Winters werden nämlich in den schneeärmeren

H. Wakonigg | A. Podesser

Gebieten weit stärker durch markante Einzelereignisse bestimmt als durch sukzessive Anhäufung während des ganzen Winters. Diese besonderen Einzelereignisse sind im Vorland und am Fuß des Randgebirges wegen des schon im Kapitel 7.14 erwähnten Unterschiedes bei der Struktur der Schnee bringenden Wetterlagen ergiebiger als im Oberen Murtal.

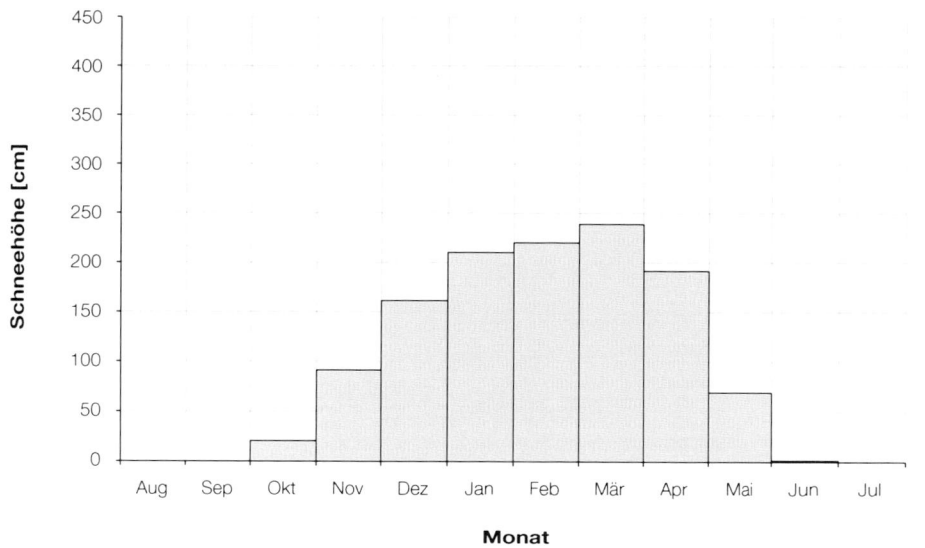

Abbildung 7.15.1: 10-jährliche maximale Schneehöhen in cm, Station Altaussee-Lichtersberg, 855 m.

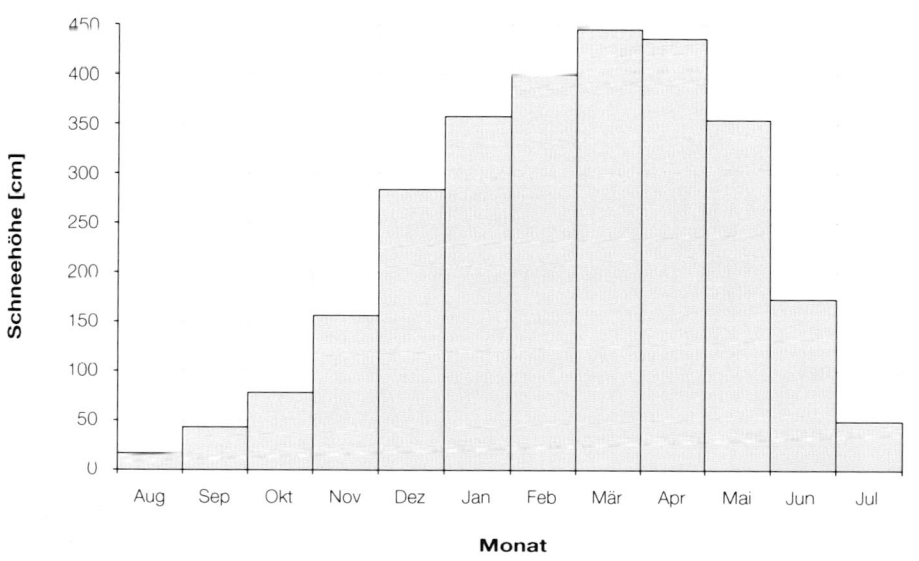

Abbildung 7.15.2: 10-jährliche maximale Schneehöhen in cm, Station Tauplitzalm, 1 645 m.

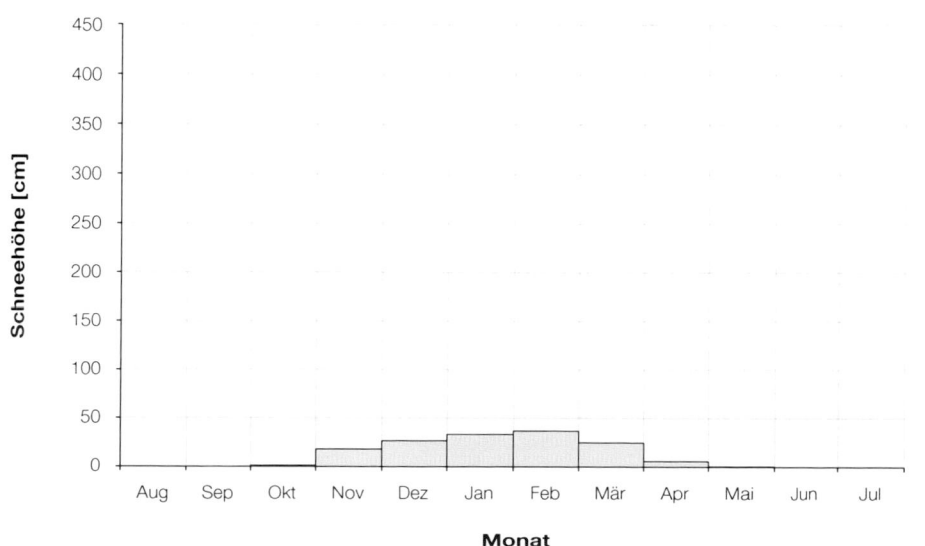

Abbildung 7.15.3: 10-jährliche maximale Schneehöhen in cm, Station Graz-Universität, 366 m.

7.16 Durchschnittliche Schneehöhen am 21. Dezember

Zur Berechnung der durchschnittlichen Schneehöhe werden alle 30 Tage des Beobachtungszeitraums herangezogen. Wenn es keine Schneebedeckung gegeben hat, gehen solche Tage mit dem Wert Null in die Berechnung ein. Solcherart ergeben sich gegenüber dem subjektiven Empfinden und gegenüber der mittleren maximalen Schneehöhe vielfach überraschend kleine Beträge.

Dieses Datum fällt in die Zeit kurz vor Weihnachten und assoziiert oft eine tiefwinterliche Landschaft mit reichlich Schnee. Wohl ist zu diesem Zeitpunkt in der gesamten Steiermark mit einer geschlossenen Schneedecke zu rechnen, doch treten besonders im Alpenvorland und im Knittelfelder Becken von Jahr zu Jahr große Unterschiede auf. So liegt am 21. Dezember an der Station Graz-Universität an durchschnittlich nur jedem dritten Jahr eine geschlossene Schneedecke, wobei die durchschnittliche Schneehöhe 1,5 cm beträgt. Das Regionsmittel liegt im Vorland unterhalb von 400 m Seehöhe bei 4 cm, bei einem Gradienten von +1,4 cm/100 m steigt die Schneehöhe bis in 2 000 m auf 23 cm an. In der Obersteiermark ist die Schneesicherheit wesentlich größer, wenngleich es große regionale Unterschiede gibt. Das Schneehöhenmittel von Stationen unterhalb von 600 m Seehöhe beträgt 12 cm, mit einem Gradienten von +6,1 cm/100 m steigt die Schneehöhe bis 2 000 m Seehöhe auf 89 cm an.

Eine Übersicht über die durchschnittlichen Schneehöhen am 21. Dezember und für weitere Stichtage aller Stationen finden sich im technischen Anhang unter www.klimaatlas-steiermark.at.

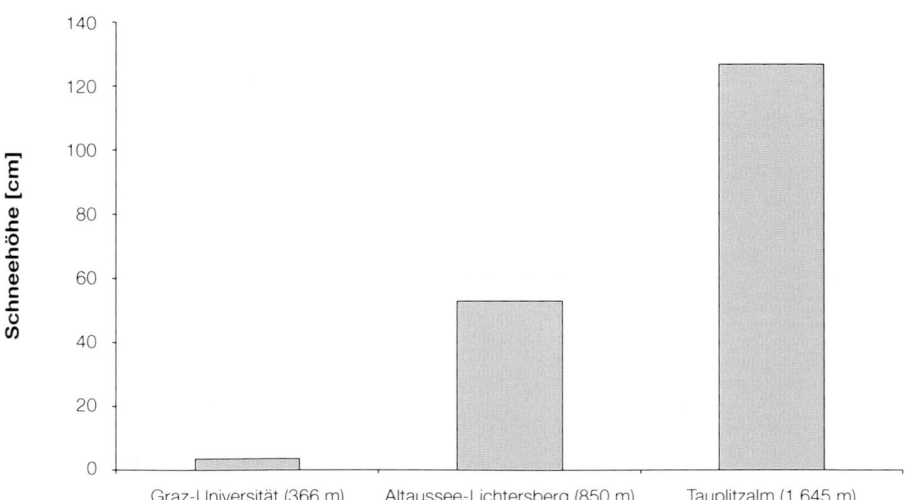

Abbildung 7.16.1: Durchschnittliche Schneehöhen am 21. Dezember.

H. WAKONIGG | A. PODESSER

Hochwinter mit größter Schneewahrscheinlichkeit

Dieses Datum liegt in den niedrigeren Landesteilen im schneeklimatischen Hochwinter, d.h. innerhalb des Zeitraums mit der größten Wahrscheinlichkeit einer Schneedecke und der durchschnittlich größten erreichten Schneehöhe (siehe dazu auch Kapitel 7.19). Im Bergland verspätet sich allerdings der Termin der durchschnittlich größten Schneehöhe mit zunehmender Seehöhe wegen des anhaltenden Schneezuwachses, maximal bis in den April in den höchsten Lagen nahe 3 000 m.

Berechnungsart

Zur Berechnung der durchschnittlichen Schneehöhe werden alle 30 Tage des Beobachtungszeitraums herangezogen. Wenn es keine Schneebedeckung gegeben hat, gehen solche Tage mit dem Wert Null in die Berechnung ein. Solcherart ergeben sich gegenüber dem subjektiven Empfinden und gegenüber der mittleren maximalen Schneehöhe vielfach überraschend kleine Beträge. Die Berechnung der durchschnittlichen Höhe aus den Tagen mit Schneedecke allein ergäbe dagegen die durchschnittliche Schneedeckenhöhe, welche nicht dargestellt wird. Sie ist bei 100% Schneedeckenwahrscheinlichkeit mit der durchschnittlichen Schneehöhe identisch.

Beziehung zur mittleren maximalen Schneehöhe

Die mittlere Schneehöhe im Hochwinter ist gegenüber der mittleren maximalen Schneehöhe umso kleiner, je veränderlicher die Schneesituation ist, d.h. je seltener zu diesem Datum eine Schneedecke entwickelt ist und je stärker die Veränderlichkeit der maximalen Schneehöhen ist. Am kleinsten ist die durchschnittliche Schneehöhe erwartungsgemäß im Vorland, insbesondere in den milderen Riedellagen, wo sie am 1. Februar nicht einmal 20% der mittleren maximalen Schneehöhe erreicht, aber auch sonst bleiben die Werte im Vorland unter einem Viertel der mittleren maximalen Schneehöhe. Werte über 25% werden nur örtlich bei guten Bedingungen zur Erhaltung der Schneedecke erreicht oder übertroffen, z.B. in den kalten Talbodenklimaten.

Geringe Werte unter 20% sind auch noch bis gegen Bruck, solche bis oder um 25% örtlich auch im Oberen Murtal bis gegen Unzmarkt zu finden. In den schneereichen Hochzonen und in mittleren Höhen des Nordstaugebietes erreicht die mittlere Schneehöhe am 1. Februar dagegen bereits die Hälfte der mittleren maximalen Schneehöhe, wobei diese Werte auch in den Tälern nirgends unter 45% absinken. In den Talbereichen des Oberen Ennstals sind Werte zwischen 35 und 45% typisch, alle anderen Landschaften zeigen jeweils Übergangswerte zwischen den Extremen der „Kernlandschaften". Typische Übergangslandschaften sind die Südseite der Niederen Tauern sowie das Mürztal und seine Umgebung mit Spannweiten von 30 bis über 45%. Im eigentlichen Randgebirge werden 45% nicht überschritten.

Bestimmende Faktoren

Das Verteilungsmuster zeigt wie immer das Zusammenwirken der selben Einflussfaktoren wie bei allen die Schneehöhen betreffenden Parametern. Im Durchschnitt der Obersteiermark nimmt die mittlere Schneehöhe am 1. Februar bei einem Korrelationskoeffizienten von +0,82 (Bestimmtheitsmaß 0,68) von einem theoretischen Wert von 1,4 cm in 500 m mit einem Gradienten von +8,5 cm pro 100 m bis auf 128 cm in 2 000 m zu, wobei die regionalen Abweichungen von diesem Durchschnitt wieder entsprechend groß sind, was an den geläufigen Stationspaaren gezeigt werden kann: Zeltweg 10/Bad Aussee 36 cm, Neumarkt 11/Altaussee 95 cm, Unzmarkt 6/Gößl 48 cm, Bruck 5,6/Kirchenlandl 29 cm.

Geringe Zunahme mit der Seehöhe im Südosten

Im Vorland und Randgebirge beträgt der Korrelationskoeffizient zwischen Schneehöhe und Seehöhe +0,93 (Bestimmtheitsmaß 0,86) und die durchschnittliche Schneehöhe am 1. Februar nimmt von 2 cm in 200 m mit einem Gradienten von +2,1 cm pro 100 m bis auf nur 39 cm in 2 000 m zu. Damit wird die ungleich geringere hypsometrische Zunahme des Schneereichtums im Südosten gegenüber den nördlichen Landesteilen erneut eindrucksvoll bestätigt, wobei der Gradient in der

Obersteiermark gut viermal so groß ist wie im Südosten bzw. die durchschnittliche Schneehöhe am 1. Februar in 2 000 m Höhe mehr als dreimal so groß ist wie im Steirischen Randgebirge. In den eigentlichen Nordstaulagen ist sie in den Hochzonen sogar sechs- bis siebenmal (!) so groß wie im Randgebirge.

Vergleich der Großlandschaften

Die regionalklimatischen Unterschiede werden wieder anhand der Mittelwerte der bei der im Kapitel 7.2 genannten Stationen gezeigt. Die durchschnittliche Schneehöhe am 1. Februar beträgt in einer Seehöhe um 670 m im:

Nordstaugebiet	44,4 cm
Oberen Ennstal	21,2 cm
Oberen Murtal	8,4 cm
Vorland und Randgebirge	7,0 cm

Riedellagen haben die geringsten Schneehöhen

In den schneeärmsten Gebieten liegt sie aber durchwegs unter 5 cm, örtlich, d.h. in den mildesten Riedel- und Hanglagen sogar bei 4 cm. Dort beträgt auch die Wahrscheinlichkeit einer Schneedecke zu diesem Termin nur 40 bis 50%, wodurch die Durchschnittshöhe einer tatsächliche vorhandenen Schneedecke dann doch rund 10 cm erreicht.

Eine Übersicht über die durchschnittlichen Schneehöhen am 1. Februar sowie zu anderen Stichtagen findet sich im technischen Anhang unter www.klimaatlas-steiermark.at.

H. WAKONIGG | A. PODESSER

7.18 Schneedeckenwahrscheinlichkeit im Frühwinter (21. Dezember)

Definition

Damit ist die Wahrscheinlichkeit einer Schneedecke von wenigstens 1 cm Höhe zum Morgentermin gemeint bzw. mehr oder weniger die Wahrscheinlichkeit des Auftretens von „weißen Weihnachten". Sie ist von den selben Faktoren abhängig wie das Eintrittsdatum der ersten Schneedecke bzw. Winterdecke, d.h. erstrangig von der Seehöhe und vom Nord-Süd-Gegensatz und nur nachgeordnet von den Schneedecken erhaltenden Faktoren des Geländeklimas.

„Weiße Weihnachten" auch in der Obersteiermark unsicher

Gerade bei der Schneedeckenwahrscheinlichkeit im Frühwinter erweist sich der Großraum Obersteiermark durch die Wetter- und Klimascheide des Alpenhauptkamms als sehr heterogen, wodurch die Beziehung zur Seehöhe im Durchschnitt des Gesamtraumes wieder nur recht lose ausgeprägt ist. Das zeigt sich in einem Korrelationskoeffizienten von nur +0,56 (Bestimmtheitsmaß 0,31), wobei die Wahrscheinlichkeit im Durchschnitt von 72% in 500 m mit einem Gradienten von +1,8% pro 100 m auf 98% in 2 000 m zunimmt.

Regionale Abweichungen vom Durchschnitt

Erwartungsgemäß sind die regionalen Abweichungen von diesem Durchschnitt wieder bedeutend und betragen bei den geläufigen Stationspaaren (in Klammern die jeweiligen Durchschnittswerte für den Gesamtraum): Zeltweg 67/Bad Aussee 80% (74), Neumarkt 53/Altaussee 93% (78), Unzmarkt 53/Gößl 87% (76), Bruck 50/Kirchenlandl 83% (72).

Geringste Wahrscheinlichkeit nördlich von Graz

Im Vorland und Randgebirge ist diese Beziehung mit einem Korrelationskoeffizienten von +0,93 (Bestimmtheitsmaß 0,86) wieder wesentlich besser. Dort nimmt die Wahrscheinlichkeit von 33% in 200 m mit einem Gradienten von +4,8% auf theoretische 119% in 2 000 m zu, wobei 100% in 1 600 m erreicht werden. Die regionalen Unterschiede sind hier wieder geringer als in der Obersteiermark, wie die Vergleiche von Stationen in gleicher Seehöhe zeigen: Wiel 77/St. Jakob im Walde 83%, Eibiswald 37/Hartberg 33%. Die geringste Wahrscheinlichkeit wird im Gratkorner Becken mit etwa 27% erreicht.

Abbildung 7.18.1: Mit weißen Weihnachten ist in der Landeshauptstadt durchschnittlich nur alle drei Jahre zu rechnen. Im Bild die Kirche St. Johann und Paul mit Blick auf den Stadtbezirk Wetzelsdorf.
Foto: A. Podesser

Vergleich der Großlandschaften

Für den Durchschnitt der regionalklimatisch weitgehend einheitlichen Hauptlandschaften (Mittelwerte der im Kapitel 7.2 genannten Stationen) ergeben sich für eine Seehöhe von rund 670 m folgende Wahrscheinlichkeiten für eine Schneedecke am 21.12.:

Nordstaugebiet	87%
Oberes Ennstal	79%
Oberes Murtal	55%
Vorland und Randgebirge	50%

Die Wahrscheinlichkeit für „weiße Weihnachten" erreicht im Vorland unterhalb von 600 m bzw. allgemein südlich von Bruck nirgendwo 50% bzw. unterhalb von 400 m meist nur ein Drittel. Dort sind „weiße Weihnachten" eher die Ausnahme als die Regel.

H. Wakonigg | A. Podesser

7.19 Schneedeckenwahrscheinlichkeit im Hochwinter (1. Februar)

Allgemeines

Damit ist die Wahrscheinlichkeit einer Schneedecke von wenigstens 1 cm Höhe zum Morgentermin zur Zeit ihres jahreszeitlichen Wahrscheinlichkeitsmaximums bzw. des schneeklimatischen „Hochwinters" gemeint. Das ist in den Niederungen die Zeit um die Monatswende vom Jänner zum Februar, wobei sich ein genaues Datum dafür nicht angeben lässt, da dieses einerseits vom zugrunde gelegten Beobachtungszeitraum, andererseits vom Schneereichtum selbst und damit indirekt von der Seehöhe abhängt und sich mit wachsender Seehöhe von einem Termin in den letzten Jannertagen wenig regelhaft bis zu einem Termin im ersten Februardrittel verspäten kann, bevor schließlich 100% erreicht werden und sich diese Zeit der Schneesicherheit dann weiter verlängert.

Obersteiermark durch Alpenhauptkamm geteilt

Die Wahrscheinlichkeit für eine Schneedecke im Hochwinter ist von den selben Faktoren abhängig wie jene im Frühwinter, aber generell größer und in den schneereichen Gebieten so nahe an 100%, dass sich dort keine größeren regionalen oder lokalen Unterschiede mehr einstellen können. Das gilt eigentlich generell für den gesamten Raum nördlich des Alpenhauptkamms, während südlich davon schon im Oberen Murtal Wahrscheinlichkeiten weit unter 100% beobachtet werden und sich die gesamte Obersteiermark damit neuerlich als schneeklimatisch heterogen erweist.

Im Durchschnitt dieses Raumes ergibt sich durch diesen Gegensatz eine nur mehr zufällige Beziehung zwischen Seehöhe und Wahrscheinlichkeit mit einem Korrelationskoeffizienten von nur +0,33 (Bestimmtheitsmaß 0,15), wodurch die Angabe von Durchschnittswerten oder Höhengradienten hinfällig wird. Die Uneinheitlichkeit dieses Raumes zeigt sich auch bei den Stationspaaren in gleicher Seehöhe aber an verschiedenen Seiten des Alpenhauptkamms: Zeltweg 73/Bad Aussee 97%, Neumarkt 63/Altaussee 100%, Unzmarkt 60/Gößl 100%, Bruck 60/Kirchenlandl 90%.

Im Süden deutliche Seehöhenabhängigkeit

Im Vorland und Randgebirge ist diese Beziehung zur Seehöhe mit einem Korrelationskoeffizienten von +0,85 (Bestimmtheitsmaß 0,72) deutlich besser. Dort nimmt die Wahrscheinlichkeit von 41% in 200 m mit einem Gradienten von +4,1% auf theoretische 115% in 2 000 m zu, wobei 100% in 1 600 m erreicht werden. Die regionalen Unterschiede sind hier wieder geringer als in der Obersteiermark, wie die Vergleiche von Stationen in gleicher Seehöhe zeigen: Wiel 77/St. Jakob im Walde 73%, Eibiswald 40/Harlberg 43%. Die geringste Wahrscheinlichkeit wird im äußersten Südosteck des Landes (Bad Radkersburg) mit 30% erreicht.

Vergleich der Großlandschaften

Für den Durchschnitt der regionalklimatisch weitgehend einheitlichen Hauptlandschaften (Mittelwerte der im Kapitel 7.2 genannten Stationen) ergeben sich für eine Seehöhe von rund 670 m folgende Wahrscheinlichkeiten für eine Schneedecke am 01.02.:

Nordstaugebiet	96%
Oberes Ennstal	91%
Oberes Murtal	67%
Vorland und Randgebirge	51%

Die Wahrscheinlichkeit einer Schneedecke im Hochwinter erreicht im Vorland und im Mur- und Mürztal unterhalb von 700 m nirgendwo zwei Drittel bzw. unterhalb von 400 m meist nur die Hälfte. In den besonders schneearmen Bereichen der Oststeiermark, d.h. in einem schmalen Streifen an der östlichen Landesgrenze ist es gerade ein Drittel. Dort ist sogar im Hochwinter eine schneefreie Situation häufiger als eine schneebedeckte.

7.20 Schneedeckenwahrscheinlichkeit im Spätwinter (20. März)

Allgemeines

Beschrieben wird die Wahrscheinlichkeit einer Schneedecke von wenigstens 1 cm Höhe zum Morgentermin zur Zeit des astronomischen Frühlingsbeginns bzw. eines frühen Ostertermins oder des Endes der üblichen Wintersportsaison. Für die Wahrscheinlichkeit einer Schneedecke im Spätwinter gewinnen die Schneedecken erhaltenden Faktoren des Lokal- und Geländeklimas wieder an Bedeutung. Dazu sind wegen der bereits sehr kleinen Wahrscheinlichkeiten in den Niederungen wieder sehr große regionale und lokale Unterschiede zu erwarten, wozu auch die Heterogenität des obersteirischen Gesamtraumes gehört.

Die Tauern wirken erneut als deutliche „Klimascheide"

Im Durchschnitt dieses Raumes ergibt sich zwischen Schneedeckenwahrscheinlichkeit und Seehöhe ein Korrelationskoeffizient von +0,68 (Bestimmtheitsmaß 0,46), wobei die Wahrscheinlichkeit von 40% in 500 m mit einem Gradienten von +3,7% pro 100 m auf 95% in 2 000 m (real 100%) zunimmt. Die großen regionalen Unterschiede zeigen sich am besten bei den Stationspaaren in gleicher Seehöhe aber an verschiedenen Seiten des Alpenhauptkamms: Zeltweg 37/Bad Aussee 47%, Neumarkt 27/Altaussee 93%, Unzmarkt 13/Gößl 70%, Bruck 13/Kirchenlandl 53%.

Im Südosten nahezu funktionale Seehöhenabhängigkeit

Im Vorland und Randgebirge ist die Beziehung zur Seehöhe mit einem Korrelationskoeffizienten von +0,96 (Bestimmtheitsmaß 0,92) nahezu funktional. Dort nimmt die Wahrscheinlichkeit von 5% in 200 m mit einem Gradienten von +5,9 % auf theoretische 111% in 2 000 m zu, wobei 100% in 1 800 m erreicht werden. Die regionalen Unterschiede sind hier wieder geringer als in der Obersteiermark, wie die Vergleiche von Stationen in gleicher Seehöhe zeigen: Wiel 43/St. Jakob im Walde 47%, Eibiswald 17/Hartberg 7%. Die Wahrscheinlichkeit einer Schneedecke im Spätwinter erreicht im Vorland und im Mur- und Mürztal unterhalb von 600 m nirgendwo ein Fünftel bzw. unterhalb von 400 m höchstens 17%. Die geringsten Wahrscheinlichkeiten am östlichen Grenzsaum liegen unter 10%.

Vergleich der Großlandschaften

Für den Durchschnitt der regionalklimatisch weitgehend einheitlichen Hauptlandschaften (Mittelwerte der bei der im Kapitel 7.2 genannten Stationen) ergeben sich für eine Seehöhe von rund 670 m folgende Wahrscheinlichkeiten für eine Schneedecke am 20.03.:

Nordstaugebiet	68%
Oberes Ennstal	41%
Oberes Murtal	21%
Vorland und Randgebirge	28%

H. Wakonigg | A. Podesser

7.21 Ergänzende und weiterführende Literatur

AUER, I. ET AL. 2002: Das Klima des Sonnblicks, Heft 28, Zentralanstalt für Meteorologie und Geodynamik, 306 S.

BREZJAK, A. 1997: Das Niederschlagsgeschehen auf der Gleinalpe vom 12.10.1993 bis 31.12.1995 – Beobachtungen anhand eines vertikalen Messprofils; Diplomarbeit Univ. Graz – Inst. f. Geogr. u. Raumf., 200 S.

BUCHER, K., KERSCHNER, H. ET AL. 2004: Spatial Precipitation Modeling for the Tyrol Region. Institut für Geographie, Univ. Innsbruck, 1 – 5.

CONRAD, V. 1935: Beiträge zur Kenntnis der Schneeverhältnisse. 3. Mitteilung, Gerl. Beitr. z. Geophys. Bd. 45, S. 225 – 236.

EKHART, E. 1040; Zur Kenntnis der Schneeverhältnisse der Ostalpen. Gerl. Beitr. z. Geophys. Bd. 56, S. 321 – 358.

FLIRI, F. 1975: Das Klima der Alpen im Raume Tirol. Monographien zur Landeskunde Tirols F 1, Innsbruck – München, 454 S.

FREI, C., SCHÄR, C. 1998: A precipitation climatology of the alps from high resolution rain- gauge observations. Int. J. Climatol. 18, 873 – 900.

GRUNOW, J. 1954: Über die Bestimmung des Schneeanteils am Niederschlag. Geof. Pura e Appl. 27, S. 167 – 173.

KOSSINNA, E. 1937: Die Dauer der Schneedecke in den Ostalpen, I. Teil. Zeitschrift des Deutschen Alpenvereins Bd. 68, S. 242 – 255.

LAUSCHER, A., LAUSCHER, F. 1975: Die Zeitpunkte größter Schneehöhen in den Ostalpenländern. Wetter und Leben 27, S. 26 – 30.

LAUSCHER, F: 1954: Klimatologische Probleme des festen Niederschlages. Archiv f. Met.,Geophys. u. Bioklim. Serie B, Bd. G, S. 60 – 65.

LEGATES, D.R. 1993: Biases in precipitation gage measurement. Global observations, analyses and simulation of precipitation. Report of a WGNE/GEWEX workshop, National Meteorological Center, Campsprings, Maryland, 27 – 30 October 1992. 31 – 34.

MOHNL, H. 1996: Die Schwankungen Wintersport-relevanter Schneehöhen im Laufe der vergangenen 50 Jahre in den österreichischen Alpen. Wetter und Leben, Jg. 48, S. 103 – 113.

STEINÄUSSER, H. 1951: Zur Bestimmung des Schneeanteils am Gesamtniederschlag. Archiv f. Met., Geophys. u. Bioklim. Serie B, B II, S. 129 – 133.

STEINHAUSER, F. 1949: Die Schneehöhen in den Ostalpen und die Bedeutung der winterlichen Temperaturinversion. Archiv f. Met., Geophys. u. Bioklim. Serie B, Bd. I, S. 63 – 74.

STEINHAUSER, F. 1962: Schneekarten von Österreich: Beginn der Schneedecke, Ende der Schneedecke, mittlere maximale Schneehöhen, Summe der Neuschneehöhen 1: 500 000 (1901 – 1950). Beilage z. Beitr. z. Hydr. Österr. Nr 34 (Der Schnee in Österreich im Zeitraum 1901 – 1950).

STEINHAUSER, F. 1974: Die Schneeverhältnisse Österreichs und ihre ökonomische Bedeutung. 70. – 71. Jahresbericht des Sonnblick-Vereines, S. 3 – 42.

UNGERSBÖCK, M., AUER, I., RUBEL, F., SCHÖNER, W., SKOMOROWSKI, P. 2002: Zur Korrektur des systematischen Fehlers bei der Niederschlagsmessung: Anwendung des Verfahrens für die ÖKLIM Karten; Wien, 18. – 21. September 2001; Posterpräsentation zur Deutsch – Österreichisch – Schweizerischen Meteorologentagung.

WAKONIGG, H. 1975: Die Schneeverhältnisse des österr. Alpenraumes. Wetter u. Leben 27, S. 193 – 203.

WAKONIGG, H. 1978: Witterung und Klima in der Steiermark. Verlag für die Technische Universität Graz, 473 S.

WITMER, U. 1984: Eine Methode zur flächendeckenden Kartierung von Schneehöhen unter Berücksichtigung von reliefbedingten Einflüssen. Geographisches Institut der Universität Bern, 140 S.

WINDVERHÄLTNISSE

A. PODESSER

KARTOGRAPHISCHE BEARBEITUNG

F. LACKNER, A. PODESSER, H. RIEDER

8 WINDVERHÄLTNISSE

Dieses Kartensymbol bedeutet, dass gedrucktes Kartenmaterial in der Klimaatlas-Mappe verfügbar ist.

Titelbild: Sturm nahe der Lawinenstation auf der Eismauer (Hochschwab). Hier wurden schon Windspitzen von über 200 Stundenkilometern gemessen.
Foto: A. Pilz

A. Podesser

8.1 Allgemeines

Die genauere Kenntnis des Strömungsfeldes stellt gegenwärtig für viele Fragestellungen eine wichtige Grundlage dar. So spielt z.B. für die Beurteilung geplanter anthropogener Eingriffe in die Naturlandschaft durch Ausweitung von Industrie- und Siedlungsflächen oder Erschließung neuer Verkehrswege immer wieder die Frage nach der Durchlüftung bzw. den Ausbreitungsbedingungen eine große Rolle.

Im Bereich der Gebäudeaerodynamik müssen die Windverhältnisse bei statischen Vorkehrungen mit einbezogen werden, um Sturmschäden zu verhindern.

Bei Unfallen mit lufttragenden Emissionen ist das Wissen über die Strömungsbedingungen Voraussetzung für das Treffen richtiger Entscheidungen und Maßnahmen.

Das Gefährdungspotential des Windes im Alpenraum als „Baumeister der Lawinen" hat weitreichende Auswirkungen auf die Straßen- und Siedlungsinfrastruktur, aber auch auf den Wintertourismus.

Für Fragen der Windenergienutzung ist das Wissen über die Höhen der Windgeschwindigkeiten oder die Andauer verschieden hoher Windgeschwindigkeiten wichtige Voraussetzung für die Auswahl potentieller Eignungsräume.

Und letztendlich sei auf den bioklimatischen Faktor Wind mit seiner begrenzenden Wirkung beim Anstieg sommerlicher Extremtemperaturen ebenso hingewiesen wie auf das verschärfte Temperaturempfinden bei sehr niedrigen Temperaturen.

Definition

Unter Wind versteht man bewegte Luftmassen, wobei die Ursache jeder Luftbewegung Luftdruck- oder Dichteunterschiede sind. Im Unterschied zu den bisher behandelten skalaren Klimavariablen stellt der Wind als dreidimensionale Erscheinung eine vektorielle Größe dar, welche sich aus drei Komponenten (u, v, w) zusammensetzt. Zu bestimmten Zeiten bzw. an bestimmten Orten kann der Wind also als Vektor dargestellt werden, dessen Richtung die Strömungsrichtung aus der er kommt und dessen Betrag die Geschwindigkeit der Luftströmung darstellt. Im Allgemeinen stellen dabei die Horizontalkomponenten (u, v) den dominanten Anteil dar (zumindest in Bodennähe), daher beziehen sich

nahezu alle Darstellungen der Windverhältnisse auf die Horizontalströmungen. Trotzdem sind Vertikalwinde für bestimmte atmosphärische Vorgänge von Bedeutung, etwa für die Niederschlags- und Gewitterbildung oder die Wolkenentstehung und -auflösung. Die Messung der Vertikalkomponente, welche im Mittel um zwei Zehnerpotenzen kleiner ist, findet jedoch meist nur in Spezialuntersuchungen mit entsprechenden Windgebern Anwendung.

Letztendlich liegt der eigentliche „Motor" für die Entstehung einer Luftströmung in der Strahlungsenergie der Sonne. Durch die unterschiedliche Erwärmung der Erdoberfläche und damit der darüber lagernden Luftmassen entstehen in der Atmosphäre verschiedene Druckzustände, die in der Meteorologie als Hoch- und Tiefdruckgebiete (Antizyklonen und Zyklonen) bezeichnet werden. Der Druckausgleich erfolgt durch eine Luftströmung, wobei der Druckgradient auf die Luftteilchen immer im Sinne einer Gradientkraft wirkt, welche in Richtung vom hohen zum tiefen Druck senkrecht zu den Isobaren wirkt. Die Größe des Druckgradienten bestimmt dabei die Windgeschwindigkeit.

Corioliskraft

Auf bewegte Luftteilchen wirken Scheinkräfte, die eine Ablenkung der Strömungsrichtung bewirken. Insbesondere die durch die Erdrotation entstehende Corioliskraft führt in Abhängigkeit vom Sinus der geographischen Breite zu einer Ablenkung der Luft auf der Nordhalbkugel nach rechts (im Uhrzeigersinn) und auf der Südhalbkugel nach links. Diese Ablenkung ist am Äquator nicht wirksam und wird umso stärker, je mehr man sich den Polen nähert; an den Polen erfährt sie ihr Maximum. Bei fehlender Reibung ist die Ablenkung so lange wirksam, bis sich eine isobarenparallele Luftströmung (geostrophischer Wind) einstellt.

Atmosphärische Grenzschicht

In den bodennahen Schichten der Atmosphäre kommt es allerdings zu Modifizierungen des Windfeldes. Je nach Höhe der atmosphärischen Grenzschicht üben die Rauhigkeit der Erdoberfläche sowie die vertikale thermische Schichtung der Luft Einfluss auf die Strömungsbedingungen aus. Dazu kommt es besonders im topographisch stark gegliederten Gelände zu Überlagerungen mit lokalen Windsystemen.

Berg- und Talwindsystem

Eine wichtige Rolle in der komplexen Topgraphie der Steiermark spielen thermische Winde, welche sich unabhängig von den differenzierten Landbedeckungen im regionalen und lokalen Scale ausbilden können. Aufgrund ungleicher Erwärmungsraten bedingt durch ungleiche Hangneigungen und -expositionen bzw. unterschiedliche Luftvolumina kommt es zu tagesperiodisch alternierenden Strömungen.

Tagsüber erwärmen sich sonnenzugewandte Hangflächen stärker als ebene Flächen. Dadurch wird die Hangluft leichter, es entstehen thermisch induzierte Hangaufwinde, auch als anabatische Windsysteme bezeichnet. In gleicher Seehöhe erwärmt sich die Luft in den Gebirgstälern stärker als über dem Vorland, es bildet sich ein Temperaturgefälle zwischen dem Taleinzugsgebiet (relativ wärmer – Tiefdruck am Boden) und dem Vorland (relativ kälter – Hochdruck am Boden). Das daraus resultierende thermische Windsystem weht parallel zur Talachse als Taleinwind taleinwärts.

In der Nacht kehren sich die Vorgänge um, es kommt zu einer verstärkten Ausstrahlung und damit Abkühlung in den Hochlagen. Bei negativer Strahlungsbilanz wird die Hangluft schwerer und strömt als Hangabwind abwärts. Dieser schwerkraftbedingte Kaltluftabfluss wird als katabatischer Wind bezeichnet. Wiederum sind es die thermischen Gegensätze zwischen der akkumulierten Kaltluft in den Tälern (relativ kälter – Hochdruck am Boden) und der in gleicher Höhe relativ wärmeren Luft im Vorland (tieferer Druck), die für eine Zirkulation entlang der Talachse, diesmal als Talauswind (Bergwind) verantwortlich sind. Das ineinandergreifende System der Tallängs- und Talquerzirkulation wurde erstmals von Defant, 1949 in idealisierter Weise nach unterschiedlichen Tages- und Nachtzeiten zusammengefasst. Die Beschreibung der Ausprägung einer Zirkulationszelle in einem Tal ist bei Colette et al., 2003 ausführlich beschrieben.

Lufthygienische Bedeutung von Talwindsystemen

Die Bedeutung dieses Windsystemes hat vor allem auch einen lufthygienischen und bioklimatischen Aspekt, indem mit dem Talauswind frische und saubere Luft von den Bergen in die Täler gelangt. Die Luft des Taleinwindes kann hingegen zwar wärmer sein, aufgrund der höheren Windgeschwindigkeiten jedoch trotzdem abkühlend wirken.

Bei Betrachtung des Windfeldes in den Haupttälern der Steiermark mit entsprechender Horizontüberhöhung tritt eine überproportional häufige talparallele Komponente in den Vordergrund. Diese kann sich nicht nur bei neutralen bzw. stabilen Schichtungsbedingungen der Atmosphäre und abgekoppeltem Höhenwindfeld ausbilden, sondern sich auch unabhängig vom Höhenwind bei labilen Verhältnissen entwickeln. Gross und Wippermann, 1987 haben dieses Phänomen beispielsweise für das Rheintal nicht nur über die thermische Komponente, sondern vor allem auch über die Leitwirkung größerer Täler erklärt.

Strahlungswetterlagen begünstigen die Ausbildung autochthoner Windfelder

Somit lässt sich das autochthone Windfeld in Tälern und Becken sowie an Hängen am besten über gradientschwache, bewölkungsarme Wetterlagen beschreiben, bei denen die meteorologischen Elemente in Bodennähe vornehmlich durch den Wärmehaushalt der sogenannten „wirksamen Erdoberfläche" und in geringerem Maße von der Luftmasse geprägt sind und daher die Ausbildung von Lokalwinden begünstigen. Diese Strömungscharakteristik findet sich in Bezug auf die Tagesperiodizität der Windrichtung und der Windgeschwindigkeit auch im langjährigen Mittel wieder.

8.1.1 Datenmaterial

Zur Beurteilung des Klimas und insbesondere für die Analyse des Windfeldes wäre ein Messnetz wünschenswert, dessen Stationen für jeden Geländeabschnitt repräsentative Ergebnisse liefert. Allerdings lässt sich der Einflussradius für eine Station bestenfalls abschätzen und selbst bei optimalen Standorten kann es im Laufe der Zeit etwa durch Nutzungsänderungen in der Umgebung zu Störungseinflüssen kommen. Daher stellen die in diesem Abschnitt zugrunde liegenden Messdaten im strengen Sinn keine homogene Datengrundlage dar. Allerdings wurde versucht, mit einer möglichst großen Stationsanzahl mit einheitlicher Periode einen möglichst repräsentativen Querschnitt der Windverhältnisse in der Steiermark wiederzugeben.

Datenquellen

Für die Darstellung der Windverhältnisse über Geber mit elektronischer Registrierung stand ein ursprünglich sehr großer Datensatz von 310 in sowie im Grenzbereich der Steiermark liegenden Stationen zur Verfügung, welcher sich im Wesentlichen aus dem TAWES- und TAKLIS-Netz der ZAMG, dem Luftgüte- und Meteorologischen Messnetz der Fachabteilung 17C-Technische Umweltkontrolle des Landes, dem Lawinenstationsnetz der Abteilung 20 Katastrophenschutz und Landesverteidigung des Landes sowie aus den Stationen der Fa. Pilz-Umweltmesstechnik zusammensetzte. Darüber hinaus wurden Daten von Abfalldeponien, Sondermessnetzen sowie der MA31-Wiener Wasserwerke als Datengrundlage verwendet. Allerdings waren elektronische Messdaten im Untersuchungszeitraum 1971 – 2000 erst relativ spät vorhanden, oft handelte es sich auch nur um temporäre

Tabelle 8.1.1.1: Liste der verwendeten Stationen und Legende.

Nr.	Name	Sh [m]	geographische Länge	geographische Breite	Betreiber	Klimaregion	Lage	Höhe des Windgebers [m]
3	Aflenz	790	15° 15' 31"	47° 33' 48"	ZAMG	6	↓	8
4	Aigen/Ennstal	640	14° 08' 17"	47° 32' 59"	ZAMG	3	▬	7
8	Amfels-Remschnigg	763	15° 22' 02"	46° 39' 06"	FA17C	9	▲	10
10	Bad Aussee	660	13° 47' 59"	47° 37' 40"	ZAMG	2	▬	11
14	Bad Mitterndorf	810	13° 56' 06"	47° 33' 11"	ZAMG	2	▬	10
15	Bad Radkersburg	208	15° 59' 43"	46° 41' 08"	ZAMG	9	▬	12
26	Deutschlandsberg	365	15° 13' 06"	46° 49' 00"	FA17C	9	▬	10
27	Deutschlandberg	352	15° 14' 43"	46° 49' 16"	ZAMG	9	↓	15
28	Dobl	350	15° 23' 51"	46° 57' 01"	PILZ	9	▬▲	30
37	Fischbach	1037	15° 39' 42"	47° 27' 41"	ZAMG	8	↘	10
45	Frohnleiten	464	15° 19' 22"	47° 16' 09"	PILZ	8	▬▲	45
60	Graz-Universität	366	15° 27' 57"	47° 05' 40"	ZAMG	9	▬	34
66	Hartberg	330	15° 59' 42"	47° 17' 50"	ZAMG	9	▬	20
73	Hochwurzen	1844	13° 38' 23"	47° 22' 39"	FA17C	4	▲	10
80	Irdning-Gumpenstein	695	14° 06' 58"	47° 30' 40"	ZAMG	3	↑	10
84	Kalwang	740	14° 46' 36"	47° 25' 16"	ZAMG	6	▬	10
85	Kapfenberg	502	15° 18' 54"	47° 27' 45"	ZAMG	6	▬	10
88	Kindberg/Wartberg	567	15° 29' 56"	47° 31' 13"	FA17C	6	↑	10
96	Klöch/Seindl	415	15° 57' 27"	46° 46' 03"	FA17C	9	▲	10
98	Krakau/Terrasse	1315	13° 57' 28"	47° 11' 20"	PILZ	7	▬	6
103	Lassnitzhöhe	524	15° 36' 37"	47° 05' 30"	ZAMG	9	↘	17
104	Leibnitz	270	15° 33' 58"	46° 47' 46"	ZAMG	9	▬	10
107	Liezen	653	14° 15' 44"	47° 34' 03"	FA17C	3	▬	10
113	Mahrensdorf	393	15° 57' 09"	46° 54' 14"	PILZ	9	▲	10
118	Masenberg	1170	15° 53' 21"	47° 21' 30"	FA17C	8	▲	10
124	Murau	813	14° 11' 36"	47° 07' 41"	ZAMG	5	▬	11
132	Neumarkt	860	14° 26' 34"	47° 04' 10"	ZAMG	5	▲	10
159	Ramsau am Dachstein	1203	13° 38' 04"	47° 25' 30"	ZAMG	1	↓	10
160	Rax/Seilbahnstation	1547	15° 47' 43"	47° 43' 03"	ZAMG	1	→	13
164	Reiterberg	940	14° 38' 13"	47° 13' 44"	FA17C	5	▲	10
173	Schöckl	1443	15° 28' 00"	47° 12' 55"	ZAMG	8	▲▲	10
183	Sonnblick	3105	12° 57' 29"	47° 03' 18"	ZAMG	–	▲	14
191	St. Michael b. Leoben	565	15° 00' 20"	47° 20' 09"	ZAMG	6	▬	15
195	St. Radegund	725	15° 29' 24"	47° 11' 55"	ZAMG	8	↓	10
202	Tauplitzalm	1645	13° 60' 53"	47° 36' 48"	PILZ	1	▬	16
205	Trieben (Schoberpass)	852	14° 40' 39"	47° 27' 13"	PILZ	3	▲	13
214	Villacher Alpe	2164	13° 40' 20"	46° 36' 16"	ZAMG	–	▲	16
215	Voitsberg-Krems	388	15° 09' 15"	47° 03' 43"	FA17C	8	▬	10
221	Weiz	485	15° 38' 46"	47° 13' 03"	FA17C	9	▬	10
232	Zeltweg	670	14° 46' 35"	47° 12' 05"	ZAMG	5	▬	10

Klimaregionen	Lage
1 ... Hochlagen im Nordstaugebiet	▬ ... Tal
2 ... Tallagen im Nordstaugebiet	→ ... Hang (Richtung), hier als Beispiel ein Osthang
3 ... Talbecken des Oberen Ennstales	▲ ... Pass
4 ... Niedere Tauern	▲ ... Gipfel
5 ... Talbecken des Oberen Murtales	
6 ... Talbecken des Mur- und Mürztales	
7 ... Hochlagen der Inneralpen	
8 ... Steirisches Randgebirge	
9 ... Vorland	
– ... außerhalb steirischer Klimazonen	

Messungen, welche wieder eingestellt wurden. Einige interessante Messnetze, wie bspw. die Wetterstationen des Steirischen Lawinenwarndienstes, nahmen ihren elektronischen Messbetrieb leider erst ab dem Jahr 1999 auf. Deshalb wurde ein Zeitraum ausgewählt, innerhalb dessen möglichst viele Stationen mit möglichst wenigen Ausfällen in Betrieb waren. Dies traf auf eine 5-jährige Periode von 1996 – 2000 zu, für die insgesamt 40 Stationen zur Verfügung standen. Dieser Zeitraum mag kurz erscheinen, doch lassen sich gerade die mittleren Windrichtungs- und Windgeschwindigkeitsverhältnisse eines Ortes über fünf Jahre ausreichend gut darstellen. In diesem Zusammenhang sei auch auf die ÖNORM M9440 verwiesen, welche für eine repräsentative Darstellung der Windverhältnisse eines Ortes einen Zeitrahmen von zwei Jahren vorschlägt.

Die kontinuierliche Messung des Windes nahe der Erdoberfläche ist in der WMO-Norm definiert, in Österreich ist sie in der ÖNORM M9490 geregelt. Da der mittleren Strömung eine räumlich und zeitlich sehr variable „Zufallsbewegung" (atmosphärische Turbulenz) überlagert ist, wird sowohl die Windgeschwindigkeit als auch die Windrichtung als zeitliches Mittel der gemessenen Luftbewegung angegeben. Die über das Mittel hinausgehenden Spitzen (höchster gemessener Einzelwert innerhalb eines Mitelungszeitraumes) werden als Böen bezeichnet. Windgeschwindigkeiten unter 0,5 m/s, 2 km/h oder 1 kn werden als Kalmen (Windstillen) bezeichnet. Dieser von der WMO festgelegte Grenzwert ist vor allem auch im Zusammenhang traditioneller Messsysteme (z.B. Schalenkreuzanemometer mit reibungsbedingten Anlaufverzögerungen) zu sehen, während bspw. die Ultraschall-Windmessung, welche sich immer mehr durchsetzt, auch kleinste Windgeschwindigkeiten im Zentimeter-Bereich pro Sekunde noch zu messen im Stande ist.

Repräsentativität des Messstandortes
Für die Windmessung in Bodennähe ergibt sich eine starke Abhängigkeit davon, in welcher Höhe über Grund oder in welchem horizontalen Abstand von Hindernissen (z.B. Gebäuden oder Baumbeständen) gemessen wird. Diese extreme Empfindlichkeit der gemessenen Werte gegenüber dem Aufstellungsort bedingt oft auch eine geringe Repräsentanz gegenüber der Umgebung. Um Fehlinterpretationen zu vermeiden, ist eine genaue Kenntnis des Messstandortes mit seinen möglichen Einflüssen auf die Variabilität des Windes unumgänglich.
Die Standortauswahl der Messgeräte hängt grundsätzlich von der Aufgabenstellung ab (z.B. Erfassung eines lokalen Talwindsystemes), für die Standorthöhe gibt es entsprechende Empfehlungen der WMO. Bei ungestörtem Gelände muss die Geberhöhe 10 m betragen, wobei die Entfernung der nächsten Hindernisse vom Messgeber mindestens das 10-fache der Höhe des Hindernisses ausmachen muss. Gerade im Siedlungsgebiet lassen sich Störungseinflüsse durch Bebauung oder Bewuchs oft nicht vermeiden, in diesem Fall wird über dem Niveau der störenden Objekte gemessen.
Aus diesem Grund war eine GIS-unterstützte Darstellung der bodennahen Windverhältnisse, welche auf Interpolationsverfahren basiert, nicht möglich. Andererseits hätte ein numerischer Ansatz, etwa über prognostische Windfeldmodellierung, den zeitlichen Rahmen dieser Arbeit gesprengt. Aus diesem Grund erfolgte die Kartendarstellung als Punktinformation in Form von Windrosen. Die Verortung dieser Diagramme in der Kar-

te sollte zumindest einen groben Überblick über die unterschiedlichen Ausprägungen dieses Klimaelementes in Abhängigkeit von der Topographie liefern.

Ausbau des Stationsnetzes

Ausgehend vom behandelten Untersuchungszeitraum erfolgte die Windmessung auch in der Steiermark anfangs traditionell durch visuelle Beobachtung über die Beaufort-Skala. Im Wege der Klimabeobachtung (Klimamessnetz der ZAMG) wurden dreimal täglich um 07:00 Uhr, 14:00 Uhr und 19:00 Uhr MEZ Windbeobachtungen durchgeführt. Wegen der geringen zeitlichen Auflösung und der subjektiven Messmethodik eigneten sich diese Werte allerdings nur bedingt für die Beschreibung der Windverhältnisse eines Ortes.

Die täglichen Radiosondenaufstiege am Thalerhof, mit denen Anfang der Siebzigerjahre begonnen wurde, weisen Daten des Höhenwindes über Graz auf, wurden aber wegen größerer Datenlücken nicht ausgewertet. Messreihen von mechanischen oder elektromechanischen Windwegschreibern (z.B. „Wölfle-Schreiber") standen nur ausnahmsweise, meist in Zusammenhang mit kurzfristigen Sondermessungen, zur Verfügung.

Erst die Ereignisse um Tschernobyl zeigten die Wichtigkeit der permanenten Kenntnis des bodennahen Windfeldes auf und markierten den Beginn der halbautomatischen Windregistrierung an der ZAMG. Die erste derartige TAWES-Station („Teil Automatisches Wetter Erfassungs System") wurde in der Steiermark bereits 1981 in Gröbming errichtet, bis zum Jahr 2000 wurde dieses Messnetz auf 26 Stationen erweitert. Ab dem Jahr 2007 wurde das TAWES-Stationsnetz österreichweit durch Stationen mit zeitgemäßer Technologie ersetzt. In der Steiermark gibt es inzwischen 36 TAWES-Neu-Stationen (Stand XII 2009).

8.1.2.1 Messung der Windgeschwindigkeit

Rotationsanemometer

Die Messung der Windgeschwindigkeit erfolgte innerhalb des ausgewerteten Beobachtungszeitraums über so genannte Rotationsanemometer, bei welchen sich ein Schalenstern um eine vertikale Achse dreht. Aus der Wirkung des dynamischen Druckes der Luftströmung ergibt sich die Windgeschwindigkeit über die Drehzahl der Geberachse. Die bei der ZAMG verwendeten Modelle der Typen Kroneis 262 und 263 zur Geschwindigkeits- und Richtungsmessung weisen Ansprechgeschwindigkeiten zwischen 0,4 und 0,3 m/s auf, die Auflösung ist kleiner als 0,1 m/s.

Bei den verwendeten Modellen wird die Drehbewegung der Rotationsachse über Generatoren oder Impulsgeber in ein Messsignal umgewandelt. Die Umrechnung der elektrischen Messsignale erfolgt für Stationen der ZAMG vektoriell, das Mess- und Mittelungssignal beträgt 2 Sekunden; wenn in diesem Zeitraum die Windgeschwindigkeit unter 0,33 m/s liegt, wird sie gleich Null gesetzt.

Die gespeicherten Daten wurden auf Stundenwerte gemittelt, wobei das höchste 2 Sekundenmittel als Böe ausgewiesen wurde. Bei den Daten der FA17C und der Fa. Pilz, welche die gleichen Geber wie die ZAMG verwenden, aber Halbstundenmittelwerte berechnen, erfolgte ebenfalls eine Umrechnung auf Stundenmittelwerte.

Umgangssprachlich gelten die Windgeschwindigkeit und die Windstärke übrigens als synonyme Begriffe. Allerdings ist mit letzterer die Kraftwirkung des Windes auf Gegenstände auf der Erdoberfläche gemeint, eine entsprechende Einstufung findet sich in der Beaufort-Skala.

Abbildung 8.1.2.1: Die höchstgelegene Windmessstation der Steiermark auf der Eismauer (Hochschwab) in 2 220 m Seehöhe (Station Fa. Pilz). Auf dem linken Ausleger befindet sich ein Young-Propeller-Anemometer, am rechten Ausleger ist ein Schalenkreuzanemometer (Modell Kroneis 262) zu sehen. Die Windmessung im Gebirge ist an Standorten ohne Strom zur Beheizung sehr schwierig, da die Windgeber im Winter stark vereisen können.
Foto: A. Podesser

8.1.2.2 Messung der Windrichtung

Die Windrichtung wird mit Windfahnen gemessen, welche aus einem um eine vertikale Achse drehbaren Strömungshindernis besteht, das sich aufgrund seiner Formgebung nach der Windrichtung ausrichtet. Die Windfahne ist so ausbalanciert, dass sie bei Windstille keine Vorzugsstellung einnimmt. Außerdem ist der Richtungsgeber gedämpft, um kurzfristige Richtungsschwankungen bei böigem Wind auszugleichen. Die Berechnung erfolgt vektoriell über Umrechnung der Windvektoren aus dem Polarkoordinatensystem in ein kartesisches Koordinatensystem, wobei die Windrichtung mit einer 360 Grad-Skala erfasst wird. Ausgehend von der Nordrichtung, welche 360 Grad bzw. 0 Grad entspricht, ist die Ostrichtung durch 90 Grad, etc. im Uhrzeigersinn gegeben.

Unter der Windrichtung wird jene Richtung verstanden, aus der der Wind weht. Für die Darstellung der Windrichtung wurden Sektoren zu je 22,5 Grad gewählt, welche um die Haupt-, Neben- und Zwischenwindrichtungen zentriert sind. Dadurch erhält man die übliche 16-teilige Windrose mit den Hauptwindrichtungen N, E, S, W, den Nebenwindrichtungen NE, SE, SW, NW sowie den Zwischenrichtungen NNE, ENE, ESE, SSE, SSW, WSW, WNW und NNW.

8.1.3 Thermische Schichtung und Windgeschwindigkeit

Aufgrund der mit zunehmender Seehöhe abnehmenden Reibung nimmt auch die Windgeschwindigkeit entsprechend dem logarithmischen Windgesetz nach oben zu. Der Betrag der vertikalen Geschwindigkeitszunahme hängt aber auch stark von den Stabilitätsverhältnissen (im Wesentlichen von der vertikalen Durchmischung der Luftmasse), d.h. von ihrer thermischen Schichtung ab (z.B. OKE, 1978).

Stabile Schichtungsbedingungen

Bei Inversionswetterlagen mit stabilen atmosphärischen Schichtungsbedingungen und weitgehend fehlender vertikaler Durchmischung erfolgt kein Austausch zwischen der Luft der planetaren Grenzschicht (Reibungsschicht, Peplosphäre) und der freien Atmosphäre. Als Folge stellen sich in der bodennahen Luftschicht (Prandtl-Schicht) meist nur schwache Luftbewegungen oder überhaupt Windstillen ein, während die Luftströmung über der Grundschicht nicht mehr durch die Bodenreibung gebremst wird. Die tieferen Luftschichten „verlieren", die höheren Luftschichten „gewinnen" Bewegungsenergie. Derartige Situationen treten in Bezug auf den Jahresgang der Windgeschwindigkeit häufig im Winterhalbjahr, im Bezug auf den Tagesgang häufig während der Nacht auf.

Labile Schichtungsbedingungen

Umgekehrt ist bei labiler Schichtung bzw. vertikaler Durchmischung der Luftmasse ein Massenaustausch zwischen den oberen und unteren Luftschichten möglich. Durch die höhere thermische Turbulenz werden langsamere Luftpakete aus den bodennahen Schichten gegen schnellere aus den höheren, von der Bodenreibung weniger beeinflussten Schichten ausgetauscht. Dieser Luftanteil aus der freien Atmosphäre führt in den Niederungen zu höheren Windgeschwindigkeiten, während das „Mitschleppen" bodennaher Luftschichten die Windgeschwindigkeit in der Höhe abbremst. Die tieferen Luftschichten „gewinnen", die höheren Luftschichten „verlieren" Bewegungsenergie, was sich in einer nur mäßigen vertikalen Windgeschwindigkeitszunahme äußert. In Bezug auf den Jahresgang der Windgeschwindigkeit ist diese Situation im Sommerhalbjahr, in Bezug auf den Tagesgang der Windgeschwindigkeit tagsüber typisch.

Für den Jahresgang der Windgeschwindigkeit wirken die o.a. Faktoren im Sinne eines Winterminimums und Sommermaximums in den Niederungen bzw. in umgekehrter Situation im Gebirge. Doch ist der Jahresgang nicht nur von der thermischen Schichtung, sondern vor allem auch von den herrschenden Wetterlagen und damit auch von den großräumigen Luftdruckverhältnissen abhängig. Der Jahresgang der Luftdruckunterschiede im zyklonalen Westwindklima der nordhemisphärischen Mittelbreiten zeigt eine einfache Amplitude mit deutlichem Wintermaximum und Sommerminimum und wirkt somit der thermischen Schichtung der Niederungen entgegen (BLÜTHGEN, WEISCHET, 1980).

Regionale Verteilung

Durch das Zusammenwirken beider Komponenten zeigt somit der Jahresgang der Windgeschwindigkeit je nach Landschaft unterschiedliche Ausprägungen, die regionale Verteilung lässt sich recht gut anhand der Beispiele in Abbildung 8.1.4.1 beschreiben. Am einfachsten zu erklären ist der Jahresgang an Gipfelstationen, wo sich durch das gleichsinnige Wirken von thermischer Schichtung und Druckgradienten mit besonders großer Amplitude ein ausgeprägtes Wintermaximum und Sommerminimum ausbildet. So liegt am Sonnblick in über 3 000 m Seehöhe die Differenz zwischen windstärkstem Monat (November) und windschwächstem Monat (August) bei 5,2 m/s. Diese extremen Verhältnisse schwächen sich mit abnehmender Seehöhe immer

mehr ab, bereits in ca. 2 000 m auf der Villacher Alpe liegt die Jahresschwankung bei 2,4 m/s, am Schöckl in 1 443 m nur mehr bei 0,9 m/s.

In abgeschlossenen Landschaften der Niederungen wie etwa in den Becken des Vorlandes und der Obersteiermark wirkt sich immer mehr der dämpfende Einfluss der thermischen Schichtung vor allem im Herbst und Winter auf die Windgeschwindigkeit aus, was sich in schwach ausgeprägten Amplituden mit einem Minimum im Winter und einem Maximum im Frühjahr äußert. Das Winterminimum und Frühjahrsmaximum setzt sich auch noch in den höheren Riedellagen des Vorlandes wie etwa in Klöch durch.

In den Tälern der Obersteiermark bleibt das Maximum im Frühjahr zwar erhalten, doch verschiebt sich hier mit zunehmender Seehöhe – wie am Beispiel Ramsau ersichtlich – das Minimum immer mehr in den Sommer. Das markante Frühjahrsmaximum an allen Tal- und Mittelgebirgsstationen lässt sich wohl dadurch erklären, dass die Druckgegensätze zwar im Winter am größten und im Sommer am geringsten sind, doch ist die thermische Schichtung bereits im Frühjahr am labilsten, während diese im Herbst ähnlich stabile Bedingungen aufweist wie im Winter.

Zur Veranschaulichung der vergleichsweise hohen mittleren Windgeschwindigkeiten im nördlichen Alpenvorland, insbesondere im Donauraum, wurde zusätzlich der Jahresgang der Station Wien-Hohe Warte dargestellt. Dabei zeigt sich, dass die mittleren Windgeschwindigkeiten teilweise über den Werten des 1 443 m hohen Schöckls liegen!

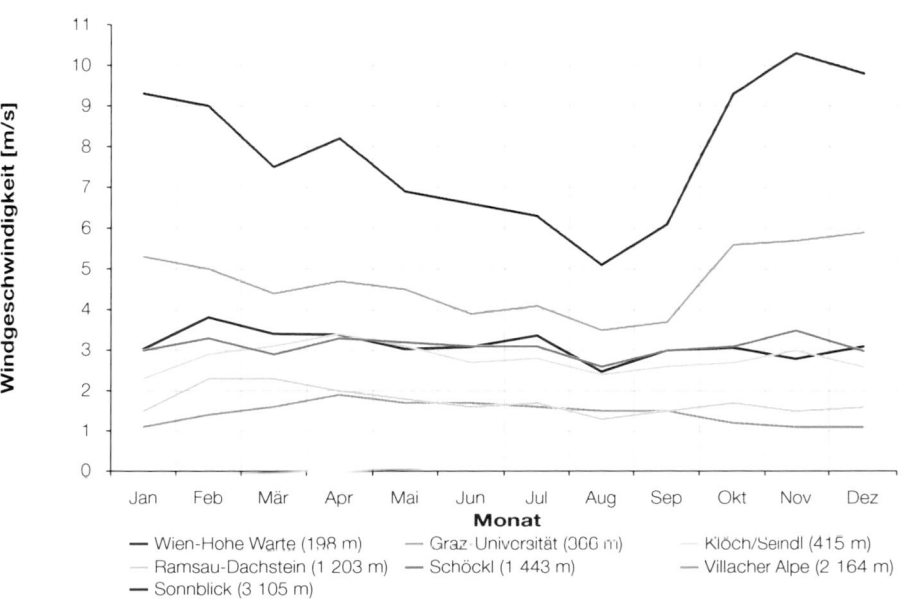

Abbildung 8.1.4.1: Jahresgang der mittleren Windgeschwindigkeit an ausgewählten Stationen, Periode 1996 – 2000.

Wie bereits erwähnt, besteht ein direkter Zusammenhang zwischen dem Tagesgang der Windgeschwindigkeit und der thermischen Schichtung, welche letztendlich mit dem Tagesgang der Strahlung korreliert. In den Niederungen kommt es dabei während der Nachtstunden zu einer Isolierung der Grundschicht, was dort äußerst windschwache Verhältnisse oder sogar häufige Kalmen zur Folge hat. Andererseits werden dadurch die Reibungsverluste der abgekoppelten freien Atmosphäre vermindert, was sich wiederum in höheren nächtlichen Windgeschwindigkeiten an den Bergstationen äußert.

Am Nachmittag in den Niederungen ein Maximum, im Hochgebirge ein Minimum

Die einstrahlungsbedingte thermische Turbulenz bewirkt tagsüber eine konvektive Durchmischung der bodennahen Schichten mit denen der freien Atmosphäre, was den Niederungen ein Geschwindigkeitsmaximum am Nachmittag beschert. Aufgrund der großen horizontalen Temperaturgegensätze zu dieser Zeit weisen auch Lokalwinde (Taleinwinde) ein Geschwindigkeitsmaximum auf. Auf die freie Atmosphäre wirkt sich die bremsende Wirkung der „bodengestörten Schicht" hingegen in einer Verminderung der Windgeschwindigkeit aus, an Bergstationen tritt ein Minimum im Mittel am Nachmittag auf.

Diese Tagesperiodizität der Windgeschwindigkeit ist allerdings in den Niederungen beständiger und weniger allochthonen Witterungseinflüssen unterworfen als im Gebirge, wo ein mittlerer Tagesgang zwar ebenfalls deutlich hervortritt, sich aber selten in Einzelfällen zeigt, welche stärker von den Zufälligkeiten des aperiodischen Wettergeschehens abhängen (WAKONIGG, 1978).

Regionale Verteilung

Diese Verhältnisse bestätigen sich in Abbildung 8.1.5.1, wo die mittleren Tagesgänge für die Stationen Graz-Universität, Wien-Hohe Warte, Klöch, Schöckl und Sonnblick aufgetragen sind.

An der Vorlandstation Graz-Universität tritt das Maximum erwartungsgemäß am Nachmittag zwischen 15:00 Uhr und 16:00 Uhr MEZ mit 2,0 m/s ein. Während der Nachtstunden und am Vormittag sind die mittleren Geschwindigkeiten dort deutlich geringer, ein Minimum wird um 06:00 Uhr MEZ mit 1,1 m/s erreicht. Daraus ergibt sich eine mittlere Tagesschwankung von 0,9 m/s.

Die deutlich besser durchlüftete Riedelstation Klöch/Seindl weist zwar noch einen gleichsinnigen Tagesgang wie Graz auf, bei einer mittleren Tagesschwankung von 0,7 m/s allerdings schon mit etwas gedämpfteren Amplituden.

Eine Tabelle mit jahreszeitlich bedingtem Tagesgang für Graz-Universität (Tabelle 8.1.5.2) zeigt die geringen tageszeitichen Unterschiede und einen ausgeprägten Tagesgang im Frühjahr.

Der Schöckl erweist sich als Übergangstyp zu den Hochlagen, der sein Maximum bereits während der Nachtstunden und ein Minimum am Vormittag erreicht. Die mittleren tageszeitlichen Gegensätze nehmen auf 0,5 m/s ab. Deutlich höhere Windgeschwindigkeiten als am Schöckl werden im Nordstaugebiet erreicht. So liegt die mittlere Windgeschwindigkeit an der etwa 100 m höher gelegenen Station Rax/Seilbahn (Tabelle 8.1.5.3) bei 5 m/s, wobei hier die jahreszeitlichen Unterschiede im Tagesgang ausgeprägter sind und vor allem im Frühsommer zur Geltung kommen.

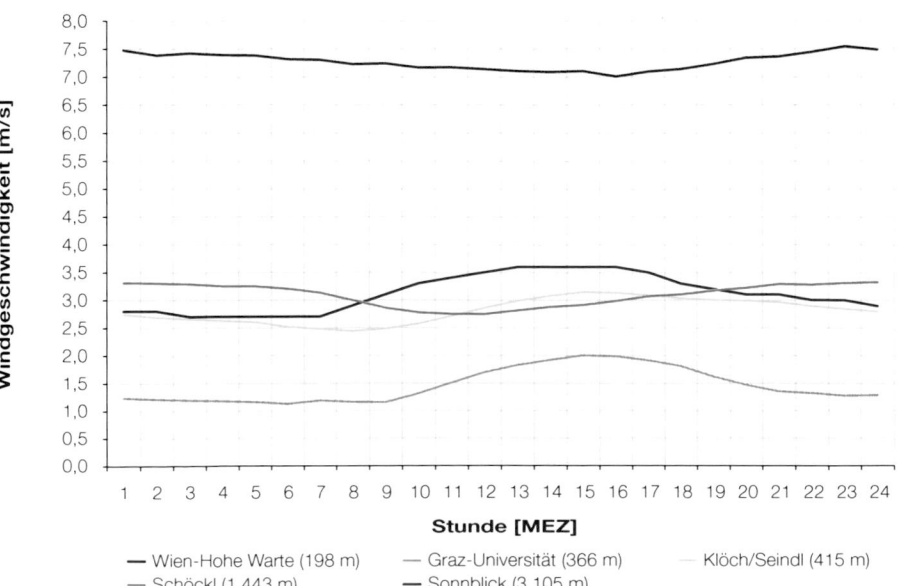

Abbildung 8.1.5.1: Tagesgang der mittleren Windgeschwindigkeit an ausgewählten Stationen, Periode 1996 – 2000.

— Wien-Hohe Warte (198 m)   — Graz-Universität (366 m)   Klöch/Seindl (415 m)
— Schöckl (1 443 m)   — Sonnblick (3 105 m)

Am Sonnblick bildet sich ein nur mehr schwach akzentuierter Tagesgang aus. Die hohen mittleren Windgeschwindigkeiten bleiben ganztags über 7 m/s, wobei ein Maximum um Mitternacht und ein Minimum um 16:00 Uhr MEZ eintritt.

Vergleich Graz – Wien

Als Vergleich zu Graz-Universität im südöstlichen Alpenvorland ist mit Wien-Hohe Warte auch der Tagesgang einer Station aus dem nördlichen Alpenvorland dargestellt. Beide Windgeber befinden sich in erhöhter Lage über Dachniveau, weisen also von vornherein etwas günstigere Durchlüftungsbedingungen auf. Erwartungsgemäß treten im Donauraum zu allen Tageszeiten deutlich höhere Windgeschwindigkeiten auf, welche im Mittel um 1,7 m/s über jenen von Graz liegen. In den Tal- und Beckenlandschaften der Steiermark sind derartige Geschwindigkeitsbeträge, insbesondere während der Nacht, unbekannt.

Zusammenfassend zeigen die jahreszeitlichen Unterschiede in Abhängigkeit von der vertikalen Durchmischung der Atmosphäre an den Talstandorten durchwegs ein Minimum im Winter sowie ein Maximum im Sommer, während die Verhältnisse im Gebirge gegengleich ablaufen.

Die Tabellen mit den Tagesgängen der mittleren Windgeschwindigkeit unterschiedlicher Stationen für die einzelnen Monate sowie für die Jahreszeiten sind im technischen Anhang unter www.klimaatlas-steiermark.at dargestellt.

Tabelle 8.1.5.2: Tagesgang der mittleren Windgeschwindigkeit an der Station Graz-Universität (366 m) für einzelne Monate sowie Jahreszeiten, Periode 1996 – 2000.

Uhrzeit [MEZ]	Jan	Feb	Mär	Apr	Mai	Jun	Jul	Aug	Sep	Okt	Nov	Dez	Frühling	Sommer	Herbst	Winter	Jahr
1	1,0	1,2	1,2	1,5	1,3	1,5	1,3	1,4	1,2	1,1	1,1	1,0	1,3	1,4	1,1	1,1	1,2
2	1,0	1,2	1,2	1,5	1,3	1,4	1,2	1,4	1,2	1,1	1,0	1,0	1,3	1,3	1,1	1,1	1,2
3	1,0	1,1	1,2	1,5	1,4	1,3	1,2	1,3	1,2	1,1	1,0	1,0	1,4	1,3	1,1	1,0	1,2
4	1,0	1,2	1,2	1,5	1,3	1,2	1,2	1,3	1,2	1,0	1,0	1,0	1,3	1,2	1,1	1,1	1,2
5	1,0	1,1	1,2	1,4	1,2	1,3	1,2	1,3	1,1	1,1	1,1	1,0	1,3	1,3	1,1	1,0	1,2
6	1,0	1,0	1,1	1,5	1,1	1,0	1,2	1,2	1,1	1,1	0,9	0,9	1,3	1,2	1,0	1,0	1,1
7	1,0	1,1	1,2	1,5	1,3	1,4	1,3	1,3	1,1	1,1	1,0	0,9	1,3	1,3	1,1	1,0	1,2
8	1,0	1,0	1,2	1,5	1,2	1,2	1,2	1,3	1,2	1,1	1,0	1,0	1,3	1,2	1,1	1,0	1,2
9	1,0	1,0	1,1	1,6	1,3	1,2	1,2	1,2	1,2	1,0	1,0	1,0	1,3	1,2	1,1	1,0	1,2
10	1,0	1,1	1,4	1,8	1,6	1,7	1,5	1,2	1,3	1,1	1,0	1,0	1,6	1,5	1,1	1,0	1,3
11	1,1	1,4	1,7	2,1	1,9	1,8	1,7	1,4	1,6	1,3	1,0	1,0	1,9	1,6	1,3	1,2	1,5
12	1,2	1,7	1,9	2,2	2,0	2,1	1,9	1,6	1,8	1,5	1,3	1,1	2,0	1,9	1,5	1,3	1,7
13	1,2	1,8	2,1	2,4	2,3	2,2	2,0	1,8	1,9	1,6	1,5	1,1	2,3	2,0	1,7	1,4	1,8
14	1,3	1,9	2,2	2,4	2,3	2,3	2,2	1,9	2,0	1,7	1,6	1,2	2,3	2,1	1,8	1,5	1,9
15	1,4	2,0	2,3	2,6	2,4	2,4	2,3	2,1	2,0	1,7	1,6	1,2	2,4	2,3	1,8	1,5	2,0
16	1,3	2,1	2,3	2,6	2,4	2,4	2,4	2,1	2,0	1,7	1,4	1,1	2,4	2,3	1,7	1,5	2,0
17	1,2	1,8	2,2	2,6	2,5	2,4	2,3	2,0	1,9	1,6	1,3	1,1	2,4	2,2	1,6	1,4	1,9
18	1,2	1,4	2,1	2,6	2,5	2,3	2,2	1,9	1,7	1,4	1,3	1,1	2,4	2,1	1,5	1,2	1,8
19	1,1	1,4	1,7	2,2	2,1	2,1	2,0	1,6	1,6	1,3	1,2	1,1	2,0	1,9	1,4	1,2	1,6
20	1,2	1,4	1,6	1,9	1,7	1,7	1,6	1,5	1,5	1,2	1,2	1,1	1,7	1,6	1,3	1,2	1,5
21	1,1	1,4	1,4	1,6	1,6	1,5	1,5	1,5	1,3	1,2	1,1	1,0	1,5	1,5	1,2	1,2	1,4
22	1,1	1,2	1,5	1,5	1,5	1,5	1,4	1,4	1,3	1,2	1,1	1,1	1,5	1,4	1,2	1,1	1,3
23	1,0	1,2	1,4	1,5	1,5	1,5	1,3	1,4	1,3	1,2	1,0	1,0	1,5	1,4	1,2	1,1	1,3
24	1,0	1,2	1,4	1,6	1,6	1,5	1,3	1,4	1,2	1,1	1,1	1,0	1,5	1,4	1,1	1,1	1,3

Tabelle 8.1.5.3: Tagesgang der mittleren Windgeschwindigkeit an der Station Rax/Seilbahn (1 547 m) für einzelne Monate sowie Jahreszeiten, Periode 1996 – 2000.

Uhrzeit [MEZ]	Jan	Feb	Mär	Apr	Mai	Jun	Jul	Aug	Sep	Okt	Nov	Dez	Frühling	Sommer	Herbst	Winter	Jahr
1	5,4	6,7	5,5	5,9	5,5	5,6	5,7	4,5	5,4	5,3	5,4	5,8	5,6	5,3	5,4	6,0	5,6
2	5,6	6,7	5,3	5,8	5,5	5,7	5,7	4,6	5,3	5,6	5,3	5,7	5,6	5,4	5,4	6,0	5,6
3	5,9	6,7	5,4	5,9	5,5	5,7	5,8	4,8	5,2	5,6	5,2	5,7	5,6	5,4	5,3	6,1	5,6
4	5,9	6,8	5,3	5,9	5,4	5,7	5,9	4,7	5,2	5,8	5,1	5,7	5,5	5,5	5,4	6,2	5,6
5	5,9	6,8	5,1	5,9	5,3	5,5	6,0	4,7	5,4	5,8	5,1	5,7	5,5	5,4	5,4	6,1	5,6
6	5,9	6,8	5,2	5,8	5,0	4,9	5,6	4,6	5,4	5,8	5,1	5,7	5,3	5,0	5,5	6,1	5,5
7	5,8	7,0	5,1	5,6	4,5	4,4	4,9	3,9	5,2	5,7	5,1	5,7	5,1	4,4	5,3	6,2	5,3
8	5,8	6,7	4,9	5,2	4,1	3,9	4,3	3,6	5,0	5,3	5,1	5,6	4,7	3,9	5,1	6,0	5,0
9	5,5	6,1	4,7	4,8	3,9	3,7	4,2	3,2	4,6	5,1	4,8	5,1	4,5	3,7	4,8	5,6	4,6
10	5,0	5,9	4,6	4,4	3,5	3,3	3,9	2,9	4,3	4,8	4,6	4,7	4,2	3,4	4,5	5,2	4,3
11	4,5	5,5	4,4	4,2	3,4	3,2	3,8	2,8	4,1	4,5	4,3	4,5	4,0	3,3	4,3	4,8	4,1
12	4,3	5,3	4,2	3,9	3,3	3,2	3,6	2,7	4,0	4,3	4,2	4,4	3,8	3,2	4,1	4,7	4,0
13	4,1	5,3	4,3	3,8	3,3	3,2	3,6	2,7	3,9	3,9	4,2	4,3	3,8	3,2	4,0	4,5	3,9
14	4,0	5,3	4,3	3,9	3,4	3,2	3,7	2,8	3,8	4,0	4,3	4,4	3,9	3,2	4,0	4,6	3,9
15	4,2	5,4	4,3	4,0	3,4	3,4	3,9	2,8	4,0	4,2	4,4	4,7	3,9	3,4	4,2	4,8	4,1
16	4,5	5,7	4,6	4,3	3,6	3,5	4,0	2,8	4,2	4,4	4,7	4,9	4,1	3,4	4,4	5,0	4,3
17	4,8	5,9	4,7	4,6	4,0	3,9	4,3	3,1	4,6	4,8	5,0	5,0	4,4	3,8	4,6	5,3	4,6
18	5,1	6,2	5,1	4,9	4,4	4,5	4,6	3,5	5,0	5,0	5,2	5,3	4,8	4,2	5,1	5,5	4,9
19	5,2	6,5	5,4	5,3	4,8	4,5	5,1	3,9	5,3	5,3	5,5	5,4	5,2	4,5	5,4	5,7	5,2
20	5,4	6,6	5,5	5,6	5,1	5,0	5,4	4,2	5,5	5,3	5,5	5,6	5,4	4,9	5,4	5,9	5,4
21	5,4	6,5	5,7	5,8	5,3	5,3	5,7	4,6	5,6	5,4	5,6	5,7	5,6	5,2	5,5	5,9	5,5
22	5,3	6,5	5,7	5,9	5,5	5,6	5,7	4,7	5,5	5,4	5,5	5,7	5,7	5,4	5,5	5,8	5,6
23	5,2	6,6	5,7	6,0	5,4	5,5	5,7	4,7	5,5	5,5	5,4	5,7	5,7	5,3	5,4	5,9	5,6
24	5,4	6,4	5,6	6,0	5,5	5,6	5,7	4,6	5,4	5,4	5,5	5,8	5,7	5,3	5,4	5,9	5,6

8.2 Durchschnittliche Windrichtungsverteilung im Jahr

Die Windrosen in der Karte 8.2 geben die durchschnittliche jährliche Windrichtungsverteilung getrennt für die Tag- (06:00 – 18:00 Uhr MEZ) und Nachtsituation (18:00 – 06:00 Uhr MEZ) wieder, die Darstellung erfolgt dabei relativ in Prozent. Der Kalmenanteil ist gesondert für die Nacht- und Tagsituation ausgewiesen.

Leitwirkung des Geländes

Grundsätzlich wird das synoptische Strömungsfeld (Gradientwind) durch das Relief größerer Talsysteme beeinflusst. Diese „Leitwirkung" des Geländes setzt sich auch bis in kleinere Seitentalabschnitte fort, wo meist thermisch induzierte Windsysteme (Talwind- und Hangwindzirkulation, Kaltluftabfluss) im Vordergrund stehen. Erst die Windrichtungsverteilung frei anströmbarer Gipfellagen zeigt die annähernd „ungestörten" Windverhältnisse. Dementsprechend weisen die Talstationen im Vorland aber auch im Bereich des Mur- Mürztales und des Ennstales tagesperiodische Windsysteme im Sinne nächtlicher Talauswinde und Taleinwinde tagsüber auf, wobei in den Talbecken vor allem während der Nacht häufig Kalmen herrschen.

In den Tallagen nachts hoher Kalmenanteil

Besonders in den inneralpinen Beckenlagen wie im Aichfeld und in den Becken des Oberen Ennstales sowie im Bereich der großen Talböden des Vorlandes spiegeln sich die ungünstigen Ausbreitungsbedingungen vor allem während der Nacht wider. Stellvertretend sei hier die Station Deutschlandsberg erwähnt, wo an dreiviertel aller Nächte mit vollkommener Windstille zu rechnen ist, auch tagsüber kommt der Kalmenanteil hier noch auf knapp 40%. In der mittleren Windrichtungsverteilung setzt sich die Tagesperiodizität des lokalen Windfeldes als Talwindsystem meist durch, wobei Überlagerungen mit der Gradientströmung, wie sie beispielsweise im Zuge autochthoner Wetterlagen entstehen, wegen der Leitwirkung des Geländes oft „verwischt" werden.

An Riedelstandorten Überlagerung des Talwindsystems mit Gradientenströmung

Viel besser durchlüftet sind die Riedellagen des Vorlandes sowie allgemein Hangstandorte oberhalb von Temperaturinversionen. Als Beispiel seien hier die Riedelstationen Laßnitzhöhe oder Mahrensdorf bei Fehring erwähnt, deren Kalmenanteil nachts unter 20%, tagsüber sogar unter 10% bleibt. Die geländebedingte Windrichtungsverteilung wird hier bereits von übergeordneten Strömungen, welche durch regionale Unterschiede des Druckfeldes zustande kommen, überlagert.

An Passlagen strenge Windrichtungsverteilung durch Geländeleitwirkung

Noch besser durchlüftet sind Passstandorte, wobei die Windrichtungsverteilung in engem Zusammenhang mit der Leitwirkung des Geländes zu sehen ist. So beträgt an der Station Schoberpass der Kalmenanteil tagsüber nur knapp 6%, ähnliches gilt auch für das Hochtal der Krakau, wo die Kalmen sogar während der Nacht unter 10% bleiben.

An Bergstationen Beeinflussung der Gradientströmung durch Bergform

Im Zusammenhang mit der logarithmischen Windzunahme mit der Höhe weisen freie Berggipfel die geringsten Windstillen auf. Die Windrichtungsverteilung zeigt jedoch eine stärkere Beeinflussung durch die Bergform und damit Abweichungen von der Gradientströmung. Je nach Aufstellungsort kann es darüber hinaus auch zu Rezirkulationen durch die Wirkung von Rotoren kommen, was auch im Richtungsmittel zu einer Verschiebung der Richtungsanteile führen kann.

Stationstabellen

In der Tabelle 8.2.1 sind für alle verwendeten Stationen der Periode 1996 – 2000 relative Häufigkeiten von Windrichtungen sowie die Kalmenanteile aufgetragen.

A. Podesser

Tabelle 8.2.1: Relative Häufigkeiten von Windrichtungen sowie Kalmenanteile (C) für unterschiedliche Stationen, Periode 1996 – 2000.

Nr.	Name	Sh [m]	C	N	NNE	NE	ENE	E	ESE	SE	SSE	S	SSW	SW	WSW	W	WNW	NW	NNW
3	Aflenz	790	38,0	4,4	2,4	3,3	5,7	3,9	1,7	1,3	1,0	1,0	1,8	6,4	5,5	3,5	2,5	5,1	12,3
4	Aigen/Ennstal	640	31,8	3,4	5,6	8,3	6,5	2,3	0,9	1,3	1,2	1,6	2,8	11,4	15,2	4,4	1,3	0,8	1,2
8	Arnfels-Remschnigg	763	1,8	6,7	2,3	1,3	1,6	3,1	2,2	1,4	3,2	23,8	22,8	4,9	1,8	1,8	2,9	9,0	9,2
10	Bad Aussee	660	42,7	0,1	0,1	0,2	1,2	4,4	3,8	3,2	2,3	2,2	1,2	1,4	4,9	19,1	12,2	0,9	0,1
14	Bad Mitterndorf	810	38,8	0,6	0,3	0,3	1,8	6,7	7,0	4,3	2,7	1,6	1,3	2,0	5,9	12,4	8,3	4,3	1,8
15	Bad Radkersburg	208	22,9	1,6	2,6	5,0	4,9	3,2	3,6	5,2	2,8	4,6	4,7	5,7	11,3	14,3	4,2	2,0	1,3
26	Deutschlandsberg (FA17C)	365	58,0	1,9	1,9	2,8	4,7	6,4	3,1	2,6	2,2	1,4	0,5	0,8	1,9	3,5	4,9	1,9	1,4
27	Deutschlandsberg (ZAMG)	352	38,8	3,6	3,6	3,6	6,1	8,3	3,7	1,7	1,7	2,7	2,3	5,0	11,3	2,1	1,4	1,6	2,4
28	Dobl	350	42,0	2,0	1,8	2,3	2,4	2,6	2,9	6,1	6,7	3,9	1,6	1,4	2,1	4,5	6,5	7,2	4,0
37	Fischbach	1037	22,2	9,2	4,2	2,4	1,4	0,7	0,6	0,7	1,8	8,3	9,2	5,1	3,6	3,5	5,5	7,0	14,5
45	Frohnleiten	420	0,4	4,2	1,6	1,1	1,1	1,5	1,5	2,6	5,9	11,1	8,2	5,1	2,3	3,3	6,5	23,2	20,4
60	Graz-Universität	366	11,3	6,3	6,2	10,8	6,0	3,7	3,4	4,8	7,2	6,7	4,3	2,5	1,2	0,9	2,1	9,9	12,6
66	Hartberg	330	32,6	2,3	3,0	7,3	6,0	2,9	2,2	2,6	2,4	4,0	10,4	12,6	4,6	1,8	1,2	1,9	2,2
73	Hochwurzen	1844	1,1	7,9	1,1	3,8	3,2	2,0	3,2	5,5	5,6	6,5	7,4	23,9	17,8	6,9	2,6	1,1	0,5
80	Irdning-Gumpenstein	695	36,9	6,8	2,5	1,3	1,3	3,5	12,8	15,8	2,6	1,4	2,2	4,3	2,0	0,8	0,5	1,2	4,0
84	Kalwang	740	14,7	5,1	0,6	0,2	0,1	1,0	5,8	8,3	5,8	3,3	0,3	0,1	0,1	0,5	10,9	26,4	16,8
85	Kapfenberg	502	47,3	1,2	1,1	4,6	7,0	5,0	3,2	2,7	0,8	1,4	4,3	8,9	6,1	2,4	1,4	1,4	1,2
88	Kindberg/Wartberg	567	4,3	1,4	5,2	26,5	13,8	3,5	2,0	1,6	1,3	1,6	2,9	15,0	17,6	1,4	0,6	0,6	0,6
96	Klöch/Seindl	415	0,9	6,4	8,6	8,1	4,1	3,7	4,8	7,6	7,7	9,9	9,6	5,0	3,6	3,7	5,9	5,7	4,7
98	Krakau/Terrasse	1315	8,4	0,9	0,6	0,7	1,7	6,2	12,1	4,5	1,2	0,8	0,7	1,2	3,9	13,8	28,1	13,1	2,1
103	Lassnitzhöhe	524	10,2	2,7	5,0	9,8	13,8	4,3	2,9	4,3	2,7	3,9	5,1	15,8	8,6	3,6	3,1	2,3	2,1
104	Leibnitz	270	37,8	5,9	3,3	2,7	2,9	6,4	8,3	5,3	2,4	2,4	3,3	2,7	2,6	2,7	2,2	3,0	5,9
107	Liezen	653	0,9	9,0	6,6	6,3	6,7	7,3	5,3	4,4	3,1	2,9	2,8	4,0	3,7	4,0	5,3	12,8	14,9
113	Mahrensdorf	393	13,9	6,5	12,3	7,9	2,3	1,5	1,8	4,7	9,3	12,9	12,4	4,4	1,6	1,3	1,7	2,3	3,2
118	Masenberg	1170	3,0	4,3	4,9	7,7	5,4	2,3	1,2	0,7	0,7	1,5	9,3	34,2	10,3	4,7	3,3	3,1	3,4
124	Murau	813	29,3	1,1	0,4	0,3	1,6	11,7	15,1	4,3	1,1	0,3	0,3	0,5	1,6	13,3	13,6	4,1	1,5
132	Neumarkt	866	22,6	2,2	0,8	0,6	0,5	1,0	3,1	7,1	10,3	6,0	0,8	0,6	0,9	5,0	18,9	14,4	5,3
159	Ramsau am Dachstein	1203	16,0	3,7	8,7	9,0	7,9	8,4	5,0	1,0	0,8	0,9	0,8	2,1	7,0	10,6	11,0	4,5	2,7
160	Rax/Seilbahnstation	1547	2,6	0,6	0,4	0,4	0,3	0,3	0,6	2,1	4,7	21,9	3,8	2,3	3,3	10,9	31,2	11,7	3,0
164	Reiterberg	940	7,4	9,6	4,6	2,0	4,0	7,4	7,4	4,2	2,0	1,3	1,1	1,5	2,4	9,4	17,3	10,4	7,6
173	Schöckl	1443	3,0	2,5	0,8	0,8	0,9	1,2	1,7	11,5	12,8	6,5	5,9	4,4	3,3	2,9	3,2	14,2	24,5
183	Sonnblick	3105	1,6	13,7	9,1	2,7	1,1	1,0	1,5	1,6	2,4	4,8	8,6	15,2	10,0	6,3	5,0	6,8	8,6
191	St. Michael b. Leoben	565	37,9	1,2	2,6	4,3	9,1	11,8	2,1	0,5	0,4	0,5	0,4	0,5	4,8	12,8	7,1	2,3	1,0
195	St. Radegund	725	20,2	3,9	1,2	1,1	1,2	1,9	3,6	7,8	3,9	3,0	2,7	2,6	2,9	4,4	8,7	23,3	7,7
202	Tauplitzalm	1645	3,8	0,6	0,4	0,5	0,8	3,2	13,2	11,6	3,7	1,0	0,7	0,8	7,8	16,8	16,4	16,2	2,4
205	Trieben (Schoberpass)	852	13,8	0,2	0,1	0,2	1,0	4,8	10,6	12,4	6,7	2,2	0,8	1,0	3,0	7,9	9,9	17,3	8,1
214	Villacher Alpe	2164	2,3	10,0	7,0	6,0	0,2	1,1	1,1	1,0	3,1	3,9	7,2	12,3	15,7	13,5	2,9	3,2	6,3
215	Voitsberg/Krems	388	50,5	0,1	0,1	0,1	0,2	6,3	22,0	4,3	1,1	0,4	0,2	0,4	0,9	3,1	6,4	3,5	0,3
221	Weiz	485	15,3	10,5	0,8	0,5	0,6	1,3	3,1	8,5	9,6	5,4	2,3	1,7	1,3	2,3	5,3	20,0	11,8
232	Zellweg	670	36,3	1,4	2,5	5,6	8,1	6,2	3,7	2,7	2,0	3,5	4,1	5,7	8,6	5,2	2,3	1,7	1,5

8.3 Durchschnittliche Windrichtungsverteilung im Winter

Windschwache Niederungen

Im Winter stellen sich die inneralpinen Beckenlagen sowie die großen Talböden des Vorlandes als äußerst windschwach dar. Die talauswärts gerichteten nächtlichen Strömungskomponenten des lokalen Talwindsystemes sind nur schwach entwickelt. Bei geschlossener Schneedecke ist auch am Tag mit schwachen Talauswinden zu rechnen, da dann auch tagsüber negative Strahlungsbilanzen möglich sind. Auch der untertags einsetzende Taleinwind ist gegenüber der warmen Jahreszeit nur schwach ausgeprägt. Stellvertretend sei hier wieder die Station Deutschlandsberg angeführt, welche im Winter kein Talwindsystem mehr aufweist und deren Kalmenanteil während der Nacht bei knapp 85%, tagsüber bei knapp 68% liegt.

Murtalauswind als Frischluftlieferant für das Grazer Becken

An der Station Frohnleiten im mittleren Murtal, deren Geberhöhe sich allerdings auf 45 m über Grund befindet, lässt sich die Wichtigkeit des nächtlichen Murtalauswindes als Frischluftzubringer für das Vorland gut ablesen. Das Windfeld weist hier eine Mächtigkeit von 300 – 400 m auf (LAZAR, PODESSER, PILZ, 2000), es existieren auch im Winter praktisch keine Windstillen. Da der Talauswind bis in die Vormittagsstunden erhalten bleibt,

der Taleinwind hingegen erst etwa zwei Stunden nach Sonnenaufgang einsetzt, kommt es in der Windrosendarstellung zu Überschneidungen der Windrichtungen. Ein teilweise ganztägiges Ausfließen von Kaltluft macht sich auch an anderen Talstationen wie etwa im Oberen Ennstal (Station Aigen), im Mürztal (Station Kindberg) oder im Oberen Murtal (Stationen Murau, Reiterberg und Zeltweg) bemerkbar.

An Gipfelstationen lokale Beeinflussung der Windrichtung durch Bergform

Die zunehmende Seehöhe freier Lagen äußert sich wiederum in besseren Durchlüftungsbedingungen. Die Gebirgsregionen zeigen schließlich immer mehr das synoptische Windfeld, allerdings mit lokaler Beeinflussung der Windrichtung durch die Bergform. Generell gibt es auch Unterschiede zwischen dem Norden und Süden der Steiermark, welche etwa im Vergleich der Nordalpen mit den Inneralpen auffallen. Auswertungen kürzerer Reihen des Lawinenstationsnetzes zeigen, dass die höchsten Gipfel des Alpenostrandes relativ einheitliche Hauptwindrichtungen aus dem Nordwestsektor aufweisen, während etwa am Sonnblick neben Anströmungen aus dem Nordsektor auch deutliche SW-Komponenten vorherrschen.

8.4 Durchschnittliche Windrichtungsverteilung im Sommer

Tagesperiodisches System mit Talein-/Talaus-windzirkulation an den Talstandorten

Gegenüber der kalten Jahreszeit sind die Windverhältnisse in den inneralpinen Beckenlagen sowie den großen Talböden des Vorlandes im Sommer deutlich besser entwickelt, nur das Frühjahr weist noch günstigere Bedingungen auf. Entsprechend der Talorientierung stellt sich ein tagesperiodisches Windsystem mit nächtlichem Talauswind und Taleinwind tagsüber ein. Anhand der Windrichtungsverteilung an der Station Deutschlandsberg lässt sich bspw. der gegenüber dem Winter deutlich besser ausgeprägte Taleinwind aus dem Laßnitztal erkennen, während die Nacht hauptsächlich Kalmen oder seichte Kaltluftabflüsse kennzeichnen. Ein ähnliches Bild ergibt sich auch bei anderen extremeren Tal- und Beckenstandorten wie etwa Leibnitz, Hartberg, Zeltweg oder Aigen/Ennstal.

Abnehmende Geländeleitwirkung an Riedel- und Hangstandorten

Bessere Durchlüftungsbedingungen weisen Riedelstandorte des Vorlandes auf, allerdings nimmt hier auch die Leitwirkung des Geländes ab, was sich in weniger symmetrischen Windrosen mit größerer Variabilität der Windrichtungen äußert. Als Beispiel seien hier die Stationen Laßnitzhöhe, Mahrensdorf und Klöch/Seindl erwähnt.

Auch an Hangstandorten stellen sich meist günstigere Ausbreitungsbedingungen ein als in den Tälern, dies betrifft besonders die Nacht mit häufigeren Kaltluftabflüssen, stellvertretend dafür stehen die Stationen Irdning-Gumpenstein (NW-Hang) sowie Aflenz (S-Hang). Eine Sonderstellung nimmt dabei die Station Liezen ein, die über dem Ennstal am Ausgang eines von Norden herabziehenden Seitentales liegt.

Im Gebirge synoptisches Windfeld wirksam

Mit zunehmender Seehöhe setzt sich immer mehr das synoptische Windfeld durch, sodass im Gebirge im Mittel keine Kalmen mehr zu erwarten sind. Allerdings kommt es je nach Bergform auch zu Ablenkungen des Strömungsfeldes und zu asymmetrischen Windrichtungsverteilungen. Am Beispiel des Standortes Rax-Seilbahn zeigt sich dieser Einfluss sehr deutlich. Die Station liegt im Lee eines nördlich liegenden Gipfels und erhält aus dieser Richtung kaum Wind. Die Südanströmung setzt sich aus Südföhnkomponenten und Hangaufwinden zusammen, möglicherweise wirken hier bei N-Anströmung auch Rotoreffekte aus Süd. An frei anströmbaren Gipfellagen setzen sich immer mehr Windrichtungen des synoptischen Windfeldes durch, mit den bereits in Karte 8.2 beschriebenen Abweichungen.

8.5 Durchschnittliche Windgeschwindigkeit im Jahr

In den Windrosen der Karte ist die Verteilung der durchschnittlichen Windgeschwindigkeit im Jahr getrennt für die Tag- (06:00 – 18:00 Uhr MEZ) und Nachtsituation (18:00 – 06:00 Uhr MEZ) wiedergegeben, als Maßeinheit dienen Meter pro Sekunde [m/s], wobei eine Geschwindigkeit von 1 m/s mit 3,6 km/h umgerechnet werden kann. Unabhängig von der 16-teiligen Windrichtungsverteilung nach Windrosen wird die durchschnittliche Windgeschwindigkeit für den Tag und die Nacht gesondert angegeben.

Bei den Tag-Nacht-Gegensätzen ergeben sich aus Gründen der bereits angesprochenen thermischen Schichtung im Tal tagsüber höhere Windgeschwindigkeiten als in der Nacht. An Gebirgsstandorten drehen sich hingegen die Verhältnisse um, so weht der Wind hier nachts stärker als am Tag.

Bezüglich der regionalen Verteilung weisen besonders die inneralpinen Tal- und Beckenlagen sowie die großen Talböden des Vorlandes äußerst windschwache Verhältnisse auf. Entsprechend liegt die mittlere Windgeschwindigkeit an den Stationen Bad Radkersburg, Leibnitz, Voitsberg-Krems, Kapfenberg, Aflenz und Bad Aussee bei lediglich 1 m/s. Noch geringer sind die Werte nur im Bereich des Talschlusses des Laßnitztales. Auch im Stadtgebiet von Deutschlandsberg werden knapp 0,6 m/s erreicht.

Windschwacher Süden

Die mittlere jährliche Windgeschwindigkeit an der Station Graz-Universität beträgt 1,4 m/s. Im Vergleich dazu gibt es drastische Unterschiede etwa zum nördlichen Al-

Tabelle 8.5.1: Jahresgang der mittleren Windgeschwindigkeit nach Monaten und Jahreszeiten, Periode 1996 – 2000.

Nr.	Name	Sh [m]	Jan	Feb	Mär	Apr	Mai	Jun	Jul	Aug	Sep	Okt	Nov	Dez	Frühling	Sommer	Herbst	Winter	Jahr
3	Aflenz	790	0,8	1,1	1,1	1,1	1,1	1,0	1,2	1,0	0,9	1,0	0,8	0,8	1,1	1,1	0,9	0,9	1,0
4	Aigen/Ennstal	640	1,3	1,8	2,1	1,6	1,6	1,5	1,7	1,3	1,4	1,6	1,4	1,5	1,8	1,5	1,5	1,5	1,6
8	Arnfels-Remschnigg	763	3,9	3,5	3,3	3,1	2,9	2,5	2,6	2,4	2,6	2,8	3,2	3,5	3,1	2,5	2,8	3,6	3,0
10	Bad Aussee	660	0,9	1,0	1,2	1,2	1,0	1,0	0,9	0,8	0,8	1,0	1,0	0,9	1,1	0,9	0,9	0,9	1,0
14	Bad Mitterndorf	810	1,2	1,5	1,7	1,6	1,6	1,5	1,4	1,2	1,2	1,4	1,3	1,1	1,6	1,4	1,3	1,3	1,4
15	Bad Radkersburg	208	1,1	1,2	1,5	1,7	1,3	1,1	1,1	1,0	1,1	0,9	1,2	1,0	1,5	1,1	1,1	1,1	1,2
26	Deutschlandsberg (FA17C)	365	0,5	0,6	0,7	0,8	0,8	0,8	0,8	0,7	0,6	0,5	0,5	0,5	0,8	0,8	0,6	0,5	0,6
27	Deutschlandsberg (ZAMG)	352	0,7	0,9	1,2	1,3	1,2	1,1	1,1	0,9	0,8	0,7	0,8	0,7	1,2	1,0	0,8	0,8	0,9
28	Dobl	350	0,8	0,8	1,3	1,6	1,4	1,3	1,3	1,2	1,1	0,9	0,8	0,6	1,4	1,3	0,9	0,7	1,1
37	Fischbach	1037	1,7	2,7	2,3	2,8	2,3	2,3	2,3	1,7	2,1	1,8	2,0	1,9	2,5	2,1	2,0	2,1	2,2
45	Frohnleiten	420	2,0	2,4	2,4	2,6	2,5	2,4	2,4	2,1	2,1	1,8	1,9	1,9	2,5	2,3	1,9	2,1	2,2
60	Graz-Universität	366	1,1	1,4	1,6	1,9	1,7	1,7	1,6	1,5	1,5	1,2	1,1	1,1	1,7	1,6	1,3	1,2	1,5
66	Hartberg	330	1,2	1,2	1,6	1,8	1,6	1,4	1,5	1,2	1,4	1,2	1,3	1,3	1,7	1,4	1,3	1,2	1,4
73	Hochwurzen	1844	3,0	3,5	3,7	3,2	2,8	3,0	3,6	3,0	3,2	3,3	2,9	3,4	3,2	3,2	3,1	3,3	3,2
80	Irdning-Gumpenstein	695	0,7	1,0	1,2	1,4	1,4	1,2	1,2	1,1	1,0	1,0	0,9	0,7	1,3	1,2	1,0	0,8	1,1
84	Kalwang	740	2,5	3,1	3,3	3,1	2,6	2,7	2,9	2,1	2,5	2,6	2,5	2,5	3,0	2,6	2,5	2,7	2,7
85	Kapfenberg	502	0,6	0,8	0,9	0,9	0,9	0,9	0,9	0,8	0,9	0,7	0,7	0,6	0,9	0,9	0,8	0,7	0,8
88	Kindberg/Wartberg	567	1,7	2,0	2,1	2,4	2,1	2,0	1,9	1,9	1,9	1,9	1,8	1,7	2,2	1,9	1,9	1,8	1,9
96	Klöch/Seindl	415	2,3	2,9	3,1	3,4	3,1	2,7	2,8	2,4	2,6	2,7	3,0	2,6	3,2	2,6	2,8	2,6	2,8
98	Krakau/Terrasse	1315	1,8	2,4	2,6	2,6	2,5	2,4	2,3	2,1	2,2	2,0	1,8	1,7	2,5	2,2	2,0	2,0	2,2
103	Lassnitzhöhe	524	1,3	1,6	1,7	1,8	1,6	1,4	1,5	1,3	1,4	1,3	1,4	1,3	1,7	1,4	1,3	1,4	1,4
104	Leibnitz	270	0,8	0,8	1,2	1,4	1,3	1,2	1,2	0,9	0,9	0,8	0,9	0,7	1,3	1,1	0,9	0,8	1,0
107	Liezen	653	1,6	1,8	1,9	1,8	1,8	1,7	1,8	1,6	1,7	1,8	1,6	1,6	1,8	1,7	1,7	1,7	1,7
113	Mahrensdorf	393	1,4	2,1	2,7	2,9	2,1	1,9	1,8	1,5	1,6	1,9	2,0	1,6	2,6	1,7	1,8	1,7	2,0
118	Masenberg	1170	2,1	2,5	2,3	2,6	2,5	2,2	2,3	2,0	2,3	2,5	2,7	2,2	2,5	2,2	2,5	2,3	2,4
124	Murau	813	1,0	1,1	1,3	1,5	1,4	1,3	1,3	1,2	1,2	1,1	1,0	0,9	1,4	1,3	1,1	1,0	1,2
132	Neumarkt	866	1,4	1,8	2,1	2,4	2,2	2,0	2,0	1,7	1,8	1,5	1,6	1,3	2,2	1,9	1,6	1,5	1,8
159	Ramsau am Dachstein	1203	1,5	2,3	2,3	2,0	1,8	1,6	1,7	1,3	1,5	1,7	1,5	1,6	2,0	1,5	1,5	1,8	1,7
160	Rax/Seilbahnstation	1547	5,2	6,2	5,0	5,1	4,5	4,5	4,9	3,8	4,9	5,1	5,0	5,3	4,9	4,4	5,0	5,6	5,0
164	Reiterberg	940	1,3	1,7	1,7	1,7	1,6	3,0	1,6	1,4	1,4	1,5	1,3	1,3	1,7	2,0	1,4	1,4	1,6
173	Schöckl	1443	3,0	3,3	2,9	3,3	3,2	3,1	3,1	2,6	3,0	3,1	3,5	3,0	3,2	2,9	3,2	3,1	3,1
183	Sonnblick	3105	9,3	9,0	7,5	8,2	6,9	6,6	6,3	5,1	6,1	9,3	10,3	9,8	7,5	6,0	8,6	9,4	7,9
191	St. Michael b. Leoben	565	0,9	1,4	1,5	1,5	1,4	1,2	1,4	0,9	0,9	1,1	1,1	1,0	1,5	1,2	1,0	1,1	1,2
195	St. Radegund	725	1,2	1,8	1,4	1,8	1,6	1,7	1,7	1,5	1,7	1,3	1,2	1,2	1,6	1,6	1,4	1,4	1,5
202	Tauplitzalm	1645	3,3	3,6	3,9	4,7	2,9	2,7	3,0	2,5	3,0	3,5	3,2	3,3	3,8	2,7	3,3	3,4	3,3
205	Trieben (Schoberpass)	852	3,0	3,0	2,7	2,5	2,5	2,1	2,3	2,6	2,7	2,8	2,5	2,8	2,6	2,4	2,7	2,9	2,6
214	Villacher Alpe	2164	5,3	5,0	4,4	4,7	4,5	3,9	4,1	3,5	3,7	5,6	5,7	5,9	4,5	3,8	5,0	5,4	4,7
215	Voitsberg/Krems	388	0,8	1,0	1,2	1,2	1,2	1,1	1,1	1,0	0,9	0,8	0,7	0,8	1,2	1,1	0,8	0,9	1,0
221	Weiz	485	1,0	1,4	1,5	1,7	1,6	1,5	1,5	1,5	1,3	1,2	1,0	1,0	1,6	1,5	1,2	1,1	1,3
232	Zeltweg	670	0,9	1,5	1,9	2,0	1,7	1,5	1,7	1,2	1,2	1,3	1,2	0,8	1,9	1,5	1,2	1,1	1,4

A. PODESSER

penvorland, wo das Jahresmittel im Donauraum durchwegs über 2,5 m/s, in Wien-Hohe Warte während der Untersuchungsperiode sogar bei 3,1 m/s liegt.

Etwas besser durchlüftet sind höher gelegene Tallagen der Obersteiermark, aber auch hier bleiben die Geschwindigkeitsmittel meist unter 2 m/s (Aigen/Ennstal 1,6 m/s, Zeltweg 1,4 m/s).

Mit zunehmender Seehöhe steigt die Windgeschwindigkeit an

Im Vorland erfahren erst Riedelstandorte eine Steigerung der Windwirkung, in Mahrensdorf liegt das Jahresmittel bei 2,0 m/s, an der Station Klöch/Seindl bei 2,8 m/s.

Mit zunehmender Seehöhe und damit geringeren Reibungsverlusten nehmen die Windgeschwindigkeiten stetig zu, an der Station Schöckl in 1 443 m werden bereits 3,1 m/s, an der Station Rax-Seilbahn in ca. 1 550 m knapp 5 m/s erreicht. Am Sonnblick liegt das Jahresmittel bei 7,9 m/s.

A. PODESSER

8.6 Durchschnittliche tägliche maximale Windgeschwindigkeit im Jahr und Sturmtage

Definition

Wird die jeweils höchste Windgeschwindigkeit (Böe) jedes Tages über einen längeren Zeitraum gemittelt, erhält man die durchschnittliche tägliche maximale Windgeschwindigkeit. Die Windrosen in der Karte geben die durchschnittlichen täglichen maximalen Windgeschwindigkeitsverteilungen wieder, wobei eine zusätzliche Trennung für Sommer und Winter erfolgte. Als Maßeinheit dienen Meter pro Sekunde [m/s], einer Geschwindigkeit von 1 m/s entsprechen 3,6 km/h. Zusätzlich wurden Jahresmittel so genannter Sturmtage, das sind Tage, an denen Böen mit über 16,6 m/s (das sind etwa 60 km/h) auftreten, gesondert ausgewiesen.

Höchste Werte an Gebirgsstandorten, aber große Unterschiede zwischen unterschiedlichen Gebirgsgruppen

Wie bereits erwähnt, nimmt die Windgeschwindigkeit wegen abnehmender Reibungsverluste mit der Höhe zu. Die höchsten Windgeschwindigkeiten sind demnach an Gebirgsstandorten zu erwarten, wobei hier im Jahresgang wegen der stärksten großräumigen Luftdruckgegensätze der Winter und im Tagesgang wegen der Isolierung der bodennahen Luftschicht die Nacht ein

Maximum aufweisen. Allerdings zeigen sich innerhalb der unterschiedlichen Gebirgsgruppen recht große Unterschiede. So ist beispielsweise am exponierten Alpenostrand an der Station Rax-Seilbahn in ca. 1 550 m Seehöhe jeder zweite Tag ein Sturmtag, während es auf der ca. 300 m höheren Hochwurzen nur 29 Sturmtage pro Jahr gibt.

Im Vorland und Randgebirge erhöhen Gewitter die Zahl der Tage mit Sturm

In den Niederungen treten hohe Windgeschwindigkeiten einerseits in Zusammenhang mit durchgreifenden Strömungslagen beispielsweise als Zyklonalföhn auf, wobei hier ein Maximum im Frühjahr und Herbst zu erwarten ist. Andererseits können im Zuge konvektiver Wettererscheinungen mit Gewittern vor allem im Sommer kurzfristig hohe Windgeschwindigkeiten auftreten, welche sich aber weniger auf die mittleren maximalen Geschwindigkeiten als auf die Zahl der Sturmtage auswirken. Dieser Umstand zeigt sich etwa auch bei Stationen an der Südabdachung des an sich gewitterreichen Randgebirges. Die jahreszeitliche Verteilung weist erwartungsgemäß im Gebirge die höheren Geschwindigkeiten im Winter, im Flachland hingegen im Sommer auf. Bei der Richtungs-

Abbildung 8.6.1: Der Sturm „Paula" verursachte Ende Jänner 2008 in der Steiermark große Schäden an Waldbeständen und Infrastruktur. Die Windgeschwindigkeiten erreichten zwischen 26. und 27. Jänner an Bergstationen über 200 km/h, selbst in der Landeshauptstadt wurden Windspitzen über 130 km/h registriert. Die Abbildung zeigt einen zerstörten Wald nahe Anger bei Weiz.
Foto: A. Pilz

A. Podesser

Tabelle 8.6.1: Jahresgang der mittleren maximalen Windspitzen (Böen) in m/s, Periode 1996 – 2000.

Nr.	Name	Sh [m]	Jan	Feb	Mär	Apr	Mai	Jun	Jul	Aug	Sep	Okt	Nov	Dez	Frühling	Sommer	Herbst	Winter	Jahr
3	Aflenz	790	6,8	7,1	6,4	6,0	7,2	5,2	5,2	5,9	5,8	6,4	5,3	6,6	7,2	5,9	6,4	7,1	7,2
4	Aigen/Ennstal	640	11,6	11,7	10,5	8,3	9,3	7,8	8,4	6,6	9,5	10,5	8,3	9,2	10,5	8,4	10,5	11,7	11,7
8	Arnfels-Remschnigg	763	10,5	9,6	15,3	12,0	34,3	9,6	8,0	9,5	9,5	14,7	13,9	11,6	34,3	9,6	14,7	11,6	34,3
10	Bad Aussee	660	7,1	6,3	6,2	6,8	5,7	5,8	4,5	4,6	5,4	6,4	5,8	6,4	6,8	5,8	6,4	7,1	7,1
14	Bad Mitterndorf	810	11,8	9,4	8,6	10,0	8,8	8,5	8,7	6,8	6,8	7,7	11,9	9,1	10,0	8,7	11,9	11,8	11,9
15	Bad Radkersburg	208	6,4	6,7	7,2	7,0	8,6	6,1	5,1	6,2	4,9	6,6	6,8	6,4	8,6	6,2	6,8	6,7	8,6
26	Deutschlandsberg (FA17C)	365	4,5	4,9	4,5	4,8	3,9	3,8	3,5	3,7	3,0	3,6	3,9	4,0	4,8	3,8	3,9	4,9	4,9
27	Deutschlandsberg (ZAMG)	352	7,4	6,8	7,4	8,0	7,7	6,5	5,9	4,5	5,5	7,2	7,7	6,1	8,0	6,5	7,7	7,4	8,0
28	Dobl	350	8,8	7,9	9,3	11,1	7,7	6,6	7,4	5,8	5,9	5,8	7,4	5,2	11,1	7,4	7,4	8,8	11,1
37	Fischbach	1037	15,9	18,1	14,7	15,0	14,9	15,7	12,6	10,1	12,7	11,9	13,9	17,3	15,0	15,7	13,9	18,1	18,1
45	Frohnleiten	420	12,3	11,3	9,9	11,2	10,4	10,5	10,1	7,5	16,7	8,3	8,5	8,9	11,2	10,5	16,7	12,3	16,7
60	Graz-Universität	366	8,0	8,2	8,9	9,3	8,1	7,2	7,1	6,4	7,0	6,5	7,0	6,8	9,3	7,2	7,0	8,2	9,3
66	Hartberg	330	10,8	10,7	11,7	10,8	10,1	8,3	9,2	8,3	7,2	7,4	6,7	6,9	11,7	9,2	7,4	10,8	11,7
73	Hochwurzen	1844	13,3	13,2	15,2	14,9	9,8	12,6	11,5	11,8	13,8	15,9	11,6	14,2	15,2	12,6	15,9	14,2	15,9
80	Irdning-Gumpenstein	695	10,5	9,2	8,7	7,7	9,2	7,5	7,6	6,6	9,5	9,9	8,2	7,9	9,2	7,6	9,9	10,5	10,5
84	Kalwang	740	13,8	12,3	12,5	11,9	12,5	9,8	10,6	9,2	9,9	11,1	13,6	12,4	12,5	10,6	13,6	13,8	13,8
85	Kapfenberg	502	4,0	4,2	5,4	5,9	5,7	4,9	5,1	4,8	5,3	4,5	4,6	4,4	5,9	5,1	5,3	4,4	5,9
88	Kindberg/Wartberg	567	7,7	9,9	8,9	12,8	12,8	8,2	7,1	8,0	7,2	8,8	8,9	8,1	12,8	8,2	8,9	9,9	12,8
96	Klöch/Seindl	415	9,1	8,8	12,5	13,0	12,8	8,8	11,9	9,7	9,8	11,9	11,7	10,9	13,0	11,9	11,9	10,9	13,0
98	Krakau/Terrasse	1315	11,2	8,9	9,1	9,3	8,6	9,3	8,4	7,2	8,1	10,3	8,6	9,6	9,3	9,3	10,3	11,2	11,2
103	Lassnitzhöhe	524	6,5	5,8	8,0	6,7	6,2	5,0	6,3	4,4	5,0	5,1	6,0	5,7	8,0	6,3	6,0	6,5	8,0
104	Leibnitz	270	6,1	6,5	7,1	7,0	7,9	5,4	5,4	6,2	4,9	5,3	8,5	5,3	7,9	6,2	8,5	6,5	8,5
107	Liezen	653	6,4	5,4	5,9	7,6	4,9	6,6	4,8	5,0	5,7	5,6	7,1	4,8	7,6	6,6	7,1	6,4	7,6
113	Mahrensdorf	393	10,7	9,5	11,9	13,9	8,6	8,8	8,6	7,4	8,2	9,1	11,4	9,6	13,9	8,8	11,4	10,7	13,9
118	Masenberg	1170	8,5	8,3	7,8	8,0	9,1	8,4	8,4	7,6	8,4	7,5	9,1	8,3	9,1	8,4	9,1	8,5	9,1
124	Murau	813	6,3	5,7	6,3	6,9	6,6	6,0	7,1	5,3	5,6	7,9	5,9	4,9	6,9	7,1	7,9	6,3	7,9
132	Neumarkt	866	10,4	9,8	9,3	10,5	10,5	7,7	8,5	6,6	8,2	8,1	9,3	9,5	10,5	8,5	9,3	10,4	10,5
159	Ramsau am Dachstein	1203	10,7	8,3	11,2	8,1	8,0	5,5	6,8	6,2	8,0	9,6	6,8	7,1	11,2	6,8	9,6	10,7	11,2
160	Rax/Seilbahnstation	1547	21,5	21,0	19,5	18,7	19,8	17,6	17,9	14,7	17,9	16,3	18,5	18,2	19,8	17,9	18,5	21,5	21,5
164	Reiterberg	940	7,8	6,9	10,1	9,5	7,9	5,9	8,5	5,9	5,7	7,3	10,0	6,3	10,1	8,5	10,0	7,8	10,1
173	Schöckl	1443	11,1	11,5	10,8	10,2	9,9	9,8	11,6	8,4	13,0	10,3	10,5	10,0	10,8	11,6	13,0	11,5	13,0
183	Sonnblick	3105	31,8	29,7	27,5	30,7	26,7	25,2	24,3	21,4	26,8	36,6	36,2	37,8	30,7	25,2	36,6	37,8	37,8
191	St. Michael b. Leoben	565	9,3	8,1	9,6	9,9	9,2	7,5	8,8	6,6	7,2	8,6	7,7	8,6	9,9	8,8	8,6	9,3	9,9
195	St. Radegund	725	14,0	11,9	11,6	11,8	10,3	13,8	10,8	10,7	12,4	8,9	10,8	12,9	11,8	13,8	12,4	14,0	14,0
202	Tauplitzalm	1645	19,7	13,7	17,0	28,8	10,1	10,1	10,9	9,7	10,5	14,7	12,5	15,6	28,8	10,9	14,7	19,7	28,8
205	Trieben (Schoberpass)	852	13,0	14,4	10,3	9,3	11,1	9,3	10,0	12,0	10,3	14,8	10,0	11,1	12,6	14,8	14,1	14,8
214	Villacher Alpe	2164	20,0	18,2	17,5	16,4	18,5	15,4	17,9	18,9	19,7	22,9	21,5	23,8	18,5	18,9	22,9	23,8	23,8
215	Voitsberg/Krems	388	7,1	7,5	8,1	7,5	6,2	5,4	5,9	4,4	4,1	4,9	7,5	6,8	8,1	5,9	7,5	7,5	8,1
221	Weiz	488	7,0	7,7	8,3	8,3	6,7	5,7	5,3	4,0	5,9	4,2	4,0	0,5	0,5	5,7	5,0	7,0	8,6
232	Zeltweg	670	17,6	16,6	13,7	13,9	11,3	9,1	12,2	13,7	10,0	11,6	10,7	11,7	13,9	13,7	11,6	17,6	17,6

verteilung der Geschwindigkeiten gibt es keine eindeutigen Zuordnungen, hohe Windgeschwindigkeiten sind aus allen Richtungen möglich. Nur im Gebirge setzen sich einige „Vorzugsrichtungen" durch, wie dies an den Stationen Hochwurzen oder Rax/Seilbahn ersichtlich ist.

Geschwindigkeitszunahme wird energetisch genutzt

Insgesamt fällt eine Windgeschwindigkeitszunahme am Alpenostrand im Bereich der östlichen Ausläufer der Nordalpen sowie im östlichen Randgebirge bis zum Grazer Bergland auf, was sich hier auch in einigen Projekten zur Windenergieerzeugung manifestiert.

Wie extrem die Windverhältnisse am Alpenostrand sind, zeigt in Tabelle 8.6.2. ein Vergleich der Windsituation zwischen einer Station im Hochschwabgebiet und dem knapp 1 000 m höher gelegenen Sonnblick im äußerst stürmischen Winter 2004/2005. Dabei zeigt sich, dass sich die mittleren Windgeschwindigkeiten nur unwesentlich voneinander unterscheiden. Das absolute Maximum der Windgeschwindigkeit liegt zwar am Sonnblick deutlich höher, doch zeigen sich zumindest in Einzelmonaten an der Hochschwabstation höhere Geschwindigkeitsbeträge. Dies betrifft insbesondere den Februar 2005, einem Monat mit häufiger zyklonaler NW- bis N-Strömung, welcher in den Nordalpen und Tauern zu katastrophalen Lawinenabgängen führte. Auch die aufgetretenen maximalen Windspitzen am Hochschwab scheuen keinen Vergleich mit dem Sonnblick.

Tabelle 8.6.2: Vergleich der Windgeschwindigkeit [m/s] an den Stationen Sonnblick und Hochschwab/Eismauer im Winter 2004/2005.
(WIGE_mittel ... mittlere Windgeschwindigkeit, WIGE_mittel_max ... absolute Maxima der Windgeschwindigkeit, WIGE_max ... absolute maximale Windspitzen (Böen))

Sonnblick, 3105 m	XI/04	XII/04	I/05	II/05	III/05	IV/05	V/05	gesamt
WIGE_mittel	10,4	7,9	9,3	8,2	7,1	7,3	6,6	8,0
WIGE_mittel_max	26,7	20,7	23,8	18,9	18,3	18,1	17,1	20,5
WIGE_max	35,7	32,5	40,7	46,4	32,7	25,4	27,1	46,4
Eismauer, 2185 m								
WIGE_mittel	9,5	7,2	9,5	9,6	6,5	6,4	7,2	7,8
WIGE_mittel_max	18,1	14,4	17,7	20,1	18,3	12,9	16,4	15,5
WIGE_max	34,2	37,7	36,4	29,0	44,8	35,1	31,6	44,8

In Tabelle 8.6.1 ist für unterschiedliche Stationen der Jahresgang der mittleren monatlichen, jahreszeitlichen und jährlichen Maxima der Windgeschwindigkeit für die 5-jährige Periode 1996 – 2000 angegeben. Die Monatswerte bzw. der Jahreswert errechnen sich aus dem Mittel der jeweils höchsten Böe innerhalb eines zehnminütigen Messintervalls der Windgeschwindigkeit eines Monats (Jahres).

Tabelle 8.6.3: Jahresgang der absoluten maximalen Windspitzen (Böen) in m/s, Periode 1996 – 2000.

Nr.	Name	Sh [m]	Jan	Feb	Mär	Apr	Mai	Jun	Jul	Aug	Sep	Okt	Nov	Dez	Frühling	Sommer	Herbst	Winter	Jahr
3	Aflenz	790	16,0	21,3	18,5	15,2	16,6	15,2	16,4	15,8	15,5	18,8	13,9	17,1	18,5	16,4	18,8	21,3	21,3
4	Aigen/Ennstal	640	18,8	23,7	21,5	16,7	18,7	15,9	18,8	15,8	17,3	18,4	17,3	19,9	21,5	18,8	18,4	23,7	23,7
8	Arnfels-Remschnigg	763	23,0	27,5	27,0	20,4	22,2	27,6	16,8	12,9	16,4	25,1	19,0	17,7	27,0	27,6	25,1	27,5	27,6
10	Bad Aussee	660	14,5	16,2	15,6	14,3	14,1	15,3	14,8	12,7	12,7	14,8	14,2	13,1	15,6	15,3	14,8	16,2	16,2
14	Bad Mitterndorf	810	18,6	21,2	18,5	15,1	16,2	19,4	19,0	16,1	15,6	17,8	19,1	16,9	18,5	19,4	19,1	21,2	21,2
15	Bad Radkersburg	208	13,5	15,7	15,7	19,3	15,4	14,3	14,4	11,6	12,6	15,0	13,5	13,2	19,3	14,4	15,0	15,7	19,3
26	Deutschlandsberg (FA17C)	365	9,3	11,3	12,3	14,3	11,0	13,3	10,7	10,0	8,7	11,2	10,7	9,3	14,3	13,3	11,2	11,3	14,3
27	Deutschlandsberg (ZAMG)	352	11,7	16,4	16,8	17,3	14,8	15,5	16,1	12,8	12,9	13,8	15,3	11,7	17,3	16,1	15,3	16,4	17,3
28	Dobl	350	12,1	12,9	23,4	15,2	13,1	13,6	14,3	11,8	13,8	11,3	12,2	9,6	23,4	14,3	13,8	12,9	23,4
37	Fischbach	1037	22,8	23,6	21,6	21,2	21,1	21,3	20,4	17,6	19,8	19,0	20,9	20,6	21,6	21,3	20,9	23,6	23,6
45	Frohnleiten	420	23,2	19,2	20,7	18,0	18,0	19,2	18,0	14,8	18,9	13,7	17,1	16,1	20,7	19,2	18,9	23,2	23,2
60	Graz-Universität	366	13,3	18,5	19,0	18,1	17,5	17,2	18,8	14,4	14,7	13,6	13,9	13,1	19,0	18,8	14,7	18,5	19,0
66	Hartberg	330	16,5	18,7	22,4	18,9	19,0	19,0	22,0	18,1	15,7	14,5	12,5	13,3	22,4	22,0	15,7	18,7	22,4
73	Hochwurzen	1844	19,9	24,6	28,8	20,9	23,1	17,7	24,5	20,7	24,6	25,6	21,9	22,5	28,8	24,5	25,6	24,6	28,8
80	Irdning-Gumpenstein	695	16,0	28,5	26,8	16,6	20,4	16,0	20,2	16,7	18,6	22,0	20,3	18,4	26,8	20,2	22,0	28,5	28,5
84	Kalwang	740	17,8	20,0	20,3	19,0	21,2	17,9	18,1	17,2	16,8	19,1	19,7	17,0	21,2	18,1	19,7	20,0	21,2
85	Kapfenberg	502	10,2	18,0	16,7	16,4	15,2	14,1	17,1	14,9	11,5	13,9	13,4	10,6	16,7	17,1	13,9	18,0	18,0
88	Kindberg/Wartberg	567	13,0	19,9	14,9	19,5	14,7	14,5	13,0	12,7	12,9	13,6	14,6	11,5	19,5	14,5	14,6	19,9	19,9
96	Klöch/Seindl	415	14,2	13,9	18,2	18,3	18,6	15,5	15,4	13,8	14,6	15,2	16,2	15,2	18,6	15,5	16,2	15,2	18,6
98	Krakau/Terrasse	1315	20,8	18,9	18,4	17,4	15,3	17,6	15,3	14,5	15,1	20,9	18,0	19,1	18,4	17,6	20,9	20,8	20,9
103	Lassnitzhöhe	524	13,6	15,5	16,7	15,7	13,7	15,0	13,6	10,3	12,7	11,4	12,4	11,8	16,7	15,0	12,7	15,5	16,7
104	Leibnitz	270	10,5	14,0	15,0	16,2	13,4	12,7	14,3	13,2	11,5	13,7	15,1	10,7	16,2	14,3	15,1	14,0	16,2
107	Liezen	653	14,1	13,5	15,4	15,6	14,4	14,5	14,5	13,1	14,0	15,2	14,0	12,0	15,6	14,5	15,2	14,1	15,6
113	Mahrensdorf	393	15,3	16,3	19,0	19,1	14,0	15,2	14,3	13,6	12,5	14,8	16,3	14,5	19,1	15,2	16,3	16,3	19,1
118	Masenberg	1170	21,9	28,9	22,8	21,3	18,1	21,5	21,6	21,7	20,5	17,4	16,4	23,2	22,8	21,7	20,5	28,9	28,9
124	Murau	813	13,9	14,4	14,4	15,9	14,3	13,9	13,5	12,0	12,5	11,8	12,0	10,9	15,9	13,9	12,5	14,4	15,9
132	Neumarkt	866	15,7	17,7	17,6	16,5	17,9	17,2	16,7	15,3	14,5	13,6	15,5	14,1	17,9	17,2	15,5	17,7	17,9
159	Ramsau am Dachstein	1203	16,8	22,4	19,4	15,1	17,4	15,4	16,7	15,9	15,4	18,7	15,9	16,7	19,4	16,7	18,7	22,4	22,4
160	Rax/Seilbahnstation	1547	30,5	31,5	30,7	26,7	27,9	27,1	28,1	22,7	28,6	28,3	29,8	28,5	30,7	28,1	29,8	31,5	31,5
164	Reiterberg	940	14,3	17,0	16,9	17,1	16,8	20,0	15,0	13,0	13,1	16,0	14,8	11,5	17,1	20,0	16,0	17,0	20,0
173	Schöckl	1443	21,2	24,2	24,3	21,1	21,4	20,7	21,1	17,4	22,3	20,4	20,5	21,2	24,3	21,1	22,3	24,2	24,3
183	Sonnblick	3105	39,3	41,1	38,2	38,9	32,2	33,6	38,1	28,4	36,0	47,4	46,7	47,3	38,9	38,1	47,4	47,3	47,4
191	St. Michael b. Leoben	565	14,0	19,2	18,3	18,8	17,0	18,0	20,2	16,1	15,6	17,9	15,1	14,7	18,8	20,2	17,9	19,2	20,2
195	St. Radegund	725	18,1	22,9	23,2	21,9	21,0	23,3	20,7	18,9	22,6	18,5	20,3	22,7	23,2	23,3	22,6	22,9	23,3
202	Tauplitzalm	1645	22,7	25,3	25,7	33,1	16,1	20,3	19,6	15,7	19,7	23,7	21,6	22,6	33,1	20,3	23,7	25,3	33,1
205	Trieben (Schoberpass)	852	18,6	22,1	20,3	18,3	17,8	18,4	17,6	14,9	17,2	19,6	19,5	15,0	20,3	18,4	19,6	22,1	22,1
214	Villacher Alpe	2164	26,6	24,4	25,9	24,7	24,2	23,4	26,2	23,6	24,1	32,2	26,4	26,9	25,9	26,2	32,2	26,9	32,2
215	Voitsberg/Krems	388	11,4	13,7	15,6	14,4	13,4	12,0	14,3	10,0	11,7	9,7	12,4	11,6	15,6	14,3	12,4	13,7	15,6
221	Weiz	485	13,5	16,6	18,0	15,1	13,1	14,6	14,1	12,0	12,4	10,8	9,7	13,2	18,0	14,6	12,4	16,6	18,0
232	Zeltweg	670	18,0	22,9	21,7	19,2	18,7	23,3	20,6	18,6	16,3	17,3	15,9	17,3	21,7	23,3	17,3	22,9	23,3

8.7 Ergänzende und weiterführende Literatur

BLÜTHGEN, J., WEISCHET, W. 1980: Allgemeine Klimageographie. Verlag Walter de Gruyter, Berlin, New York, 887 S.

COLETTE, A., CHOW, F.K., STREET, R.L. 2003: A numerical study of inversion-layer brakeup and the effects of topographic shading in idealist valleys. J. Appl. Meteorol. 42; 1255 – 1272.

DEVANT, F. 1949: Zur Theorie der Hangwinde, nebst Bemerkungen zur Theorie der Berg- und Talwinde. Arch. F. Meteorol. A1; S. 421 – 450.

GROSS, G., WIPPERMANN, F. 1987: Channeling and counter current in the upper Rhein Valley: Numerical simulations. J. Clim. Appl. Meteorol. 26, 1293 – 1304.

LAZAR, R., PODESSER, A., PILZ, A. 2000: S35-Brucker Schnellstraße, Abschnitt Stausee Zlatten-Mautstatt, FB Klima, UVE-Einreichprojekt, im Auftrag der ASFINAG. 113 S.

OKE, T. R. 1978: Boundary Layer Climatology. London Methuen & Co LTD, 435.

ÖNORM M9440, 1992/96: Ausbreitung von luftverunreinigenden Stoffen in der Atmosphäre.

ÖNORM M9490-6, 1988: Meteorologische Messungen für Fragen der Luftreinhaltung, Teil 6, Messung des Windes (Windrichtung und Windgeschwindigkeit), Wien.

ÖTTL, D., ALMBAUER, R., STURM, P., PIRINGER, M., BAUMANN, K. 2000: Analysing the nocturnal wind field in the city of Graz. Atmos. Environ. 35, 379 – 387.

PODESSER, A. 1999: An urban climate analysis of Graz and its significance for urban planning in the tributary valleys east of Graz. Atmos. Environ. 33, 4195 – 4209.

PODESSER, A. 2005: S36-Murtalschnellstraße, 2. TA, FB Klima, UVE-Einreichprojekt, im Auftrag der ASFINAG. 54 S.

WAKONIGG, H. 1978: Witterung und Klima in der Steiermark. Verlag Technische Universität Graz, 473 S.

WERNER, R., AUER, I. 2002: Klima von Vorarlberg Band II, 368 S.

KLIMAATLAS STEIERMARK
Kapitel 9

KOMBINIERTE WERTE

H. Wakonigg, A. Podesser

KARTOGRAPHISCHE BEARBEITUNG

A. Podesser, H. Rieder

9 KOMBINIERTE WERTE

Dieses Kartensymbol bedeutet, dass gedrucktes Kartenmaterial in der Klimaatlas-Mappe verfügbar ist.

Titelbild: Herbst in den Eisenerzer Alpen: Blick vom Speickkogel zum Stadelstein, im Hintergrund der vom Hochnebel überströmte Erzberg und Reichenstein. Auch im Hochgebirge wurde das meteorologische Messnetz mit automatischer Registrierung verdichtet, sodass Daten mit hoher zeitlicher Auflösung permanent zur Verfügung stehen. Die dargestellte Lawinenstation liefert Angaben zur Temperatur, Luftfeuchte, Strahlungsbilanz und Schneehöhe.
Foto: A. Podesser

H. Wakonigg | A. Podesser

9.1 Allgemeines

Kombinierte Werte (komplexe Klimagrößen) beschreiben Witterungszustände, die nicht durch ein einzelnes Klimaelement (meteorologisches Element / Witterungselement) beschrieben werden, sondern durch das Zusammenwirken von mehreren, wenigstens aber von zweien. Als Beispiel seien die Begriffe „Altweibersommer" oder „Föhnwetter" genannt, die jeweils als ganz spezifische Witterungen auftreten und wahrgenommen werden, aber nicht etwa durch die Temperatur oder die Windwirkung allein beschrieben werden können.

Einfache Kombinationen aus nur zwei Witterungselementen sind z.B. Kahlfrost, d.h. Temperaturen unter Null Grad bei fehlender Schneedecke, oder Schneesturm, d.h. Schneefall gleichzeitig mit stürmischem Wind. An letzterem Beispiel wird auch die praktische Bedeutung solch komplexer Witterungen bzw. Klimagrößen erkennbar, sei es nun aus Sicht der Agrarklimatologie, der Bioklimatologie, der Bauplanung oder des Tourismus.

Mehrfachkombinationen, d.h. solche aus drei oder mehr Witterungselementen, dazu noch mit unterschiedlichen Intensitätsstufen (z.B. warme und heiße Tage kombiniert mit Windstille und lebhaftem Wind, sowie geringer und starker Bewölkung) sind zwar denkbar und möglich und für einige Belange sicher auch zielführend (z.B. „Badewetter" in Kapitel 10.5), werden aber hier nur ausnahmsweise (z.B. bei den Tagen mit Schneetreiben) vorgenommen.

9.1.1 Datenmaterial

Tabelle 9.1.1.1: Liste der verwendeten Stationen und Legende.

Nr.	Name	Sh [m]	geographische Länge	geographische Breite	Betreiber	Klimaregion	Lage
1	Admont	648	14° 27' 25"	47° 34' 19"	ZAMG	3	▬
3	Aflenz	785	15° 15' 31"	47° 33' 48"	ZAMG	6	↓
4	Aigen/Ennstal	640	14° 08' 17"	47° 32' 59"	ZAMG	3	▬
7	Altenberg/Hartberg	429	16° 02' 52"	47° 15' 24"	ZAMG	9	↗
10	Bad Aussee	660	13° 47' 59"	47° 37' 40"	ZAMG	2	▬
11	Bad Gleichenberg	293	15° 54' 19"	46° 53' 35"	ZAMG	9	▬
13	Bad Ischl	469	13° 38' 54"	47° 43' 00"	ZAMG	2	▬
14	Bad Mitterndorf	810	13° 56' 06"	47° 33' 11"	ZAMG	2	▬
15	Bad Radkersburg	208	15° 59' 03"	46° 42' 33"	ZAMG	9	▬
18	Birkfeld	635	15° 42' 38"	47° 21' 16"	ZAMG	8	→
23	Bruck/Mur	493	15° 16' 37"	47° 25' 43"	ZAMG	6	▬
27	Deutschlandsberg	448	15° 12' 15"	46° 50' 33"	ZAMG	9	↓
35	Feuerkogel	1618	13° 44' 60"	47° 49' 00"	ZAMG	1	▲
37	Fischbach	1015	15° 39' 55"	47° 27' 26"	ZAMG	8	↘
39	Flattnitz	1438	14° 02' 07"	46° 57' 41"	ZAMG	7	⬛
44	Friesach	634	14° 25' 12"	46° 57' 19"	ZAMG	–	▬
47	Fürstenfeld	271	16° 05' 54"	47° 02' 52"	ZAMG	9	▬
50	Gleisdorf	375	15° 43' 38"	47° 07' 48"	ZAMG	9	▬
57	Graz-Flughafen	337	15° 27' 52"	46° 60' 41"	ZAMG	9	▬
58	Graz-Messendorfberg	435	15° 29' 27"	47° 03' 53"	ZAMG	9	↘
60	Graz-Universität	366	15° 27' 58"	47° 05' 45"	ZAMG	9	▬
61	Gröbming	763	13° 54' 11"	47° 27' 46"	ZAMG	3	▬
69	Hieflau	500	14° 44' 28"	47° 37' 32"	ZAMG	2	▬
80	Irdning-Gumpenstein	698	14° 06' 54"	47° 30' 43"	ZAMG	3	↑
84	Kalwang	760	14° 44' 37"	47° 25' 26"	ZAMG	6	▬
87	Kindberg	561	15° 27' 06"	47° 30' 29"	ZAMG	6	▬
90	Kirchberg-Grafendorf	455	15° 59' 47"	47° 21' 06"	ZAMG	9	▲
95	Kleinsölk	1005	13° 56' 60"	47° 24' 00"	ZAMG	4	▬
101	Krippenstein	2050	13° 42' 00"	47° 31' 00"	ZAMG	1	▲
103	Lassnitzhöhe	527	15° 36' 34"	47° 04' 28"	ZAMG	9	↘
104	Leibnitz	273	15° 32' 17"	46° 47' 51"	ZAMG	9	▬
112	Lobming	414	15° 11' 42"	47° 03' 35"	ZAMG	8	→
116	Mariazell	865	15° 19' 18"	47° 46' 09"	ZAMG	2	↙
122	Mönichkirchen	991	16° 02' 59"	47° 31' 39"	ZAMG	8	↓
126	Mürzzuschlag	758	15° 41' 09"	47° 36' 11"	ZAMG	6	↗
132	Neumarkt	835	14° 26' 47"	47° 05' 32"	ZAMG	5	▲
138	Oberwölz	827	14° 17' 57"	47° 12' 07"	ZAMG	5	▬
139	Oberzeiring	933	14° 30' 46"	47° 15' 17"	ZAMG	5	▬
153	Preitenegg	1055	14° 55' 00"	46° 56' 60"	ZAMG	5	▲
155	Pusterwald	1072	14° 23' 34"	47° 19' 33"	ZAMG	7	▬
158	Radstadt	845	13° 27' 00"	47° 23' 60"	ZAMG	3	↓
161	Rechberg	926	15° 25' 59"	47° 16' 46"	ZAMG	8	▲
169	Rohrmoos	1078	13° 39' 29"	47° 23' 41"	ZAMG	4	↗
173	Schöckl	1436	15° 28' 06"	47° 12' 57"	ZAMG	8	▲
176	Seckau	855	14° 47' 57"	47° 16' 16"	ZAMG	5	↓
178	Semmering	1000	15° 50' 40"	47° 38' 52"	ZAMG	1	⬛
183	Sonnblick	3105	12° 57' 29"	47° 03' 18"	ZAMG	–	▲
191	St. Michael b. Leoben	565	15° 00' 20"	47° 20' 09"	ZAMG	6	▬
195	St. Radegund	725	15° 29' 27"	47° 11' 56"	ZAMG	8	↓
198	Stolzalpe	1293	14° 12' 42"	47° 07' 15"	ZAMG	7	↓
201	Tamsweg	1012	13° 49' 36"	47° 07' 29"	ZAMG	5	▬
214	Villacher Alpe	2140	13° 40' 24"	46° 36' 13"	ZAMG	–	▲
223	Weiz	465	15° 38' 08"	47° 13' 07"	ZAMG	9	▬
225	Wiel	922	15° 08' 46"	46° 45' 46"	ZAMG	8	↓
229	Wörterberg	400	16° 06' 54"	47° 14' 38"	ZAMG	9	▲
232	Zeltweg	670	14° 46' 35"	47° 12' 05"	ZAMG	5	▬

Klimaregionen	Lage
1 ... Hochlagen im Nordstaugebiet	▬ ... Tal
2 ... Tallagen im Nordstaugebiet	→ ... Hang (Richtung), hier als Beispiel ein Osthang
3 ... Talbecken des Oberen Ennstales	⬛ ... Pass
4 ... Niedere Tauern	▲ ... Gipfel
5 ... Talbecken des Oberen Murtales	
6 ... Talbecken des Mur- und Mürztales	
7 ... Hochlagen der Inneralpen	
8 ... Steirisches Randgebirge	
9 ... Vorland	
– ... außerhalb steirischer Klimazonen	

9.2 Durchschnittliche Zahl der Stunden mit Schlagregen

Definition

Unter Schlagregen versteht man das gleichzeitige Auftreten von Regen und einer Windstärke, die das schräge Herabfallen des Regens bewirkt und diesen damit auch gegen senkrechte Flächen fallen bzw. „schlagen" lässt. Schlagregen ist insbesondere in der Bauwirtschaft von Bedeutung, da häufig von Schlagregen betroffene Bauwerke entweder unter dessen Einwirkung Schaden erleiden oder aber durch entsprechende Verkleidungen bzw. Beschichtungen geschützt werden müssen, was z.B. im Hochgebirge ohnehin unerlässlich ist.

Die Definition des Schlagregens ist sowohl bezüglich der in einer bestimmten Zeiteinheit fallenden Mindestniederschlagsmenge als auch der gleichzeitig wirkenden Windstärke subjektiv und ergibt bei unterschiedlich definierten Grenzwerten auch unterschiedliche Ergebnisse. Dies betrifft aber nicht die regionalen Verteilungsmuster, welche sich in ihrer allgemeinen Struktur und Form gegenüber unterschiedlichen Grenzwerten als recht persistent erweisen. Mit anderen Worten: Die von Schlagregen betroffenen bzw. weitgehend verschonten Gebiete sind unabhängig von den Grenzwerten jeweils die selben; es verändert sich nur die absolute Andauer bzw. Häufigkeit der Ereignisse.

Grenzwerte, Zeitraum

Für die vorliegende Karte wurde beim Niederschlag ein Grenzwert von wenigstens 4,5 mm pro Stunde zu Grunde gelegt und beim Wind eine mittlere Windgeschwindigkeit von wenigstens 8 m/s, d.h. 29 km/h, was etwa der Stärke 5 nach BEAUFORT entspricht. Diese Definition erfordert die stundenweise Auswertung der Daten, was nur bei automatischer Niederschlags- und Windregistrierung gelingt und im Falle der Steiermark in einer ausreichenden Anzahl erst seit 1996 möglich ist. Daher basiert die Darstellung auf nur fünfjährigen Durchschnitten, wodurch – gleich wie bei unterschiedlichen Grenzwerten – wohl die absoluten Zahlen gegenüber einem längeren Zeitraum abweichen dürften, nicht aber das Muster der regionalen Verteilung.

Sommermaximum im Jahresgang

Aufgrund des relativ hoch gewählten Grenzwertes für den Niederschlag konzentrieren sich die Schlagregenereignisse durchwegs (d.h. auch in den Staugebieten) auf die Sommermonate und sind auch meist mit Gewittern bzw. Gewitterböen verbunden. Solcherart werden die durchaus häufigen und üblichen aber von geringeren Niederschlagshöhen begleiteten Schlagregen während des Winterhalbjahres kaum erfasst, was besonders am Beispiel des Schöckls zu erkennen ist (Abb. 9.2.2).

Stationen

In Graz wird das Maximum im Juni mit etwa vier Stunden pro Jahr erreicht (Abb. 9.2.1), auf dem windausgesetzten Schöckl sind es insgesamt etwa doppelt so viel, wobei das Maximum erst im August erreicht wird. Noch größer ist die Zahl auf dem den Regenwinden fast ungeschützt ausgesetzten Feuerkogel in Oberösterreich als Beispiel für eine hochmontane Gipfelstation (Abb. 9.2.3). Das Fehlen von Schlagregen zwischen November und April ist jedoch keine reale Eigenheit des dortigen Gipfelklimas, sondern möglicherweise ein messtechnisches Problem.

Markante Seehöhenabhängigkeit

Bezüglich der regionalen Verteilung erweist sich der Faktor der Seehöhe wegen der Zunahme der Windgeschwindigkeit nach oben als weitaus dominant, wodurch in der Karte die anderen Faktoren (Abschirmung und Beckenlage) kaum noch wirksam werden.

Diese starke Abhängigkeit von der Seehöhe kommt auch in den mathematischen Beziehungsmaßen zum Ausdruck. Dabei nimmt die Zahl der Stunden mit Schlagregen im Durchschnitt der Obersteiermark mit einem Korrelationskoeffizienten von +0,93 (Bestimmtheitsmaß 0,86) von durchschnittlich 6,8 Stunden in 500 m Höhe mit einem Gradienten von 1,6 Stunden pro 100 m auf durchschnittlich 22,4 Stunden in 1 500 m zu. Auffallend sind in der Abbildung die beiden Punktmengen bei der Region „Norden". Die Stationen mit weniger Stunden mit

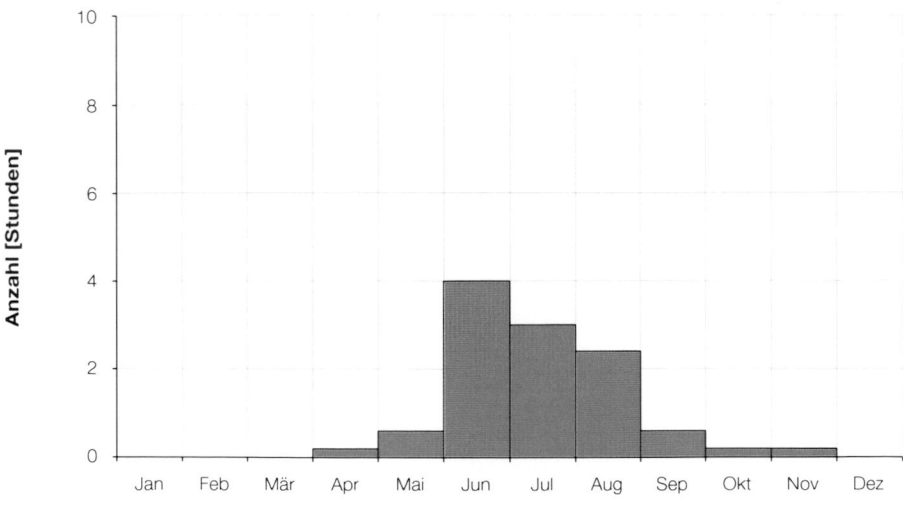

Abbildung 9.2.1: Durchschnittliche
Zahl der Stunden mit Schlagregen,
Station Graz-Universität, 366 m,
Periode 1996 – 2000.

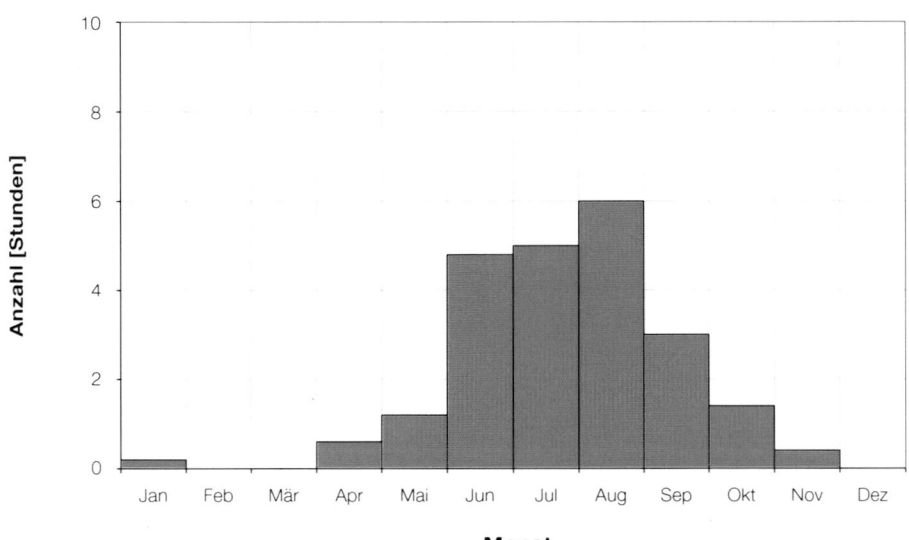

Abbildung 9.2.2: Durchschnittliche
Zahl der Stunden mit Schlagregen,
Station Schöckl, 1 436 m,
Periode 1996 – 2000.

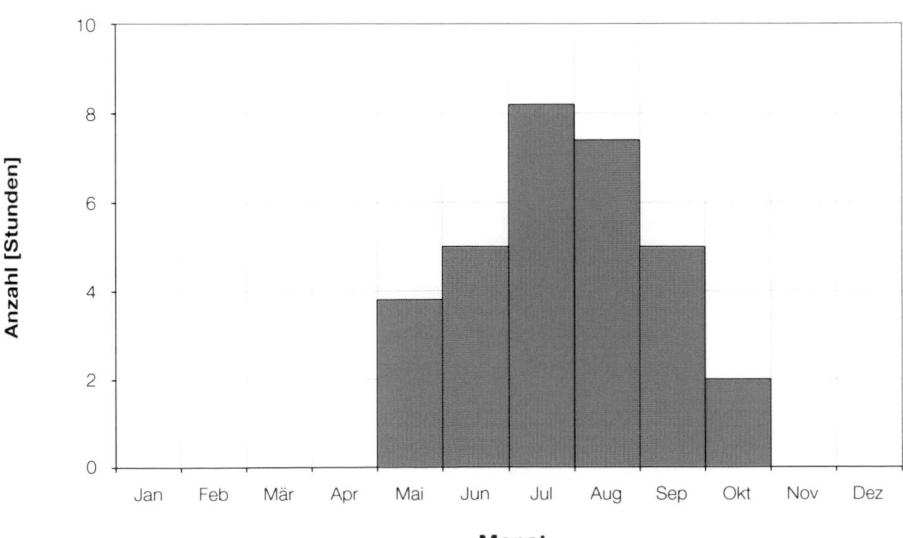

Abbildung 9.2.3: Durchschnittliche
Zahl der Stunden mit Schlagregen,
Station Feuerkogel, 1 618 m,
Periode 1996 – 2000.

Schlagregen sind im Oberen Murtal zu finden, wo aufgrund der geschützten Lage weniger Wind zu beobachten ist. Stärker ausgeprägt ist diese Wettererscheinung im Ennstal, im Ausseer- sowie Mariazeller Land und im Mürzztal, wo deutlich mehr Wind bei gleicher Seehöhe zu einer höheren Zahl an Stunden mit Schlagregen führt. Im Randgebirge und Vorland ist die Stärke dieser Beziehung mit einem Korrelationskoeffizienten von +0,93 (Bestimmtheitsmaß 0,87) praktisch identisch; der Durchschnittswert für 500 m beträgt aber 9,5 Stunden, jener in 1 500 m nur 20,0 Stunden, wobei der Gradient nur 1,1 Stunden pro 100 m beträgt.

Damit kommt eine gewisse Schutzlage der Niederungen in der Obersteiermark gegenüber den offeneren Lagen im Vorland bei gleichzeitig stärkerer Beaufschlagung der Hochlagen in der Obersteiermark gegenüber einer geringeren im Randgebirge zum Ausdruck, was in den Hochlagen wahrscheinlich allein durch die unterschiedliche Regenhäufigkeit bewirkt wird.

Regionale Besonderheiten

Die regionalen Besonderheiten, d. h. vor allem die schlagregenanfälligen Gebiete, die nicht in ausgesprochenen Hochlagen liegen, sind nur bei sorgfältigem Studium der Karte zu erkennen. So fällt die größere Häufigkeit im Kammertal gegenüber dem Oberen Enns- oder Murtal ins Auge, wobei in Wald am Schoberpass 14,3 Stunden registriert werden (Durchschnittswert für diese Seehö-

he: 12,9 Stunden). Ähnliches gilt für das Obere Pölstal und den Triebener Tauern, wo sich für Hohentauern 21,8 Stunden gegenüber einem „Erwartungswert" von 18,7 Stunden ergeben.

Noch größer ist die Schlagregenhäufigkeit in der Passregion des Präbichls und in den höheren Ortsteilen von Vordernberg, doch gibt es von dort keine konkreten Daten. Das südöstliche Vorland erweist sich in seiner Gesamtheit als nur wenig von Schlagregen betroffen, wobei es sich dabei sehr wahrscheinlich überwiegend um solche bei sommerlichen Gewitterböen handelt und nicht um „Landregen" bei allgemein stürmischen Wetterlagen.

Trotzdem ist eine stärkere Beaufschlagung von Stationen in freier Kuppen- oder Riedellage (z.B. Kitzeck, Riegersburg, St. Radegund) gegenüber den benachbarten Talstationen festzustellen. Die eindeutig am seltensten von Schlagregen betroffenen Gebiete sind die niedrigsten Landesteile an der unteren Mur, Raab und Lafnitz bzw. Feistritz mit Werten bis unter vier Stunden pro Jahr. Die Abnahme der Schlagregenhäufigkeit im Hochgebirge oberhalb von ca. 2 000 m ist nur in der formalen Abnahme der Regenhäufigkeit bei gleichzeitiger Zunahme der Schneefallhäufigkeit begründet und keineswegs in einer Verringerung der allgemeinen Witterungsunbill schlechthin. Diese Abnahme wird nämlich durch die Zunahme der Häufigkeit von Schneestürmen mehr als ausgeglichen.

9.3 Durchschnittliche Zahl der Tage mit Schneetreiben

Definition

Ein Tag mit Schneetreiben wird für die Kartendarstellung zum einen als ein Tag mit wenigstens 5 cm Neuschnee, einer maximalen Windgeschwindigkeit von 12,5 m/s (= 45 km/h bzw. etwa Windstärke 6) und einer Temperatur von höchstens –1,0°C definiert. Zum anderen werden auch nachfolgende Tage, an denen der Temperatur- und Windschwellenwert erreicht wird (pulvriger, gefallener Schnee wird verflockt), als Tag mit Schneetreiben gezählt. Eine Windstärke von wenigstens 6 gilt meteorologisch als „Starkwind", eine solche von wenigstens 8 als Sturm. Subjektiv mag aber auch schon heftiges Schneetreiben als Schneesturm empfunden werden. Der Grenzwert von –1°C bei der Temperatur wurde gewählt, um Regen oder gemischten Niederschlag sicher auszuschließen. Solcherart sind so wie beim Schlagregen wiederum die absoluten Zahlen sehr stark von den gewählten Eingangsgrößen abhängig, kaum aber das regionale Verteilungsmuster. Im Gegensatz zum Schlagregen wird aufgrund der lediglich einmal täglich beobachteten Schneehöhe die Berechnung in Tagen und nicht in Stunden durchgeführt.

Bauwesen, Verkehr und Lawinengefährdung

Die praktische Bedeutung der Zahl der Tage mit Schneetreiben betrifft ähnlich wie beim Schlagregen das Bauwesen, dazu aber auch das Verkehrswesen im Sinne der Bereitschaft zu Schneeverwehungen, und schließlich die Lawinengefährdung, da Lawinen auslösende Wechtenbildung besonders von der Häufigkeit von Schneefegen (Umlagerung des bereits gefallenen Schnees) abhängt.

Jahreszeitliche Verteilung

Bei der jahreszeitlichen Verteilung ist natürlich eine Konzentration auf die Wintermonate gegeben, die aber je nach Seehöhe und Klimagebiet recht unterschiedlich ausfällt. Im windarmen Graz (Abb. 9.3.1) kommt Schneetreiben im Sinne der oben angegebenen Grenzwerte bestenfalls zufällig vor (z.B. 26.12.1996) und spielt für die Winterwitterung keine nennenswerte Rolle. Auf dem Schöckl (Abb. 9.3.2) ist dagegen zwischen November und April mit etwa einem Tag mit Schneetreiben pro Monat zu rechnen, wobei diese Häufigkeit immer noch weit unter jener des exponierten Nordstaugipfels des Feuerkogels liegt (Abb. 9.3.3), wo Schneefälle viel stärker

Abbildung 9.3.1: Durchschnittliche Zahl der Tage mit Schneetreiben, Station Graz-Universität, 366 m, Periode 1996 – 2000.

H. Wakonigg | A. Podesser

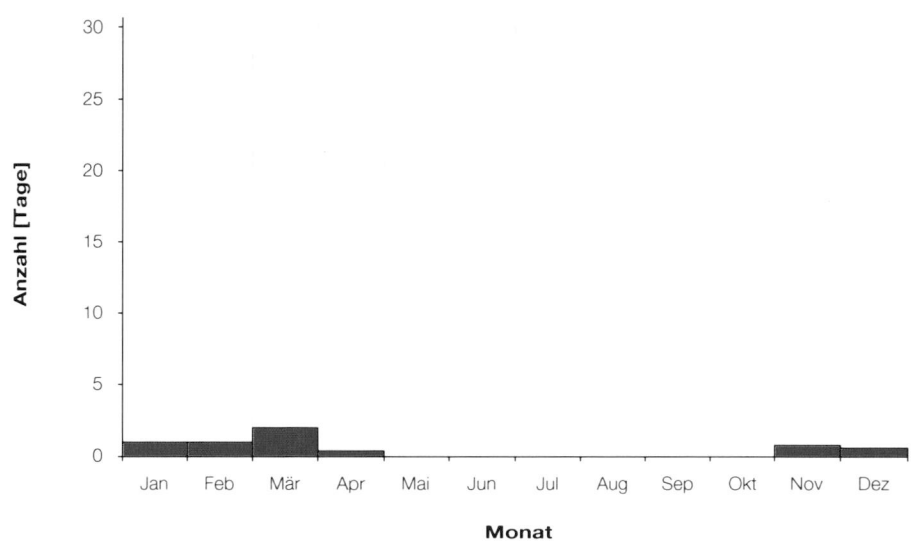

Abbildung 9.3.2: Durchschnittliche Zahl der Tage mit Schneetreiben, Station Schöckl, 1 443 m, Periode 1996 – 2000.

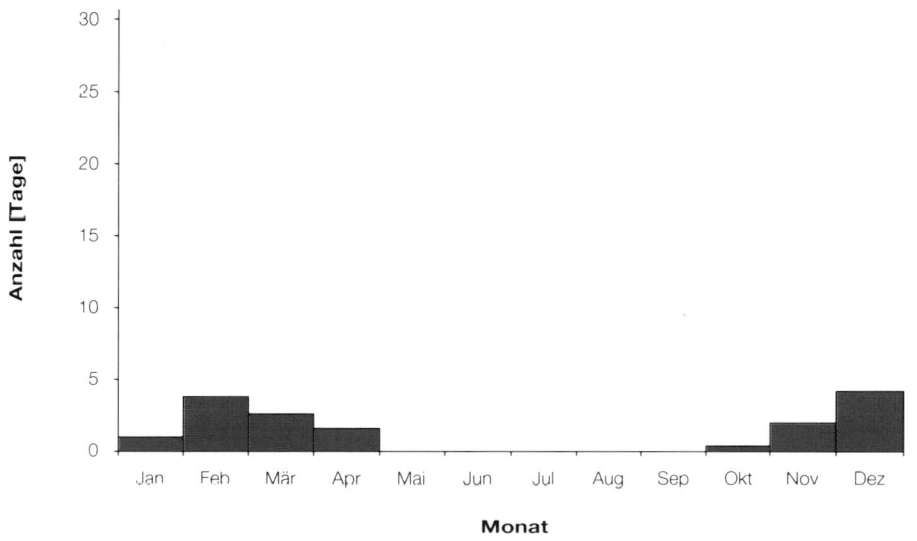

Abbildung 9.3.3: Durchschnittliche Zahl der Tage mit Schneetreiben, Station Feuerkogel, 1 618 m, Periode 1996 – 2000.

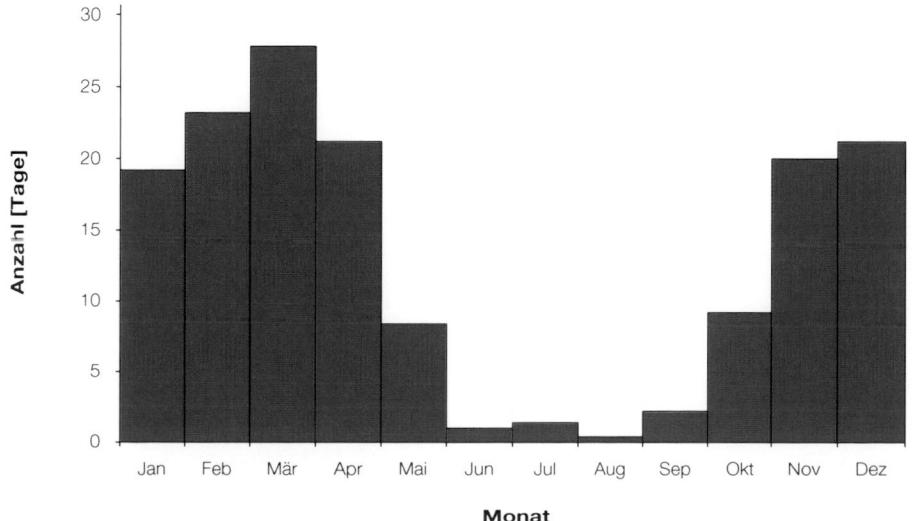

Abbildung 9.3.4: Durchschnittliche Zahl der Tage mit Schneetreiben, Station Sonnblick, 3 105 m, Periode 1996 – 2000.

an windreiche Wetterlagen bzw. labile Luftmassen oder Kaltfronten gebunden sind als im Steirischen Randgebirge.

Schließlich repräsentiert der Sonnblick (Abb. 9.3.4) die Verhältnisse auf einem exponierten Dreitausender, wie sie in der Steiermark bestenfalls im Gipfelbereich des Dachsteins verwirklicht sein dürften. Dabei fällt das Maximum erstaunlicherweise auf den März, und auch im Sommer ist dort in allen Monaten mit Schneetreiben zu rechnen.

Regionale Verteilung – Seehöhe ist Hauptfaktor

Noch viel mehr als beim Schlagregen ist für die regionale Verteilung der Zahl der Tage mit Schneetreiben die Seehöhe der absolut dominierende Faktor, der alle anderen weitgehend unterdrückt. Das ergibt sich aus der gleichsinnigen Zunahme der Häufigkeit von Starkwind und Schneefall mit zunehmender Höhe. Im Durchschnitt der Obersteiermark nimmt die Zahl der Tage mit Schneetreiben von durchschnittlich 8,5 Tagen in 1 000 m Höhe mit einem Gradienten von 4,0 Tagen pro 100 m auf durchschnittlich 48,6 Tage in 2 000 m zu, wobei der Korrelationskoeffizient +0,88 (Bestimmtheitsmaß 0,77) beträgt. Im Vorland und Randgebirge ist diese Beziehung mit einem Korrelationskoeffizienten von +0,79 (Bestimmtheitsmaß 0,62) etwas schwächer, dort nimmt die Häufigkeit von durchschnittlich 0,76 Tagen in 500 m mit einem Gradienten von nur 0,8 Tagen pro 100 m über 4,8 in 1 000 m und 8,8 in 1 500 m auf 12,8 Tage in 2 000 m zu (Abb. 9.3.5).

Im Vorland fast kein Schneetreiben

Bei der regionalen Verteilung fällt auf, dass die Bereitschaft zu Schneetreiben im Vorland praktisch den Wert Null erreicht, d.h. im Berechnungszeitraum von 1996 bis 2000 gab es in den dortigen Niederungen meist gar keinen, allerhöchstens aber nur drei solcher Fälle. Das ist ein Hinweis auf die Dominanz der typischen Warmfrontschneefälle, die fast durchwegs bei windschwachem Wetter erfolgen und auf die schon in der Karte 6.15 (Zahl der Tage mit wenigstens 20 cm Schneedecke) hingewiesen wurde.

In Tälern der Obersteiermark kaum Verwehungen

In den großen Tallandschaften der Obersteiermark südlich des Alpenhauptkammes ist die Neigung zu Schneetreiben ebenfalls äußerst gering, d.h. die bisher genannten Landschaften werden ganz im Gegensatz zu den Vorländern des Donauraumes oder Ostösterreichs von starken Schneeverwehungen so gut wie verschont. Nur in einigen gut durchlüfteten Tälern des Nordstaugebietes ist die Neigung zu Schneetreiben auch in den Niederungen bereits nennenswert, wobei in der Talzone von Bad Mitterndorf mit bis zu drei Fällen pro Jahr zu rechnen ist.

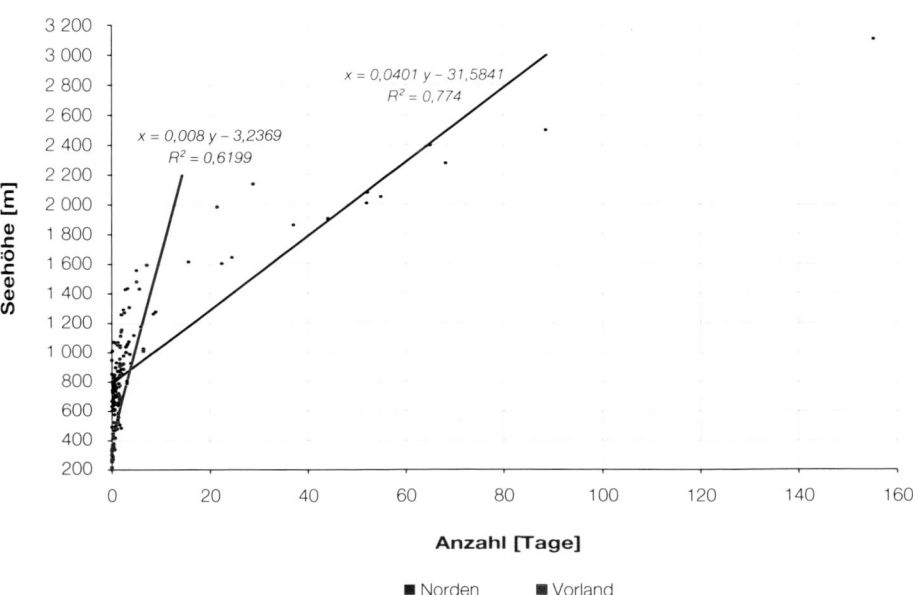

Abbildung 9.3.5: Durchschnittliche Zahl der Tage mit Schneetreiben in Abhängigkeit von der Seehöhe, Periode 1996 – 2000 (R^2 ... Bestimmtheitsmaß, y ... Seehöhe, x ... Tage).

$x = 0,008 y - 3,2369$
$R^2 = 0,6199$

$x = 0,0401 y - 31,5841$
$R^2 = 0,774$

Seehöhe [m]

Anzahl [Tage]

■ Norden   ■ Vorland

9.4 Durchschnittliche Zahl der Tage mit Schneesturm

Definition

Als Grenzwerte für diesen Wettertyp wurden 1 cm Neuschneehöhe, aber im Sinne des bei der Karte 8.6 angesprochenen Grenzwertes für Sturm 16,6 m/s (entspricht 60 km/h bzw. etwa Windstärke 8) gewählt. Dabei wird die ungleich geringere Häufigkeit von Tagen mit Sturm durch die wesentlich größere Häufigkeit der geringeren Neuschneehöhe recht gut ausgeglichen, wobei dieser Ausgleich aber regional doch unterschiedlich ist.

Jahreszeitliche Verteilung

Damit ist die jahreszeitliche Verteilung zwar ähnlich jener der Tage mit Schneetreiben, nicht aber die absolute Anzahl, wobei durch den weitaus niedrigeren Grenzwert bei der Schneefallhöhe eine größere Zahl an Tagen zu erwarten ist, die aber durch den höheren Grenzwert bei der Windgeschwindigkeit wieder reduziert wird. Dabei erweist sich auf den Berggipfeln die Reduktion durch die seltenere Sturmhäufigkeit gegenüber der Zunahme durch den kleineren Niederschlagsgrenzwert als wesentlich wirksamer (Abb. 9.4.1 bis 9.4.4), während in Graz (Abb. 9.4.1) Schneesturm gleichermaßen nur extrem zufällig zu erwarten ist, ebenso wie Schneetreiben.

Regionale Verteilung

In den Niederungen des Vorlandes gibt es so gut wie keine Schneestürme im Sinne der angegebenen Definition, wogegen sich in den Tälern der Obersteiermark doch Häufigkeiten zwischen einem und fünf Tagen pro Jahr einstellen. Darin hat man die Wirkung von Wetterlagen mit labilen nördlichen und nordwestlichen Strömungen zu sehen, welche im südöstlichen Vorland kaum noch schneefallwirksam werden und überwiegend Nordföhn bewirken, bei welchem einige eingebettete Schneeschauer in ihren Mengen meist unter dem angegebenen Grenzwert bleiben, während dieser im Oberen Murtal und Mürztal durchaus überschritten werden kann.

Nördlich des Alpenhauptkammes ist die Verteilung der Häufigkeit von Schneesturm fast nur an die Verteilung der Bereitschaft zu Sturm an sich gebunden, da es dort durchwegs genügend Tage mit wenigstens 1 cm Neuschnee gibt. Dadurch sind die Häufigkeiten regional sehr unterschiedlich und das Ergebnis der unterschiedlich guten lokalen Abschirmung des Windes (z.B. um Bad Aussee) bzw. der guten Durchgängigkeit für heftige Luftströmungen (z.B. am Schoberpass, Präbichl oder Triebener Tauern).

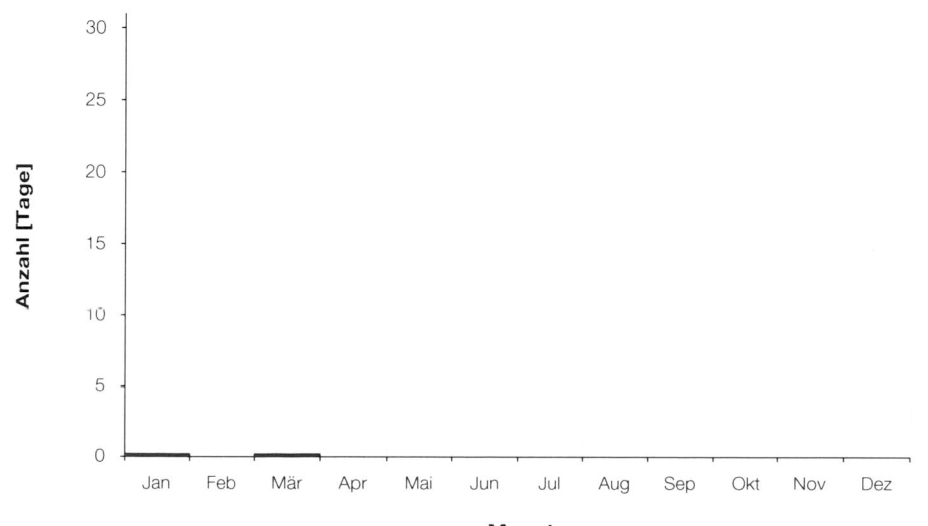

Abbildung 9.4.1: Durchschnittliche Zahl der Tage mit Schneesturm, Station Graz-Universität, 366 m, Periode 1996 – 2000.

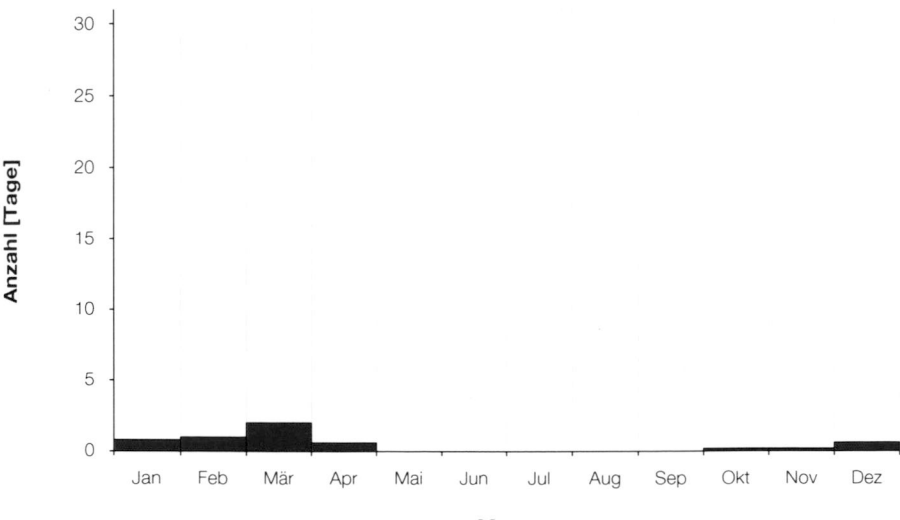

Abbildung 9.4.2: Durchschnittliche Zahl der Tage mit Schneesturm, Station Schöckl, 1 436 m, Periode 1996 – 2000.

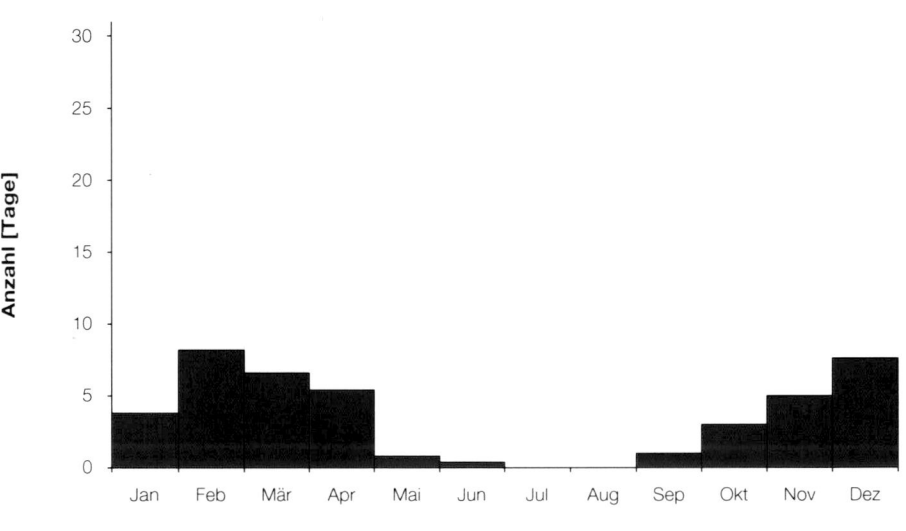

Abbildung 9.4.3: Durchschnittliche Zahl der Tage mit Schneesturm, Station Feuerkogel, 1 618 m, Periode 1996 – 2000.

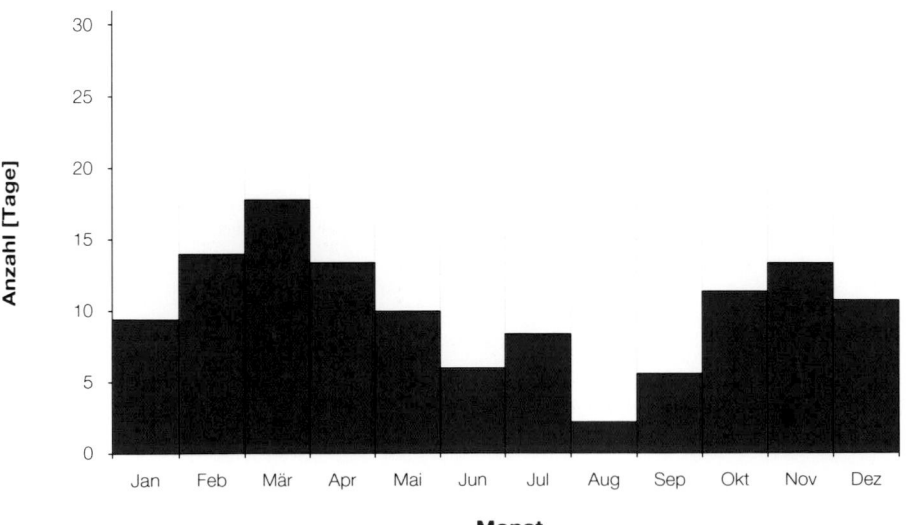

Abbildung 9.4.4: Durchschnittliche Zahl der Tage mit Schneesturm, Station Sonnblick, 3 105 m, Periode 1996 – 2000.

Die Höhenabhängigkeit

Im Durchschnitt der Obersteiermark nimmt die Zahl der Tage mit Schneesturm von 12,4 in 1 000 m mit einem Gradienten von 4,2 Tagen pro 100 m auf 54,6 Tage in 2 000 m zu, wobei der Korrelationskoeffizient +0,91 (Bestimmtheitsmaß 0,83) beträgt (Abb. 9.4.5). Im Vor-

land und Randgebirge gibt es in 500 m durchschnittlich 1,5 Tage mit Schneesturm, diese nehmen mit einem Gradienten von 0,9 Tagen pro 100 m auf 10,3 in 1 500 m (14,7 in 2 000 m) zu. Dabei beträgt der Korrelationskoeffizient +0,89 und das Bestimmtheitsmaß 0,80.

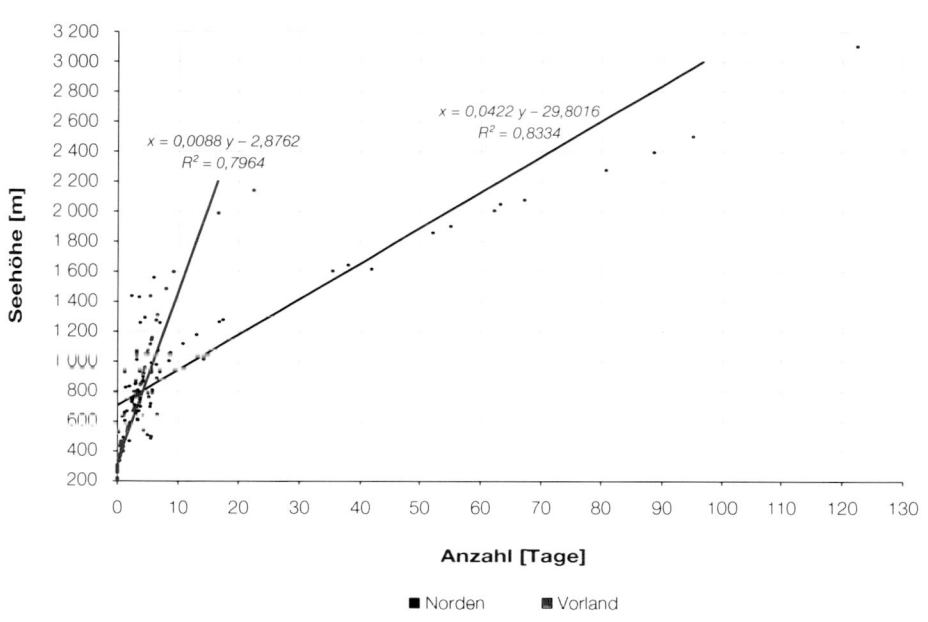

$$x = 0,0088\,y - 2,8762$$
$$R^2 = 0,7964$$

$$x = 0,0422\,y - 29,8016$$
$$R^2 = 0,8334$$

Abbildung 9.4.5: Durchschnittliche Zahl der Tage mit Schneesturm in Abhängigkeit von der Seehöhe, Periode 1996 – 2000 (R^2 ... Bestimmtheitsmaß, x ... Seehöhe, y ... Tage).

Abbildung 9.4.6: Während Wetterereignisse mit Schneesturm und Schneetreiben in den Niederungen eher selten auftreten, steigt deren Häufigkeit mit zunehmender Seehöhe rasch an. Im Falle von Schneetreiben kommt es auch bei niederschlagsfreiem Wetter zu effektiven Schneeumlagerungen. Im Bild das neue Schiestlhaus auf dem Hochschwab bei Südsturm.
Foto: A. PODESSER

9.5 Durchschnittliche Zahl der verregneten Tage zwischen Mai und Oktober

Definition

Als „verregnet" gilt ein Tag dann, wenn eine Mindestnie-derschlagsmenge von 1,0 mm gemessen wird und die durchschnittliche Bewölkung wenigstens 9 Zehntel be-trägt, also etwas mehr als an einem „trüben Tag" nach der konventionellen Definition. Mit den verregneten Ta-gen wird am ehesten die Häufigkeit von „Schlechtwet-ter" nach der subjektiven Vorstellung erfasst. Damit wird die bekannte Problematik, dass mit der Häufigkeit der Niederschlagstage das subjektiv empfundene Regen-„Schlechtwetter" nicht beschrieben werden kann, um-gangen.

Die bloße Zahl der Niederschlagstage, zumal mit einem Grenzwert von 0,1 mm, ergibt diesbezüglich ei-nen viel zu hohen Wert, weil die Niederschlagstage zum Teil Schneefalltage sind und nicht zum Regen-„Schlechtwetter" gezählt werden können, zu einem an-deren Teil der Niederschlag so gering bzw. kurzfristig ist, dass er den Grundcharakter eines Schönwettertages oder Tages mit einigermaßen angenehmer Witterung nicht wirklich stören kann. Wenn man andererseits ei-nen Niederschlagsgrenzwert von 1,0 mm – zumal bei kurzem Schauerwetter – ebenfalls als für die Störung des Schönwetter-Grundcharakters als zu gering erach-tet, dann wird diese Überbewertung durch die Schlecht-wettertage mit bedecktem Himmel und anhaltendem leichtem Nieselregen unter diesem Grenzwert wahr-scheinlich ausgeglichen.

An einem verregneten Tag mit weitgehend geschlossener Bewölkung und nur wenig Regen bleibt der Schlecht-wettercharakter durch aufsteigende Hangnebel, hohe Luftfeuchtigkeit, niedrige Temperaturen und regennas-se Umgebung durchaus erhalten. Entscheidend ist je-denfalls, dass nach dieser Definition kurzfristige Regen-schauer – auch bei beachtlichen Niederschlagshöhen – wegen des vorangegangenen Schönwetters oder der nachfolgenden Aufheiterung nicht zu den verregneten Tagen, d.h. zu ausgesprochenen Schlechtwettertagen gezählt werden. Solcherart liegt die Zahl der verregneten Tage durchwegs beträchtlich unter der Zahl der Nieder-schlagstage insgesamt.

Abweichung vom Sommerhalbjahr

Für die Darstellung in der Karte wurde der Zeitraum von Mai bis Oktober gewählt, um damit den Jahresabschnitt mit den häufigsten und üblichsten nicht Wintersport-bezogenen Aktivitäten im Freien (d.h. Sommerurlaub, Sport, Wandern und Bergsteigen, aber auch Veranstal-tungen im Freien und Arbeiten in der Landwirtschaft) zu erfassen, und um die Ergebnisse durch die Tage mit Schneefall bei bedecktem Himmel nicht zu stark zu verfälschen. Die gewählten Monate weichen daher vom üblichen Begriff des Sommerhalbjahres (April bis Sep-tember) etwas ab.

Leichte Abnahme mit der Seehöhe

Bezüglich der regionalen Verteilung ergibt sich zuerst eine allgemeine Abnahme (!) mit zunehmender Seehöhe, die in der Obersteiermark im Durchschnitt einen Tag pro 100 m beträgt, im Randgebirge und Vorland aber nur 0,2 Tage pro 100 m. Diese etwas überraschende Bezie-hung entsteht durch die nach oben zunehmende Anzahl der Tage mit Schneefall (besonders im Mai und Oktober) auf Kosten der Tage mit Regen, die in der Obersteier-mark durch den großen Höhenunterschied schon recht deutlich wirksam und durch einen Korrelationskoeffizi-enten von –0,66 (Bestimmtheitsmaß 0,44) ausgedrückt wird (Abb. 9.5.1).

Im Randgebirge kaum Zusammenhang mit der Seehöhe

Dagegen wird im Randgebirge die ohnehin geringe Ab-nahme des Anteils der Zahl der Tage mit Regen infolge des zunehmenden Anteils der Tage mit Schneefall durch die recht starke Zunahme der Tage mit Niederschlag ins-gesamt so gut wie ganz kompensiert. Dadurch ergibt sich neben dem geringen Änderungsgradienten auch nur eine zufällige Beziehung mit einem Korrelationsko-effizienten von –0,28 (Bestimmtheitsmaß 0,07) zwischen der Zahl der verregneten Tage und der Seehöhe.

H. Wakonigg | A. Podesser

Jahreszeitliche Verteilung

Bei der jahreszeitlichen Verteilung (Abb. 9.5.2 bis 9.5.5) ist das Winterminimum in erster Linie auf den hohen Anteil der Tage mit Schneefall an allen Niederschlagstagen zurückzuführen, wobei die Zahl der verregneten Tage im Hochwinter nur auf der Stolzalpe gegen Null zurückgeht (Abb. 9.5.3), während in den Niederungen durchaus genug Regentage bleiben und zudem im Winter viel eher ganz bedeckte Tage zu erwarten sind als im Sommerhalbjahr. Dadurch wird das Winterminimum etwas abgeschwächt.

Recht deutlich ist auch zu erkennen, dass das Häufigkeitsmaximum der verregneten Tage keineswegs mit dem Häufigkeitsmaximum der Niederschlagstage (Kapitel 5.3) zusammenfällt, da im Sommer wenigstens außerhalb der Nordstaugebiete kurzfristige Schauerregen mit vorangegangener oder nachfolgender Aufheiterung überwiegen.

Regionale Verteilung im Jahresgang

Im Vorland (Abb. 9.5.2) gibt es im Hochsommer (Juli, August) sogar weniger verregnete Tage als in den beiden Übergangsjahreszeiten, wobei das Maximum im Oktober eine Eigenheit des Beobachtungszeitraums ist und in anderen Jahrzehnten auf den November fällt.

Auch im Bergland im Umkreis des Oberen Murtales (Abb. 9.5.3.) und im Oberen Ennstal (Abb. 9.5.4) fällt die größte Häufigkeit nicht auf den Hochsommer, wohl aber im eigentlichen Nordstaugebiet, in dem auch die absolute Zahl weit über jener in den anderen Landschaften liegt (Abb. 9.5.5).

Verregnetes Nordstaugebiet

Die regionale Verteilung zeigt vor allem einen markanten Gegensatz zwischen den nördlichen Landesteilen mit zahlreichen und den südlichen mit ungleich weniger verregneten Tagen. Im Vorland liegt deren Zahl zwischen 16 und 27, das sind 2,7 bis 4,5 pro Monat oder 9 bis 15% aller Tage, wobei das Minimum in den Hochsommer fällt, während es im zentralen Teil des Nordstaugebietes bis zu 45 Tage sind, das sind 7,5 pro Monat oder 24%. Dabei erfolgt der Rückgang nach Süden weniger am Alpenhauptkamm, sondern eher allmählich in einer breiteren Zone, wobei im Bereich des Mürztales, der benachbarten nördlichen Oststeiermark und der Neumarkter Passlandschaft noch auffallend hohe Werte erreicht werden. Die geringste Neigung zu verregneten Tagen stellt sich durchaus erwartungsgemäß in der südöstlichen Oststeiermark ein, was auch mit den sonstigen Niederschlagskennzahlen in guter Übereinstimmung steht.

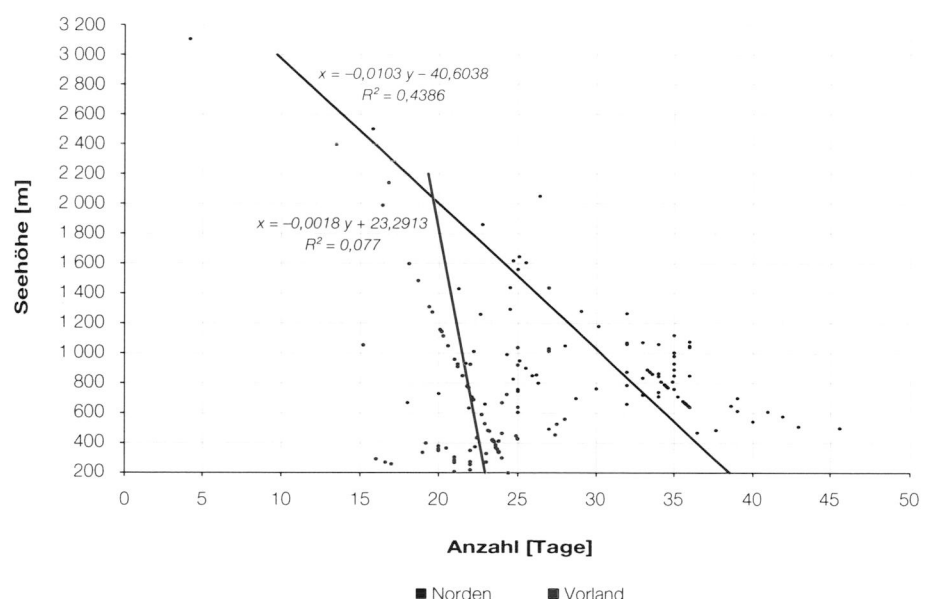

Abbildung 9.5.1: Durchschnittliche Zahl der verregneten Tage zwischen Mai und Oktober in Abhängigkeit von der Seehöhe (R^2 ... Bestimmtheitsmaß, x ... Seehöhe, y ... Tage).

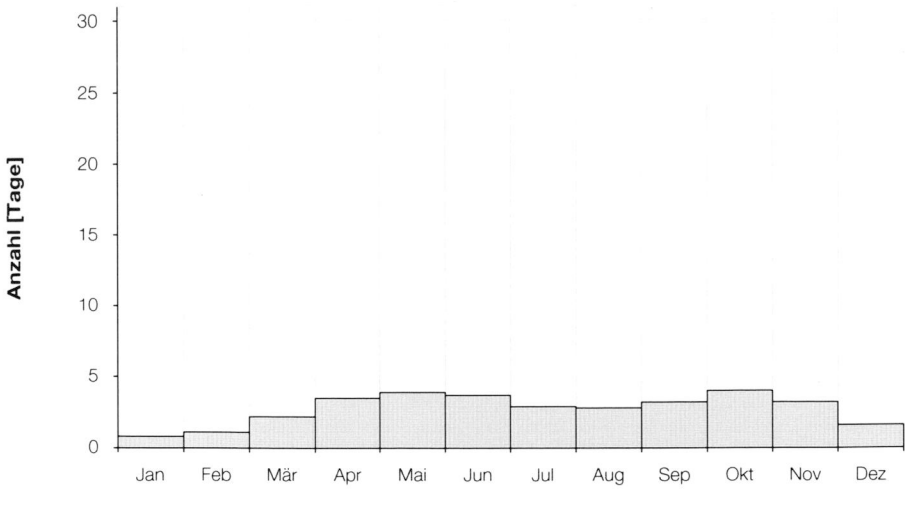

Abbildung 9.5.2: Durchschnittliche Zahl der verregneten Tage Station Graz-Universität, 366 m.

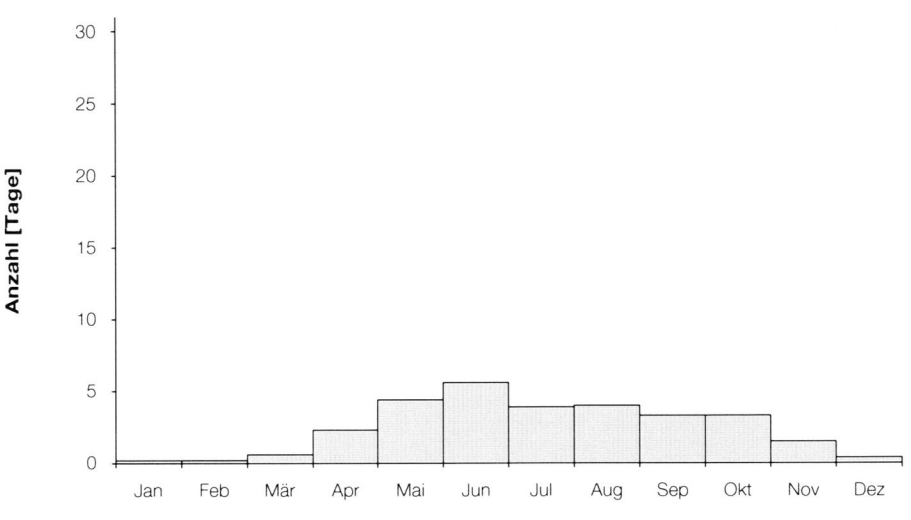

Abbildung 9.5.3: Durchschnittliche Zahl der verregneten Tage Station Stolzalpe, 1 293 m.

H. WAKONIGG | A. PODESSER

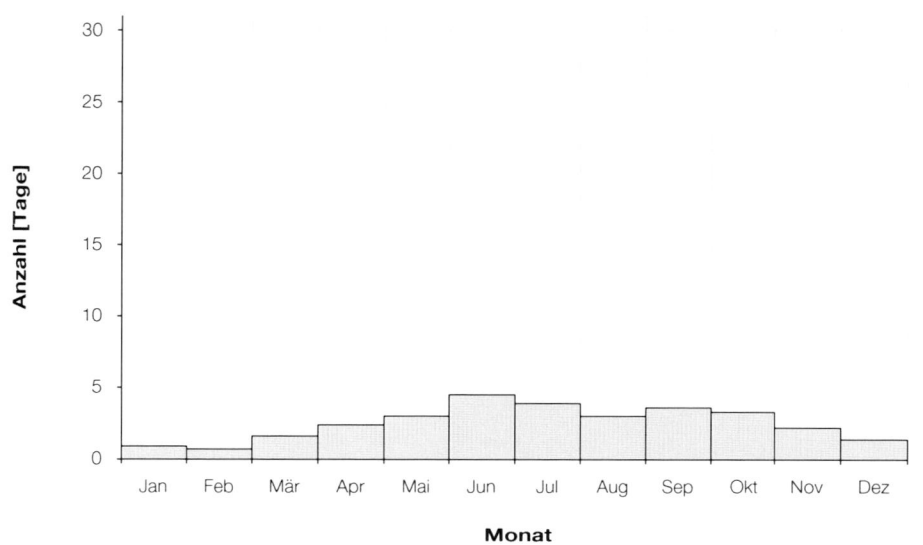

Abbildung 9.5.4: Durchschnittliche Zahl der verregneten Tage Station Aigen/Ennstal, 640 m.

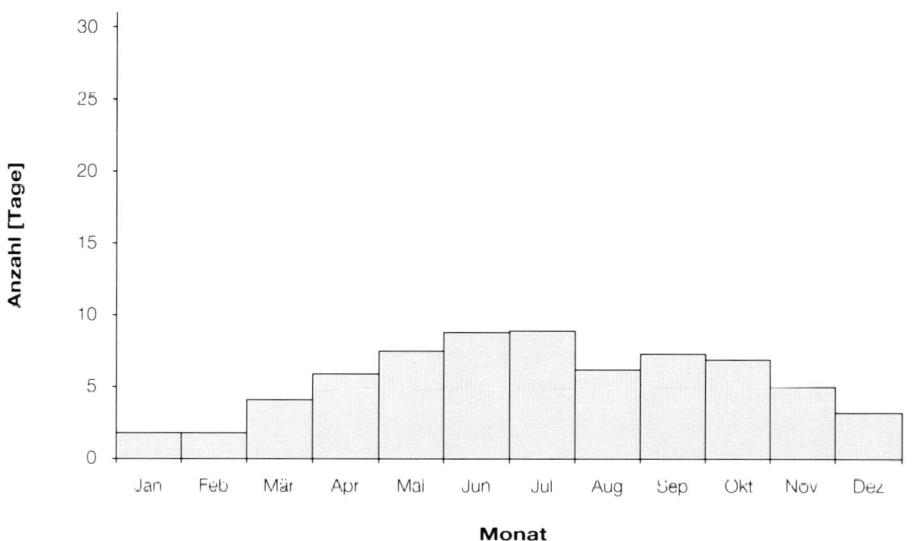

Abbildung 9.5.5: Durchschnittliche Zahl der verregneten Tage Station Hieflau, 500 m.

9.6 Durchschnittliche Zahl der Tage mit Kahlfrost

Definition

Kahlfrost bedeutet Temperaturen unter Null Grad bei fehlender Schneedecke. Solcherart ist der nackte Erdboden der Frostwirkung ungeschützt ausgesetzt, woraus man auch die Bedeutung der Kahlfrosthäufigkeit für die mechanische Verwitterung (Frostsprengung) ableiten könnte, doch hängt diese vom Frostgeschehen im Erdboden bzw. Gestein selbst ab, während sich die der Karte zugrunde gelegte Kahlfrostdefinition auf die Lufttemperatur in zwei Metern Höhe (Thermometerhütte) bezieht. Trotzdem können auch aus der Verteilung der Häufigkeit von negativer Lufttemperatur bei unbedecktem Erdboden gewisse Rückschlüsse auf die Häufigkeit von Bodenfrost gezogen werden, da diese sinngemäß parallel laufen muss. Häufiger Kahlfrost betrifft dabei insbesondere das Phänomen des „Auswinterns" der Saat in der Landwirtschaft.

Seehöhenabhängigkeit dominant

Bei der regionalen Verteilung der Kahlfrosthäufigkeit steht wieder der Faktor der Seehöhe an erster Stelle, da die Häufigkeit der Tage mit Schneedecke nach oben rascher zunimmt als die Häufigkeit der Frosttage. Davon ist vor allem das Frühjahr betroffen, da die Neigung zu Frostwetter nach dem späten Abschmelzen einer sehr hohen Schneedecke bei dem dafür notwendigerweise erreichten höheren Temperaturniveau in der fortgeschrittenen Jahreszeit schon viel geringer ist als in den Niederungen.

Im Durchschnitt der Obersteiermark (Abb. 9.6.1) nimmt die Zahl der Tage mit Kahlfrost von 51 in 500 m mit einem Gradienten von −1,9 Tagen pro 100 m auf 32 in 1 500 m und 22 in 2 000 m ab, wobei der Korrelationskoeffizient −0,51 (Bestimmtheitsmaß 0,26) beträgt. Im Vorland und Randgebirge (Abb. 9.6.2) sind es in 500 m durchschnittlich 58 Tage (in 200 m 66 Tage), wobei die Zahl mit einem Gradienten von −2,8 Tagen pro 100 m auf 30 in 1 500 m bzw. 16 in 2 000 m abnimmt. Dabei beträgt der Korrelationskoeffizient −0,82 (Bestimmtheitsmaß 0,67).

In den Niederungen hängt die Häufigkeit von Kahlfrost einerseits von der Frosthäufigkeit selbst, andererseits von der Zahl der Tage mit Schneedecke ab. Dabei gibt es an Tagen mit Schneedecke nur relativ wenige Tage ohne Frost, da es zwischen Frost und Schneedecke eine kausale Beziehung gibt, denn eine Schneedecke isoliert den Bodenwärmestrom, was die Wahrscheinlichkeit zu Nachtfrost deutlich erhöht.

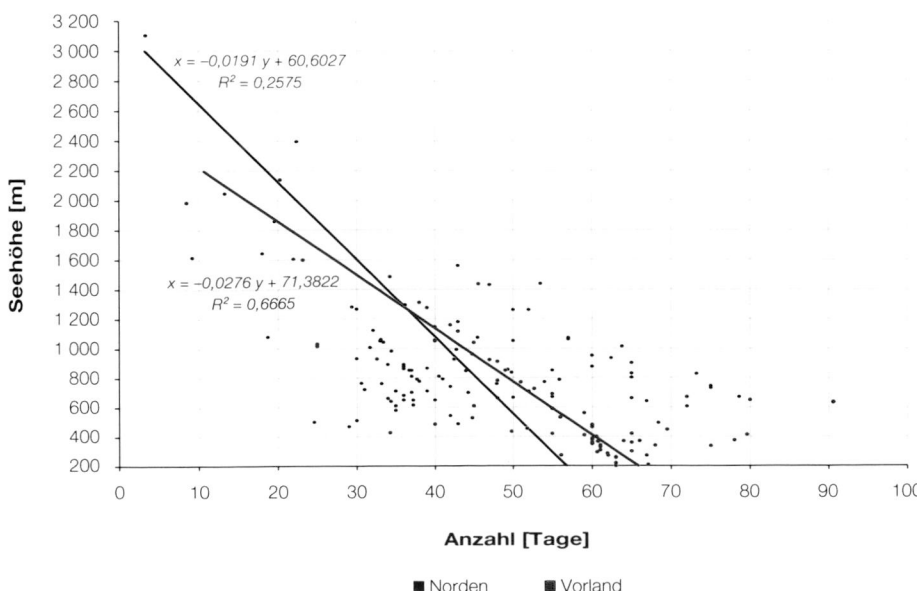

Abbildung 9.6.1: Durchschnittliche Zahl der Tage mit Kahlfrost in Abhängigkeit von der Seehöhe (R^2 ... Bestimmtheitsmaß, x ... Seehöhe, y ... Tage).

$$x = -0,0191\,y + 60,6027$$
$$R^2 = 0,2575$$

$$x = -0,0276\,y + 71,3822$$
$$R^2 = 0,6665$$

■ Norden   ■ Vorland

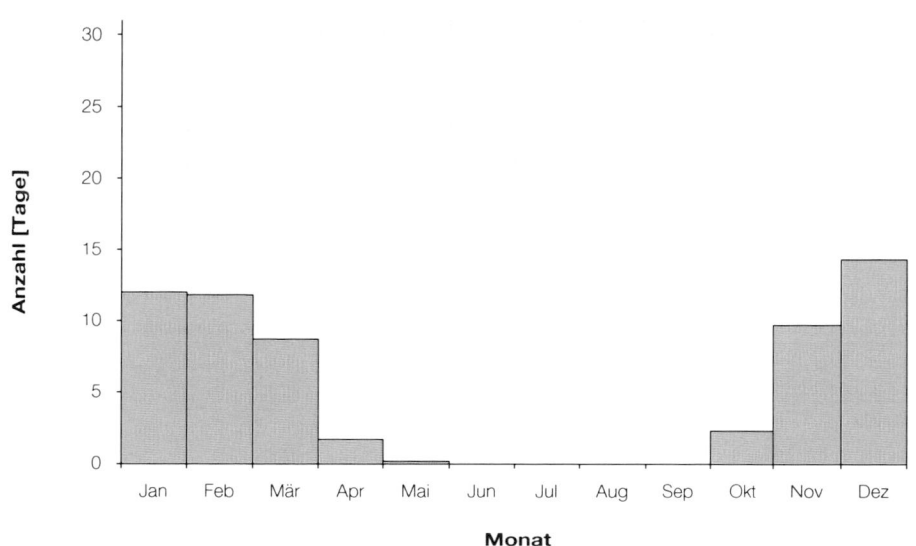

Abbildung 9.6.2: Durchschnittliche Zahl der Tage mit Kahlfrost Station Graz-Universität, 366 m.

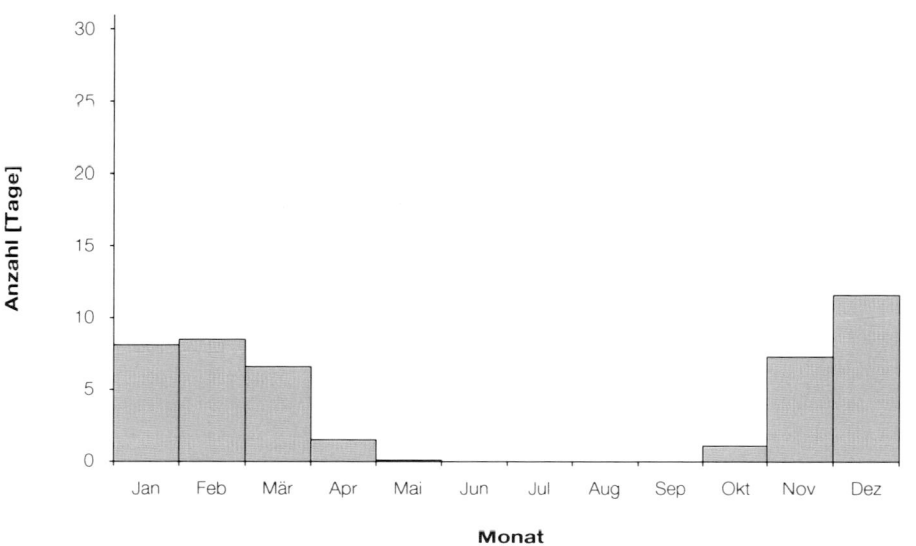

Abbildung 9.6.3: Durchschnittliche Zahl der Tage mit Kahlfrost Station Lassnitzhöhe, 543 m.

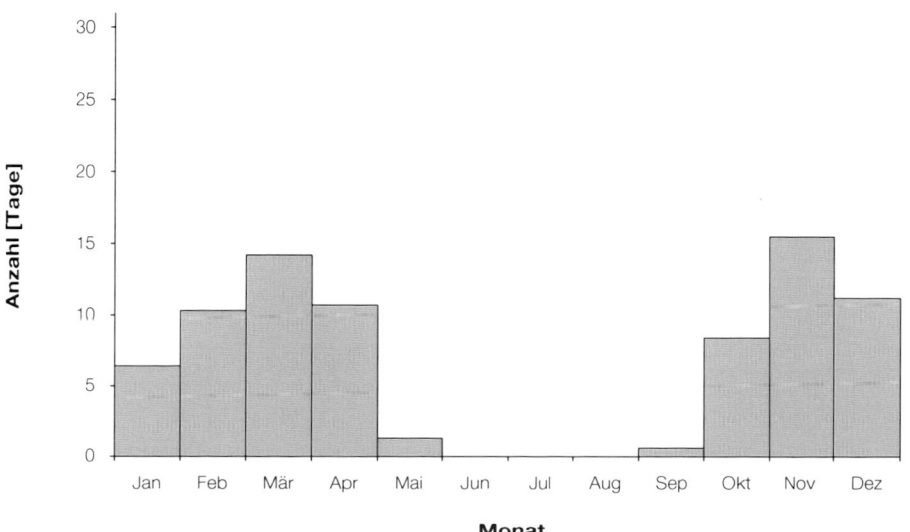

Abbildung 9.6.4: Durchschnittliche Zahl der Tage mit Kahlfrost Station Zeltweg, 670 m.

Schneearme Becken mit größter Häufigkeit

Entsprechend haben die vergleichsweise schneearmen Beckenklimate bei gleichzeitig großer Frosthäufigkeit die größte Häufigkeit an Kahlfrosttagen. Das betrifft gleichermaßen die Beckenlandschaften des Oberen Murtales, wie jene des Vorlandes, also die Becken von Passail, Semriach oder Köflach, dazu die kleineren, schon bei der Karte der Lufttemperatur im Jänner (Karte 3.3) angesprochenen Becken von Maria Trost, Niederschöckl, Thal bei Graz, Kornberg bei Feldbach, Otternitz im Gleinzbachtal oder andere. In der Obersteiermark sind es vor allem die Beckenlandschaften im Oberen Murtal um Oberwölz, Unzmarkt und besonders Zeltweg. Dabei erreicht die Zahl der Tage mit Kahlfrost örtlich etwa 80. Darüber hinaus ist die Zahl der Tage mit Kahlfrost im gesamten Bereich des Oberen Murtales bis Bruck und in allen Tallandschaften des Vorlandes, also auch im Grazer Feld, mit Werten von über 60 bis gegen 75 beträchtlich. Demgegenüber geht sie in den mildesten Riedel- und Kuppenlagen mit geringer Frosthäufigkeit schon bis gegen 40 Tage zurück. Die geringste Neigung zu Kahlfrost unterhalb der ausgesprochenen Berglagen haben die schneereichen Niederungen des Nordstaugebietes mit vergleichsweise geringer Frostgefährdung, d.h. mit guter Durchlüftung ohne typische Beckenklimate. Dort kann die Zahl der Tage mit Kahlfrost örtlich auf unter 30 absinken (z.B. um Hieflau).

Der Jahresgang

Im Jahresgang (Abb. 9.6.2. bis 9.6.4) zeigt die Zahl der Tage mit Kahlfrost normalerweise eine Doppelwelle mit recht gleich großen Häufigkeitsmaxima in den Niederungen im November und März. Dagegen fällt im schneearmen und wintermilden Stadtklima von Graz (Abb. 9.6.2) und im ähnlich schneearmen und milden Riedelklima (Abb. 9.6.3) das Maximum schon in die eigentlichen Wintermonate und die Doppelwelle im Jahresgang verschwindet. Im kalten Beckenklima von Zeltweg (Abb. 9.6.4) ist im März fast jeder zweite und im April noch jeder dritte Tag ein Kahlfrosttag.

H. Wakonigg | A. Podesser

9.7 Ergänzende und weiterführende Literatur

ABBE, C. 1899: Effect of wind on catch of rainfall. Monthly Review, 27, 308 – 310.

FRANK, W. 1973: Einwirkung von Regen und Wind auf Gebäudefassaden. Berichte aus der Bauforschung, H. 86, Verlag Ernst & Sohn, S. 17 – 40.

GABL, K., LACKINGER, B., MAYR, R. ET AL. 1996: Lawinenhandbuch. Land Tirol (Hrsg.), 247 S.

GAUER, P. 1999: Blowing and Drifting Snow in Alpine Terrain. A Physically-Based Numerical Model and Related Field Measurements. Eidgenössisches Institut für Schnee- und Lawinenforschung, Mitteilungen Nr. 58, 127.

HADER, F. o. J.: Schlagregen, Triebschnee und Starkniederschlag. Auszug aus der Zeitschrift der Eternit-Werke Ludwig Hatschek, Vöcklabruck EZ, S 29.

KÜNZEL, H.M. 1994: Bestimmung der Schlagregenbelastung von Fassadenflächen. IBP-Mitteilungen 263 – 21, Frauenhoferinstitut für Bauphysik (Hrsg).

LACY, R.A. 1962: An index of driving rain. The meteorological magazine, Vol. 91, No. 1080, 177 – 184.

WAKONIGG, H. 1981: Wetter und Witterung als komplexe Erscheinungen. Ein neuer Vorschlag zur Darstellung der örtlichen Witterung durch Mehrfachkombinationen im Sinne echter Witterungsklimatologie. Wetter u. Leben 33, S. 1 – 6 u. 69 – 93.

WAKONIGG, H. 1983: Die Witterungsverhältnisse in Innsbruck. Häufigkeit und Jahresgang von Wettertypen im Vergleich mit Graz und Klagenfurt und unter besonderer Berücksichtigung der Tage mit Südföhn. Arb. z. Quartär- u. Klimaforschung, Innsbrucker Geogr. Studien 8 (Festschrift f. F. FLIRI), S. 101 – 129.

KLIMAATLAS STEIERMARK
Kapitel 10

BIOKLIMA

O. Harlfinger, H. Rieder

KARTOGRAPHISCHE BEARBEITUNG

H. Rieder

10 BIOKLIMA

🐑 Dieses Kartensymbol bedeutet, dass gedrucktes Kartenmaterial in der Klimaatlas-Mappe verfügbar ist.

Titelbild: Badeteich an der Südseite der Schladminger Tauern in Krakaudorf (1 170 m). Die sommerliche Landschaft eignet sich nicht nur für Wanderungen.
Foto: A. PODESSER

O. HARLFINGER | H. RIEDER

Bioklimatische Bewertungen stellen die Grundlage für zahlreiche anwendungsorientierte Aufgabengebiete dar. Sie können als Entscheidungshilfe für Planungsvorhaben im Städtebau oder im Gesundheitswesen (Spitäler, Sanatorien etc.) dienen. Aber auch bei Anwendungen für klimatherapeutische Zwecke in Klimakurorten und für eine klimagerechte Planung des Urlaubs sind Kenntnisse des atmosphärischen Umweltmilieus notwendig. Die zur Verfügung stehenden Verfahren sind vielfältig und die Auswahl richtet sich nach der Aufgabenstellung ebenso wie nach dem verfügbaren Datenmaterial.

Thermisch-hygrischer Komplex

Von der Vielfalt an variablen atmosphärischen Bedingungen, die eine Wirkung auf den Menschen ausüben, ist der thermisch-hygrische Komplex wohl der bedeutendste. Dieser umfasst alle meteorologischen Elemente, die über den Wärmehaushalt der unteren Atmosphäre in Wechselwirkung mit dem Wärmehaushalt des Menschen stehen und damit seine Thermoregulation beeinflussen.

Abbildung 10.1.1: Feuchte, kalte Luft fühlt sich auf der Haut besonders unangenehm an. In Verbindung mit höheren Windgeschwindigkeiten werden die herrschenden Temperaturen über den sogenannten Wind Chill viel kälter empfunden.
Foto: A. PODESSER

Tabelle 10.1.1.1: Liste der verwendeten Stationen und Legende.

Nr.	Name	Sh [m]	geographische Länge	geographische Breite	Betreiber	Klimaregion	Lage
1	Admont	648	14° 27' 25"	47° 34' 19"	ZAMG	3	▼
3	Aflenz	785	15° 15' 31"	47° 33' 48"	ZAMG	6	↓
4	Aigen/Ennstal	640	14° 08' 17"	47° 32' 59"	ZAMG	3	▼
7	Altenberg/Hartberg	429	16° 02' 52"	47° 15' 24"	ZAMG	9	↗
10	Bad Aussee	660	13° 47' 59"	47° 37' 40"	ZAMG	2	▼
11	Bad Gleichenberg	293	15° 54' 19"	46° 53' 35"	ZAMG	9	▼
13	Bad Ischl	469	13° 38' 54"	47° 43' 00"	ZAMG	2	▼
14	Bad Mitterndorf	810	13° 56' 06"	47° 33' 11"	ZAMG	2	▼
15	Bad Radkersburg	208	15° 59' 03"	46° 42' 33"	ZAMG	9	▼
23	Bruck/Mur	493	15° 16' 37"	47° 25' 43"	ZAMG	6	▼
27	Deutschlandsberg	448	15° 12' 15"	46° 50' 33"	ZAMG	9	↓
35	Feuerkogel	1618	13° 44' 60"	47° 49' 00"	ZAMG	1	▲
37	Fischbach	1015	15° 39' 55"	47° 27' 26"	ZAMG	8	↘
47	Fürstenfeld	273	16° 05' 54"	47° 02' 52"	ZAMG	9	▼
50	Gleisdorf	375	15° 43' 38"	47° 07' 48"	ZAMG	9	▼
57	Graz-Flughafen	337	15° 27' 52"	46° 60' 41"	ZAMG	9	▼
58	Graz-Messendorfberg	435	15° 29' 27"	47° 03' 53"	ZAMG	9	↘
60	Graz-Universität	366	15° 27' 58"	47° 05' 45"	ZAMG	9	▼
61	Gröbming	763	13° 54' 11"	47° 27' 46"	ZAMG	3	▼
69	Hieflau	500	14° 44' 28"	47° 37' 32"	ZAMG	2	▼
80	Irdning-Gumpenstein	698	14° 06' 54"	47° 30' 43"	ZAMG	3	↑
95	Kleinsölk	1005	13° 56' 60"	47° 24' 00"	ZAMG	4	▼
103	Lassnitzhöhe	527	15° 36' 34"	47° 04' 28"	ZAMG	9	↘
112	Lobming	414	15° 11' 42"	47° 03' 35"	ZAMG	8	→
116	Mariazell	865	15° 19' 18"	47° 46' 09"	ZAMG	2	↙
124	Murau	813	14° 11' 36"	47° 07' 41"	ZAMG	5	▼
126	Mürzzuschlag	758	15° 41' 09"	47° 36' 11"	ZAMG	6	↗
138	Oberwölz	827	14° 17' 57"	47° 12' 07"	ZAMG	5	▼
139	Oberzeiring	933	14° 30' 46"	47° 15' 17"	ZAMG	5	▼
155	Pusterwald	1072	14° 23' 34"	47° 19' 33"	ZAMG	7	▼
159	Ramsau am Dachstein	1203	13° 39' 00"	47° 25' 00"	ZAMG	1	▼
160	Rax/Seilbahnstation	1547	15° 47' 43"	47° 43' 03"	ZAMG	1	→
161	Rechberg	926	15° 25' 59"	47° 16' 46"	ZAMG	8	▲
169	Rohrmoos	1078	13° 39' 29"	47° 23' 41"	ZAMG	4	↗
173	Schöckl	1436	15° 28' 06"	47° 12' 57"	ZAMG	8	▲
176	Seckau	855	14° 47' 57"	47° 16' 16"	ZAMG	5	↓
191	St. Michael b. Leoben	565	15° 00' 20"	47° 20' 09"	ZAMG	6	▼
195	St. Radegund	725	15° 29' 27"	47° 11' 56"	ZAMG	8	↓
198	Stolzalpe	1293	14° 12' 42"	47° 07' 15"	ZAMG	7	↓
223	Weiz	465	15° 38' 08"	47° 13' 07"	ZAMG	9	▼
225	Wiel	922	15° 08' 46"	46° 45' 46"	ZAMG	8	↓
232	Zeltweg	670	14° 46' 35"	47° 12' 05"	ZAMG	5	▼

Klimaregionen	Lage
1 ... Hochlagen im Nordstaugebiet	▼ ... Tal
2 ... Tallagen im Nordstaugebiet	→ ... Hang (Richtung), hier als Beispiel ein Osthang
3 ... Talbecken des Oberen Ennstales	▲ ... Pass
4 ... Niedere Tauern	▲ ... Gipfel
5 ... Talbecken des Oberen Murtales	
6 ... Talbecken des Mur- und Mürztales	
7 ... Hochlagen der Inneralpen	
8 ... Steirisches Randgebirge	
9 ... Vorland	
– ... außerhalb steirischer Klimazonen	

Der Mensch als homöothermes Wesen benötigt eine nahezu konstante Körpertemperatur, unabhängig von seiner Stoffwechselleistung und den meteorologischen Verhältnissen. Dazu dient ein raffiniertes und kompliziertes Thermoregulationssystem, das je nach Notwendigkeit die Wärmeproduktion oder die Wärmeabgabe intensiviert. Sind die Regelgrößen überfordert, besteht Lebensgefahr durch Hitzschlag oder Unterkühlung, da nur ein relativ kleiner Temperaturbereich zwischen 36°C und 40°C im Körperinneren toleriert wird. Wie epidemiologische Studien belegen, führen Wetterlagen mit extremer Hitze oder Kälte zu einem signifikanten Anstieg der Morbidität und der Mortalität (Bucher, 1992).

70 Watt Heizung

Der Mensch produziert durch den Stoffwechsel ständig Wärme, die unter Grundumsatzbedingungen zwischen 50 und 80 Watt beträgt. Eine Verringerung des Ruheumsatzes ist selbst in den Tropen nicht möglich. Unter Kälteexposition kann die Wärmeproduktion bis über das dreifache gesteigert werden.

Schweißrate

Während unter thermisch neutralen Bedingungen die Wärmeabgabe vorwiegend über Strahlung und zum Teil über Konvektion geschieht, übernimmt unter warmen Bedingungen die Schweißverdunstung – der Mensch besitzt 2 Millionen Schweißdrüsen – die dominierende Rolle. Nach Vogt et al., 1981 liegen bei nicht akklimatisierten Personen die maximalen Schweißraten bei 0,7 l/h, bei akklimatisierten Personen dagegen bei 2,5 l/h. Andere Autoren (z.B. Wenzel und Piekarski, 1980) fanden bei Hitzeakklimatisation eine Steigerung der Schweißrate um 100%. Allerdings steht niemals die gesamte Schweißproduktion für die Verdunstung zur Verfügung, da ein Teil des Schweißes vom Körper abtropft. Die abkühlende Wirkung der Verdunstung an der Haut kann allerdings nur effektiv sein, wenn die Relative Feuchte der Luft unter 100% liegt. Sind zudem die Umgebungstemperaturen oder die von der Sonne dem Körper zugestrahlte Wärme höher als die Hauttemperatur, so ist eine Wärmeabgabe durch Strahlung auch nicht mehr möglich.

Behaglichkeit

Solange sich die Prozesse der Wärmebildung und der Wärmeabgabe im thermischen Gleichgewicht befinden, spricht man von Behaglichkeit oder thermischem Komfort. Er wird definiert als ein „Sinneszustand der Zufriedenheit mit der thermischen Umwelt".

Treten jedoch stärkere Veränderungen der Umgebungsbedingungen zu wärmeren oder kälteren Verhältnissen auf, kann es je nach Größe der thermischen Abweichung zu einer Befindensverschlechterung kommen, wobei der Einfluss von Adaptation und Akklimatisation modifizierend eingreift.

Methoden

Welche Methoden zur Charakterisierung der thermischen Umwelt am zielführendsten sind, bleibt hingegen umstritten. Aus thermophysiologischer Sicht stellen einerseits Energiebilanzmodelle für den Menschen (z.B. Höppe, 1984) wohl die umfassendste Beurteilungsmöglichkeit dar. Andererseits zwingt die Vielzahl der Variablen (Lufttemperatur, Luftfeuchte, Windgeschwindigkeit, kurz- und langwellige Strahlungsflüsse, Energieumsatz des Menschen und die Wärmeisolation der Bekleidung) zu einer Vereinfachung, sofern noch praxisrelevante Ergebnisse erzielt werden sollen. Die aus Klimakammerversuchen abgeleiteten Modelle stellen für raumklimatische Beurteilungen oder sonst exakt definierbare Umgebungsbedingungen (z.B. Schulhof) einen Fortschritt dar, wenn auch z.B. durch die Nichtberücksichtigung der Adaptation diesem Verfahren gewisse Grenzen gesetzt sind.

In der internationalen Literatur finden sich einige Dutzend Komfort- und Diskomfort-Indizes sowie Komplexgrößen, die für eine thermische Bewertung herangezogen werden können. Diese Verfahren berücksichtigen neben der Temperatur nur noch die Luftfeuchte und zum Teil auch die Windgeschwindigkeit. Für die Beurteilung des thermisch-hygrischen Milieus wurde hier einerseits die Äquivalenttemperatur herangezogen, andererseits konnte auf Wind Chill-Ergebnisse (gefühlte Temperatur) zurückgegriffen werden.

Wind Chill

Wind Chill-Indizes werden seit Jahrzehnten im angelsächsischen Sprachraum verwendet und sind dort regelmäßiger Bestandteil der Wettervorhersage. Sie dienen speziell in den Wintermonaten als Maß für den Wärmeverlust beim Menschen und dem daraus resultierenden Wärmeempfinden. Auch als Hilfestellung für die richtige Bekleidungswahl sind solche Angaben gedacht. Die Berechnung basiert in erster Linie auf einer Kombination aus Temperatur und Windgeschwindigkeit, mitunter werden auch die Luftfeuchtigkeit und Strahlungseffekte in das Verfahren miteinbezogen. Der Grundgedanke bei diesen Überlegungen geht dahin, herauszufinden, unter welchen der vielfältigen meteorologischen Bedingungen die gleichen thermischen Empfindungen auftreten.

Wind von hinten oder vorne

Beginnend von den ersten Ansätzen, die auf Siple und Passel, 1945 zurückgehen und auf physikalischen Experimenten in der Antarktis beruhen, haben sich seither zahlreiche Wissenschaftler dieses Themas angenommen und verschiedene Berechnungsmethoden entwickelt (z.B. Steadman, 1971, 1984; Terjung, 1966). Es besteht jedoch die Schwierigkeit, dass mit dem Einbinden von möglichst vielen Variablen, die den Wärmehaushalt des Menschen bestimmen, nicht eine in gleicher Weise physiologisch verbesserte Aussagekraft resultiert. Zum einen, weil die räumliche und zeitliche Variabilität der meteorologischen Parameter so groß ist, dass nur eine integrale Betrachtungsweise zielführend sein kann, zum anderen finden wir große individuelle Unterschiede in der

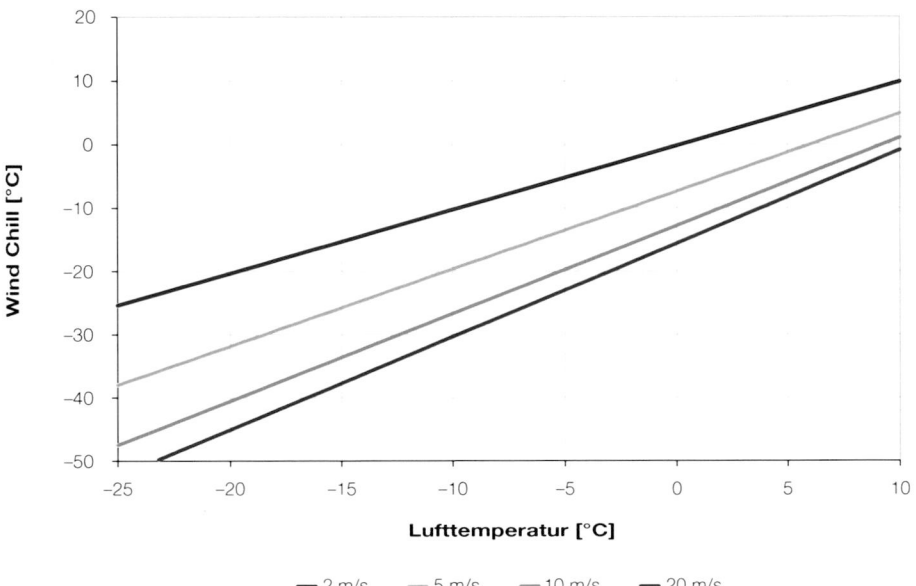

Abbildung 10.2.1: Wind Chill-Temperatur für unterschiedliche Windgeschwindigkeiten bei bedecktem Himmel.

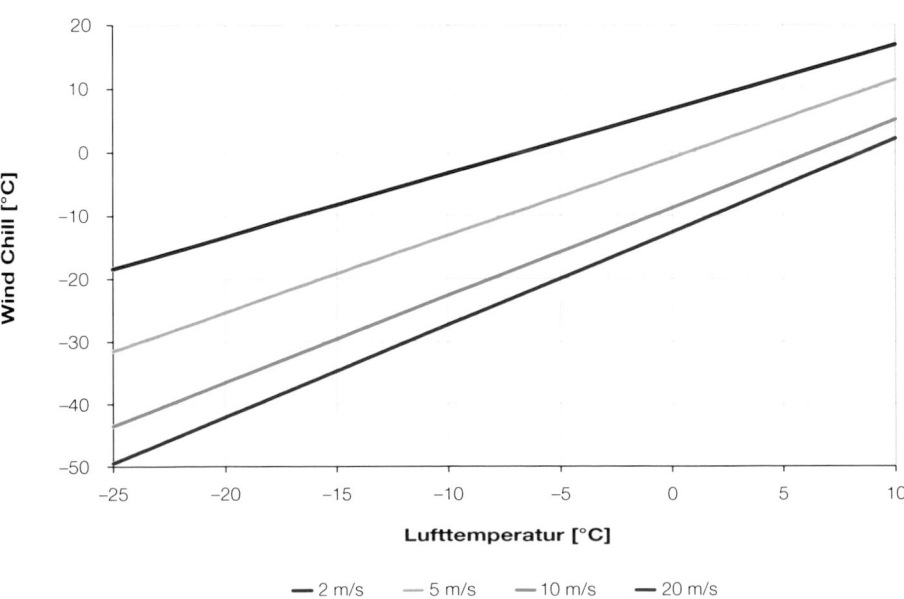

Abbildung 10.2.2: Wind Chill-Temperatur für unterschiedliche Windgeschwindigkeiten bei heiterem Himmel.

O. Harlfinger | H. Rieder

subjektiven Empfindung. Letztlich wird die thermische Empfindung schon dadurch wesentlich beeinflusst, ob das Gesicht der Sonne zugewendet wird oder nicht und ob der Wind von vorne oder von hinten bläst, um nur zwei Aspekte zu erwähnen. Dieses Problem findet man bei allen bioklimatischen Indizes.

Einfache Indizes

Aus diesen Gründen haben sich letztlich die einfachen Indizes bewährt, weil sie sofort praxisrelevante Ergebnisse liefern, während physiologisch anspruchsvollere Verfahren über den Umweg einer riesigen Datenflut schließlich in der Zusammenfassung für bioklimatische Interpretationen wieder zu substanziell ähnlichen Ergebnissen führen.

Für die Bearbeitung der Steiermark wurde die Wind Chill-Formel (WC), wie sie in den USA vom National Weather Service verwendet wird (DRISCOLL, 1987), herangezogen und durch einen Strahlungsfaktor (STEADMAN, 1984) ergänzt. Die Formel lautet, gültig für Windgeschwindigkeiten von 2 m/s bis 20 m/s:

$$WC - 33 = (0,47 + 0,44\sqrt{v} - 0,05v) \cdot (33 - T) + b$$

T ... Lufttemperatur [°C]

v ... Windgeschwindigkeit [m/s]

b ... Zuschlag für Sonnenscheinbedingungen (siehe Tabelle 10.2.1, bei stark bewölktem oder bedecktem Himmel ist b=0)

Der Zuschlag b für die Sonneneinstrahlung ergibt sich in Abhängigkeit von der Windgeschwindigkeit nach folgender Tabelle, wobei b logischerweise nur für den 14 Uhr-Termin Anwendung findet.

Tabelle 10.2.1: Zuschläge b für die Sonnenstrahlung in Abhängigkeit von der Bewölkung und der Windgeschwindigkeit. Bei stark bewölktem oder bedecktem Himmel ist b=0.

v [m/s]	6/10 – 3/10 Bewölkung	≤ 2/10 Bewölkung
2	3	7
4	3	7
6	3	6
8	2	5
10	2	4
12	1	3
15	1	3
17,5	1	3
≥ 20	1	3

Etwas schwieriger gestaltet sich die Zuordnung zwischen Wärmeverlust und thermischer Empfindung, da diverse Untersuchungen an Probanden (DRISCOLL, 1987; ZANINOVIC, 1992; REES, 1993) zu unterschiedlichen Resultaten führten.

Definition

Die nachfolgende Einteilung beruht weitgehend auf den Arbeiten von TERJUNG, 1966 und DIXON (1987, 1991) und setzt voraus, dass der Mensch mit Ausnahme des Gesichtes entsprechend bekleidet ist und eine leichte körperliche Tätigkeit ausübt (z.B. Gehen). Entsprechend der im Winter vorkommenden thermischen Bandbreite in der Steiermark unterscheidet man sieben Klassen:

Tabelle 10.2.2: Thermische Empfindungsstufen.

Wind Chill [°C]	Wärmeverlust [W/m²]	Thermische Empfindung
< –15	< 1450	bitter kalt
–15 bis –10	1450 – 1250	sehr kalt
–10 bis –5	1250 – 1100	kalt
–5 bis 0	1100 – 950	ziemlich kalt
0 bis 5	950 – 825	sehr kühl
5 bis 10	825 – 700	kühl
> 10	< 700	ziemlich kühl

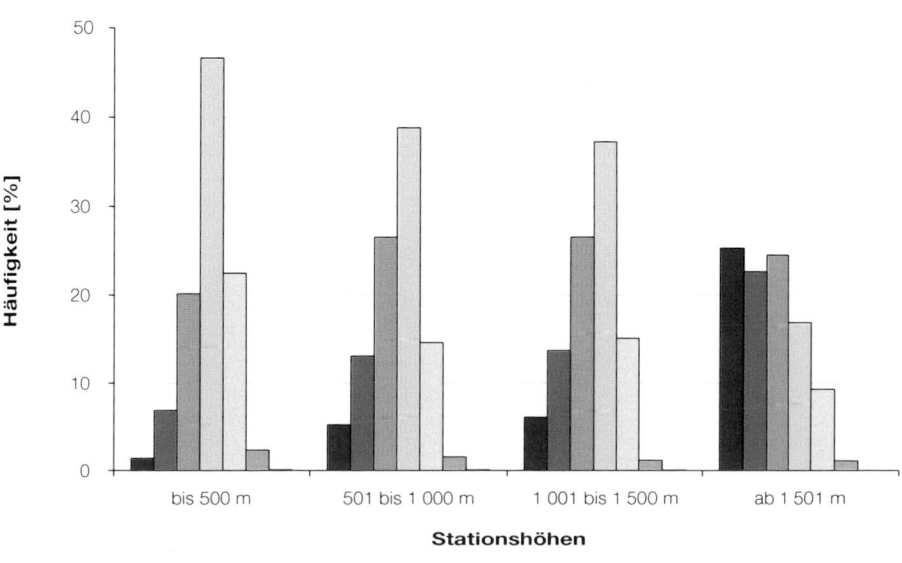

Abbildung 10.2.3: Häufigkeitsverteilung verschiedener Wind Chill-Temperatur-Klassen nach Seehöhenbereichen, Periode 1991 – 2000, 07:00 Uhr MEZ.

■ bitter kalt ■ sehr kalt ■ kalt □ ziemlich kalt □ sehr kühl ■ kühl ■ ziemlich kühl

Die thermische Empfindung „bitter kalt" und „sehr kalt" lässt sich als mäßiger bis starker Kältestress definieren, während „kühl" und „ziemlich kühl" im Winter als Komfortbedingungen bezeichnet werden können (DWD, 1995).

Wie aus der Tabelle 10.2.3 ersichtlich, finden wir die höchsten Wind Chill-Temperaturen im Winter (07:00 Uhr MEZ) im steirischen Riedelland mit –2°C bis –4°C im Mittel. Dieser Wertebereich entspricht der thermischen Empfindung „ziemlich kalt", der auch nach der Häufigkeitsverteilung mit ca. 50% in dieser Region deutlich dominiert. Danach folgen die Stufen „kalt" und „sehr kühl" mit jeweils ca. 20%. „Bitterkalte" Bedingungen treten hingegen nur in 1 bis 2% der Fälle auf. Im Hochgebirge dominieren gleichermaßen die Stufen „kalt" bis „bitterkalt" mit zusammen etwa 75%, „kühle" oder „ziemlich kühle" Bedingungen kommen hier so gut wie nie vor (Abbildung 10.2.3).

Tabelle 10.2.3: Häufigkeitsverteilung verschiedener Wind Chill-Klassen um 7 Uhr MEZ im Winter.

Nr.	Name	Sh [m]	bitter kalt	sehr kalt	kalt	ziemlich kalt	sehr kühl	kühl	ziemlich kühl
1	Admont	648	7%	13%	27%	37%	16%	0%	0%
3	Aflenz	785	2%	11%	25%	47%	13%	1%	0%
4	Aigen/Ennstal	640	6%	16%	28%	35%	13%	0%	0%
7	Altenberg/Hartberg	429	2%	6%	21%	41%	25%	4%	0%
10	Bad Aussee	660	1%	9%	24%	43%	22%	1%	0%
14	Bad Mitterndorf	810	9%	16%	28%	36%	12%	0%	0%
15	Bad Radkersburg	208	1%	6%	18%	49%	22%	3%	0%
23	Bruck/Mur	493	1%	9%	21%	47%	21%	1%	0%
27	Deutschlandsberg	448	1%	8%	24%	45%	21%	1%	0%
35	Feuerkogel	1618	25%	23%	25%	17%	9%	1%	0%
37	Fischbach	1015	8%	11%	20%	32%	25%	4%	0%
47	Fürstenfeld	273	3%	7%	20%	50%	18%	2%	0%
50	Gleisdorf	375	2%	9%	21%	51%	16%	1%	0%
57	Graz-Flughafen	337	2%	8%	21%	49%	19%	1%	0%
58	Graz-Messendorfberg	435	0%	4%	17%	42%	32%	4%	0%
60	Graz-Universität	366	1%	5%	17%	48%	28%	2%	0%
80	Irdning-Gumpenstein	698	4%	14%	27%	38%	15%	1%	0%
103	Lassnitzhöhe	527	1%	4%	21%	42%	26%	5%	0%
112	Lobming	414	2%	9%	21%	47%	19%	2%	0%
116	Mariazell	865	10%	14%	26%	34%	15%	2%	0%
124	Murau	813	5%	14%	34%	38%	9%	0%	0%
126	Mürzzuschlag	758	4%	12%	27%	45%	11%	1%	0%
138	Oberwölz	827	5%	16%	31%	40%	8%	0%	0%
139	Oberzeiring	933	4%	15%	27%	39%	13%	1%	0%
155	Pusterwald	1072	8%	17%	31%	34%	10%	0%	0%
159	Ramsau am Dachstein	1203	6%	17%	27%	38%	13%	0%	0%
161	Rechberg	926	11%	16%	29%	30%	14%	1%	0%
169	Rohrmoos	1078	3%	11%	28%	45%	13%	0%	0%
191	St. Michael b. Leoben	565	3%	13%	26%	44%	13%	1%	0%
195	St. Radegund	725	2%	6%	20%	38%	28%	6%	0%
223	Weiz	465	1%	6%	21%	43%	26%	3%	0%
225	Wiel	922	4%	7%	18%	37%	24%	10%	1%
232	Zeltweg	670	7%	17%	27%	40%	9%	0%	0%

10.3 Durchschnittliche Wärmebelastung um 14:00 Uhr MEZ im Sommer (Äquivalenttemperatur)

Eine häufig in Europa für bioklimatische Zwecke gebrauchte Maßzahl, die die Temperatur und Feuchtigkeit beinhaltet, ist die Äquivalenttemperatur (ÄT). Sie ist physikalisch exakt definiert und beschreibt den Wärmeinhalt der Luft, der der fühlbaren Wärme direkt proportional ist. Als Faustregel für den täglichen Gebrauch genügt mit hinreichender Genauigkeit:

$$\ddot{A}T = T_L + 1{,}5e$$

T_L ... Lufttemperatur [°C]

e ... Dampfdruck [hPa]

Bei Berücksichtigung höherer Lagen gilt:

$$\ddot{A}T = T_L + 2{,}5s$$

s ... Spezifische Feuchte [g/kg]

Ausgehend von mehrjährigen Fragebogenerhebungen über Wettereinfluss und Befindenslage (HARLFINGER und HILLE, 1982; HARLFINGER, 1978) lässt sich statistisch gesichert nachweisen, dass die Äquivalenttemperatur ein brauchbares Maß für die Abschätzung der Komfort /Diskomfortbedingungen sein kann. Insbesondere dann, wenn man ein sinnvolles Verhalten des Urlaubers voraussetzt, indem dieser die Möglichkeiten des Schattens nutzt und sich so exponiert, dass der Windeinfluss den ihm angenehmen Abkühlungsreiz liefert.

Werden die thermischen Empfindungsstufen als Funktion von Äquivalenttemperatur und Jahreszeit (HARLFINGER, 1986) abgeleitet, um dem jahreszeitlichen Adaptationsprozess gerecht zu werden, ergibt sich für einen Aktivitätsumsatz bis zu 130 Watt die in Tabelle 10.3.1 dargestellte Einteilung.

Die räumliche Verteilung der Wärmebelastung im Sommer zeigt, dass im langjährigen Mittel nur das Riedelland bis etwa 500 m im Behaglichkeitsbereich liegt, während in der übrigen Steiermark kühle Bedingungen vorherrschen. Allerdings darf nicht übersehen werden, dass im Tiefland im Sommer mit 20 bis 23 Tagen Wärmebelastung zu rechnen ist. Das entspricht aber nur knapp einem Viertel der Tage im Sommer. Tage mit starker Wärmebelastung sind selten und kommen lediglich an ein bis drei Tagen pro Jahr vor.

In der Tabelle 10.3.2 wird die durchschnittliche Zahl der Tage unterschiedlicher thermischer Empfindungsstufen um 14:00 Uhr MEZ aller verwendeter Stationen aufgelistet. Dabei zeigt sich eine erwartungsgemäß deutliche Höhenabhängigkeit der Zahl der Tage mit Wärmebelastung sowie ein sich mit der Höhe abflachender Jahresgang. Die meisten Tage mit Wärmebelastung treten im Bereich Bad Radkersburg auf, das als schwülereichstes Gebiet Österreichs bekannt ist (WAKONIGG, 1978). Aber auch geschützte Lagen bis ca. 400 m Seehöhe – vor allem solche mit Waldbewuchs – weisen im Alpenvorland relativ viele Tage mit Wärmebelastung auf. Dies gilt in besonderem Maße in den für die Ost- und Weststeiermark so charakteristischen feuchten, kleinräumigen Tälern der Riedellandschaft mit beeinträchtigter Belüftung (Lobming). Kühle und sehr kühle Tage treten vermehrt schon in den Niederungen der Obersteiermark auf und nehmen mit steigender Seehöhe rasch zu.

Tabelle 10.3.1: Thermische Empfindungsstufen als Funktion der Aquivalenttemperatur [°C].

Befinden	Nov – Apr	Mai	Jun	Jul	Aug	Sep	Okt
sehr kühl	≤ 25,9	≤ 26,9	≤ 31,9	≤ 34,9	≤ 35,9	≤ 32,9	≤ 29,9
kühl	26,0 – 35,9	27,0 – 36,9	32,0 – 41,9	35,0 – 44,9	36,0 – 45,9	33,0 – 42,9	30,0 – 39,9
behaglich	36,0 – 45,9	37,0 – 46,9	42,0 – 51,9	45,0 – 54,9	46,0 – 55,9	43,0 – 52,9	40,0 – 49,9
leichte Wärmebelastung	46,0 – 50,9	47,0 – 51,9	52,0 – 56,9	55,0 – 59,9	56,0 – 60,9	53,0 – 57,9	50,0 – 54,9
mäßige Wärmebelastung	51,0 – 55,9	52,0 – 56,9	57,0 – 61,9	60,0 – 64,9	61,0 – 65,9	58,0 – 62,9	55,0 – 59,9
starke Wärmebelastung	≥ 56,0	≥ 57,0	≥ 62,0	≥ 65,0	≥ 66,0	≥ 63,0	≥ 60,0

Tabelle 10.3.2a: Durchschnittliche Zahl der Tage unterschiedlicher thermischer Empfindungsstufen um 14:00 Uhr MEZ (Legende: 1 = sehr kühl, 2 = kühl, 3 = behaglich, 4 = leichte Wärmebelastung, 5 = mäßige Wärmebelastung, 6 = starke Wärmebelastung), Periode 1991 – 2000.

Nr.	Name	Sh [m]	Empfindungsstufen	Mär	Apr	Mai	Jun	Jul	Aug	Sep	Okt	Nov	Summe Sommermonate
1	Admont	648	1	28,0	19,3	7,0	7,2	5,6	4,3	10,8	19,6	27,4	17,1
			2	3,0	8,9	14,8	11,4	10,7	13,4	12,7	1–	2,6	35,5
			3	–	1,8	8,8	9,3	12,3	11,2	6,3	1,4	–	32,8
			4	–	–	0,4	1,6	1,8	1,8	0,2	–	–	5,2
			5	–	–	–	0,5	0,6	0,3	–	–	–	1,4
			6	–	–	–	–	–	–	–	–	–	–
3	Aflenz	785	1	29,4	22,6	10,3	9,0	7,5	6,1	14,1	22,8	28,2	22,6
			2	1,6	7,0	14,9	12,4	13,5	16,2	13,0	7,8	1,8	42,1
			3	–	0,4	5,8	8,3	9,8	8,2	2,9	0,4	–	26,3
			4	–	–	–	0,3	0,2	0,5	–	–	–	1,0
			5	–	–	–	–	–	–	–	–	–	–
			6	–	–	–	–	–	–	–	–	–	–
4	Aigen/Ennstal	640	1	28,0	19,3	7,0	7,2	5,6	4,3	10,8	19,6	27,4	17,1
			2	3,0	8,9	14,8	11,4	10,7	13,4	12,7	1–	2,6	35,5
			3	–	1,8	8,8	9,3	12,3	11,2	6,3	1,4	–	32,8
			4	–	–	0,4	1,6	1,8	1,8	0,2	–	–	5,2
			5	–	–	–	0,5	0,6	0,3	–	–	–	1,4
			6	–	–	–	–	–	–	–	–	–	–
7	Altenberg/Hartberg	429	1	27,1	16,0	5,8	3,2	3,1	3,1	9,1	17,3	25,5	9,4
			2	3,9	11,6	14,0	13,5	11,6	11,3	13,5	11,2	4,3	36,4
			3	–	2,4	9,6	10,5	14,1	15,0	7,0	2,5	0,2	39,6
			4	–	–	1,3	2,0	2,0	1,2	0,4	–	–	5,2
			5	–	–	0,3	0,8	0,2	0,2	–	–	–	1,2
			6	–	–	–	–	–	0,2	–	–	–	0,2
10	Bad Aussee	660	1	28,4	20,5	8,7	7,3	5,2	4,4	10,5	19,0	26,7	16,9
			2	2,6	8,5	13,9	12,6	12,6	14,1	13,2	10,9	3,3	39,3
			3	–	1,0	8,0	8,8	11,5	10,6	6,1	1,1	–	30,9
			4	–	–	0,4	1,2	1,7	1,8	0,2	–	–	4,7
			5	–	–	–	–	–	0,1	–	–	–	0,1
			6	–	–	–	0,1	–	–	–	–	–	0,1
14	Bad Mitterndorf	810	1	29,0	22,0	10,2	9,5	7,4	5,7	12,3	20,6	27,1	22,6
			2	2,0	7,5	14,0	12,1	12,8	15,6	13,8	9,8	2,9	40,5
			3	–	0,5	6,5	7,6	10,2	8,6	3,9	0,6	–	26,4
			4	–	–	0,3	0,8	0,6	1,1	–	–	–	2,5
			5	–	–	–	–	–	–	–	–	–	–
			6	–	–	–	–	–	–	–	–	–	–
15	Bad Radkersburg	208	1	24,1	12,4	2,6	1,1	0,2	1,1	5,0	14,6	22,2	2,4
			2	6,8	12,0	11,8	8,8	7,9	5,9	11,6	10,9	6,9	22,6
			3	0,1	5,6	13,2	11,6	15,1	17,0	11,4	5,0	0,9	43,7
			4	–	–	2,5	4,8	4,9	4,4	1,5	0,5	–	14,1
			5	–	–	0,7	2,5	2,0	1,6	0,5	–	–	6,1
			6	–	–	0,2	1,2	0,9	1,0	–	–	–	3,1
23	Bruck/Mur	493	1	24,1	12,4	2,6	1,1	0,2	1,1	5,0	14,6	22,2	2,4
			2	6,8	12,0	11,8	8,8	7,9	5,9	11,6	10,9	6,9	22,6
			3	0,1	5,6	13,2	11,6	15,1	17,0	11,4	5,0	0,9	43,7
			4	–	–	2,5	4,8	4,9	4,4	1,5	0,5	–	14,1
			5	–	–	0,7	2,5	2,0	1,6	0,5	–	–	6,1
			6	–	–	0,2	1,2	0,9	1,0	–	–	–	3,1
27	Deutschlandsberg	443	1	25,0	14,0	3,2	1,3	1,5	1,8	5,2	14,7	24,8	4,6
			2	5,9	12,0	13,1	10,8	8,2	8,5	14,8	12,7	4,9	27,5
			3	0,1	4,0	11,3	11,9	15,5	14,7	8,5	3,6	0,3	42,1
			4	–	–	2,4	3,3	3,7	3,9	1,1	–	–	10,9
			5	–	–	0,8	2,1	1,6	1,4	0,2	–	–	5,1
			6	–	–	0,2	0,6	0,5	0,7	0,2	–	–	1,8
35	Feuerkogel	1618	1	31,0	29,5	23,0	21,5	19,9	20,1	25,7	30,3	3–	61,5
			2	–	0,5	7,7	7,2	10,3	10,1	4,3	0,7	–	27,6
			3	–	–	0,3	1,3	0,8	0,8	–	–	–	2,9
			4	–	–	–	–	–	–	–	–	–	–
			5	–	–	–	–	–	–	–	–	–	–
			6	–	–	–	–	–	–	–	–	–	–
37	Fischbach	1015	1	30,8	25,5	17,1	14,1	11,3	10,5	18,6	26,0	28,9	35,9
			2	0,2	4,5	11,0	11,3	15,1	16,4	9,7	5,0	1,1	42,8
			3	–	–	2,9	4,5	4,4	3,9	1,7	–	–	12,8
			4	–	–	–	0,1	0,2	0,2	–	–	–	0,5
			5	–	–	–	–	–	–	–	–	–	–
			6	–	–	–	–	–	–	–	–	–	–
47	Fürstenfeld	273	1	25,2	13,7	4,2	1,9	1,7	2,5	6,0	15,0	23,7	6,1
			2	5,5	11,0	11,9	11,2	11,3	8,9	13,5	10,8	5,8	31,4
			3	0,3	5,3	12,0	11,5	13,2	14,3	9,3	5,0	0,5	39,0
			4	–	–	2,3	3,4	3,5	3,7	1,0	0,2	–	10,6
			5	–	–	0,6	1,5	1,2	1,1	0,2	–	–	3,8
			6	–	–	–	0,5	0,1	0,5	–	–	–	1,1
50	Gleisdorf	375	1	27,3	16,7	5,7	2,8	2,4	2,6	8,6	18,0	25,2	7,8
			2	3,7	11,1	14,8	13,6	11,2	12,8	14,4	10,8	4,6	37,6
			3	–	2,2	9,5	10,7	14,5	12,9	6,8	2,2	0,2	38,1
			4	–	–	0,8	1,8	1,9	1,9	0,2	–	–	5,6
			5	–	–	0,2	1,1	1,0	0,4	–	–	–	2,5
			6	–	–	–	–	–	0,4	–	–	–	0,4
57	Graz-Flughafen	337	1	24,7	12,1	2,4	1,4	1,4	1,6	4,9	14,9	23,9	4,4
			2	6,0	12,8	12,3	10,4	7,7	6,9	14,3	11,4	5,8	25,0
			3	0,3	5,1	12,8	11,2	14,4	16,5	9,4	4,6	0,3	42,1
			4	–	–	2,7	4,5	5,3	4,0	1,3	0,1	–	13,8
			5	–	–	0,8	2,0	1,5	1,5	0,1	–	–	5,0
			6	–	–	–	0,5	0,7	0,5	–	–	–	1,7

Tabelle 10.3.2b: Durchschnittliche Zahl der Tage unterschiedlicher thermischer Empfindungsstufen um 14:00 Uhr MEZ (Legende: 1 = sehr kühl, 2 = kühl, 3 = behaglich, 4 = leichte Wärmebelastung, 5 = mäßige Wärmebelastung, 6 = starke Wärmebelastung), Periode 1991 – 2000.

Nr.	Name	Sh [m]	Empfindungsstufen	Mär	Apr	Mai	Jun	Jul	Aug	Sep	Okt	Nov	Summe Sommermonate
58	Graz-Messendorfberg	435	1	24,7	13,9	3,9	1,8	2,0	1,5	5,1	15,0	24,0	5,3
			2	6,1	11,8	13,3	11,9	8,1	8,2	14,4	11,4	5,3	28,2
			3	0,2	4,2	10,1	9,9	15,1	15,5	9,3	4,5	0,7	40,5
			4	–	0,1	3,3	4,5	3,9	4,2	1,1	0,1	–	12,6
			5	–	–	0,3	1,5	1,5	1,3	0,1	–	–	4,3
			6	–	–	0,1	0,4	0,4	0,3	–	–	–	1,1
60	Graz-Universität	366	1	24,0	12,5	2,7	1,0	1,1	1,7	4,7	14,7	24,2	3,8
			2	6,6	12,1	11,9	10,6	8,4	6,7	13,8	11,7	5,3	25,7
			3	0,4	5,2	11,7	10,7	13,8	15,3	10,3	4,6	0,5	39,8
			4	–	0,2	3,6	4,4	5,0	4,9	0,9	–	–	14,3
			5	–	–	1,0	2,6	2,2	2,0	0,3	–	–	6,8
			6	–	–	0,1	0,7	0,5	0,4	–	–	–	1,6
80	Irdning-Gumpenstein	698	1	28,1	19,5	6,5	6,7	4,8	4,2	10,2	19,5	26,8	15,7
			2	2,9	9,2	15,1	11,4	11,3	12,7	12,3	10,3	3,2	35,4
			3	–	1,3	8,9	10,1	12,5	11,3	7,1	1,2	–	33,9
			4	–	–	0,5	1,5	2,3	2,1	0,4	–	–	5,9
			5	–	–	–	0,3	0,1	0,7	–	–	–	1,1
			6	–	–	–	–	–	–	–	–	–	–
103	Lassnitzhöhe	527	1	26,4	15,4	4,3	2,3	2,3	2,3	7,5	17,5	25,7	6,9
			2	4,2	10,4	13,2	12,3	9,2	9,1	13,0	10,3	4,2	30,6
			3	0,4	4,2	10,5	9,4	13,5	11,9	8,7	3,2	0,1	34,8
			4	–	–	2,4	4,0	3,8	5,1	0,7	–	–	12,9
			5	–	–	0,6	1,9	2,1	2,2	0,1	–	–	6,2
			6	–	–	–	0,1	0,1	0,4	–	–	–	0,6
112	Lobming	414	1	23,5	11,6	2,1	0,8	0,9	1,6	4,0	14,8	24,3	3,3
			2	6,5	12,7	10,8	10,2	7,3	6,5	12,8	11,6	5,3	24,0
			3	1,0	5,4	13,1	10,4	12,0	13,8	11,4	4,4	0,4	36,2
			4	–	0,3	3,5	5,1	6,7	4,6	1,4	0,2	–	16,4
			5	–	–	1,5	2,3	3,0	3,6	0,4	–	–	8,9
			6	–	–	–	1,2	1,1	0,9	–	–	–	3,2
110	Mariazell	865	1	3–	24,1	13,0	12,4	10,5	9,7	16,7	23,4	27,0	32,6
			2	1,0	5,5	13,0	11,4	14,9	16,9	11,2	6,7	2,2	43,2
			3	–	0,4	4,6	5,9	5,1	4,4	2,0	0,9	–	15,4
			4	–		0,3	0,2	0,4	–	0,1	–	–	0,6
			5	–	–	0,1	0,1	0,1	–	–	–	–	0,2
			6	–	–	–	–	–	–	–	–	–	–
124	Murau	813	1	27,2	19,8	7,2	6,9	5,2	3,3	10,1	20,5	27,2	15,4
			2	3,8	8,8	14,8	11,4	11,4	14,1	14,9	9,5	2,8	36,9
			3	–	1,4	8,6	1–	12,4	12,5	4,9	1,0	–	34,9
			4	–	–	0,4	1,6	1,8	0,9	0,1	–	–	4,3
			5	–	–	–	0,1	0,2	0,2	–	–	–	0,5
			6	–	–	–	–	–	–	–	–	–	–
136	Mürzzuschlag	758	1	29,7	21,4	11,2	0,6	7,9	6,3	14,2	23,3	28,6	22,8
			2	1,3	7,8	12,5	12,7	14,6	16,0	13,2	6,4	1,3	43,3
			3	–	0,8	6,6	6,8	7,2	8,0	2,4	1,3	0,1	22,0
			4	–	–	0,5	1,4	1,0	0,6	0,2	–	–	3,0
			5	–	–	0,2	0,2	0,1	–	–	–	–	0,3
			6	–	–	–	0,3	0,2	0,1	–	–	–	0,6
138	Oberwölz	827	1	3–	24,3	13,1	11,4	10,4	7,8	15,4	24,6	28,8	29,6
			2	1,0	5,6	15,3	14,0	14,2	17,7	13,3	6,1	1,2	45,9
			3	–	0,1	2,6	4,4	5,8	5,3	1,3	0,3	–	15,5
			4	–	–	–	0,1	0,4	0,1	–	–	–	0,6
			5	–	–	–	0,1	–	0,1	–	–	–	0,2
			6	–	–	–	–	0,2	–	–	–	–	0,2
139	Oberzeiring	933	1	30,2	25,7	16,4	12,0	13,0	12,4	17,5	25,8	28,9	37,4
			2	0,8	4,3	13,6	14,5	13,0	14,6	12,2	5,1	1,1	42,1
			3	–	–	1,0	3,5	4,8	4,0	0,3	0,1	–	12,3
			4	–	–	–	–	0,1	–	–	–	–	0,1
			5	–	–	–	–	–	–	–	–	–	–
			6	–	–	–	–	0,1	–	–	–	–	0,1
155	Pusterwald	1072	1	30,6	26,0	16,4	13,1	13,1	12,2	19,5	26,9	29,6	38,4
			2	0,4	3,7	12,5	13,2	12,9	15,4	9,9	3,8	0,4	41,5
			3	–	0,3	2,1	3,5	4,6	3,4	0,6	0,3	–	11,5
			4	–	–	–	0,2	0,4	–	–	–	–	0,6
			5	–	–	–	–	–	–	–	–	–	–
			6	–	–	–	–	–	–	–	–	–	–
159	Ramsau am Dachstein	1203	1	30,2	25,5	15,1	13,4	11,0	9,7	15,4	24,3	28,5	34,1
			2	0,8	4,4	12,6	10,7	13,6	15,2	13,1	6,4	1,5	39,5
			3	–	0,1	3,3	5,9	6,1	5,9	1,5	0,3	–	17,9
			4	–	–	–	–	0,3	0,2	–	–	–	0,5
			5	–	–	–	–	–	–	–	–	–	–
			6	–	–	–	–	–	–	–	–	–	–
161	Rechberg	926	1	29,7	23,1	11,8	10,4	8,1	6,9	15,4	23,7	28,7	25,4
			2	1,3	6,5	14,6	11,8	14,7	17,4	11,5	7,2	1,3	43,9
			3	–	0,4	4,5	6,9	7,1	5,4	3,0	0,1	–	19,4
			4	–	–	0,1	0,2	0,5	0,9	0,1	–	–	1,6
			5	–	–	–	0,2	0,5	0,3	–	–	–	1,0
			6	–	–	–	0,5	0,4	0,1	–	–	–	0,7
169	Rohrmoos	1078	1	30,9	27,5	17,3	16,5	12,9	12,2	21,1	27,8	29,7	41,6
			2	0,1	2,5	13,1	11,9	16,1	17,2	8,6	3,2	0,3	45,2
			3	–	–	0,6	1,6	2,0	1,6	0,3	–	–	5,2
			4	–	–	–	–	–	–	–	–	–	–
			5	–	–	–	–	–	–	–	–	–	–
			6	–	–	–	–	–	–	–	–	–	–

Tabelle 10.3.2c: Durchschnittliche Zahl der Tage unterschiedlicher thermischer Empfindungsstufen um 14:00 Uhr MEZ (Legende: 1 = sehr kühl, 2 = kühl, 3 = behaglich, 4 = leichte Wärmebelastung, 5 = mäßige Wärmebelastung, 6 = starke Wärmebelastung), Periode 1991 – 2000.

Nr.	Name	Sh [m]	Empfindungs-stufen	Mär	Apr	Mai	Jun	Jul	Aug	Sep	Okt	Nov	Summe Sommer-monate
191	St. Michael b. Leoben	565	1	26,9	17,0	5,6	4,4	3,5	2,9	9,4	18,1	26,5	10,8
			2	4,0	10,6	14,6	11,4	10,5	11,2	13,4	11,1	3,5	33,1
			3	0,1	2,4	9,2	10,5	13,9	14,3	6,6	1,8	–	38,7
			4	–	–	1,5	2,5	2,6	1,9	0,6	–	–	7,0
			5	–	–	0,1	1,1	0,2	0,6	–	–	–	1,9
			6	–	–	–	0,1	0,3	0,1	–	–	–	0,5
195	St. Radegund	725	1	27,5	18,7	6,2	4,0	3,1	2,6	9,1	18,3	26,5	9,7
			2	3,5	9,1	15,0	12,6	10,2	11,7	13,0	9,9	3,4	34,5
			3	–	2,2	8,2	9,7	14,3	13,3	7,3	2,8	0,1	37,3
			4	–	–	1,3	2,8	2,3	2,5	0,5	–	–	7,6
			5	–	–	0,3	0,8	1,0	0,8	0,1	–	–	2,6
			6	–	–	–	0,1	0,1	0,1	–	–	–	0,3
223	Weiz	465	1	28,5	19,6	7,7	4,7	5,1	4,2	10,6	18,7	26,6	14,0
			2	2,5	9,5	15,9	14,3	12,8	14,2	14,6	10,7	3,2	41,3
			3	–	0,9	7,2	9,0	12,1	11,6	4,7	1,6	0,2	32,7
			4	–	–	0,1	1,4	0,9	0,6	0,1	–	–	2,9
			5	–	–	–	0,6	–	0,4	–	–	–	1,0
			6	–	–	0,1	–	0,1	–	–	–	–	0,1
225	Wiel	922	1	30,1	26,0	14,7	12,3	10,7	10,6	17,1	25,1	29,3	33,6
			2	0,8	4,0	14,2	13,5	14,5	16,0	11,2	5,6	0,7	44,0
			3	0,1	–	2,0	3,7	5,0	3,4	1,7	0,3	–	12,1
			4	–	–	0,1	0,5	0,6	1,0	–	–	–	2,1
			5	–	–	–	–	0,1	–	–	–	–	0,1
			6	–	–	–	–	0,1	–	–	–	–	0,1
232	Zeltweg	670	1	27,7	18,7	6,6	5,6	4,1	3,4	9,9	20,2	27,0	13,1
			2	3,3	9,6	15,4	12,4	12,7	14,1	14,9	9,9	3,0	39,2
			3	–	1,7	8,7	10,4	12,1	11,6	5,0	0,9	–	34,1
			4	–	–	0,3	1,6	1,9	1,7	0,2	–	–	5,2
			5	–	–	–	–	0,2	0,2	–	–	–	0,4
			6	–	–	–	–	–	–	–	–	–	–

O. Harlfinger | H. Rieder

10.4 Durchschnittliche Zahl der Tage mit unterschiedlichen Biotropiestufen

Die Erfassung kurzfristiger Änderungen in der Biosphäre und deren biologischen Auswirkungen gilt als besonders schwierig, weil nach bisherigen Untersuchungen der Wettereinfluss im Mittel etwa nur 10% der zeitlichen Häufungen akuter Krankheitsereignisse oder subjektiver Missempfindungen erklären kann. Zudem sind die Art der Reaktion, ihr Ausmaß und ihre zeitlichen Verhältnisse von den funktionellen Möglichkeiten im Organismus und damit von der vegetativen Ausgangslage bestimmt. Das Reaktionsmuster auf ein konkretes Wetterereignis ist demnach individuell geprägt und überlagert die statistische Koinzidenz zwischen Wettergeschehen und biologischen Abläufen. Um dennoch feststellen zu können, wie und in welcher Stärke die atmosphärische Umwelt auf den Organismus eingreift, wurden verschiedene biometeorologische Ansätze entwickelt (DAUBERT, 1958; UNGEHEUER und BREZOWSKY, 1965; KUHNKE und KLEIN, 1969; BUCHER, 1991) die alle zum Ziel haben, eine quantitative und/oder qualitative Abschätzung der Reizstärke des Wetters (Biotropie) zu ermöglichen.

Da bisher die Kausalitätsfrage unbeantwortet bleiben musste, ist es nicht verwunderlich, dass die Wissenschaft nach den meteorologischen oder physikalischen Parametern sucht, die als Indikatoren für den biologischen Wirkungsgrad des Wetters am besten geeignet sind. Obgleich die zahlreichen Studien nicht immer zu einheitlichen Ergebnissen kamen, kristallisierten sich dennoch Wettersituationen heraus, die als besonders biotrop oder kaum biotrop einzustufen sind.

Reizstärke der Wetterlagen

Die stärkste Biotropie kann allgemein auf der Vorderseite eines Tiefdruckgebietes in Verbindung mit Warmluftadvektion und Aufgleitvorgängen erwartet werden. Im nachfolgenden Warmsektor wird zumindest kurzfristig eine Befindensverbesserung beobachtet. Die Rückseite des Tiefdruckgebietes ist durch Kaltluftzufuhr mit labilen Vorgängen gekennzeichnet und weist insgesamt eine etwas geringere Biotropie als die Vorderseite auf. Das biologische Optimum wird bei einer Witterungsharmonie oder bei Hochdrucklagen ohne Luftmassenwechsel und mit einem angenehmen Temperatur-/Feuchte-Milieu erreicht.

Änderung bewirkt Reiz

Bei der Biotropie muss von einer Summenwirkung oder Akkordwirkung aller Wetterelemente ausgegangen werden, wobei die Zeitstruktur von erheblicher Bedeutung ist (SÖNNING, 1979). Die Erfahrung bestätigt auch, dass nicht die meteorologischen Absolutwerte – mit Ausnahme von Extremwerten – entscheidend sind, sondern der Biotropiegrad als Funktion des Änderungsbetrages aufgefasst werden muss. Auf diesen Überlegungen basiert auch das Konzept für die Berechnung oder Messung einer fünfteiligen Biotropieskala (HARLFINGER, 1989), die sich aus den 24-stündigen Änderungen der Lufttemperatur (ΔT in °C) und des Luftdrucks (Δp in hPa) ergibt.

Die Zuordnung der Biotropiestufen wurde im Vergleich zum Biotropiemeter leicht modifiziert und ergibt sich aus folgender Matrix in Tabelle 10.4.1.

Tabelle 10.4.1. Einteilungsschema der Biotropiestufen von 1 bis 5 bei 24-stündigen Änderungen. (1 = sehr günstig, 2 = günstig, 3 = durchschnittlich, 4 = ungünstig, 5 = sehr ungünstig).

Δp \ ΔT	< –6,0	–6,0 bis –2,5	±2,4	+2,5 bis +6,0	> +6,0
< –8,0	5	4	4	4	5
–8,0 bis –4,5	4	4	3	4	5
±4,4	3	3	2	3	4
+4,5 bis +8,0	3	2	1	3	4
> +8,0	2	2	1	2	3

Als Beispiel für eine typische Verteilung der Biotropiestufen bei Annäherung einer Kaltfront aus dem Westen soll die Wetterlage vom 24./25.01.2002 dienen (Abbildung 10.4.1). Sie zeigt die erhöhte Biotropie im präfrontalen Bereich, während nach Durchzug der Front über Frankreich mit der einsetzenden Wetterberuhigung sehr günstige Bedingungen überwiegen (HARLFINGER ET AL., 2004). Aus den bisherigen Ergebnissen nach dieser Methode konnte nachgewiesen werden, dass z.B. bei Schülern in Graz signifikant häufiger Irritationen bei hohen Biotropiestufen auftreten als bei geringen Biotropiestufen (HARLFINGER ET AL., 1993). Zu ähnlichen Resultaten kamen auch eine Studie über 5 246 Notarzteinsätze in Wien (GRUSKA ET AL., 1995) und eine Untersuchung über Gehirnblutungen in Graz (GRUBER ET AL., in Vorbereitung).

Günstiger Hochsommer – ungünstiger Winter

Fasst man die Stufen 1 und 2 sowie die Stufen 4 und 5 zusammen, ergeben sich daraus eindeutig interpretierbare Jahresgänge. Bei allen Stationen tritt in der Tabelle 10.4.2 das Maximum mit biologisch günstigen Wetterbedingungen im Hochsommer in Erscheinung. In dieser Zeit weisen mehr als zwei Drittel aller Tage eine geringe Biotropie auf. Das Minimum an günstigen Tagen fällt auf die Wintermonate und dabei vorwiegend auf den Februar. Schwach ausgeprägte sekundäre Minima im Frühsommer und Herbst lassen auf eine Häufung dynamischer Wetterumstellungen schließen. Die Jahresgänge der Stufen 4 und 5 zeigen dazu ein inverses Verhalten. Nur die mittlere Biotropiestufe weist eine geringe jahreszeitliche Abhängigkeit auf. Die Zahl der Tage mit hoher Biotropie bleibt aber selbst im Winter mit etwa 5 im Monat immer noch wesentlich hinter den Tagen mit günstiger Biotropie. Im Sommer spielen hingegen biotrope Wetterlagen eine untergeordnete Rolle (HARLFINGER ET AL., 2002).

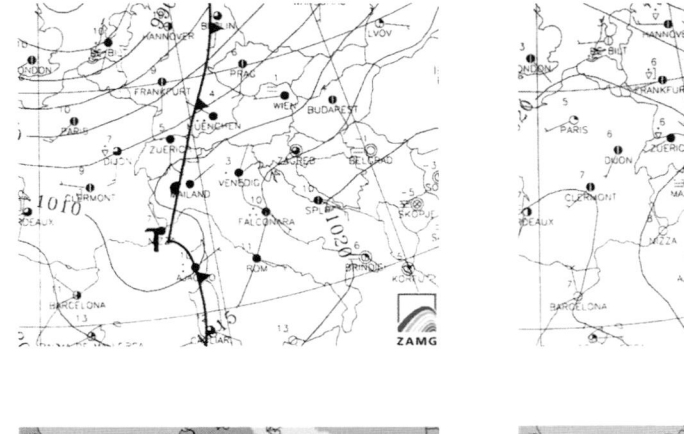

Abbildung 10.4.1: Verteilung der Bodenkartenanalysen sowie Biotropiestufen im frontalen Bereich am 24.01.2002 um 07:00 Uhr MEZ sowie postfrontal am 25.01.2002 um 07:00 Uhr MEZ.

O. HARLFINGER | H. RIEDER

Tabelle 10.4.2: Durchschnittliche Zahl der Tage mit unterschiedlichen Biotropiestufen um 07:00 Uhr MEZ, Periode 1991 – 2000.

Nr.	Name	Sh [m]	Empfindungs-stufen	Jan	Feb	Mär	Apr	Mai	Jun	Jul	Aug	Sep	Okt	Nov	Dez	Frühling	Sommer	Herbst	Winter	Jahr
3	Aflenz	785	1 und 2	16,2	12,7	17,0	18,1	20,7	19,6	20,2	22,4	18,5	18,1	14,5	15,2	55,8	62,2	51,1	44,1	213,2
			3	9,4	10,1	8,8	8,4	8,7	8,3	9,5	7,6	9,7	10,4	10,7	10,4	25,9	25,4	30,8	29,9	112,0
			4 und 5	5,4	5,5	5,2	3,5	1,6	2,1	1,3	1,0	1,8	2,5	4,8	5,4	10,3	4,4	9,1	16,3	40,1
4	Aigen/Ennstal	640	1 und 2	14,9	11,4	15,4	16,9	20,7	20,2	23,3	21,0	16,6	17,3	14,8	13,5	53,0	64,5	48,7	39,8	206,0
			3	9,4	10,8	9,4	9,4	8,5	8,3	6,3	8,8	10,7	9,4	9,6	11,2	27,3	23,4	29,7	31,4	111,8
			4 und 5	6,7	6,1	6,2	3,7	1,8	1,5	1,4	1,2	2,7	4,3	5,6	6,3	11,7	4,1	12,6	19,1	47,5
10	Bad Aussee	660	1 und 2	17,5	14,0	16,6	17,6	20,1	19,4	21,7	23,2	20,0	18,3	15,7	14,9	54,3	64,3	54,0	46,4	219,0
			3	7,7	8,7	8,8	8,8	8,9	8,6	7,6	6,8	7,8	9,0	9,7	11,0	26,5	23,0	26,5	27,1	103,4
			4 und 5	5,8	5,6	5,6	3,6	2,0	2,0	1,7	1,0	2,2	3,7	4,6	5,1	11,2	4,7	10,5	16,5	42,9
14	Bad Mitterndorf	810	1 und 2	16,5	12,6	14,8	17,6	21,4	19,2	22,9	21,7	17,4	17,9	14,8	13,4	53,8	63,8	50,1	42,5	210,2
			3	7,8	8,9	10,7	8,6	7,9	9,0	6,4	8,5	10,4	8,6	10,0	11,4	27,2	23,9	29,0	28,1	108,2
			4 und 5	6,7	6,8	5,5	3,8	1,7	1,8	1,7	0,8	2,2	4,5	5,2	6,2	11,0	4,3	11,9	19,7	46,9
35	Feuerkogel	1618	1 und 2	14,0	12,4	14,7	15,2	15,7	14,8	16,2	17,1	16,0	15,4	13,6	12,8	45,6	48,1	45,0	39,2	177,9
			3	12,0	10,3	11,2	11,0	12,3	12,3	12,5	12,4	12,2	11,5	11,7	11,1	34,5	37,2	35,4	33,4	140,5
			4 und 5	5,0	5,6	5,1	3,8	3,0	2,9	2,3	1,5	1,8	4,1	4,7	7,1	11,9	6,7	10,6	17,7	46,9
57	Graz-Flughafen	337	1 und 2	17,0	13,9	17,0	16,4	19,3	19,4	21,9	22,7	18,4	16,6	15,8	17,6	52,7	64,0	50,8	48,5	216,0
			3	9,5	9,4	8,8	8,9	9,5	8,7	7,8	7,7	9,6	10,7	9,9	7,7	27,2	24,2	30,2	26,6	108,2
			4 und 5	4,5	5,0	5,2	4,7	2,2	1,9	1,3	0,6	2,0	3,7	4,3	5,7	12,1	3,8	10,0	15,2	41,1
60	Graz-Universität	366	1 und 2	17,5	13,6	17,3	17,8	21,0	19,4	23,3	23,3	19,4	18,3	16,4	18,0	56,1	66,0	54,1	49,1	225,3
			3	8,9	9,4	8,1	8,7	7,8	8,9	6,6	7,0	8,5	9,4	9,4	7,5	24,6	22,5	27,8	26,0	100,9
			4 und 5	4,6	5,1	5,6	3,5	2,2	1,7	1,1	0,7	2,1	2,8	4,2	5,5	11,3	3,5	9,1	15,2	39,1
103	Lassnitzhöhe	527	1 und 2	18,0	15,4	17,3	18,4	19,2	17,7	20,6	23,0	20,4	20,0	16,5	17,9	54,9	61,3	56,9	51,3	224,4
			3	8,5	8,0	8,9	8,2	10,1	10,6	8,7	7,3	8,3	8,5	9,7	7,7	27,2	26,6	26,5	24,2	104,5
			4 und 5	4,5	4,9	4,8	3,4	1,7	1,7	1,7	0,7	1,3	2,5	3,8	5,4	9,9	4,1	7,6	14,8	36,4
124	Murau	813	1 und 2	16,3	14,2	16,6	18,7	22,2	20,8	22,5	24,0	18,5	18,5	15,4	15,8	57,5	67,3	52,4	46,3	223,5
			3	9,2	9,0	9,2	8,1	7,4	8,0	6,9	6,1	9,3	9,2	11,0	9,2	24,7	21,0	29,5	27,4	102,6
			4 und 5	5,5	5,1	5,2	3,2	1,4	1,2	1,6	0,9	2,2	3,3	3,6	6,0	9,8	3,7	9,1	16,6	39,2
159	Ramsau am Dachstein	1203	1 und 2	16,2	13,9	17,4	18,4	20,3	17,8	21,5	22,6	20,8	19,5	15,8	15,9	56,1	61,9	56,1	46,0	220,1
			3	10,7	9,1	8,9	8,9	8,3	10,3	8,1	7,8	7,9	8,5	10,2	10,0	26,1	26,2	26,6	29,8	108,7
			4 und 5	4,1	5,3	4,7	2,7	2,4	1,9	1,4	0,6	1,3	3,0	4,0	5,1	9,8	3,9	8,3	14,5	36,5
195	St. Radegund	725	1 und 2	15,7	14,9	17,4	18,6	19,0	15,9	21,2	22,8	21,0	19,7	15,9	17,5	54,3	59,9	56,6	48,1	218,9
			3	10,2	8,3	8,1	8,0	10,0	12,5	8,5	7,5	7,4	8,3	10,5	7,6	27,2	28,5	26,2	26,3	108,2
			4 und 5	5,1	4,9	5,2	3,4	1,9	1,6	1,3	0,7	1,6	3,0	3,6	5,9	10,5	3,6	8,2	15,9	38,2
232	Zeltweg	670	1 und 2	15,8	13,4	15,8	18,2	20,5	21,6	22,0	23,2	17,0	17,3	14,8	15,9	54,5	67,7	49,7	45,1	217,0
			3	9,4	9,0	9,0	7,8	8,8	6,8	6,9	7,1	9,9	9,3	10,5	9,3	25,6	20,8	29,7	27,7	103,8
			4 und 5	5,8	5,9	6,2	4,0	1,7	1,6	1,2	0,7	2,5	4,4	4,7	5,8	11,9	3,5	11,6	17,5	44,5

10.5 Durchschnittliche Zahl der Tage mit idealem Badewetter

Welche Freiluftaktivitäten möglich sind, hängt maßgeblich vom jeweiligen Wetter ab. So schätzt beispielsweise der Wanderer niederschlagsfreie und thermisch angenehme oder kühle Bedingungen, der Badegast wünscht sich hingegen Wärme und Sonne. Entsprechend dieser unterschiedlichen Vorstellungen wurden in den letzten Jahrzehnten diverse Wetterklassifikationen (HEURTIER, 1968; GAFFNEY, 1976; BESANCENOT ET AL., 1978; MIECZKOWSKI, 1986) entwickelt, die einen meteorologischen Beurteilungsgrad für verschiedene Freizeitaktivitäten von ideal bis nicht empfehlenswert ermöglichen.

Definition

Im vorliegenden Fall beschränkte man sich auf eine Kombination aus Temperatur und Sonnenscheindauer. Ideales Badewetter setzt dabei voraus, dass das Temperaturmaximum mindestens 25°C (Sommertag) beträgt und die Sonne mehr als 6 Stunden scheinen muss. Die räumliche Verteilung in der Steiermark zeigt, dass die diesbezüglich besten Bedingungen im süd-

östlichen Alpenvorland erwartet werden können, wo im Sommer an fast 60% aller Tage diese Voraussetzungen gegeben sind. Das Riedelland weist nahezu ähnlich günstige Verhältnisse auf. In der Mur- Mürzfurche und im Ennstal sind in den Sommermonaten nur noch 11 – 13 ideale Badetage pro Monat zu erwarten und ab 1 300 m Seehöhe tritt ideales Badewetter praktisch nicht mehr auf.

Badesaison

Die Badesaison beginnt in den Niederungen des Alpenvorlandes mit einzelnen Tagen im April, in den Tälern der Obersteiermark erst im Mai. Gegen Ende des Sommers nimmt die Zahl der Badetage rasch ab. Erste Kaltluftvorstöße aus dem Norden beenden die Badesaison in der Obersteiermark meist bereits Anfang September, im Riedelland erst Mitte September.

In den Abbildungen 10.5.2 bis 10.5.6 wird die Zahl der Tage mit idealem Badewetter für fünf Stationen wiedergegeben.

Abbildung 10.5.1: Badeteich in Krakaudorf (1 170 m) an der Südabdachung der Schladminger Tauern. Selbst in dieser Seehöhe ist an einigen Tagen mit idealem Badewetter zu rechnen.
Foto: A. PODESSER

O. HARLFINGER | H. RIEDER

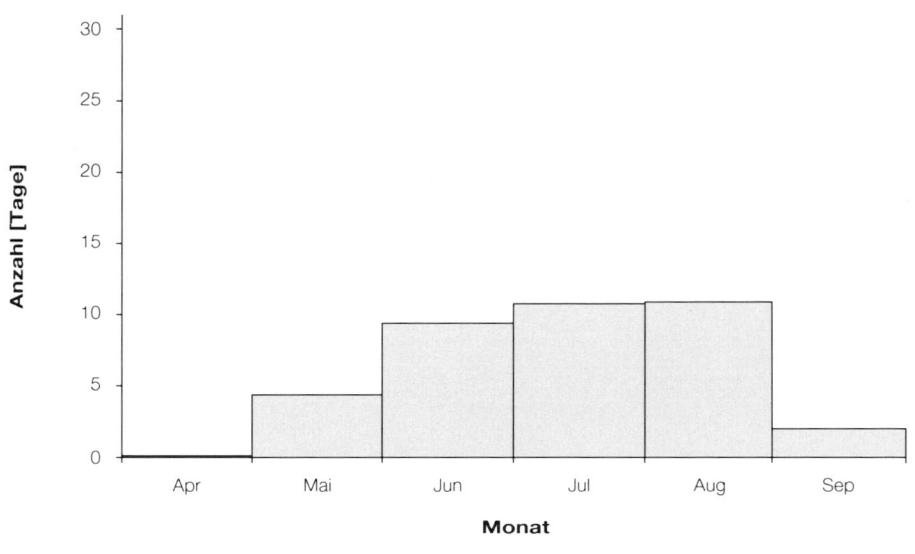

Abbildung 10.5.2: Durchschnittliche Zahl der Tage mit idealem Badewetter, Station Aigen/Ennstal, 640 m, Periode 1991 – 2000.

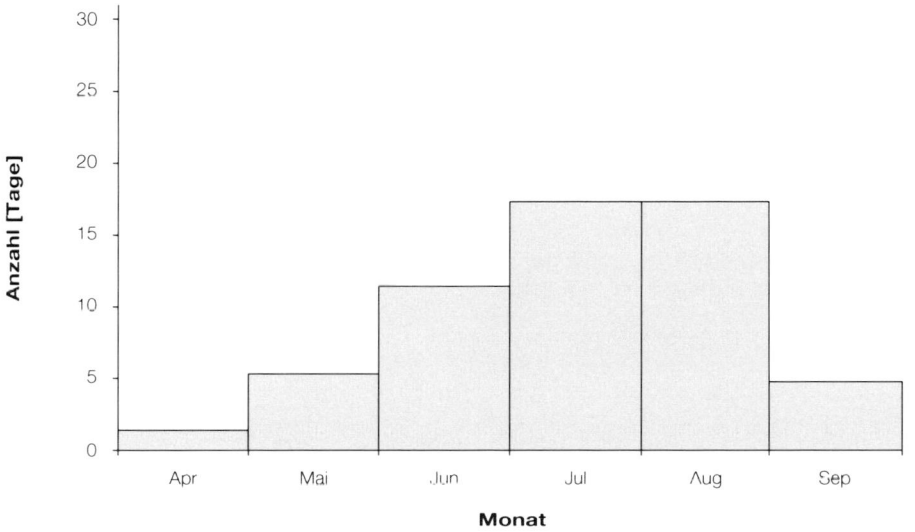

Abbildung 10.5.3: Durchschnittliche Zahl der Tage mit idealem Badewetter, Station Bad Gleichenberg, 293 m, Periode 1991 – 2000.

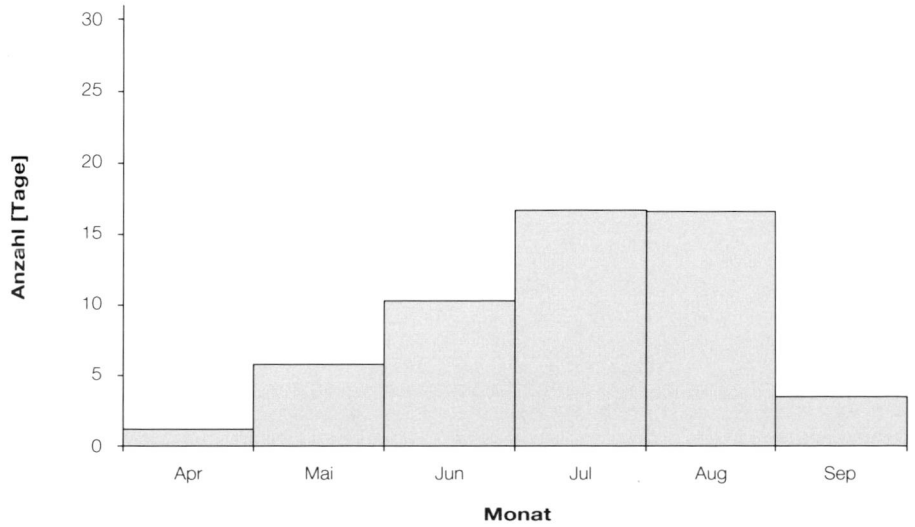

Abbildung 10.5.4: Durchschnittliche Zahl der Tage mit idealem Badewetter, Station Graz-Flughafen, 337 m, Periode 1991 – 2000.

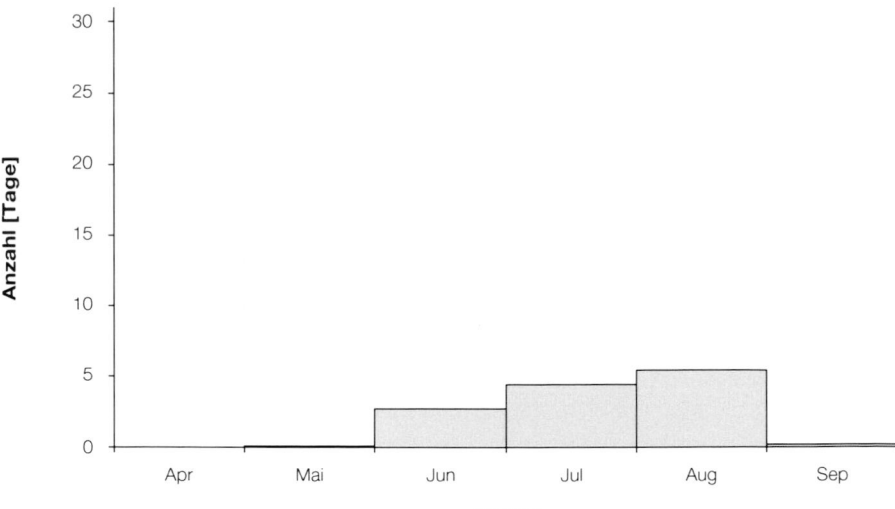

Abbildung 10.5.5: Durchschnittliche Zahl der Tage mit idealem Badewetter, Station Ramsau am Dachstein, 1 203 m, Periode 1991 – 2000.

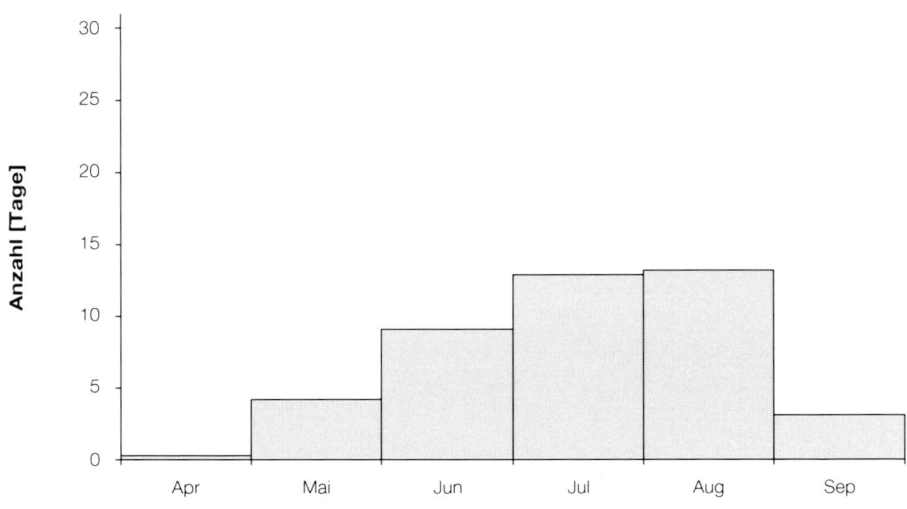

Abbildung 10.5.6: Durchschnittliche Zahl der Tage mit idealem Badewetter, Station St. Michael b. Leoben, 565 m, Periode 1991 – 2000.

10.6 Ergänzende und weiterführende Literatur

Besancenot, J.P., Mounier, J., Lavenne, F. 1978: Les conditions climatiques du tourisme littoral: une méthode de recherche compréhensive. Norois, t. XXV, 99.

Bucher, K. 1991: Die objektive Analyse des Wetters unter medizinmeteorologischen Gesichtspunkten als Grundlage für die Beratung und Forschung. Wetter und Leben 43, H. 4, S. 251 – 268.

Bucher, K. 1992: Die Bedeutung des thermischen Wirkungskomplexes im Wirkungsakkord des Wetters am Beispiel von Todesfällen im Herz-Kreislaufbereich. Ann. Met., 28, Offenbach, S. 121 – 124.

Daubert, K. 1958: Spezifische Reizkomponenten des Wetters und ihre Beziehungen zum gesunden und kranken Organismus. Mediz. Meteorol. Hefte Nr. 10. Seewetteramt Hamburg DWD.

Dixon, J.C., Prior, M.J. 1987: Wind chill-indices – a review. Meteorological Magazine, 116, No 1374, 1 – 17.

Dixon, J.C. 1991: Wind chill – it's sensational. Weather 46, 141 – 144.

Driscoll, D.M. 1987: Wind chill – The „Brrr" Index. In: Weatherwise. 40, 321 – 326.

DWD-Geschäftsfeld 1995: Die gefühlte Temperatur. Medizin-Meteorologie, der Wetterlotse Nr. 585, S. 309 – 311.

Gaffney, D.O. 1976: An Analysis of Meteorological Parameters for Tourism. Recreation and related outdoor actives in Australia. Bureau of Meteorology, Melbourne 46. Anzaas Congress, Hobart.

Gruber, et al.: Effects of Meteorological Factors on Cerebral Haemorrhage (in Vorbereitung).

Gruska, M., Gaul, G., Harlfinger, O., Marktl, W., Kaff, A. 1995: Circannual Variation of sudden cardiac Death and Environmental Temperature. World Conf. on Chronobiology and Chronotherapeutics. Biol. Rhythm. Research Vol. 26, No. 4, 397.

Harlfinger, O. 1978: Thermisches Empfinden im Hinblick auf den Einfluss der Adaptation. Arch. Med. Geoph. Biokl. Ser. B, 26, S. 365 – 371.

Harlfinger, O., Hille, H. 1982: Kopfschmerzen und Kreislaufbeschwerden in Abhängigkeit vom Wetter. Notabene medici 3, S. 181 – 193.

Harlfinger, O. 1986: Klima und Urlaub – Die Bioklimatologie als notwendige Ergänzung zur Reisemedizin. In: Wetter – Klima – menschliche Gesundheit. Hrsg.: Volker Faust, Hippokrates Verlag Stuttgart.

Harlfinger, O. 1989: Biologische Reizstärke des Wetters. Erfassung mit dem Biotropiemeter als neuartigem Messgerät. Münch. med. Wschr. 131, Nr. 43, S. 786 – 789.

Harlfinger, O., Kobinger, W., Fischer, G. 1993: Resultate einer Untersuchung wetterbedingter Befindensstörungen bei Schulkindern. Der informierte Arzt – GM, 14, S. 531 – 532.

HARLFINGER, O., PILGER, H., RIEDER, H. 2002: Bioklimatische Studie der Steiermark – Planungsgrundlage für den Gesundheits- und Erholungstourismus. Auftragsstudie des Landeshygienikers der Steiermark. Graz, ZAMG, 51 S.

HARLFINGER, O., PILGER, H., RIEDER, H., KÖCK, M., PICHLER-SEMMELROCK, F.P. 2004: Spatial and Seasonal Distribution of Bioclimatic Indices in the State of Styria as a Basis for Holiday Planning. Hrvatski meteoroloski casopis, 39, 103 – 119.

HEURTIER, R. 1968: Study of the Touristic Synoptic Climatology of Western Europe and the Mediterranean Region during the Summer Season. La Meteorol. II, 1, 4.

HÖPPE, P. 1984: Die Energiebilanz des Menschen. Münchner Universitätsschriften – Fachbereich Physik. Wiss. Mitt. 49, Univ. München.

KUHNKE, W., KLEIN, E. 1969: Erläuterung zur Dezimalklassifikation des Wettergeschehens. Ber. D. DWD 114, 29 S.

MIECZKOWSKI, Z. 1986: The tourism climatic index: a method of evaluating world climates for tourism. Geographie Humaine No. 1, 220 – 233.

REES, W.G. 1993: A new wind chill nomogram. Polar Record 29 (170), 229 – 234.

SIPLE, P.A., PASSEL, C.F. 1945: Measurements of dry atmospheric cooling in subfreezing temperatures. Proc Am Philos Soc. 89, 177 – 199.

SÖNNING, W. 1979: Wettereinfluss bei rheumatischer Erkrankung. Ärztl. Praxis Nr. 79.

STEADMAN, R.G. 1971: Indices of wind chill of clothed persons. J Appl. Meteorol. 10, 674 – 683.

STEADMAN, R.G. 1984: A universal scale of apparent temperature. J Clim and Appl. Meteorol. 23, 1674 – 1687.

TERJUNG, W.H. 1966: Physiologic climates of the conterminous United States; a bioclimatological classification based on man. Ann. Ass. Amer. Geogr. 56, 141 – 179.

UNGEHEUER, H., BREZOWSKY, H. 1965: Lufttemperatur und Luftfeuchtigkeit als Indikatoren biosphärischer Akkordschwankungen. Met. Rdsch. 18, H. 4.

VOGT, J.J., CANDES, V. 1981: Required Sweat Rate as an Index of Thermal Strain in Industry. In: Bioengineering, Eds.: Cena, K., Clark JB. Elsevier, Amsterdam – Oxford – New York.

WAKONIGG, H., 1978: Witterung und Klima in der Steiermark. Verlag für die Technische Universität Graz, 473 S.

WENZEL, H.G., PIEKARSKI, C. 1980: Klima und Arbeit. Bayerisches Staatsministerium für Arbeit und Sozialordnung, München.

ZANINOVIC, K. 1992: Limits of Warm and Cold Bioclimatic Stress in Different Climatic Regions. Theor. Appl. Climatol. 45, 65 – 70.

11 Glossar

Absinkinversion: Eine Absinkinversion stellt eine Temperaturumkehr in der freien Atmosphäre dar, die im Bereich von Hochdruckgebieten durch die Erwärmung absinkender Luftmassen entsteht.

adiabatischer Temperaturgradient: Der adiabatische Temperaturgradient beschreibt die Änderung der Lufttemperatur mit der Höhe unter der Annahme, dass während einer Vertikalbewegung kein Energieaustausch mit der Umgebung stattfindet. Das heißt, dass die gesamte bei der Volumensänderung umgesetzte Energie ausschließlich dem Wärmevorrat des Luftpaketes entstammt. Von diesem „Normalzustand" abweichend unterscheidet man beispielsweise noch den trockenadiabatischen (→), den feuchtadiabatischen oder den überadiabatischen (→) Temperaturgradienten.

Advektion: Die Advektion beschreibt die Zufuhr von Luftmassen. Längere Wärme- oder Kälteperioden erfolgen meist aufgrund der durch die atmosphärische Zirkulation bedingte Advektion. Die vertikale Advektion wird in der Meteorologie auch als Konvektion bezeichnet.

Advektivfrost: Unter Advektivfrost versteht man Frost, der durch horizontal zugeführte Kaltluft mit Temperaturen unter dem Gefrierpunkt hervorgerufen wird.

Aerosole: Als Aerosole bezeichnet man feste Bestandteile in der Luft, die über ihre Wirkung als Kondensationskerne im Hinblick auf die Wolken- und Niederschlagsbildung von Bedeutung sind. Neben natürlichen Aerosolen wie z.B. Gischtpartikel gibt es auch anthropogen (→) verursachte und gesundheitsschädliche Aerosole wie z.B. Rußpartikel.

Akklimatisation: Die Akklimatisation beschreibt die Anpassung eines Organismus an veränderte klimatische Verhältnisse und Umweltbedingungen.

Akkordwirkung: Der Begriff Akkordwirkung wird im Zusammenhang mit dem Bioklima und dessen Wirkungskomplex auf den Menschen verwendet. Mehrere Klimaelemente wie z.B. Temperatur, Feuchte und Luftdruck wirken im Sinne einer Akkordwirkung kombiniert auf den menschlichen Organismus ein und rufen Reize mit unterschiedlichen Wirkungsgraden hervor.

Aktivitätsumsatz: Der Aktivitätsumsatz beschreibt mit dem Grundumsatz zusammen den gesamten Energieumsatz des Menschen.

Albedo: Unter Albedo versteht man den reflektierenden Anteil der auf die Erdoberfläche (oder einem darauf befindlichen Körper) einfallenden Strahlung. Die planetarische Albedo der Erde beträgt 0,3 – d.h. 30% der gesamten einfallenden Strahlung werden reflektiert. Demgegenüber hat Neuschnee eine Albedo von 85%, die Meeresoberfläche erreicht hingegen nur Werte von 5 bis 10%.

allochthone Witterung: Die allochthone Witterung stellt eine Witterung dar, die an einem entfernten Ort entsteht und durch großräumige Luftströmungen eine Auswirkung auf den eigenen Standort nach sich zieht. Sie entsteht meist bei Tiefdruckwetterlagen und ist hauptsächlich mit wolken- und niederschlagsreichem Wetter verbunden. Sie ist durch das Fehlen eines Tagesganges gekennzeichnet und verhindert die Ausprägung kleinräumiger Windsysteme und Bodeninversionen (→).

anabatische Winde: Anabatische Winde sind warme Hangaufwinde, die bei einer Erwärmung der Luft geneigten Oberflächen entstehen (thermische Auslösung).

Ansprechgeschwindigkeit: Unter der Ansprechgeschwindigkeit versteht man die minimale Windgeschwindigkeit, die von einem Anemometer als Messwert registriert werden kann.

anthropogen: Als anthropogen wird etwas durch direktes oder indirektes menschliches Handeln Entstandene, Geprägte oder Beeinflusste beschrieben.

antizyklonal: Auf der Nordhalbkugel bezeichnet der Begriff antizyklonal sich im Uhrzeigersinn drehende Luftmassen. Diese Art der Zirkulation tritt um Hochdruckgebiete auf, die demnach auch als Anitzyklone bezeichnet werden. Antizyklonale Wetterlagen sind somit von weitgehend störungsfreiem Wettercharakter geprägt.

ArcGIS: ArcGIS ist der Überbegriff für eine Produktfamilie aus sich ergänzenden GIS Software Produkten. Die Abkürzung GIS steht für Geographische Informationssysteme, welche zur Erfassung, Bearbeitung, Organisation, Analyse und Präsentation geografischer Daten dienen.

atmosphärische Grenzschicht: Siehe planetare Grenzschicht.

aufbauende Schneemetamorphose: Die aufbauende Schneemetamorphose beschreibt das durch einen großen Temperaturgradienten einsetzende Wachstum von Schneekristallen in den tieferen Schichten der Schneedecke. Es bilden sich kantige Vollformen, Becherkristalle und Schwimmschnee, die zu einer Entfestigung der Schneedecke führen.

Aufgleiten: Das Aufgleiten beschreibt die erzwungene Aufwärtsbewegung wärmerer Luftmassen an einer schräg ansteigenden Luftmassengrenzfläche, unter der sich kältere Luft befindet. Dabei bilden sich meist ausgedehnte Wolkenfelder, aus denen oftmals längere Niederschläge resultieren (Warmfront).

autochthone Witterung: Man versteht unter einer autochthonen Witterung eine zusammenhängende Wettersituation, die von lokalen bzw. regionalen Einflüssen bestimmt wird. Sie herrscht vorwiegend bei Hochdruckwetterlagen vor und ist durch einen ausgeprägten Tagesgang und nächtliche Bildung von Bodeninversionen (→) sowie Kaltluftseen gekennzeichnet.

Beaufort-Skala: Die Beaufort-Skala ist eine vom englischen Admiral Sir Francis Beaufort aufgestellte zwölfteilige Skala zur Klassifikation der Windstärken (ohne Windstille), wobei jenseits der Stufe zwölf (Orkan) noch weitere Unterteilungen vorkommen können.

Bestimmtheitsmaß: Das Bestimmtheitsmaß (R^2) ist ein Maß der Statistik für den erklärten Anteil der Variabilität (Varianz) einer abhängigen Variable Y durch ein statistisches Modell. Es wird häufig als Qualitätsmerkmal eines Regressionsansatzes verstanden.

Biotropiemeter: Mit diesem Messgerät kann mittels Bestimmung der Änderung der Lufttemperatur und des Luftdruckes die Reizstärke des Wetters in fünf Stufen angegeben werden.

Bodeninversion: Unter einer Bodeninversion versteht man eine Temperaturumkehr, die meist nachts durch die Ausstrahlung des Bodens bzw. bei durch abfließende Kaltluft gebildeten Kaltluftseen entsteht. Die Lufttemperatur nimmt dabei vom Erdboden bis zur Obergrenze der Inversion zu, bevor sie darüber – wie es der „normalen" Schichtung der Atmosphäre entspricht – wieder abnimmt.

bodennahe Kaltluftadvektion: Als bodennahe Kaltluftadvektion beschreibt man das Heranführen kälterer Luftmassen in bodennahen Schichten z.B. durch horizontale Luftströmungen. Sie führt meist zu einer Stabilisierung und kann tagsüber die Hochnebelbildung fördern.

Brandspurmethode: Durch die Brandspurmethode kann die Sonnenscheindauer mittels Sonnenscheinautographen (→) aufgezeichnet bzw. bestimmt werden. Mit Hilfe einer als Brennglas wirkenden Glaskugel wird eine „Spur" in einen Registrierpapierstreifen eingebrannt, deren Länge die Dauer des Sonnenscheines wiedergibt.

Corioliskraft: Die Corioliskraft beschreibt eine ablenkende Kraft, die durch die Erdrotation hervorgerufen wird. Diese Scheinkraft bewirkt, dass auf der Nordhalbkugel ein Hoch im und ein Tief gegen den Uhrzeigersinn umströmt wird. Auf der Südhalbkugel erfolgt diese Ablenkung genau in umgekehrter Richtung.

Cumuluswolken: Cumuluswolken sind isolierte, dichte und scharf begrenzte Wolken, die über konvektive Aufwärtsströmungen in der Luft entstehen. Die Ausprägung der oberen Teile erinnert oft an die Form eines Blumenkohls, die Untergrenze erscheint meist dunkler und stellt das Kondensationsniveau dar. Bei einem Weiterwachsen der Quellwolken in höhere Schichten vereisen sie an der Obergrenze und entwickeln sich zu Gewitterwolken (Cumulonimben).

Dampfdruck: Der Dampfruck beschreibt den durch in der Luft enthaltenen Wasserdampf ausgeübten Druck und gilt als Maß für das (in Form von Wasserdampf) vorhandene Wasser in der Luft. Die maximale Menge wird durch den Sättigungsdampfdruck angegeben.

Deklination: Unter Deklination versteht man in der Astronomie eine Koordinate bei einer Positionsangabe eines Himmelsköpers. Mit der Deklination der Sonne kann somit die geographische Breite angegeben werden, in welcher die Sonne im Zenit steht. Der jahreszeitliche Wechsel der Sonnendeklination ist für die Jahreszeiten verantwortlich.

Druckgradient: Siehe Gradient.

empirisch: Der Begriff empirisch bezeichnet im Allgemeinen eine auf Erfahrung beruhende Erkenntnisfindung.

Epidemiologie: Die Epidemiologie beschreibt Ursachen bzw. Folgen gesundheitsbezogener Ereignisse in Populationen wie z.B. die Auswirkung extremer thermischer Bedingungen.

Extinktion: Als Extinktion bezeichnet man die Abschwächung des Lichtes von Himmelskörpern in der Erdatmosphäre. Sie hängt vom Standort, der Wellenlänge und der Zenitdistanz der Quelle ab.

Exzentrizität: Der Begriff Exzentrizität beschreibt in der Astronomie eine dimensionslose Größe, welche in der Himmelsmechanik als eine Bahneigenschaft zur Beschreibung der Form einer Keplerbahn dient.

freie Inversion: Von einer freien Inversion (→) spricht man bei einer vertikalen Temperaturzunahme in höheren Luftschichten, welche häufig durch adiabatisch (→) absinkende Luftmassen in Hochdruckgebieten verursacht und daher auch Absinkinversion (→) genannt wird.

Globalstrahlung: Die Globalstrahlung ist die gesamte am Erdboden ankommende Sonnenstrahlung, also die Summe aus direkter Sonnenstrahlung und diffuser Himmelsstrahlung. Die diffuse Strahlung entsteht durch Reflexion, Absorption, Streuung, Beugung oder Brechung, wenn sie bei ihrer Ausbreitung auf ein „Hindernis" trifft.

Gradient: Ein Gradient beschreibt, in welchem Ausmaß sich eine ortsabhängige Größe räumlich ändert. Beispiele sind etwa der Temperaturgradient und der Luftdruckgradient.

Grid: Ein Grid (Rasterfeld) ist ein eigenes Format in einem GIS (Geographisches Informationssystem). Es beinhaltet Rasterdaten, in welchen jede Zelle einen bestimmten Datenwert repräsentiert. Es wird unter anderem zur Darstellung räumlicher Muster verwendet.

homöotherm: Als homöotherm werden Organismen bezeichnet, die ihre Körpertemperatur auf einem konstanten Niveau halten und nur gering mittels Regulation auf wechselnde Umwelteinflüsse reagieren.

Illyrikum: Das Illyrikum ist ein Klimaraum, der sich vom mittleren Burgenland bis in das steirische Riedelland erstreckt und gute Voraussetzungen für die Landwirtschaft bietet.

Interzeption: Unter der Interzeption versteht man das vorrübergehende Speichern von gefallenem oder abgesetztem Niederschlag an Pflanzenoberflächen. In sehr dichten Wäldern können so bis zu 50% des Niederschlages vom Boden ferngehalten werden.

Inversion: Als Inversion beschreibt man in der Meteorologie eine Temperaturumkehr in der Atmosphäre, wobei die Temperatur in einer Luftschicht mit der Höhe zu- statt abnimmt. Auf dem Niveau, an der die Temperaturzunahme beginnt, bildet sich eine Grenzschicht, die den Austausch der unteren Luftschicht mit der oberen verhindert, wodurch sich beispielsweise Schadstoffe, aber auch Hochnebel hartnäckig halten können.

Isobaren: Isobaren sind Linien gleichen Luftdruckes. Mit deren Hilfe lassen sich Luftdruckverhältnisse (auf Meeresniveau reduzierter Luftdruck) eines Gebietes visualisieren. Darüber hinaus lässt sich die Stärke des Druckgefälles anhand des Abstandes der Isobaren zueinander ablesen.

Isothermie: Mit Isothermie wird eine homogene Temperaturverteilung in einem Medium wie z.B. Luft oder Schnee beschrieben.

Kalmen: Kalmen beschreiben windschwache Verhältnisse mit Windgeschwindigkeiten unter 0,5 m/s, 2 km/h oder 1 Knoten und sind in Österreich über eine ÖNORM definiert.

katabatischer Wind: Ein katabatischer Wind ist ein kalter Hangabwind, der bei einer Abkühlung der Luft (z.B. nächtliche Austrahlung) schwerkraftbedingt abströmt. Ein bekanntes Beispiel für einen solchen Wind ist die Bora an der Adriaküste, die auch als Fallwind bezeichnet wird.

Koinzidenz: Die Koinzidenz beschreibt ein zeitliches bzw. räumliches Zusammentreffen mehrerer Ereignisse.

Konvektionsbewölkung: Als Konvektionsbewölkung bezeichnet man die durch aufsteigende Luftpakete entstehenden Quellwolken.

Konvergenz: Dieser Begriff bedeutet im meteorologischen Sinne das Aufeinandertreffen (Zusammenströmen) verschiedener Luftmassen. Da Konvergenz in Bodennähe mit aufsteigenden Luftmassen im Zusammenhang steht, kommt es bei ausreichendem Feuchteangebot zur Wolken- und in weiterer Folge typischerweise zur Niederschlagsbildung.

Korrelationskoeffizient: Der Korrelationskoeffizient ist ein dimensionsloses Maß, welches den Grad des linearen Zusammenhanges zweier Merkmale beschreibt. Er befindet sich in einem Wertebereich zwischen −1 und +1. Liegt dieser Wert bei Null, so besteht überhaupt kein linearer Zusammenhang, bei +1 herrscht ein vollständig positiver, bei −1 liegt ein völlig negativer Zusammenhang der betrachteten Merkmale vor.

Kulissenwirkung: Neben der Tatsache, dass Gebirge ihr eigenes, regionales Klima gestalten, versteht man unter dem Begriff der Kulissenwirkung eine darüberhinausgehende Fernwirkung dieser Gebirgsformationen auf deren Umgebung. In diesem Sinne seien Föhn- oder Wolkenstaueffekte wie auch die durch die Windfeldumlenkung initiierte Tiefdruckbildung im Lee (→) erwähnt.

latente Wärmeenergie: Unter latenter Wärmeenergie versteht man jene Wärmemenge, die bei konstanter Temperatur und konstantem Luftdruck für einen Aggregatzustandswechsel benötigt bzw. dabei frei wird. Das heißt, dass jene Energie, welche bei der Verdunstung an der Verdunstungsoberfläche entzogen wird, bei einer anschließenden Kondensation der umgebenden Luft wieder zugeführt wird, wobei sich die Temperatur der

Umgebungsluft erhöht. Dadurch kommt es beim Hebungsprozess (Thermodynamische Föhntheorie) zur Ausbildung eines feuchtadiabatischen Temperaturgradienten und zu einer geringer mit der Höhe abnehmenden Temperatur als dies bei einem trockenadiabatischen Gradienten (→) der Fall ist.

Lee: Siehe Luv/Lee.

Lineare Regression: Über die Regression wird der funktionale Zusammenhang zwischen Datenpunkten ermittelt. So beschreibt beispielsweise die lineare Höhenregression – über eine nach der Methode der kleinsten Quadrate angepasste Gerade – den funktionalen Zusammenhang eines meteorologischen Parameters mit der Seehöhe.

logarithmisches Windgesetz: Das tatsächliche vertikale Geschwindigkeitsprofil von Windströmungen hängt von der Art der Bodenrauigkeit (beeinflusst beispielsweise durch Bewuchs oder Bebauung) ab und kann in bodennahen Schichten durch ein logarithmisches Windprofil angenähert werden, wobei sich Windgeschwindigkeit und Windrichtung mit zunehmender Seehöhe ändern.

lokale Windsysteme: Unter Lokalwindsystemen versteht man jenen Sammelbegriff, welcher regionale oder sogar örtlich begrenzte, aber immer wieder in ganz typischer Weise auftretende Luftströmungen zusammenfasst. Eine in der Gebirgssteiermark ganz wesentliche Form dieser Erscheinung ist das Berg-Tal-Windsystem, welches durch unterschiedliche Erwärmungs- bzw. Abkühlungsneigungen in Gang gesetzt wird.

Luv/Lee: Während die Luvseite den dem Wind zugewandten Geländebereich beschreibt, versteht man unter Lee die windabgewandte Seite. Über die daraus resultierenden Effekte ergibt sich eine Beeinflussung eines Standortes hinsichtlich der Niederschlags- und Bewölkungsverhältnisse.

mediterraner Aufgleitfächer: Darunter versteht man oftmals in Zusammenhang mit Mittelmeerzyklonen zu sehende Aufgleitvorgänge, bei welchen warme Luft angehoben wird und nachfolgend mit Niederschlag zu rechnen ist.

meridionale Tiefdruckrinne: Unter diesem Begriff versteht man eine langgestreckte, in Richtung der Längenkreise der Erde ausgerichtete Zone relativ tieferen Luftdrucks zwischen zwei Hochdruckgebieten.

Mesoskala: Die Mesoskala beschreibt im Klimaatlas Steiermark Gebiete mit Abmessungen innerhalb eines Wertebereiches von etwa 1 bis 100 km. Da in diesen Größenbereich die meisten geländebedingten Klimabesonderheiten fallen, spricht man in diesem Zusammenhang auch von „Geländeklima".

MEZ: Die Abkürzung MEZ steht für „Mitteleuropäische Zeit" und beschreibt eine für Mitteleuropa gültige Zeitzone. Die Differenz zur Weltzeit UTC (koordinierte Weltzeit) beträgt +1 Stunde.

Mikroskala: Mit Mikroskala wird im vorliegenden Werk jener Skalenbereich benannt, der unterhalb einer Größenordnung von etwa 100 m liegt.

Mischungsschicht: Als Mischungsschicht bezeichnet man jenen Grenzbereich zwischen aneinander angrenzenden Luftmassen, in welchem eine Durchmischung stattfindet.

mitteleuropäisch-maritim: Ein mitteleuropäisch-maritimes Klima zeichnet sich durch mild-feuchte Winter und mäßig warme Sommer aus.

Mittelmeerzyklon (Vb-Wetterlage): Eine typische Vb-Wetterlage (gesprochen: „5-B-Wetterlage") ist durch die Zugbahn eines Tiefdruckgebietes von Italien über die Nordadria hinweg, um den Alpenbogen herum, nordostwärts über Österreich, Ungarn und Polen gekennzeichnet. Diese Zugbahnklassifikation stammt von van Bebber.

Nimbostratus: Der Nimbostratus gehört zu jener Wolkengattung, die eine große vertikale Erstreckung aufweist. Diese Form der Wolke ist typisch für Warmfronten und ist für trübes, niederschlagsreiches Wetter verantwortlich.

pannonisch-kontinental: Im Gegensatz zum mitteleuropäisch-maritimen (→) Klima wird der pannonisch-kontinentale Einfluss durch kalt-trockene Winter und durch warme Sommer geprägt.

Partialdruck: Der Partialdruck ist jener Druck, welcher in einem Gasgemisch (wie es auch die Luft darstellt) einer bestimmten Gaskomponente zugeordnet werden kann. Die Summe der Partialdrücke aller Bestandteile ergibt schließlich den Gesamtdruck.

Pentade: Wie der geläufigere Begriff Dekade einen zehnjährigen Zeitraum kennzeichnet, so entspricht die Pentade einem Zeitraum von fünf aufeinanderfolgenden Jahren.

planetare Grenzschicht: Als planetare Grenzschicht (auch atmosphärische Grenzschicht oder Peplosphäre genannt) bezeichnet man den unteren Teil der Atmosphäre, welcher von der durch die Erdoberfläche induzierten Turbulenz beeinflusst wird. Diese typischerweise 0,5 bis 2 km mächtige Schicht wird demnach treffenderweise auch Reibungsschicht genannt.

Prandtl-Schicht: Die unterste, am stärksten von Bodeneinflüssen betroffene Schicht der Erdatmosphäre nennt man Prandtl-Schicht. Sie reicht bis in eine Höhe von etwa 50 m.

precipitable Water: Unter dem Begriff precipitable Water („niederschlagbares Wasser") versteht man die dampfförmig in einer Luftsäule durch die ganze Troposphäre hindurch enthaltene Wassermenge. Sie kann etwa bei Gewittern mit der möglichen Niederschlagsmenge in Verbindung gebracht, darf hingegen nicht damit gleichgesetzt werden.

pseudopotentielle Temperatur: Darunter versteht man ein fiktives Temperaturmaß, welches Temperaturen (bzw. Energien) unterschiedlicher Luftmassen miteinander vergleichbar macht. Während die potentielle Temperatur unterschiedlichen Luftdrücken dieser verschiedenen Luftmassen Rechnung trägt, berücksichtigt die pseudopotentielle Temperatur zusätzlich noch die in feuchter Luft enthaltene latente Wärme.

Radiosondenaufstieg: Mittels aufsteigendem Gasballon misst eine Radiosonde kontinuierlich meteorologische Parameter (Luftdruck, Lufttemperatur, Luftfeuchte) und funkt diese zu einer Bodenstation, sodass sich ein Höhenprofil ableiten lässt. Über die Positionsbestimmung der Sonde kann darüber hinaus ein Rückschluss auf Windgeschwindigkeit und -richtung gezogen werden. Derartige Radiosondenaufstiege werden international an festgelegten Standorten zu regelmäßigen Zeiten durchgeführt.

Rayleigh-Streuung: Sie bezeichnet die elastische Streuung elektromagnetischer Wellen an Teilchen, deren Durchmesser im Vergleich zur Wellenlänge klein ist. Diese Bedingung ist beispielsweise bei der Streuung von Sonnenlicht an den Gasteilchen der Erdatmosphäre erfüllt. Dieser Effekt ist über die Wellenlängenabhängigkeit des einfallenden Lichts letztlich auch für die sonnenstandsabhängige Blau- bzw. Rotfärbung des Himmels verantwortlich.

Rotor: Der Rotoreffekt ist jener Effekt, bei dem es an den Leeseiten (→) von Gebirgsformationen zur Ausbildung eines ortsfesten Luftwirbels mit horizontaler Drehachse kommt. Man nennt ihn aufgrund seines Entstehungsortes daher auch Leewirbel oder einfach Rotor.

Rückseitenwetter: Während das Vorderseitenwetter die Wettercharakteristik vor dem Durchgang einer Warmfront durch fallenden Luftdruck, Aufzugsbewölkung und einsetzenden „Landregen" bestimmt, so ist das sogenannte Rückseitenwetter durch steigenden Luftdruck, wechselnde Bewölkung, Schauerneigung und von sehr guten Sichtverhältnissen geprägt. Es tritt nach der Kaltfront im Bereich der kühlen Luftmassen auf.

Schwachschicht: Schwachschichten sind Schichten innerhalb der Schneedecke, die eine geringe Festigkeit aufweisen, sodass Brüche im Kristallgefüge entstehen und sich fortsetzen können. Typische Schwachschichten sind eingeschneiter Oberflächenreif, aufbauend umgewandelte Schichten oder überdeckter lockerer Schnee. Sie können unterschiedliche Mächtigkeiten aufweisen und sind zudem oftmals schwer zu erkennen.

Schwarzkörper: Der Begriff des Schwarzkörpers entstammt der Physik, er beschreibt einen idealisierten Körper, der auf ihn eintreffende elektromagnetische Strahlung jeglicher Wellenlänge vollständig absorbiert. Er sendet aufgrund seiner thermischen Energie Strahlung als thermische Emission einer bestimmten Intensität und spektralen Verteilung aus, welche nur von seiner Temperatur abhängig ist. Die idealisierten Eigenschaften eines Schwarzkörpers können nur angenähert in begrenzten Frequenzbereichen auftreten.

Solarstrahlungskataster: Im sogenannten Solarstrahlungskataster wird die flächendeckende Darstellung der Solarstrahlung (Globalstrahlung (→)) realisiert.

Sommersolstitium: Solstitium bedeutet zu Deutsch Sonnenwende, somit ist also das Sommersolstitium jener Tag, an dem die Tageslänge am größten und die Dauer der Nacht am kürzesten ist.

Sonnenazimut: Der als Sonnenazimut bezeichnete Winkel ist jener Teil innerhalb des azimutalen Koordinatensystems, welcher die auf die Horizontebene projizierte Sonnenposition als Winkelangabe in Grad von Norden aus angibt. Steht die Sonne beispielsweise im Osten, so ergibt sich demzufolge ein Azimut von 90°.

Sonnenhöhe: Mit Sonnenhöhe wird der Winkel zwischen der Horizontebene und der Sichtlinie zum Objekt bezeichnet. Die aufgehende Sonne hat beispielsweise eine Sonnenhöhe von 0°, steht sie im Zenit, so beträgt dieser Wert 90°. Der Sonnenazimut (→) und die Sonnenhöhe bilden die beiden Komponenten des azimutalen Koordinatensystems, welches die Sonnenposition am Horizont festlegt.

Sonnenscheinautograph: Zur Messung der Sonnenscheindauer verwendete man früher häufig Sonnenscheinautographen von Campbell-Stokes. Dabei erzeugten bei sichtbarer Sonne die über eine Glaskugel gebrochenen Sonnenstrahlen auf einem besonders präparierten Registrierpapier Brandspuren. Bei automatischer Sonnenscheinaufzeichnung werden lichtempfindliche Zellen (Solarzellen) durch einen laufend rotierenden Bügel kurzzeitig abgedeckt; die Helligkeitsunterschiede werden ab einer bestimmten Differenz als Sonnenschein interpretiert.

spezifische Feuchte: Die spezifische Feuchte, präziser die spezifische Luftfeuchtigkeit, gibt das Gewicht des Wasserdampfes in g pro kg feuchter Luft an.

Sternpyranometer: Ein Pyranometer misst die über den Halbraum des Sensors eintreffende Globalstrahlung (→), also die Summe aus der direkten Sonneneinstrahlung und der diffusen Himmelsstrahlung. Das Messprinzip eines Sternpyranometers beruht auf einer Differenztemperaturmessung zwischen weißen und schwarzen Flächen, wodurch auf die einfallende Strahlung rückgeschlossen werden kann.

stochastisch: Dieses Wort kommt aus dem Griechischen und bedeutet mutmaßend, vom Zufall abhängig. Die Bezeichnung stochastische Unabhängigkeit entstammt – ebenso wie der eng verwandte Begriff der stochastischen Abhängigkeit – der Wahrscheinlichkeitstheorie. Es ist ein Konzept, welches die Vorstellung von sich nicht gegenseitig beeinflussenden Zufallsereignissen zum Ausdruck bringt.

Synop-Stationen: Eine Synop-Station ist ein Wettermess-Standort, von welchem aus gemäß eines definierten Synop-Schlüssels Wetterparameter aufgezeichnet werden. Unter diesem Synop-Code versteht man einen weltweit verwendeten Zahlenschlüssel, der sämtliche Wettererscheinungen in kodierter und vor allem vergleichbarer Form festhält.

synoptisches Windfeld: Das synoptische Windfeld wird durch die Dynamik der großräumigen Wetterlage vorgegeben, wobei anzumerken ist, dass die lokale Windsituation davon natürlich – je nach Gegebenheit – entkoppelt ist und demnach verschieden stark abweichen kann.

Tagbogenlänge: Der Tagbogen ist die scheinbare Bahn der Himmelskörper – wie eben auch der Sonne – auf der sie sich im Tagesverlauf über den Horizont bewegen. Die Tagbogenlänge schwankt aufgrund der Schräglage der Erdachse im jahreszeitlichen Verlauf, wodurch auch das Verhältnis von Tag und Nacht einer periodischen Änderung unterliegt.

TAWES: Die Abkürzung TAWES steht für das teilautomatische Wettererfassungs-System der ZAMG (→). An meteorologisch repräsentativen Orten Österreichs wurden teilautomatische Wetterstationen errichtet, an denen die wichtigsten meteorologischen Parameter (wie Windgeschwindigkeit und -richtung, Luftdruck, Lufttemperatur, Niederschlag, Globalstrahlung, Sonnenscheindauer, Relative Feuchte und Erdbodentemperatur) mittels Sensoren durchgängig und automatisch erfasst werden.

Thermoregulation: Unter Thermoregulation versteht man die Fähigkeit des (menschlichen) Körpers seine Kerntemperatur innerhalb recht schmaler Grenzen zu halten. Und das obwohl die äußere Umgebungstemperatur oftmals starken Schwankungen unterworfen ist.

Toluol: Das in Minimum-Thermometern zur Temperaturmessung verwendete Toluol ist eine farblose, charakteristisch riechende und flüchtige Flüssigkeit. Es ähnelt in seinen Eigenschaften dem Benzol und ist unter anderem auch in Benzin enthalten.

Transmission: Transmission ist ein physikalischer Begriff für die Durchlässigkeit eines Mediums für Wellen. Spricht man vom Transmissionsvermögen der Atmosphäre, so ist damit deren Durchlässigkeit bezüglich des einfallenden Sonnenlichtes gemeint. Das Licht wird auf seinem Weg durch diese Gashülle reflektiert und absorbiert, lediglich ein Teil wird durch das Medium hindurch transmittiert und trifft tatsächlich auf die feste Erdoberfläche.

Traufenspende: Als Traufenspende oder auch Nebeltraufe bezeichnet man den sich aus Nebel an Oberflächen absetzenden, flüssigen Niederschlag. Für diesen Prozess müssen die Tröpfchen zum einen ausreichend groß sein, und die Lufttemperatur muss zum anderen über dem Gefrierpunkt liegen, da es sonst zur Bildung von Raureif kommt. Die in den Nebeltröpfchen gelösten Spurenstoffe können sich für die Ökosysteme ungünstig auswirken.

trockenadiabatischer Temperaturgradient: Dieser Gradient (→) beschreibt die Temperaturänderung trockener aufsteigender oder absinkender Luftpakete, ohne den Einfluss von Kondensations- und Verdampfungsvorgängen. Der trockenadiabatische Temperaturgradient beträgt etwa 1 K pro 100 m Höhenänderung.

überadiabatischer Temperaturgradient: Dieser tritt bei einer vertikalen Temperaturschichtung auf, bei der die Temperatur mit zunehmender Höhe um mehr als 1 K pro 100 m abnimmt. Eine überadiabatische Schichtung tritt beispielsweise dann ein, wenn sich kalte Luft unter stark erwärmte Bodenluftmassen schiebt. Solche Situationen sind aufgrund der sehr starken Konvektionsneigung äußerst labil.

Wärmeinsel: Unter einer Wärmeinsel versteht man jenen Bereich, der gegenüber seiner näheren Umgebung eine deutlich erhöhte Lufttemperatur aufweist. Als typisches Beispiel hierfür sind Städte zu sehen. So erwärmen sich die verbauten Flächen im Stadtgebiet stärker und sind in der Lage, diese Wärmeenergie auch länger zu speichern als dies beispielsweise bei freien und unverbauten Wald- und Wiesenflächen der Fall ist.

Warmluftadvektion: Die Warmluftadvektion ist eine Art der Advektion (→) bei welcher wärmere Luftmassen (meist horizontal) in Regionen mit relativ kühlerer Luft transportiert werden.

Wendekreis: Die Wendekreise sind jene beiden in 23° 26' nördlicher bzw. südlicher Breite gelegenen Breitenkreise, die für die Sonnenbahn in gewisser Weise unüberschreitbare Grenzbereiche darstellen. Jeweils zur Sommer- bzw. zur Wintersonnenwende erreicht der Sonnenstand auf der Nord- bzw. Südhalbkugel am entsprechenden Wendekreis den Zenit und steht somit am höchstmöglichen Punkt. Außerhalb der Wendekreise steht die Sonne niemals im Zenit.

Wetterscheide: Eine Wetterscheide beschreibt eine Grenzlinie (vorrangig ein Gebirgszug), die Landschaftsgebiete mit unterschiedlichen Wetterphänomenen trennt.

Wind Chill: Der aus dem Englischen stammende Begriff Wind Chill beschreibt den Unterschied zwischen der tatsächlich gemessenen Lufttemperatur und der vom Menschen gefühlten Temperatur in Abhängigkeit von der Windgeschwindigkeit.

WMO: Die World Meteorological Organization (WMO) ist eine Fachorganisation der Vereinten Nationen. Sie beschäftigt sich mit dem Zustand und dem Verhalten der Atmosphäre ebenso wie auch mit deren Wechselwirkung auf die anderen Komponenten des Klimasystems wie z.B. die Ozeane.

ZAMG: Die Abkürzung ZAMG steht für Zentralanstalt für Meteorologie und Geodynamik. Sie wurde 1851 gegründet und ist der staatliche meteorologische und geophysikalische Dienst Österreichs.

zyklonal: Auf der Nordhalbkugel bezeichnet der Begriff zyklonal sich gegen den Uhrzeigersinn drehende Luftmassen. Solche Zirkulationen entstehen um ein Tiefdruckgebiet, dies ist auch der Grund dafür, warum Tiefdruckgebiete auch Zyklone genannt werden. Zyklonale Wetterlagen sind somit von wolken- und niederschlagsreichem Wettergeschehen geprägt.

Zyklonalföhn: Föhn kann sowohl in zyklonaler (→) als auch in antizyklonaler (→) Form auftreten. Bei ersterem kommt es dabei auch zu Regenfällen etwa an der Alpensüdseite. Eine Bedingung für die Entstehung von zyklonalem Südföhn ist ein von West nach Ost ziehendes Tiefdruckgebiet nördlich des Alpenkammes.

12 Autoren- und MitarbeiterInnenverzeichnis

Alexander **Baldele**, NYXAS OG.

Harald **Grießer**, Dipl.-Ing., Leiter des Referats für Regionalentwicklung, Regionalplanung und RaumIS, Abteilung 16 Landes- und Gemeindeentwicklung, Amt der Steiermärkischen Landesregierung.

Richard **Gwaltl**, Ing., Zentralanstalt für Meteorologie und Geodynamik, Kundenservice Steiermark.

Alfred **Hammler**, Dipl.-Ing., Leiter der Fachabteilung 17A – Energiewirtschaft und allgemeine technische Angelegenheiten, Amt der Steiermärkischen Landesregierung.

Otmar **Harlfinger**, Dr., Klimareferat der Österreichischen Bodenschätzung.

Veronika **Hawranek**, Mag^a., Zentralanstalt für Meteorologie und Geodynamik, Kundenservice Steiermark.

Fritz **Hofer**, Mag., Institut für Geographie und Raumforschung, Karl-Franzens-Universität Graz.

Kurt **Kalcher**, Dr., Leiter der Abteilung 20 – Katastrophenschutz und Landesverteidigung, Amt der Steiermärkischen Landesregierung.

Josef **Kalhs**, Dipl.-Ing. Dr., Leiter der Fachabteilung 10C – Forstwesen (Forstdirektion), Amt der Steiermärkischen Landesregierung.

Doris **Kampus**, Mag^a., Leiterin der Abteilung 16 – Landes- und Gemeindeentwicklung, Amt der Steiermärkischen Landesregierung.

Michael **Köck**, Univ.-Prof. Ing. Dr., Landeshygieniker für Steiermark (1990 bis 2004).

Michael **Krobath**, Mag., Institut für Geographie und Raumforschung, Karl-Franzens-Universität Graz.

Franz **Lackner**, Ing., Zentralanstalt für Meteorologie und Geodynamik, Kundenservice Steiermark.

Reinhold **Lazar**, A.o.Univ.-Prof. Dr., Karl Franzens Universität Graz – Institut für Geographie und Raumplanung.

Heinz **Lick**, Dipl.-Ing., Leiter des Referates Forst- und Umweltschutz, Fachabteilung 10C – Forstwesen (Forstdirektion), Amt der Steiermärkischen Landesregierung.

Gerhard Karl **Lieb**, A.o.Univ.-Prof. Dr., Karl Franzens Universität Graz – Institut für Geographie und Raumplanung.

Alfred **Ortner**, Zentralanstalt für Meteorologie und Geodynamik, Kundenservice Steiermark.

Franz P. **Pichler-Semmelrock**, Mag. Dr., Leiter des Referates LUIS, Landes-Umwelt-Information, Fachabteilung 17A – Energiewirtschaft und allgemeine technische Angelegenheiten, Amt der Steiermärkischen Landesregierung.

Harald **Pilger**, Dr., Zentralanstalt für Meteorologie und Geodynamik, ehemaliger Leiter Kundenservice Steiermark.

Andreas **Pilz**, Fa. Pilz Umweltmesstechnik.

Dieter **Pirker**, Mag., Referat LUIS, Landes-Umwelt-Information, Fachabteilung 17A – Energiewirtschaft und allgemeine technische Angelegenheiten, Amt der Steiermärkischen Landesregierung.

Alexander **Podesser**, Mag. Dr., Zentralanstalt für Meteorologie und Geodynamik, Leiter Kundenservice Steiermark.

Thomas **Pongratz**, Dipl.-Ing. Dr., Leiter des Referates Luftgüteüberwachung, Fachabteilung 17C – Technische Umweltkontrolle, Amt der Steiermärkischen Landesregierung.

Franz **Prettenthaler**, Mag. Dr., Zentrum für Wirtschafts- und Innovationsforschung, JOANNEUM RESEARCH Forschungsgesellschaft mbH, Leiter der Forschungsgruppe Regionalpolitik, Risiko- und Ressourcenökonomik.

Josef **Pusterhofer**, Dipl.-Ing., Leiter der Fachabteilung 10B - Landwirtschaftliches Versuchszentrum, Amt der Steiermärkischen Landesregierung.

Katja **Ratschiller**, NYXAS OG.

Hannes **Rieder**, Mag., Zentralanstalt für Meteorologie und Geodynamik, Kundenservice Steiermark.

Andreas **Riegler**, Mag., Zentralanstalt für Meteorologie und Geodynamik, Kundenservice Steiermark.

Andreas **Schopper**, Mag., Referat Luftgüteüberwachung, Fachabteilung 17C – Technische Umweltkontrolle, Amt der Steiermärkischen Landesregierung.

Gerhard **Semmelrock**, Dr., Leiter der Abteilung 17 – Technik, erneuerbare Energie und Sachverständigendienst, Amt der Steiermärkischen Landesregierung.

Leonhard **Steinbauer**, Dipl.-Ing. Dr., Leiter des Referates Obst- und Weinbau, Fachabteilung 10 B – Landwirtschaftliches Versuchszentrum, Amt der Steiermärkischen Landesregierung.

Birgit **Strimitzer-Riedler**, Mag[a]. Dr[in]., Leiterin der Abteilung 3 – Wissenschaft und Forschung, Amt der Steiermärkischen Landesregierung.

Arnold **Studeregger**, Mag. Dr., Zentralanstalt für Meteorologie und Geodynamik, Kundenservice Steiermark.

Albert **Sudy**, Dr., Zentralanstalt für Meteorologie und Geodynamik, Kundenservice Steiermark.

Gunther **Suette**, Dr., Leiter des Referates Hydrografie, Fachabteilung 19A – Wasserwirtschaftliche Planung und Siedlungswasserwirtschaft, Amt der Steiermärkischen Landesregierung.

Otto **Svabik**, Dr., Zentralanstalt für Meteorologie und Geodynamik.

Michael **Teubl**, Mag., Leiter des Referates Wissenschaft und Erwachsenenbildung, Abteilung 3 – Wissenschaft und Forschung, Amt der Steiermärkischen Landesregierung.

Herwig **Wakonigg**, Univ.-Prof. Dr., Institut für Geographie und Raumforschung, Karl-Franzens-Universität Graz.

Hans **Wiedner**, Dipl.-Ing., Leiter der Abteilung 19 – Wasserwirtschaft und Abfallwirtschaft, Amt der Steiermärkischen Landesregierung.

Fritz **Wölfelmaier**, Mag., Zentralanstalt für Meteorologie und Geodynamik, Kundenservice Steiermark.

Gernot **Zenkl**, Mag., Zentralanstalt für Meteorologie und Geodynamik, Kundenservice Steiermark.